U0158007

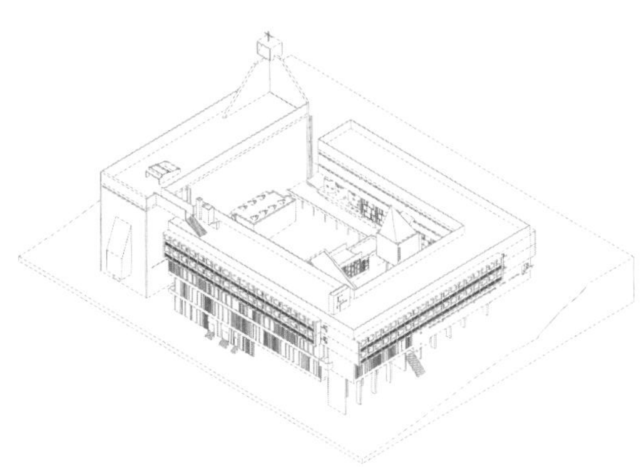

LE CORBUSIER

Le Corbusier

ADA 世界建筑大师作品图析

勒·柯布西耶的80个公共建筑

余 飞 / 编著

广西师范大学出版社
· 桂林 ·
images Publishing

图书在版编目(CIP)数据

勒·柯布西耶的80个公共建筑 / 余飞编著 .—桂林：广西师范大学出版社，2022.2
（ADA世界建筑大师作品图析 / 高巍主编）
ISBN 978-7-5598-4413-2

Ⅰ. ①勒… Ⅱ. ①余… Ⅲ. ①公共建筑－建筑设计－作品集－法国－现代 Ⅳ. ① TU242

中国版本图书馆CIP数据核字(2021)第225672号

勒·柯布西耶的80个公共建筑
LE · KEBUXIYE DE 80 GE GONGGONG JIANZHU

责任编辑：冯晓旭
助理编辑：孙世阳
封面设计：六　元
版式设计：马韵蕾

广西师范大学出版社出版发行
（广西桂林市五里店路9号　　邮政编码：541004
网址：http://www.bbtpress.com）
出版人：黄轩庄
全国新华书店经销
销售热线：021-65200318　021-31260822-898
恒美印务（广州）有限公司印刷
（广州市南沙区环市大道南路334号　邮政编码：511458）
开本：787mm×1 092mm　　1/16
印张：29.5　　插页：1　　字数：230千字
2022年2月第1版　　2022年2月第1次印刷
定价：168.00元

如发现印装质量问题，影响阅读，请与出版社发行部门联系调换。

推荐序

制图是建筑师记录和表述空间的重要手段，在从开始构思一栋建筑到最终建造完成的整个过程中，图纸起到了传达设计师意图和指导工程施工的双重作用。

如果说图纸是建筑师将大脑中的空间概念投射到现实世界对象物（建筑）的重要媒介，那么对作为设计师空间概念投射结果而存在的既存建筑进行还原性分析和读解，同样还是需要对建筑物进行测绘、绘制图纸，以完成对设计师空间概念的解读。

作为 20 世纪最著名的现代主义建筑师和艺术家，勒·柯布西耶的建筑作品一直是人们重要的研究与分析对象。比如，2001 年日本著名建筑师安藤忠雄曾组织过东京大学的学生对柯布西耶的 106 个住宅作品进行图纸整理和模型制作，并于同年在东京“间”画廊，举办了题为“勒·柯布西耶住宅”的作品图纸描绘与模型展。余飞先生所编著的这本《勒·柯布西耶的 80 个公共建筑》，将柯布西耶设计的公共建筑作为观察对象，通过图纸绘制、建模整理及全方位解读，对柯布西耶设计的 80 个公共建筑进行了详细的剖析，应该说这是对柯布西耶公共建筑设计作品所进行的一次较为全面的梳理、分析和总结。

本书所呈现的对于建筑作品的分析过程，实际上还示范了一种研究方法。这种方法就是从建筑学最为基本的读图和制图着手，在详细绘制对象物的平面、立面、剖面图纸以及对其进行 3D 建模时，作为分析人而存在的图纸绘制者，能够在其“劳作”的过程中感悟到所分析对象物本体的设计师在“投射”其作品时的思考与感受。

王昀
ADA 建筑设计艺术研究中心
2020 年 9 月 11 日

勒·柯布西耶（原名为夏尔·爱德华·让纳雷）的生平简介列表

1887	夏尔·爱德华·让纳雷（勒·柯布西耶的原名）出生在瑞士拉绍德封
1900	进入拉绍德封工艺美术学校学习雕镂技术，初遇启蒙老师——画家夏尔·艾普拉特尼尔，开始对绘画和建筑产生兴趣
1905	在夏尔·艾普拉特尼尔的帮助下获得为工艺美术学校校委会委员路易·佛雷设计别墅的机会，这是他接到的第一份设计委托
1907	首次体验长途旅行，前往意大利托斯卡纳地区参观艾玛修道院；在约瑟夫·霍夫曼的维也纳工作室工作数月，接触到阿道夫·路斯的思想
1908	从维也纳来到巴黎，结识了儒尔丹、格拉赛、索瓦热等人，还拜访了托尼·加尼埃；在奥古斯特·佩雷事务所做绘图员
1910	赴德考察，与德意志制造联盟建立联系；在彼得·贝伦斯事务所工作 5 个月，结识格罗皮乌斯、密斯、泰森诺等人
1911	开始东方之旅，途径布拉格、维也纳、布达佩斯、伊斯坦布尔、雅典等诸多城市；再次途经艾玛修道院
1912	前往苏黎世和巴黎旅行；完成两栋别墅的建造：让纳雷－佩雷别墅、法弗尔－雅各别墅
1914	首次提出可批量生产的“多米诺”住宅概念
1916	施沃布别墅和斯卡拉电影院开始建造，这是他在拉绍德封承接的最后的项目
1917	定居巴黎，住在雅各布大街 20 号，在 Astor（阿斯特）大街设立工作室，任钢筋混凝土实用公司顾问
1918	结识奥赞方，与其合写《立体主义之后》，完成第一幅纯粹主义画作《壁炉》，与奥赞方合作在巴黎举办“纯粹主义”画展
1919	与奥赞方、诗人保罗·德梅共同创办《新精神》杂志，该杂志在 1920—1925 年共计发行了 28 期
1920	《新精神》创刊号发行；开始使用笔名“勒·柯布西耶”，与费尔南德·莱热建立友谊
1922	与堂弟皮埃尔合作，在塞维大街 35 号成立事务所；参加秋季沙龙，提出“300 万人口的当代城市”规划理念
1923	出版《走向新建筑》
1925	建造“新精神馆”；出版《今日的装饰艺术》《城市规划》《现代绘画》
1926	父亲去世；出版《现代建筑年鉴》
1927	参加日内瓦国际联盟宫竞赛，荣获第一名，却没能得到建造委托，向评审委员会提出抗议；参观安东尼奥·高迪的建筑
1928	CIAM（国际现代建筑协会）首届年会在萨尔茨堡召开；在南美举办系列演讲；开始莫斯科之旅；出版《住宅－宫殿》
1929	举办秋季沙龙：现代家具展（与夏洛特·贝西昂合作）；CIAM 第二届年会在法兰克福美茵河畔召开；开始首次阿尔及尔之旅
1930	娶伊凡娜·迦丽为妻；出版《精确性：建筑与城市规划状态报告》；CIAM 第三届年会在布鲁塞尔召开；继续莫斯科之旅，结识迈耶、泰诺夫、爱森斯坦
1931	参加苏维埃宫设计竞赛；合办刊物《规划》发行；与皮埃尔同游西班牙、摩洛哥、阿尔及利亚、法国
1932	参加巴黎国际“艺术与技术”博览会的概念竞赛；出版《十字军东征：学院派的黄昏》
1933	参与创办新杂志《前奏》；迁居朗吉瑟－高利大街 24 号顶层公寓；CIAM 第四届年会召开；参与拟定《雅典宪章》

续表

1934	开启阿尔及尔之旅，到罗马、米兰、巴塞罗那巡回演讲
1935	开启首次美国之旅，在朗吉瑟－高利大街顶层公寓举办“原始”艺术展；出版《光辉城市》和《飞机》
1936	再度开启南美之旅，与奥斯卡·尼迈耶和卢西奥·科斯塔等合作设计里约热内卢国家教育与公共卫生部大厦
1937	出版《当大教堂是白色的时候》；CIAM 第五届年会在巴黎召开；建造“新时代馆”
1938	出版《枪炮、弹药？不，谢谢！请给我们住宅》
1940	巴黎被德军攻占；关闭事务所，离开巴黎，蛰居比利牛斯山的奥宗镇
1941	出版《巴黎命运》与《在四条路上》；在维希逗留，向临时政府提交重建规划
1942	展开关于“模度”的研究；出版《自助建造 Murondins》与《人类的家》；开启阿尔及尔之旅
1943	出版《与建筑系学生的谈话》与《雅典宪章》
1945	出版《三种人类机构》《城市规划的思维方式》与《城市规划的意图》；接受马赛公寓的建造委托；与佩蒂赴美考察
1946	作为联合国选址委员会委员，再度前往美国纽约；在普林斯顿与阿尔伯特·爱因斯坦会面
1947	联合国总部方案被采纳；开启波哥大之旅；CIAM 第六届年会召开；马赛公寓奠基
1948	“模度”的研究取得成果；在美国举办展览；涉足挂毯艺术
1950	出版《模度 1》《阿尔及尔的诗篇》；开始朗香教堂的研究；接待印度旁遮普的考察团
1951	正式被任命为昌迪加尔建造顾问；接受艾哈迈达巴德的设计委托；回绝联合国教科文组织巴黎总部大厦竞赛邀请
1952	昌迪加尔项目动工；马赛公寓落成；与库蒂里艾神父探讨拉图雷特修道院的建造；在燕尾海角建造度假小木屋
1954	为昌迪加尔大法院设计九张壁画式挂毯；出版《一座小住宅》
1955	朗香教堂落成；出版《模度 2》《直角之诗》
1956	回绝法兰西学院请他执教巴黎美术学院的邀请；昌迪加尔大法院举行落成典礼；出版《勒·柯布西耶：巴黎规划 1922—1956》
1957	出席 W. 博奥席耶为其在苏黎世市立美术馆举办的关于他作品的大型巡回展览；妻子去世
1958	赴美考察哈佛大学视觉艺术中心的基地；建造布鲁塞尔博览会飞利浦馆；与埃德加·瓦赫思合作电子“诗篇”
1960	拉图雷特修道院落成；出版《耐心探索的事务所》《小秘密》；母亲去世，享年 100 岁
1961	建造哈佛大学视觉艺术中心；前往菲尔米尼，负责建造青年文化中心和一个居住单位
1962	开启巴西之旅，为巴西利亚的法国大使馆选址；昌迪加尔议会大厦落成；着手研究“人类的家”（苏黎世柯布西耶中心）
1964	接受新威尼斯医院的设计委托；斯特拉斯堡国会大厦、巴西利亚法国大使馆、奥利维蒂电子计算中心（第二稿方案）处在研究阶段
1965	向威尼斯当局提交新威尼斯医院方案；策划出版《东方之旅》；8 月 27 日于燕尾海角游泳时心脏病突发死亡

本书分类说明：

本书收录的研究案例为《勒·柯布西耶全集》中除去小住宅、公寓及规划等项目以外的作品，以博物馆类、行政类及宗教类等常见的公共建筑类型为主，所以书名取为《勒·柯布西耶的 80 个公共建筑》。值得注意的是，按照我国现今的设计规范对“公共建筑”的定义，巴黎大学城瑞士馆、巴黎大学城巴西学生公寓这样的集体宿舍应归为“居住建筑类”，然而，这两个建筑都设置了面向学生的公共活动空间，同时，作者还参考了国外关于柯布西耶作品的分类，最终决定将其收录在“学校类”。另外，波当萨克水塔和坎贝－伲佛闸口作为市政公共设施建筑而被收录在“水利类”，马赛公寓作为同类作品的代表并因其复合型功能而被列入“综合体类”。

前言

本书缘起于我在北京大学建筑学研究中心王昀研究室读书期间的硕士学位论文《勒·柯布西耶于 1910 年至 1965 年所设计的公共建筑的空间构成分析》。2014 年夏，为了完成空间研究的课题，我制作了首个柯布西耶的建筑模型——艾哈迈达巴德棉纺织协会总部。当时，我切身感受到了柯布西耶作品中空间的魅力，但同时也发现，他的作品集中的平面图、立面图和剖面图等图纸和仅有的三两张局部空间照片等信息，并不能反映其作品中空间的基本构成情况，于是便萌生了一个想法——为柯布西耶的作品制作模型。

2001 年，日本东京大学工学部建筑学科安藤忠雄研究室编辑的《勒·柯布西耶全住宅》得以出版，其中介绍了这位 20 世纪建筑巨匠的所有住宅作品，然而他的建筑实践远远不止住宅，还包括大量的美术馆、博物馆、教堂等公共建筑，于是，我当时便确定了论文课题的研究对象——勒·柯布西耶的“全公建”。柯布西耶在现代建筑运动的推广中所起的作用和产生的影响已无需赘言，全世界关于勒·柯布西耶的研究及著作数不胜数，然而其中针对其生涯中的公共建筑作品进行的系统性梳理和研究尚显欠缺。步入 21 世纪，在经历了后现代主义浪潮的时下，建筑的创作呈现出更加多元的趋势。尤其是在如火如荼地开展各项建设事业的中国，在 BIM（建筑信息模型）、参数化设计等技术和各种国内外建筑设计思潮的裹挟之下，建筑的创作不可避免地陷入一种混沌的状态，这似乎是各种“奇奇怪怪的建筑”如雨后春笋般出现的缘由。在这样的环境和语境之下，我深感有必要对 20 世纪现代建筑的经典文本和案例进行一次回顾式和系统性的学习。

从早期的家乡求学时期（1916 年前）开始，到以马赛公寓为代表的晚期粗野主义时期，柯布西耶完成了近 80 个公共建筑作品，包括未收录进 8 卷《勒·柯布西耶全集》中的未建成方案。本书将这些作品按照功能类型进行介绍（如表 01），其中行政类 17 个，博物馆类 11 个，展览馆类 14 个，宗教类 8 个，学校类 6 个，体育类 5 个，水利类 2 个，综合体类 6 个，商业类 5 个，纪念碑类 5 个，医院类 1 个。在从《勒·柯布西耶全集》和勒·柯布西耶基金会网站中收集到一手或二手图纸资料（图 01）之后，我先用 CAD 软件完成建筑的平面、立面、剖面图纸的参考绘制（图 02），然后将绘制的图纸导入 SketchUp 软件建立三维模型，平面确定柱网、功能分割等，剖面剖定层高。一层一层地分别

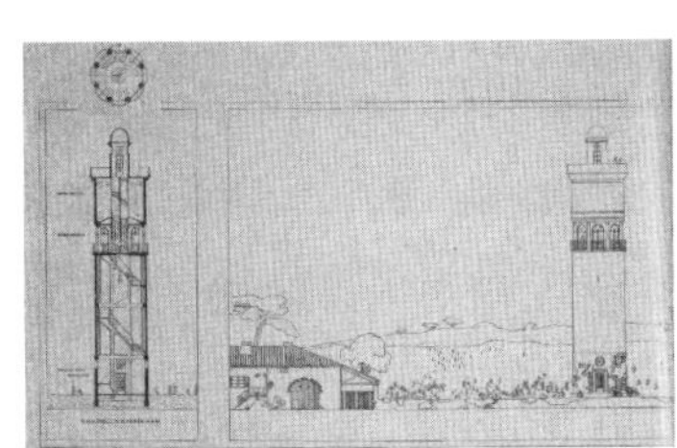
图01 波当萨克水塔的图纸资料（平立剖）

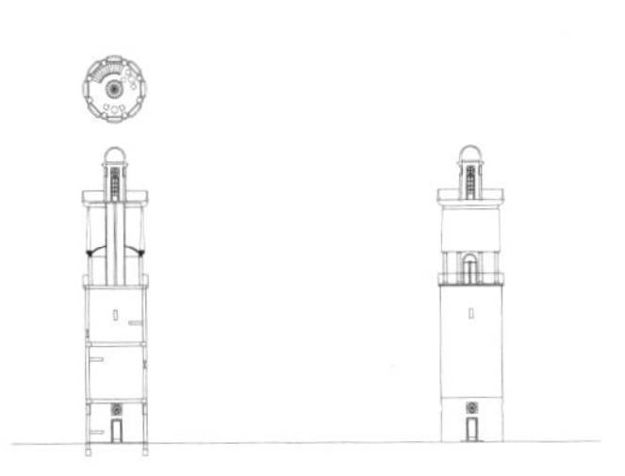
图02 据资料绘制后得到的CAD图

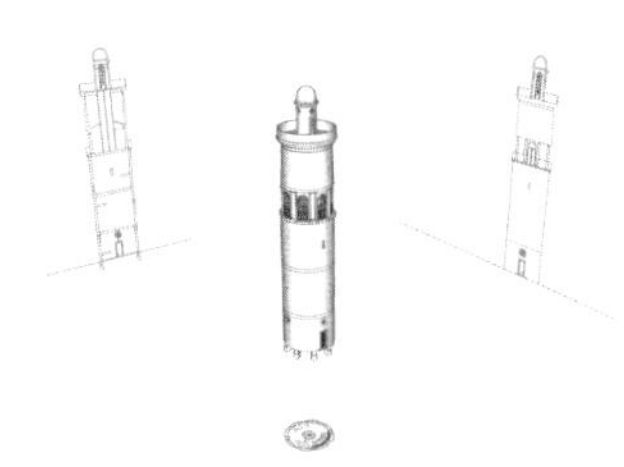
图03 导入SketchUp平立剖图纸绘制后得到的三维模型

表01 本书的研究案例分类统计（共80个）

行政类（17个）	博物馆类（11个）	展览馆类（14个）	宗教类（8个）	学校类
05 1927—1929 日内瓦国际联盟宫方案	08 1929 Mundaneum 世界博物馆	06 1928 雀巢亭	10 1929 特朗布莱教堂	01 1 艺
07 1928 莫斯科中央局大厦	14 1931 巴黎当代艺术博物馆	11 1930 勒布尔歇航空展览馆	41 1948 圣博姆的巴西利卡	12 1930 巴黎大学
09 1929 Mundaneum 国际图书馆	15 1931 巴黎当代艺术家博物馆方案	19 1935 1937年巴黎国际博览会当代审美中心	44 1950—1954 朗香教堂	36 1 便携
16 1931 苏维埃宫	20 1935 巴黎城市及国家博物馆方案	26 1936 迈罗门的新时代馆	47 1951 委内瑞拉葬礼礼拜堂	60 1 巴黎大学城
17 1933 人寿保险公司大厦方案	33 1939 无限生长的博物馆方案	27 1936 TN-Wagon 住宅展览馆	57 1957—1960 拉图雷特修道院	66 1961 哈佛大学视
23 1936 国家教育与公共卫生部大厦	40 1946 德洛内地块博物馆	28 1937 巴黎国际博览会“Bat’a”展馆方案	64 1960—1969 圣皮埃尔教堂方案	73 1964 建筑学校
34 1939 罗斯科夫生物研究所	51 1952 昌迪加尔认知博物馆方案	31 1939 列日法国馆方案	67 1962 博洛尼亚教堂	
38 1946 纽约联合国总部大厦	54 1954—1957 艾哈迈达巴德博物馆	32 1939 伦敦“理想家园”展	78 1964—1965 新威尼斯医院教堂	
39 1946—1951 圣迪埃制衣厂	56 1957—1959 东京国立西洋美术馆	42 1950 艾哈迈达巴德博物馆帐篷		
48 1951—1957 昌迪加尔议会大厦	74 1964—1968 昌迪加尔艺术品陈列馆	43 1950 迈罗门1950方案		
49 1952—1956 昌迪加尔秘书处	80 1965 20世纪博物馆	58 1958 布鲁塞尔博览会飞利浦馆		
50 1952—1956 昌迪加尔大法院		68 1962 斯德哥尔摩展览馆		
53 1954—1957 艾哈迈达巴德棉纺织协会总部		71 1963 埃伦巴赫国际艺术中心自生剧场		
62 1960—1965 昌迪加尔大法院的附属建筑		72 1963—1967 苏黎世柯布西耶中心		
69 1963—1964 奥利维蒂电子计算中心				
75 1964 斯特拉斯堡国会大厦				
76 1964—1965 巴西利亚法国大使馆方案				

* 表中数字为每个项目在本书中的编号（按设计时间排序）

建立模型之后，我根据剖面将它们在竖向上堆叠起来，并根据立面图纸确定表皮，补充立面细节和内部空间，获得三维模型（图03），据此，便得到了80个公共建筑作品的轴测图。

为了更加直观、真实地反映柯布西耶作品的形态，本书将其所有公共建筑的平面图、立面图、剖面图和三维模型的轴测图收录在下篇中，以飨读者，并且在前两篇的空间构成分析中，从图面的抽象处理，到数据的统计，再到结论的提炼，我均尽力通过图表等直观的手段来明示各个过程，以供读者参考。在本书中，除了“新建筑五点”“多米诺”结构体系、“住宅是居住的机器”等概念，

育类（5 个）	水利类（2 个）	综合体类（6 个）	商业类（5 个）	纪念碑类（5 个）	医院类（1 个）
1935 故浪泳场方案	03 1917 波当萨克水塔	04 1922 笛卡儿摩天楼	02 1916 La Scala 电影院	29 1937—1938 瓦扬·库迪里耶纪念碑	77 1964—1965 新威尼斯医院方案
1936—1937 国民欢庆中心方案	61 1959—1962 坎贝－伲佛闸口	18 1934—1938 农田改组：合作农庄	13 1931 蒙巴纳斯电影院	45 1951—1957 “张开的手”	
1939 的冬夏体育活动中心		22 1935 讷穆尔的拓殖建筑	25 1936 Bat’a 专卖店（标准化）	46 1951—1957 昌迪加尔烈士纪念碑	
1960—1965 尼青年文化中心		30 1938—1942 阿尔及尔马林区摩天楼	59 1958—1969 城市中心商业区	52 1952 昌迪加尔阴影之塔方案	
1965—1969 尼－维合特体育场		37 1945 马赛公寓	70 1963—1965 苏克那湖水上俱乐部	55 1955 柯布西耶之墓	
		65 1961 巴黎－奥赛			

通过三维模型轴测图、空间分层展开图，以及平面图、立面图、剖面图等详细图纸的展示，大家还能读到更多关于现代建筑巨匠勒·柯布西耶的建筑语言及其背后的思考。

CONTENTS

/

目录

上 篇

宏观视角下的公共建筑空间构成 / 001

1.平面构成 / 002

2.立面构成 / 053

3.剖面构成 / 070

4.形体构成 / 086

中 篇

微观视角下的公共建筑空间构成 / 091

1.柱 / 092

2.窗 / 102

3.楼梯 / 116

4.坡道 / 124

5.遮阳设施 / 131

6.排水结构 / 137

下　篇

案例重建
/ 141

行政类 / 142
博物馆类 / 208
展览馆类 / 252
宗教类 / 306
学校类 / 338
体育类 / 362
水利类 / 376
综合体类 / 384
商业类 / 418
纪念碑类 / 436
医院类 / 448

参考资料
/ 452

图表版权
/ 454

后记
/ 455

上篇

宏观视角下的公共建筑空间构成

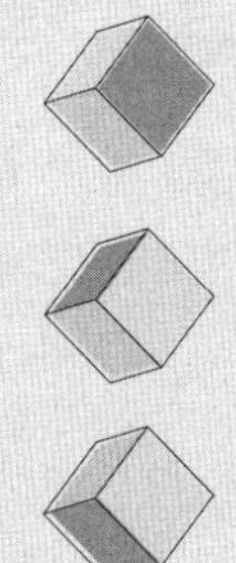

本篇从宏观视角出发，对柯布西耶的 80 个公共建筑作品的平面构成、立面构成、剖面构成和形体构成 4 个方面，基于不同的视点进行具体的分析和比较。同时，通过对作品之间存在的共性进行归纳总结，以及对功能类型进行考察，展现柯布西耶在不同类型的建筑中常用的手法。

1 平面构成
Plane composition

平面作为柯布西耶致建筑师的三项备忘录之一，一直发挥着决定建筑布局和控制秩序的重要作用，所以也被称为“发生器”。

基于外形轮廓的视点

简化每一个作品的平面，只抽取其外形。为了便于对比分析，为每一个作品选择了一个有代表性的平面，选取的原则是该平面能够揭示项目基本的外形轮廓、柱网、功能划分等基本要素（一般是一层或二层平面）。图 1 为 03 号作品波当萨克水塔的平面轮廓抽象简化过程，在这个过程中，为了使最终得到的图形基于主要的轮廓，有意取消了如门廊、楼梯、坡道等附属设施的轮廓。

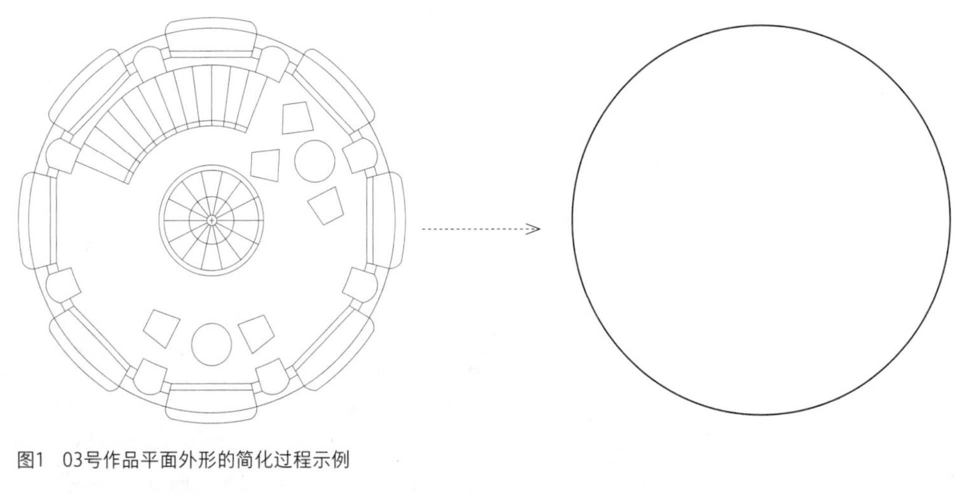

图1　03号作品平面外形的简化过程示例

根据示例中的方法，针对 80 个公共建筑作品的平面进行简化处理，得到表 1。

表1 80个公共建筑作品平面外形的简化过程

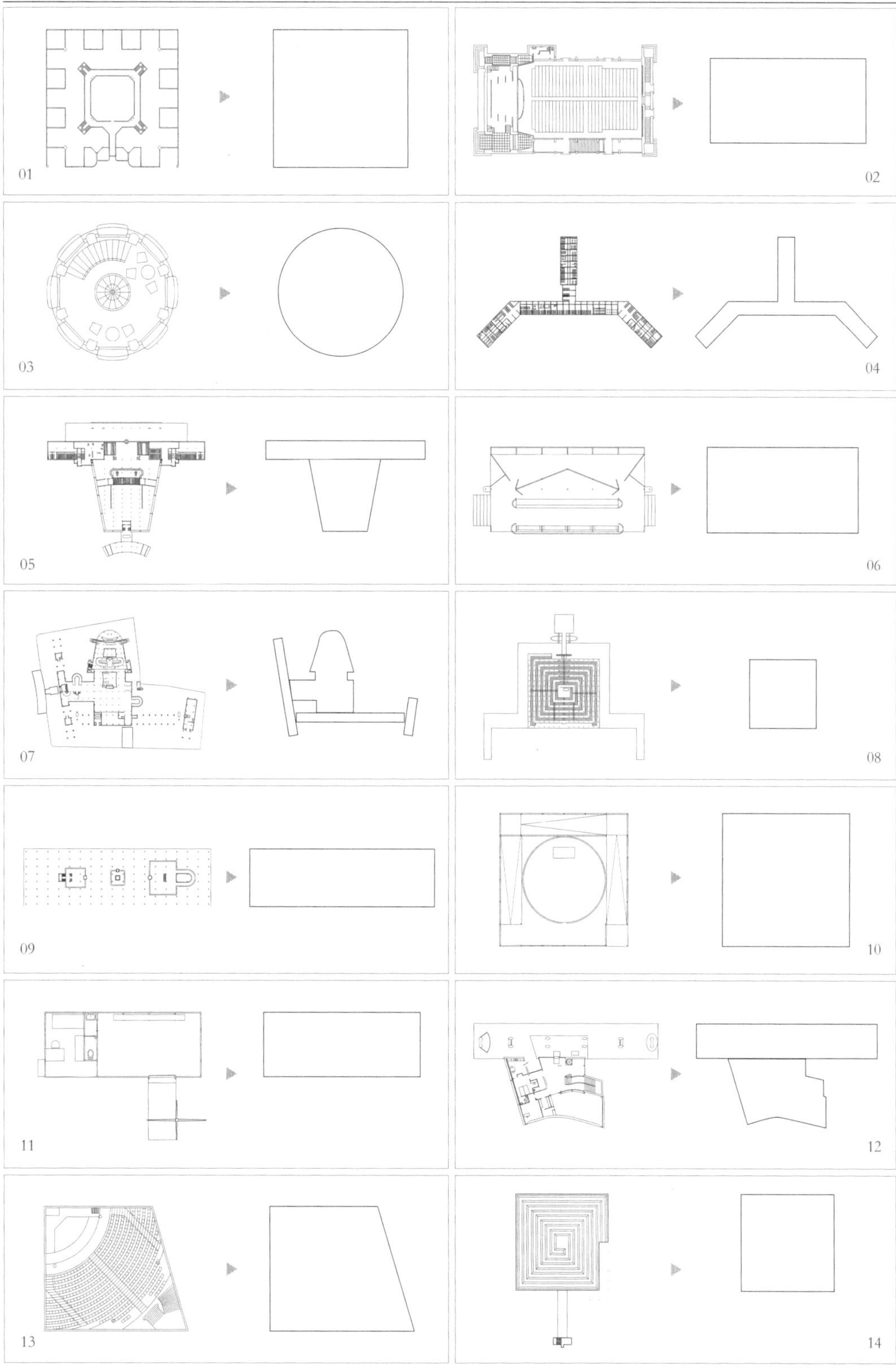

续表

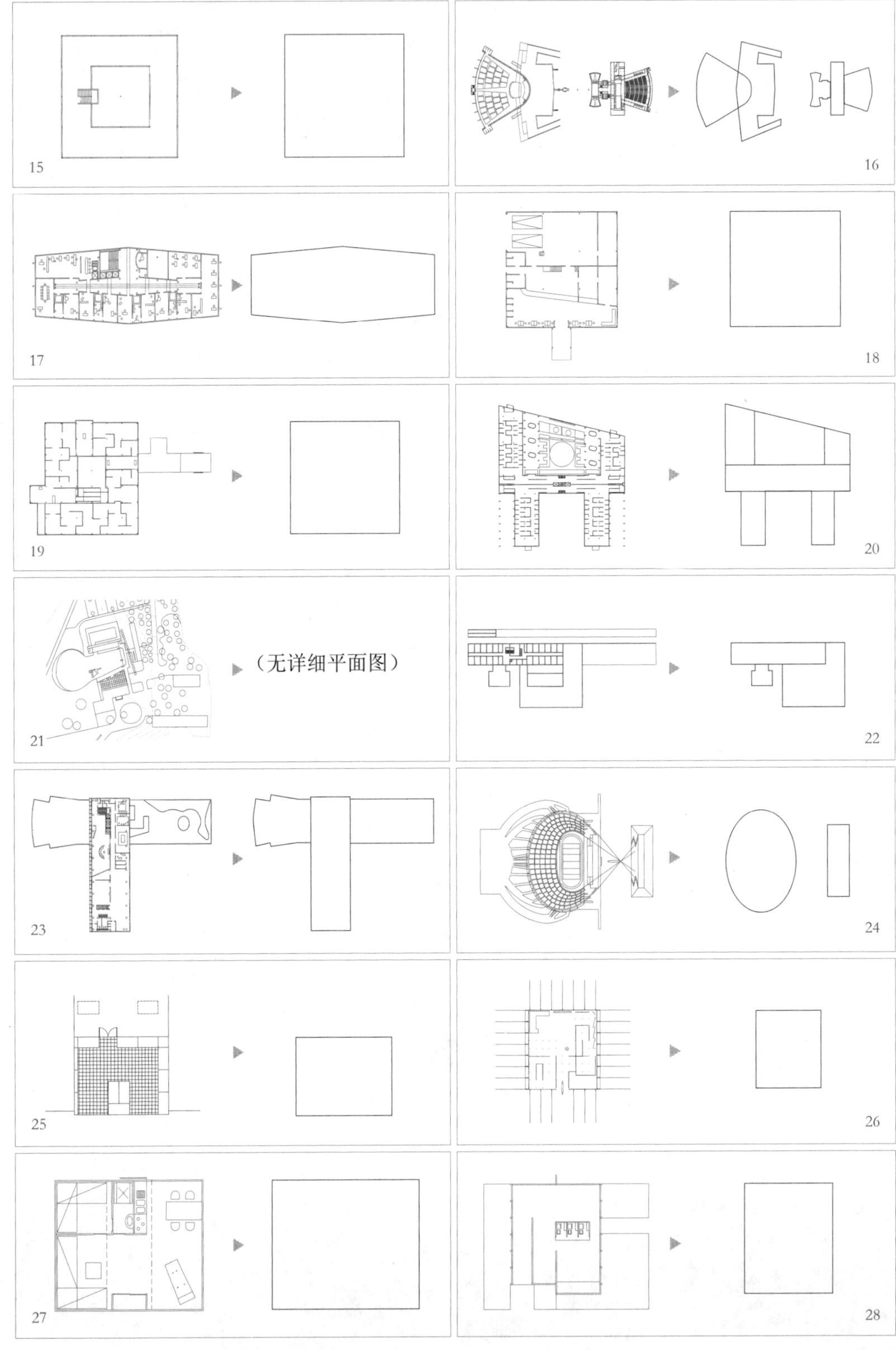

续表

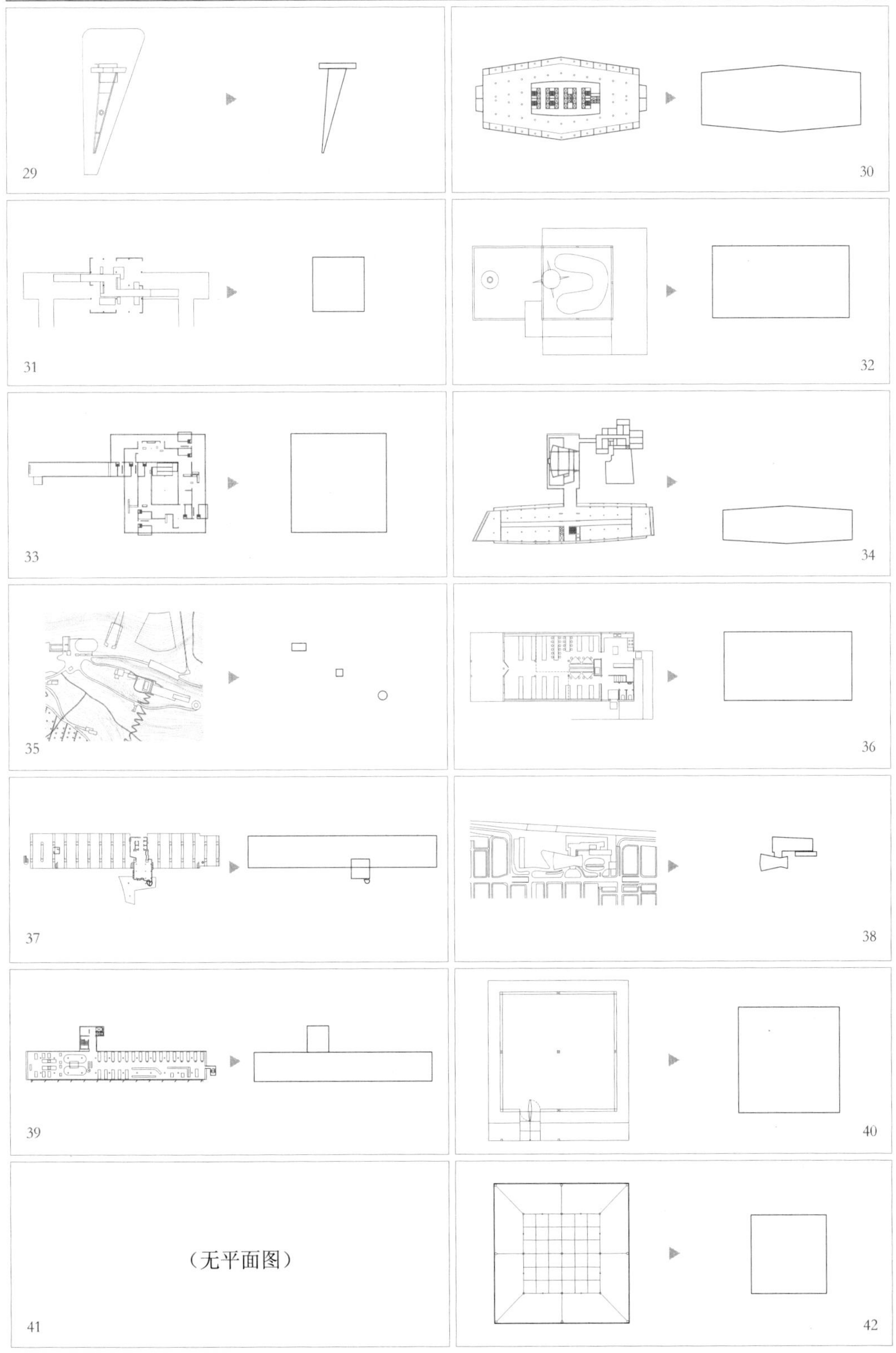

续表

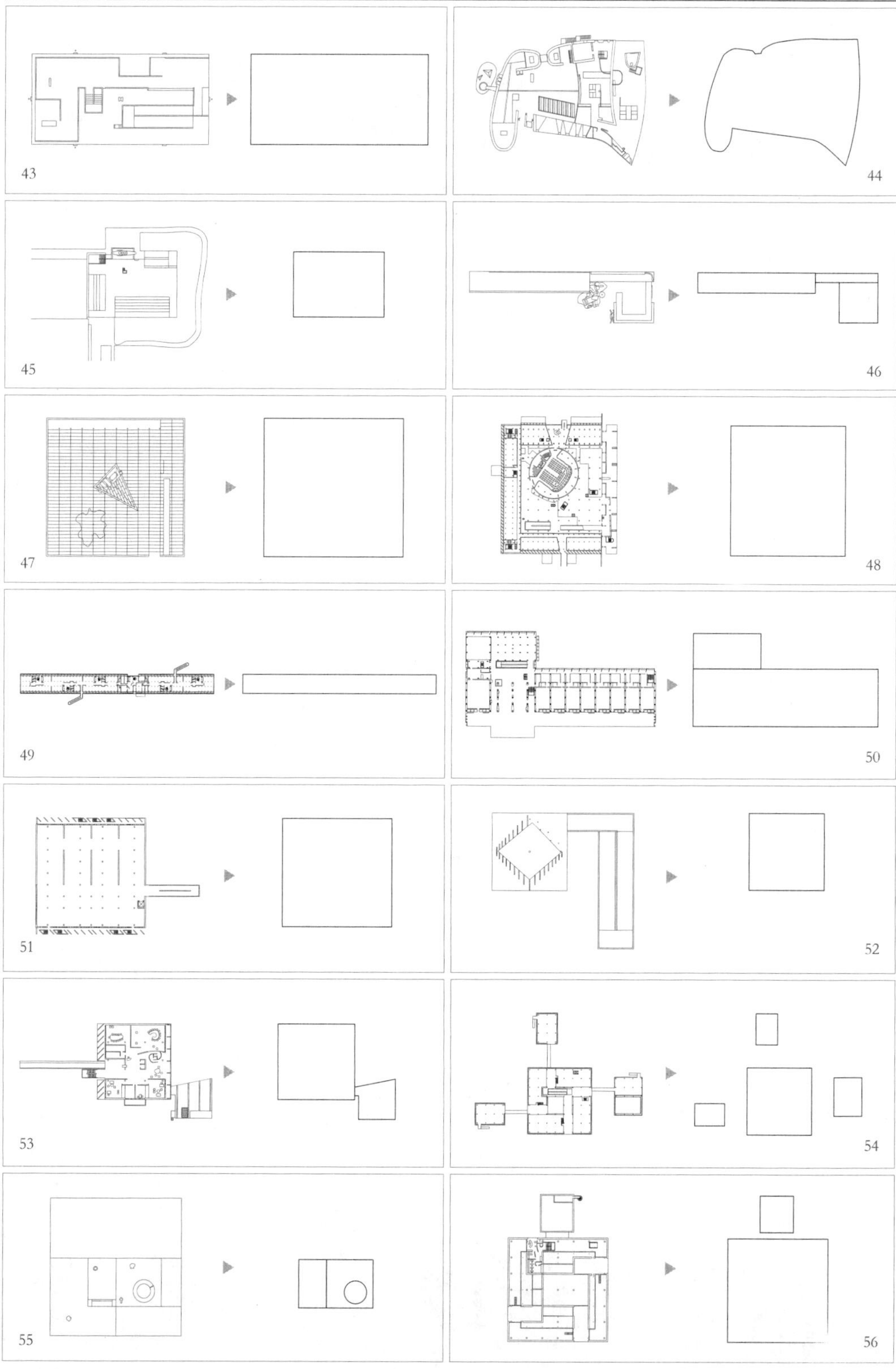

续表

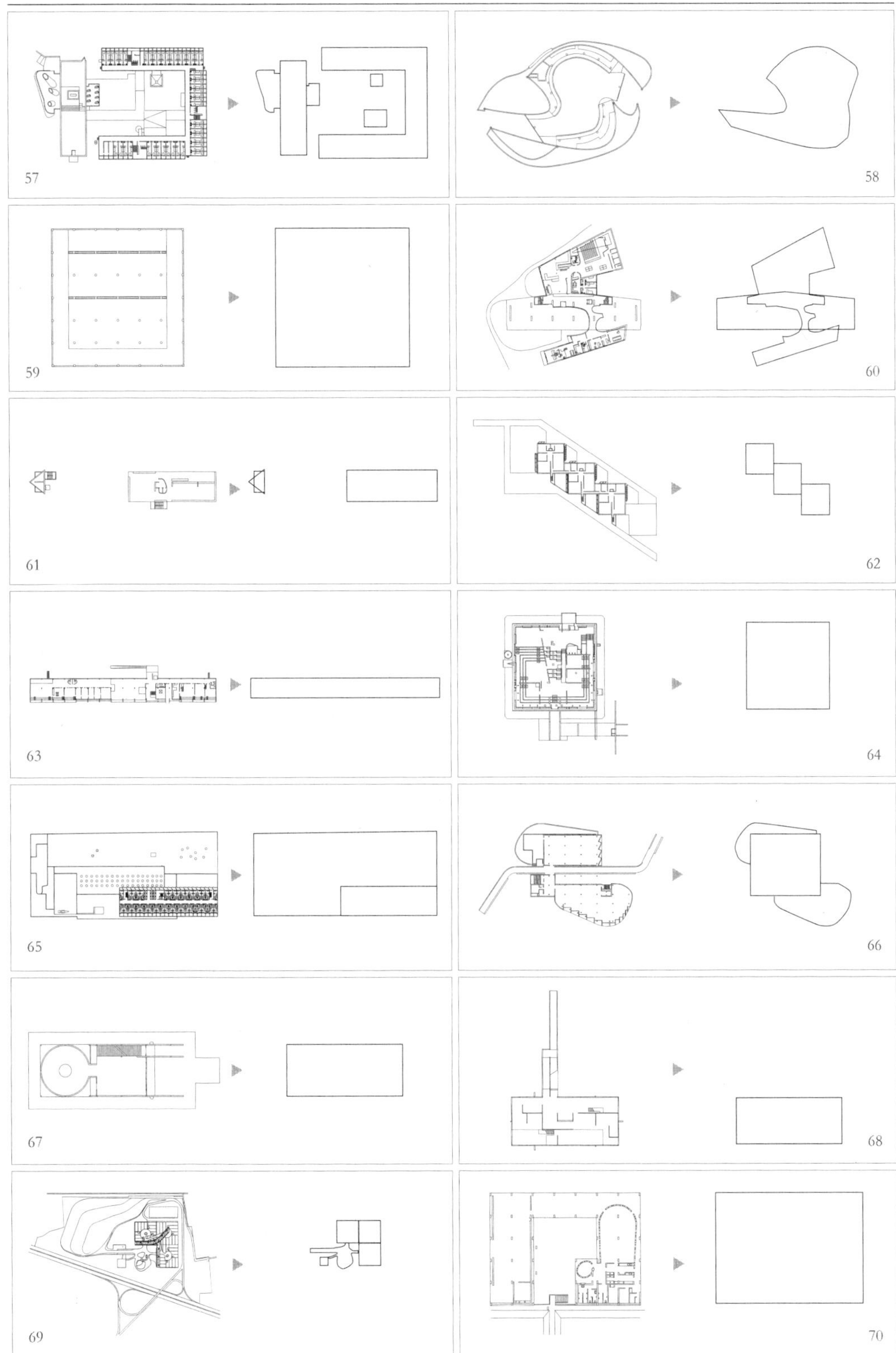

续表

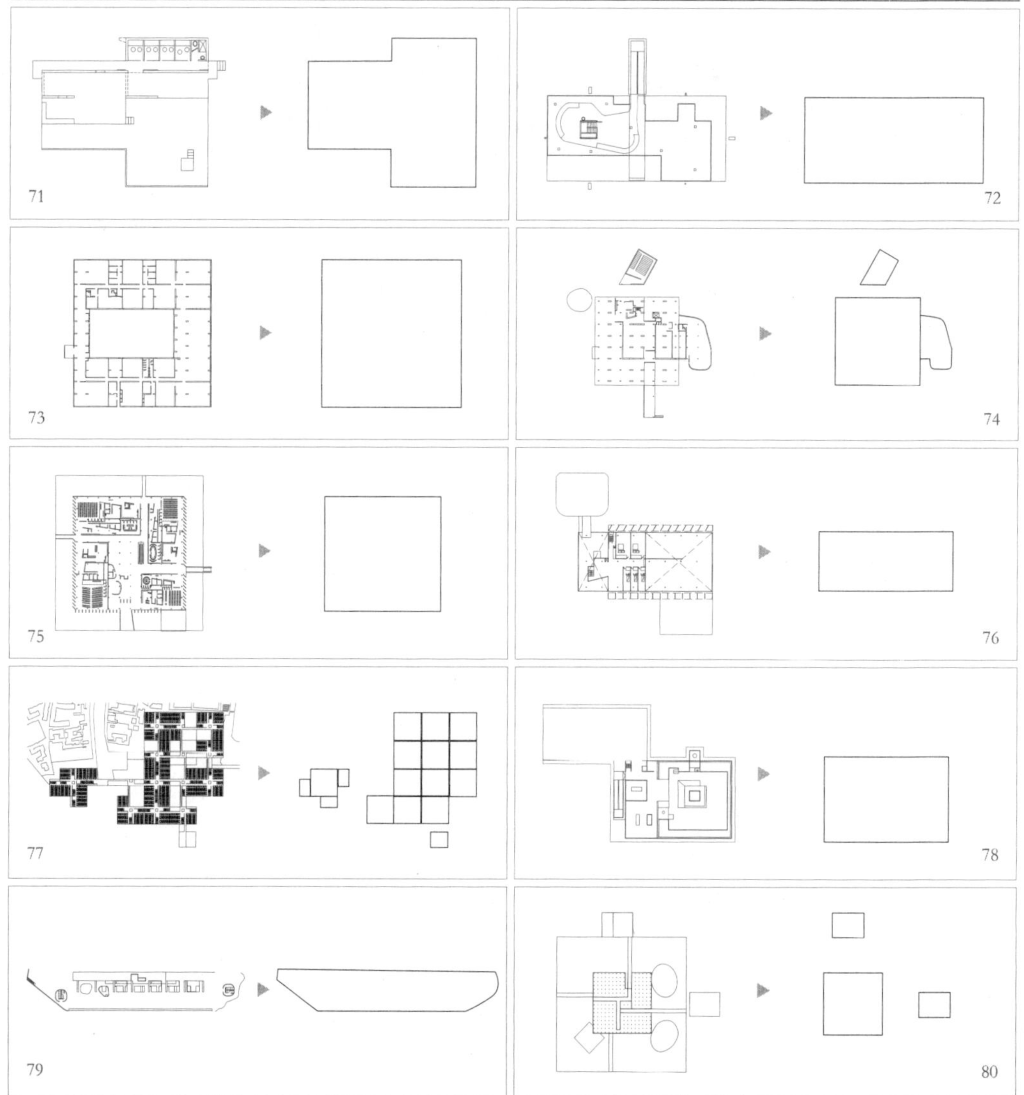

经过对比发现，在 80 个公共建筑作品的平面中，有 68 个作品在外形轮廓上表现出了一些共同的特征，据此可以将这 68 个作品分为以下几类：

类型 A：方形或方形组合

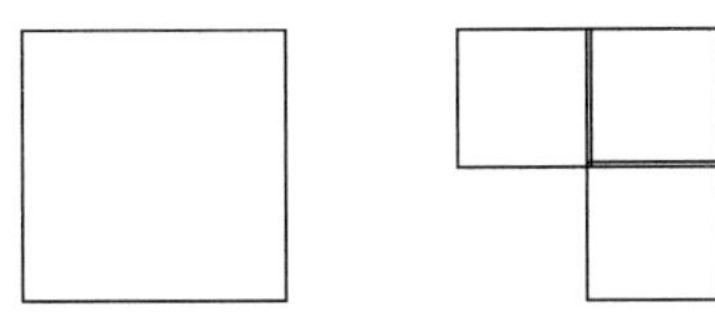

建筑的平面均表现出方形或方形组合的特征，它们是 01、08、10、14、15、18、19、25、26、27、28、31、33、35、40、42、45、46、47、48、51、52、53、54、55、56、59、62、64、66、69、70、73、74、75、77、80 号作品，共计 37 例。35 号作品（瓦尔山谷的冬夏体育活动中心）是一个建筑群组合，其中含有方形的建筑单体；46 号作品（昌迪加尔烈士纪念碑）可以提炼为多个形体的组合，其中含有方形；66 号作品（哈佛大学视觉艺术中心）不是纯粹的方形，有两个曲线体块附属在其周围。

类型 B：矩形

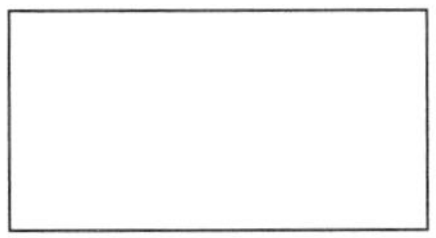

平面的外形轮廓均呈现为矩形，且近似于两个方形的拼接。它们是 02、06、11、32、36、43、61、67、68、72、76、78 号作品，共计 12 例。

类型 C：“一”字形或其组合

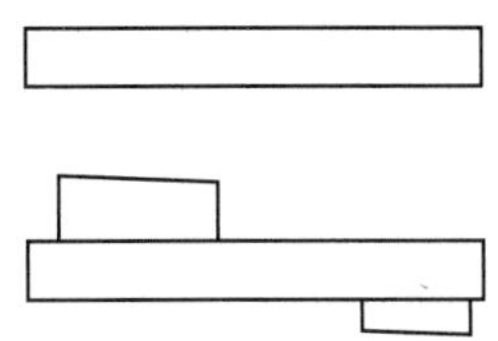

平面轮廓均呈现出“一”字形，或者包含“一”字形并带有附属体块的组合体。它们是 05、07、09、12、20、22、23、37、38、39、49、50、57、63、65 号作品，共计 15 例。其中，57 号作品（拉图雷特修道院）的平面呈现为“一”字形教堂和 U 形僧侣宿舍的组合体。

类型 D：梭形或其组合

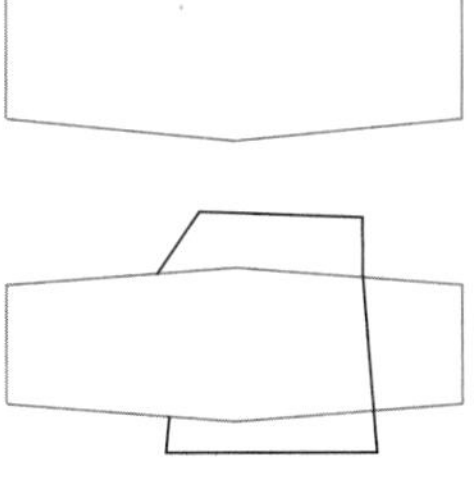

在 80 个平面中，有 4 个案例呈现出特殊的梭形的特征，即中间宽，两端窄。它们是 17、30、34、60 号作品。需要指出的是，在 60 号作品（巴黎大学城巴西学生公寓）中，板楼的一边是直线，没有向外凸出，不是标准的梭形。

上述 4 种是经过统计得到的、拥有多数代表案例的类型。除此之外，还有 12 个案例的平面外形轮廓比较特殊，没有与其相同的案例，属于孤例或者少数，它们是 03、04、13、16、21、24、29、41、44、58、71、79。我们将其统一归为其他类。

从统计的数据中可以看出：柯布西耶最常采用方形或其组合的平面轮廓，其次是“一”字形和矩形的组合，较少会采用独特的梭形图案。

表2　80个公共建筑作品平面类型的统计

行政类	作品编号	05	07	09	16	17	23	34	38	39	48	49	50	53	62	69	75	76
	类型代号	C	C	C		D	C	D	C	C	A	C	C	A	A	A	A	B
博物馆类	作品编号	08	14	15	20	33	40	51	54	56	74	80						
	类型代号	A	A	A	C	A	A	A	A	A	A	A						
展览馆类	作品编号	06	11	19	26	27	28	31	32	42	43	58	68	71	72			
	类型代号	B	B	A	A	A	A	A	B	A	B		B		B			
宗教类	作品编号	10	41	44	47	57	64	67	78									
	类型代号	A			A	C	A	B	B									
学校类	作品编号	01	12	36	60	66	73											
	类型代号	A	C	B	D	A	A											
体育类	作品编号	21	24	35	63	79												
	类型代号			A	C													
水利类	作品编号	03	61															
	类型代号		B															
综合体类	作品编号	04	18	22	30	37	65											
	类型代号		A	C	D	C	C											
商业类	作品编号	02	13	25	59	70												
	类型代号	B		A	A	A												
纪念碑类	作品编号	29	45	46	52	55												
	类型代号		A	A	A	A												
医院类	作品编号	77																
	类型代号	A																

A　B　C　D

（空白部分为其他类）

按照表1将上述5种类型的案例编号代入,得到表2,其中,数字为作品编号,字母为平面类型。从表格中可以看出，行政类主要运用了A和C两种类型；博物馆类基本全都运用了A类型，即方形的轮廓，仅有一例用了C类型；展览馆类主要运用了A和B两种类型，两种类型数量相同；宗教类主要运用了A和B两种类型，两例为其他类，仅有一例为C类型；学校类主要运用A类型，B、C、D类型各一例；体育类和水利类没有明显的常用手法；综合体类主要用C类型，其他类、A和D类型各一例；商业类主要运用了A类型，还有两例分别属于B类型和其他类；纪念碑类除了其他类的29号，都运用了A类型；医院类作为孤例运用了A类型。另一方面，从类型的使用范围来看，A类型运用最广泛，尤其在博物馆类建筑上；B类型则较多地运用在展览馆类建筑上；C类型主要体现在行政类和综合体类建筑上；D类型则主要运用在行政类建筑上，在综合体类和学校类建筑上各有一例。

基于内部分割的视点

本节将基于平面内部分割的视点，根据表3列出的80个作品的各层平面，分两步进行分析。第一步是对80个公共建筑的各层平面进行总体的提炼，概括出其内部空间的组织方式特点，找寻其遵循的图案或者逻辑。由于各个方案的层数不一样，对平面进行抽象提炼时，没有针对每一层都总结一个模式，而是通过观察各层平面，综合分析后找出其最具特性的一层，或者说最具代表性的平面加以提炼。第二步是在第一步的基础上进行横向比较，找出柯布西耶设计手法的共性及随时间发生的内在演变。以01号作品为例，如图2左图所示，其中间为一个空心的“核”——大教室，四周是围绕其布置的小隔间，通过抽象可以得到如图2右图所示的模式图案。

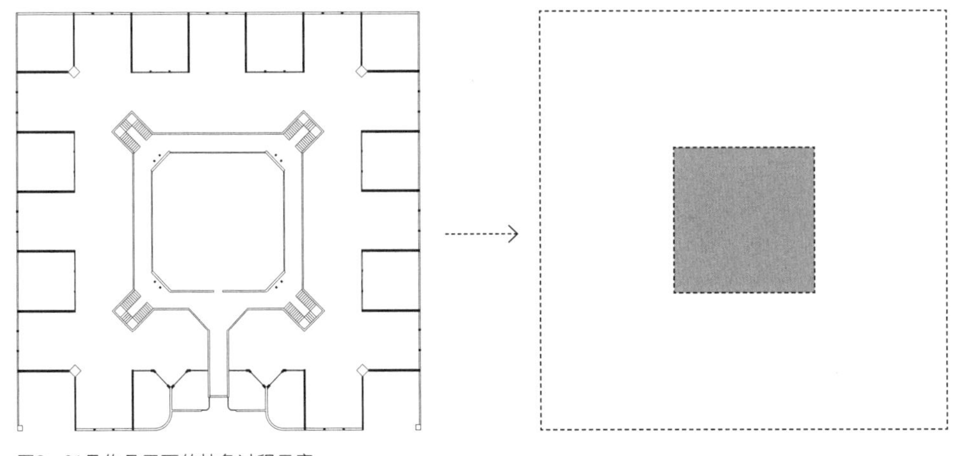

图2　01号作品平面的抽象过程示意

表3　80个公共建筑作品各层平面图

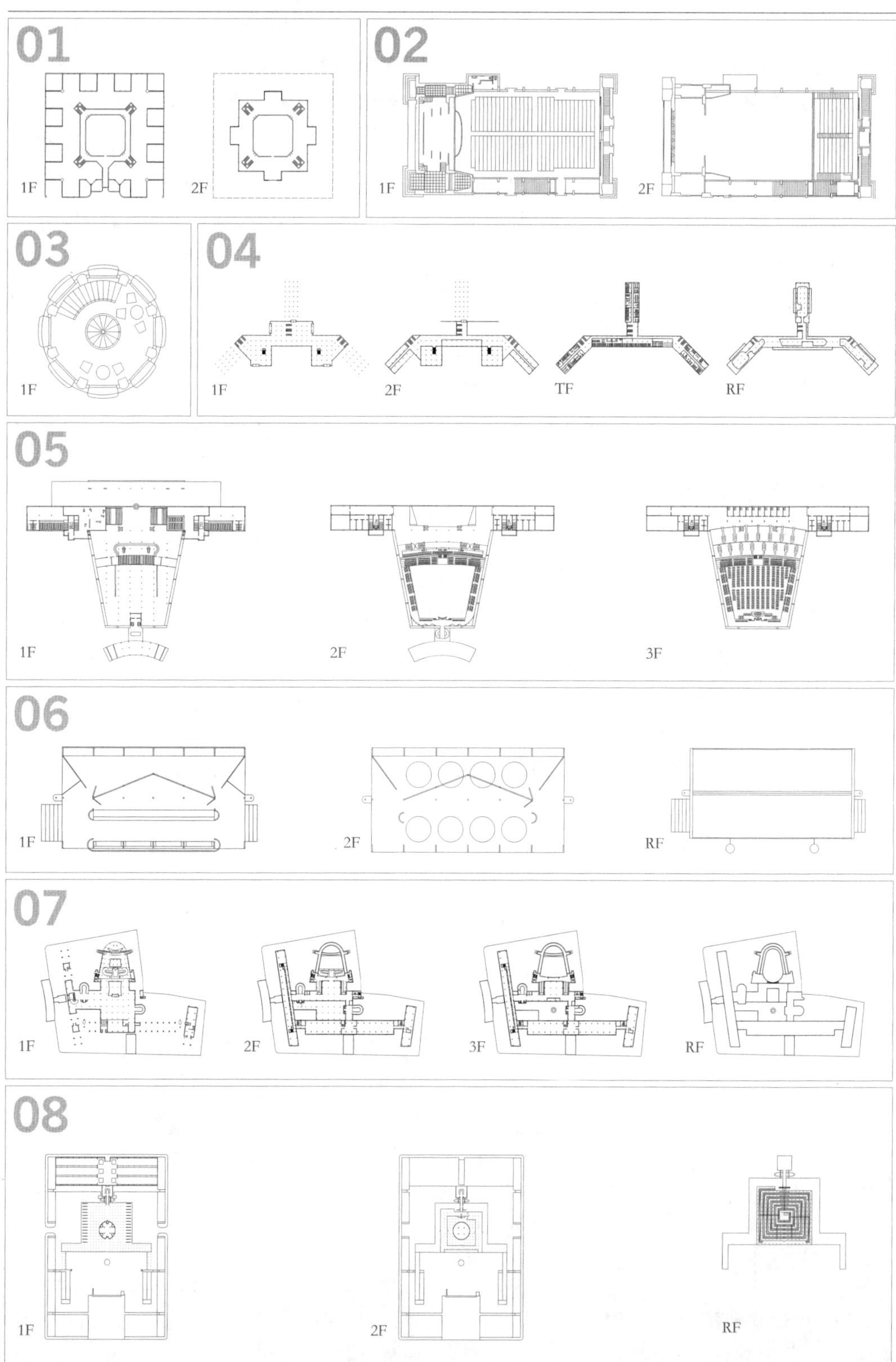

注：-1F 指地下一层平面图，1F 指一层平面图，2F 指二层平面图，以此类推；TF 指标准层平面图，RF 指屋顶平面图，MF 指夹层平面图。

续表

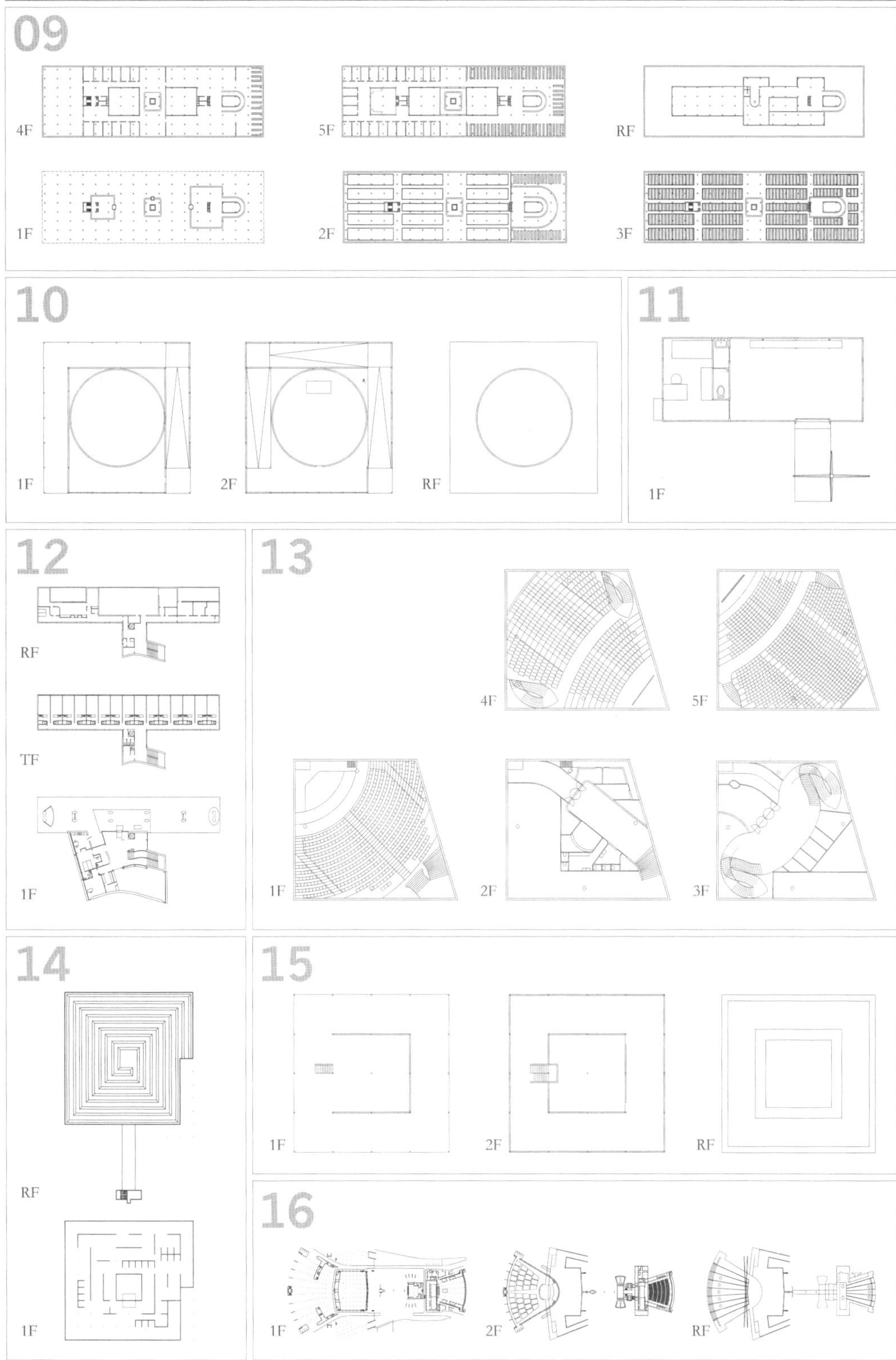
09
4F
5F
RF
1F
2F
3F
10
1F
2F
RF
11
1F
12
RF
TF
1F
13
4F
5F
1F
2F
3F
14
RF
1F
15
1F
2F
RF
16
1F
2F
RF

续表

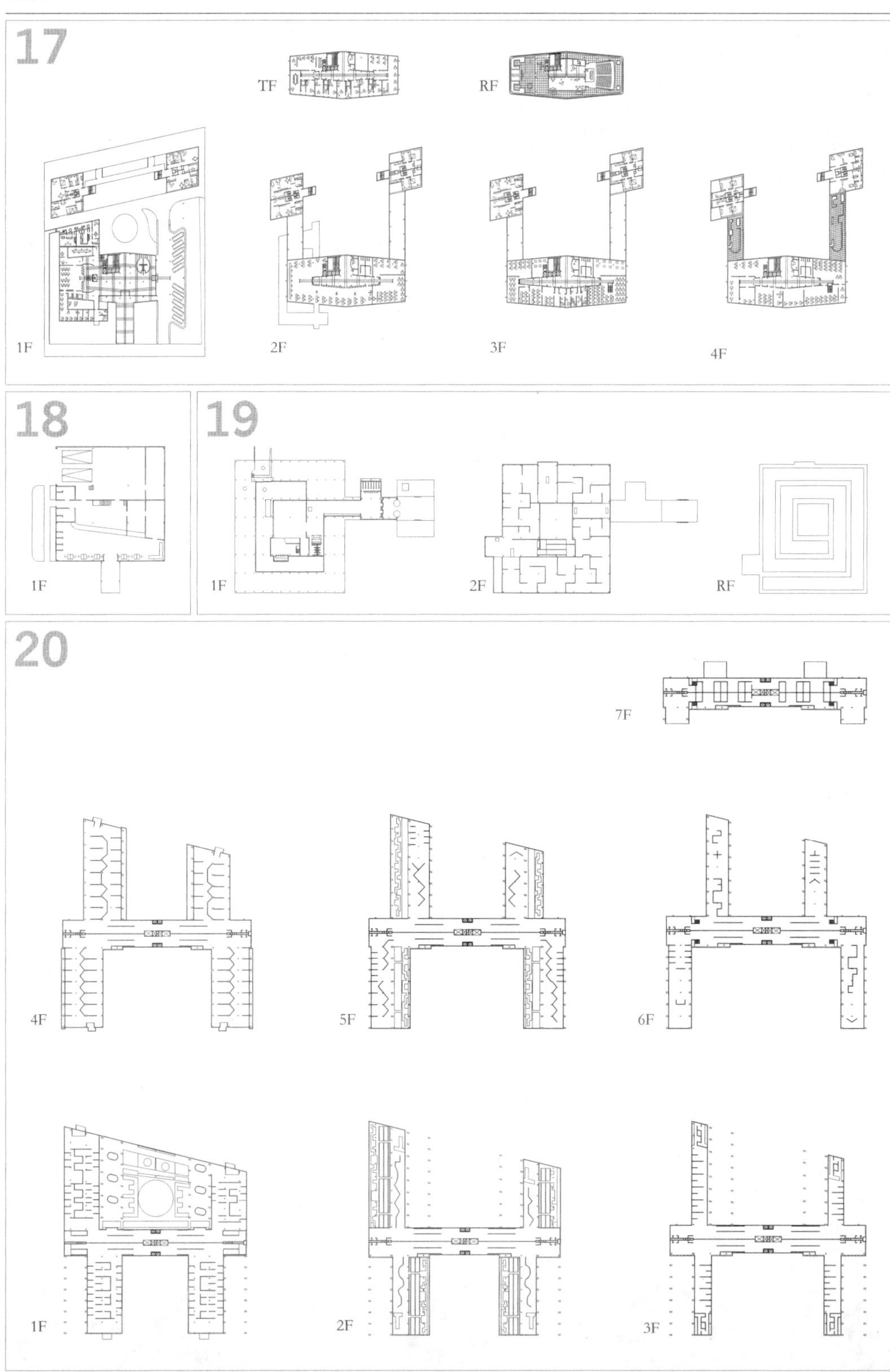

续表

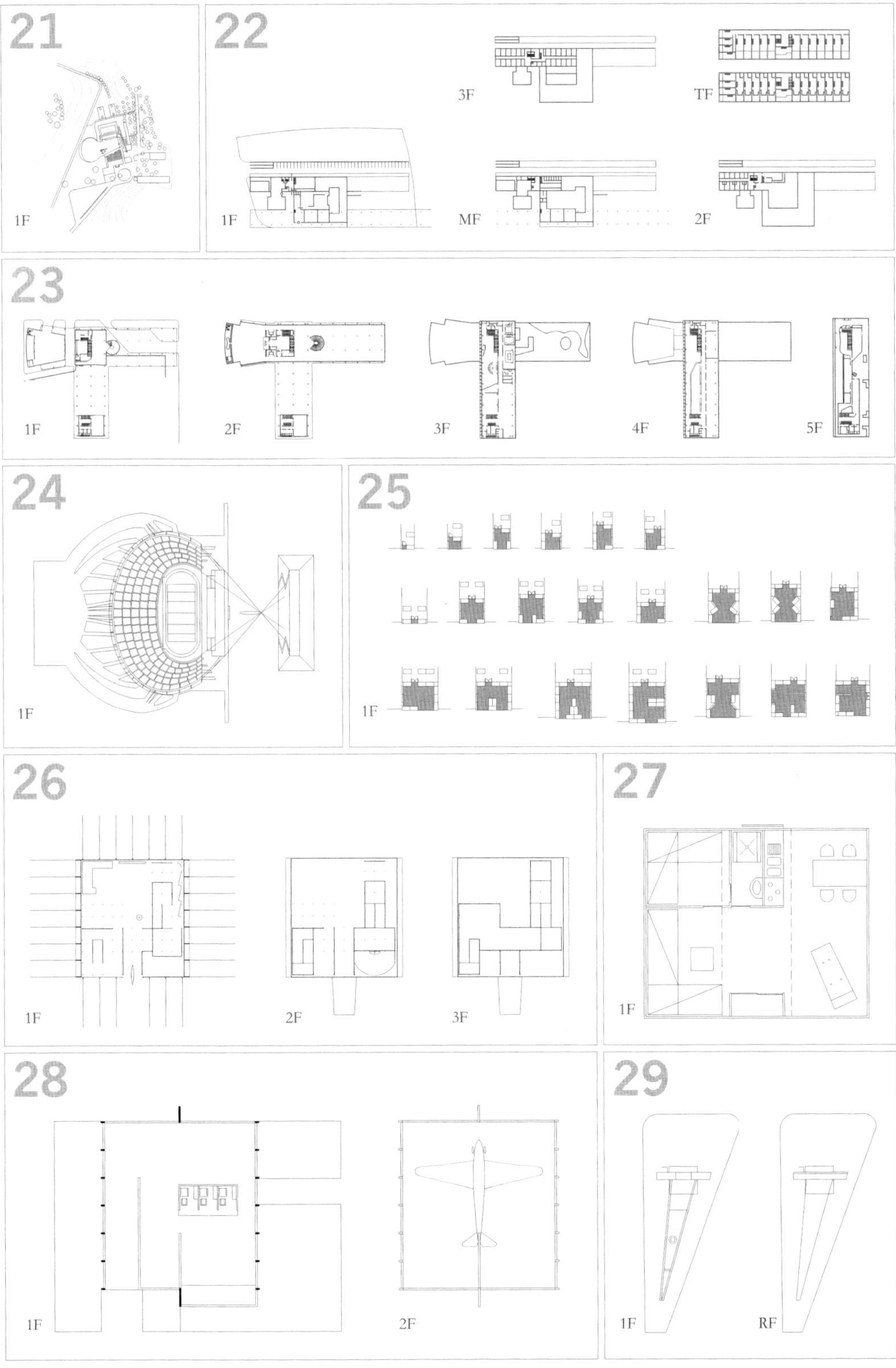
21
1F
22
3F
TF
1F
MF
2F
23
1F
2F
3F
4F
5F
24
1F
25
1F
26
1F
2F
3F
27
1F
28
1F
2F
29
1F
RF

续表

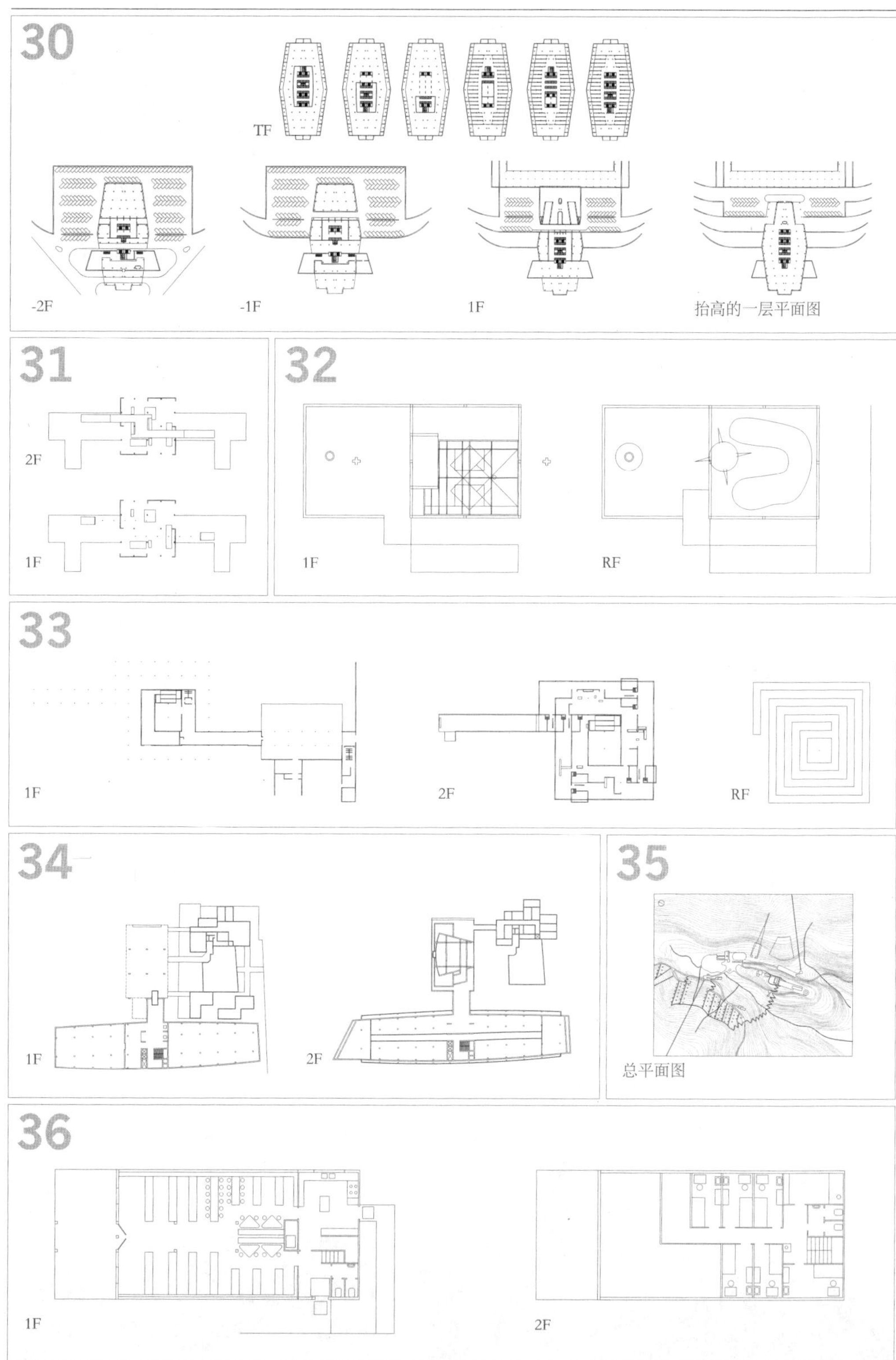
30
TF
-2F
-1F
1F
抬高的一层平面图
31
2F
1F
32
1F
RF
33
1F
2F
RF
34
1F
2F
35
总平面图
36
1F
2F

续表

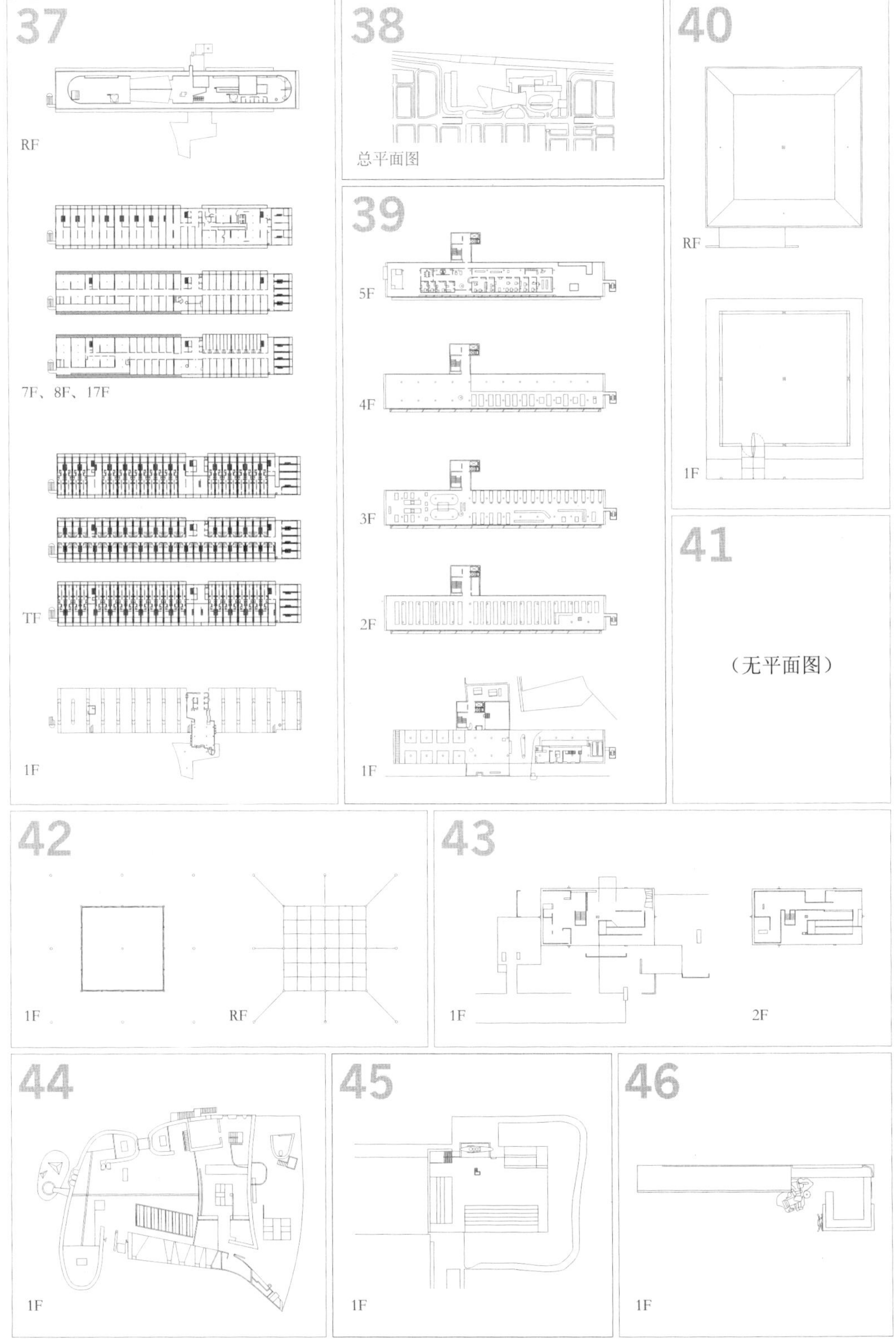
37
RF
7F、8F、17F
TF
1F
38
总平面图
39
5F
4F
3F
2F
1F
40
RF
1F
41
（无平面图）
42
1F
RF
43
1F
2F
44
1F
45
1F
46
1F

续表

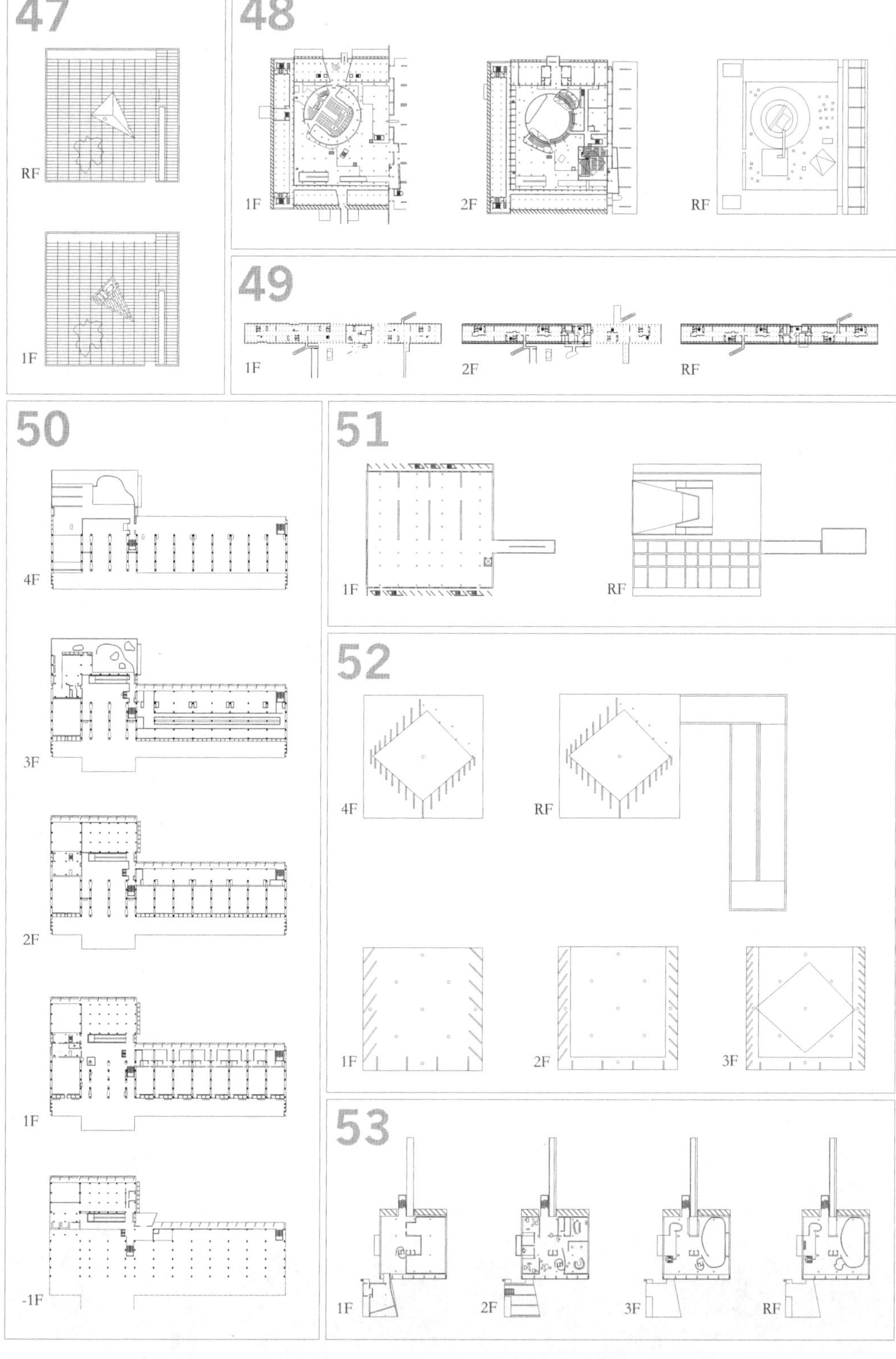
47
RF
1F
48
1F
2F
RF
49
1F
2F
RF
50
4F
3F
2F
1F
-1F
51
1F
RF
52
4F
RF
1F
2F
3F
53
1F
2F
3F
RF

续表

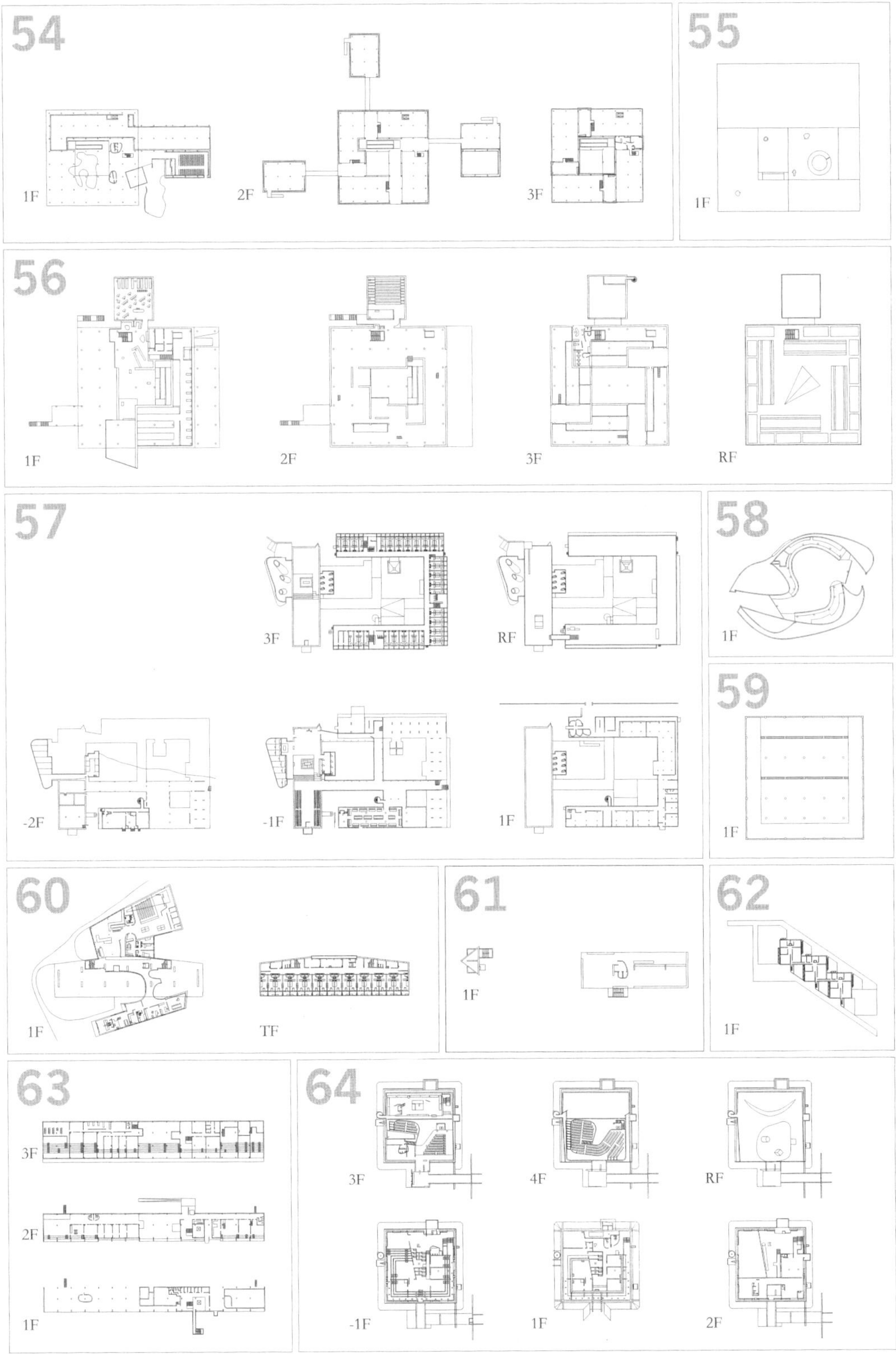
54
1F
2F
3F
55
1F
56
1F
2F
3F
RF
57
3F
RF
-2F
-1F
1F
58
1F
59
1F
60
1F
TF
61
1F
62
1F
63
3F
2F
1F
64
3F
4F
RF
-1F
1F
2F

续表

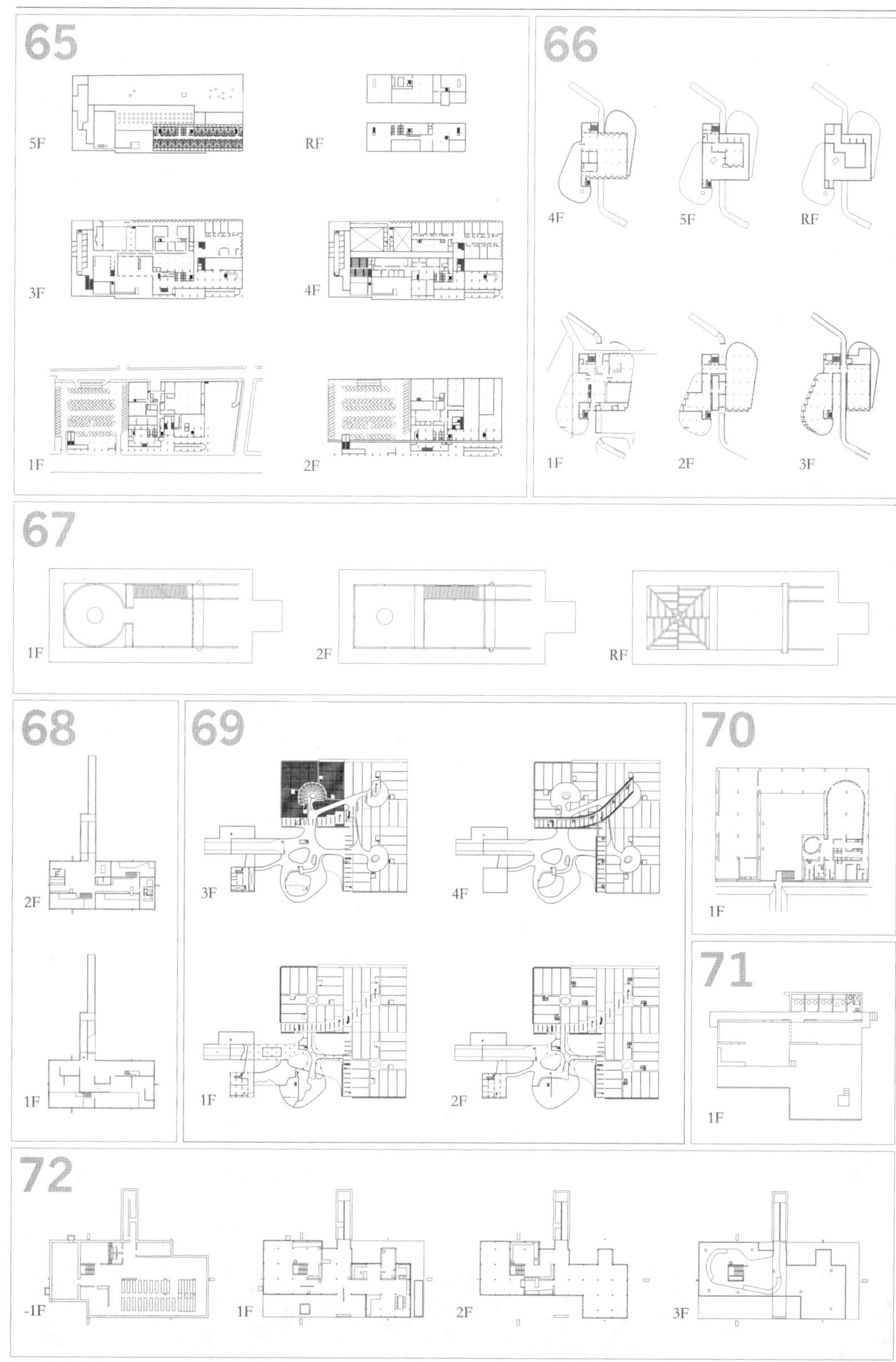
65
5F
RF
3F
4F
1F
2F
66
4F
5F
RF
1F
2F
3F
67
1F
2F
RF
68
2F
1F
69
3F
4F
1F
2F
70
1F
71
1F
72
-1F
1F
2F
3F

续表

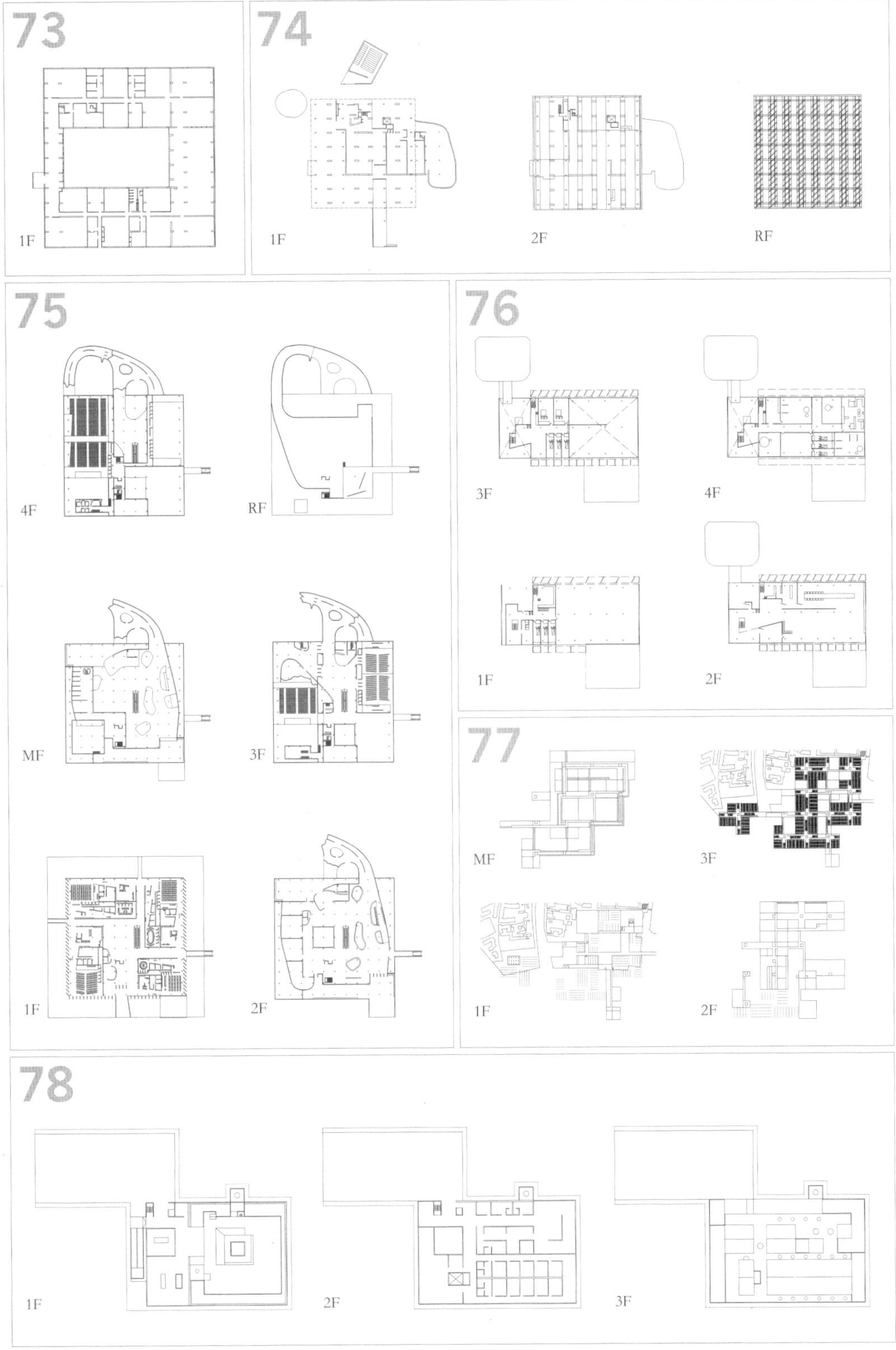
73
1F
74
1F
2F
RF
75
4F
RF
MF
3F
1F
2F
76
3F
4F
1F
2F
77
MF
3F
1F
2F
78
1F
2F
3F

续表

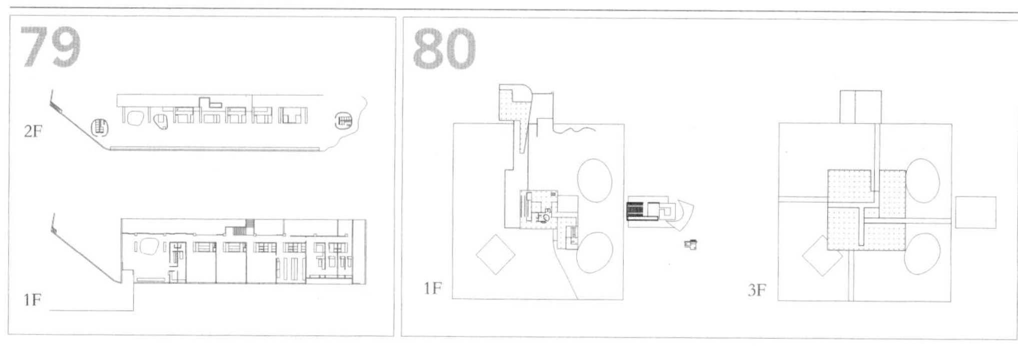

对 80 个公共建筑作品的平面内部组织方式进行抽象提炼后，得到了模式汇总表 4。

表4 抽象提炼后的平面组织模式汇总

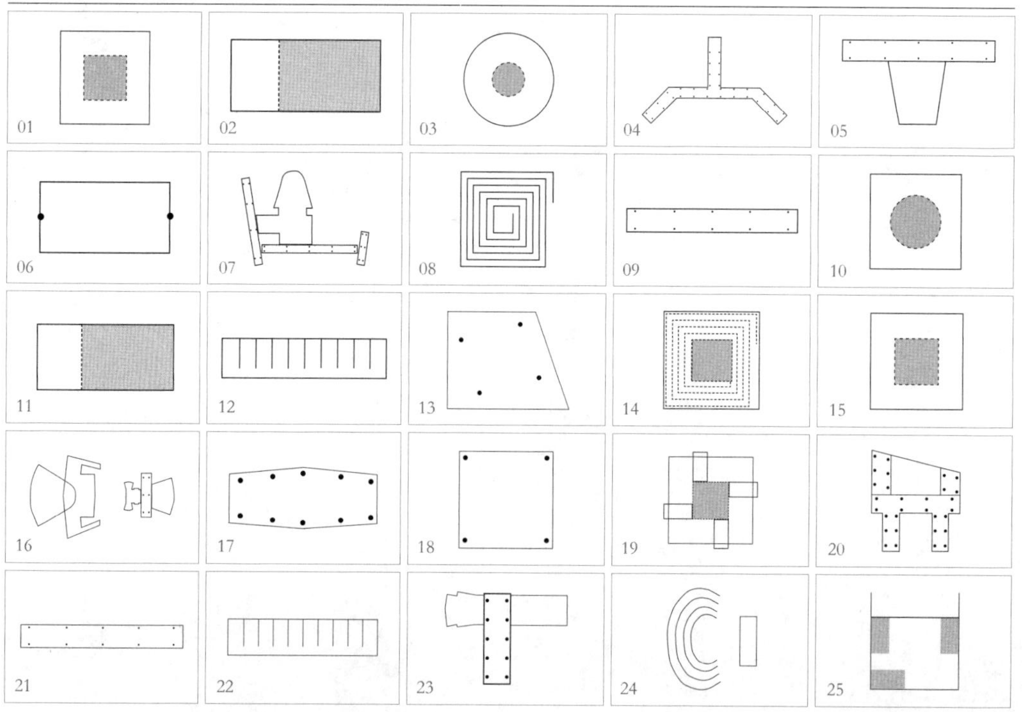

续表

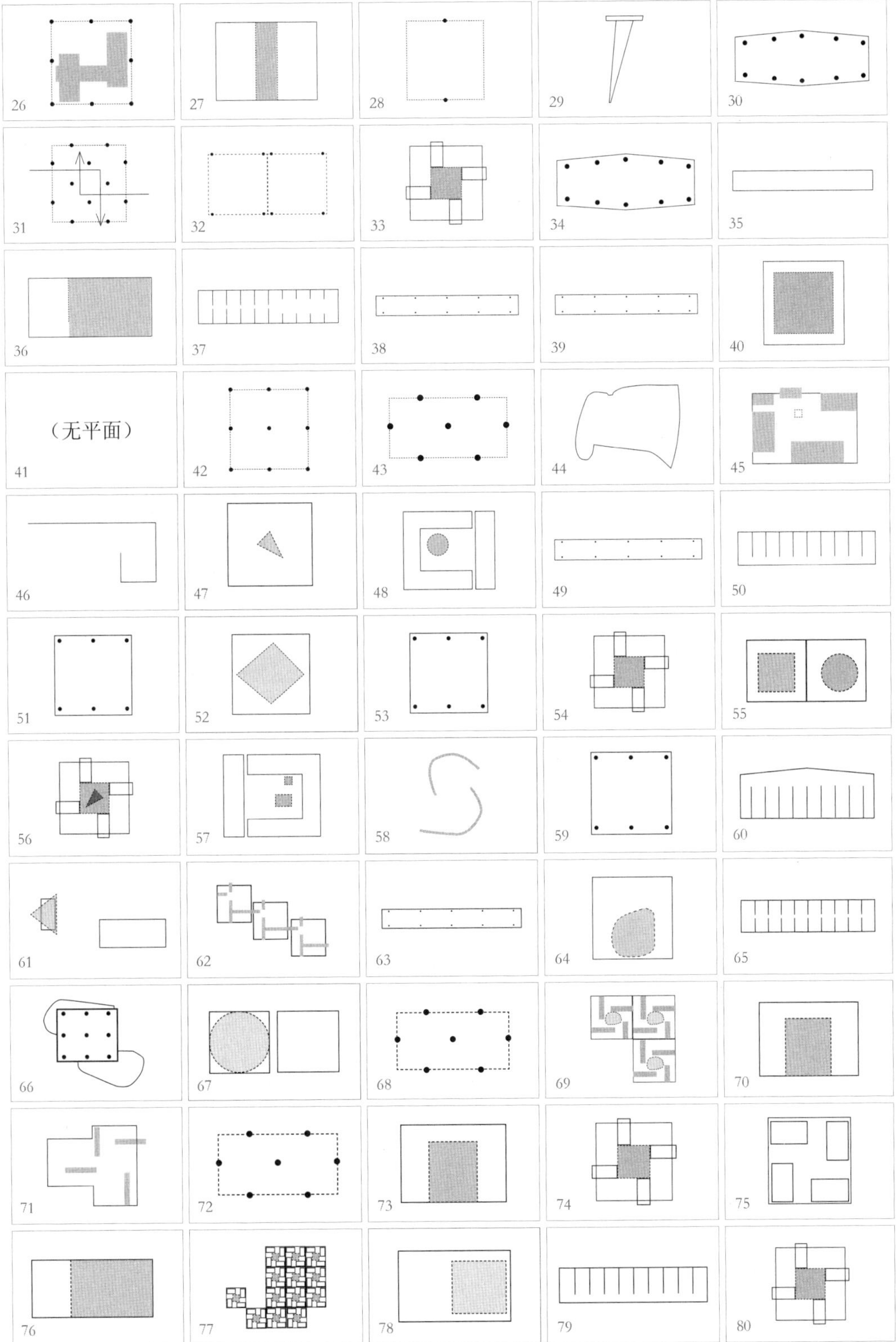
26
27
28
29
30
31
32
33
34
35
36
37
38
39
40
（无平面）
41
42
43
44
45
46
47
48
49
50
51
52
53
54
55
56
57
58
59
60
61
62
63
64
65
66
67
68
69
70
71
72
73
74
75
76
77
78
79
80

对表 4 中的平面组织模式进行横向对比之后可以发现，一些作品在内部空间的构成上存在共性。这种共性是从每个作品的特性中寻找的，而不是于共性之中寻找共性。这种共性可分为以下几种类型：

类型 A

这种类型的作品都有一个中心核，这个核不是交通电梯的核，而是空间组织核心的核，且该类型呈现为基本几何形状相叠加的样式。它们是 01、03、10、15、40、47、48、52、57、64、67、70、73、78 号作品，共计 14 例（表 5）。

表5　类型A的作品汇总

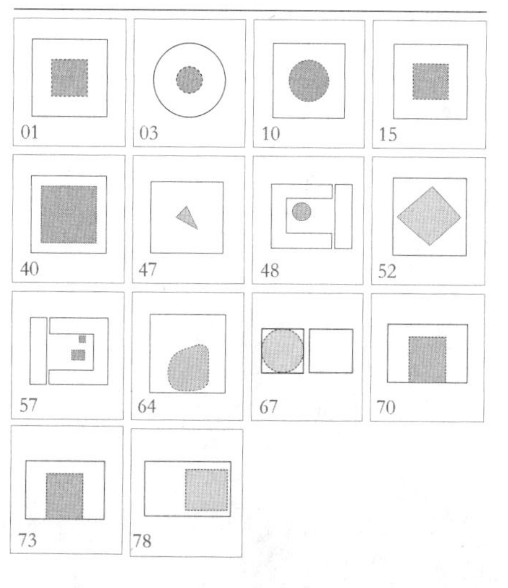

类型 B

该类型的共性体现在它们均围绕中心呈现“卍”字形或者螺旋状的布置，形成首尾相互咬合的趋势。其实，这些作品也有一个核，但为了体现区别，未将这一类型的作品加入类型 A。它们是 08、14、19、33、45、54、56、69、71、74、75、77、80 号作品，共计 13 例（表 6）。需要指出的是，在这一类型中，有些是单体呈现这种特征，有些是多个单体组合呈现，如 69 和 77 号作品。另外，如 45 和 71 号作品，其“卍”字形的特征不如其他作品明显，但还是有这种倾向。

表6　类型B的作品汇总

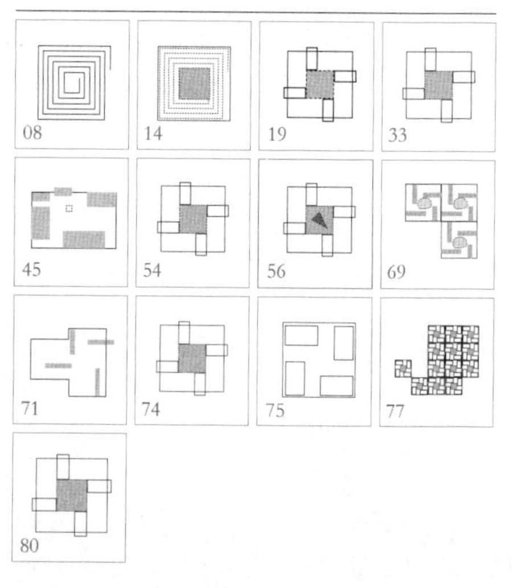

类型 C

这些作品虽具有不同的外部轮廓，但是其内部空间的划分都基于多米诺结构框架，即在标准梁柱结构柱网下的自由划分，只不过有些是单一的，有些则结合了其他大空间，如05、16号作品等。它们是04、05、07、09、13、16、17、18、20、21、23、30、34、38、39、49、51、53、59、63、66号作品，共计21例（表7）。

表7　类型C的作品汇总

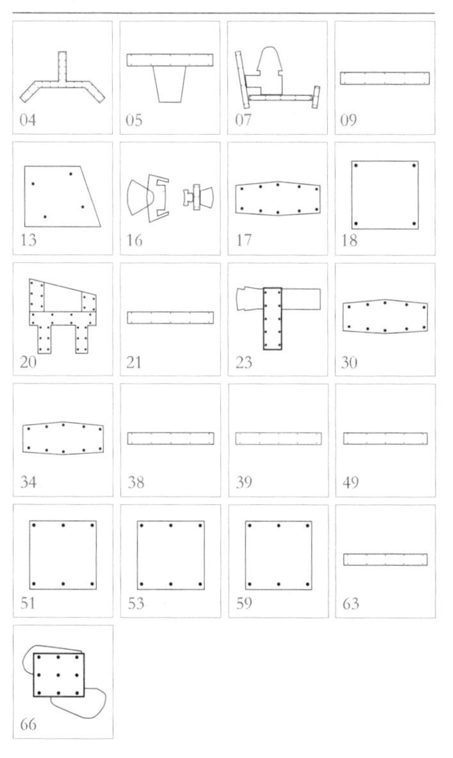

类型 D

这类作品呈现出的特征是结构要素布置于平面轮廓的外围，围合出两个或四个方形的内部整体大空间，然后再在大空间里布置使用空间。它们是06、26、28、31、42、43、68、72号作品，共计8例（表8）。

表8　类型D的作品汇总

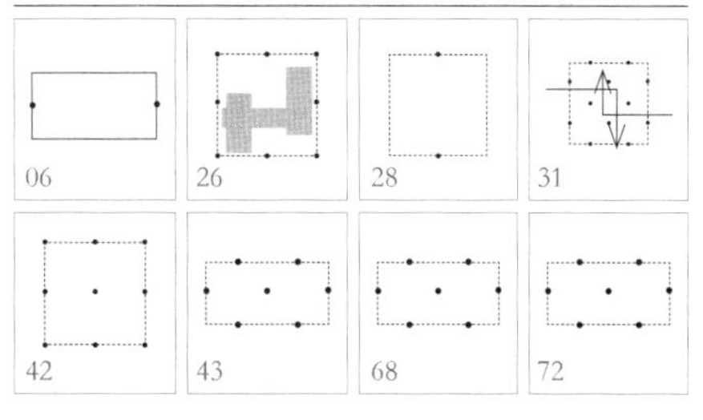

类型 E

这些作品均表现出用一条走道串起的行列式隔间的内部分隔方式，如12、22、37、50、60、65、79号作品，共计7例（表9）。

表9　类型E的作品汇总

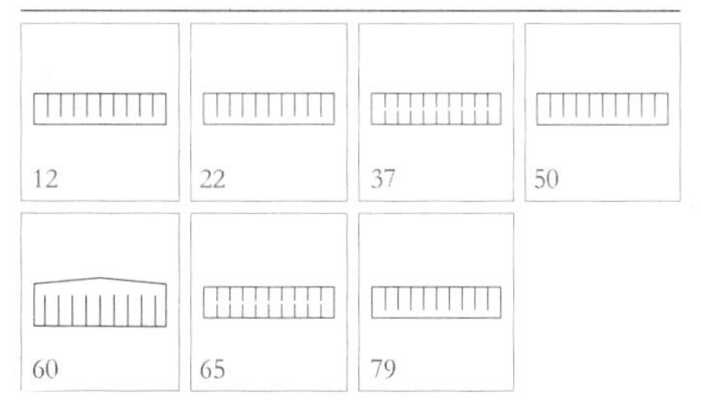

类型 F

这种类型的共性体现在平面轮廓相近，内部均被分成大小两部分空间，且两者的面积比接近2∶1的关系，如02、11、36、76号作品，共计4例（表10）。

表10　类型F的作品汇总

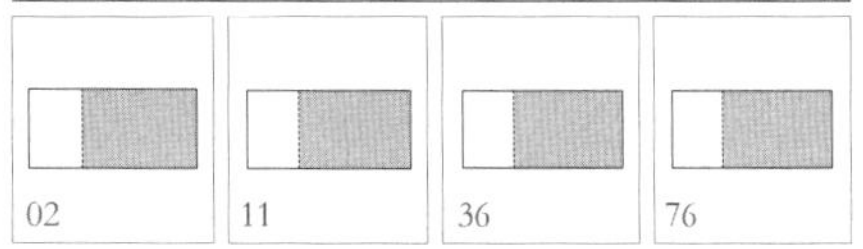

接下来对每种类型中的代表性案例进行分析。

类型 A

1910 年，柯布西耶已经从佩雷那儿学到了钢筋混凝土技术，也已经探访了他心中理想住宅的原型——艾玛修道院，在技术和理想的双重激励下，他为家乡的母校设计了一个结合教学与实践的艺匠作坊（01 号作品）。其平面呈 7×7 开间的方形，四周的作坊围绕中间的大教室布置，4 个角部的楼梯直达二层，柯布西耶在此处强化了入口，这种区分也突出了整个建筑唯一的轴线（图 3）。作为柯布西耶的首个公共建筑方案，艺匠作坊以完全的集中式空间模式开启了柯布西耶对这一布局的系列实践。

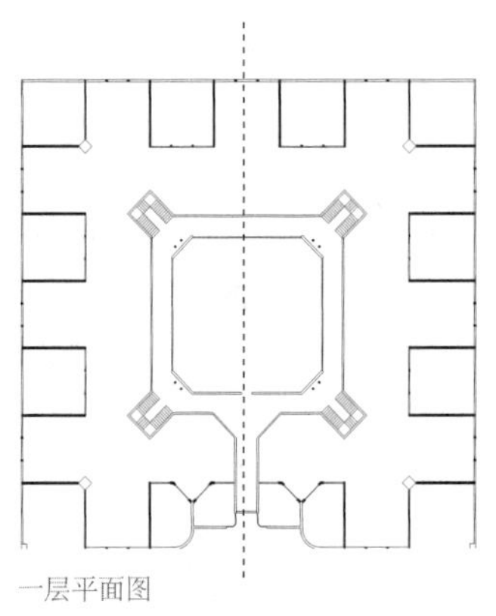

一层平面图

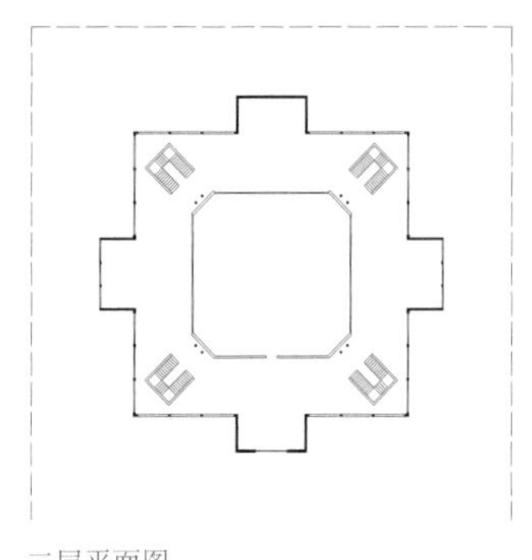

二层平面图

图3　01号作品的各层平面图

在波当萨克水塔（03 号作品）的方案中，柯布西耶以圆形包裹下的正八边形布局（图 4）再次强化了这一布局方式。水塔以 8 根完全对称的不规则柱子作为支撑，柱子在抹圆的外部墙体中以壁柱的形式半露出来（图 5），人们可以通过紧贴外墙的旋转楼梯从底层到达中间的观景台层，继而从位于中心的旋转楼梯直通屋顶平台。在此处，柯布西耶依靠内与外的区分完成了空间使用的转化，底层通高的中空空间在观景台处变为实体的楼梯（图 6），从而空出四周的空间用于观景，以平衡交通空间与使用空间之间的巨大张力。8 个观测面的向心对称布置表达了一种无方向性的统一。此塔建于 1917 年，令人不得不猜想柯布西耶于 20 世纪 20 年代以后设计的小住宅作品中，常见的旋转楼梯的设计手法便是源于此塔。

如果说前两个方案的平面还保留了古典主义的特质的话，在 20 世纪 20 年代末以后采用这一布局方式的作品中则体现了更加简化和抽象的趋势，如 10 号作品特朗布莱教堂。在这个平面中，结构柱被简化了，几何形状更加趋向基本的方形、圆形，再也没有古典的壁柱、伊斯兰式的尖塔等要素。如图 7 所示，沿着外围，一圈开间的坡道起着交通的作用。从一张草图初稿（图 8）中可以看出，柯布西耶最初采用一个高大的方体来表达教堂高耸的空间，但后来可能发现圆柱体更能体现教堂的神圣感。在 1931 年的巴黎当代艺术家博物馆方案（15 号作品）中，同样以内外两层方形的集中式平面表达出这种布局模式（图 9）。整个平面布局中仅有处于中轴上的一个双跑楼梯，除此之外，平面中空无一物，没有进行任何分割，空间的焦点集聚于中庭通高空间的一根中柱上，中柱作为空间的重心，颇似水塔中的旋转楼梯所起的作用。

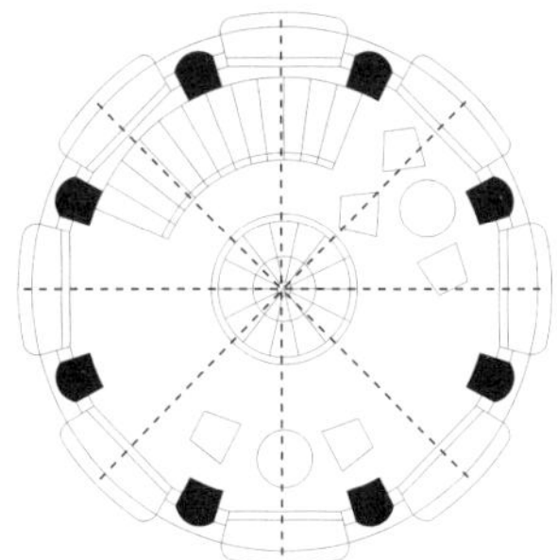

图4　03号作品平面图

图5　03号作品实景

图6　03号作品内部草图

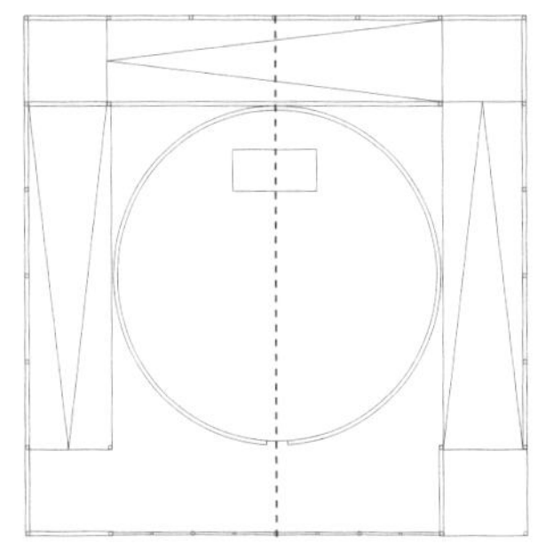

图7　10号作品平面图（虚线为中轴线）

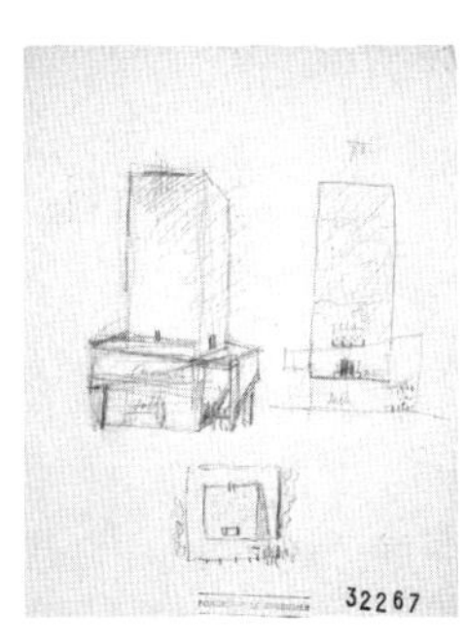

图8　10号作品草图

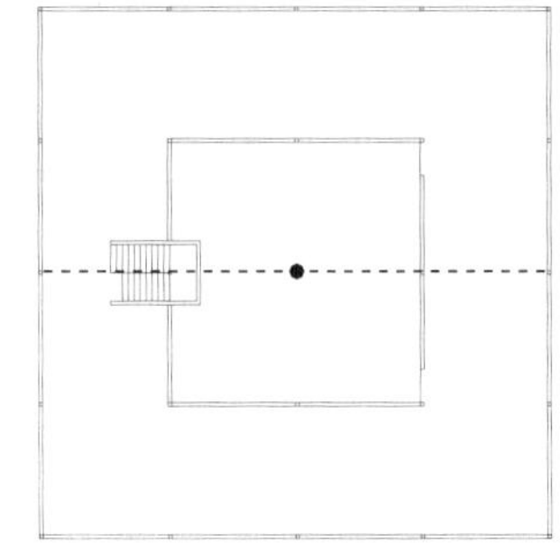

图9　15号作品平面图（虚线为中轴线）

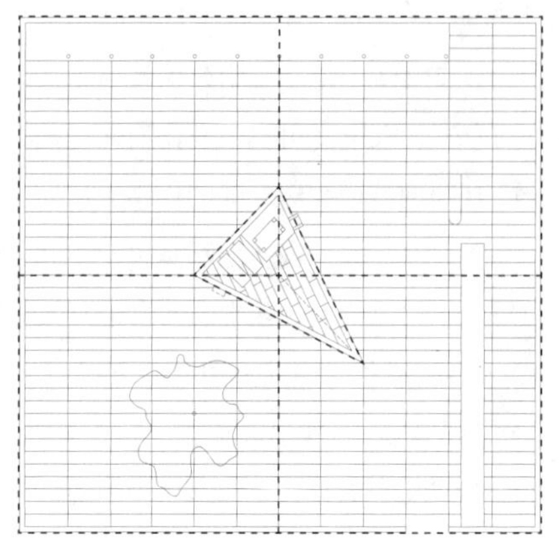

图10　47号作品平面图

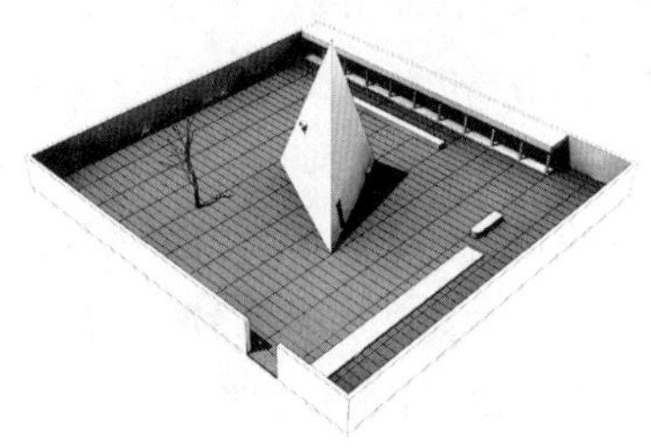

图11　47号作品透视图

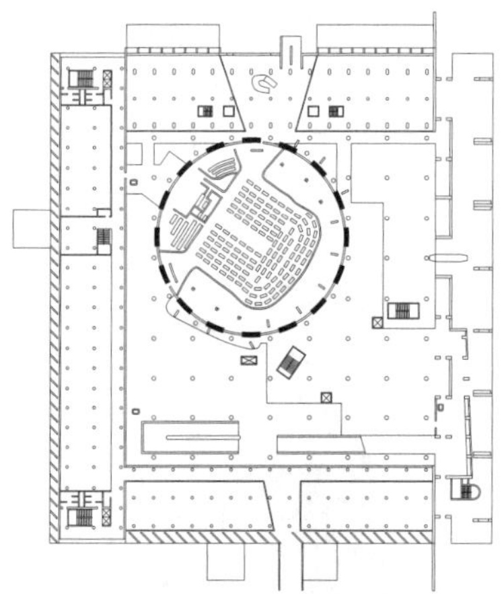

图12　48号作品一层平面图

委内瑞拉葬礼礼拜堂（47 号作品）的整个建筑是一个内向的封闭庭院（图 10），采用横向 12 列、竖向 40 行，共 480 块地砖铺设地面，每块砖长 2 450mm，宽 700mm，长宽比为 3.5 ：1，所以庭院基本维持一个方形轮廓，而院落中间的三棱锥礼拜堂（图 11）的中心就处在整个院落的中点，此处在图中显示为虚空部分。柯布西耶晚期的 52 号、67 号和 78 号作品均呈现出类型 A 的特征。

以上描述的 01、03、10、15、47 号作品的平面中的核均位于中心位置，而在类型 A 中，还有一些作品的核偏离了中心的位置。1951 年，在昌迪加尔议会大厦（48 号作品）的方案中，如果我们将功能分区复杂的平面分割后抽象化，其核心仍然是类型 A 式的平面构图。不同于 1910 年艺匠作坊中的方形核处于完全的构图中心，下议院圆形报告厅（图 12）以其绝对的画面中心的角色游离于一角，此时的柯布西耶更倾向于这种表达方式。

不同于特朗布莱教堂（图 13）圆柱与方体截然分开的形式，柯布西耶在 1960—1969 年的圣皮埃尔教堂方案（64 号作品）中将两者紧密结合（图 14），但是基本的模式是一样的。底层是服务性的功能用房，上部的圆锥台是神圣的教堂空间。从平面中可以看出，圆锥台并没有呈现位于构图中心的趋势，而是靠向西侧，整个外形也出现了向西侧扭曲收缩的倾向，平面的构图相较于早期的实验变得更加丰富和难以定义，形体也从早期的简单、可读演变为后期带有神秘色彩的复杂、难解。通过图 15、图 16 的对比可以看出从 20 世纪 20 年代末到 20 世纪 60 年代，柯布西耶的设计在手法上的延续。

在类型 A 的平面布局中，核处于构图正中间的作品的演变规律是，前期表现为保守主义的古典风格，这种风格体现在具象的尖塔、古典的壁柱等元素上，后来作品逐渐抽象和简化，并且多数作品还表现出具有唯一一根轴线的特性。而核处于一角的作品案例较少，且主要体现在后期实践中（表 11）。

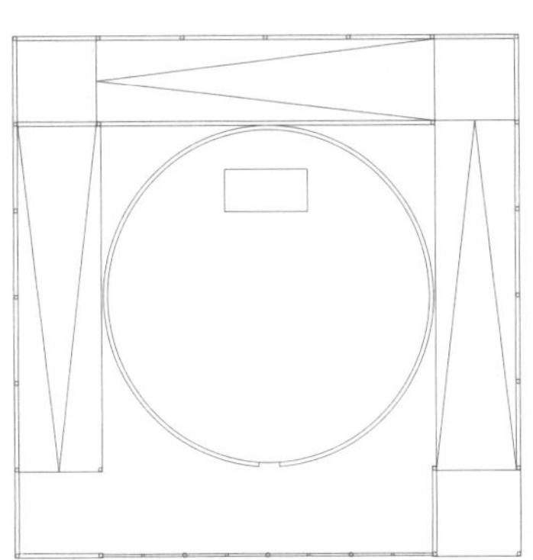

图13　10号作品平面图

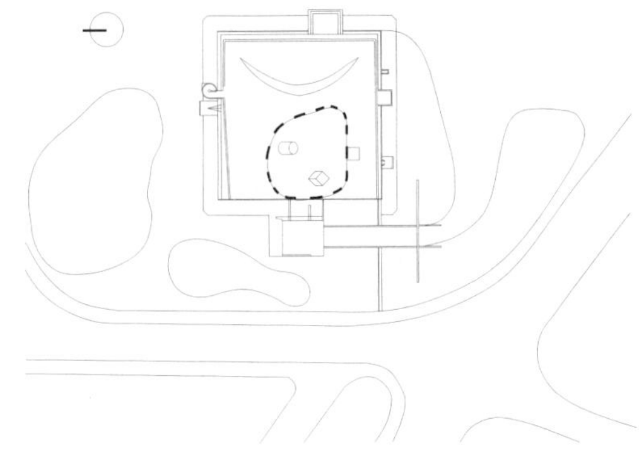

图14　64号作品总平面图

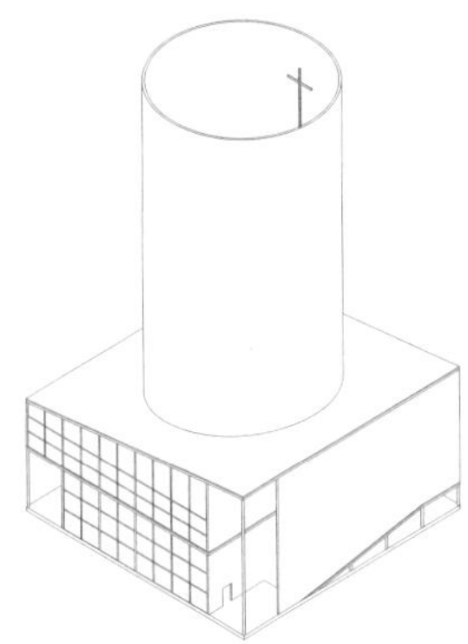

图15　10号作品轴测图

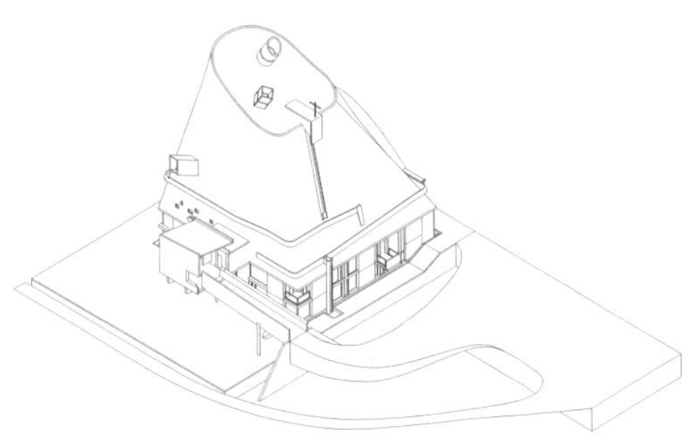

图16　64号作品轴测图

表11　类型A的作品平面汇总

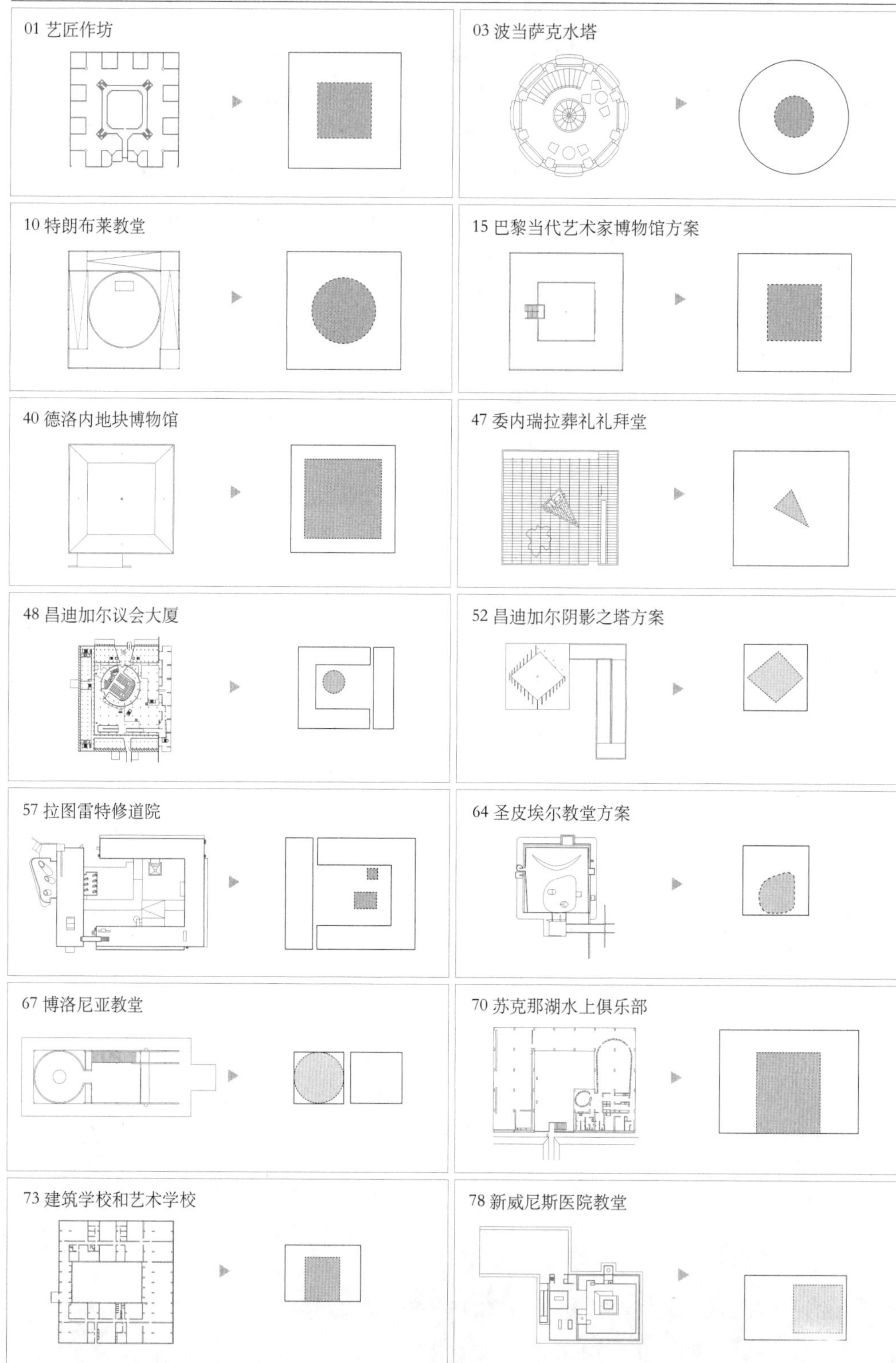

类型 B

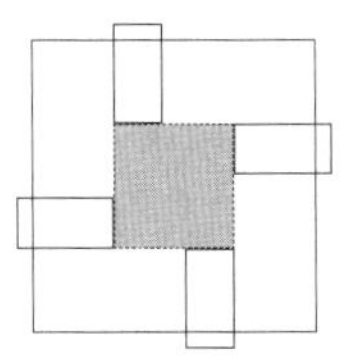

有 13 个案例呈现出类型 B 所示的平面布局，即平面内部划分体现出围绕中心呈“卍”字形或者螺旋线式相互咬合的趋势。柯布西耶第一次提到“螺旋线”的概念是在 1929 年的 Mundaneum 世界博物馆（三声部博物馆，08 号作品）方案中：

> 为了保证三声部博物馆 3 条甬道的交响，为了表达链条上逐渐扩大的环节不间断的连续，一个独一无二的基本建筑构思将带来一种有机的形式——螺旋线。3 条甬道将沿着同一条螺旋线展开。
>
> ——《勒・柯布西耶全集》
>
> 第 1 卷

自此以后，直到他生命结束前，这一理想的自然界有机形式一直贯穿于他的设计中。他的案例所表现出的螺旋特征或是基于空间，或是基于隐藏的路径，不尽相同。

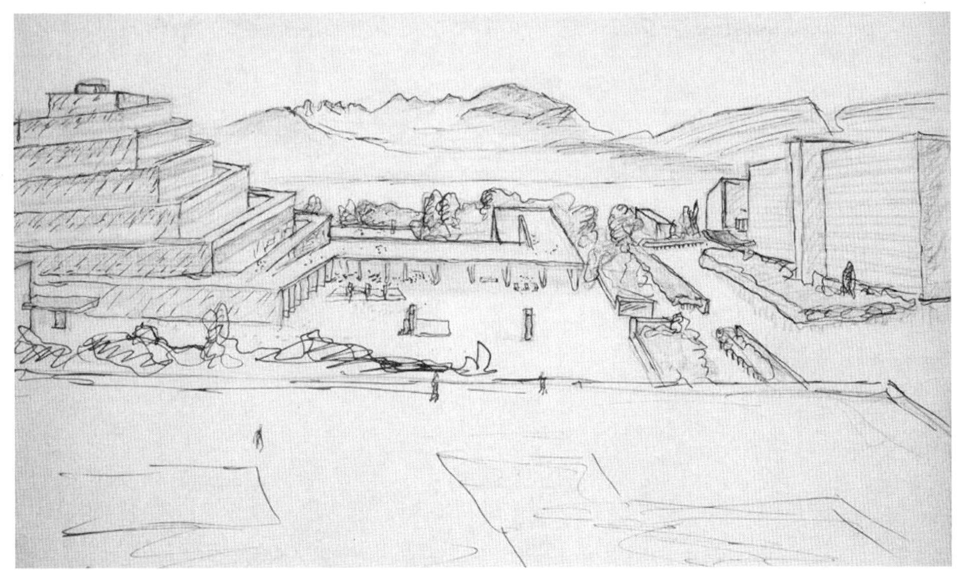

图17　08号作品草图

Mundaneum 世界博物馆是柯布西耶为建立一个世界性的国际中心而提交的方案的一部分，方案中还包括国际图书馆、国际联盟宫等功能空间。《勒・柯布西耶全集》中阐述了柯布西耶对这一博物馆的总体构思，即通过建筑使时间、空间、地点三要素同步可视化，为此他设置了 3 条甬道，人首先乘电梯直达顶层，再沿着甬道缓缓地走下来。从当时的草图（图 17）上看，这一无限螺旋上升的“乌托邦构想”令人不禁想起《圣经》中人类建造的“巴别塔”。

从平面上看（图 18），整个建筑从中心开始向外扩展，甬道之间的间隔相等，顶层为电梯直达的平台，人们从这里开始沿着坡道向下行进。柯布西耶在这一方案中表现出了对中轴对称的古典主义的偏好。在他的构思草图中（图 19），博物馆的一个剖面局部概括了 3 条甬道的关系，其中 a 表示物品、作品的意思，b 表示地点，c 表示时间，d 表示运输、装卸，a、b、c 下部为连续的仓库。他在这一建筑中设计了内外两条路线，人们不必进入室内，便可以从展馆外围的屋顶甬道直接走到底层，或者直接进入展馆，沿着室内的甬道漫游（图 20），而室外的阶梯和栈道又可以通到内部展馆的不同标高层（图 21）。这个建筑的楼板和甬道都是倾斜的，甬道既是交通路线，又是空间，在水平和竖直两个方向都呈现出不断扩展的趋势，可以说，它就是一个立体的停车库。层层出挑的内部甬道与室外的屋顶甬道相互错开，形成一个自然的采光井，如此匠心独运的剖面设计令人不得不折服于柯布西耶在组织空间上的出色能力。这个设计体现了空间上的螺旋，也是柯布西耶对螺旋线有机形式系列实践的首次尝试。

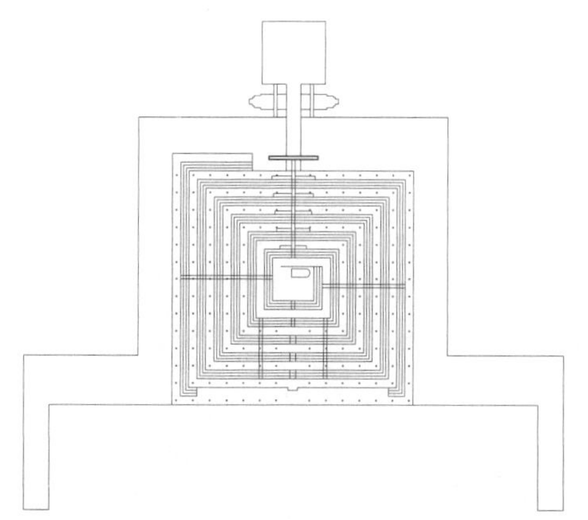

图18　08号作品顶层平面图

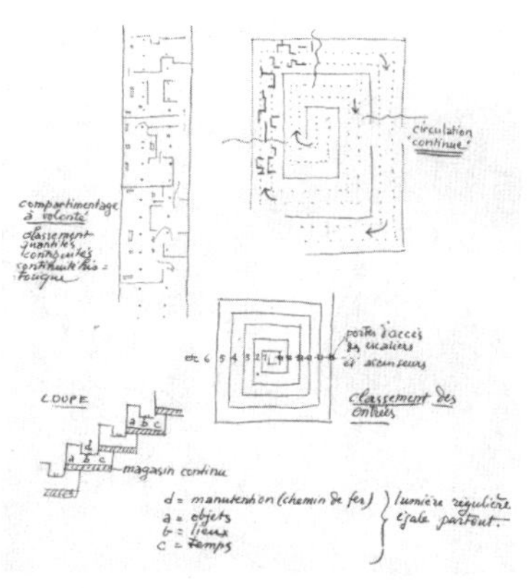

图19　08号作品构思草图

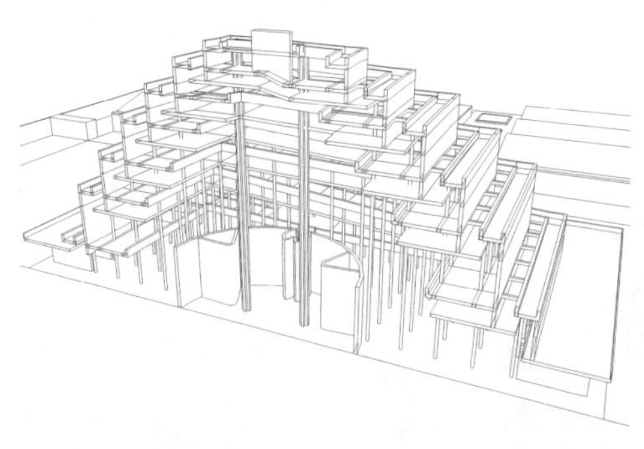

图20　08号作品剖面透视图

图21　08号作品透视图

如果说 Mundaneum 世界博物馆的建筑手法是在水平和竖向两个维度上无限螺旋的话，那么 1931 年的 14 号作品巴黎当代艺术博物馆则开始转向单一水平方向的无限扩张。该建筑为地下一层，地上一层，人从图 22 中的 A 点进入，下楼梯后经过一段地下廊道到达展馆的地下一层大厅 B 点，再通过楼梯上到地面层观展，一层的室内分割（图 23）以一种看似随意的方式实践着标准构架下的自由平面。外墙终止的地方及地面所预留的 7 根柱子标示了无限扩展的轨迹。另外，以提供高侧窗采光为目的的独特构造屋顶从中心向外螺旋延伸。这个方案应该是一次初步实验，它的屋顶和一层的主要空间之间的联系并不紧密，就像两套分开的系统被强制性地组合在一起。

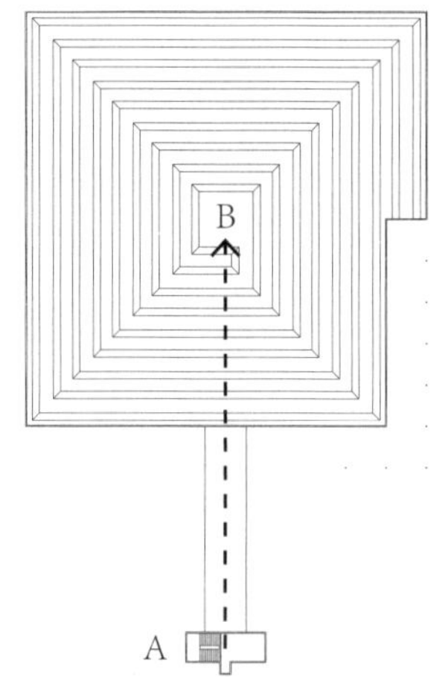

图22　14号作品屋顶平面图

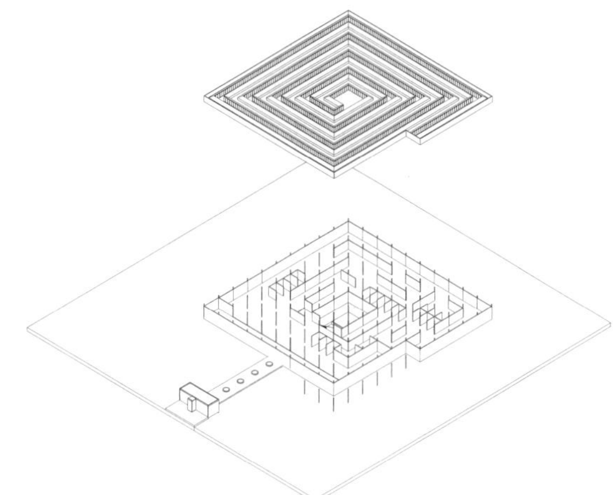

图23　14号作品分层轴测图

在 1937 年巴黎国际博览会当代审美中心（19 号作品）方案中，柯布西耶在对螺旋式主题下的室内空间划分上逐渐向前推进，他不再采用无差别的 4 个外立面，而是通过立面上局部的凸起来形成分区（图 24、图 25）。

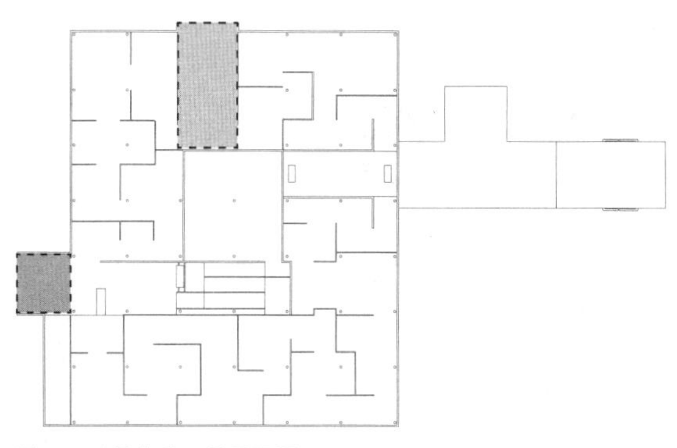

图24　19号作品二层平面图

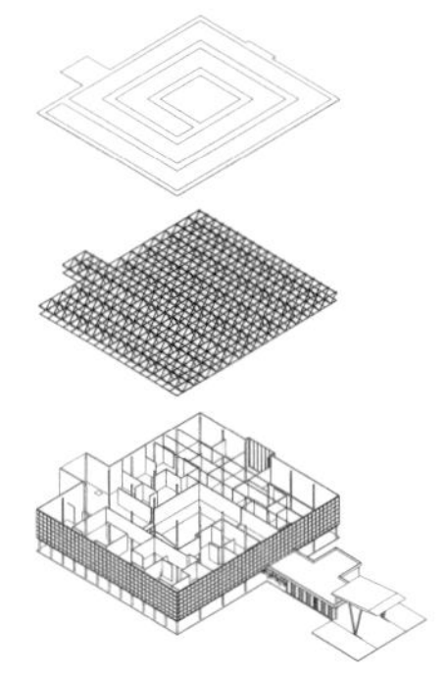

图25　19号作品分层轴测图

该建筑地上两层，底层架空，屋顶构架采用了三角桁架，设有一条秘密通道供工作人员到屋顶进行光线调节，而未采用之前的固定高侧窗采光，中间大厅里的坡道代替了之前使用的楼梯。这一基本模式在 1939 年的无限生长的博物馆方案（33 号作品）中已经固定，建筑为局部三层，坡道起于中心大厅，二层的 4 个方形展厅围绕中庭呈现“卍”字形布局（图 26），同时其凸起的立面与 4 个方向的廊道相连，而屋顶重新采用了高侧窗的构造形式。从模型照片上可以看出（图 27），柯布西耶将这一螺旋主题体现在地面铺装、外墙、室内展厅及屋顶上，可以说这一方案是柯布西耶基于空间螺旋主题的示范之作。

直到 1954—1957 年的艾哈迈达巴德博物馆（54 号作品），柯布西耶才首次实现了这一构思。建筑由 1 个主展览空间和 3 个附属体量构成，主空间的平面呈现出围绕中庭的“卍”字形展厅的特征（图 28）。在这个方案中，屋顶并没有用典型的螺旋形式，而是为了适应当地的气候特征，采用了一个能够通风、进行覆土种植的平屋顶。该项目的另一个创举在于中间的大厅空间采用了露天的形式，利于收集雨水、通风等（图 29）。但是，如果不考虑这些基于地域气候因素的小策略的话，其平面的核心组织形式仍然是空间的螺旋主题（图 30）。

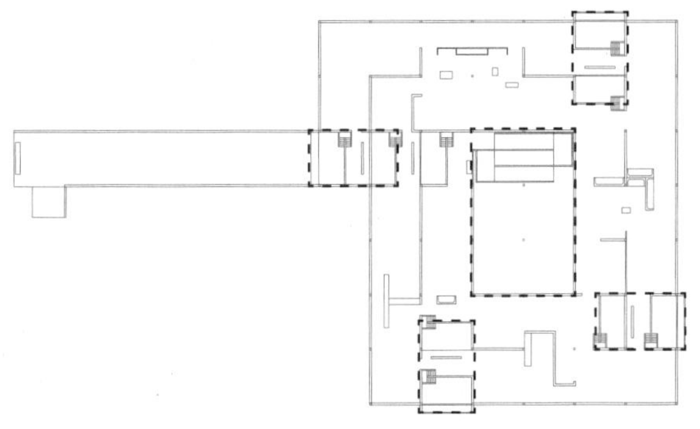

图26　33号作品二层平面图

图27　33号作品模型

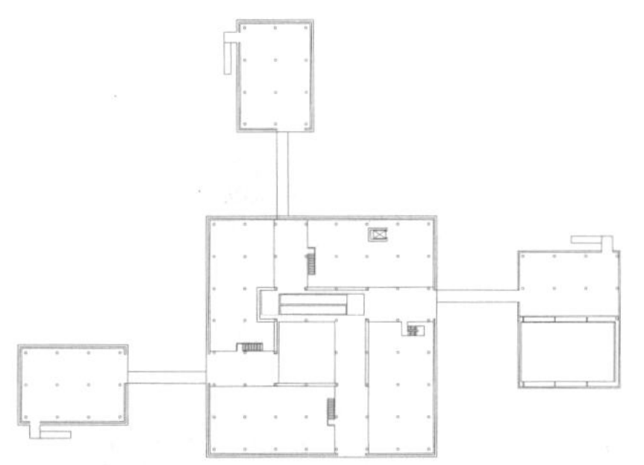

图28　54号作品二层平面图

图29　54号作品中庭

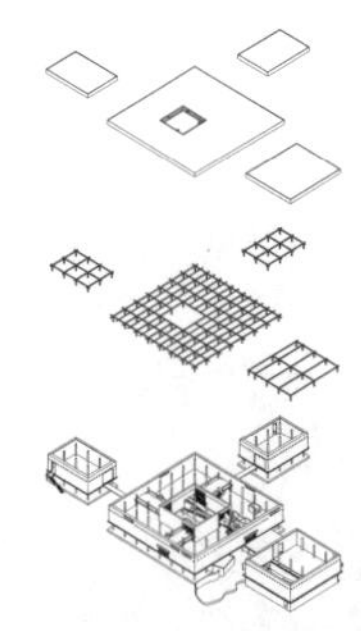

图30　54号作品轴测图

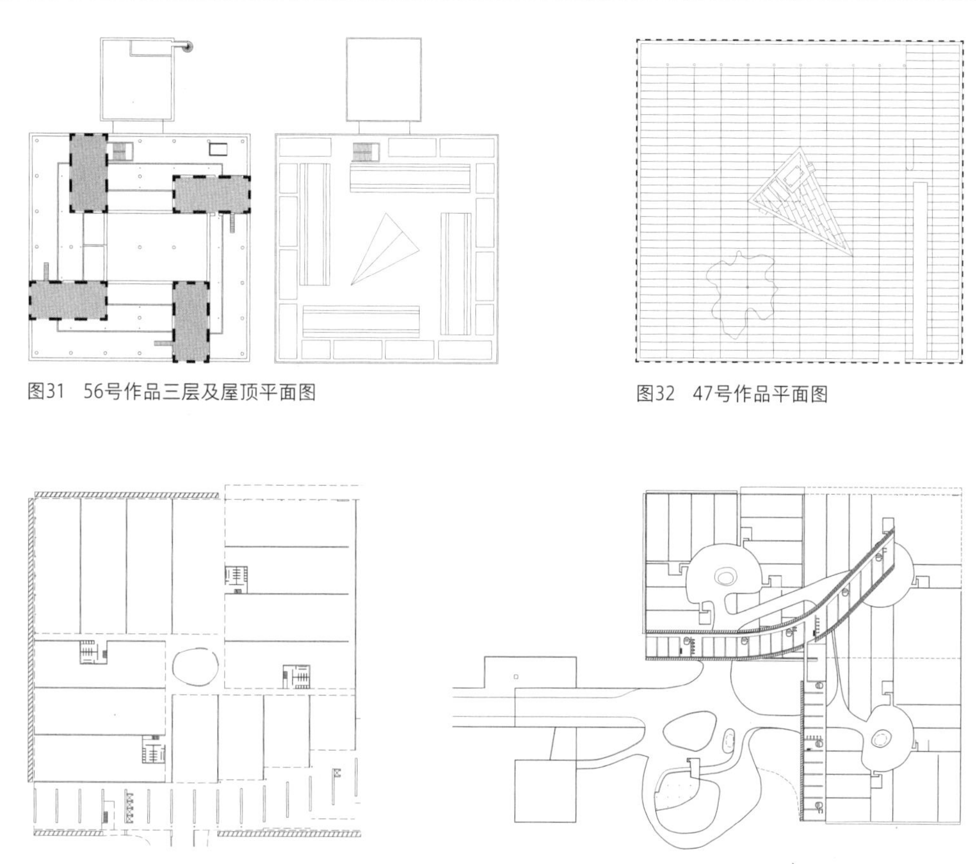

图31 56号作品三层及屋顶平面图

图32 47号作品平面图

图33 69号作品工场单元平面图

图34 69号作品办公层平面图

同一时期（1957 年），柯布西耶受委托在日本东京设计一个博物馆项目，即 56 号作品东京国立西洋美术馆，其平面和空间的特征还是体现在屋顶和大厅的构造上。三层平面中，中庭为通高的大厅，展厅由 4 个挑高楼板围绕中庭呈“卍”字形布置。屋顶平面中，柯布西耶用 4 个凸起的长方形高窗围绕着中间的三角锥采光天窗布置，且在平面上也呈现“卍”字形的形式（图 31）。这一处理手法萌芽于前文提到的 47 号作品委内瑞拉葬礼礼拜堂（图 32），这也证明了建筑师设计手法的延续与灵活性。

不同于博物馆系列实践（整个单体都遵循这一图式），柯布西耶在下面的 3 个项目中都局部地应用了这一手法。奥利维蒂电子计算中心（69 号作品）是一个庞大的建筑群，可供 4000 名计算人员在此办公。它包含了办公室、餐厅、工场、图书室等多种功能空间，其中工场位于一层，总共由 3 个单元组成，每个单元内部都严格地遵循“卍”字形布置的特征（图 33）。单元的中心为通高的大厅，上面是不规则的圆形穹隆，围绕中心旋转的 4 个“小盒子”是通往更衣室的楼梯，3 个单元相接，构成整个工场层的底层裙房（图 34）。

回想柯布西耶在 Mundaneum 世界博物馆的首次实验中所采取的手法，可以发现他的手法从具象的、一圈圈向外扩散的螺旋线（线的特征明显）逐渐演变成简化的、起于中心并围绕中心盘旋的“卍”字形（图 35），面的特征明显。两者的差异体现在，前者的局限性太大，只适合应用在线性的空间组织中，Mundaneum 世界博物馆所要求的展馆空间与其螺旋线形的坡道是完全契合的，但螺旋线形屋顶与底层空间之间是分离的。柯布西耶自己也感觉到了这种生硬的逻辑关系，所以他在东京国立西洋美术馆的屋顶中采用了“卍”字形的形式。这种形式与底层的展厅布局是契合的，或者说空间的螺旋式分割布局在屋顶的采光构造上得到了体现。所以，相比之下，“卍”字形更加灵活，它可以在一个方形框架下完成 4 个面状空间的首尾咬合，这满足了几乎所有类型空间的组织。如奥利维蒂电子计算中心的工场、斯特拉斯堡国会大厦（75 号作品）的会议厅（图 36），或新威尼斯医院方案（77 号作品）的病房层（图 37），这些案例又再一次佐证了柯布西耶的非功能主义设计思想——关注空间本身以及手法的组织逻辑。

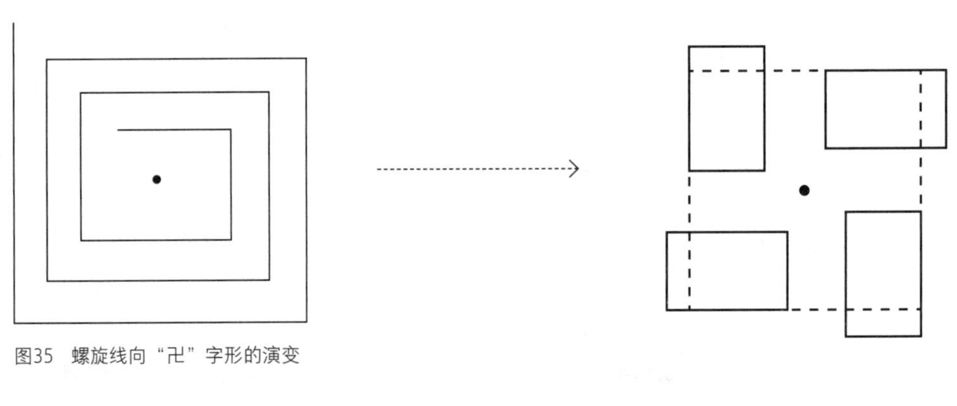

图35　螺旋线向“卍”字形的演变

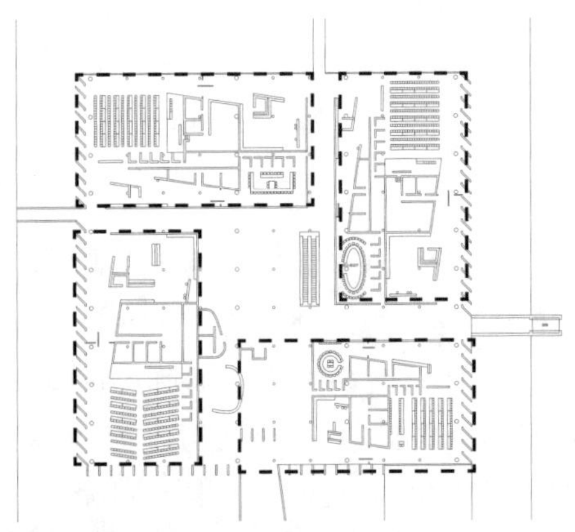

图36　75号作品一层平面图

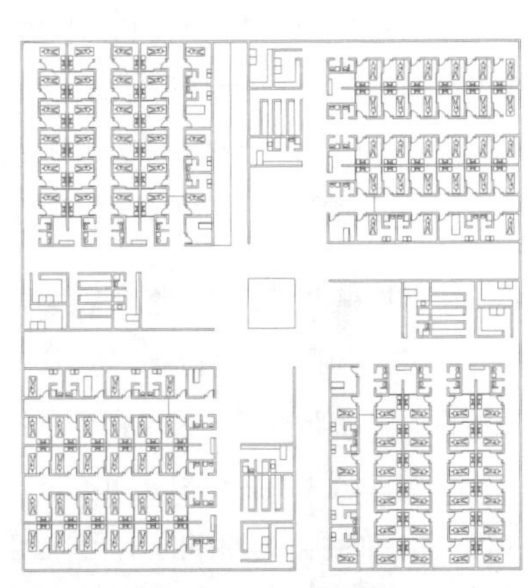

图37　77号作品病房单元平面图

采用类型 B 的这 13 个作品，其基本的平面分割方式反映了具有共性的螺旋式组织模式（表 12）。最初的螺旋线是通过巴别塔式的不断盘旋上升的展览空间来体现的，螺旋线固有的扩展性及线性特征与 Mundaneum 世界博物馆的核心要求是相契合的。在后来的发展过程中，这种从水平和竖向不断扩展的线开始转向单一维度的水平方向延伸，此时的螺旋线还只体现在屋顶的采光构造上，它与地面层的空间组织是脱离的，两者没有被纳入同一个组织逻辑。之后，“线”逐渐被“卍”字形的“面”所代替。“面”的适用性更加广泛，同时也能够在屋顶和空间组织之间的逻辑关系上达到统一。如果说前面的 Mundaneum 世界博物馆和无限生长的博物馆，都是因为柯布西耶对展览空间有无限扩展的想象，故而采用了这一有机形式，那么为何后来的工场、病房及会议室仍然采用这一模式呢？通过观察可以发现，几乎所有的这些建筑的核心理念都是“扩展”，而螺旋线的有机就体现在由同一中心向外不断延伸的特性。柯布西耶从 1910 年即开始关注的标准化和扩展性问题在螺旋的主题下终于得到了更加广泛的应用。这也进一步表明柯布西耶是一个理性主义者，他在坚持一个最初的理念的同时，也在不断地修正，从而使其达到更加合乎逻辑的统一。

表12　类型B的作品平面汇总

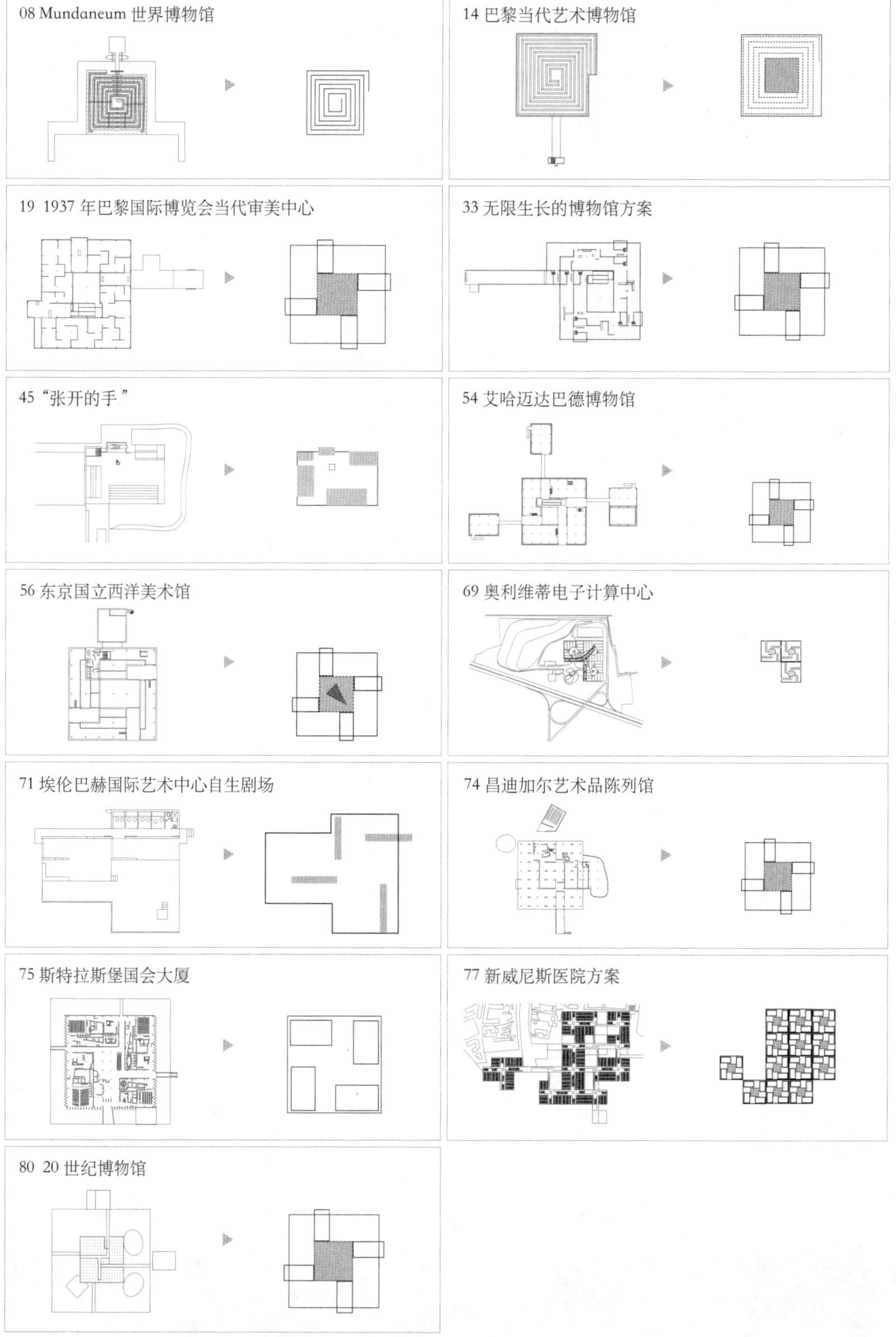

类型 C

在 80 个公共建筑作品中,有 21 个案例的平面没有呈现出任何共性特征,它们具有不同的平面外轮廓,在内部空间的划分上也都是自由的。这是柯布西耶对其在 1914 年提出的多米诺结构体系的扩展,即在一个规整的几何形的标准梁柱框架内完成空间的自由划分,而不像类型 A 和类型 B 那样具有特定的空间组织形式。由于这一类型的案例较多,本书仅挑选了部分案例(表 13)。

表13 类型C的部分案例展开介绍

09 Mundaneum 国际图书馆

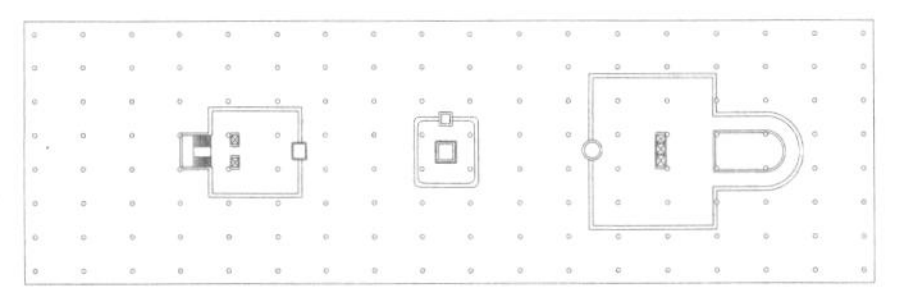

该方案是为Mundaneum世界城所设计的国际图书馆,平面呈矩形,中间为接待和咨询处,两端为电梯、坡道等交通核,混凝土框架结构,平面可以自由划分

18 农田改组:合作农庄

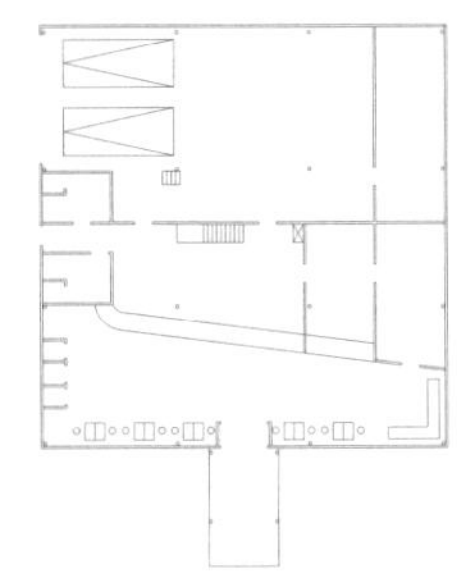

该方案是柯布西耶为响应法国农民朋友的号召而构想的现代村庄——光辉村庄的一部分。它是一个邮局,这里运用了柯布西耶Monol体系的拱结构原型,但是内部仍然由柱子构成,空间划分自由

51 昌迪加尔认知博物馆方案

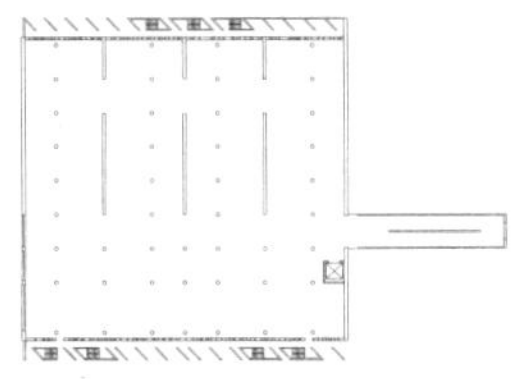

该方案的平面呈方形,整体为框架结构,平面一侧用实墙代替柱子起承重作用,坡道设置于方形轮廓外部,内部空间体现出自由划分的特征

53 艾哈迈达巴德棉纺织协会总部

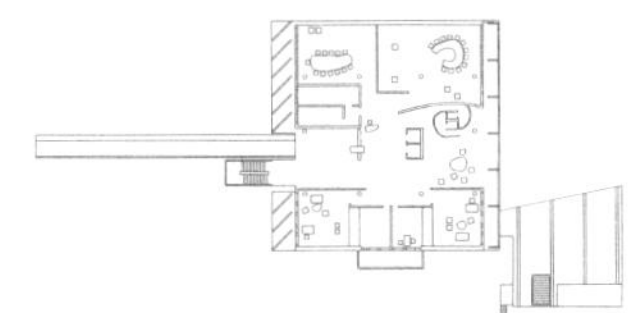

该方案突出的特点在于进入二层的长坡道,同样为钢筋混凝土的框架结构,主立面和其背面都安装了遮阳板,平面内部空间划分较自由,功能区以独立的小盒子形式呈现

59 城市中心商业区

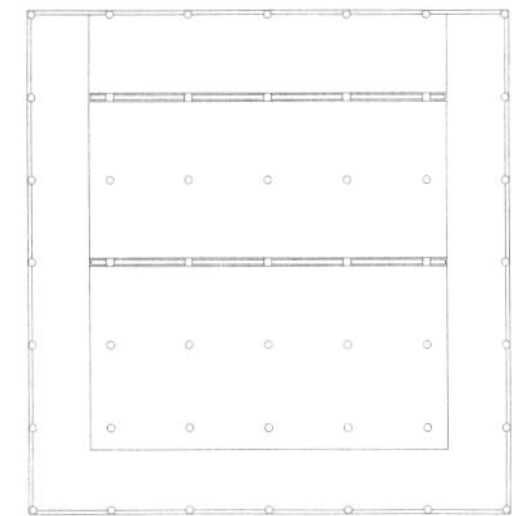

该方案的平面呈方形,整体为框架结构,这是柯布西耶为昌迪加尔新城市规划方案所进行的商业中心的标准化研究,严格来说,它是一种框架,平面没有划分或者说可以任意划分

66 哈佛大学视觉艺术中心

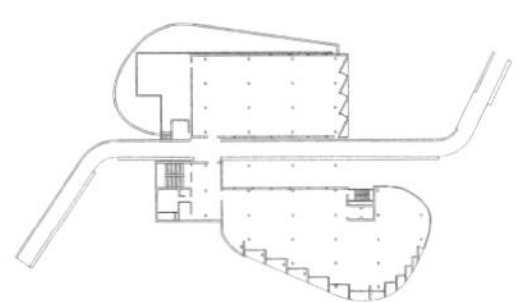

该方案的平面呈变异的方形,两个肾形的体量超出方形轮廓,一条S形的坡道穿过整个建筑,但是抛开这些特殊的处理手法,其核心的组织形式还是框架结构下的自由划分

表14 类型C的作品平面汇总

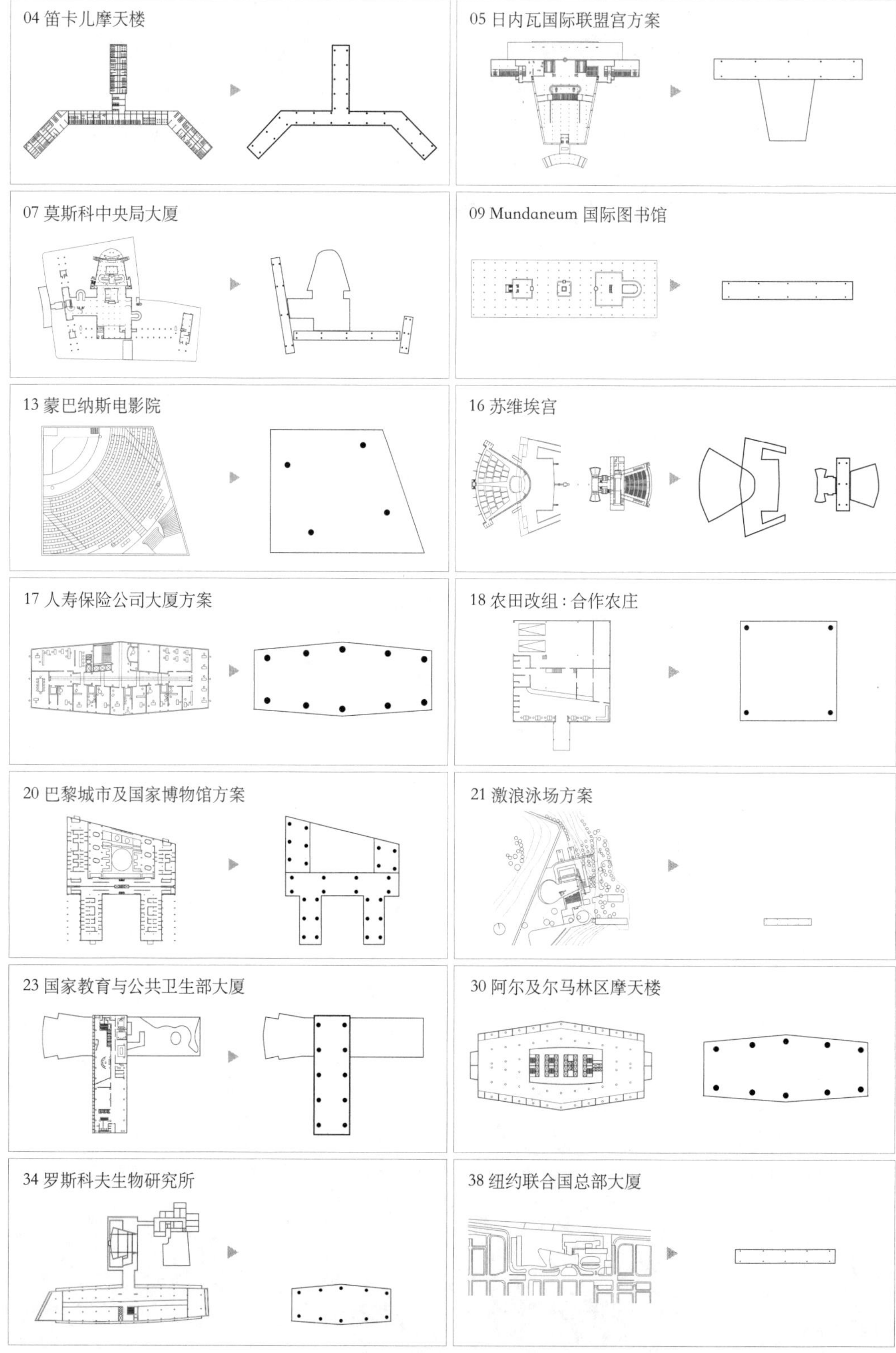

续表

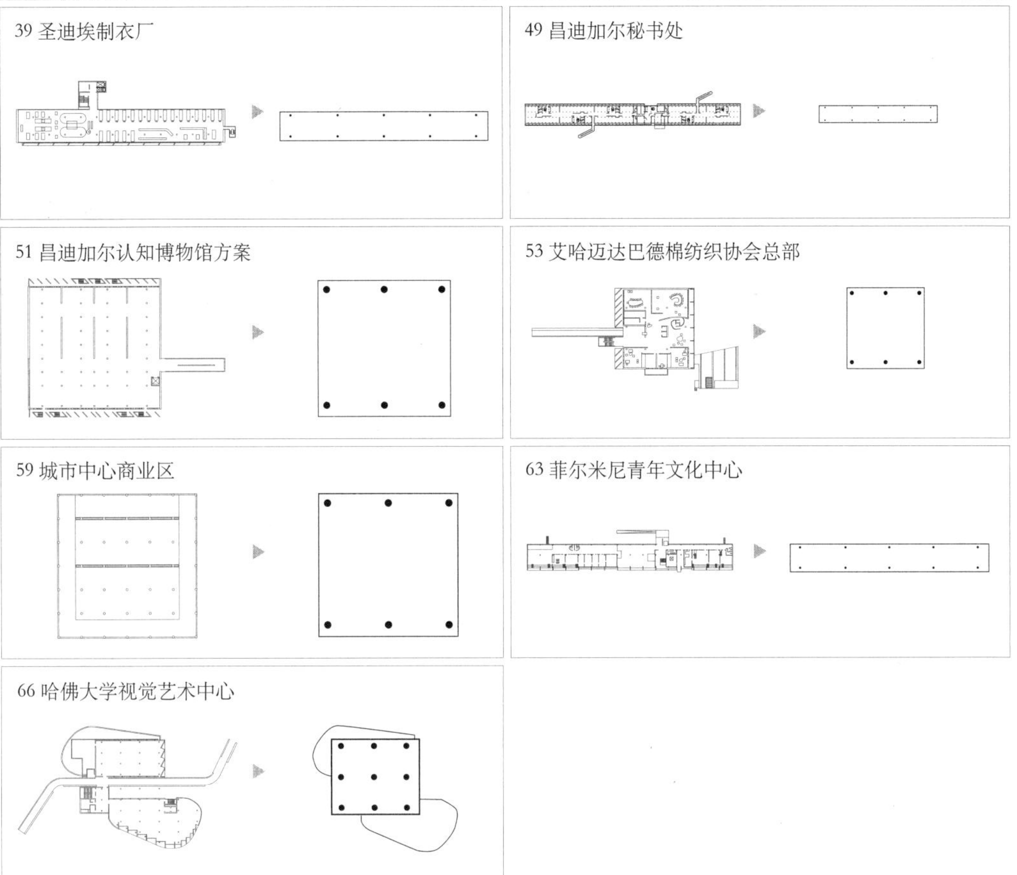
39 圣迪埃制衣厂
49 昌迪加尔秘书处
51 昌迪加尔认知博物馆方案
53 艾哈迈达巴德棉纺织协会总部
59 城市中心商业区
63 菲尔米尼青年文化中心
66 哈佛大学视觉艺术中心

类型 D

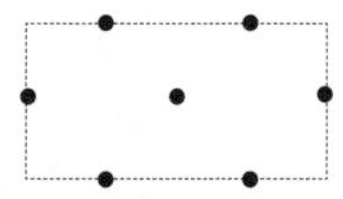

类型 D 共有 8 个案例，均呈现出这样的特征：结构要素布置于平面轮廓的外围，围合出两个或四个方形的内部整体空间。

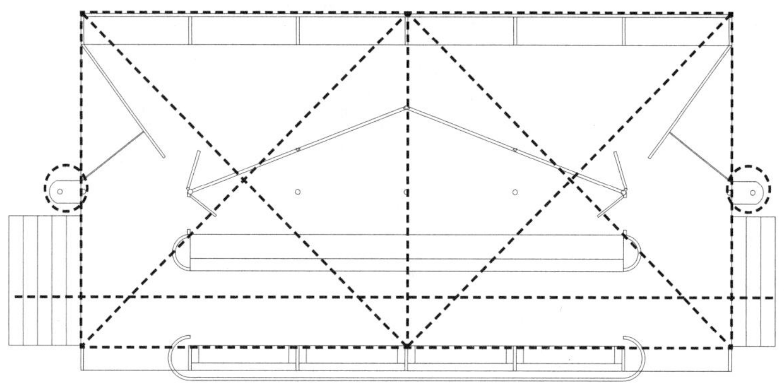

图38　06号作品平面图

柯布西耶早期曾为巴黎的一些中产阶级设计过商业建筑，这些商业建筑在容纳和展示商品的同时，也是宣传新时代的展示建筑。06 号作品雀巢亭（图 38）是他为雀巢公司设计的可拆卸的展售亭。这个由金属骨架和钢板构成的建筑，平面为 6×2 开间布置，临街一侧设置了一条可以快速通过的线性路径，背街一侧为样品展览室，平面中间围合出一个小橱柜。建筑结构由 7 榀阵列桁架构成（图 39），上覆反坡屋顶，屋顶的一端设置了两个灯箱，平面两端各突出一个基础柱墩，上面均安置了旗杆。柯布西耶在这个临时展馆项目中运用了简易的钢结构，平面呈现为两个方形所构成的矩形框架，此时的柱墩和屋顶的灯箱虽没有被纳入建筑的主体结构之中，但是在建筑的外轮廓上都有凸显，它们共同框定出了一个完整的用于展览的空间。

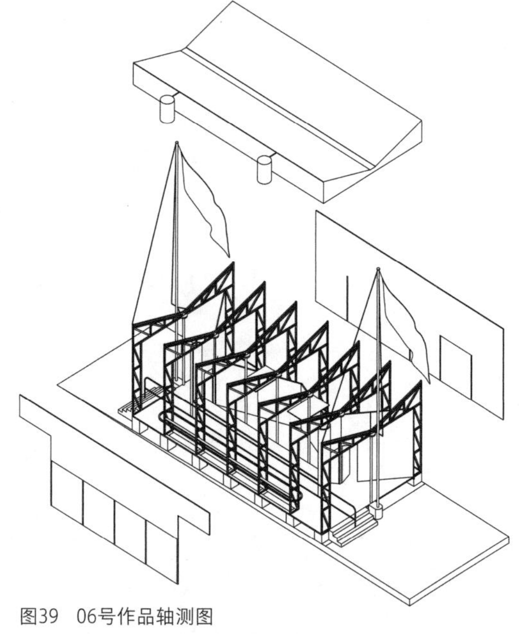

图39　06号作品轴测图

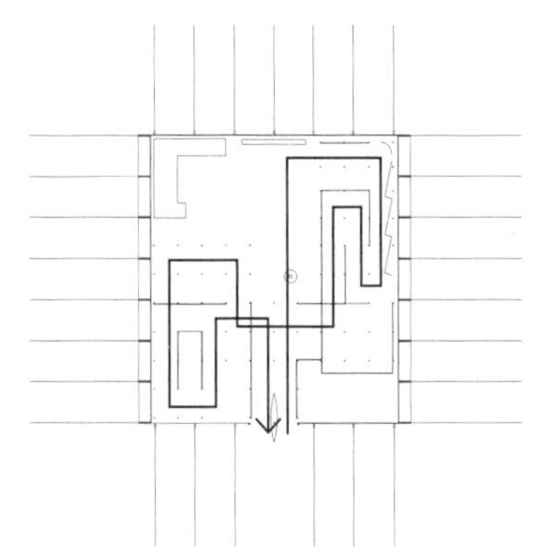

图40　26号作品平面图

图41　26号作品室内实景

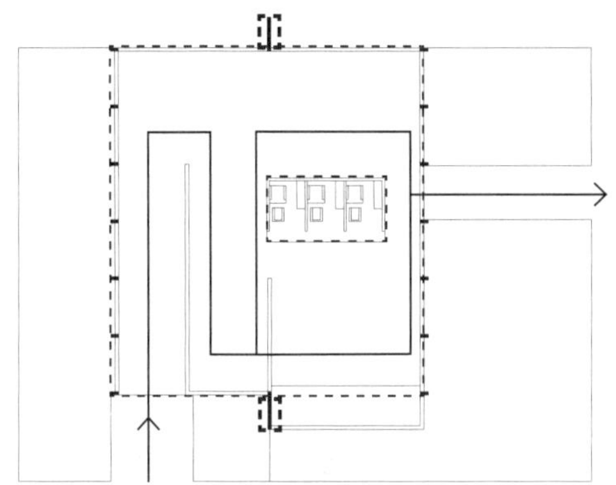

图42　28号作品平面图

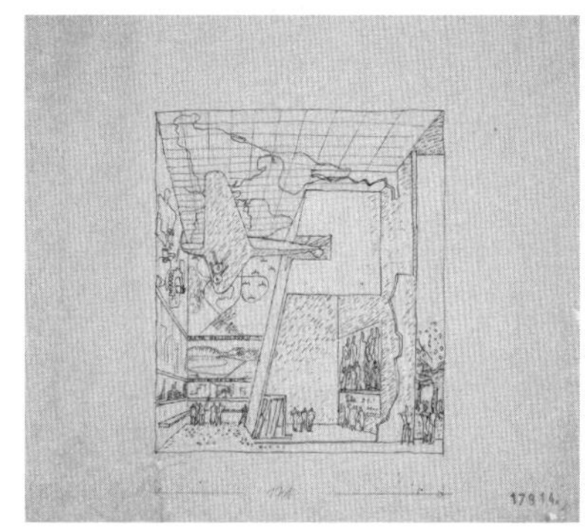

图43　28号作品室内草图

26 号作品迈罗门的新时代馆（图 40），是柯布西耶为 1937 年巴黎国际博览会提出的 4 个方案中唯一一个实现了的。柯布西耶在此沿用了他在 20 世纪 20 年代就应用过的坡道，平面的构成反映出结构与空间相互分离的特征，方形轮廓的 4 个面各有 8 根钢桁架柱，它们共同撑起屋顶。内部为一个完整的使用空间，其结构（钢架加帆布屋顶）与内容（隔板加坡道的展览）的包含关系也预示了后期马赛公寓的核心理念——标准构架下的自由填充（图 41）。

28 号作品巴黎国际博览会“Bat’a”展馆方案，也呈现出类型 D 的平面构成模式（图 42）。巴黎国际博览会一直是“商品拜物教”的朝圣之地，而展馆作为容纳商品的载体也逐渐被赋予了教堂般高耸的、巨幅尺度的空间。该方案是柯布西耶为巴黎的一家鞋店设计的展柜，建筑由四周的钢柱及其所限定的方盒子构成，方形平面的中间为 3 个小隔间——修脚间（图 43）。

31 号作品列日法国馆方案中同样以类似的钢架与飘浮屋顶的结构形式表达出类型 D 的特征（图 44）。从结构上看，平面轮廓外围的 12 根竖向钢柱支撑起 4 块起伏的屋顶（图 45），展览从平面两端的坡道开始，延续到二层方形平面的中心，再沿与之成 90° 的坡道下到一层，两条路径呈现相互咬合和叠加的形式。另外，一层的 4 个片墙首尾相接，矗立在方形平面的周围，4 块彼此相接的板状屋顶也通过角度的变化呈现出首尾相互咬合的趋势（图 46）。

在 42 号作品艾哈迈达巴德博物馆帐篷中（图 47），从平面上分析，外围的 8 根绳索的锚点形成了一个方形图案，中间 17 根立柱撑起的同样是一个正方形空间，8 根绳索的锚点面向中柱，整个平面在方形的外轮廓下被无方向性的 4 条轴线八等分。该方案是柯布西耶用当地的树干和简易的绳索建起的粗陋展馆（图 48）。

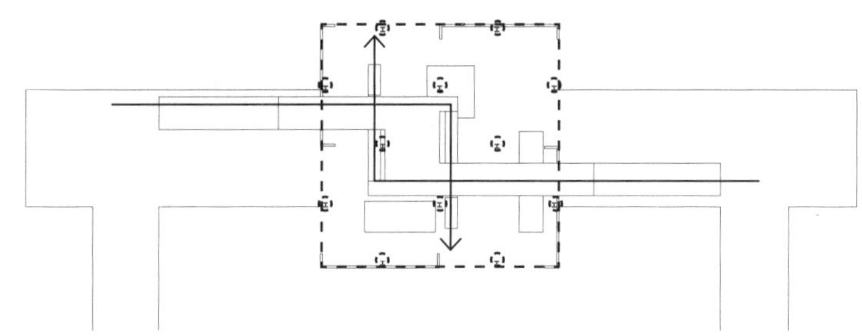

图44　31号作品二层平面图

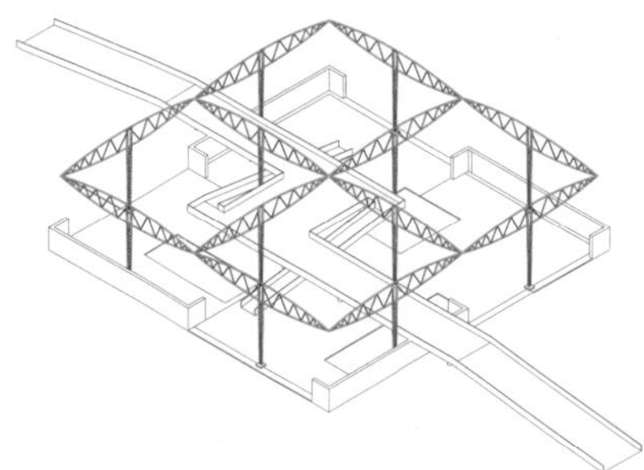

图45　31号作品轴测图

图46　31号作品模型

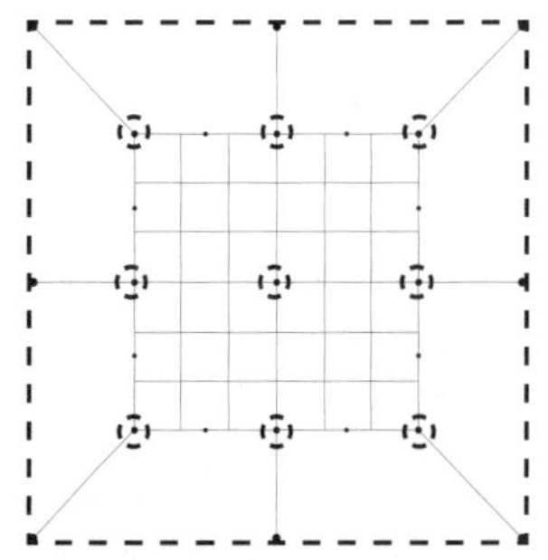

图47　42号作品平面图

图48　42号作品室内

类型 D 的其他 3 个案例为柯布西耶在 20 世纪 50 年代到 20 世纪 60 年代十几年间设计的小展览馆（表 15）。它们在平面构成上均反映了结构柱外露，并框定使用空间的特征，同时加入了坡道和楼梯。43 号作品的平面为两个正方形的组合，支撑屋顶的 6 根钢柱独立地出现在平面的四边，相比于雀巢亭中不起结构作用的柱墩，此平面四边的突出物强化了两个方形各自的独立性，并且在平面的中间有个异质的 H 型钢，充当平面中心的同时又起了结构作用。该方案为两层，坡道和楼梯均被组织在方形框架之内。在 1962 年的 68 号作品方案中，坡道开始被甩出方形的轮廓，双跑楼梯也被置换成了两个单跑楼梯。它的独特之处在于屋顶与主要使用空间没有脱开，但是四边的结构柱与屋顶的关系与另外两个建筑相同，同时坡道偏于一侧。在 72 号作品中，坡道则位于平面的中心，使得两个方形完全相互脱离，柯布西耶在原来的两个方形中间增加了一个跨柱网，同时又再次运用了双跑楼梯。

表15　43、68、72号作品信息列表

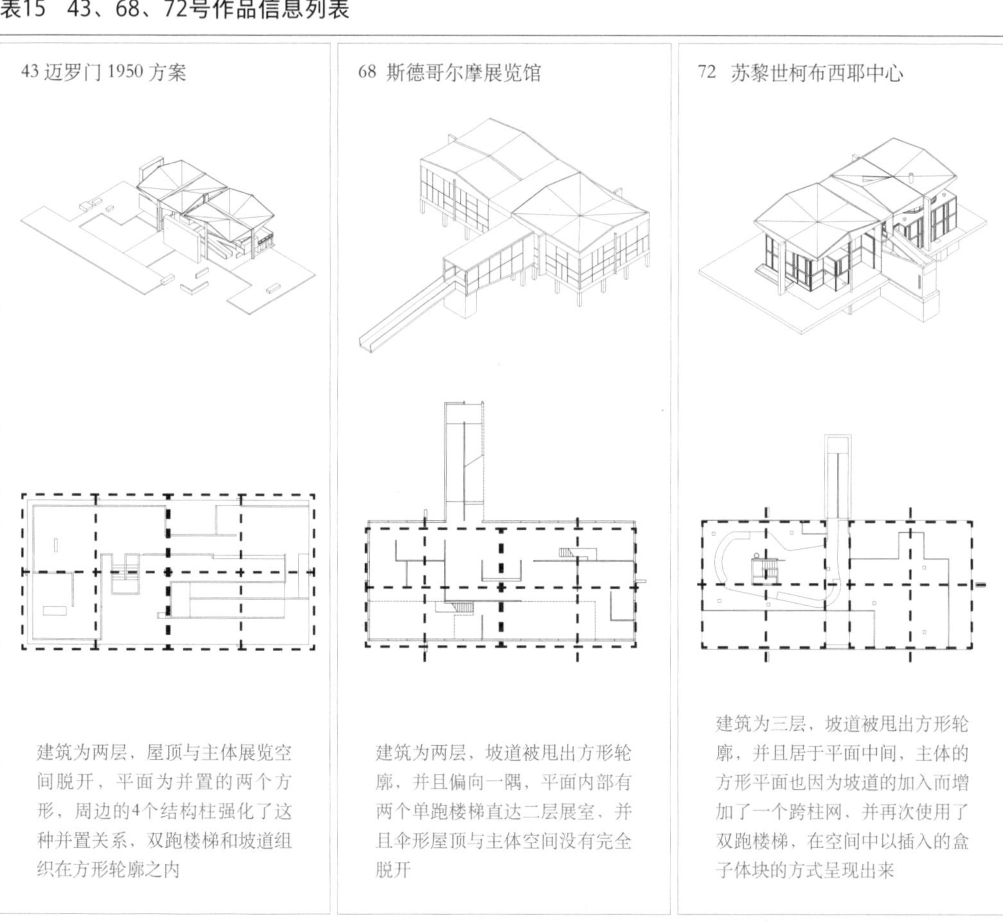

43 迈罗门 1950 方案	68 斯德哥尔摩展览馆	72 苏黎世柯布西耶中心
建筑为两层，屋顶与主体展览空间脱开，平面为并置的两个方形，周边的4个结构柱强化了这种并置关系，双跑楼梯和坡道组织在方形轮廓之内	建筑为两层，坡道被甩出方形轮廓，并且偏向一隅，平面内部有两个单跑楼梯直达二层展室，并且伞形屋顶与主体空间没有完全脱开	建筑为三层，坡道被甩出方形轮廓，并且居于平面中间，主体的方形平面也因为坡道的加入而增加了一个跨柱网，并再次使用了双跑楼梯，在空间中以插入的盒子体块的方式呈现出来

表16 类型D的作品平面汇总

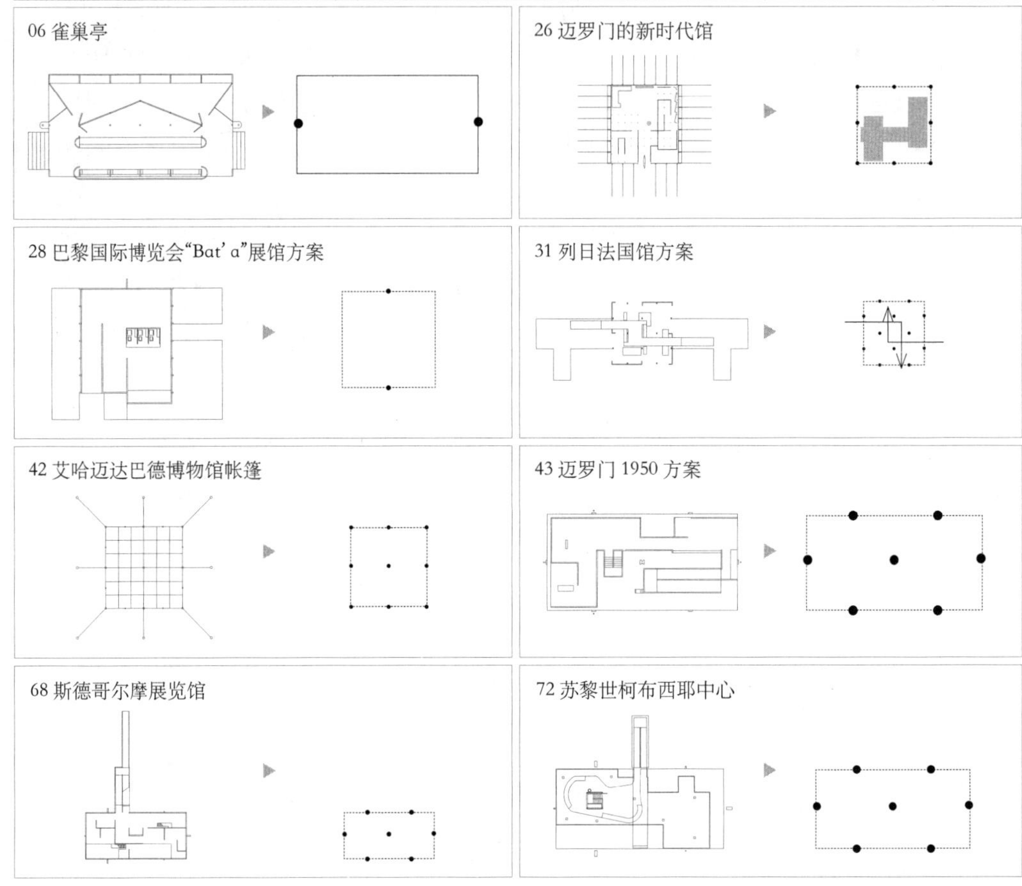

类型 E

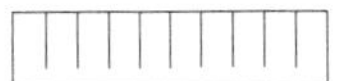

在这 80 个作品中，共有 7 个案例表现出类型 E 的特征，即由一条走道串起的行列式隔间的内部分隔方式。

37 号作品马赛公寓（图 49）是这一类型的代表之作。它是柯布西耶的城市构想中的居住单位原型，整个建筑形状如一艘游轮。从标准层平面来看，建筑内部被划分为一个个居住单元，沿建筑的长边有 29 个隔间，南侧，即建筑的短边也有 5 个隔间。这个被赖特讽刺为“海滨的大屠杀”的大楼平面轮廓呈现“一”字形，底部中间为入口及雨棚等附属功能空间，端部设置了一个直达四层的室外双跑楼梯，平面呈 16 开间的统一模数，直角正交体系，建筑整体被架高。值得一提的是，马赛公寓屋顶上的多功能用房再一次强化了柯布西耶的建筑理念：固定框架下的自由平面。

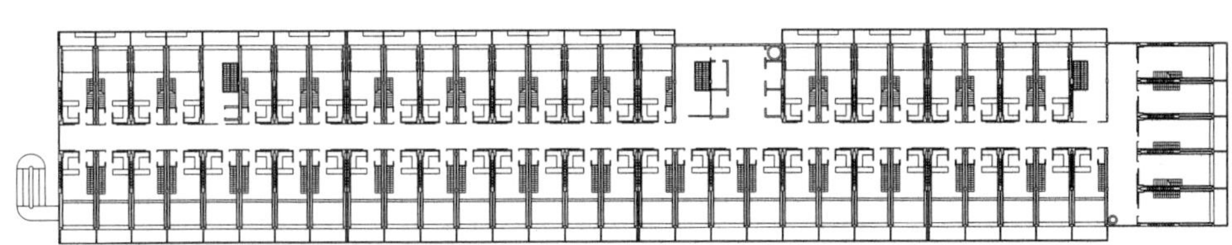

图49　37号作品标准层平面图

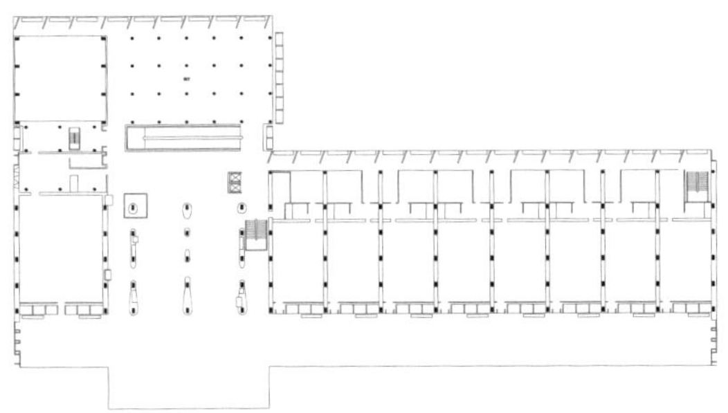

图50　50号作品一层平面图

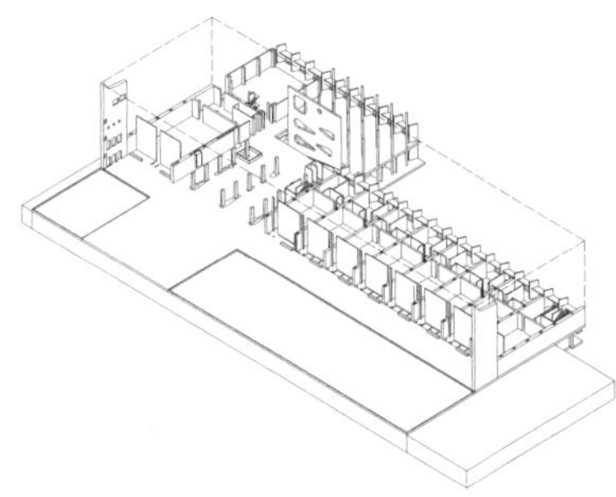

图51　50号作品模型轴测图

50 号作品昌迪加尔大法院（图 50）属于印度旁遮普新首府昌迪加尔政府广场群的一栋重要建筑——大法院，柯布西耶采用了水平方向展开的“一”字形平面布局。该项目在平面布局上可分为 3 个部分，中间为由通高的板状结构构成的大厅空间，一侧是由众多小法庭组成的阵列式单元组织（图 51），另一侧为独立的大法庭。

65 号作品巴黎 - 奥赛（图 52）同样体现了类型 E 的特征，该项目并没有建成，是一个位于巴黎市中心河岸的城市综合体，三侧临街，底部为停车场、入口等。“一”字形的板楼为酒店的客房，客房标准层平面的一侧为凹阳台，另一侧为遮阳板设施。底部裙房屋顶可见多个圆形的采光井，因为底层占地广、进深大、房间较多，不是所有的房间都能通过墙体接收光线，所以需要依靠天窗来采光。

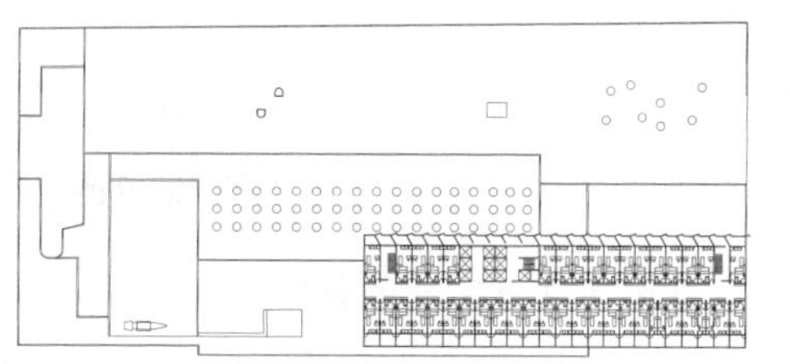
图52　65号作品高层标准层平面图

类型 E 的共同特征体现在平面被分割成一个个阵列式小房间的模式，且这些房间呈现出标准、均一的性质，多用于酒店、公寓等类型的建筑物。

表17　类型E的作品平面汇总

12 巴黎大学城瑞士馆	22 讷穆尔的拓殖建筑
37 马赛公寓	50 昌迪加尔大法院
60 巴黎大学城巴西学生公寓	65 巴黎 - 奥赛
79 菲尔米尼 - 维合特体育场	

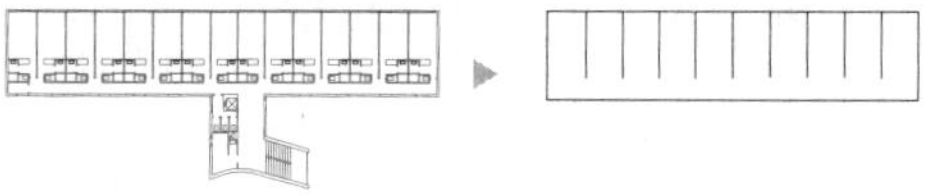

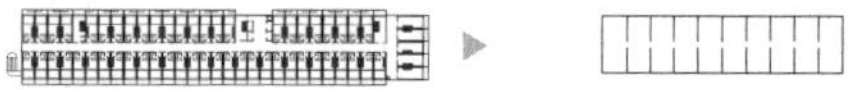

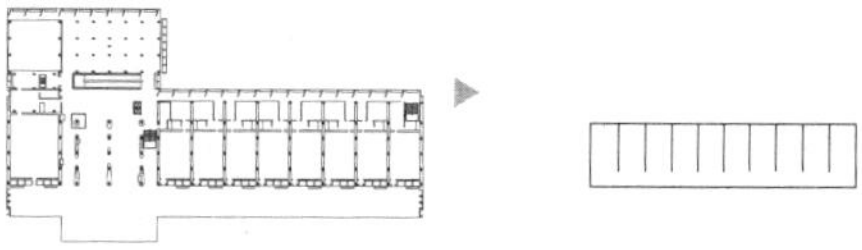

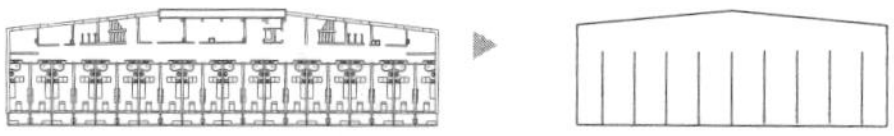

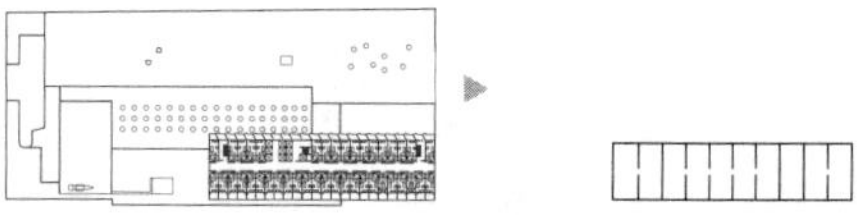

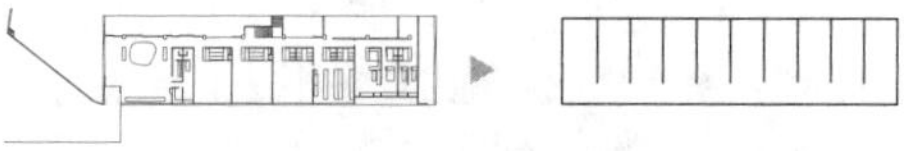

类型 F

有 4 个案例表现出类型 F 的特征，即在一个矩形的平面轮廓下将空间分成两部分，且大小接近 2 ： 1 的关系，它们是 02、11、36、76 号作品。

02 号作品是柯布西耶在家乡与其友人一起设计的一座电影院，是这一类型的首例（图 53）。该建筑采用了坡屋顶的形式，外观保留了古典主义的特质，平面轮廓呈现长条形，内部被分割成两部分：一块为舞台的小空间，另一块为影院观众席的大空间，两者大小比例接近 2 ： 1。另外，该建筑为地上两层，在观众席部分有一个阁楼层，处于平面的端部，可以通过外围的楼梯直接到达，也可以从室内一层到达。

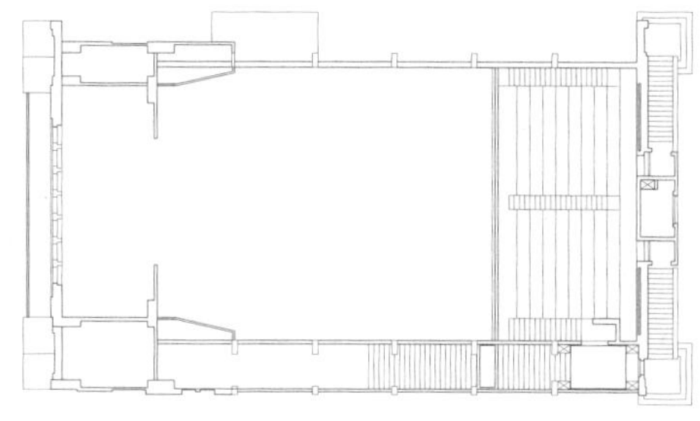

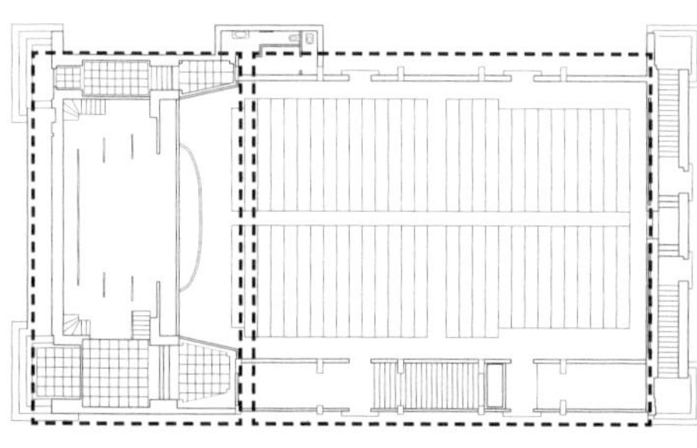

图53　02号作品各层平面图

11 号作品是一个未建成的小型展览馆，平面呈长方形，同样是内部被分成大空间和小空间两部分，且两者大小比例接近 2 ： 1，如图 54 所示。

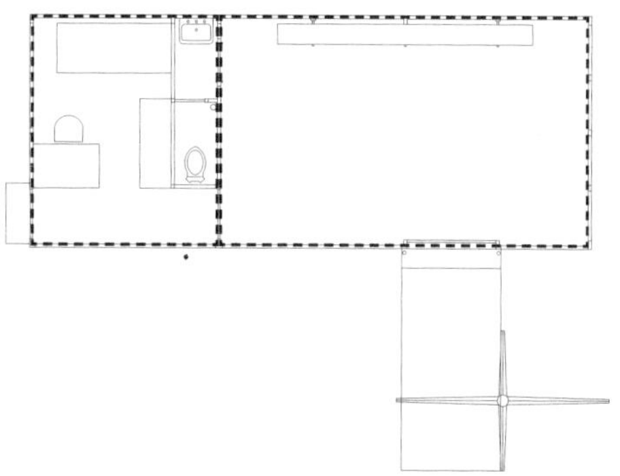

图54　11号作品一层平面图

36 号作品便携式学校设计于 1940 年，因面临重建和资金不足的问题，柯布西耶探索了一系列低造价的建造手段，同时也在思考如何创造更加简易、有效，且可以快速完工的建筑。因此，这个时期的项目具备上述展馆的临时性特征。便携式学校是柯布西耶献给第二次世界大战期间的第一批难民的礼物，他明确地阐述过这一作品的理念：

现代战争意味着人口的迁移，在制造枪炮的同时也应该建造临时营房，它们可以充当枪炮的补充，可以作为住宅、学校、集会厅等，真正的建造者得以像枪炮的制造者一样认真地建造标准的临时营房，它们将满足多样化的功能需求，且效率极高。

这个带有强烈口号性质的提议反映出柯布西耶一贯坚持的两个原则：一是工业技术和时代需求所带来的标准化；二是同一空间可满足多样功能的灵活性。这个方案包括了教室、手工作坊、青年俱乐部、食堂等学校建筑，它们均采用了同样的空间和结构模式。图 55 为可供 160 名儿童使用的食堂的一层平面图，它由 3 个部分构成，两端为门廊和厨房、厕所等附属功能空间，中间为主要的使用空间——餐厅。建筑为局部两层，层高为 2. 2m 和 4. 5m，同时设有一个低矮的阁楼，供服务人员更衣和住宿之用。其中，建筑一层的餐厅与厨房两部分体现出了类型 F 的特征。

76 号作品是巴西利亚法国大使馆方案，其中办公部分的建筑平面同样被划分为两部分：一块为大空间的开敞大厅，另一块为小隔间的附属功能区，如图 56 所示。

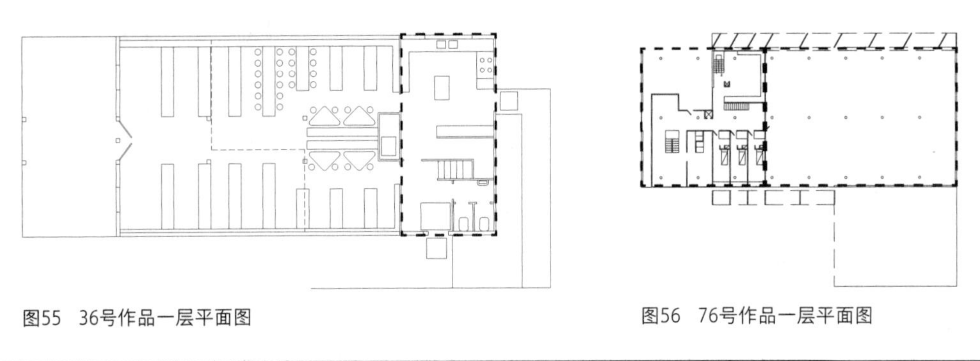

图55　36号作品一层平面图

图56　76号作品一层平面图

表18　类型F的作品平面汇总

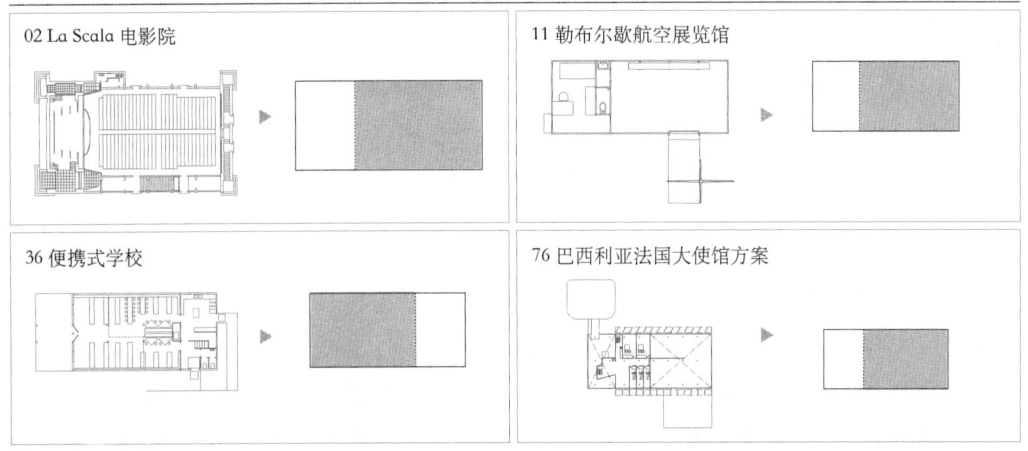

在这 80 个公共建筑作品中，还有 14 个案例不属于这 6 种类型中的任何一种，彼此之间也不存在共性。将这 80 个案例代入功能后，可以观察某种类型的平面划分模式在哪一功能类型建筑中使用较多，以及某种类型的建筑都使用了哪些手法等，如表 19 所示。

表19　80个公共建筑作品代入功能后的统计

行政类	作品编号	05	07	09	16	17	23	34	38	39	48	49	50	53	62	69	75	76
	类型代号	C	C	C	C	C	C	C	C	C	A	C	E	C		B	B	F
博物馆类	作品编号	08	14	15	20	33	40	51	54	56	74	80						
	类型代号	B	B	A	C	B	A	C	B	B	B	B						
展览馆类	作品编号	06	11	19	26	27	28	31	32	42	43	58	68	71	72			
	类型代号	D	F	B	D		D	D		D	D		D	B	D			
宗教类	作品编号	10	41	44	47	57	64	67	78									
	类型代号	A			A	A	A	A	A									
学校类	作品编号	01	12	36	60	66	73											
	类型代号	A	E	F	E	C	A											
体育类	作品编号	21	24	35	63	79												
	类型代号	C			C	E												
水利类	作品编号	03	61															
	类型代号	A																
综合体类	作品编号	04	18	22	30	37	65											
	类型代号	C	C	E	C	E	E											
商业类	作品编号	02	13	25	59	70												
	类型代号	F	C		C	A												
纪念碑类	作品编号	29	45	46	52	55												
	类型代号		B		A													
医院类	作品编号	77																
	类型代号	B																

A　B　C　D　E　F

据表19统计可知：从功能上看，行政类主要采用类型C（占65%），少数用了类型A、B、E、F；博物馆类主要采用类型B（占64%），类型A、C各两例；展览馆类主要采用类型D（占57%），较少使用类型B、F；宗教类只采用了类型A（占75%）；学校类主要采用类型A和E（各占33%），较少采用类型C、F；体育类主要采用类型C（占40%），较少采用类型E；水利类主要采用类型A（占50%）；综合体类主要采用类型C和E（各占50%）；商业类主要采用类型C（占40%）；纪念碑类主要采用类型A和B（各占20%）；医院类采用了类型B。从类型上看，类型A在宗教建筑中使用较多，类型B在博物馆中使用较多，类型C在行政类中使用较多，类型D在展览馆中使用较多，类型E在综合体类和学校类中使用较多，类型F在商业类、学校类、展览馆类、行政类中各1例。

虽然这 6 种手法基于建筑平面分割的最核心理念，但是在某些具体的案例之间仍存在一些特殊手法的共性。

1931 年，柯布西耶在家乡同友人一起设计了 13 号作品蒙巴纳斯电影院，其平面的基本轮廓为梯形。因功能的限制，其内部空间的划分基本遵循了剧场的要求，但是在一层的入口、休息室等附属功能区，他用连接外部与内部的坡道以对角线方向对这一平面框架进行了划分，这与其晚期的 66 号作品哈佛大学视觉艺术中心中的坡道对平面的划分如出一辙（图 57）。如果进一步从剖面上看，13 号作品的 S 形平面划分线在竖向上也存在高差（图 58），以坡道的形式从入口直达底层的剧场空间，又一次与 66 号作品的坡道对空间的划分具有共性。柯布西耶在 13 号作品中，利用这一 S 形的坡道解决了一个在极其受限的框架内完成空间之间的衔接和划分的难题。从这个角度来看，13 号作品的这一方式优于 66 号作品，后者只是利用这一形式回应了城市与建筑边界的问题，但是两者之间还是存在一定联系的。

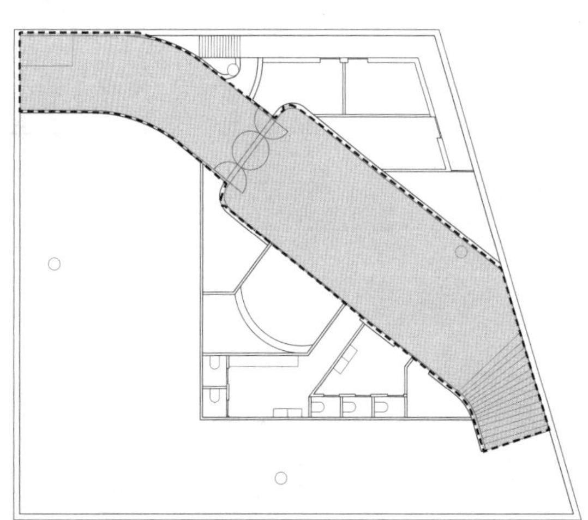

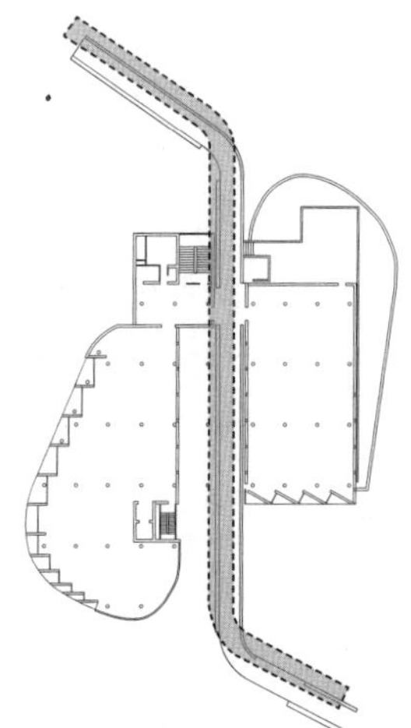

图57　13号与66号作品平面的比较

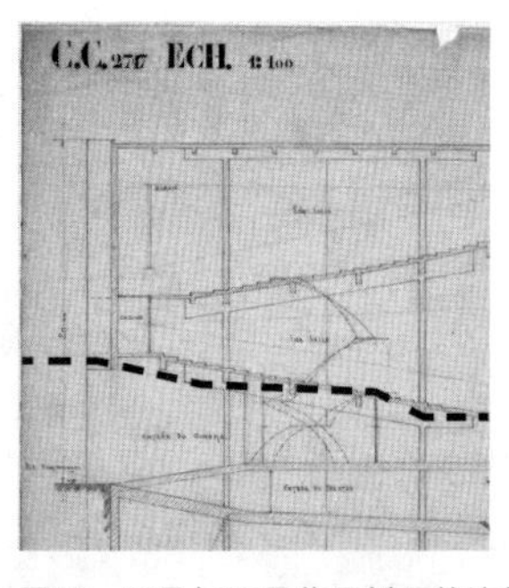

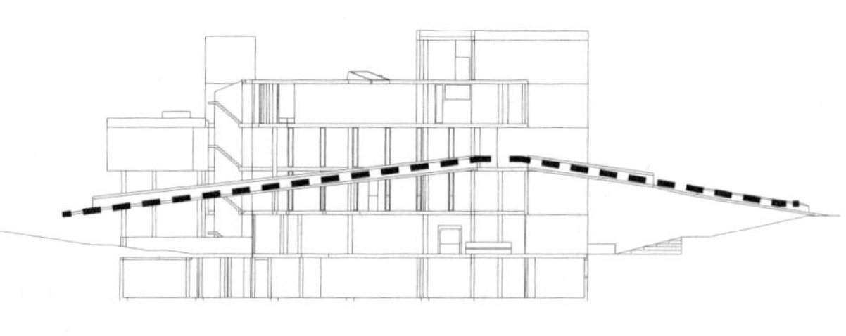

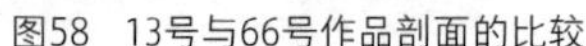

图58　13号与66号作品剖面的比较

2 立面构成
Spatial change of façade

立面或者表皮，作为柯布西耶致建筑师的三项备忘录之一，是包裹形体的元素，赋予形体特性。本节将考察这些作品在立面构成上体现了哪些特性（表 20）。

表20　80个公共建筑作品的立面图

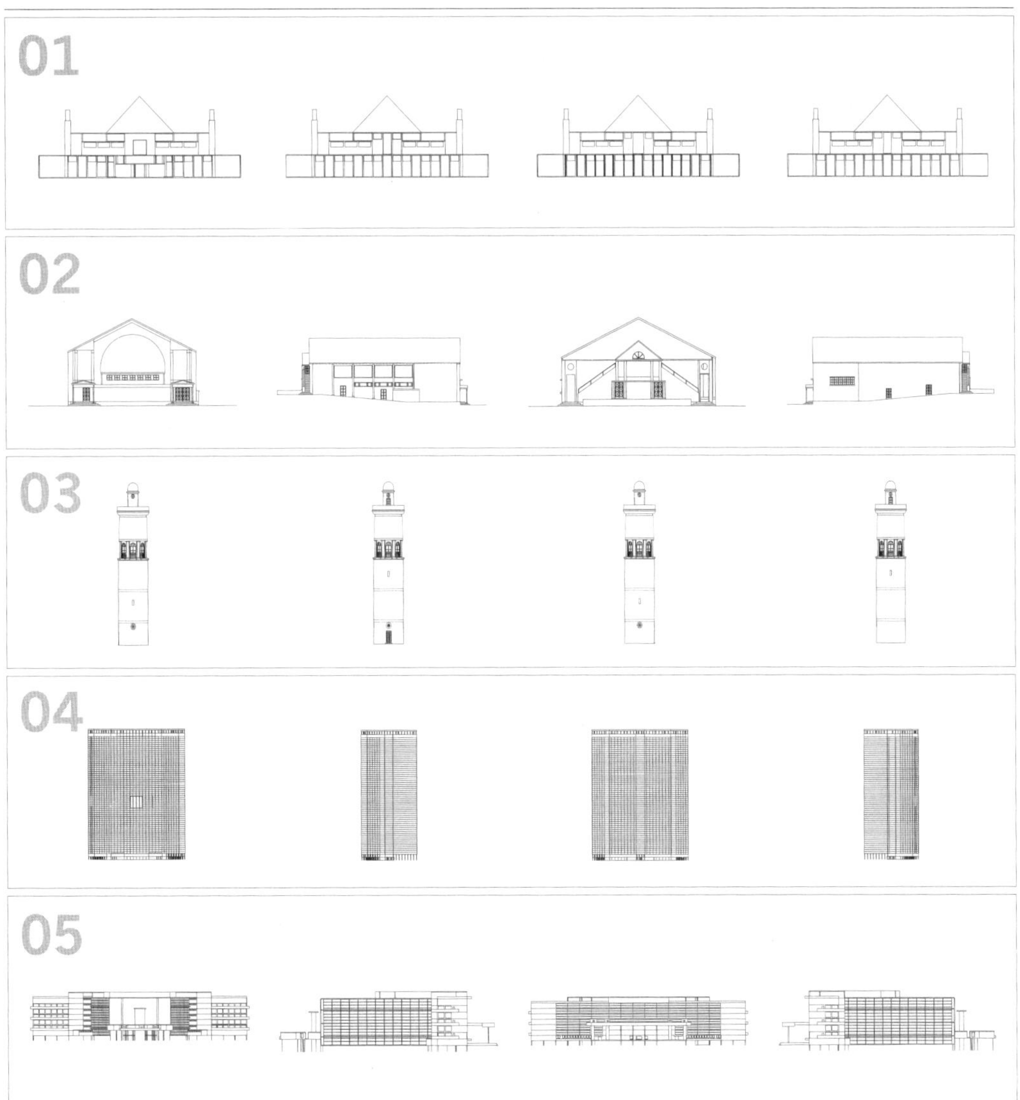

续表

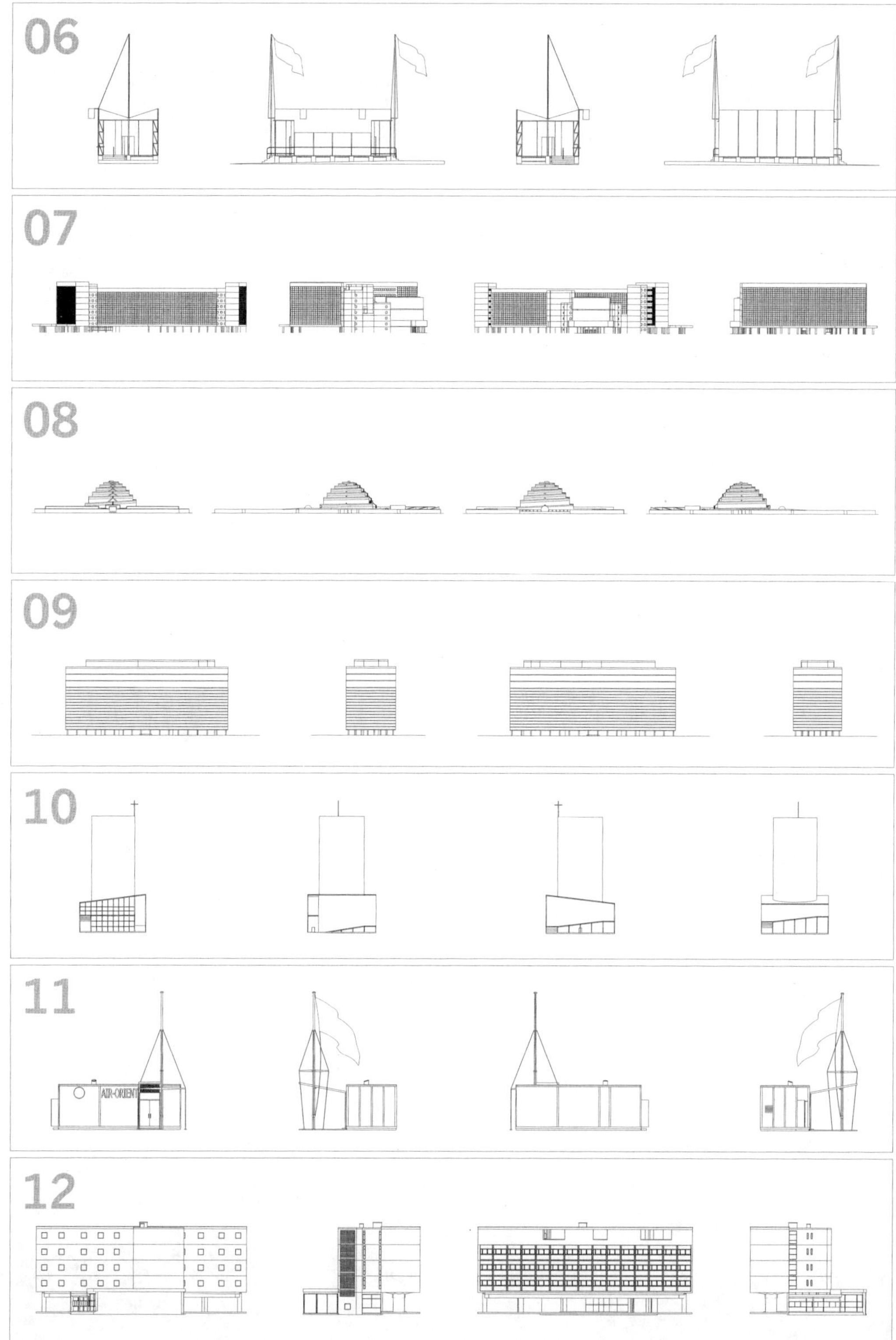

续表

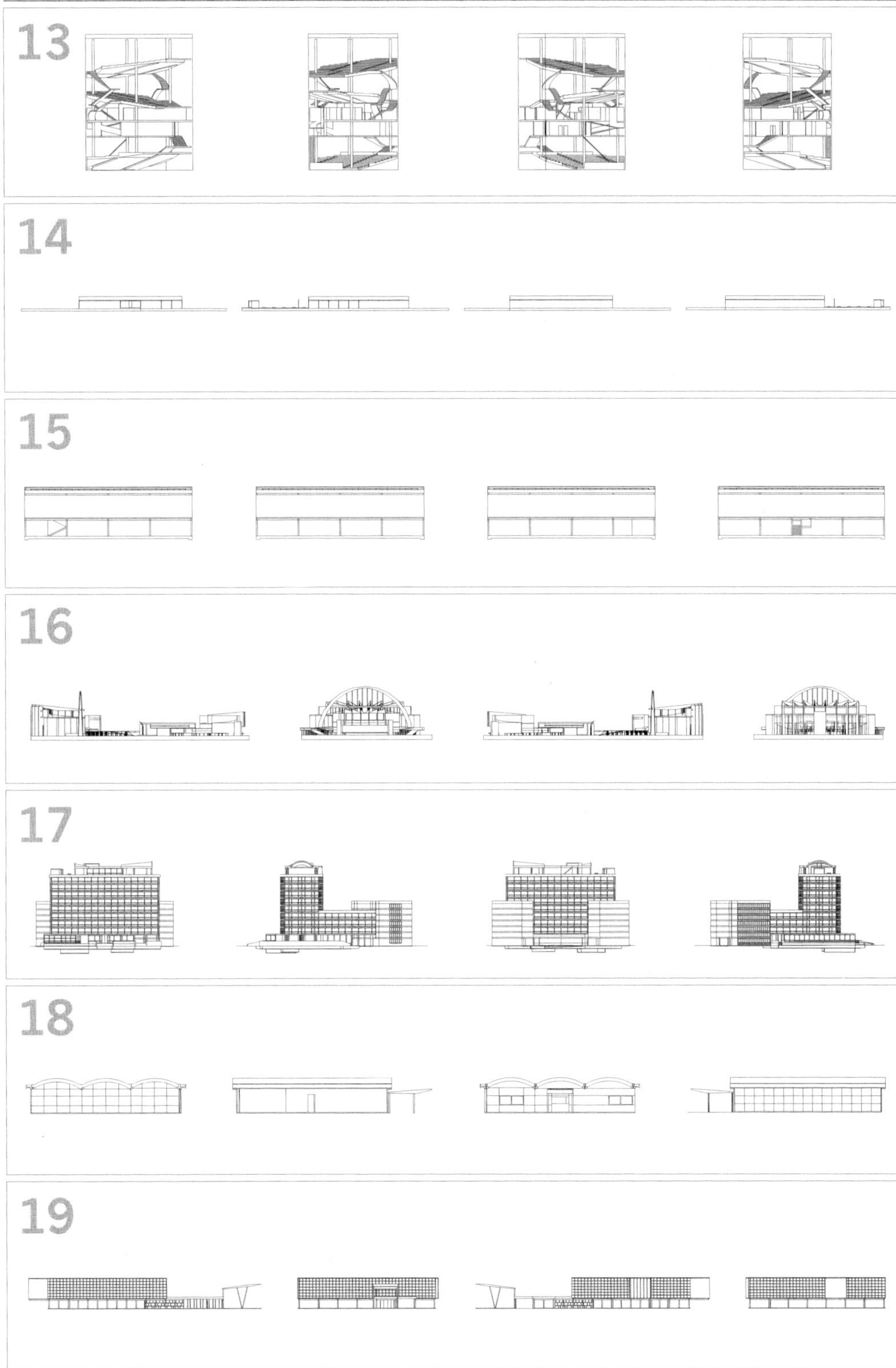

续表

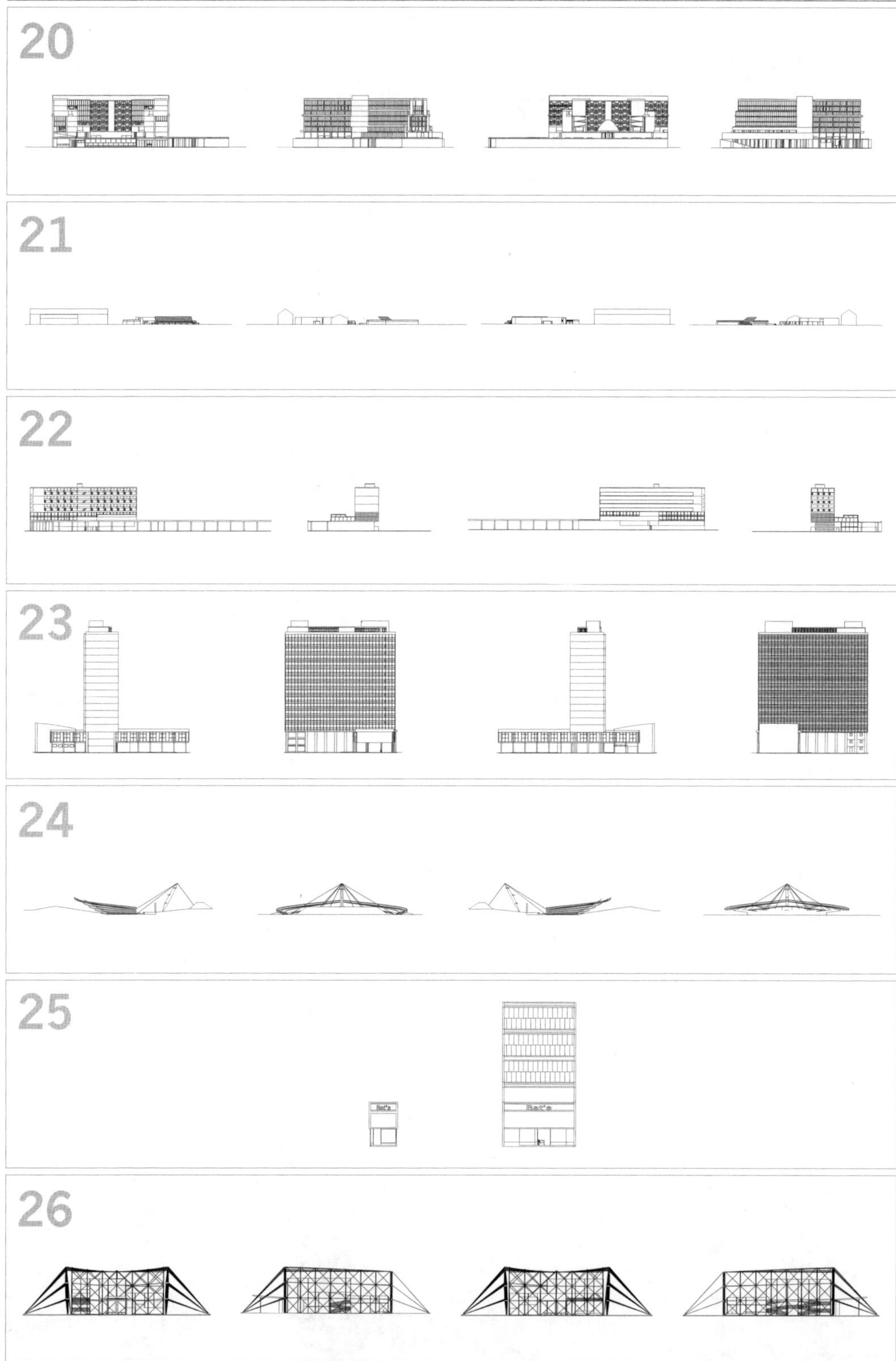

续表

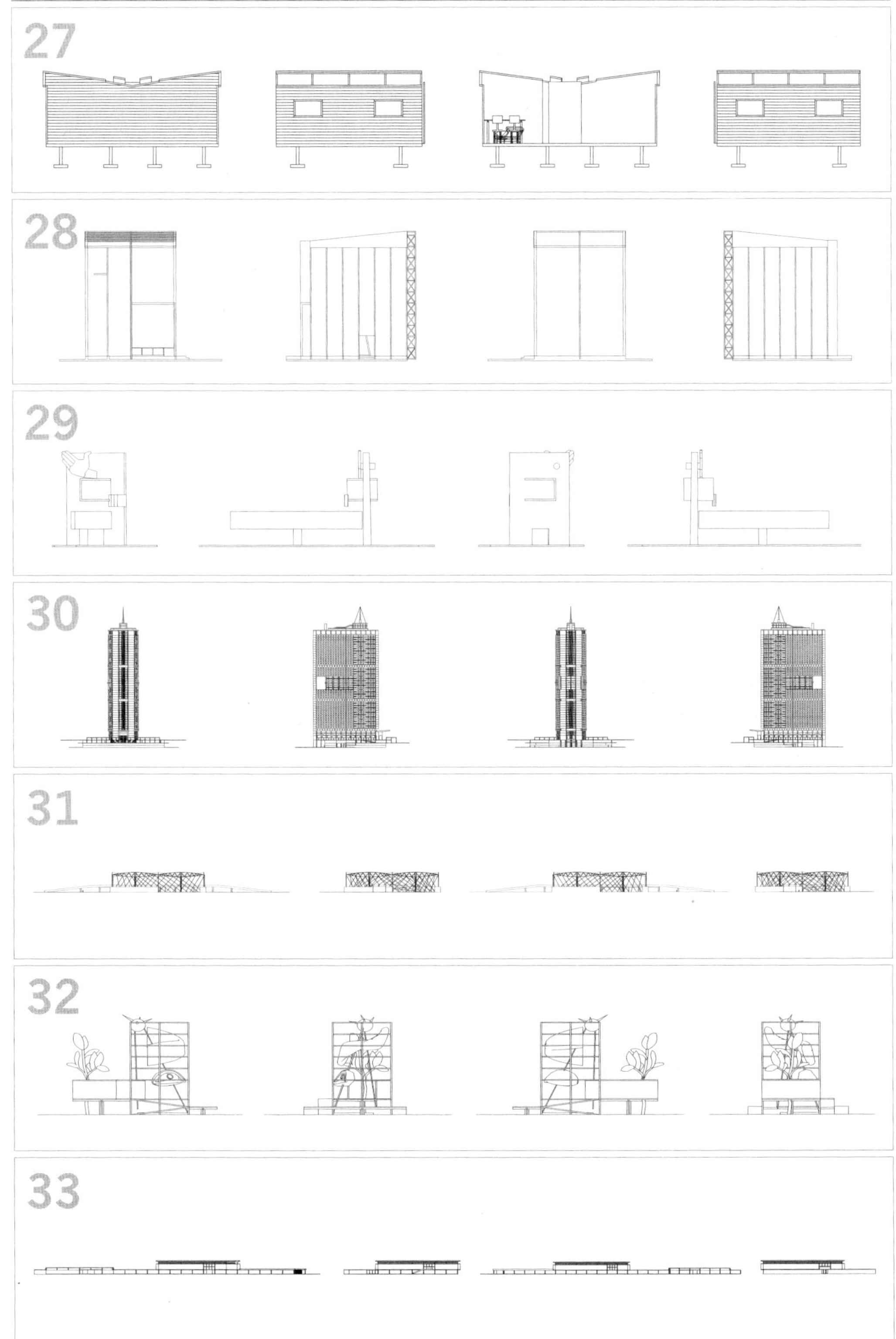

续表

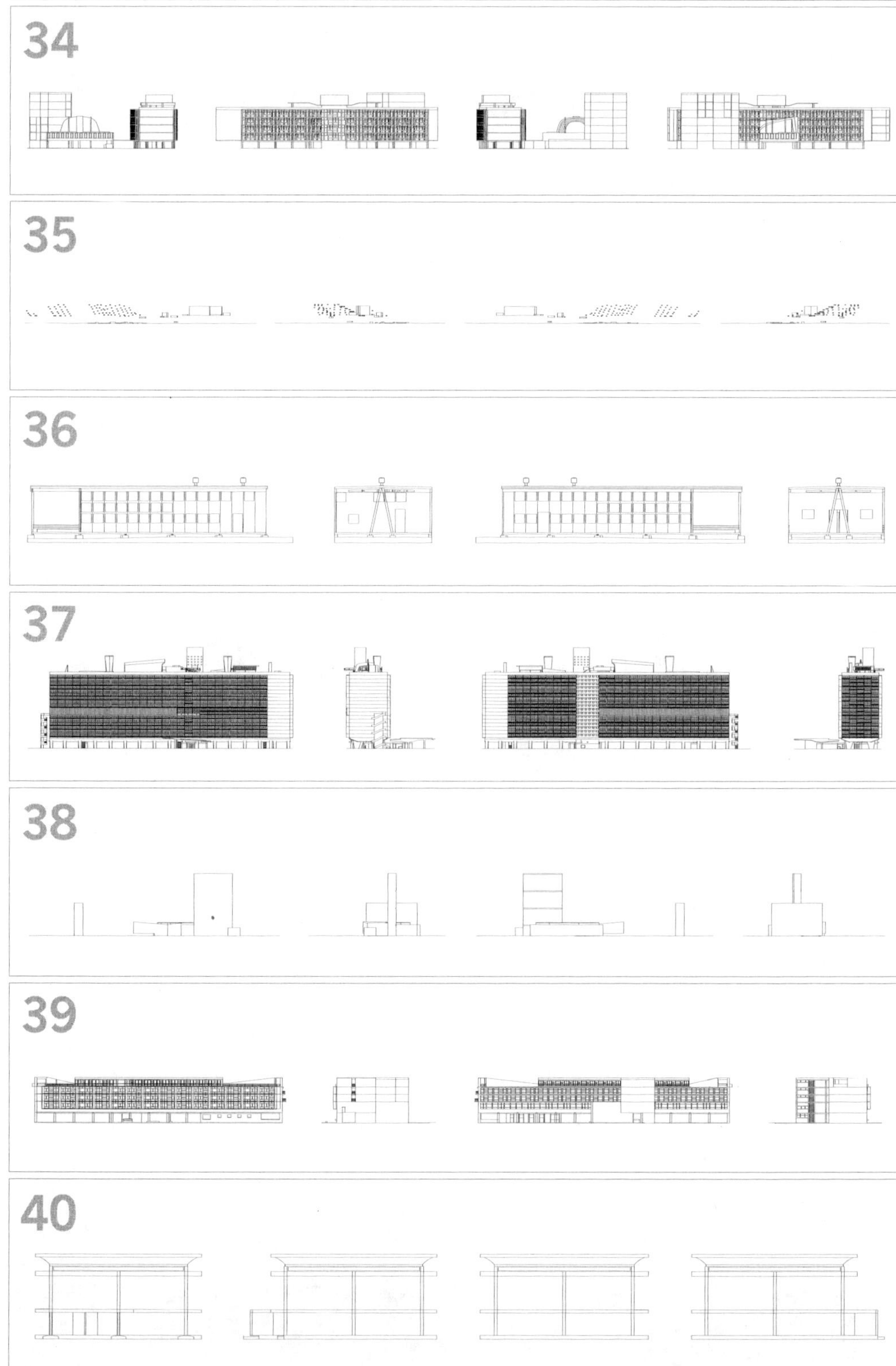

续表

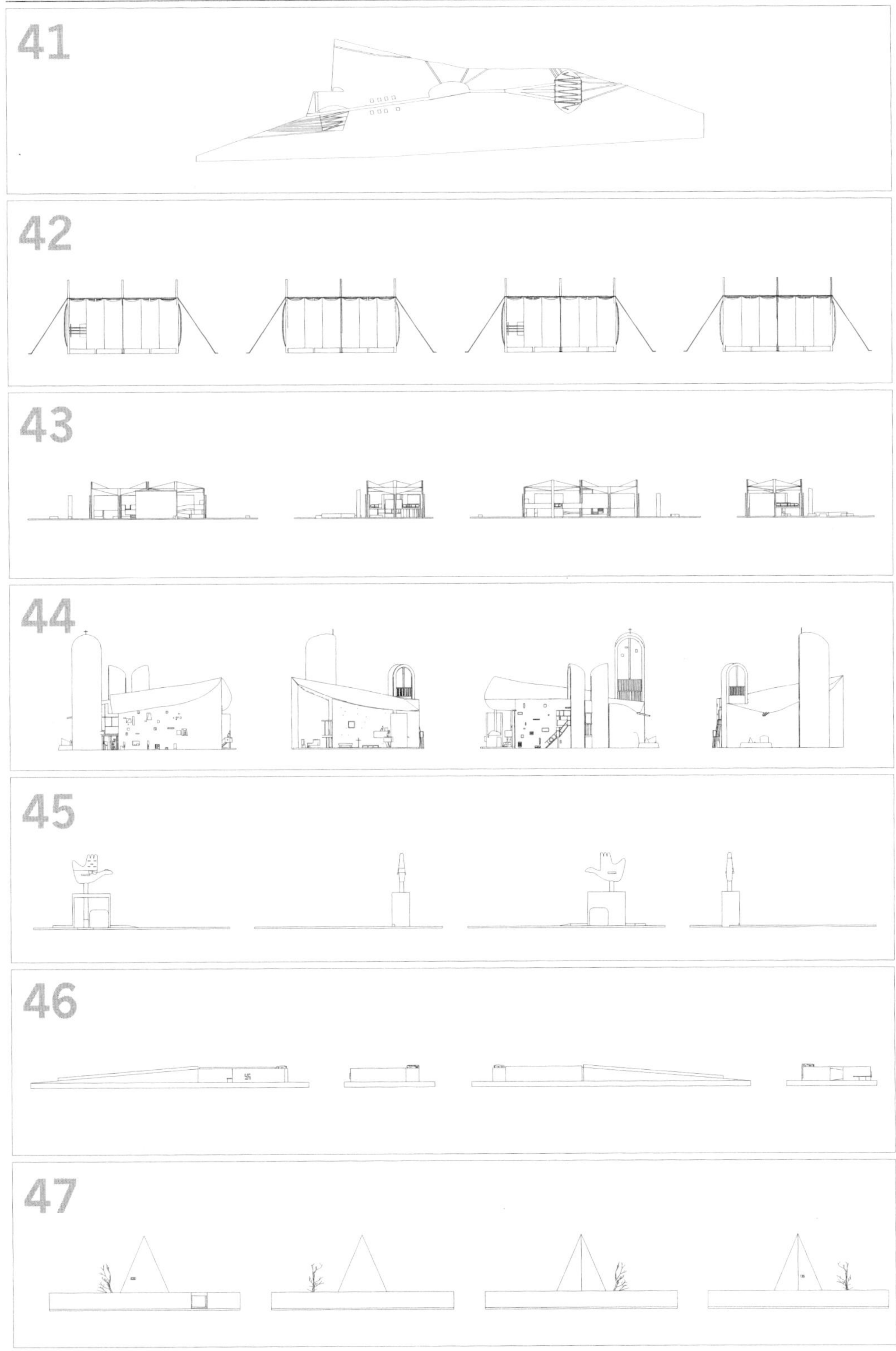

续表

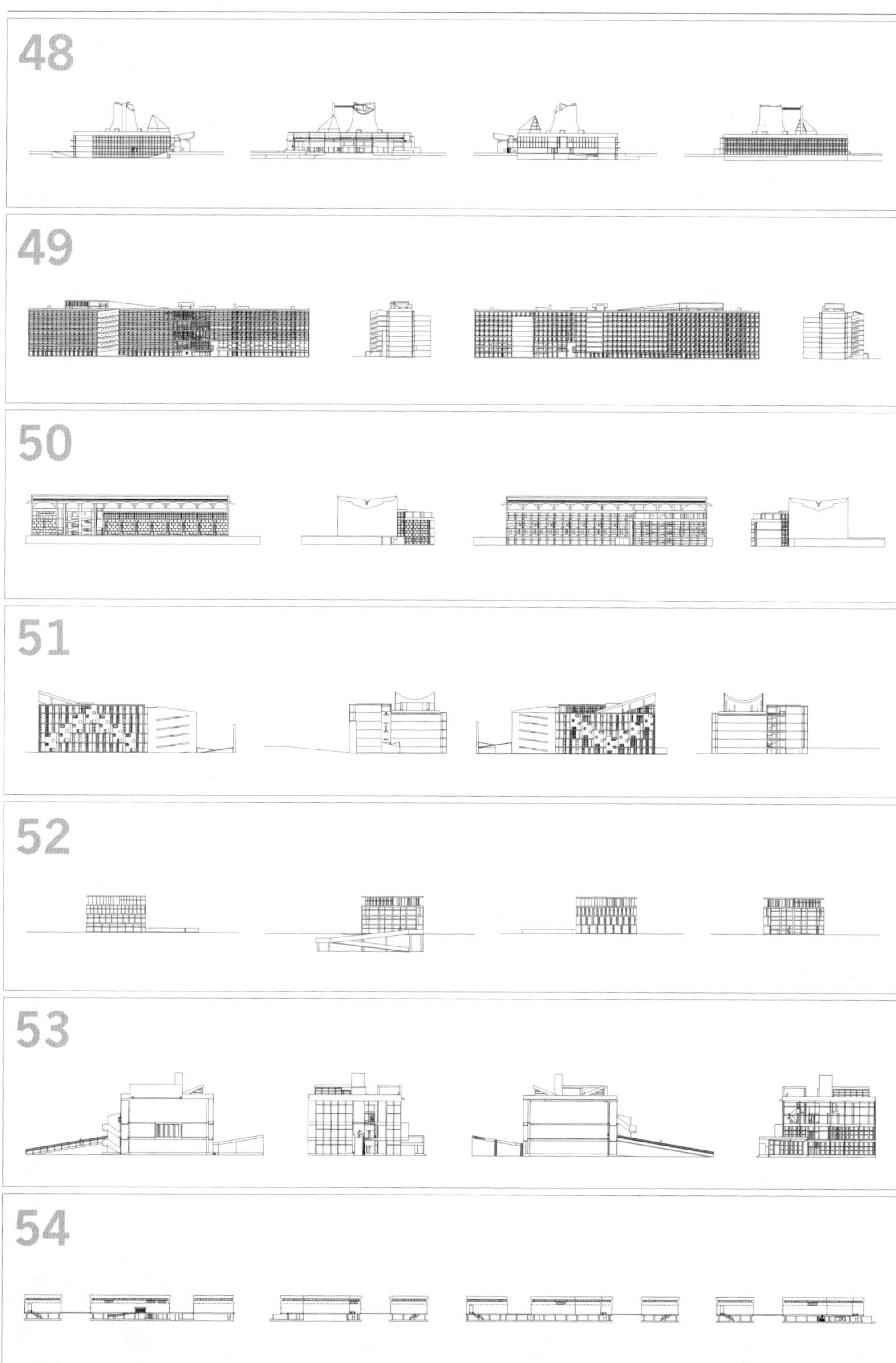

续表

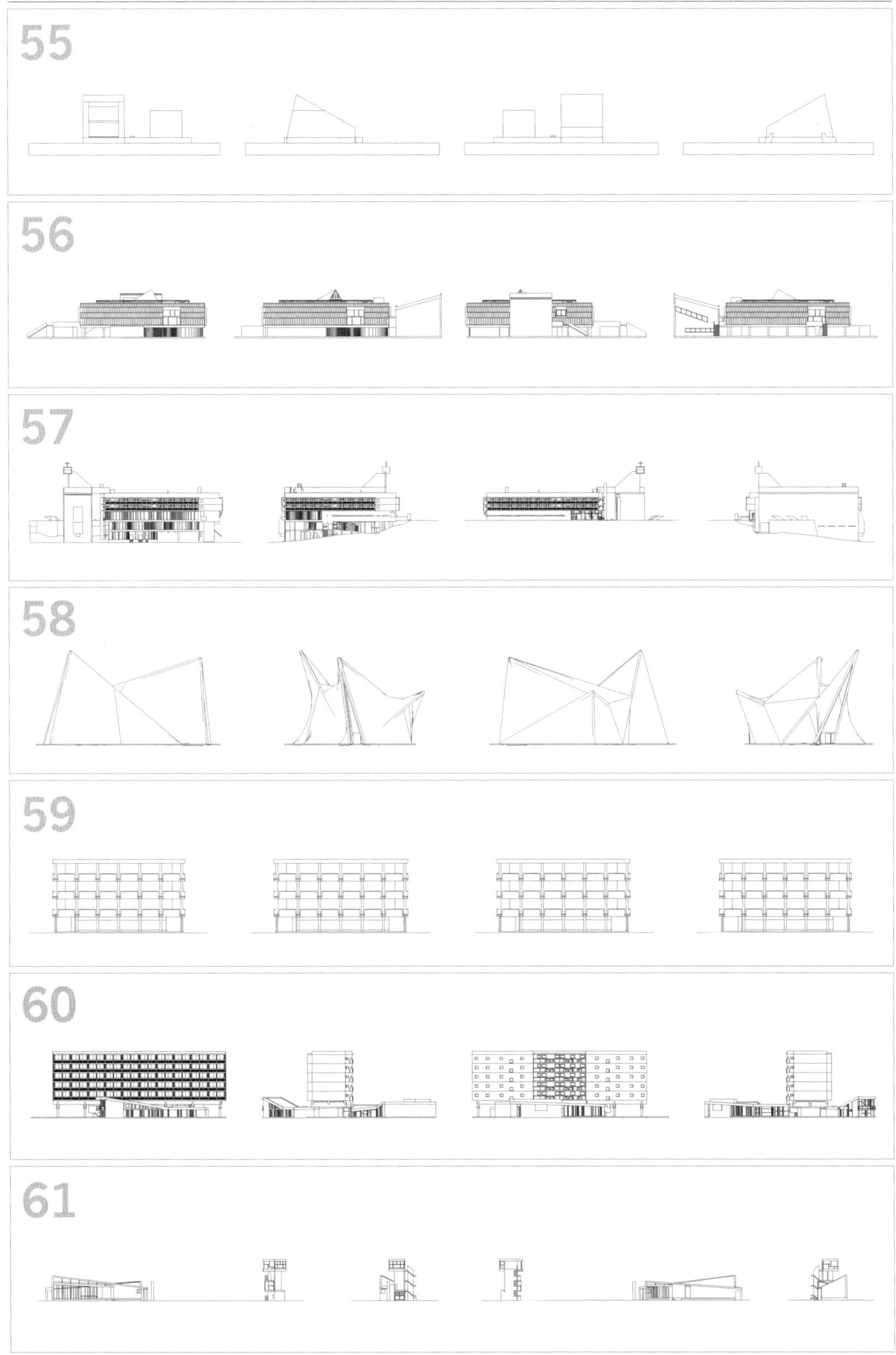

续表

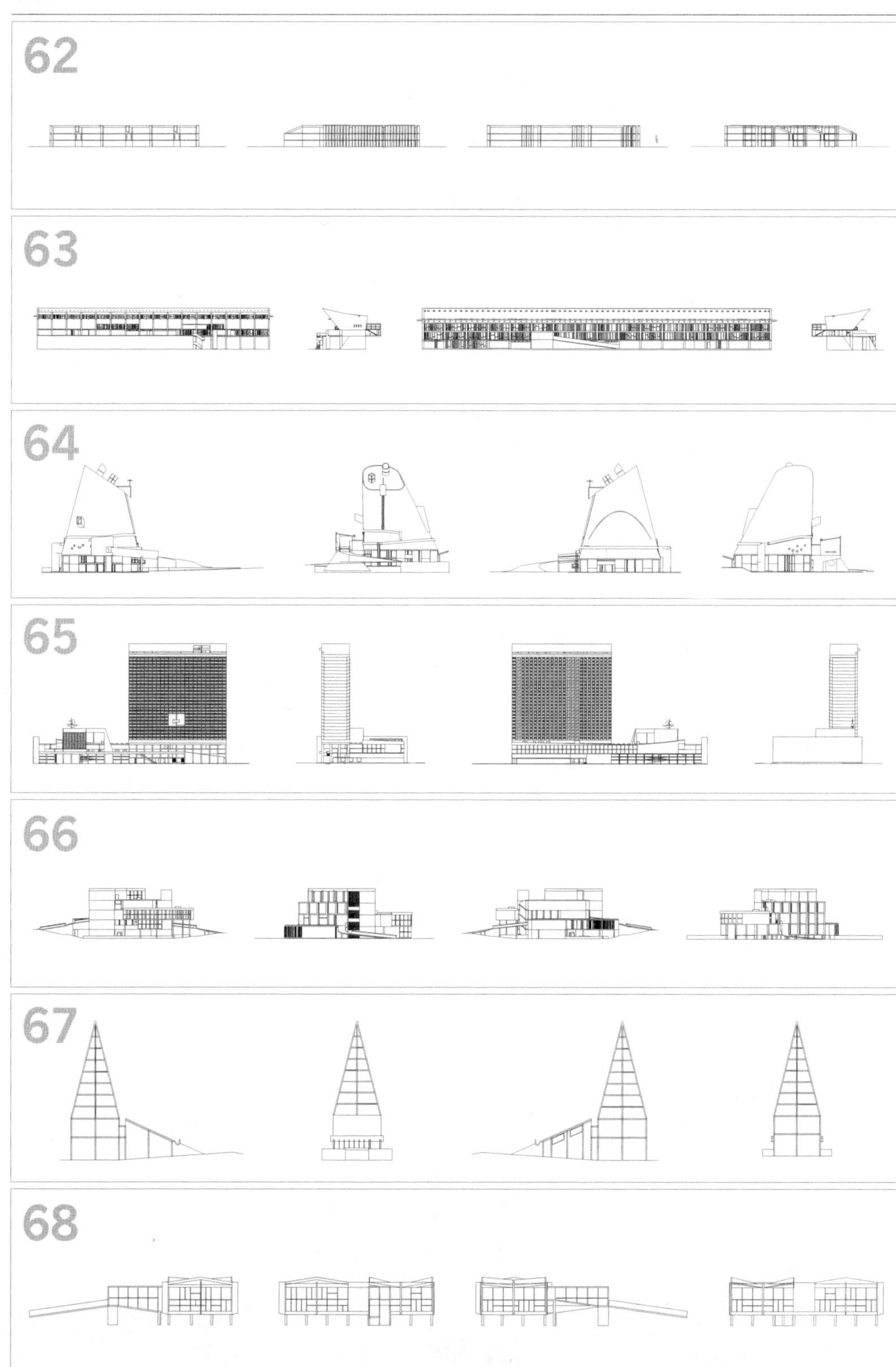

续表

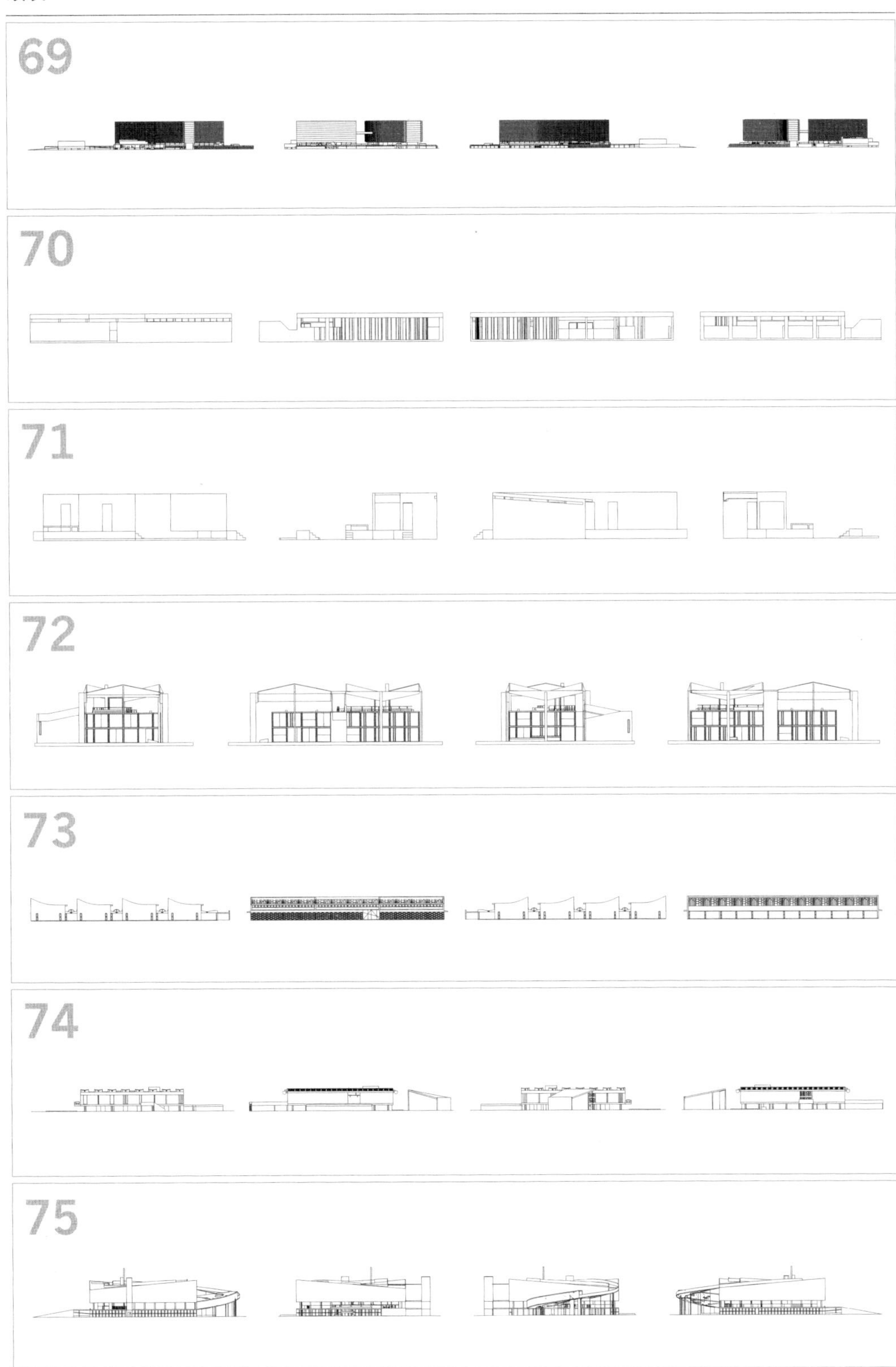

续表

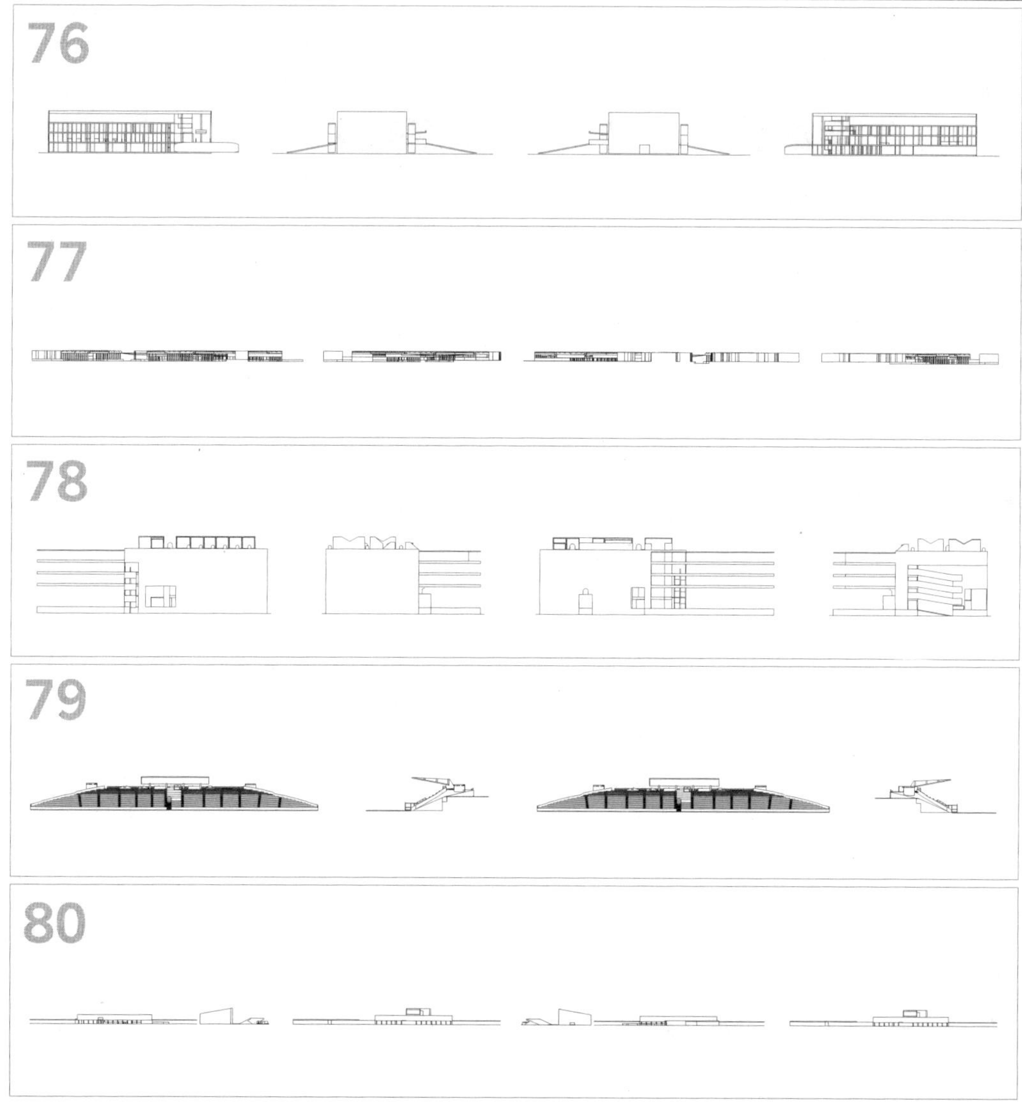

由于多数建筑立面的轮廓是方形，所以本节从立面的几何构成出发，分两步展开对比：第一步，抽象概括每个作品立面元素的构成形式；第二步，进行横向对比。以 72 号作品苏黎世柯布西耶中心为例，提取出两片三角形的屋顶、两根支撑屋顶的柱子、两层建筑的墙体（玻璃），并添加将其分成 10 等份的分割线，这里提取了主要的构成元素，去掉了如露出地面的天井窗、门廊、楼梯、栏杆等细部构成元素。按此方法得到提炼后的图示，如图 59 所示。

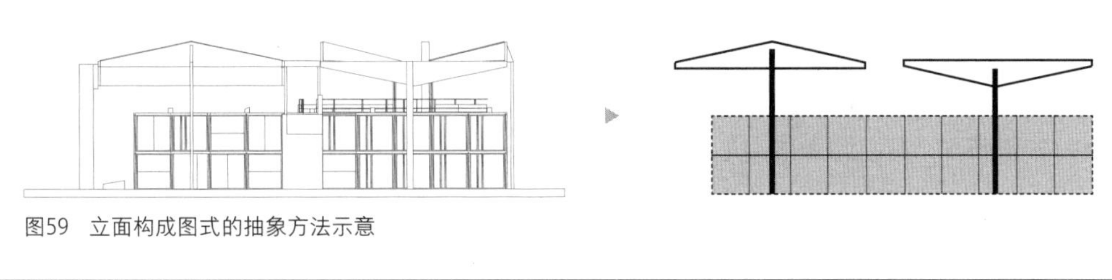

图59　立面构成图式的抽象方法示意

表21　80个公共建筑作品抽象提炼后的立面构成模式汇总

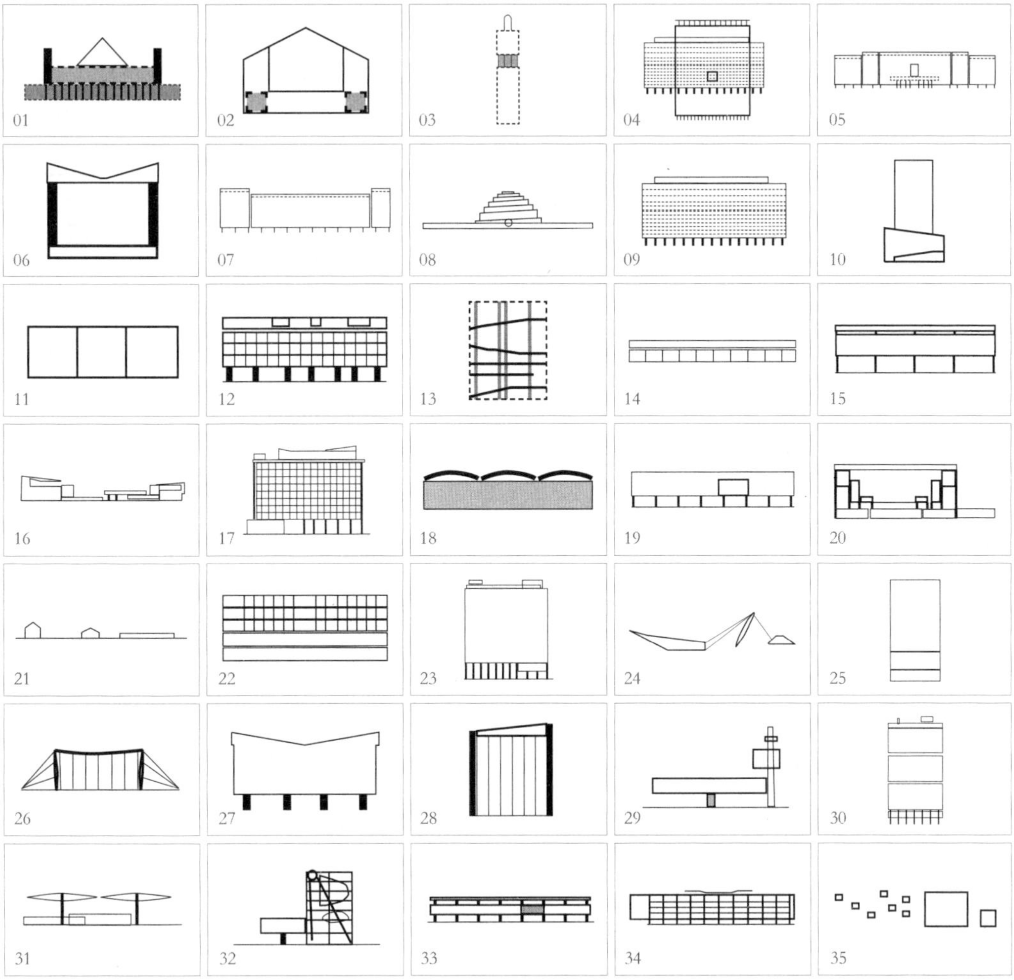

01	02	03	04	05
06	07	08	09	10
11	12	13	14	15
16	17	18	19	20
21	22	23	24	25
26	27	28	29	30
31	32	33	34	35

续表

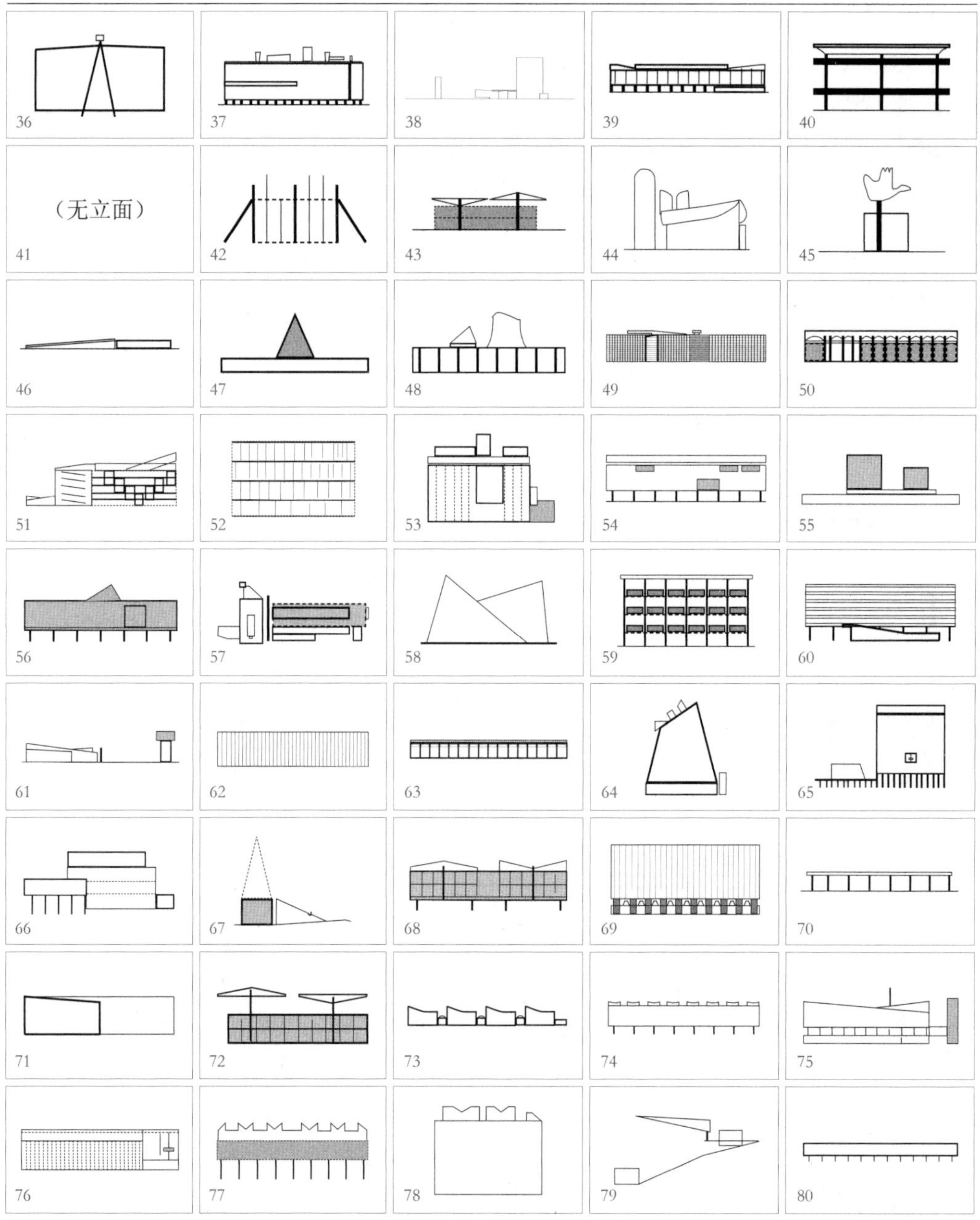

根据表 21，如果去掉建筑的尺度、开窗、坡道等，仅看屋顶、墙体、基座等主要元素的构成关系，可以将其分为几类：

类型 A

它们在立面上都呈现为底层的柱子、中间的墙体及上方的屋顶三段式构成。需要提出的是，这里的墙体和屋顶属于一个完整的方形轮廓，两者叠加在一起，没有分开。它们是 04、05、07、09、12、14、15、17、19、23、33、34、37、39、40、54、56、60、65、74、77、80 号作品，共计 22 例，如表 22 所示。

表22　类型A的作品汇总

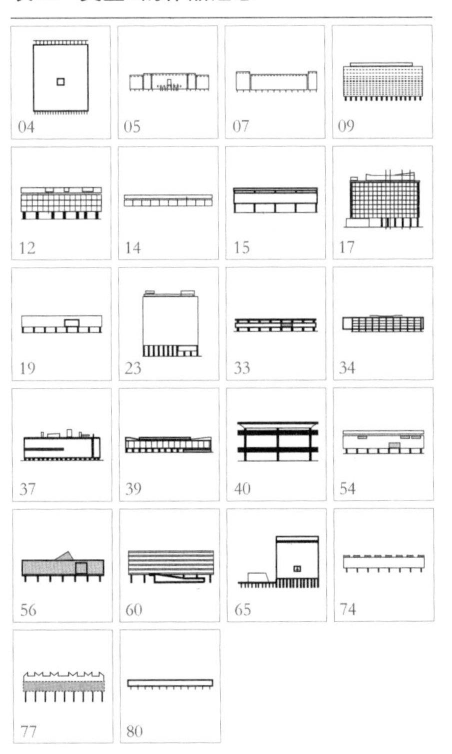

类型 B

柱子直接承接屋顶，暴露在外，两者构成了一个完整的框架轮廓。屋顶为一片或两片整块的形式，与墙体形成明显的分割。墙体的形式被弱化，多为一层或两层的小体量。它们是 06、26、28、31、36、42、43、68、72 号作品，共计 9 例，如表 23 所示。

表23　类型B的作品汇总

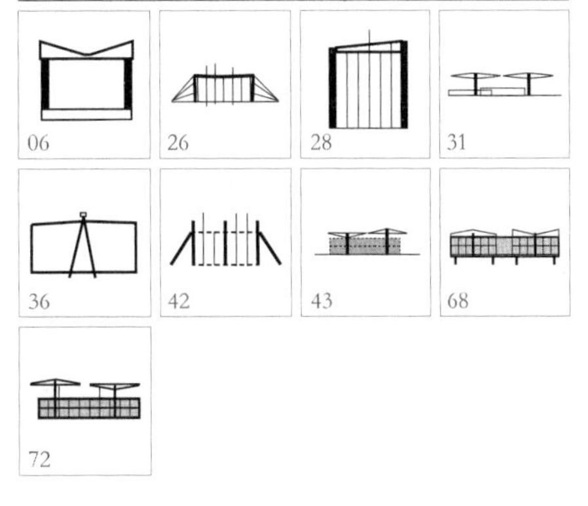

类型 C

立面中起结构支撑作用的柱子退化或者消失，整体构成为两个或多个块状体的叠加，且在竖向上呈现逐渐收缩的趋势，顶部的形体多呈现为三角形或者其变体的形式。它们是 01、08、10、47、48、64、67 号作品，共计 7 例，如表 24 所示。

表24　类型C的作品汇总

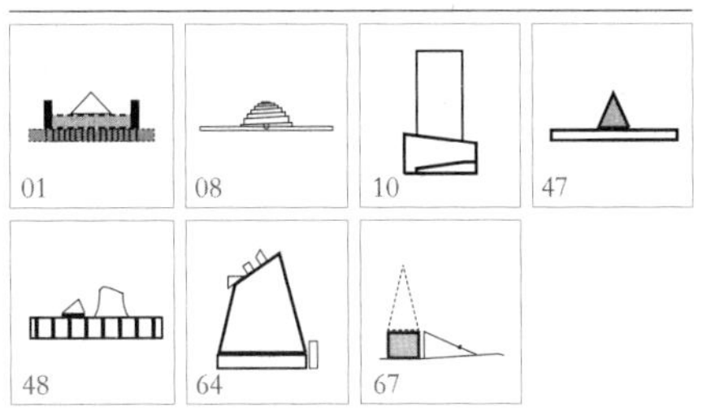

类型 D

立面体现出一种重复的韵律，被分隔成标准的单元。它们是 18、49、50、59、62、63、69、73、78 号作品，共计 9 例，如表 25 所示：

表25　类型D的作品汇总

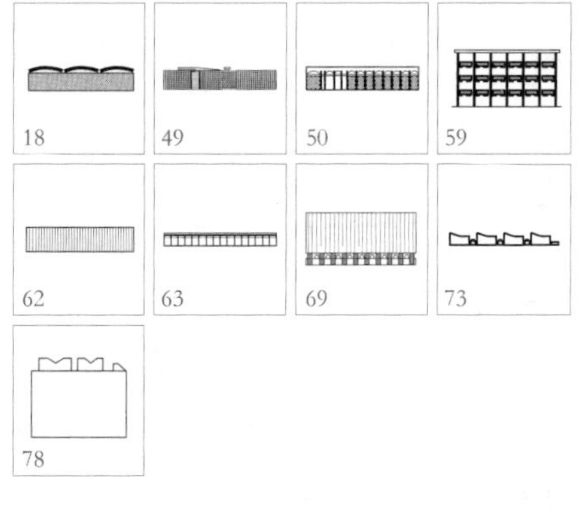

类型 E

墙身为层状的堆叠关系，水平层的特征明显。它们是 20、22、51、52、57、66、75 号作品，共计 7 例，如表 26 所示：

表26　类型E的作品汇总

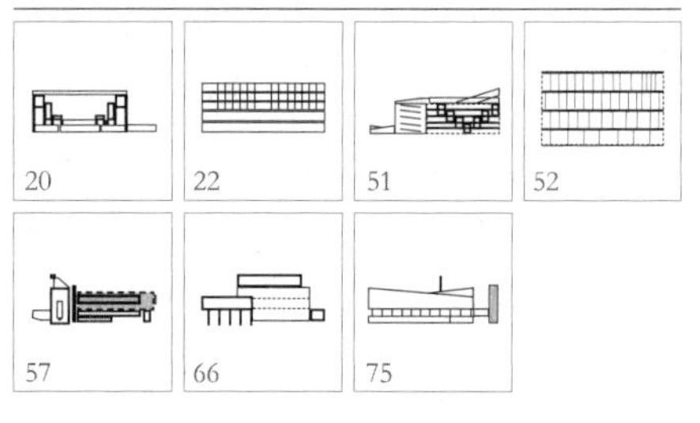

类型 F

由一根独立的柱和其顶部的独立体量构成，具有强烈的雕塑特质。它们是 29、32、45、61 号作品，共计 4 例，如表 27 所示：

表27　类型F的作品汇总

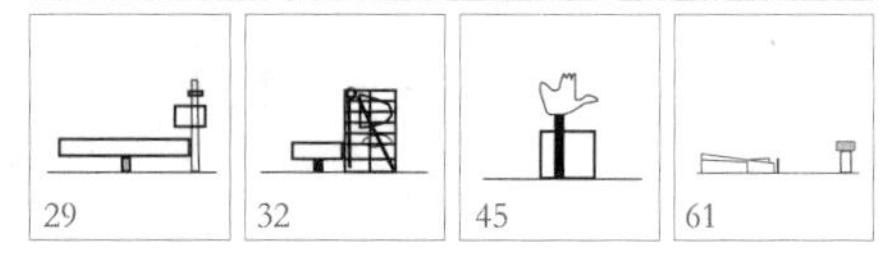

其他的作品在立面构成中缺乏共性，如 44 号作品朗香教堂的立面等，这里就不再一一列举其立面的特性了。将上述分类代入功能得到表 28，可以发现：行政类建筑的立面构成主要呈现为 A、C、D、E 四种类型，类型 A 占 41%，类型 D 占 24%，类型 C 和 E 各有 1 例；博物馆类建筑的立面构成呈现为 A、C、E 三种类型，其中类型 A 占比重最大，为 73%，其次是类型 E，占 18%，最后是类型 C，仅 1 例；展览馆类建筑的立面构成主要呈现为 A、B、F 三种类型，其中类型 B 占比最多，为 57%，其次是 A 和 F，各有 1 例；宗教类建筑的立面构成主要呈现为 C、D、E 三种类型，类型 C 最多，占 50%，其次是 D 和 E，各有 1 例；学校类建筑的立面构成呈现为 A、B、C、D、E 五种类型，其中类型 A 最多，占 33%，其他各有 1 例；体育类、水利类和商业类没有明显的共性立面构成特征；综合体类建筑的立面构成主要呈现为

A、D、E 三种类型，其中类型 A 占比最多，为 50%，其次是类型 D 和 E，各有 1 例；纪念碑类建筑的立面构成多呈现为 E 和 F 两种类型，较多的为类型 F，占 40%，类型 E 只有 1 例；医院类建筑在立面构成上为类型 A。若从手法角度来看，类型 A 的应用最广泛，即由柱子撑起的三段式构成形式，主要在行政类和博物馆类中运用，类型 B 主要应用在展览馆类建筑上，类型 C 主要应用在宗教类建筑上，类型 D 也在行政类建筑中应用较多，类型 E 没有比较突出的应用类型，类型 F 主要在纪念碑类建筑上运用。由此可以看出，柯布西耶在行政类和博物馆类建筑的立面构成上倾向于表现柱子、墙体和屋顶的三段式形式，其他的功能建筑中则每个类别各有自己的立面构成特性。例如，在展览馆类建筑中均呈现出柱子和屋顶形成的完整框架形式，墙体被弱化；宗教类建筑通常呈现出一种收缩的几何构成方式，完全不同于三段式形式，在教堂的外立面中，柱子完全消失或者没有得到表现。

表28　80个公共建筑作品代入功能后的统计

行政类	作品编号	05	07	09	16	17	23	34	38	39	50	48	49	53	62	69	75	76
	类型代号	A	A	A		A	A	A		A	D	C	D		D	D	E	
博物馆类	作品编号	08	14	15	20	33	40	51	54	56	74	80						
	类型代号	C	A	A	E	A	A	E	A	A	A	A						
展览馆类	作品编号	06	11	19	26	27	28	31	32	42	43	58	68	71	72			
	类型代号	B		A	B		B	B	F	B	B		B		B			
宗教类	作品编号	10	41	44	47	57	64	67	78									
	类型代号	C			C	E	C	C	D									
学校类	作品编号	01	12	36	60	66	73											
	类型代号	C	A	B	A	E	D											
体育类	作品编号	21	24	35	63	79												
	类型代号				D													
水利类	作品编号	03	61															
	类型代号		F															
综合体类	作品编号	04	18	22	30	37	65											
	类型代号	A	D	E		A	A											
商业类	作品编号	02	13	25	59	70												
	类型代号				D													
纪念碑类	作品编号	29	45	46	52	55												
	类型代号	F	F		E													
医院类	作品编号	77																
	类型代号	A																

3 剖面构成
Analysis of profile composition

剖面体现了作品的内在空间，可以反映出建筑基本的层高、结构要素、空间的内部组织等。本节对柯布西耶公共建筑作品的剖面进行了一次整体的考察和分析（表 29）。

表29　80个公共建筑作品的剖面图（横剖和纵剖）

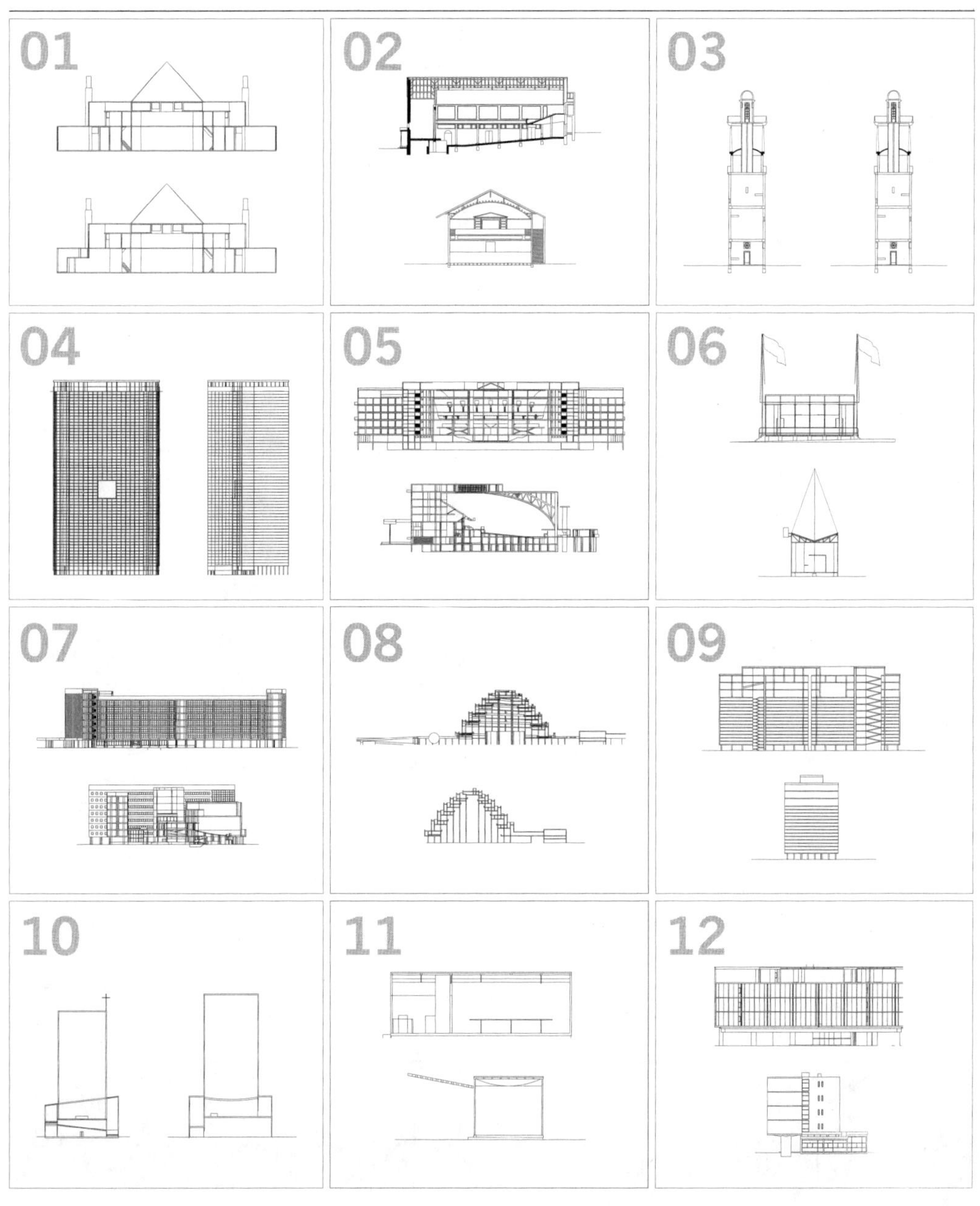

续表

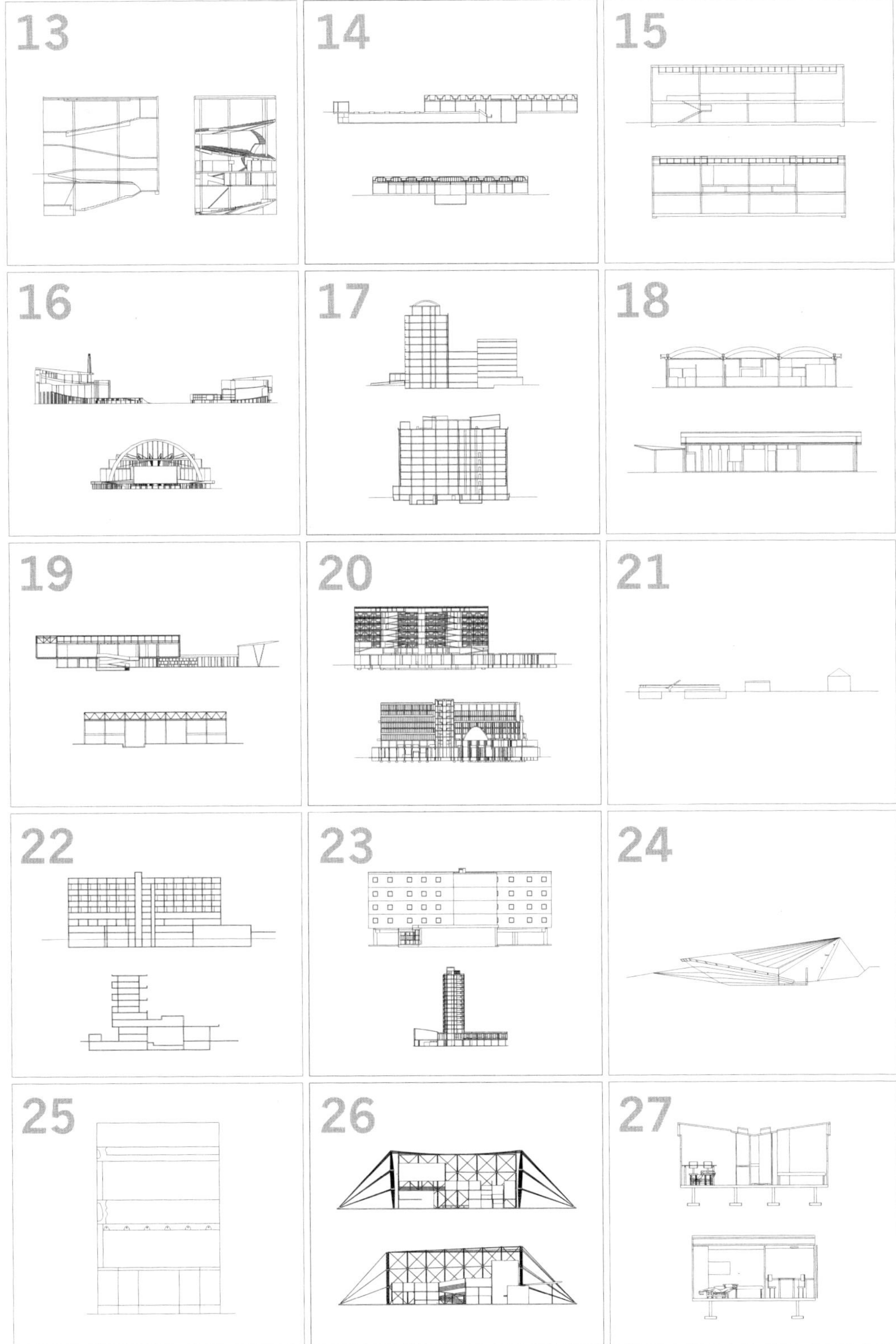

续表

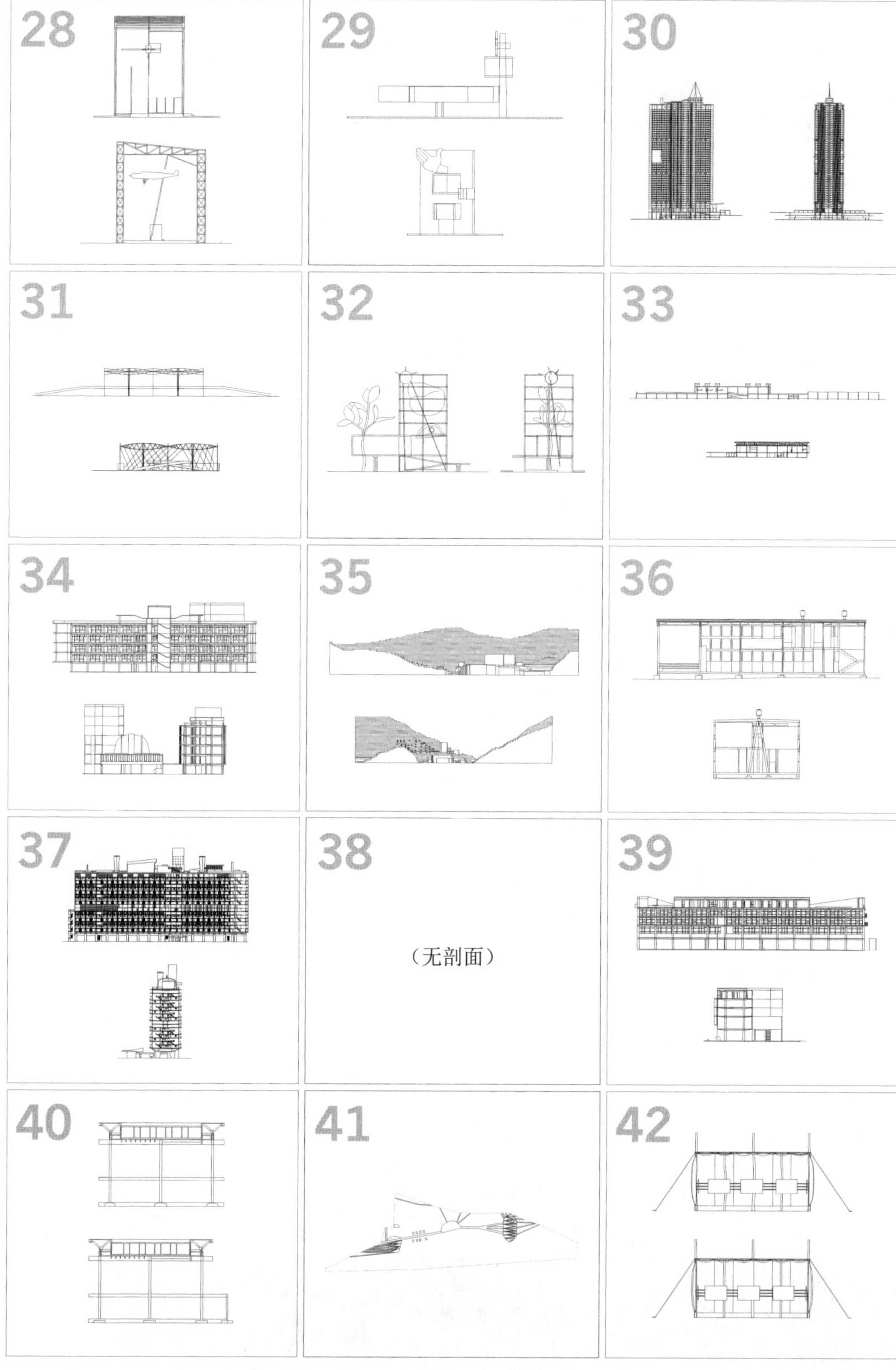

续表

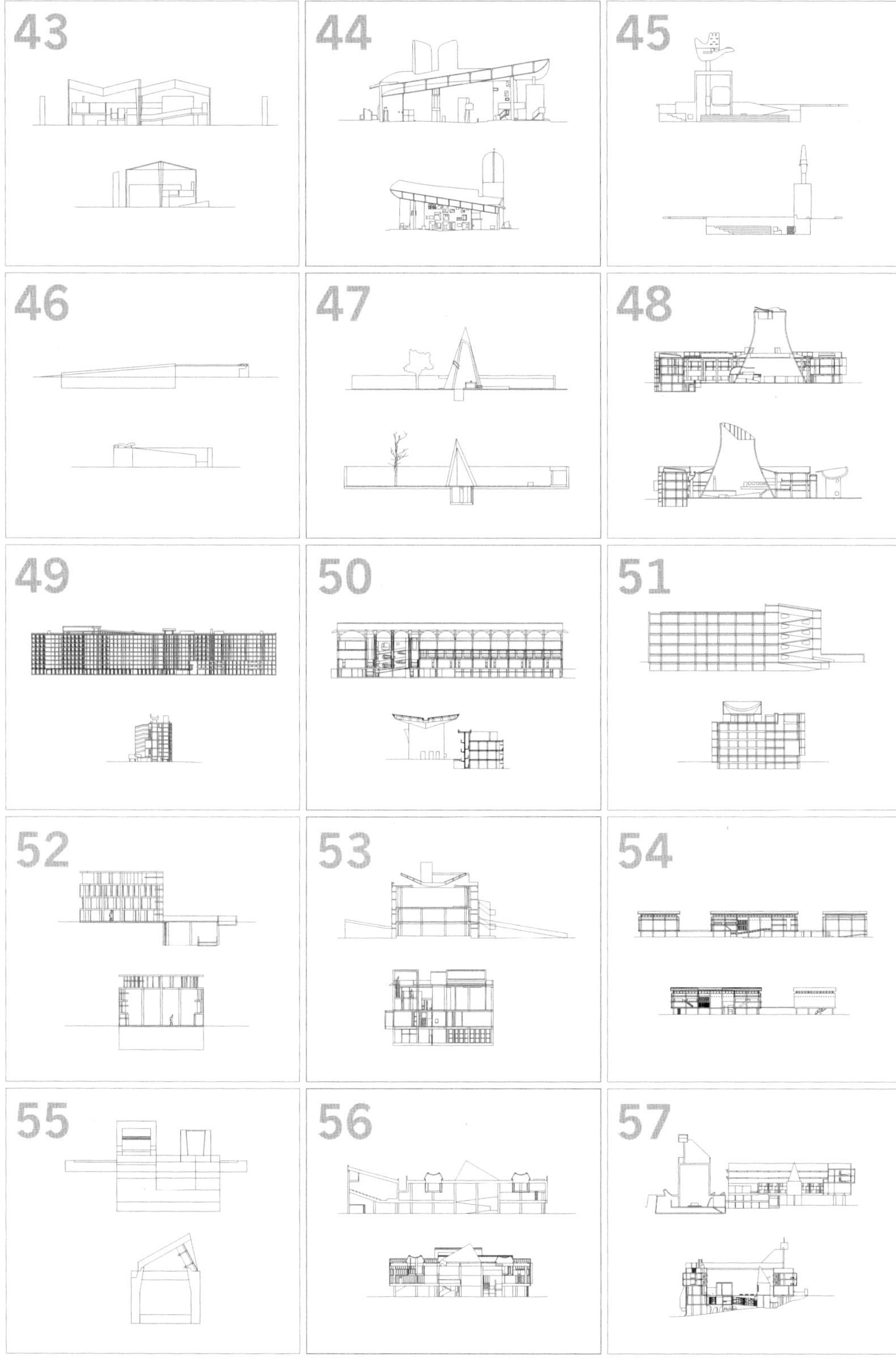

续表

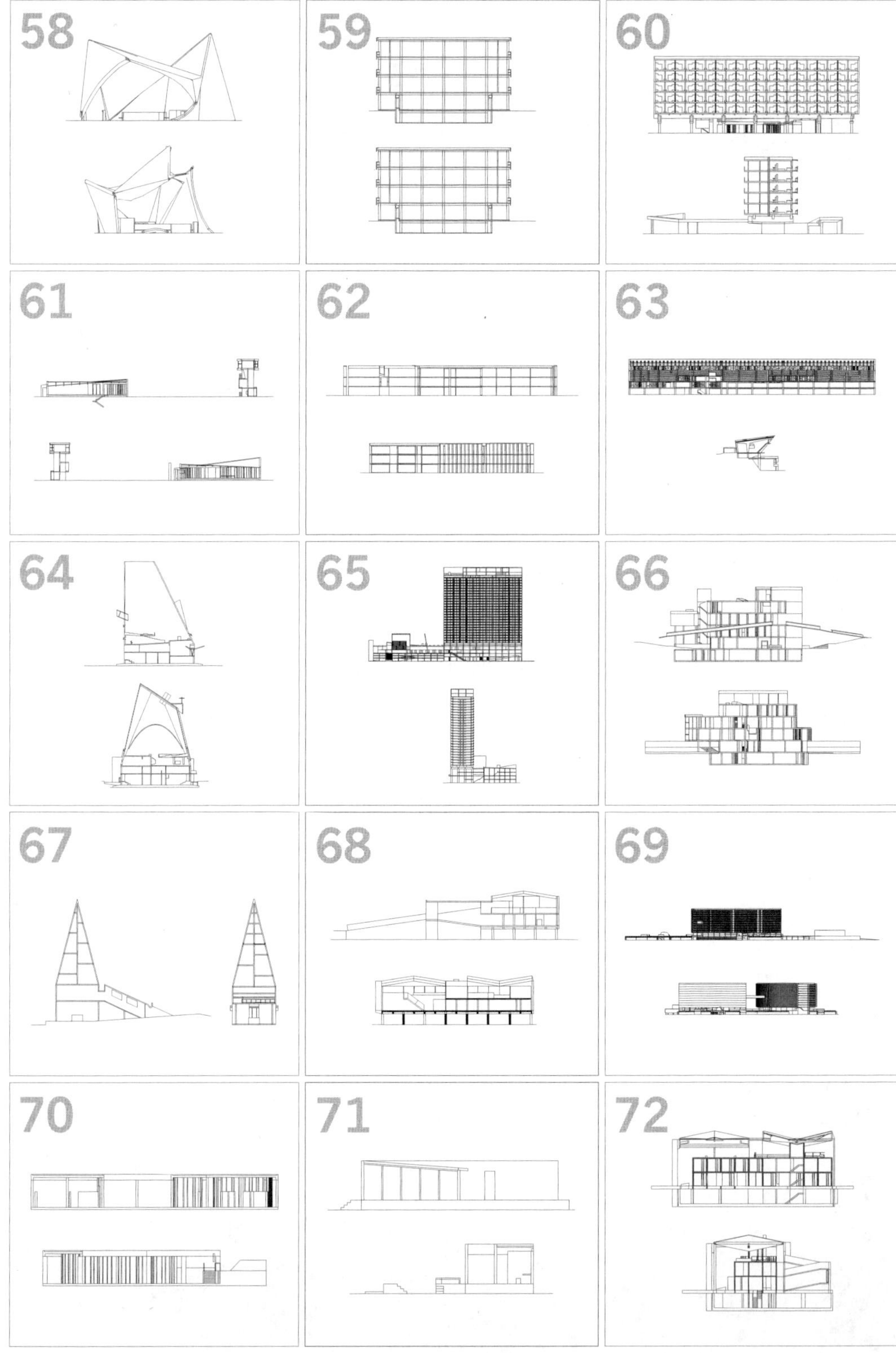

续表

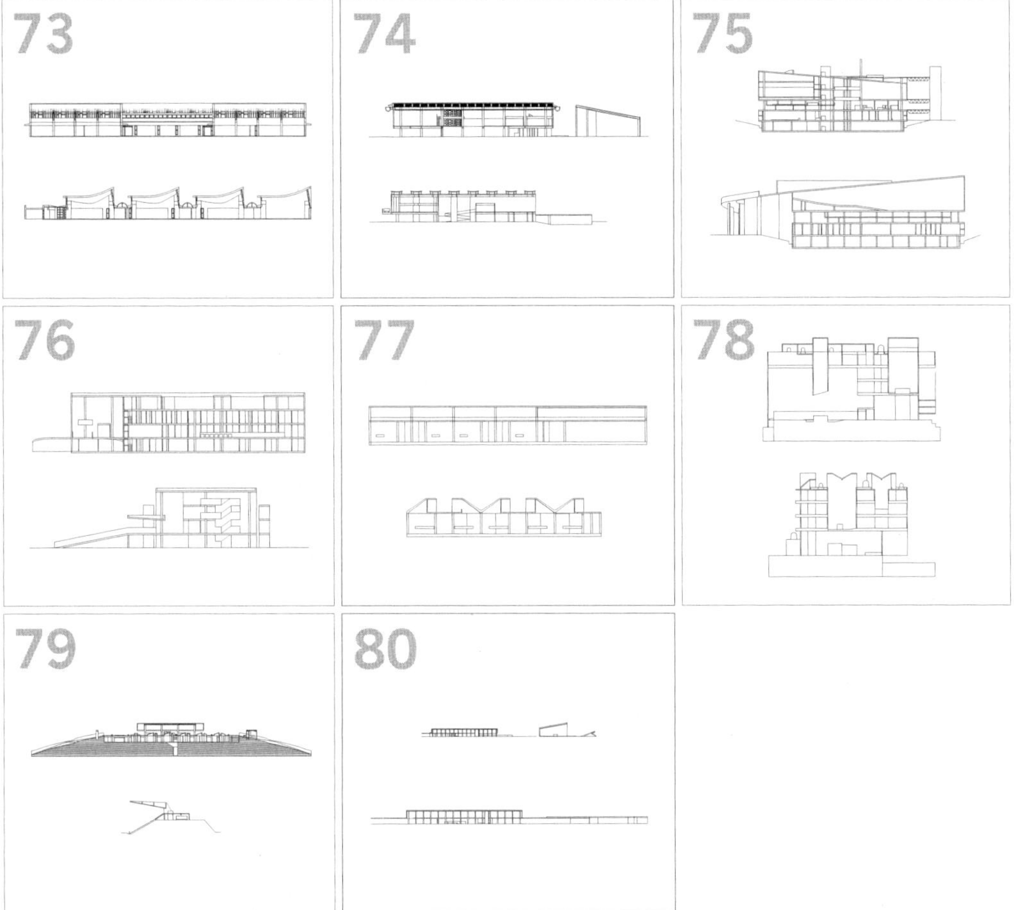

因建筑类型的缘故，某些作品在立面和剖面构成模式上趋同，但和立面相比，剖面能揭示出建筑的层数、层高、内部空间、室内外高差等基本信息，因此，本节对这些作品的剖面进行了一次提取（表 30）。以 02 号作品 La Scala 电影院为例，如图 60 所示，从横剖面和纵剖面中可以看出，建筑横向的剖面更能揭示其内部空间的状况，所以选取横剖面图来进行处理。在处理时主要提取建筑剖面图中的各层楼板、外墙和屋顶形成的轮廓、室内外地坪三个要素，即在竖向上，从地面到室内，再到屋顶，如此便得到提取后的剖面基本信息图。

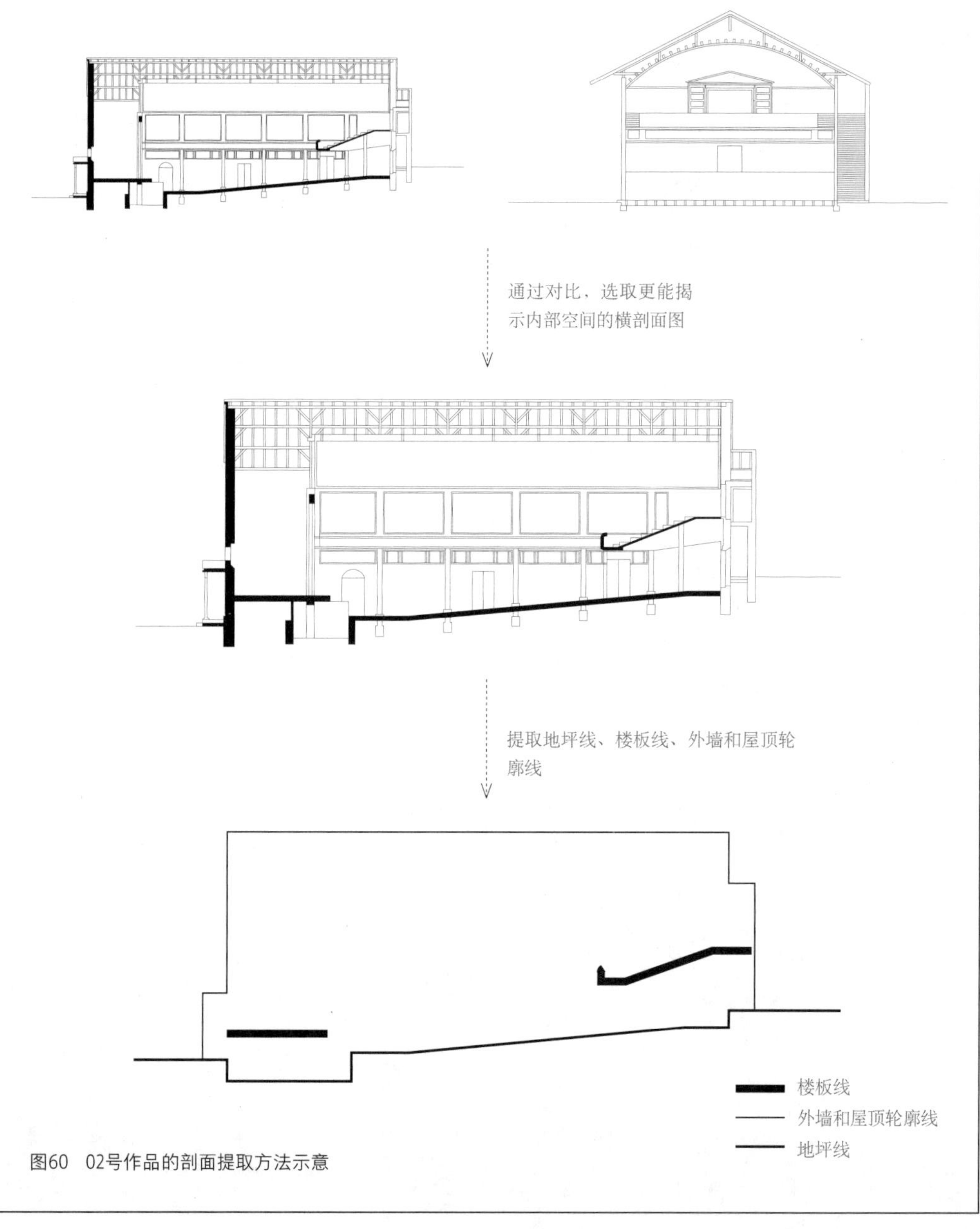

图60　02号作品的剖面提取方法示意

表30　80个公共建筑作品剖面图的提取过程

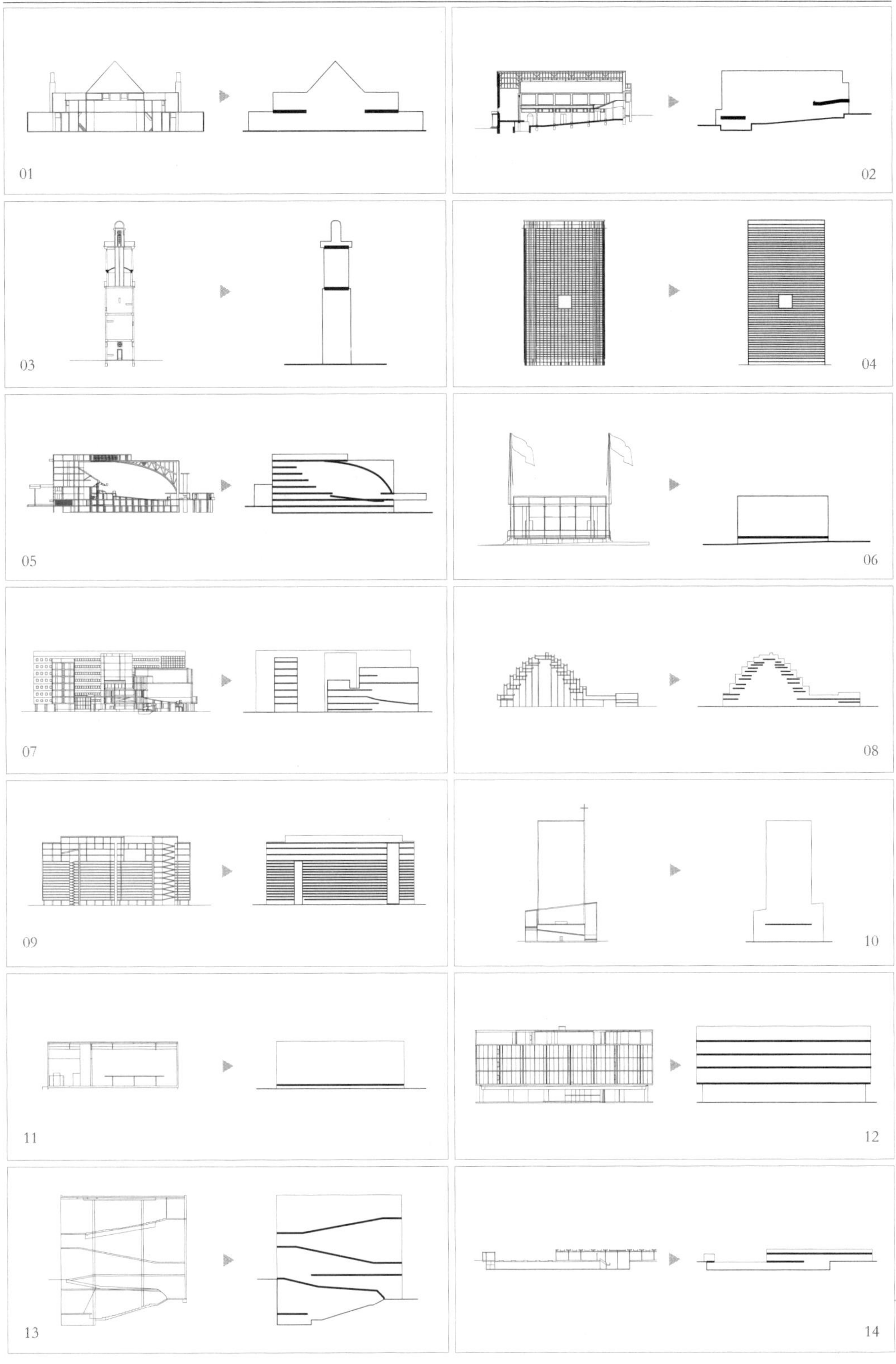

续表

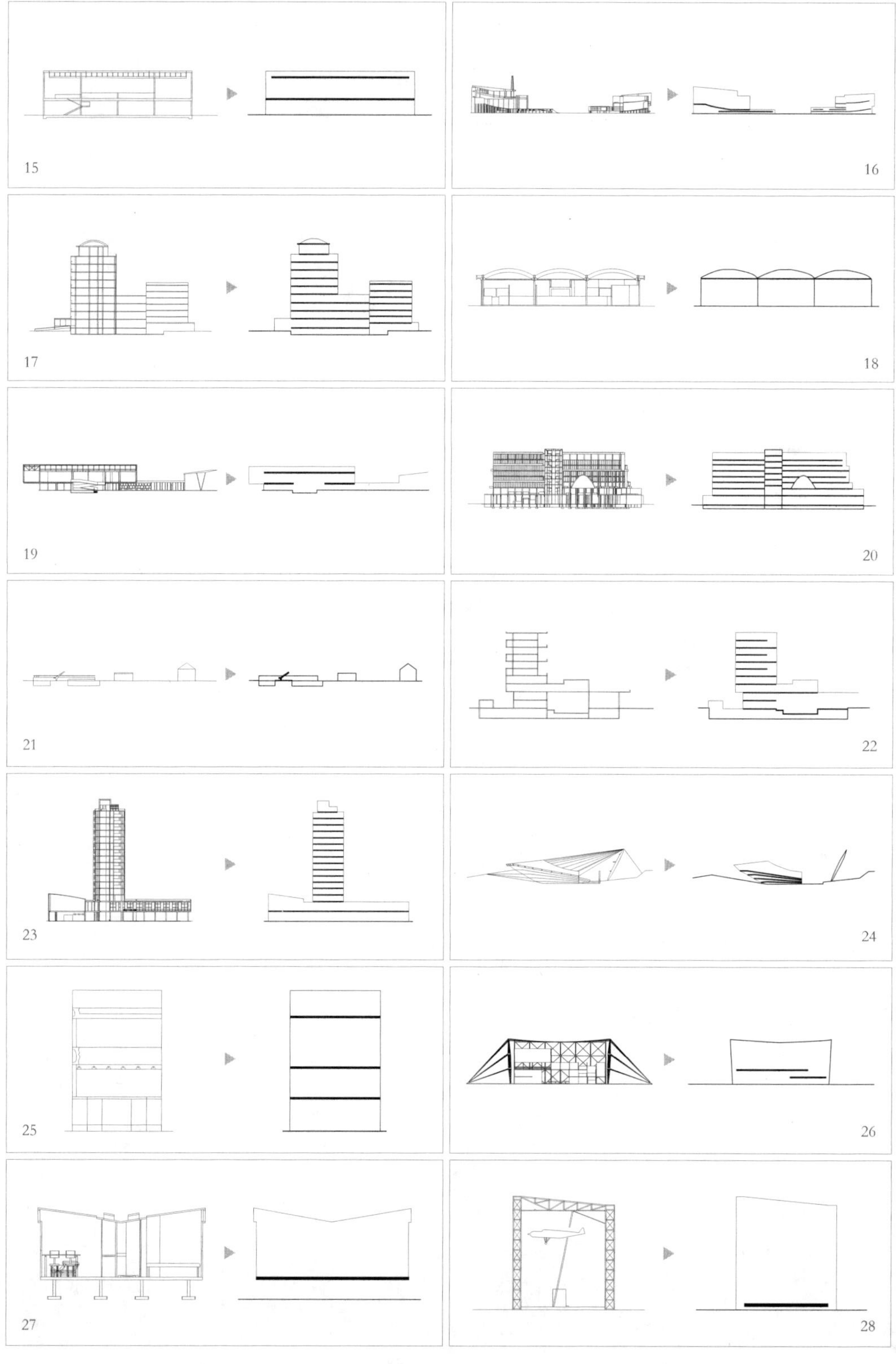

续表

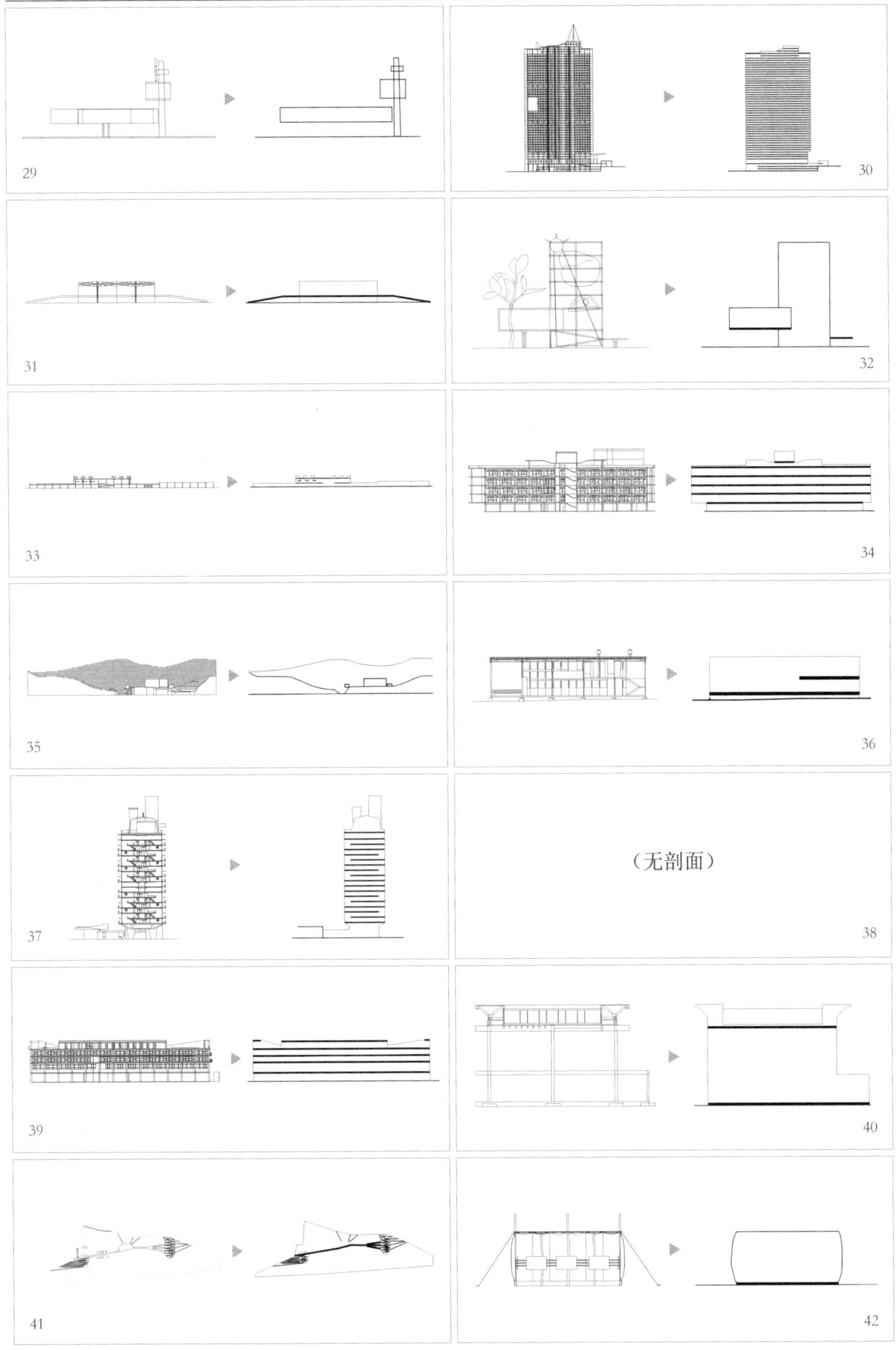

续表

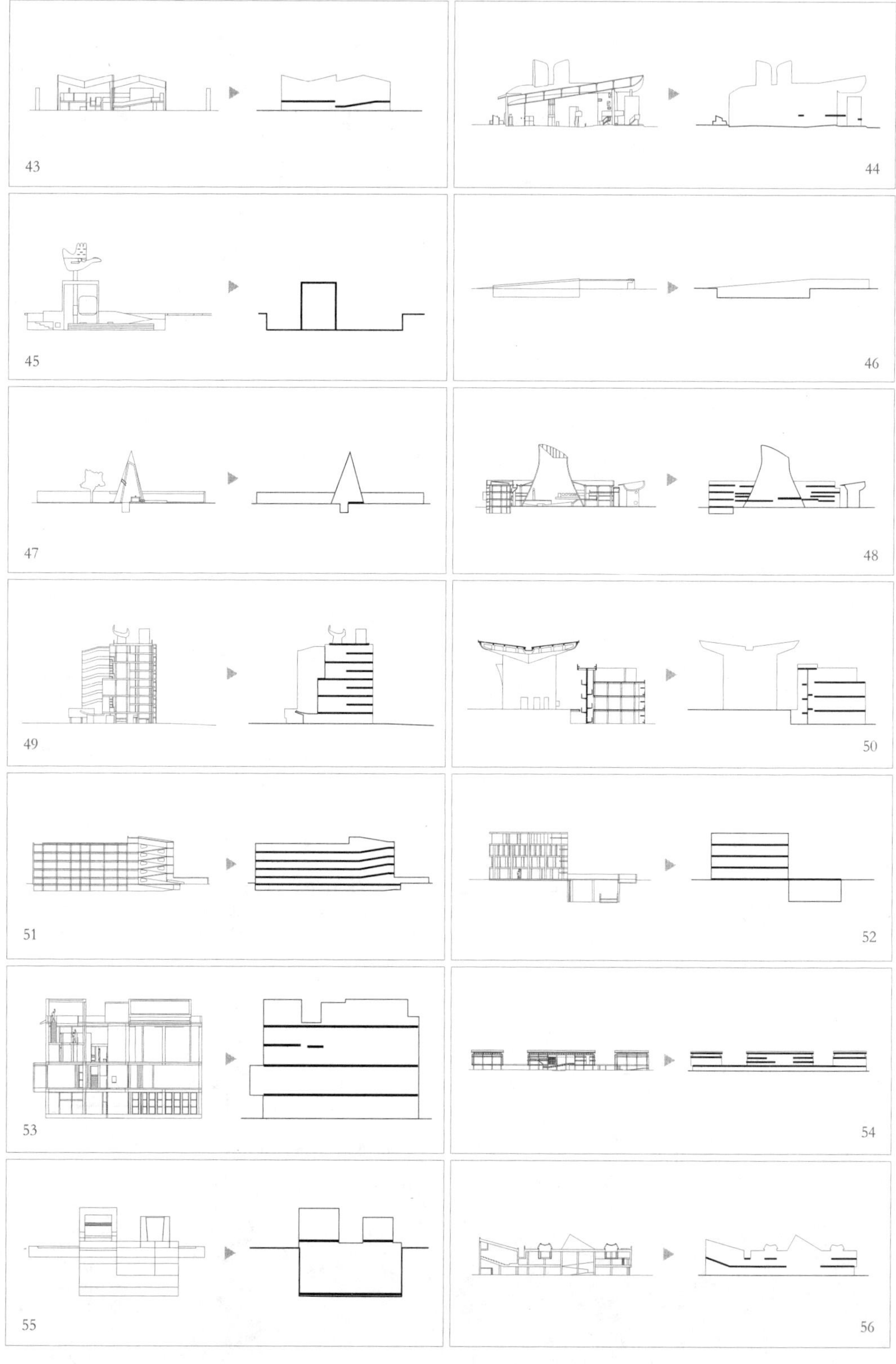

续表

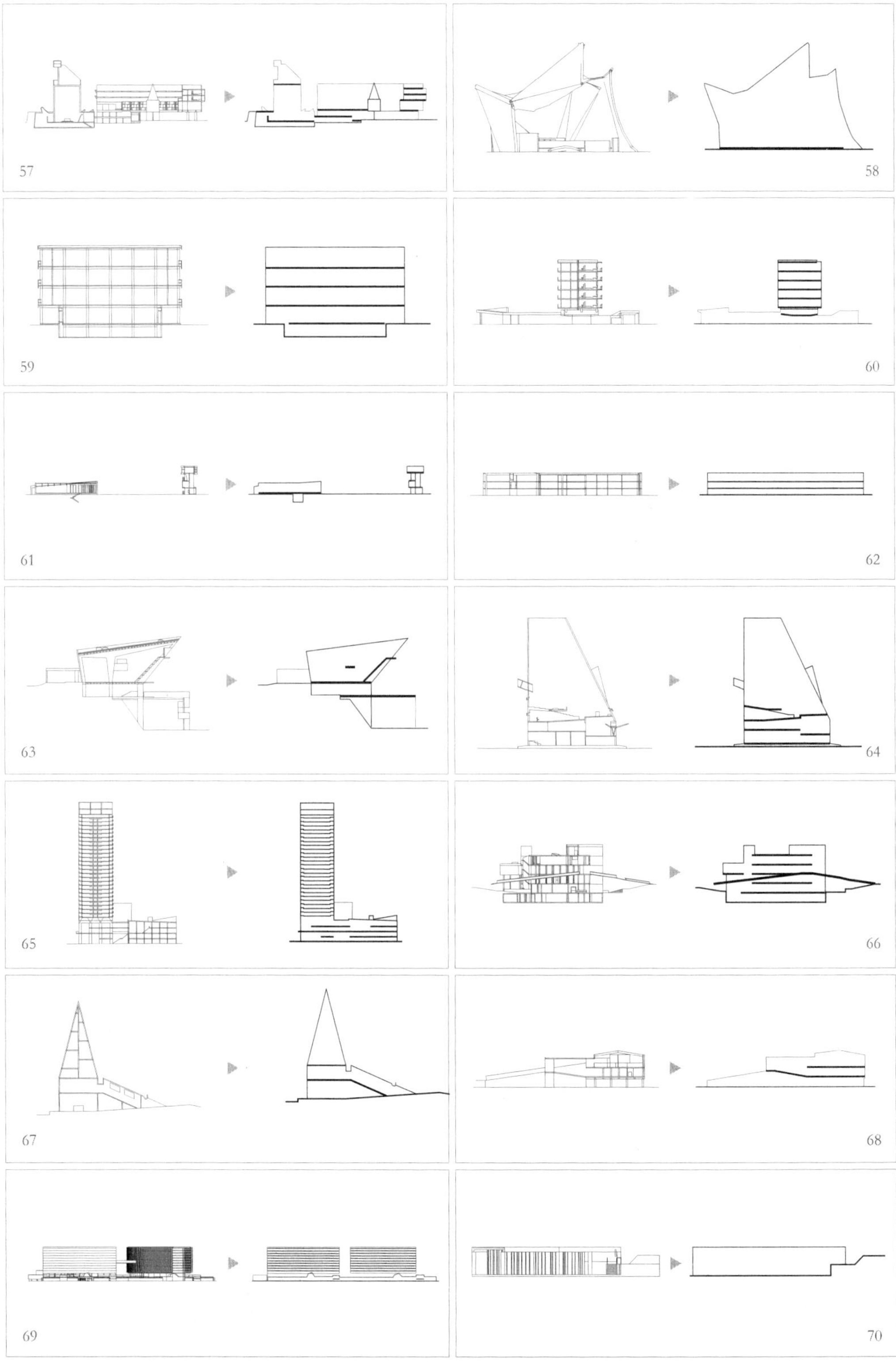

续表

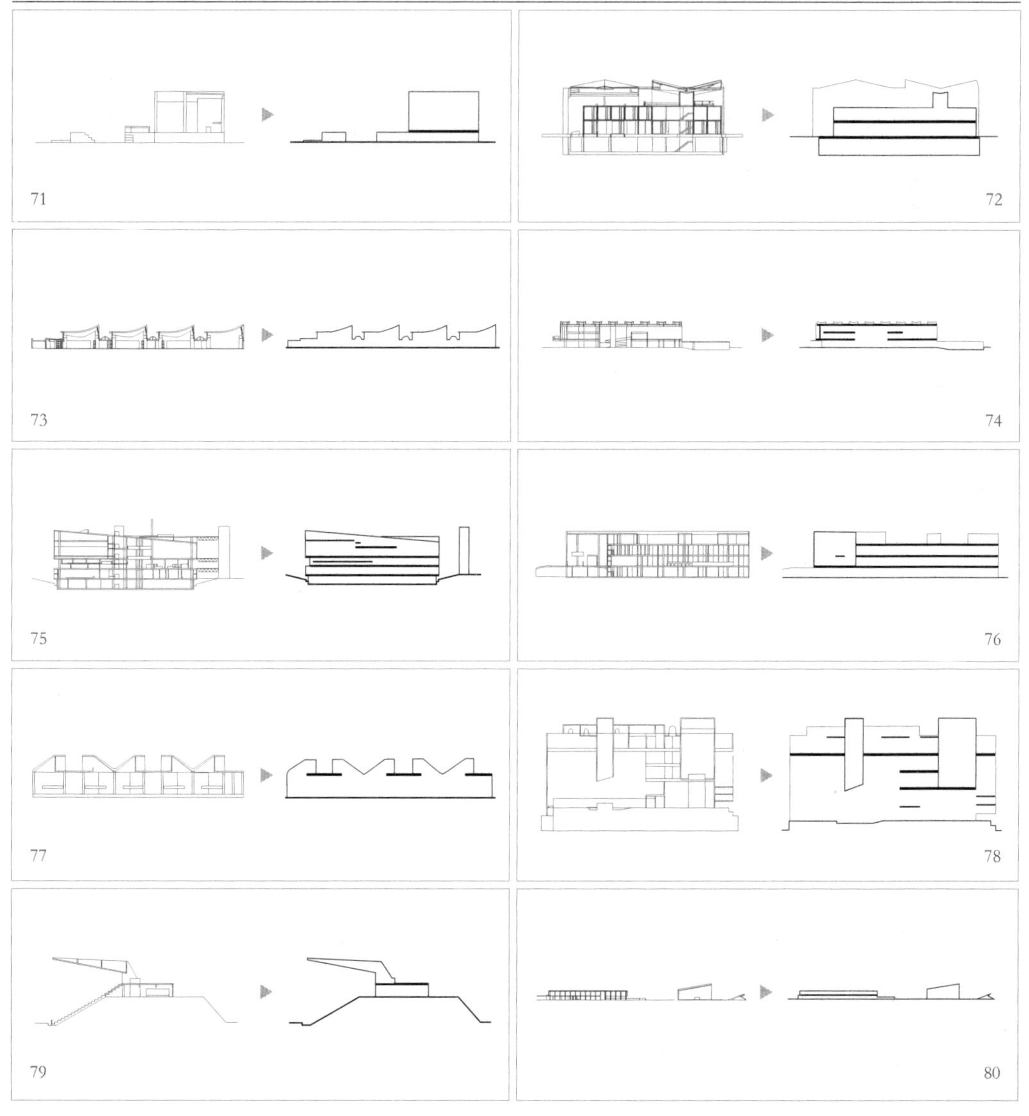

在提取出每个建筑剖面的地坪线、外墙和屋顶轮廓线与楼板线后，将其汇总，得到表 31：

表31　80个公共建筑作品提取后的剖面构成汇总

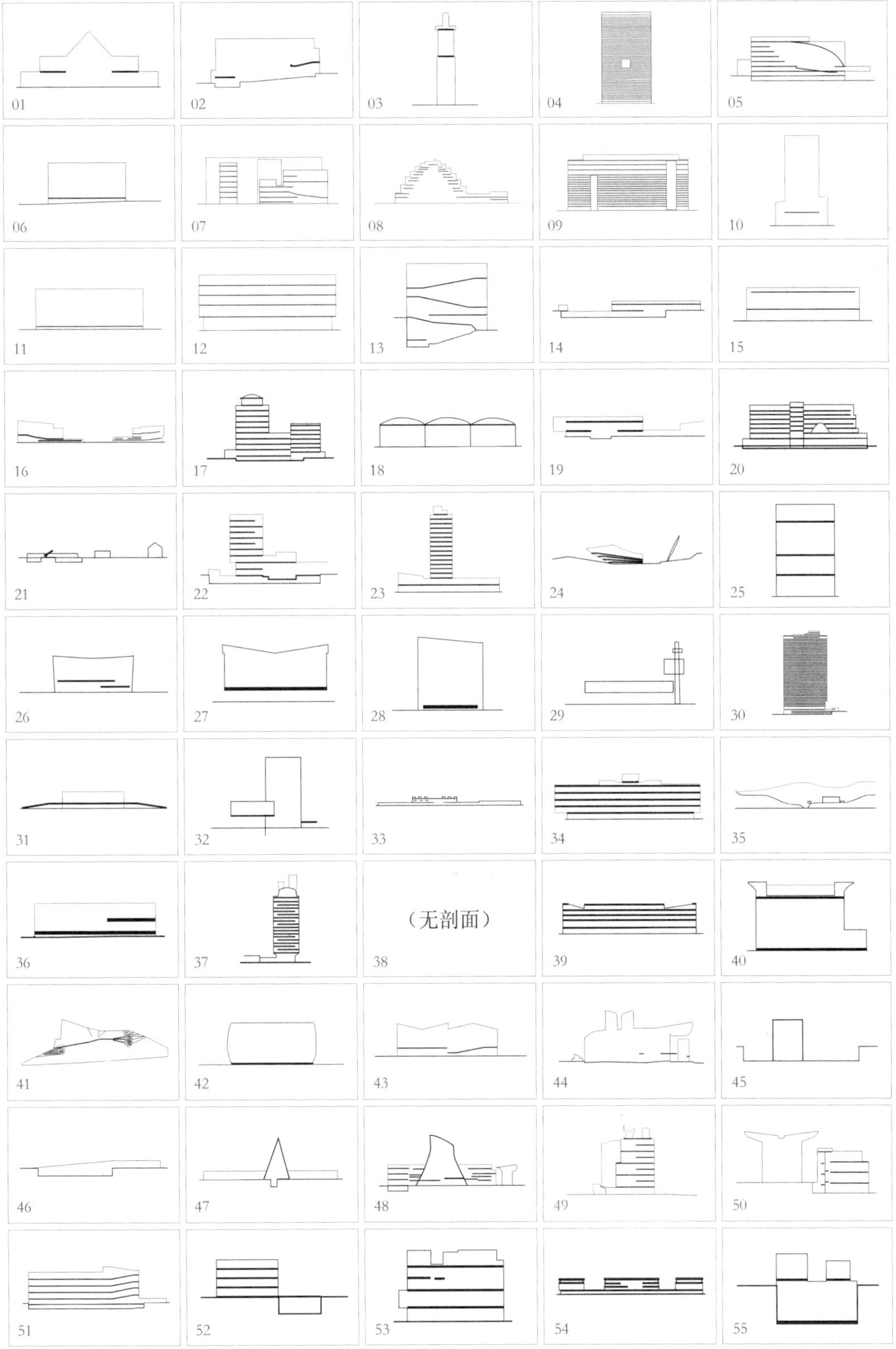

续表

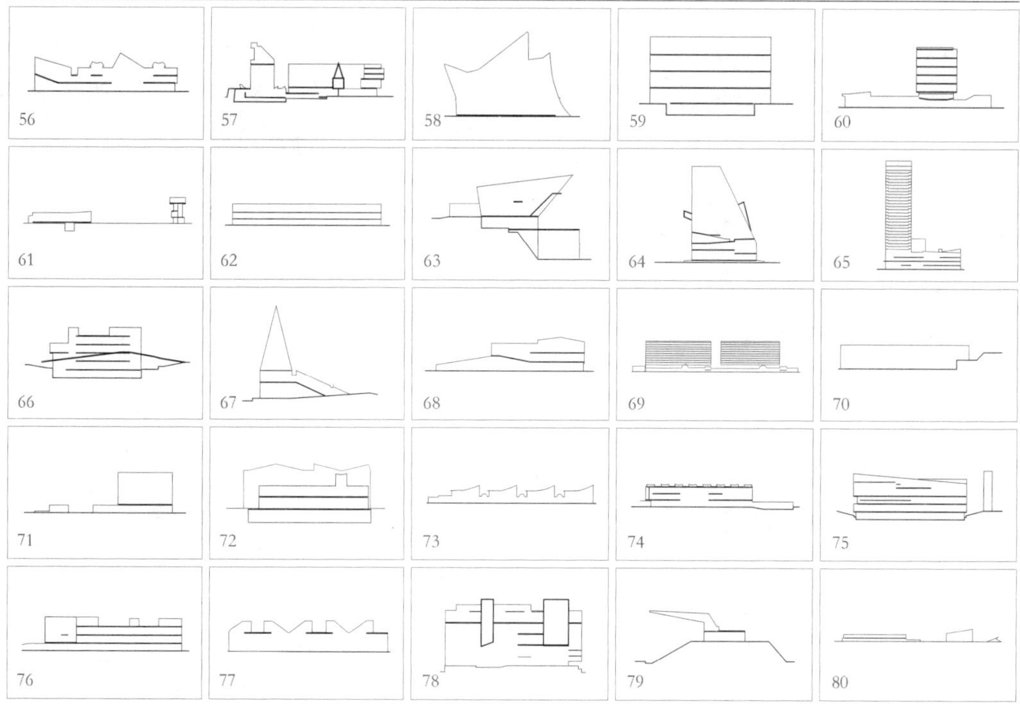

从建筑地形的角度来看，有 16 个作品所处的基地存在高差，它们是 02、06、13、24、30、44、50、52、57、63、64、66、67、70、75、79 号作品，如表 32。

表32　基地存在高差的16个公共建筑作品汇总

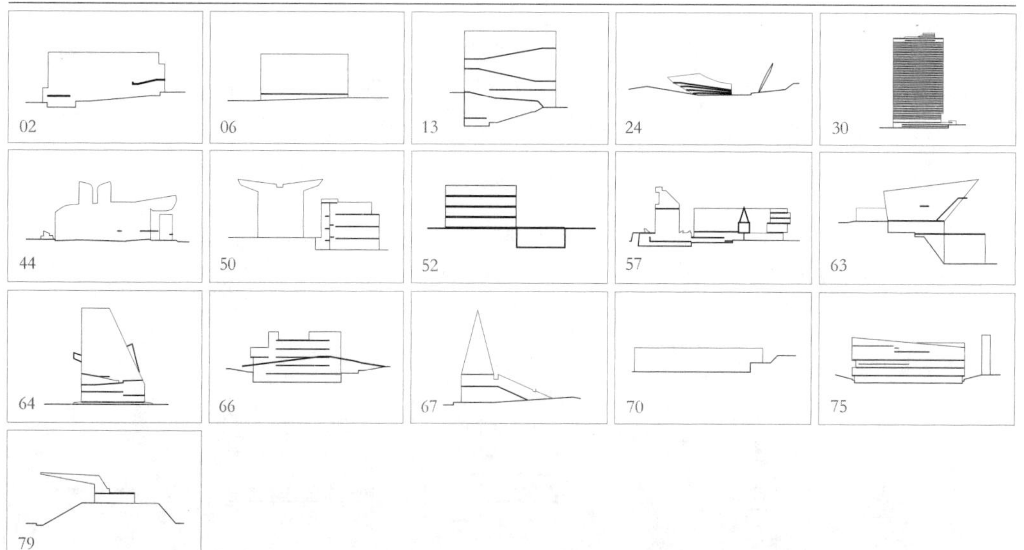

柯布西耶在解决高差问题上采用了以下几种方式：

①建筑本身的楼板与基地的地形高差形成很好的结合，即楼板随着高差的缓坡而倾斜，如 02、13、24、44、57、67 号作品，其中 44、57、67 号作品是宗教类建筑；

②建筑的地面是水平的，通过底层的柱子来平衡建筑基座与地形间存在的高差，如 06、30、50、52、63、66、70、75 号作品；

③承认地形高差的存在，将高差以台阶的起伏加以呈现，而不采用填平或倾斜楼板的方式，如 64、79 号作品。13 号作品蒙巴纳斯电影院较为特殊，人们可以从它的主入口通过一条坡道直达地下室的剧场，也可以向上到达一层的附属功能区，在地下室中可以看到剧场本身的基台与地面是贴合的，也就是采用了第三种方式来解决高差问题。

形体构成

Analysis of body composition

形体体现了作品的外在轮廓，同样也是柯布西耶致建筑师的三项备忘录之一。

1936 年，在罗马皇家学院发表的题为《理性建筑的趋势和绘画及雕塑间的合作关系》的讲话中，柯布西耶曾明确表示，古埃及、古希腊、古罗马的建筑是基本几何体——棱柱、正方体、圆柱、三面体等，这是第一秩序；哥特式建筑没有基本几何体，但创造了室内基本形状空间，这是第二秩序。为了便于展开横向比较，本书对柯布西耶的 80 个公共建筑作品的形体进行了抽象处理。以 03 号作品波当萨克水塔为例，如图 61 所示，剔除窗户、门、栏杆、线脚勾边等细部元素，只取外围的轮廓所形成的体量，可以得到右边简化后的形体，该建筑由圆柱状的主体和顶部的钟塔构成。按照此方法，将表 02 里的三维轴测图进行处理，得到 80 个建筑形体构成汇总，如表 33 所示。

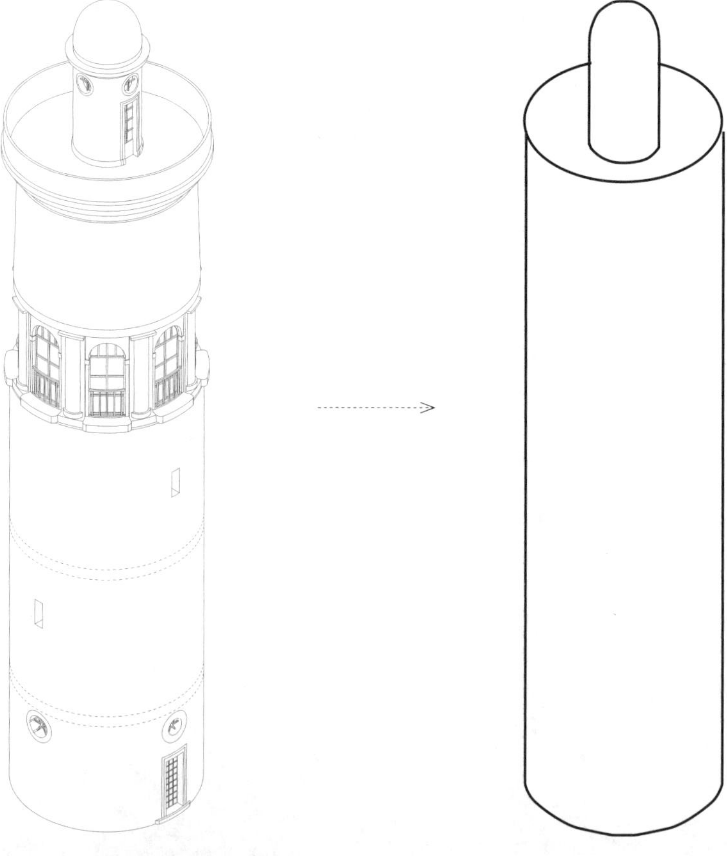

图61　03号作品形体的抽象示意

表33 80个公共建筑作品抽象提炼后的形体构成汇总

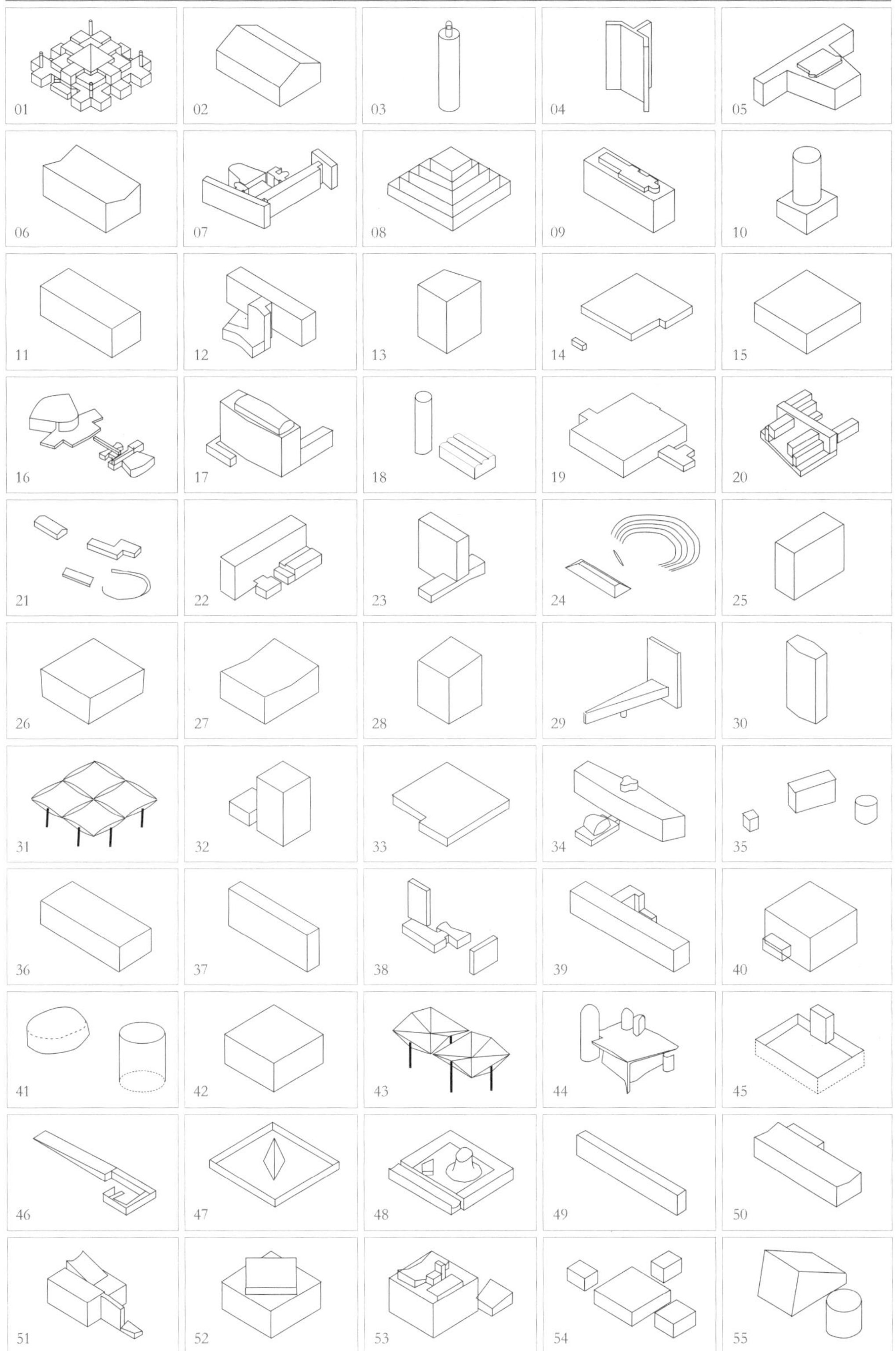

续表

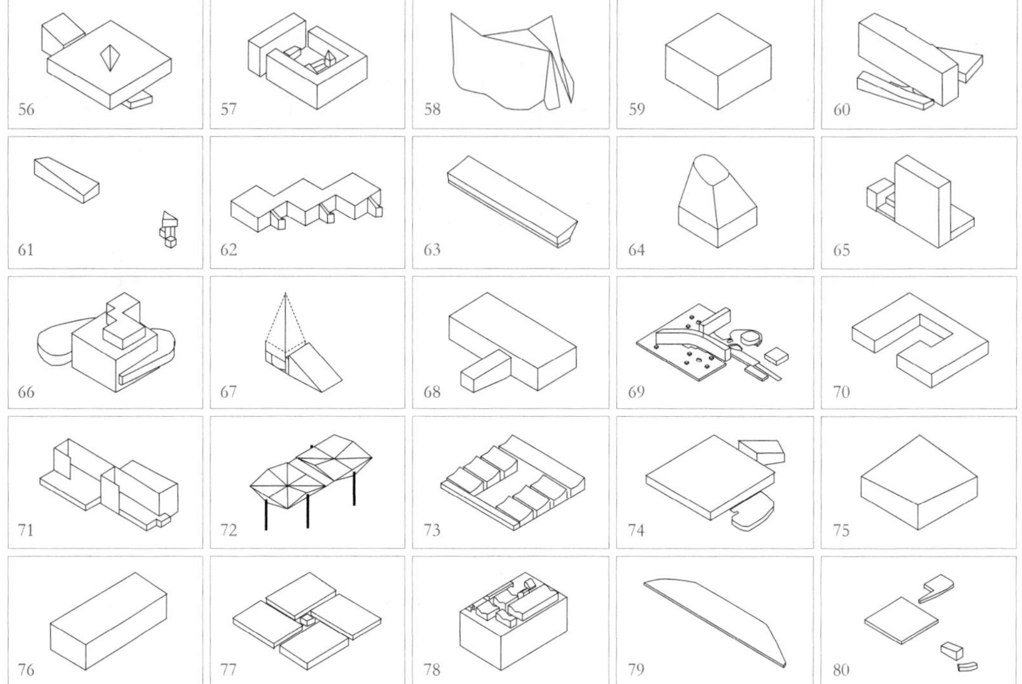
56
57
58
59
60
61
62
63
64
65
66
67
68
69
70
71
72
73
74
75
76
77
78
79
80

从总体的构成上来看，在前期实践中，柯布西耶在形体的运用上偏向多而杂的块体组合方式，以 01、05、07、16、20 号作品为代表。其中 20 号作品，即 1935 年的巴黎城市及国家博物馆方案是一个分界点，此后的作品在形体构成上则朝着单一的几何体的趋势发展（图 62）。需要注意的是，一些作品，如 48、57 号，虽然也使用了多种几何体，但是均在内部庭院或屋顶部分，建筑的外部整体仍然保持以一个基本几何体为主导的完整体量，这与早期的外部轮廓是截然不同的。

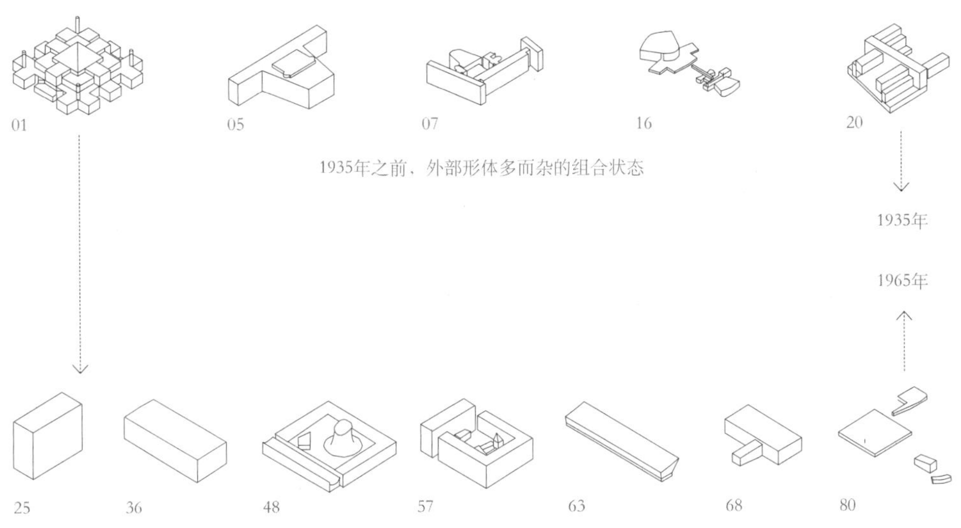

图62　外部形体的演变趋势

从形体之间的组合方式中可以发现，在 20 世纪 50 年代之前，形体间组合时，保持着各自块体的完整轮廓。随着时间的推移，自 1950—1954 年的朗香教堂后，形体间在相互组合时，彼此之间的轮廓开始呈现出融合的特征，如图 63 所示，前期以 01、07 号作品为代表案例，后期以 44、64、69 号作品为代表案例。

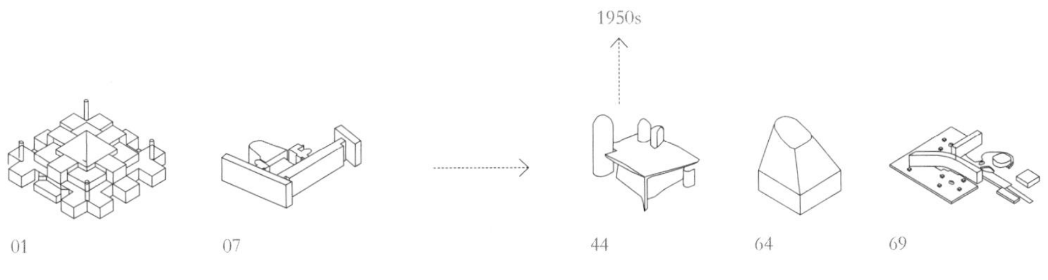

图63　形体间组合方式的演变趋势

中篇

微观视角下的公共建筑空间构成

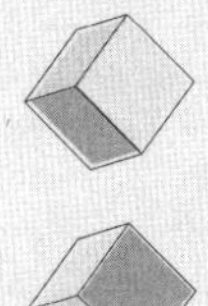

空间是由建筑的各种微观实体要素，如柱、墙体、楼板等构成的。空间本身没有形状，而是需要这些实体要素赋予其特定的形态。上篇主要考察了柯布西耶建筑作品的宏观整体构成，从平面、立面、剖面和形体四个方面展开分析。本章将考察其作品空间构成在微观层面的要素：柱、窗、楼梯、坡道、遮阳设施、排水结构。

1 柱
Column

自从 1914 年柯布西耶提出“多米诺”结构体系后，梁柱这一基本结构形式开始得到广泛的应用，在公共建筑中也不例外。

柱网布置

表 34 是从 80 个公共建筑作品的平面中抽取出的柱网布置汇总。

表34　80个公共建筑作品的柱网布置图

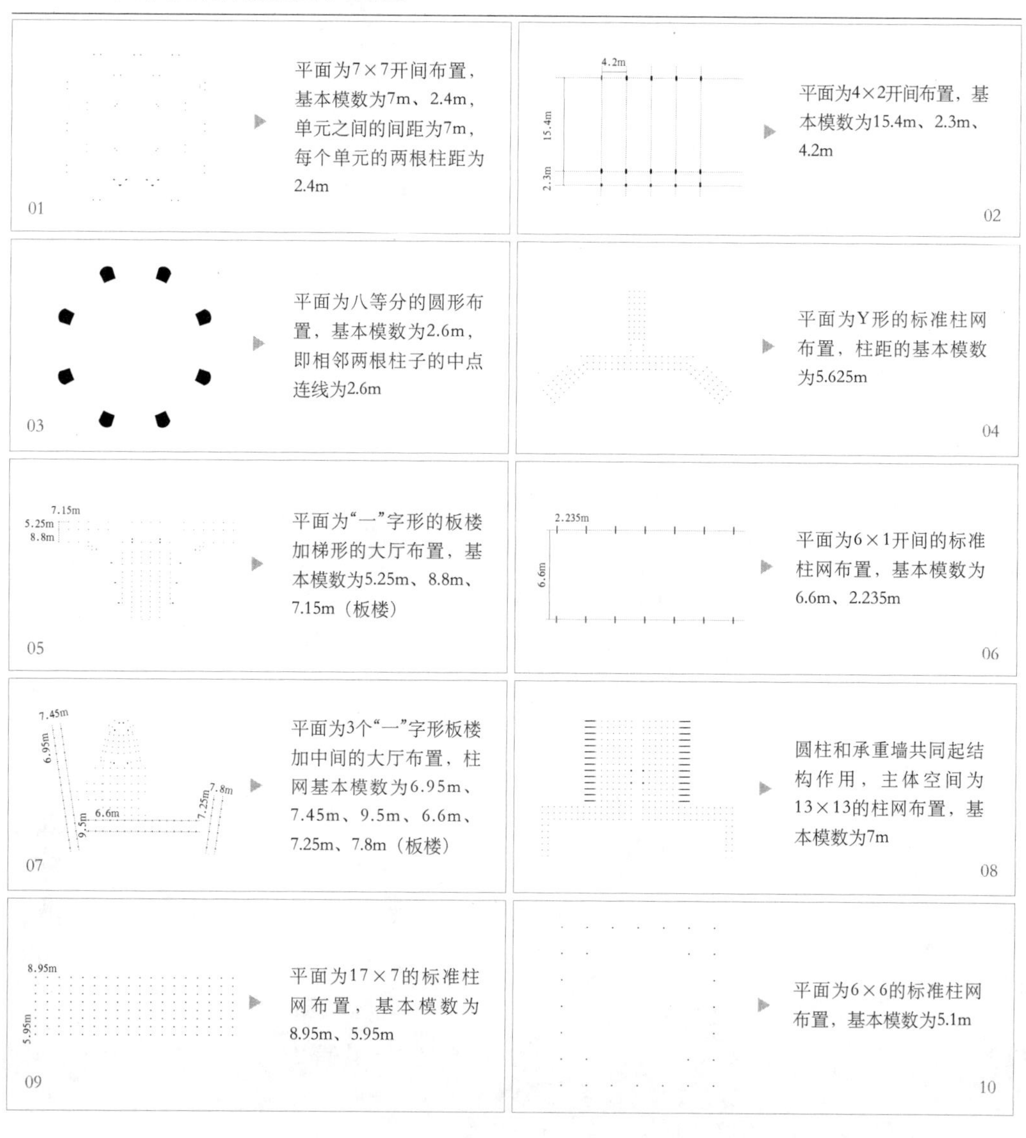

续表

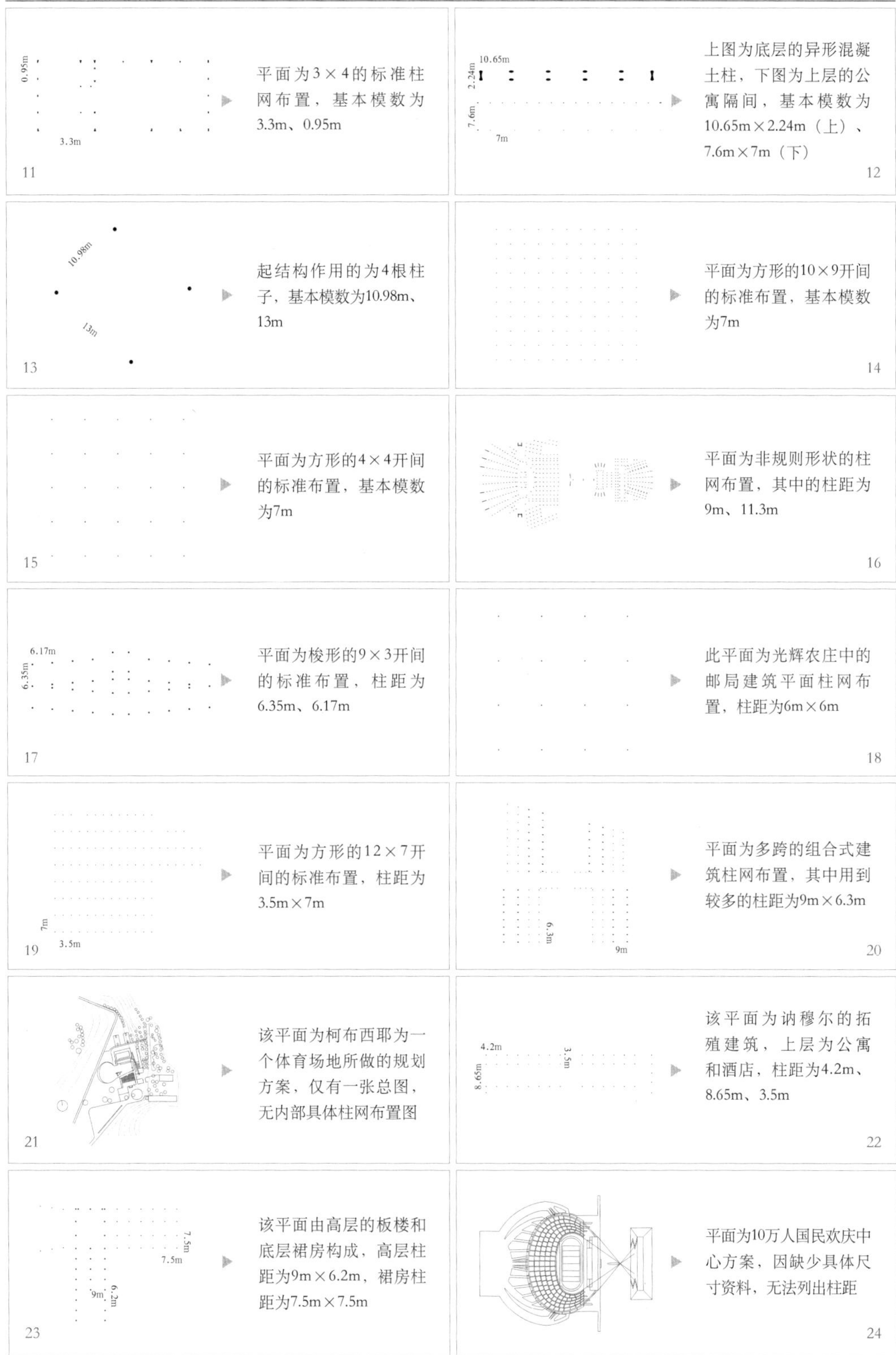

编号	说明	编号	说明
11	平面为3×4的标准柱网布置，基本模数为3.3m、0.95m	12	上图为底层的异形混凝土柱，下图为上层的公寓隔间，基本模数为10.65m×2.24m（上）、7.6m×7m（下）
13	起结构作用的为4根柱子，基本模数为10.98m、13m	14	平面为方形的10×9开间的标准布置，基本模数为7m
15	平面为方形的4×4开间的标准布置，基本模数为7m	16	平面为非规则形状的柱网布置，其中的柱距为9m、11.3m
17	平面为梭形的9×3开间的标准布置，柱距为6.35m、6.17m	18	此平面为光辉农庄中的邮局建筑平面柱网布置，柱距为6m×6m
19	平面为方形的12×7开间的标准布置，柱距为3.5m×7m	20	平面为多跨的组合式建筑柱网布置，其中用到较多的柱距为9m×6.3m
21	该平面为柯布西耶为一个体育场地所做的规划方案，仅有一张总图，无内部具体柱网布置图	22	该平面为讷穆尔的拓殖建筑，上层为公寓和酒店，柱距为4.2m、8.65m、3.5m
23	该平面由高层的板楼和底层裙房构成，高层柱距为9m×6.2m，裙房柱距为7.5m×7.5m	24	平面为10万人国民欢庆中心方案，因缺少具体尺寸资料，无法列出柱距

续表

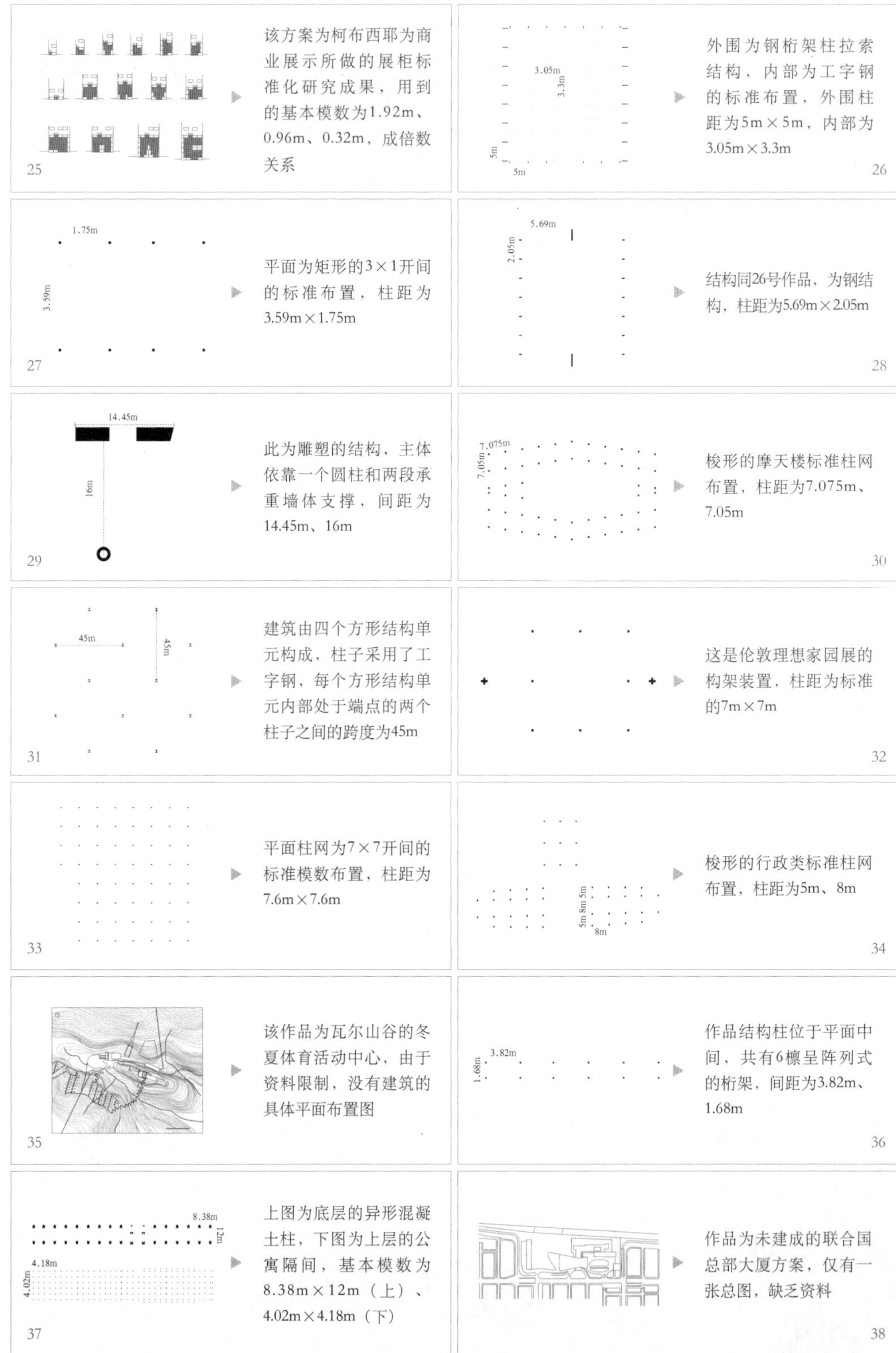

25
该方案为柯布西耶为商业展示所做的展柜标准化研究成果，用到的基本模数为1.92m、0.96m、0.32m，成倍数关系
3.05m
3.3m
5m
5m
外围为钢桁架柱拉索结构，内部为工字钢的标准布置，外围柱距为5m×5m，内部为3.05m×3.3m
26
1.75m
3.59m
27
平面为矩形的3×1开间的标准布置，柱距为3.59m×1.75m
5.69m
2.05m
结构同26号作品，为钢结构，柱距为5.69m×2.05m
28
14.45m
16m
29
此为雕塑的结构，主体依靠一个圆柱和两段承重墙体支撑，间距为14.45m、16m
7.075m
7.05m
梭形的摩天楼标准柱网布置，柱距为7.075m、7.05m
30
45m
45m
31
建筑由四个方形结构单元构成，柱子采用了工字钢，每个方形结构单元内部处于端点的两个柱子之间的跨度为45m
这是伦敦理想家园展的构架装置，柱距为标准的7m×7m
32
33
平面柱网为7×7开间的标准模数布置，柱距为7.6m×7.6m
5m 8m 5m
8m
梭形的行政类标准柱网布置，柱距为5m、8m
34
35
该作品为瓦尔山谷的冬夏体育活动中心，由于资料限制，没有建筑的具体平面布置图
3.82m
1.68m
作品结构柱位于平面中间，共有6榀呈阵列式的桁架，间距为3.82m、1.68m
36
8.38m
12m
4.18m
4.02m
37
上图为底层的异形混凝土柱，下图为上层的公寓隔间，基本模数为8.38m×12m（上）、4.02m×4.18m（下）
作品为未建成的联合国总部大厦方案，仅有一张总图，缺乏资料
38

续表

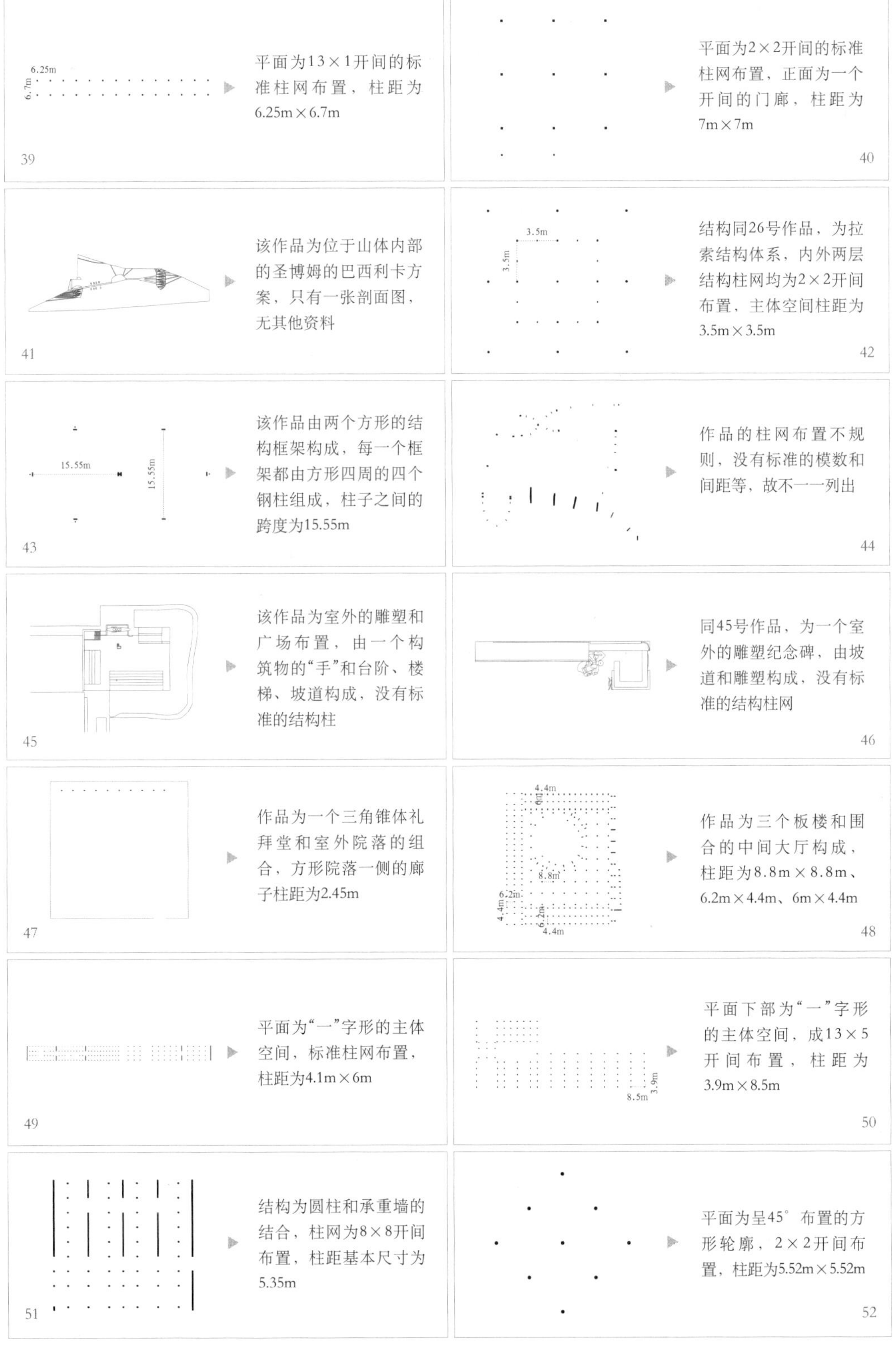

编号	说明
39	平面为13×1开间的标准柱网布置，柱距为6.25m×6.7m
40	平面为2×2开间的标准柱网布置，正面为一个开间的门廊，柱距为7m×7m
41	该作品为位于山体内部的圣博姆的巴西利卡方案，只有一张剖面图，无其他资料
42	结构同26号作品，为拉索结构体系，内外两层结构柱网均为2×2开间布置，主体空间柱距为3.5m×3.5m
43	该作品由两个方形的结构框架构成，每一个框架都由方形四周的四个钢柱组成，柱子之间的跨度为15.55m
44	作品的柱网布置不规则，没有标准的模数和间距等，故不一一列出
45	该作品为室外的雕塑和广场布置，由一个构筑物的“手”和台阶、楼梯、坡道构成，没有标准的结构柱
46	同45号作品，为一个室外的雕塑纪念碑，由坡道和雕塑构成，没有标准的结构柱网
47	作品为一个三角锥体礼拜堂和室外院落的组合，方形院落一侧的廊子柱距为2.45m
48	作品为三个板楼和围合的中间大厅构成，柱距为8.8m×8.8m、6.2m×4.4m、6m×4.4m
49	平面为“一”字形的主体空间，标准柱网布置，柱距为4.1m×6m
50	平面下部为“一”字形的主体空间，成13×5开间布置，柱距为3.9m×8.5m
51	结构为圆柱和承重墙的结合，柱网为8×8开间布置，柱距基本尺寸为5.35m
52	平面为呈45°布置的方形轮廓，2×2开间布置，柱距为5.52m×5.52m

续表

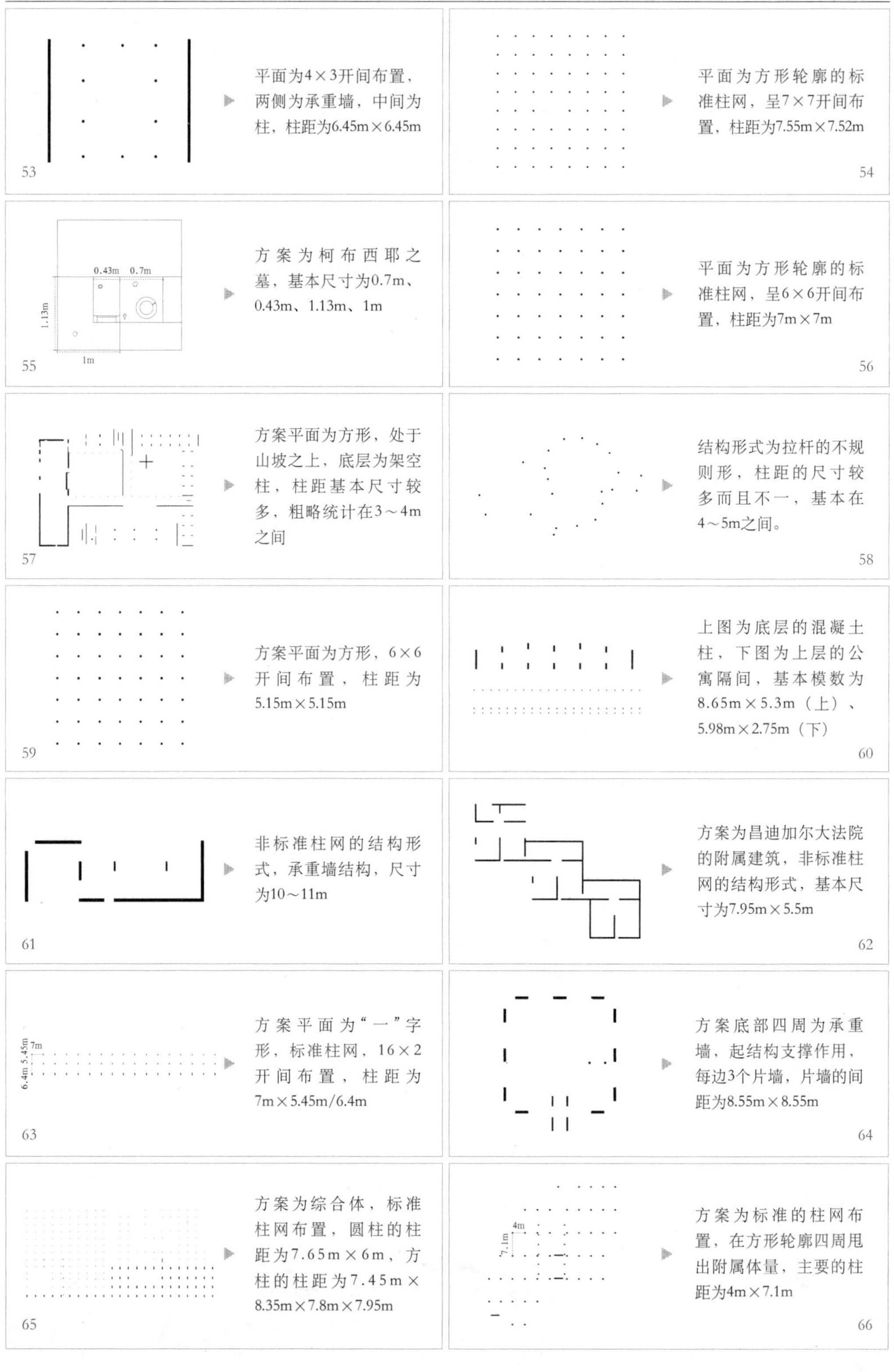

编号	说明
53	平面为4×3开间布置，两侧为承重墙，中间为柱，柱距为6.45m×6.45m
54	平面为方形轮廓的标准柱网，呈7×7开间布置，柱距为7.55m×7.52m
55	方案为柯布西耶之墓，基本尺寸为0.7m、0.43m、1.13m、1m
56	平面为方形轮廓的标准柱网，呈6×6开间布置，柱距为7m×7m
57	方案平面为方形，处于山坡之上，底层为架空柱，柱距基本尺寸较多，粗略统计在3～4m之间
58	结构形式为拉杆的不规则形，柱距的尺寸较多而且不一，基本在4～5m之间。
59	方案平面为方形，6×6开间布置，柱距为5.15m×5.15m
60	上图为底层的混凝土柱，下图为上层的公寓隔间，基本模数为8.65m×5.3m（上）、5.98m×2.75m（下）
61	非标准柱网的结构形式，承重墙结构，尺寸为10～11m
62	方案为昌迪加尔大法院的附属建筑，非标准柱网的结构形式，基本尺寸为7.95m×5.5m
63	方案平面为“一”字形，标准柱网，16×2开间布置，柱距为7m×5.45m/6.4m
64	方案底部四周为承重墙，起结构支撑作用，每边3个片墙，片墙的间距为8.55m×8.55m
65	方案为综合体，标准柱网布置，圆柱的柱距为7.65m×6m，方柱的柱距为7.45m×8.35m×7.8m×7.95m
66	方案为标准的柱网布置，在方形轮廓四周甩出附属体量，主要的柱距为4m×7.1m

续表

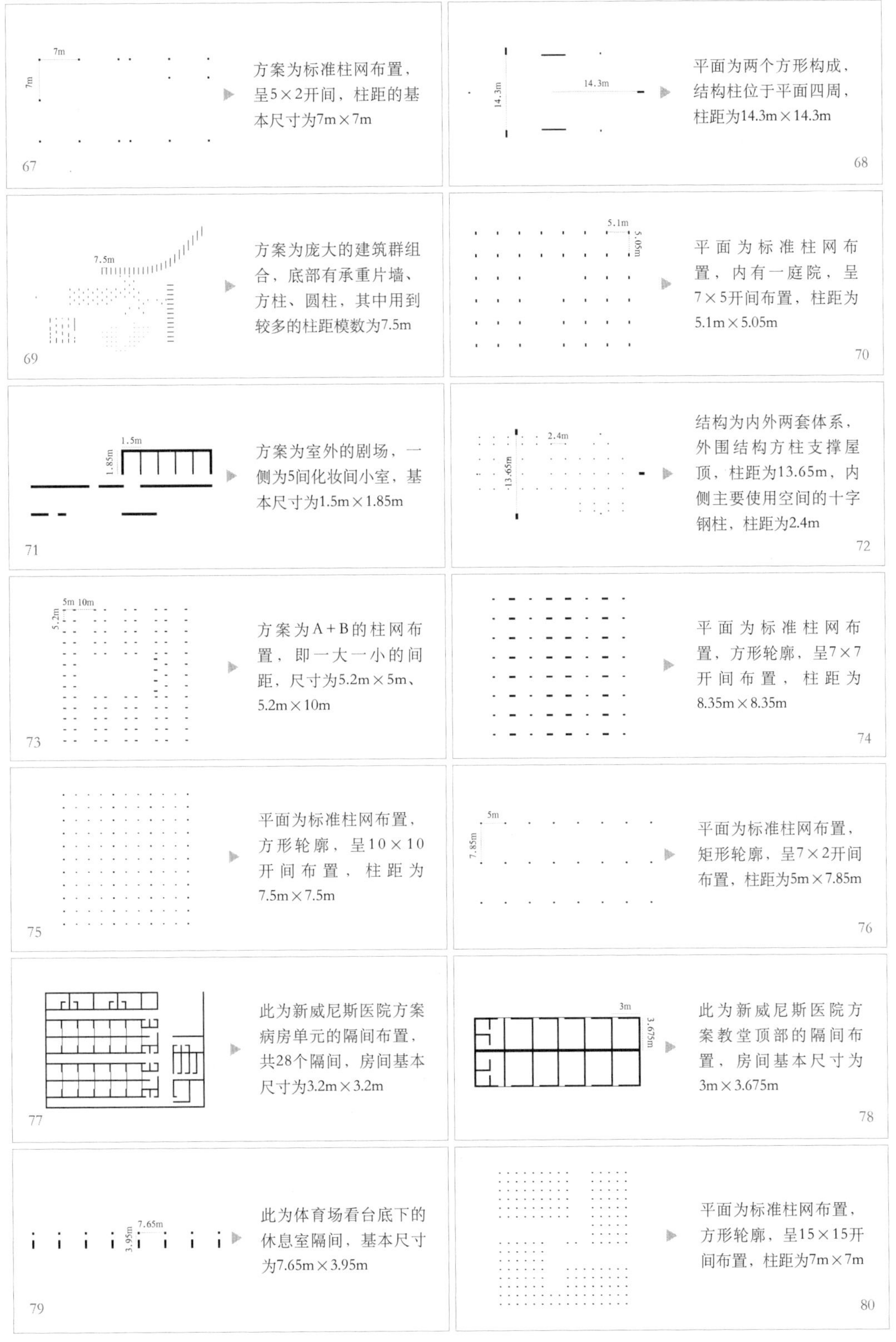

67
方案为标准柱网布置，呈5×2开间，柱距的基本尺寸为7m×7m
68
平面为两个方形构成，结构柱位于平面四周，柱距为14.3m×14.3m
69
方案为庞大的建筑群组合，底部有承重片墙、方柱、圆柱，其中用到较多的柱距模数为7.5m
70
平面为标准柱网布置，内有一庭院，呈7×5开间布置，柱距为5.1m×5.05m
71
方案为室外的剧场，一侧为5间化妆间小室，基本尺寸为1.5m×1.85m
72
结构为内外两套体系，外围结构方柱支撑屋顶，柱距为13.65m，内侧主要使用空间的十字钢柱，柱距为2.4m
73
方案为A+B的柱网布置，即一大一小的间距，尺寸为5.2m×5m、5.2m×10m
74
平面为标准柱网布置，方形轮廓，呈7×7开间布置，柱距为8.35m×8.35m
75
平面为标准柱网布置，方形轮廓，呈10×10开间布置，柱距为7.5m×7.5m
76
平面为标准柱网布置，矩形轮廓，呈7×2开间布置，柱距为5m×7.85m
77
此为新威尼斯医院方案病房单元的隔间布置，共28个隔间，房间基本尺寸为3.2m×3.2m
78
此为新威尼斯医院方案教堂顶部的隔间布置，房间基本尺寸为3m×3.675m
79
此为体育场看台底下的休息室隔间，基本尺寸为7.65m×3.95m
80
平面为标准柱网布置，方形轮廓，呈15×15开间布置，柱距为7m×7m

在这 80 个公共建筑作品中，关于柱网的布置可分为以下几类：

①缺乏具体平面资料：21、35、38、41 号；
②纯雕塑类作品（无标准柱网）：29、45、46、55、61 号；
③异类结构形式作品：24、44、58 号；
④非标准化结构体系，但有基本的单元或结构尺寸作品：25、71、77、78、79 号；
⑤标准化结构作品：除去以上 4 类的余下作品（63 例）。

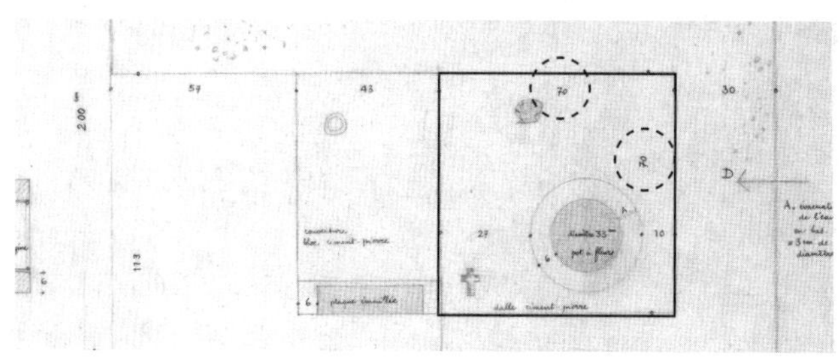

图64 55号作品平面图纸

经过统计发现，7m 的基本模数在第 5 类标准结构单元类作品中共出现了 12次，占比近 20%。它们分别是 01、08、12、14、15、19、32、40、56、63、67、80 号作品，而这其中有 6 个是博物馆类建筑，在所有博物馆类建筑中占比近 55%。所以，可以说柯布西耶在博物馆类建筑中常用的柱网柱距模数为 7m。柯布西耶为自己及妻子所设计的坟墓（55 号作品）中，妻子的圆形坟墓的尺寸正好也是 0.7m×0.7m 的方体（图 64），足以看出“7”在其公共建筑作品中的重要性。

其他作品的柱距没有太多的共性，仅有一例或二三例，具体尺寸参见表 34。

柱子形式

表 35 是从 80 个公共建筑作品的模型中抽取出的结构柱形式汇总。需要指出的是：（1）不是所有作品都有起结构作用的支柱，其中由于没有详细资料或有资料而没有结构柱的，统一用“无柱”来表示；（2）这些从模型中抽取出来的柱子有些并不是标准意义的“柱”，而是一片承重墙体，所以列表中有些作品有好几种柱子形式，另外这些具有多种形式柱子的作品，其柱子之间的位置关系不具有实质意义，仅是为了罗列；（3）部分作品中柱子的比例、高度都不具有实质意义，唯一能确保的是柱子的截面形式，因为大部分作品使用的是圆柱，柱子形式都相同，但它们的高度取决于层高和具体的位置，所以对于这部分作品，圆柱有的粗，有的细，只有马赛公寓和拉图雷特修道院等作品中的异形柱在表中的比例是正确的；（4）由于在建模过程中不能保证数据的正确性，所以此表仅仅用于分析柱的截面形式和外部形体，不再对柱子的截面尺寸进行伪数据的统计。

表35　80个公共建筑作品中的结构柱汇总

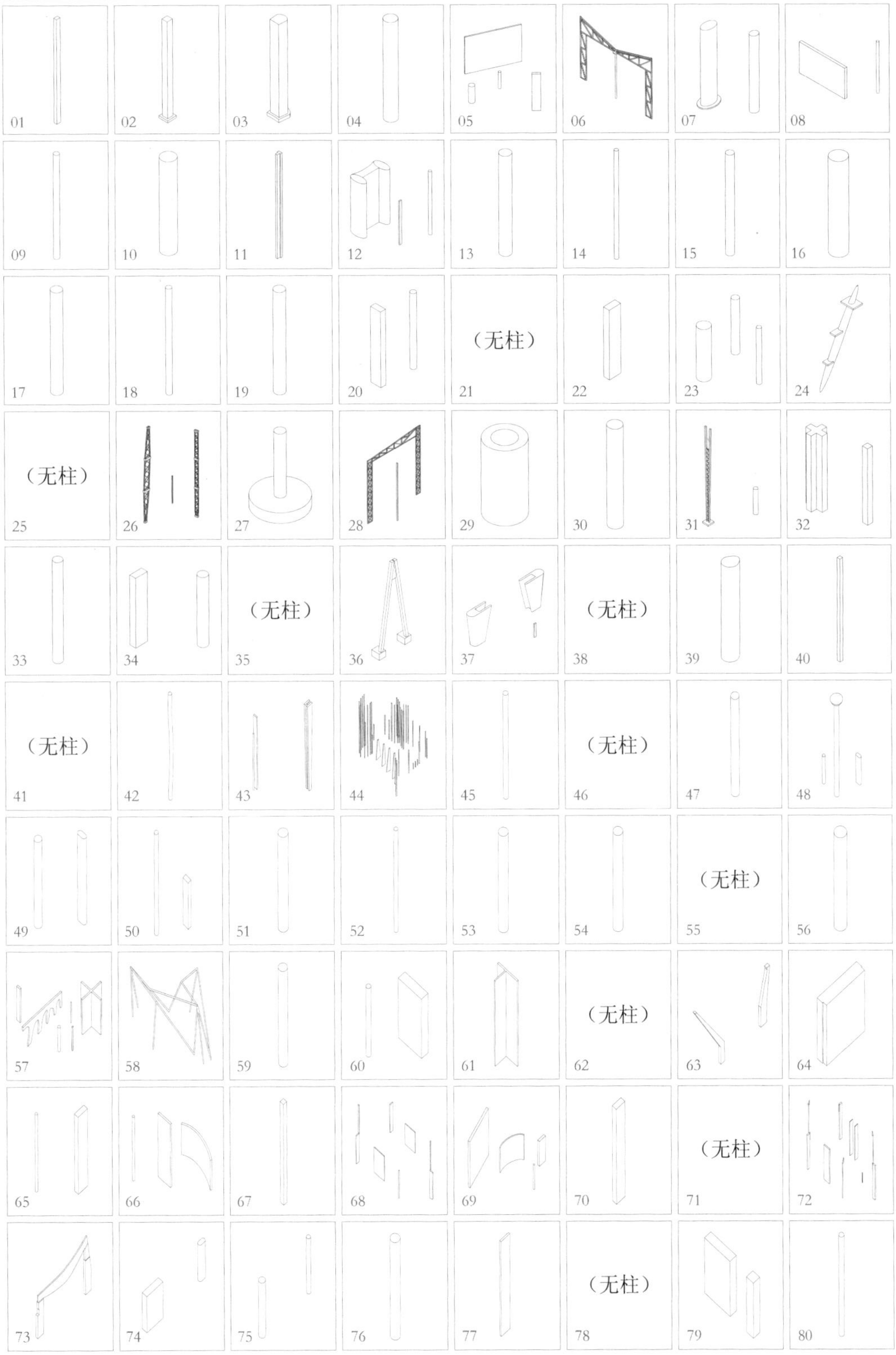

01	02	03	04	05	06	07	08
09	10	11	12	13	14	15	16
17	18	19	20	（无柱） 21	22	23	24
（无柱） 25	26	27	28	29	30	31	32
33	34	（无柱） 35	36	37	（无柱） 38	39	40
（无柱） 41	42	43	44	45	（无柱） 46	47	48
49	50	51	52	53	54	（无柱） 55	56
57	58	59	60	61	（无柱） 62	63	64
65	66	67	68	69	70	（无柱） 71	72
73	74	75	76	77	（无柱） 78	79	80

据表 35 可知，在 80 个公共建筑作品中，有 10 个作品没有结构柱，其余的 70 个作品中的柱子形式可以分为以下几类。

类型 A

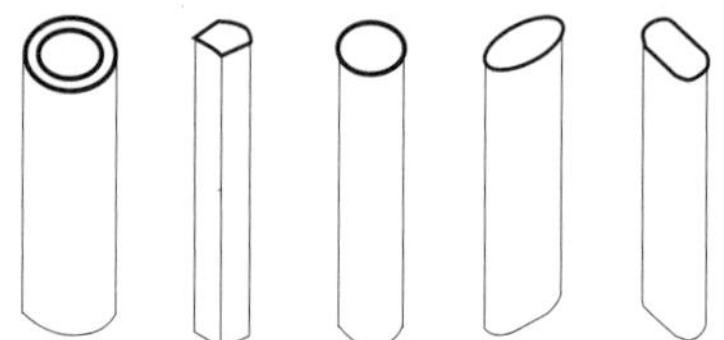

柱子截面形式为圆形、圆环、椭圆形、端部抹圆等圆的变体形式，柱身上下保持一致，竖直，有些带柱础、柱帽。它们是 03、04、05、07、08、09、10、12~20、23、27、29、30、31、33、34、39、42、45、47~54、56~60、65、66、68、69、72、74、75、76、80 号作品。

类型 B

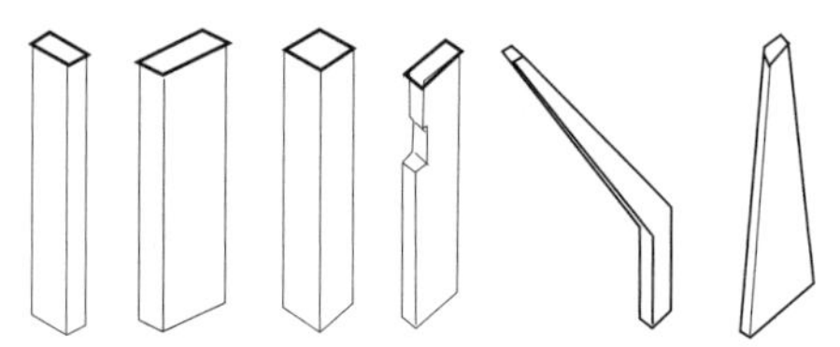

柱子截面形式为方形、矩形等，柱身上下保持一致或上下不一，柱子竖直或者倾斜。它们是 01、02、05、12、20、22、28、32、34、36、37、40、43、44、50、57、60、63、65、67~70、72、73、74、77、79 号作品。

类型 C

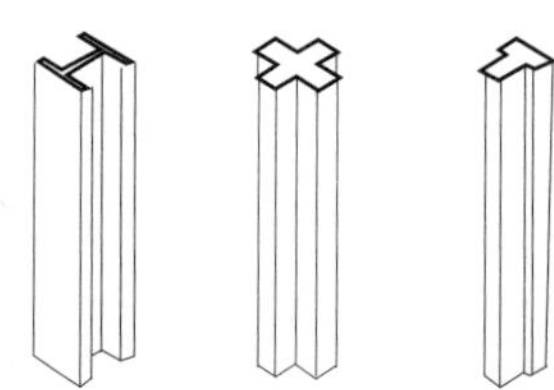

柱子截面形式为工字形、十字形、T 字形等，柱身上下保持一致，竖直。它们是 11、26、32、43 号作品。

类型 D

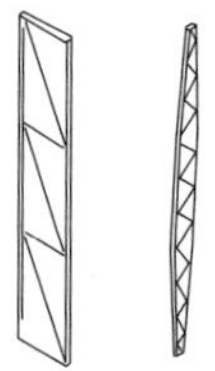

结构柱为钢桁架，且多成对排列。它们是 06、26、28、31 号作品。

类型 E

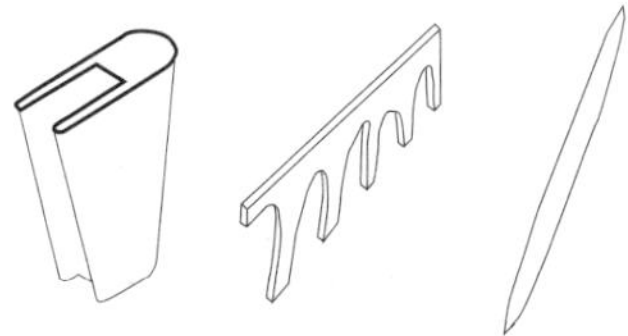

结构柱为异形柱，如“牛腿”柱、梭形桅杆等。它们是 24、37、57 号作品。

类型 F

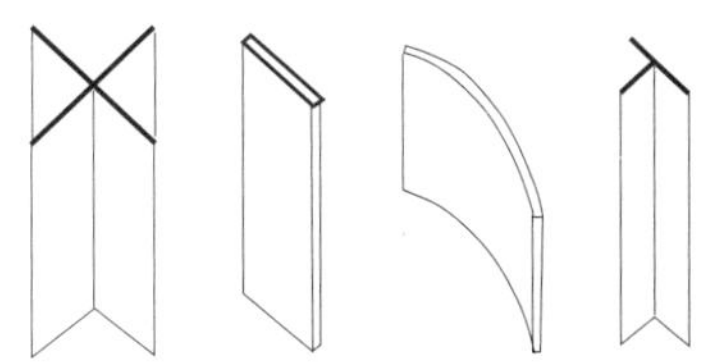

实质为剪力墙的支撑柱，或呈十字形、方形、弧形、T 字形等。它们是 05、08、57、61、64、66、68、69、72、79 号作品。

经分类统计，柯布西耶的公共建筑作品中使用类型 A，即圆柱最多，共有 49 例，且在其设计生涯的前、中、后期都有使用；其次是类型 B，即方柱及其变体，共有 27 例，也贯穿于其整个设计生涯当中；类型 C 和 D 各有 4 例，比较少，且多在中期使用；类型 E，即特殊的构造形式柱更少，它们都是孤例；最后是类型 F，即承重的片墙类型柱，共有 10 例，多在后期实践中运用。

窗
Windows

柯布西耶曾经将建筑比作被照亮的楼板，也曾基于能使房间获得最大范围光照的目的广泛推行他的水平长窗。本节对其建筑的窗进行了分析（表 36）。

表36　80个公共建筑作品的窗的抽取

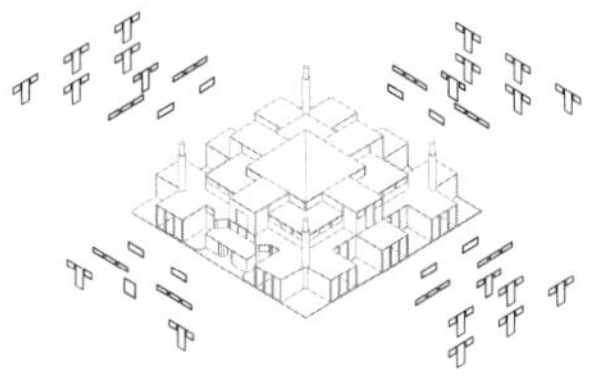

01 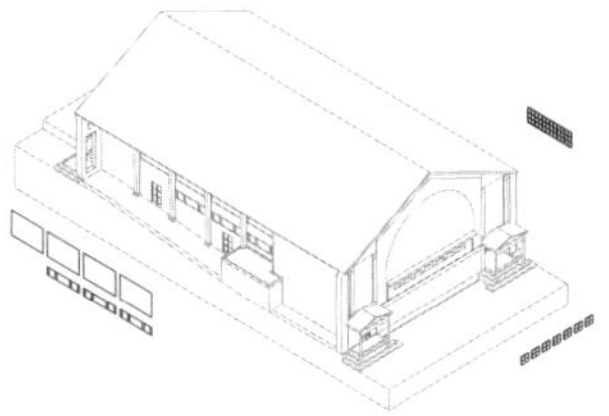　02 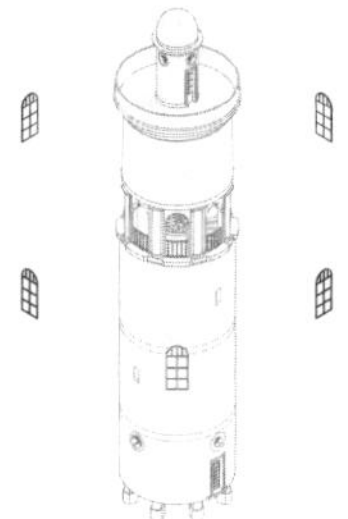　03

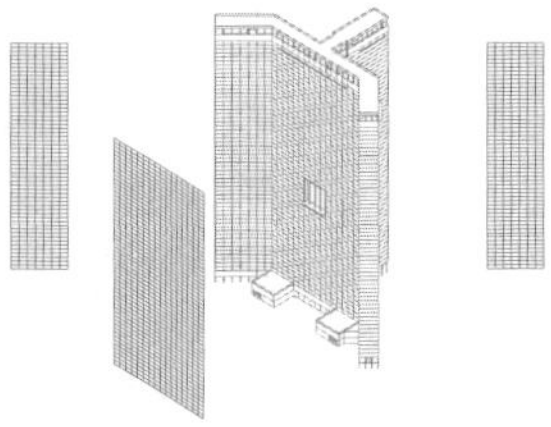

04 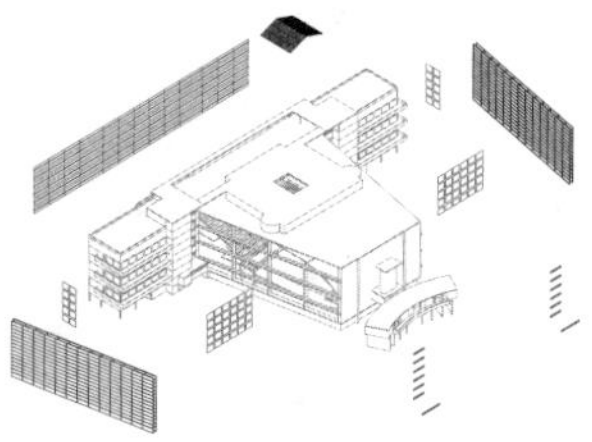　05 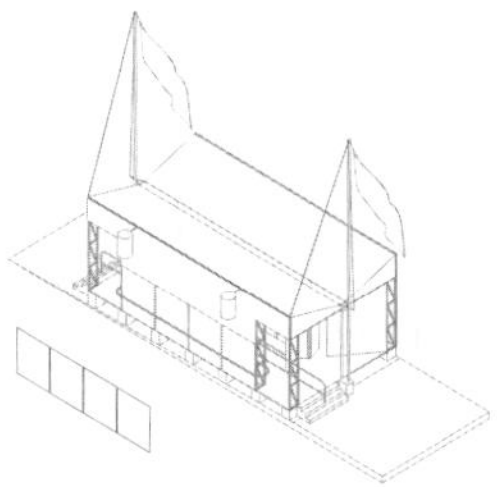　06

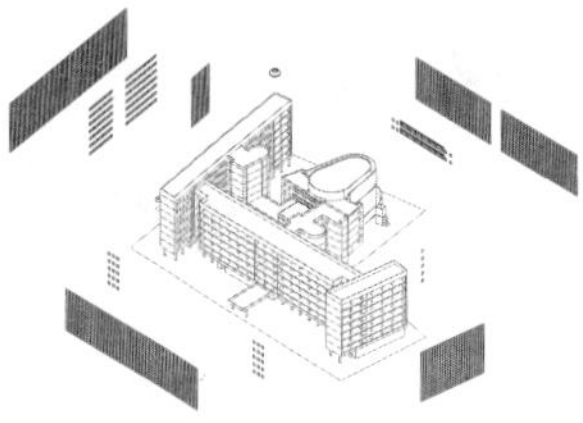

07 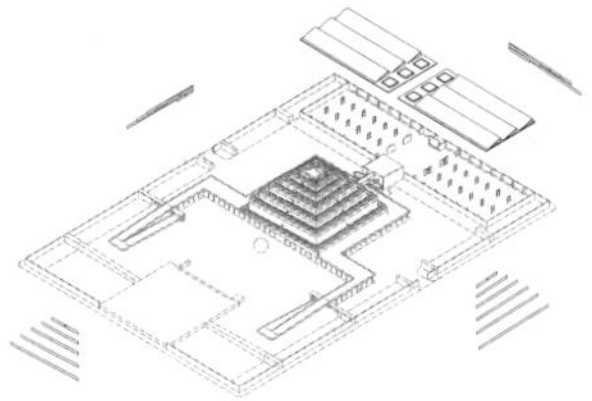　08 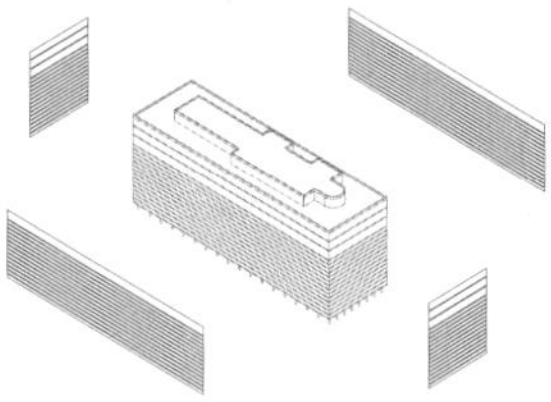　09

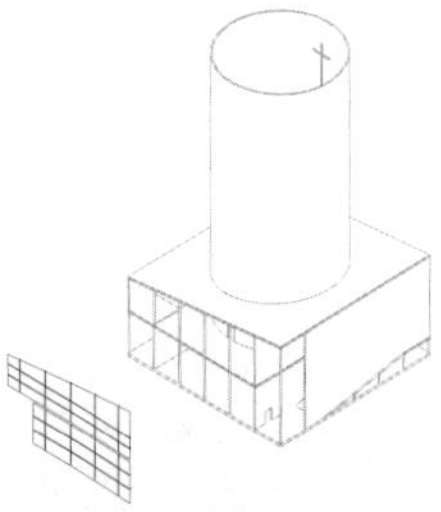

10 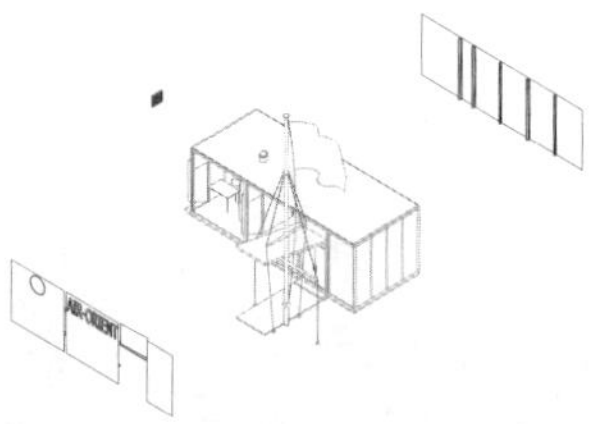　11 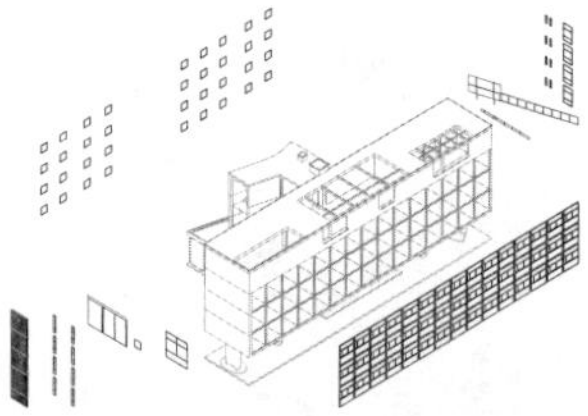　12

续表

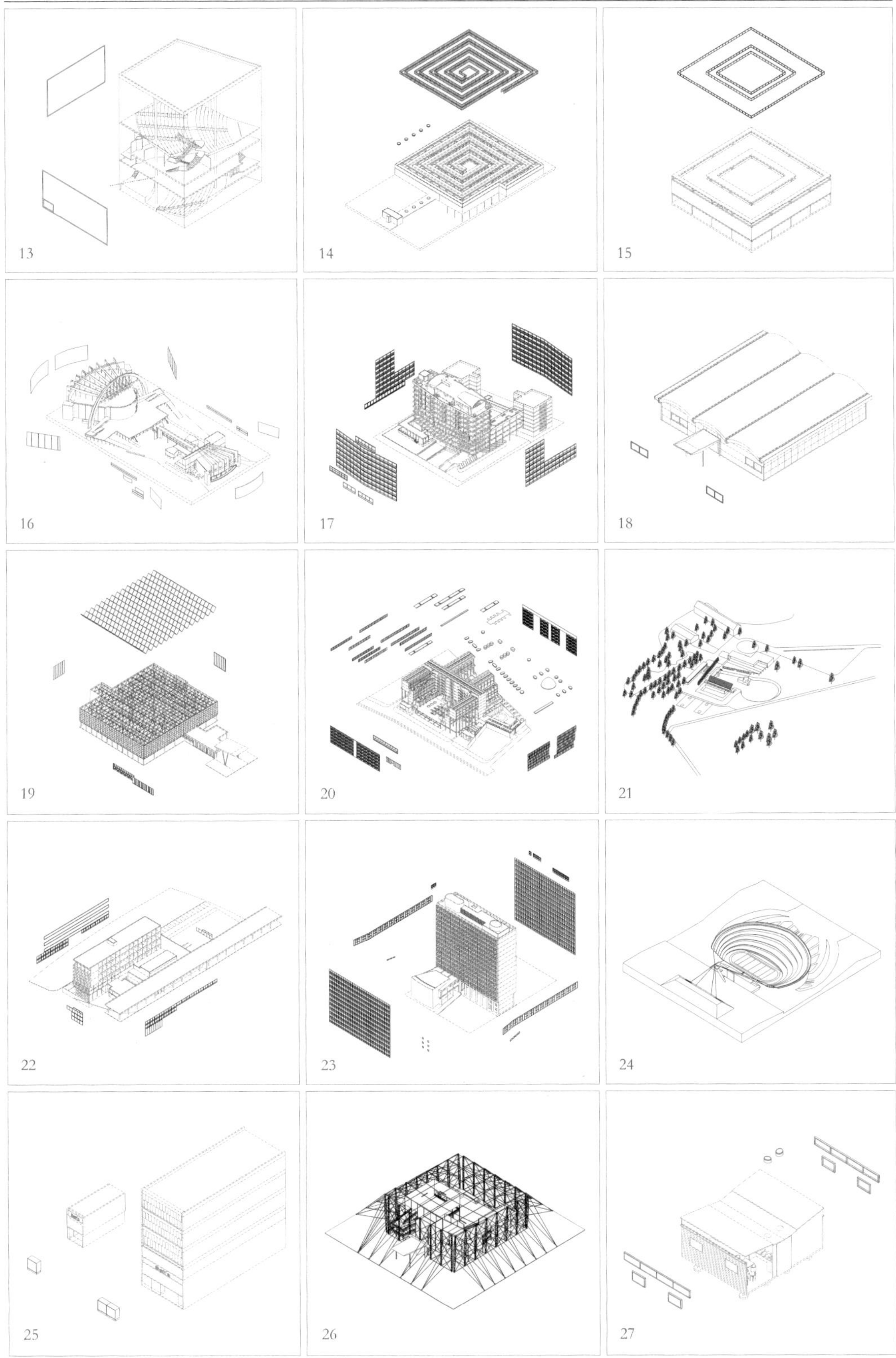

续表

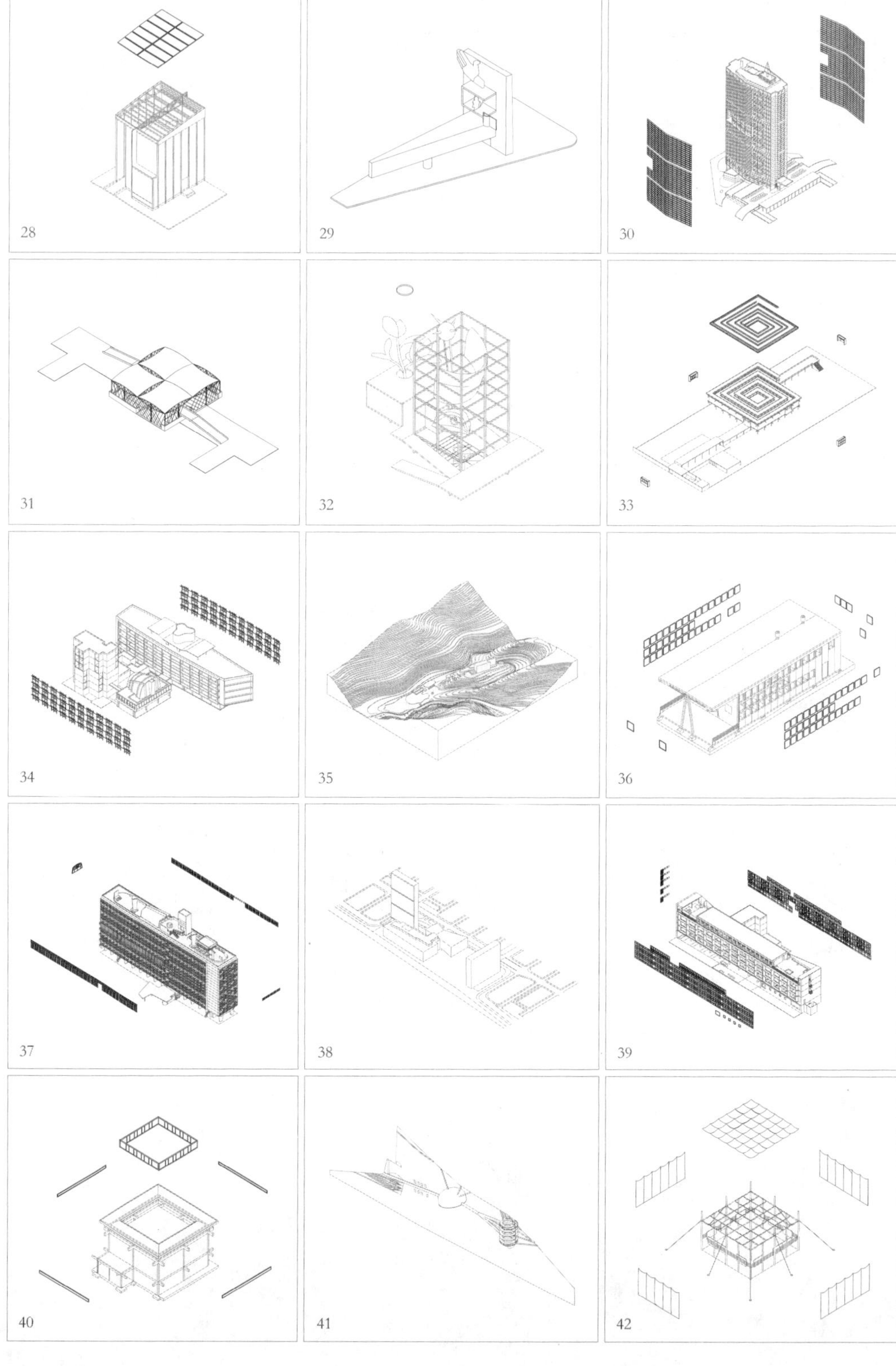

续表

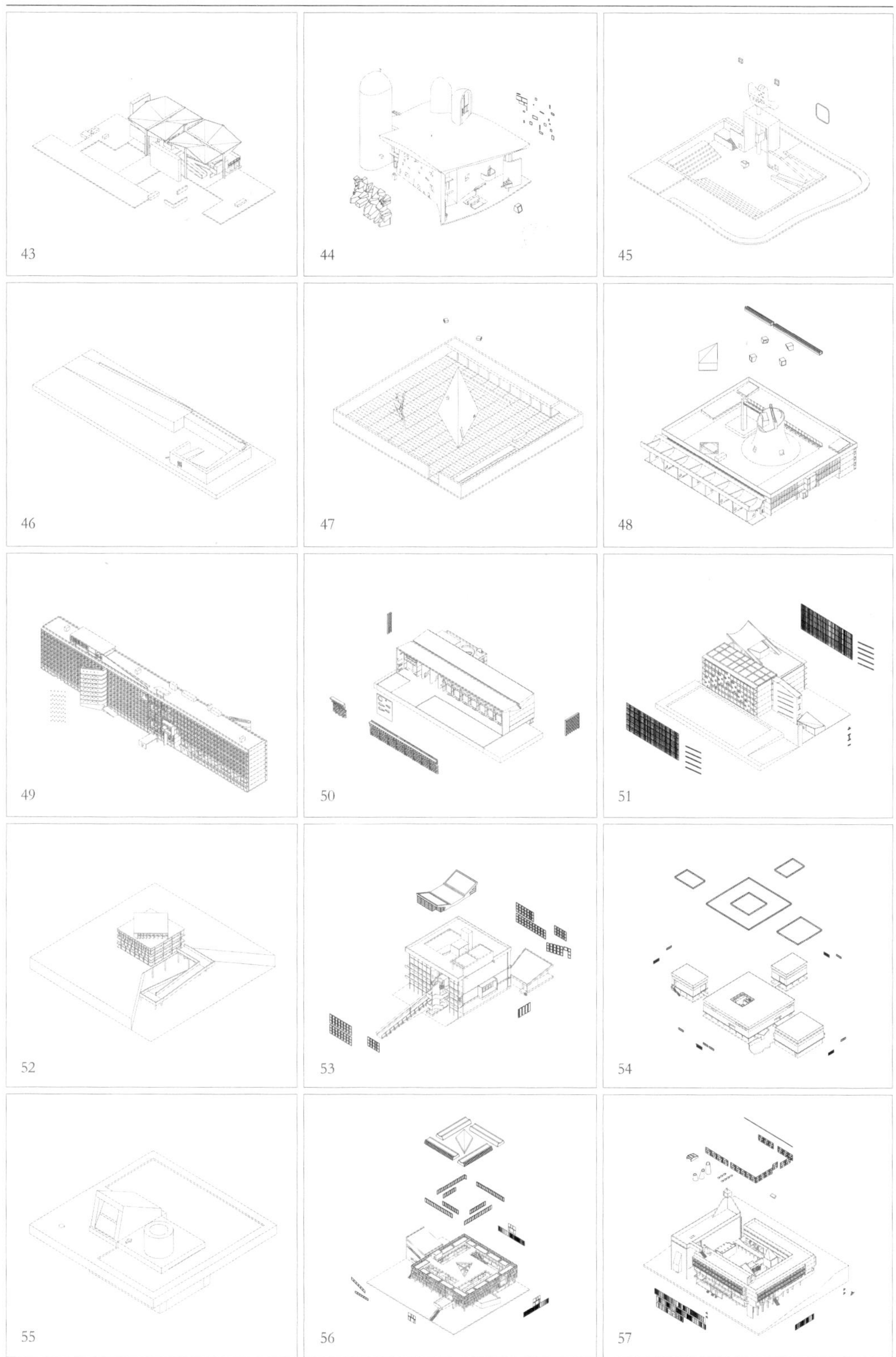

续表

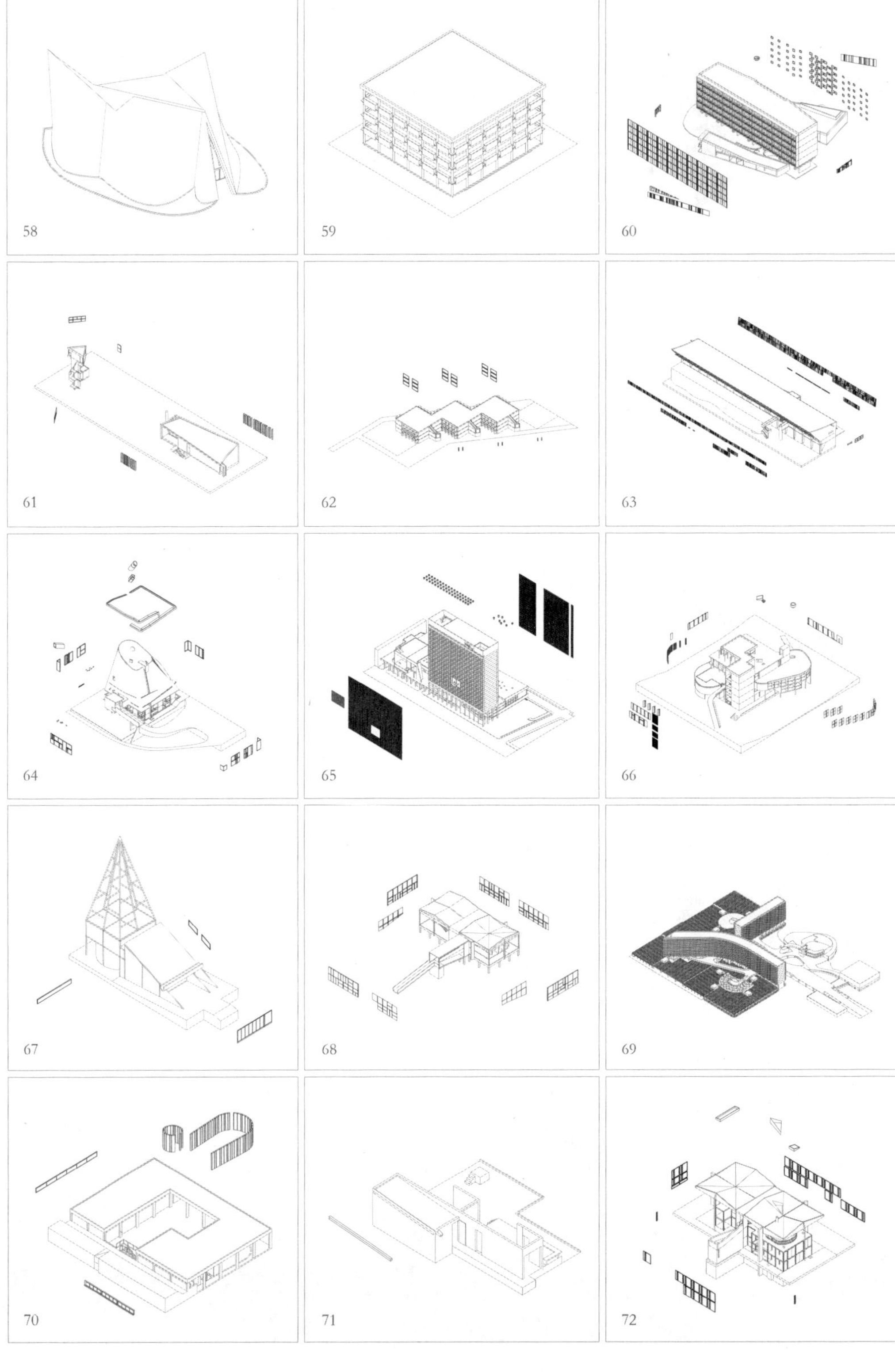

续表

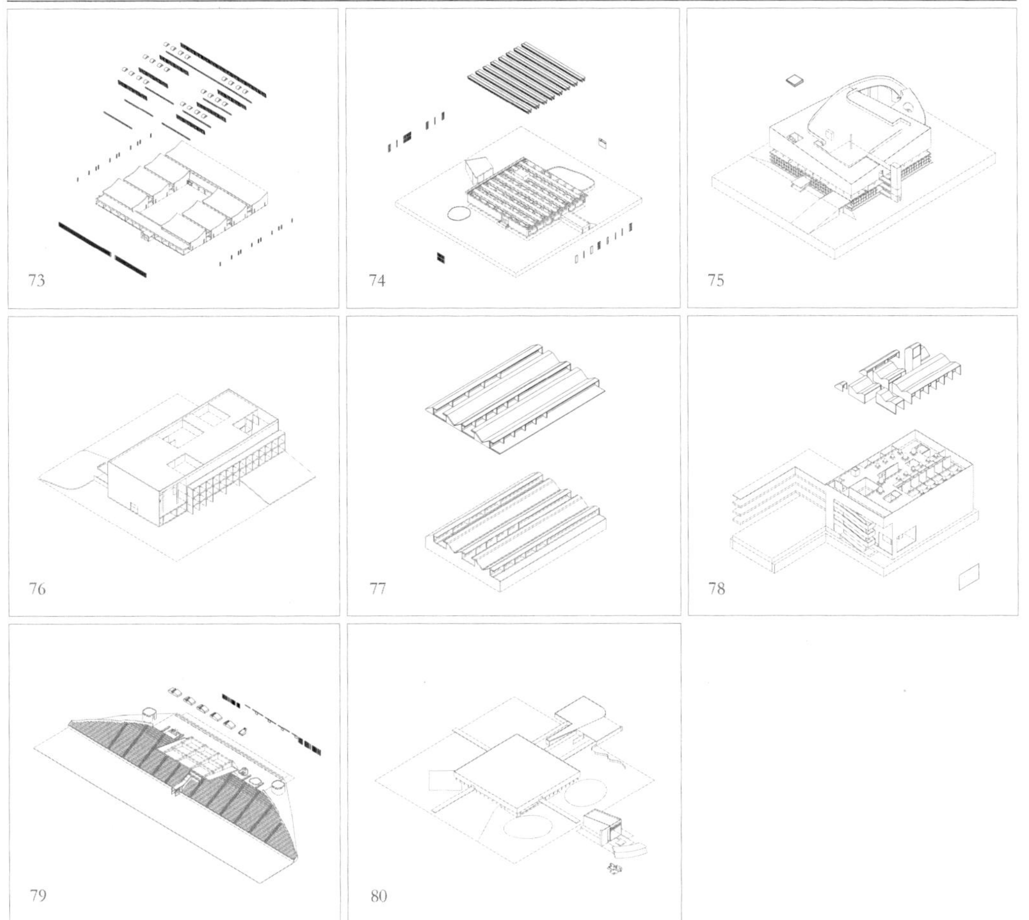

根据表 36，在 80 个公共建筑作品中，去除缺少具体资料的作品及纪念碑、部分未建成方案等没有窗户的作品，本书对剩余的 64 例进行了初步统计。

根据在建筑中的位置，基本可以将窗分为三类：

①天窗，即设置在屋顶顶棚上的窗，共有 15 个作品有这种窗，首次使用天窗是在未建成的日内瓦国际联盟宫方案中；

②高侧窗，即窗开在人视线高度以上，共有 20 个案例有此类窗；

③视线高度窗，指开设在墙体上的、处于人视线高度的窗，在 64 个案例中，除了 15、40、71 号作品的墙体没有开窗外，其他作品均有此类窗。

图65　根据窗的位置的分类示意

处于人视线高度的窗按照形式可分为以下几类：

①水平长窗：共计 12 例，在公共建筑中较少，不像在住宅中应用得那么广泛。它们分别是 01、02、05、08、12、16、51、56、57、67、70、71 号作品。

②玻璃幕墙或“窗墙”：共计 28 例，在公共建筑中应用广泛。它们分别是 04、05、06、07、09、10、11、12、13、16、17、19、20、22、23、30、34、37、39、53、56、60、64、65、66、67、68、72 号作品。

③竖向条窗：共计 8 例，它们分别是 12、39、57、62、63、72、73、74 号作品。

④波动的格栅玻璃墙：共计 10 例，在后期应用较多，最早于 1952 年的 51 号作品中开始应用。它们分别是 51、56、57、60、61、63、66、70、73、79 号作品。

⑤方格窗：共计 14 例，它们分别是 01、02、05、07、12、18、27、37、39、44、45、49、60、64 号作品。

⑥角部抹圆的窗：共计 3 例，它们分别是 36、45、50 号作品。

⑦其他。

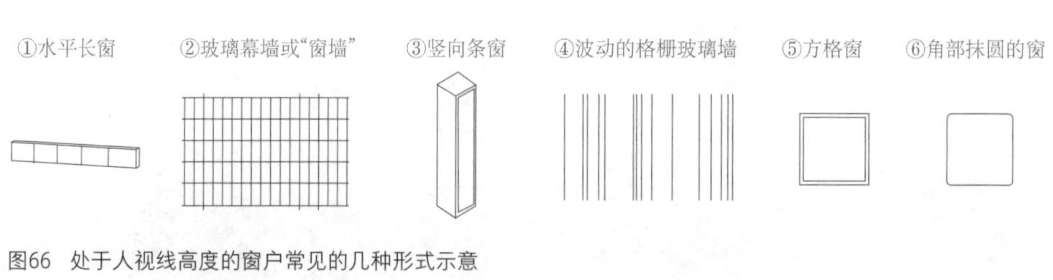

图66　处于人视线高度的窗户常见的几种形式示意

柯布西耶早年在住宅设计中广泛推行的水平长窗在公共建筑中的应用并不多，仅在 12 个案例中出现过，且多用在附属的功能用房中。在公共建筑中应用最广泛的是第二种类型，即玻璃幕墙或“窗墙”，共计 28 例，如日内瓦国际联盟宫方案中集会大厅的双层玻璃幕墙系统。柯布西耶曾明确表示窗户是用来采光的，而不是用来通风的，所以这些幕墙多半是不能开启的，而室内的空气流通则由另一套换气系统控制，被柯布西耶讴歌为“正确的呼吸”。还有一种应用较为广泛的是方格窗，多独扇布置，共计 14 例。波动的格栅玻璃墙最早应用于 1952 年，共计 10 例。竖向条窗和角部抹圆的窗分别有 8 例和 3 例。接下来，我们针对天窗和高侧窗这两种特殊但应用广泛的采光方式进行展开比较。

天窗

天窗，在此处指的是开设在建筑的屋顶顶棚上，可以采集直射光线的窗户。它和高侧窗的区别在于，后者虽然可能也属于屋顶构造的一部分，却是从侧面接收光线，再反射入室内的。柯布西耶在公共建筑作品中首次应用天窗是在 1927 年的日内瓦国际联盟宫方案中，最后一次应用是在 1964 年的斯特拉斯堡国会大厦中。

表37　80个公共建筑作品中应用天窗的作品汇总

作品名称	轴测图	类别	天窗位置	天窗形式
05 日内瓦国际联盟宫方案	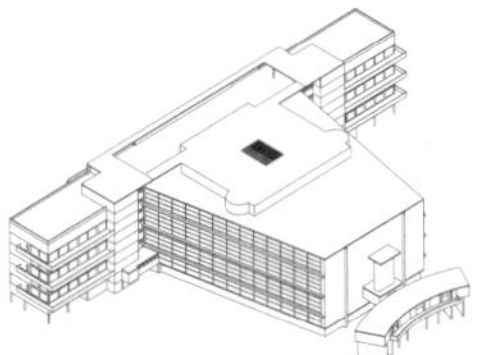	行政类	集会大厅顶部	
07 莫斯科中央局大厦	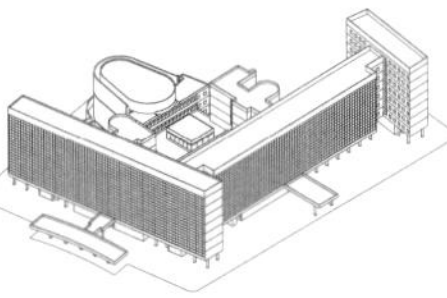	行政类	底层大厅顶部	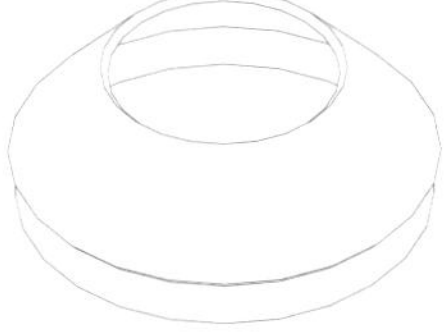
14 巴黎当代艺术博物馆	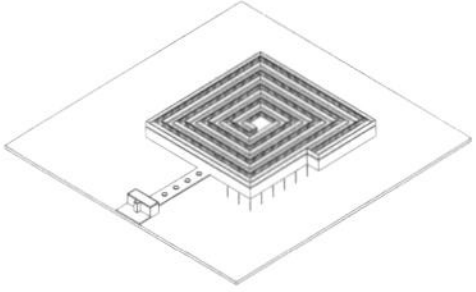	博物馆类	地下室	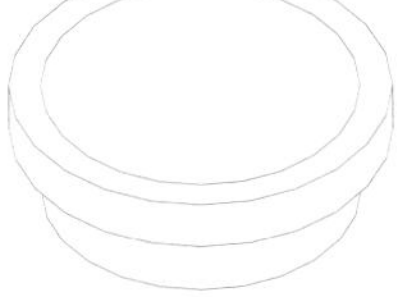

续表

作品名称	轴测图	类别	天窗位置	天窗形式
20 巴黎城市及国家博物馆方案	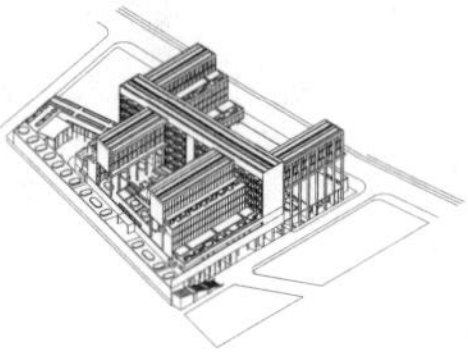	博物馆类	底层大厅顶部	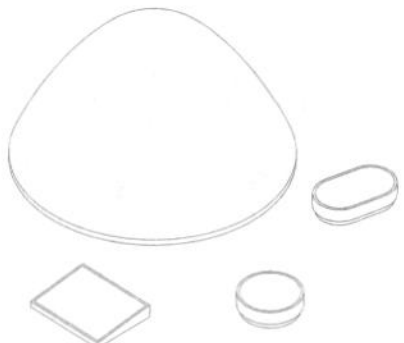
27 TN-Wagon 住宅展览馆	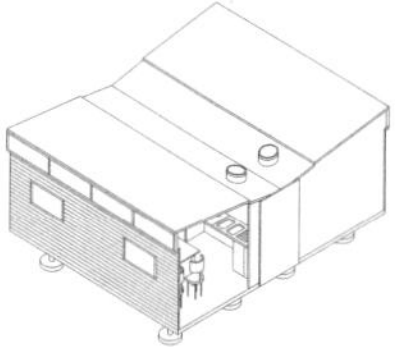	展览馆类	厨房和卫生间顶部	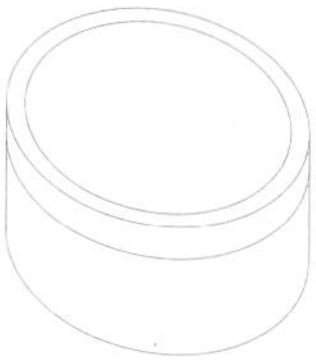
47 委内瑞拉葬礼礼拜堂	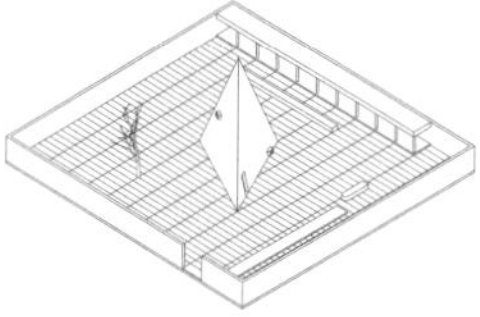	宗教类	屋顶，也是墙壁的墙身	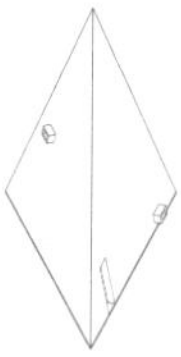
48 昌迪加尔议会大厦	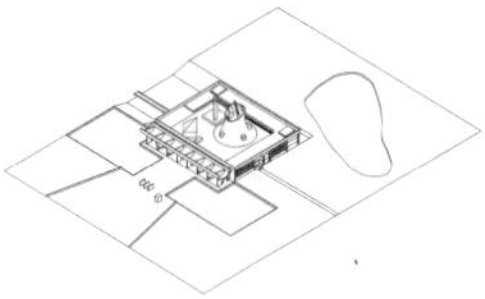	行政类	中间大厅腔体顶部	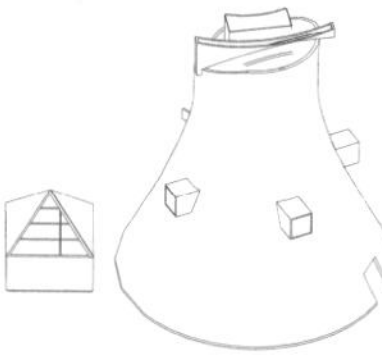
56 东京国立西洋美术馆	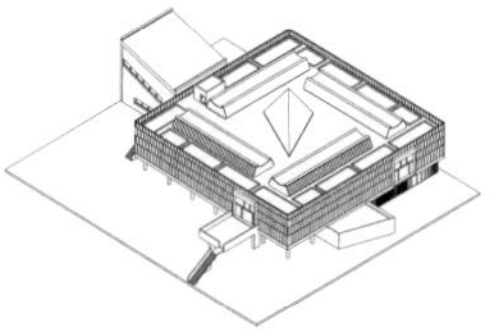	博物馆类	中间大厅顶部	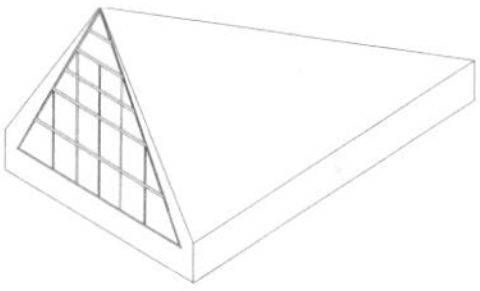
57 拉图雷特修道院	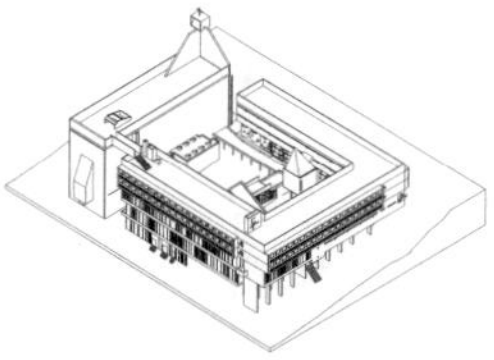	宗教类	圣器室、祈祷室、圣坛顶部	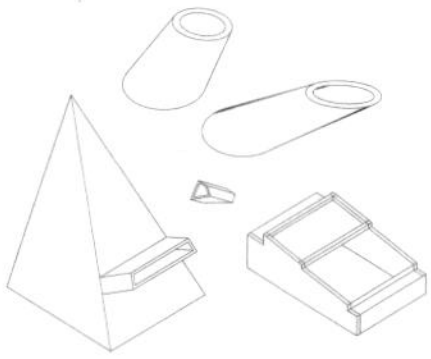
60 巴黎大学城巴西学生公寓	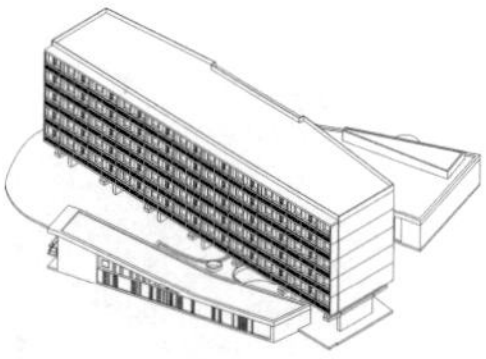	学校类	底层大厅顶部	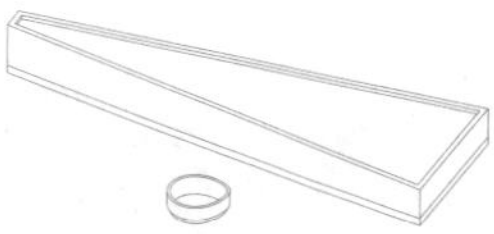

续表

作品名称	轴测图	类别	天窗位置	天窗形式
64 圣皮埃尔教堂方案	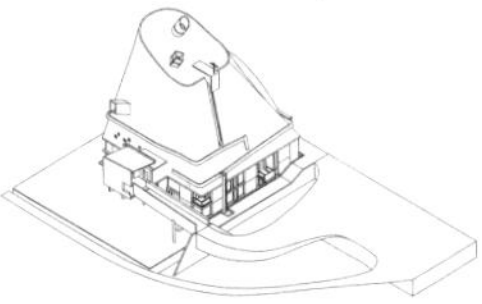	宗教类	中间大厅腔体顶部	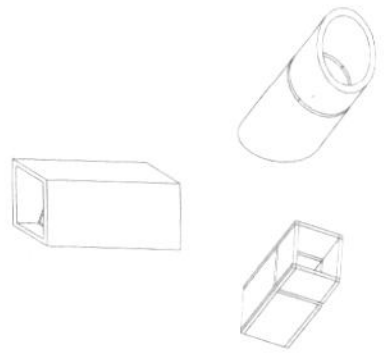
65 巴黎－奥赛	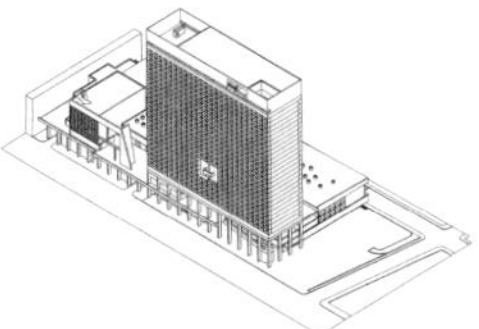	综合体类	底层大厅顶部	
66 哈佛大学视觉艺术中心	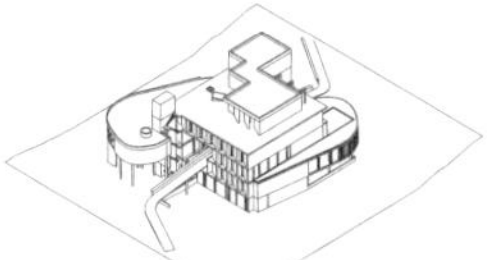	学校类	底层大教室顶部	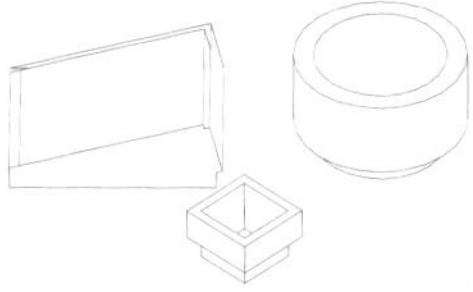
72 苏黎世柯布西耶中心		展览馆类	伞形屋顶顶部	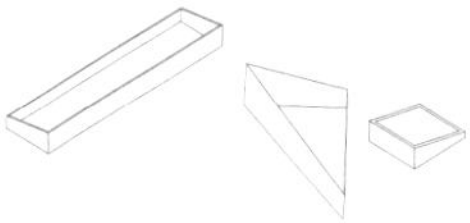
75 斯特拉斯堡国会大厦	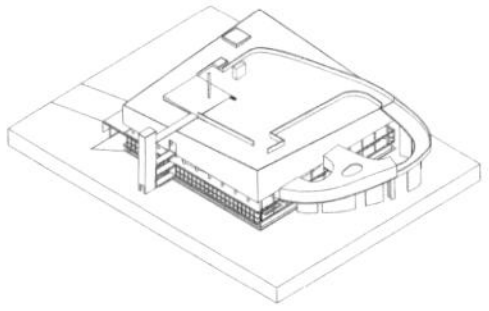	行政类	曲面屋顶顶部	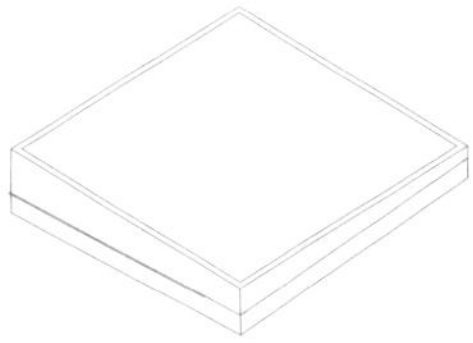

根据表 37，天窗较多应用在行政类、宗教类以及博物馆类建筑中，而且形式多为圆柱体、三角锥和方体。并且，我们可以看到，从 1951 年的昌迪加尔议会大厦开始，随着时间的推移，天窗的形式从小而独立的单纯几何体演变成较为复杂和难以定义的外部表达，甚至被赋予了具有外部体量的形体，从而使天窗本身成了一座微型的建筑。

高侧窗

80 个公共建筑作品中，共有 20 例建筑应用了高侧窗的采光方式，详见表 38。

表38　80个公共建筑作品中应用高侧窗的作品汇总

作品名称	轴测图	高侧窗形式
01 艺匠作坊	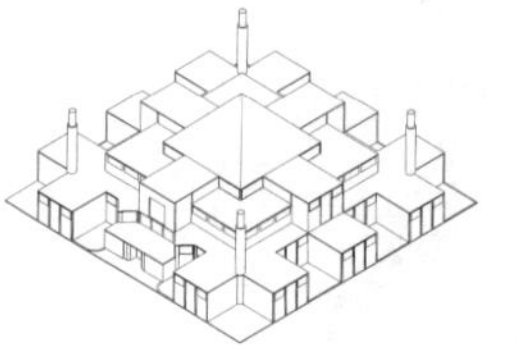	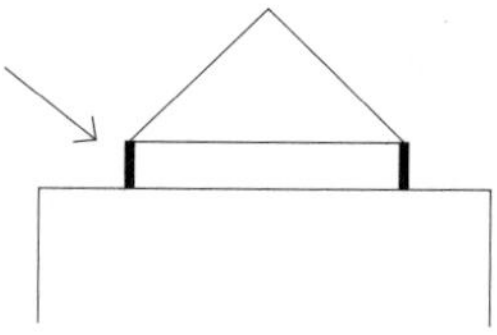
08 Mundaneum 世界博物馆	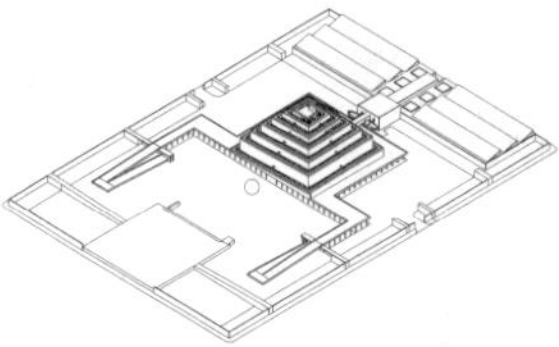	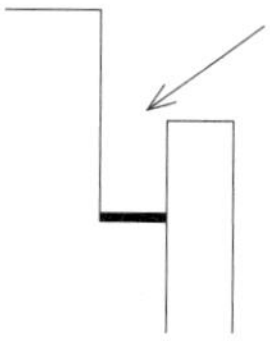
12 巴黎大学城瑞士馆	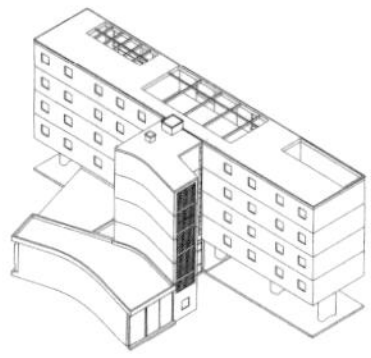	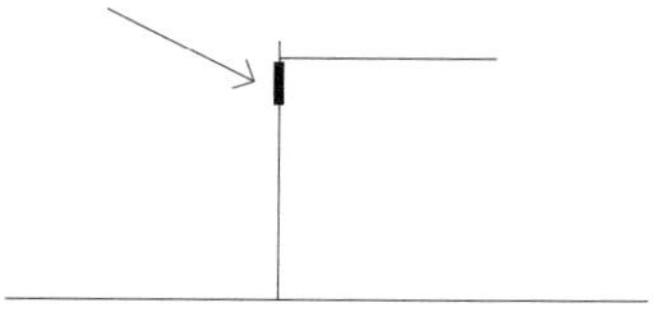
14 巴黎当代艺术博物馆	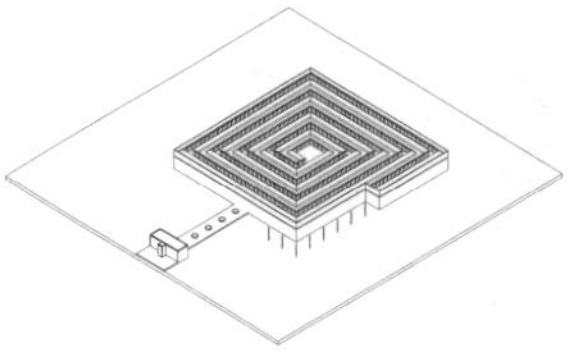	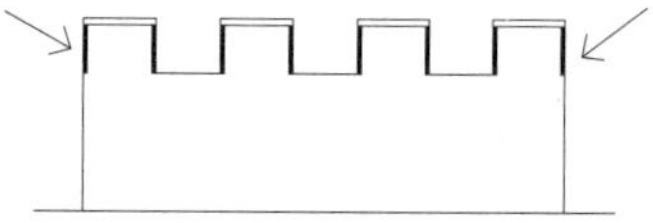
15 巴黎当代艺术家博物馆方案	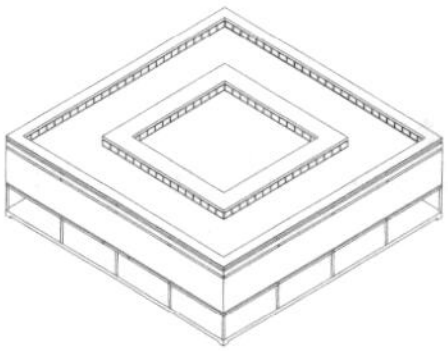	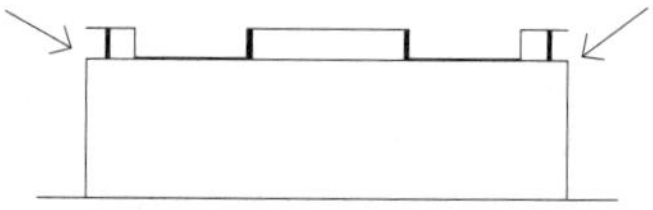
19 1937 年巴黎国际博览会 当代审美中心	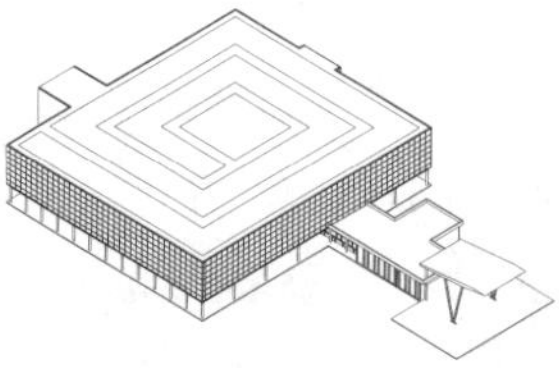	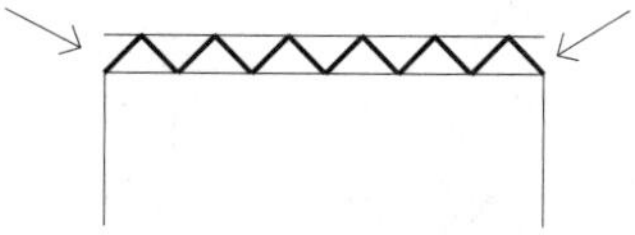
27 TN-Wagon 住宅展览馆	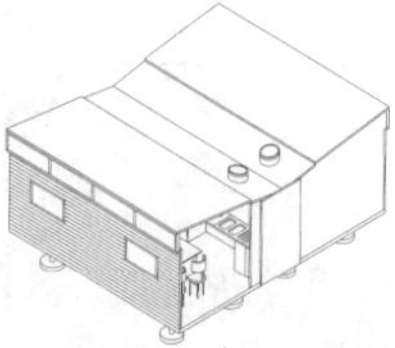	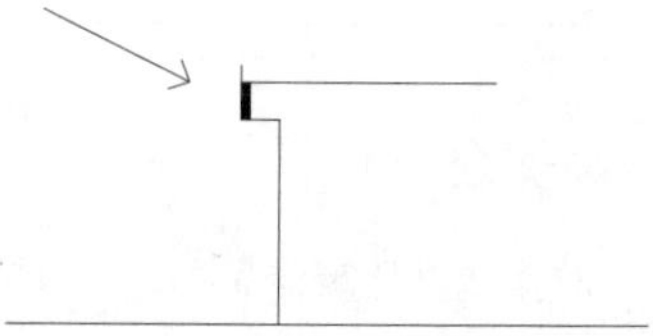

续表

作品名称	轴测图	高侧窗形式
33 无限生长的博物馆方案	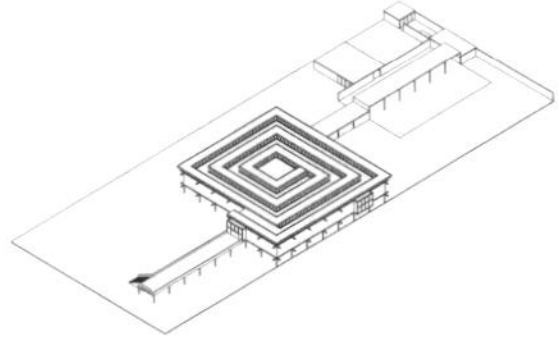	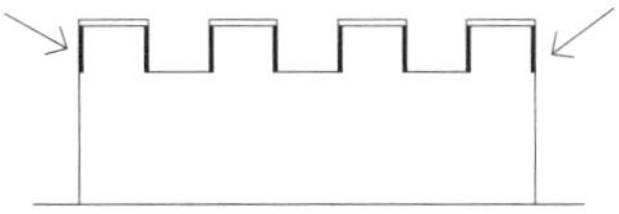
40 德洛内地块博物馆	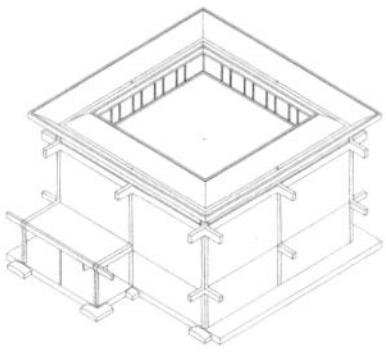	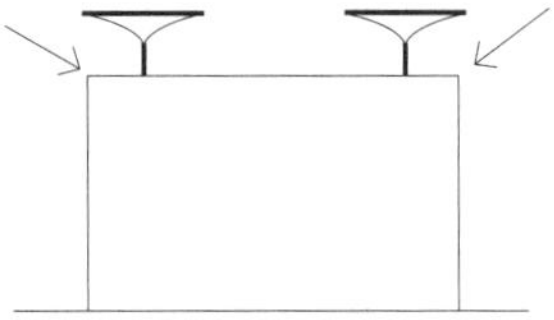
44 朗香教堂	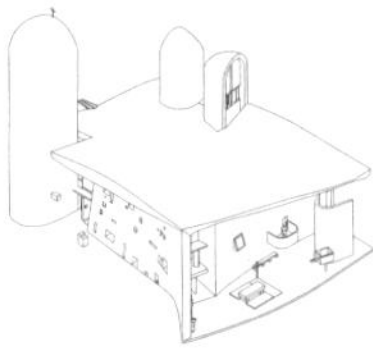	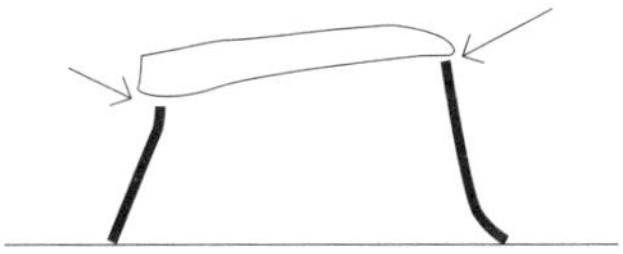
48 昌迪加尔议会大厦	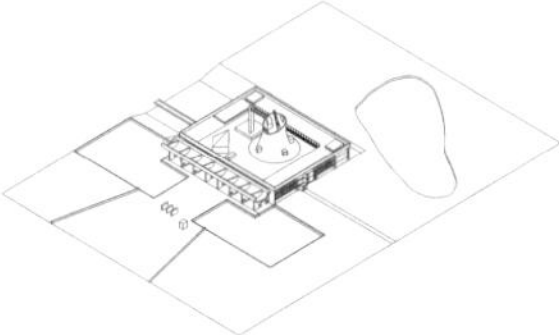	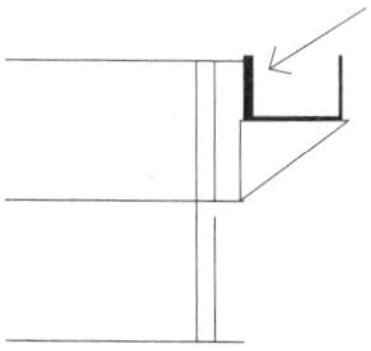
53 艾哈迈达巴德棉纺织协会总部	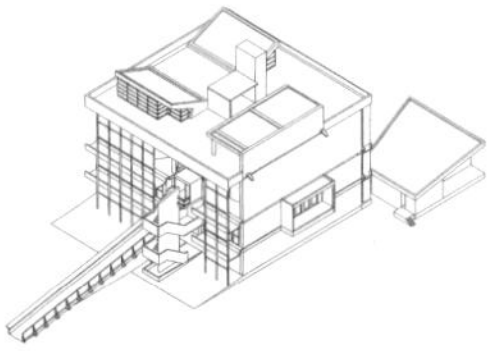	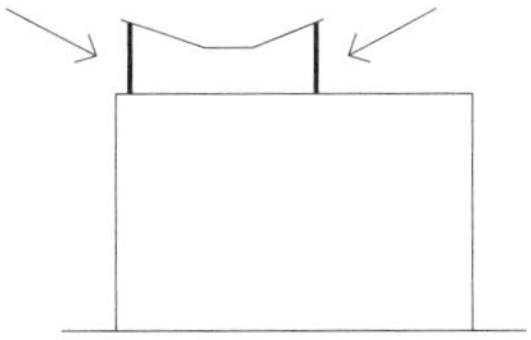
56 东京国立西洋美术馆	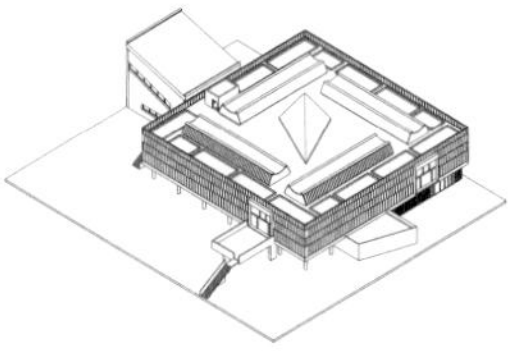	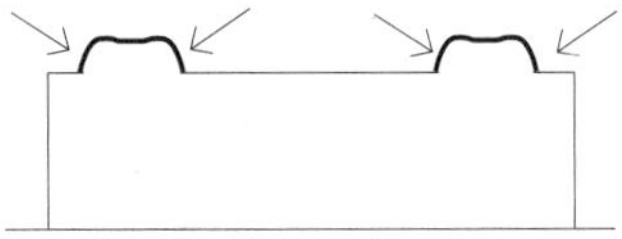
57 拉图雷特修道院	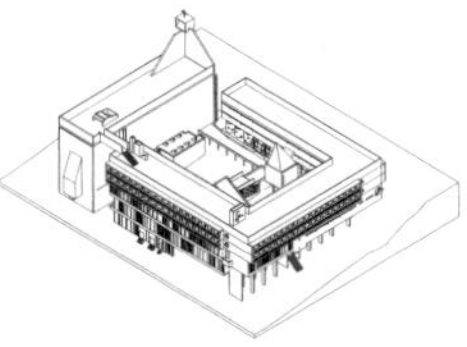	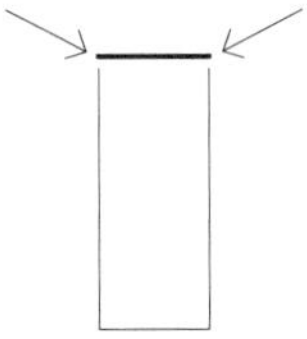

续表

作品名称	轴测图	高侧窗形式
64 圣皮埃尔教堂方案	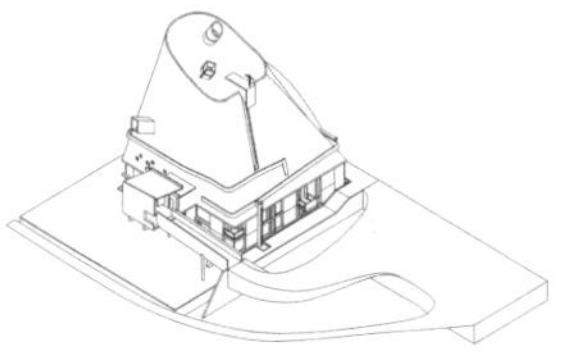	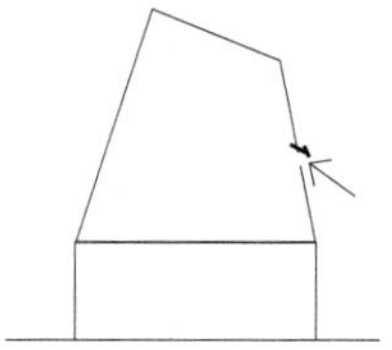
71 埃伦巴赫国际艺术中心自生剧场	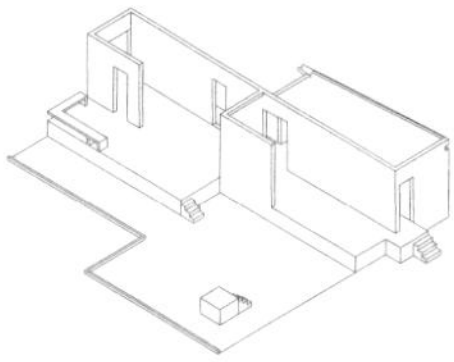	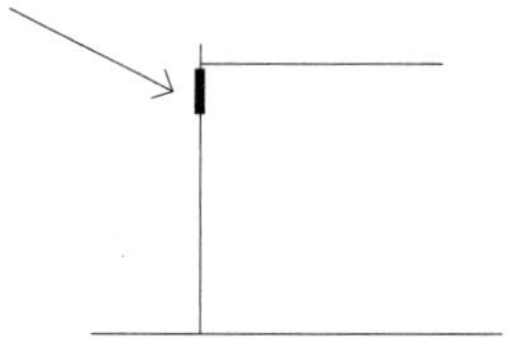
73 建筑学校和艺术学校	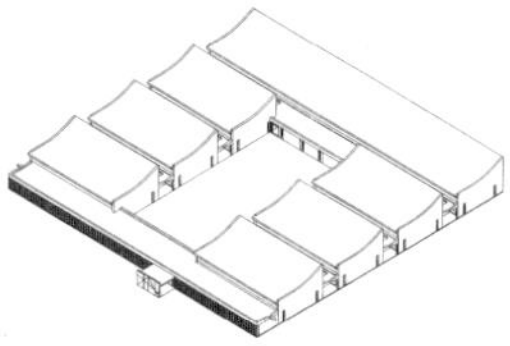	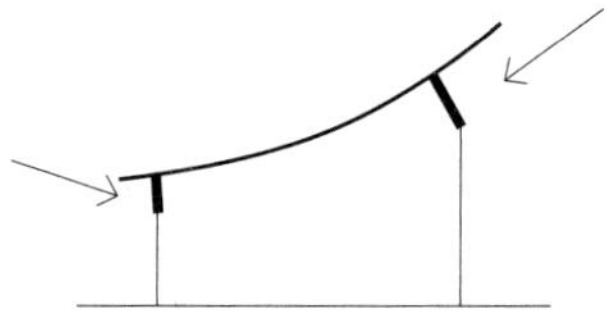
74 昌迪加尔艺术品陈列馆	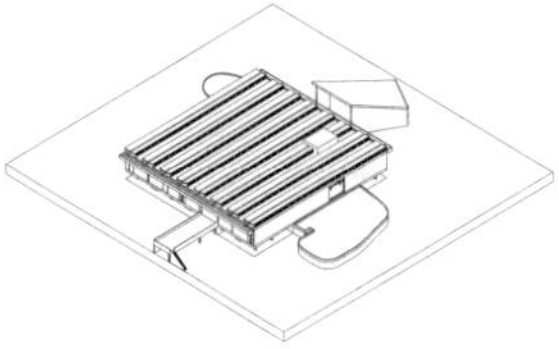	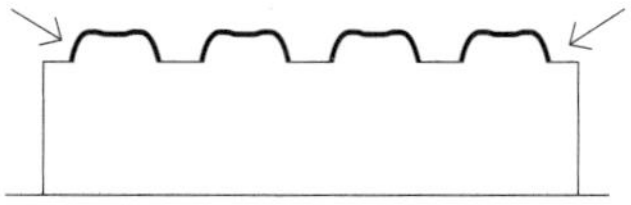
77 新威尼斯医院方案	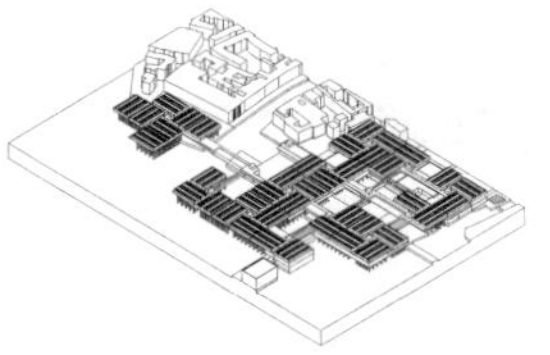	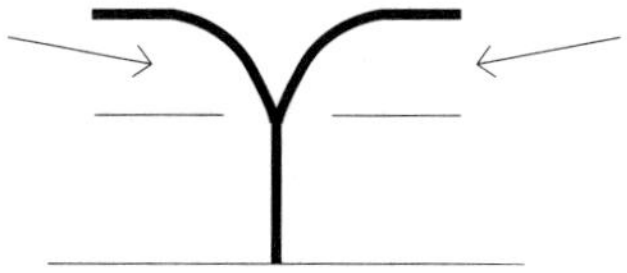
78 新威尼斯医院教堂	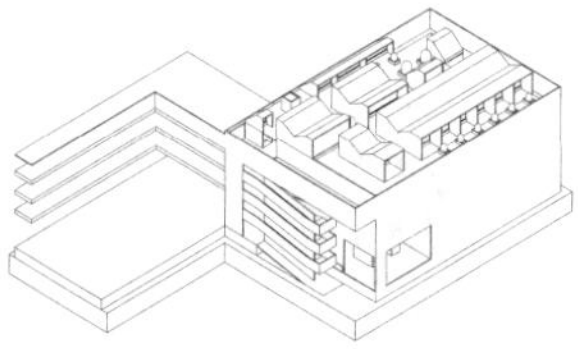	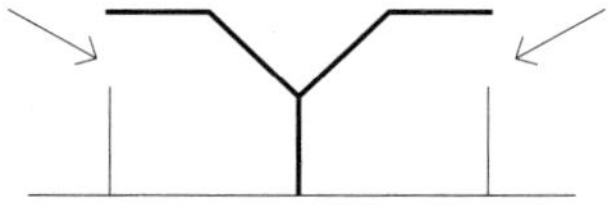

从表38的统计来看，柯布西耶从1910年的第一个公共建筑开始就关注了高侧窗的采光方式，直到他去世前所做的新威尼斯医院方案（77号作品），始终在应用这一模式。01号作品艺匠作坊顶部的十字交叉形体既能凸显出中心并显示“十”字形的侧翼，又能通过高度的错动形成角部的缝，接收侧光的照射（图67），而这一接收光线的方式与清真寺穹顶上部的光带如出一辙。

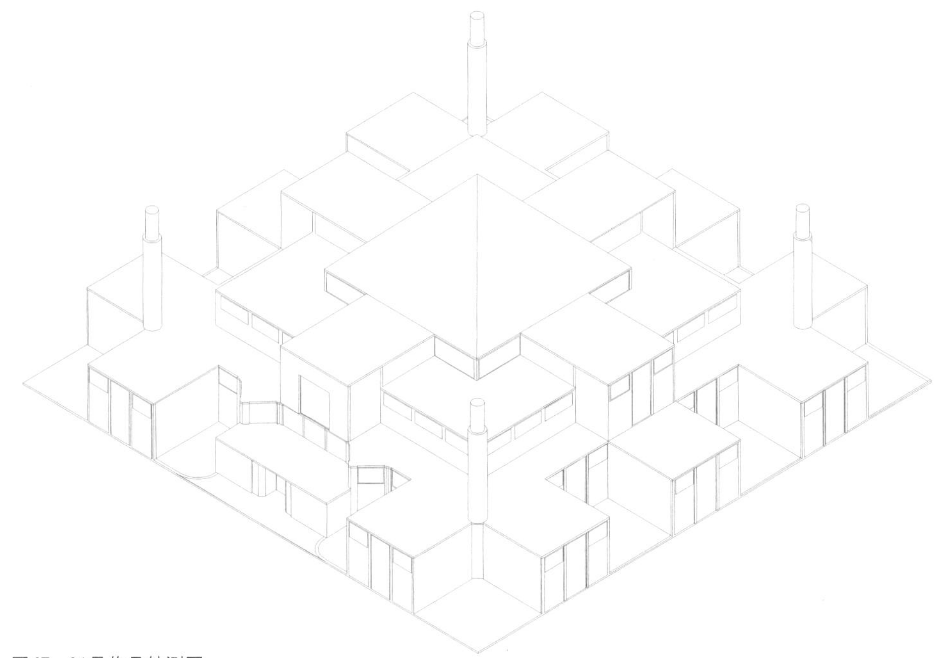

图67　01号作品轴测图

从14号作品1931年的巴黎当代艺术博物馆开始，柯布西耶尝试在屋顶构造上，利用凸起的体块与毗邻的屋顶平板之间的错动让光从两侧进入，并一直将这一方式沿用在15、19、33、40、53、56、74、77、78号作品中，在运用了高侧窗采光的作品总数中占50%，应用最广泛。其次是在屋顶与墙体顶部之间脱开一条缝形成高侧窗，这一方式被用在01、08、12、27、44、48、57、71、73号作品中，占45%。第三种高侧窗采光模式的代表案例是64号作品圣皮埃尔教堂方案，柯布西耶在教堂腔体的墙身上开设了一个线状的槽口，并在外部用板遮住，而这块板正好也是屋身排水的线路管道。这一方式也被应用在了朗香教堂的南墙及拉图雷特修道院教堂大厅的侧墙上。虽然表达的深浅不同，但其实质都是通过在墙体的内外表面上开设洞口来实现采光，并且内外表面的洞口在大小、高度上均存在差异，从而在室内形成独特的光环境。这种方式突出了建筑墙体的厚度，让人意识到墙体内外的界线所在。这一方式占作品总数的15%，且均运用在宗教类建筑中。

3 楼梯
Stairs

80 个公共建筑作品中，有楼梯的作品共计 53 例，它们是 01、02、03、04、05、07、08、09、12、13、14、15、16、17、18、19、20、22、23、30、33、34、36、37、39、43、44、45、48、49、50、51、53、54、56、57、60、61、62、63、64、65、66、67、68、69、70、72、74、75、76、78、79 号作品。

表39　53个公共建筑作品楼梯的抽取

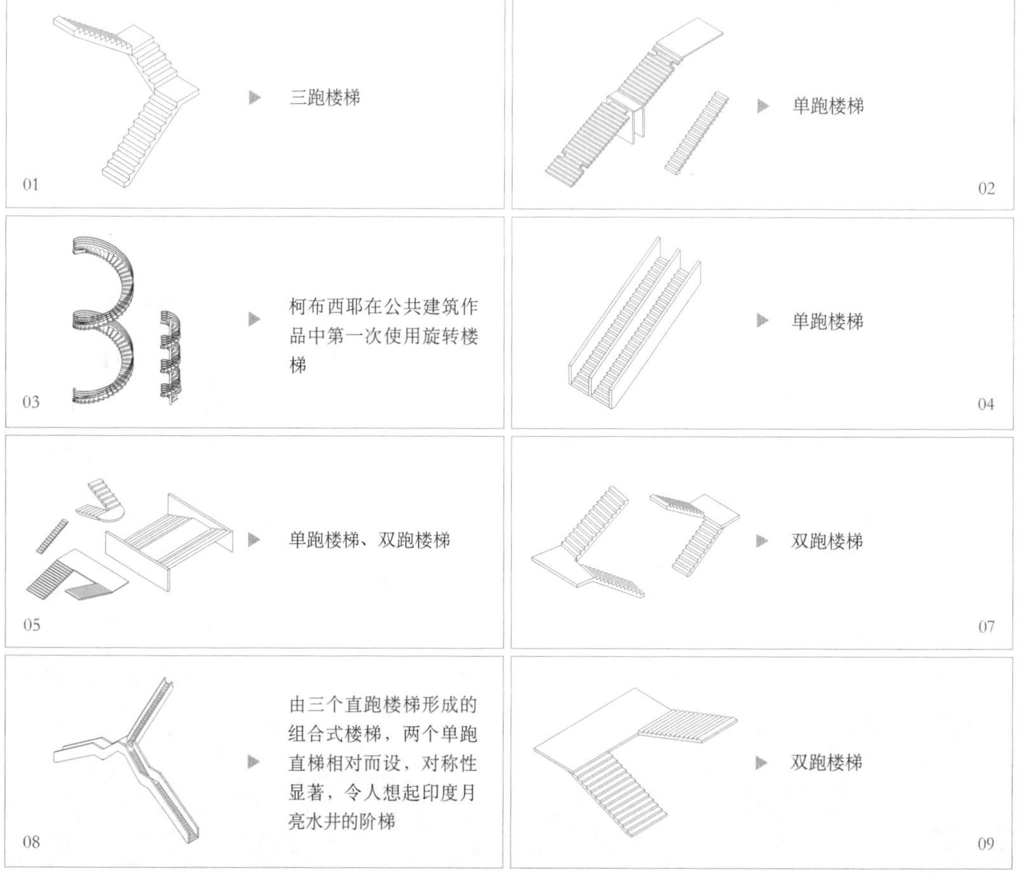

续表

12
组合式双跑楼梯，由于一层的层高比标准层高，所以在一层通过一段台阶来弥补这一高度差，自然形成一个基座
13
有单跑楼梯、双跑楼梯及双跑楼梯和一个曲线形单跑楼梯相互咬合形成的剪刀梯
14
双跑楼梯
15
双跑楼梯
16
双跑楼梯、单跑楼梯
17
双跑楼梯
18
双跑楼梯
19
单跑楼梯
20
双跑楼梯
22
双跑楼梯、单跑楼梯
23
双跑楼梯、单跑楼梯、旋转楼梯
30
双跑楼梯
33
双跑楼梯、单跑楼梯
34
双跑楼梯

续表

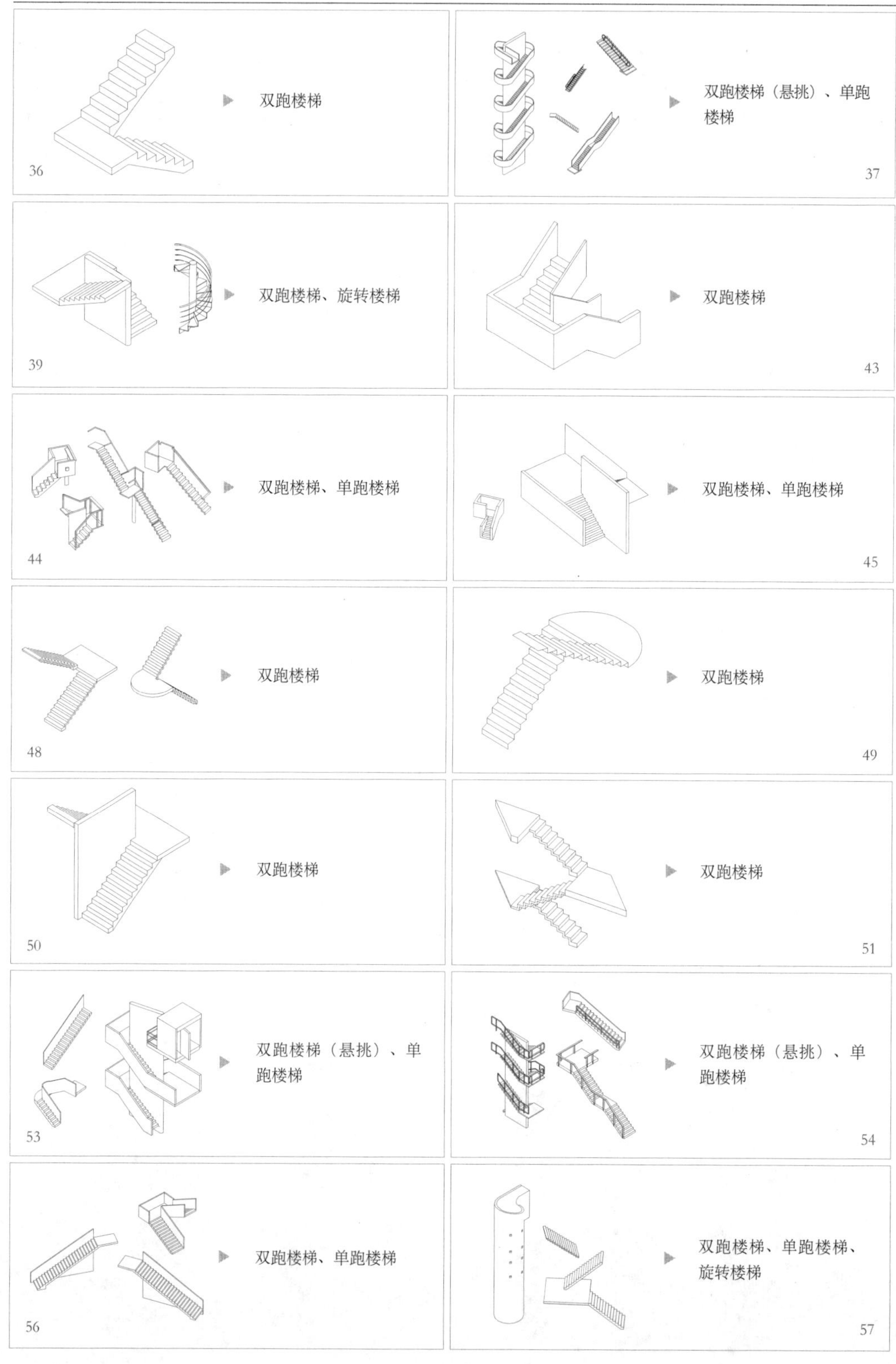

双跑楼梯
36
双跑楼梯（悬挑）、单跑楼梯
37
双跑楼梯、旋转楼梯
39
双跑楼梯
43
双跑楼梯、单跑楼梯
44
双跑楼梯、单跑楼梯
45
双跑楼梯
48
双跑楼梯
49
双跑楼梯
50
双跑楼梯
51
双跑楼梯（悬挑）、单跑楼梯
53
双跑楼梯（悬挑）、单跑楼梯
54
双跑楼梯、单跑楼梯
56
双跑楼梯、单跑楼梯、旋转楼梯
57

续表

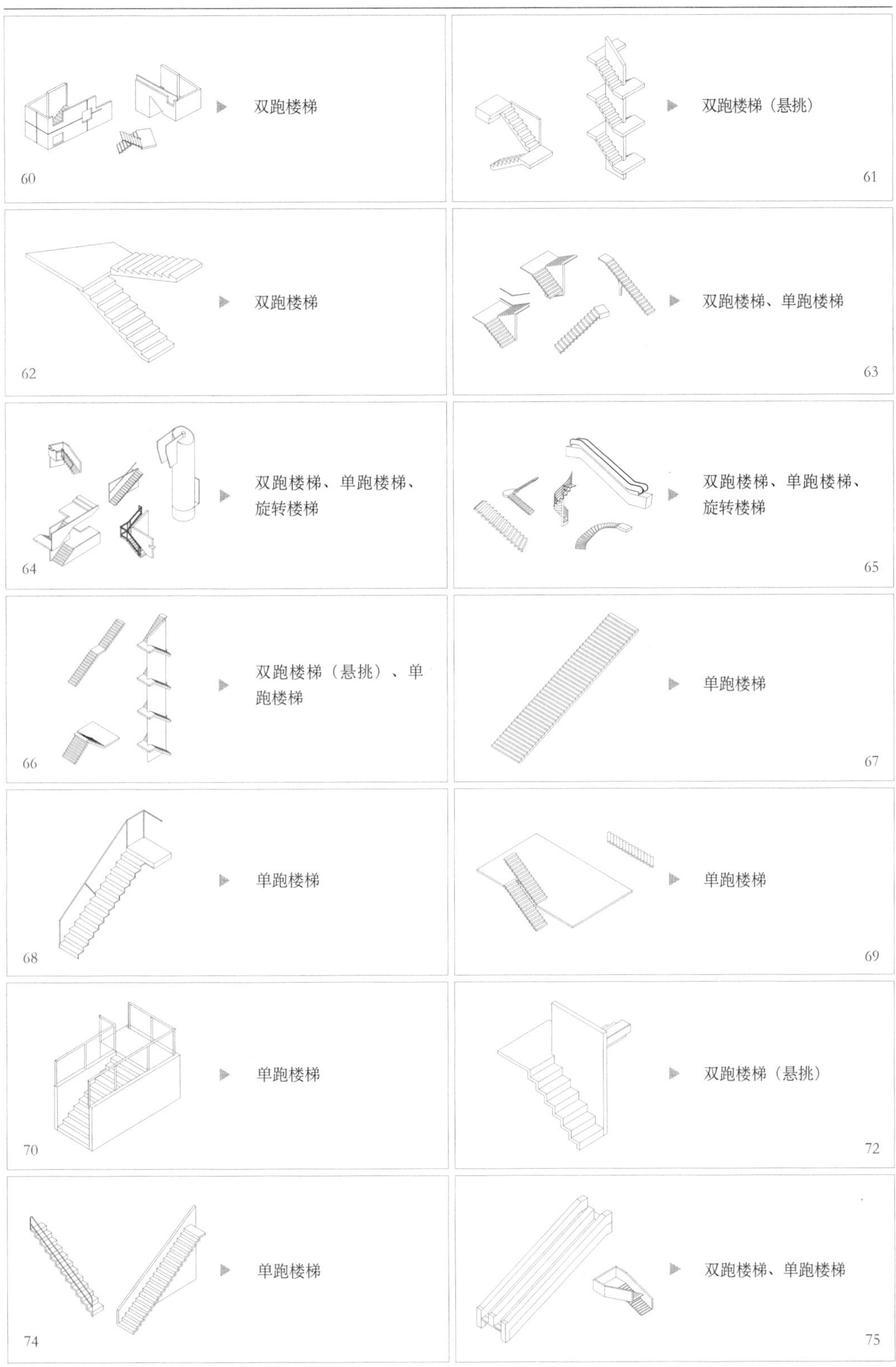

双跑楼梯
60
双跑楼梯（悬挑）
61
双跑楼梯
62
双跑楼梯、单跑楼梯
63
双跑楼梯、单跑楼梯、旋转楼梯
64
双跑楼梯、单跑楼梯、旋转楼梯
65
双跑楼梯（悬挑）、单跑楼梯
66
单跑楼梯
67
单跑楼梯
68
单跑楼梯
69
单跑楼梯
70
双跑楼梯（悬挑）
72
单跑楼梯
74
双跑楼梯、单跑楼梯
75

续表

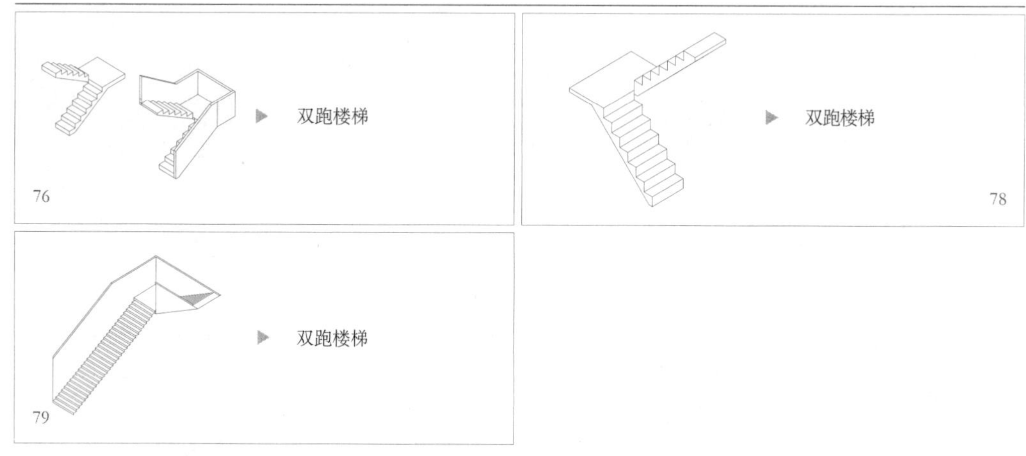

根据表 39，从梯段来看，可分为单跑楼梯、双跑楼梯、三跑楼梯及旋转楼梯，其中有 26 个案例使用了单跑楼梯，42 个案例使用了双跑楼梯，1 个案例使用了三跑楼梯（01 号作品）。还有 6 个案例使用了旋转楼梯，它们是 03、23、39、57、64、65 号作品。从构造的特点来看，在这些楼梯当中，柯布西耶经常使用一种独特的悬挑楼梯，即楼梯的承重板位于中间，梯段从两侧悬挑出去，这在 37、53、54、61、66、72 号作品中都有出现。

旋转楼梯

柯布西耶首次在公共建筑作品中使用旋转楼梯是在 03 号作品波当萨克水塔中。如图 68 所示，该作品有两部旋转楼梯。从空间上看，建筑底层的楼梯紧贴外墙，留出中间的通高空间用于安置楼梯，人们由此到达观景台层后，可以通过位于平面中间的第二部旋转楼梯到达顶层，而四周空间则可用于观景。此作品中的旋转楼梯在竖向上完成了一次转化，在一个十分有限的平面内完成了交通空间与使用空间的转换。

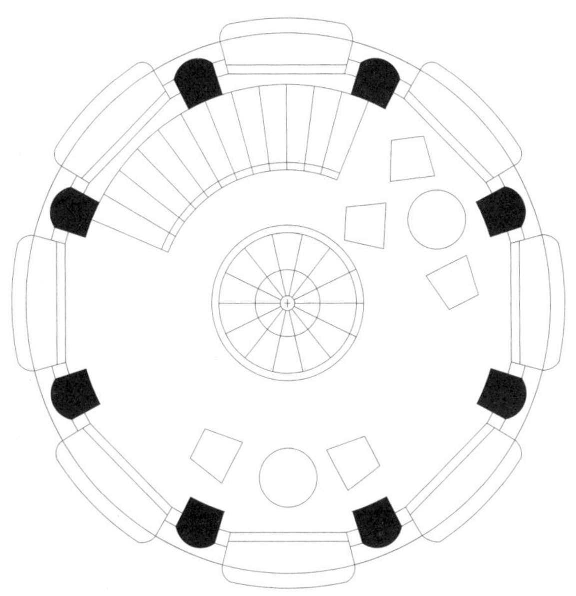

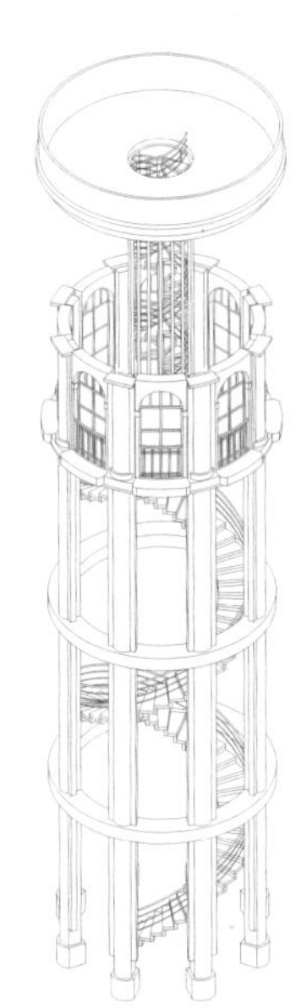

图68 03号作品平面及轴测图

第二个使用旋转楼梯的是 23 号作品国家教育与公共卫生部大厦，从平面上看，旋转楼梯位于底层一栋裙房的中间，占据了整个空间，在解决交通问题的同时也充当了整个空间的焦点（图 69）。

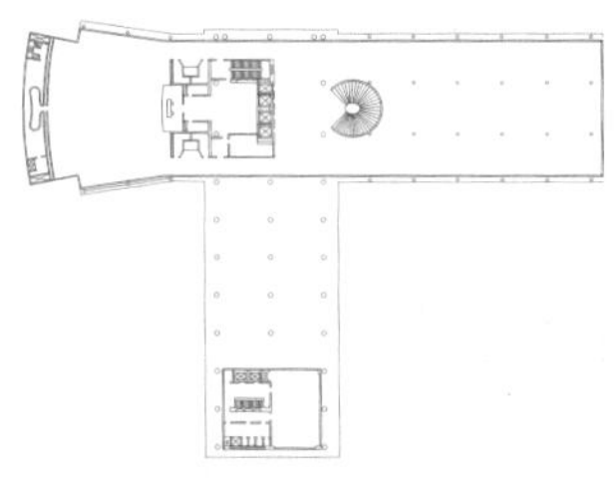

图69 23号作品平面图、轴测图、照片

第三个使用旋转楼梯的是 39 号作品圣迪埃制衣厂，旋转楼梯位于三层平面的中间，相比于 23 号作品，这个楼梯的体量较小，起辅助交通的作用（图 70）。

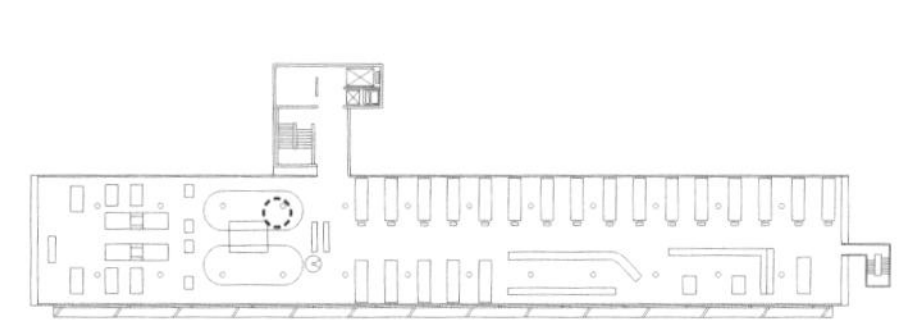
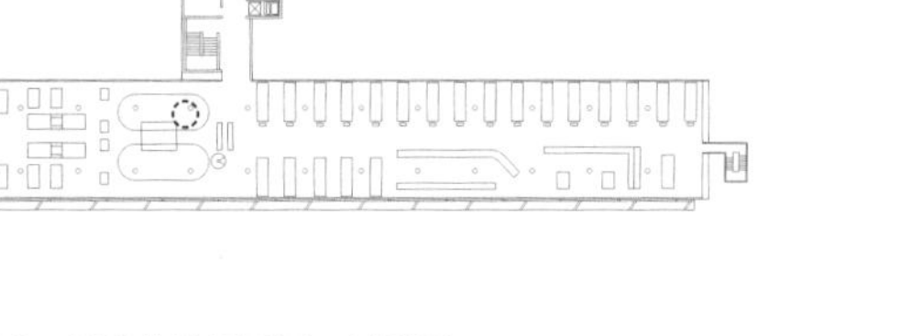
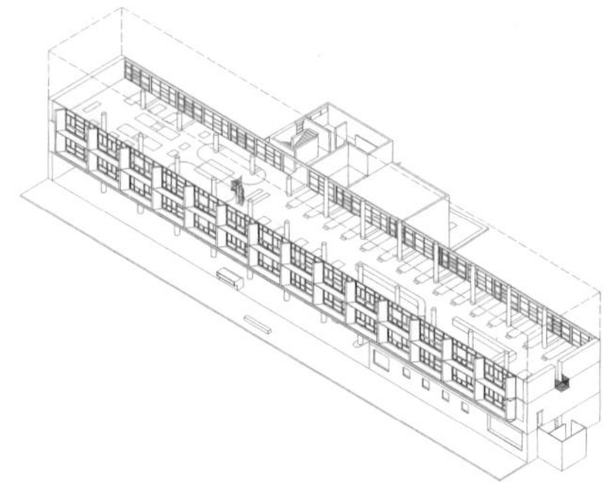

图70　39号作品平面图、轴测图

第四个使用旋转楼梯的是 57 号作品拉图雷特修道院，这个楼梯的不同之处在于，此时它以一个独立的体量呈现于建筑外部。如图 71 所示，它位于中间庭院的一侧，作为一个附属的垂直交通结构，可以从一层直达三层。这里的旋转楼梯抽离了波当萨克水塔的功能，而采用了其竖直的体量特征。

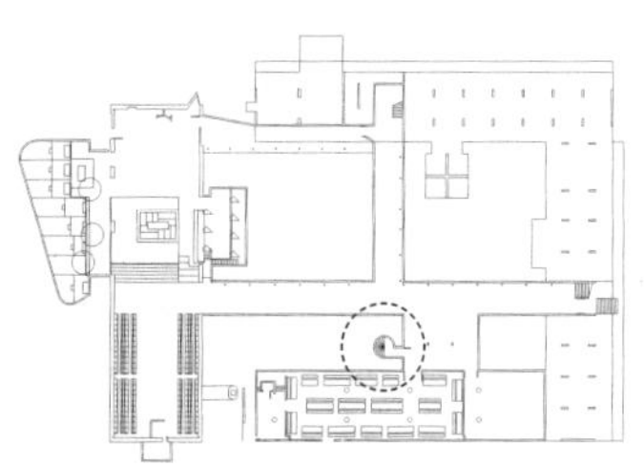
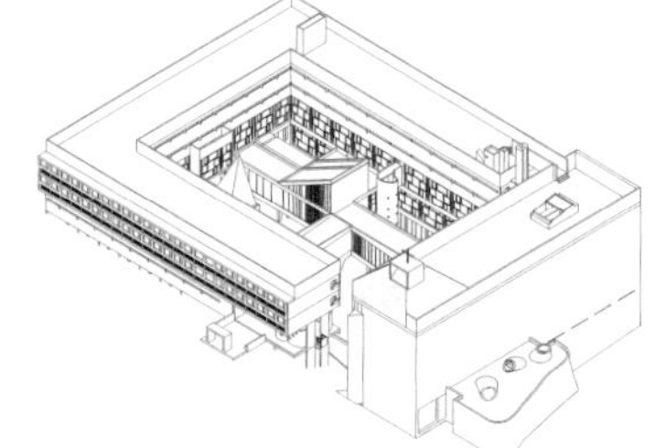

图71　57号作品平面图、轴测图、照片

第五个使用旋转楼梯的是 64 号作品圣皮埃尔教堂方案，类似于 57 号作品，旋转楼梯以一个独立的附属体量的形式出现在教堂主体的一侧，人们能从底层直接到达教堂的大厅，起到隐藏和附属的交通连接作用（图 72）。最后一个使用旋转楼梯的是 65 号作品巴黎 - 奥赛，它同 39 号作品一样，是在室内运用的。

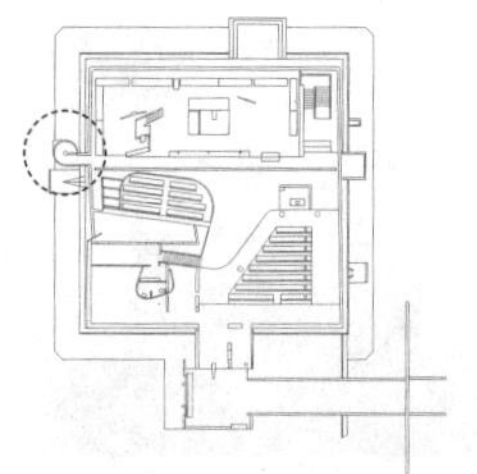
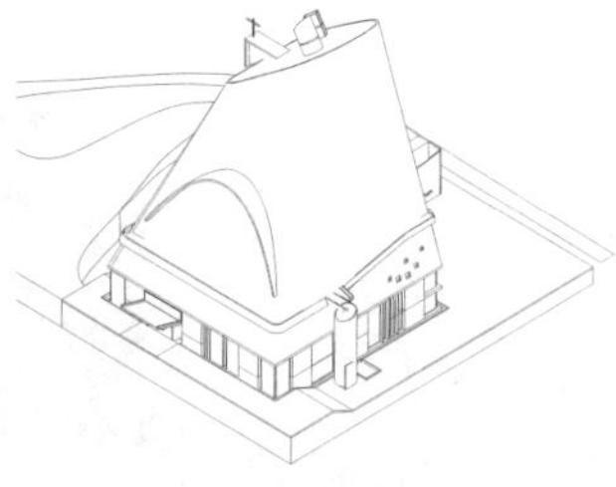

图72　64号作品平面图、轴测图、照片

悬挑楼梯

据统计，80 个公共建筑作品中，有 6 个作品使用了特殊构造形式的悬挑楼梯，见表 40。

表40 80个公共建筑作品中使用悬挑楼梯作品的轴测图、平面图、照片

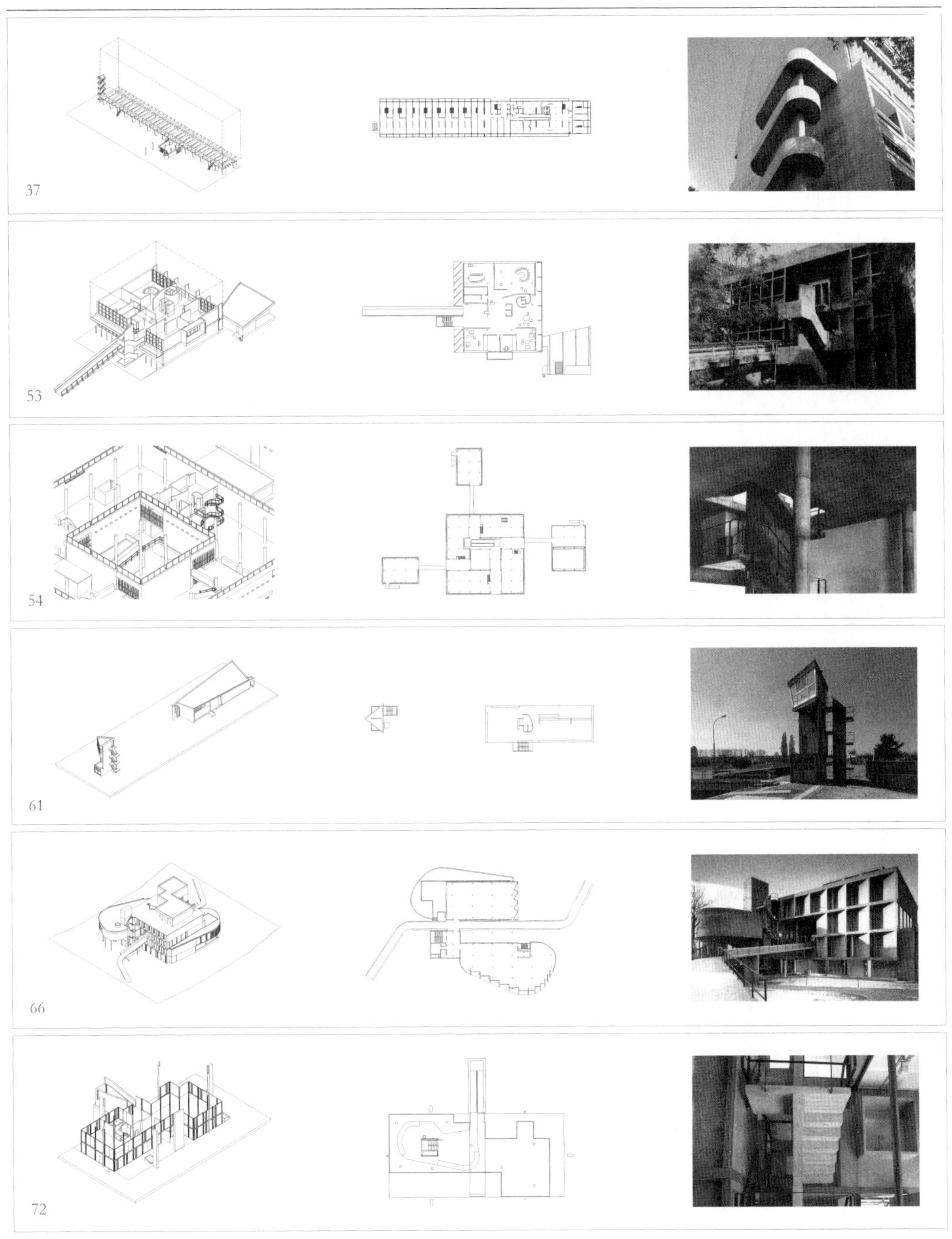

坡道

Ramp

在柯布西耶的 80 个公共建筑作品中，有坡道的作品共计 42 例，它们是 07、08、09、10、13、16、17、18、19、20、26、28、30、31、32、33、37、41、43、45、46、48、49、50、51、52、53、54、56、57、63、64、65、66、68、69、72、74、75、76、77、78 号作品。

表41 42个带坡道的公共建筑作品轴测图

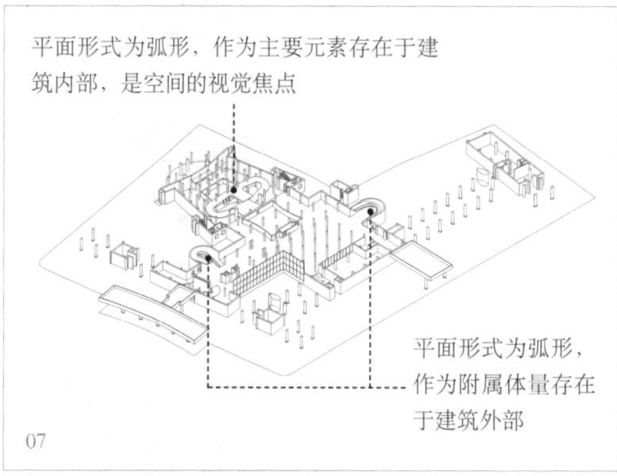

平面形式为弧形，作为主要元素存在于建筑内部，是空间的视觉焦点

平面形式为弧形，作为附属体量存在于建筑外部

07

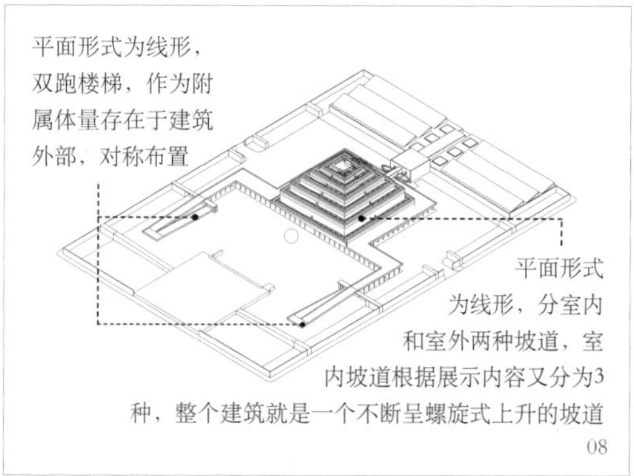

平面形式为线形，双跑楼梯，作为附属体量存在于建筑外部，对称布置

平面形式为线形，分室内和室外两种坡道，室内坡道根据展示内容又分为3种，整个建筑就是一个不断呈螺旋式上升的坡道

08

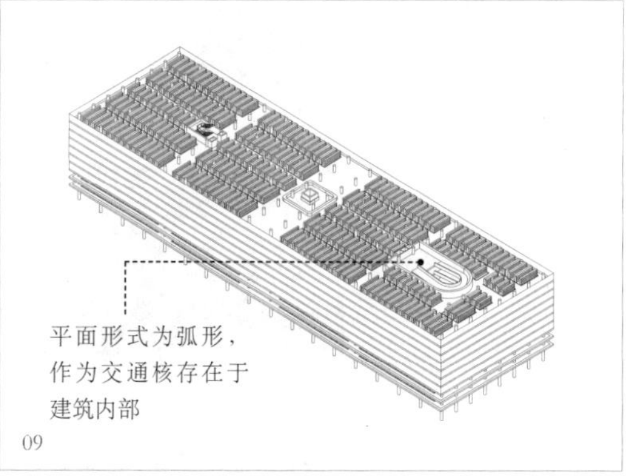

平面形式为弧形，作为交通核存在于建筑内部

09

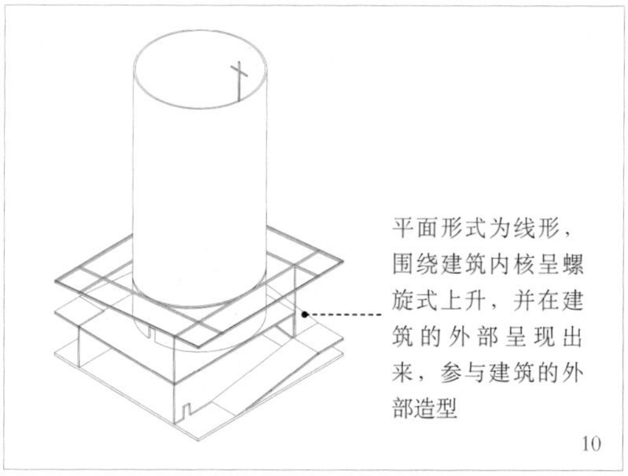

平面形式为线形，围绕建筑内核呈螺旋式上升，并在建筑的外部呈现出来，参与建筑的外部造型

10

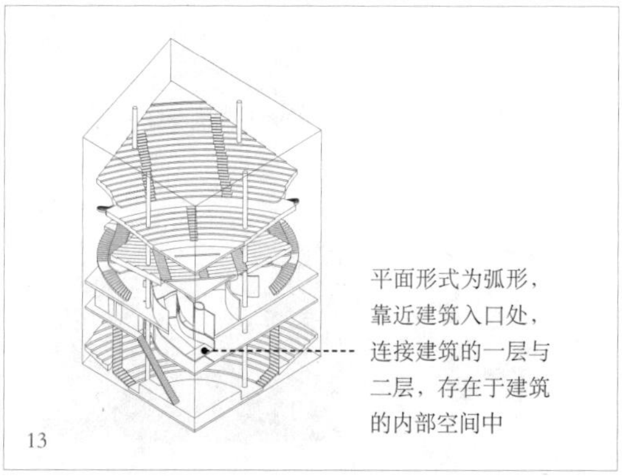

平面形式为弧形，靠近建筑入口处，连接建筑的一层与二层，存在于建筑的内部空间中

13

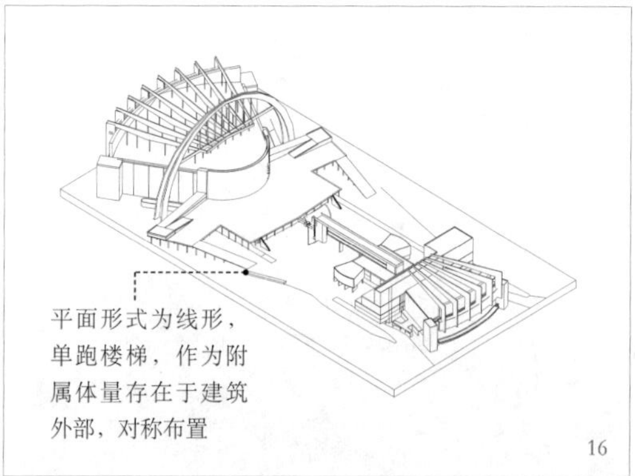

平面形式为线形，单跑楼梯，作为附属体量存在于建筑外部，对称布置

16

续表

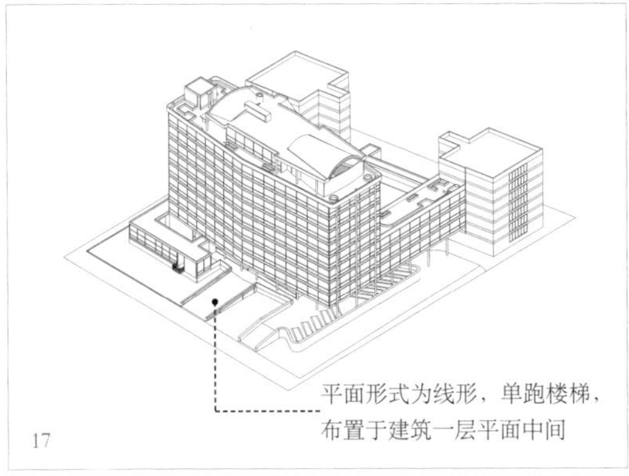
平面形式为线形，单跑楼梯，
布置于建筑一层平面中间
17

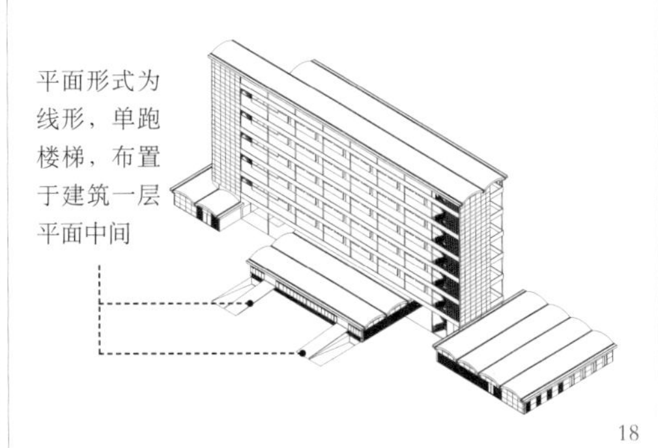
平面形式为
线形，单跑
楼梯，布置
于建筑一层
平面中间
18

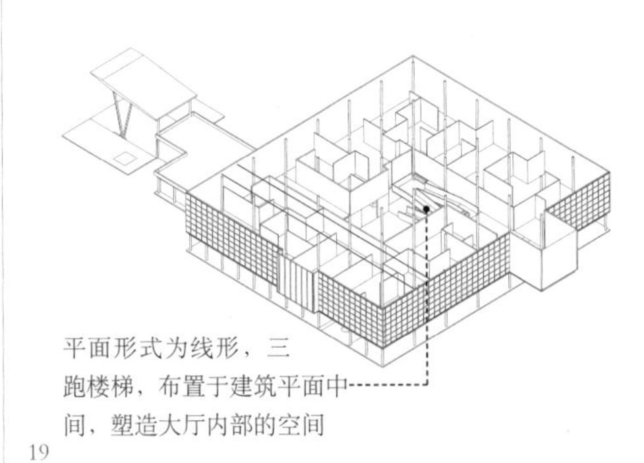
平面形式为线形，三
跑楼梯，布置于建筑平面中
间，塑造大厅内部的空间
19

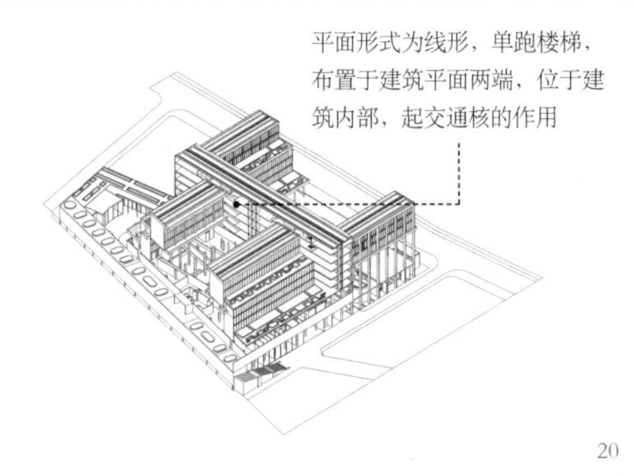
平面形式为线形，单跑楼梯，
布置于建筑平面两端，位于建
筑内部，起交通核的作用
20

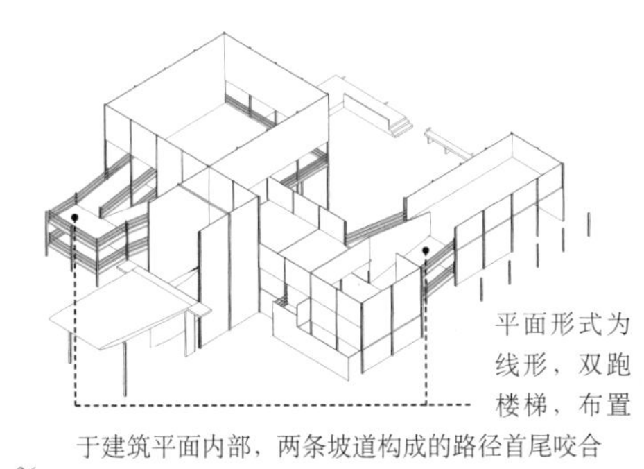
平面形式为
线形，双跑
楼梯，布置
于建筑平面内部，两条坡道构成的路径首尾咬合
26

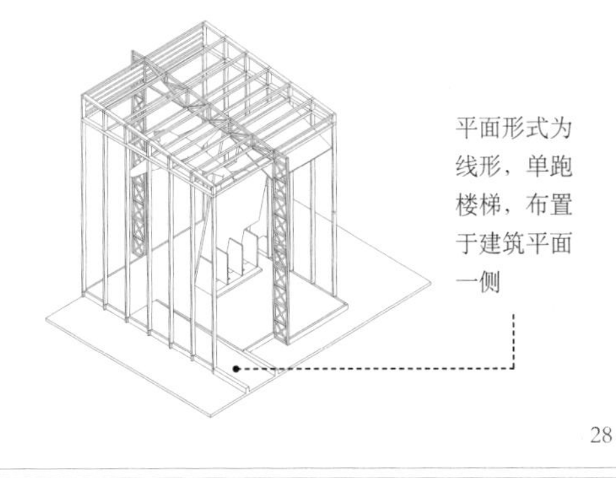
平面形式为
线形，单跑
楼梯，布置
于建筑平面
一侧
28

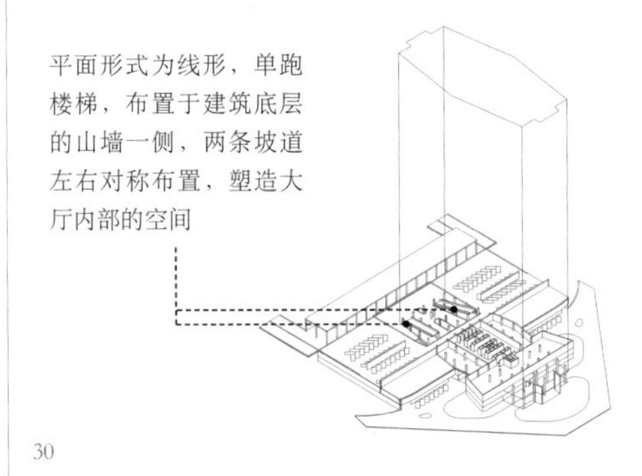
平面形式为线形，单跑
楼梯，布置于建筑底层
的山墙一侧，两条坡道
左右对称布置，塑造大
厅内部的空间
30

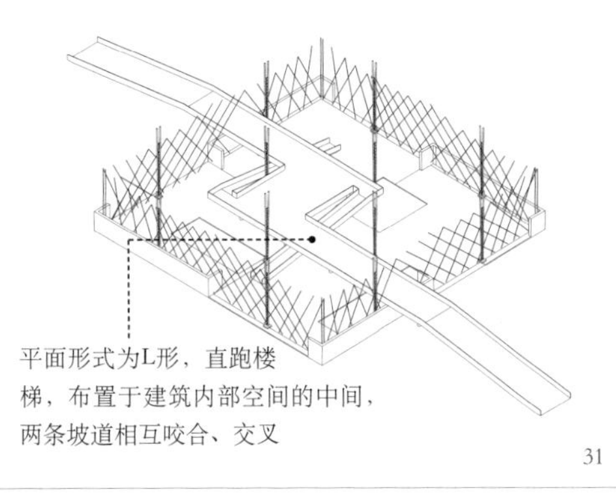
平面形式为L形，直跑楼
梯，布置于建筑内部空间的中间，
两条坡道相互咬合、交叉
31

续表

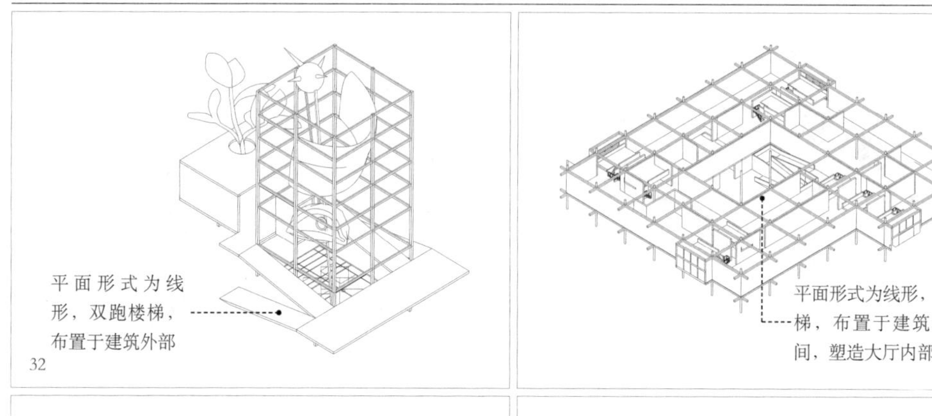

32　33

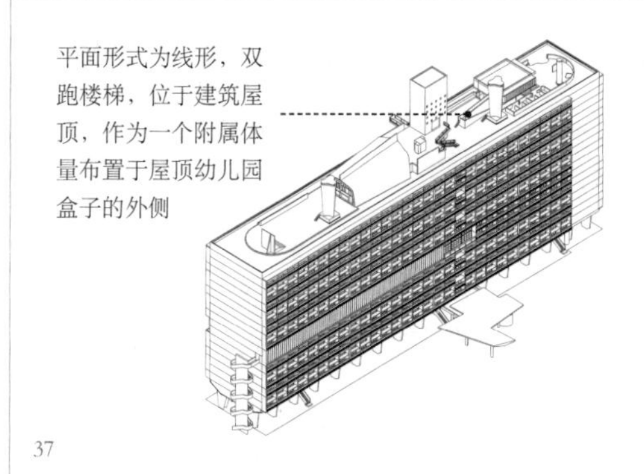

37

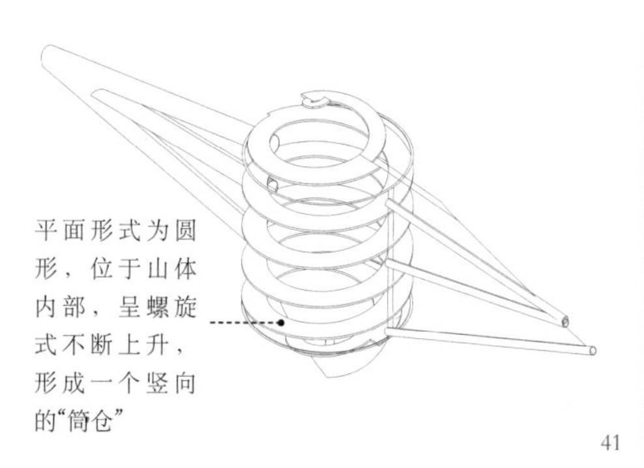

41

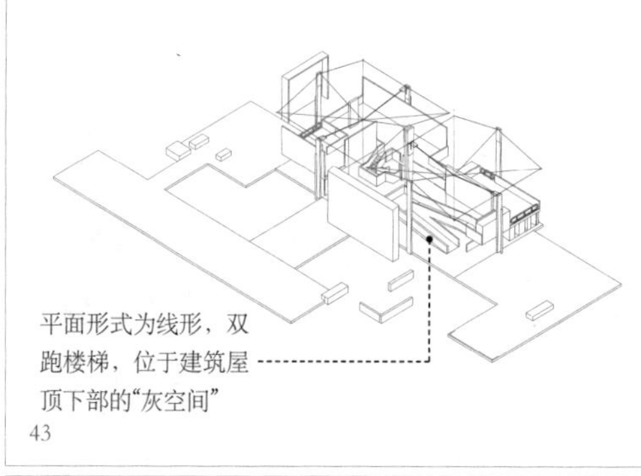

43

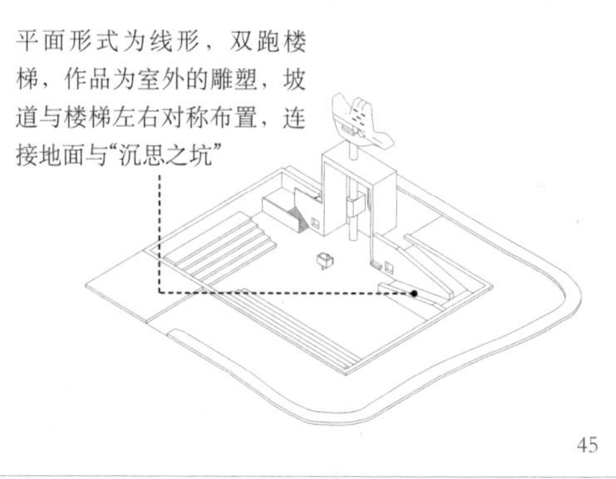

45

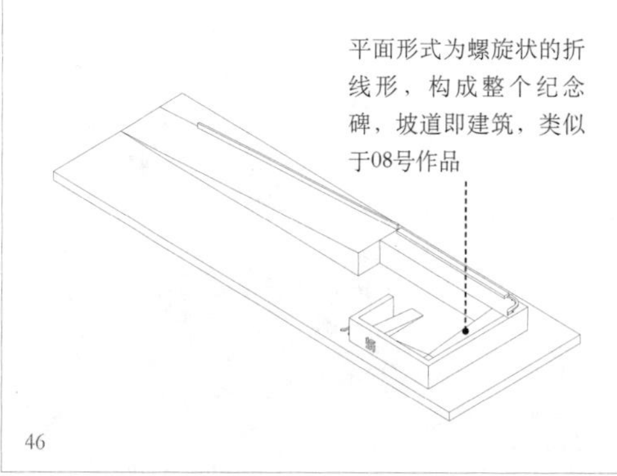

46

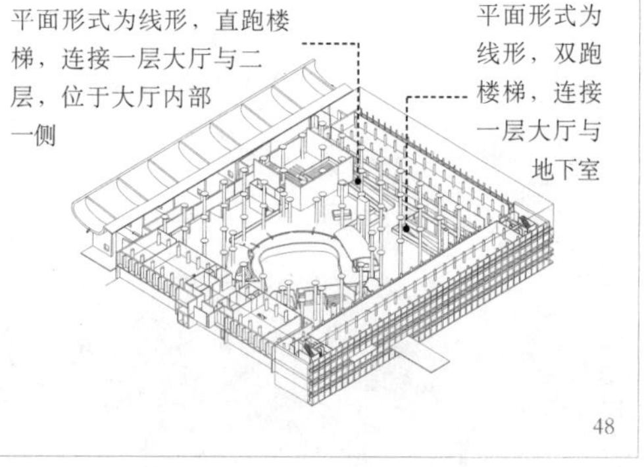

48

续表

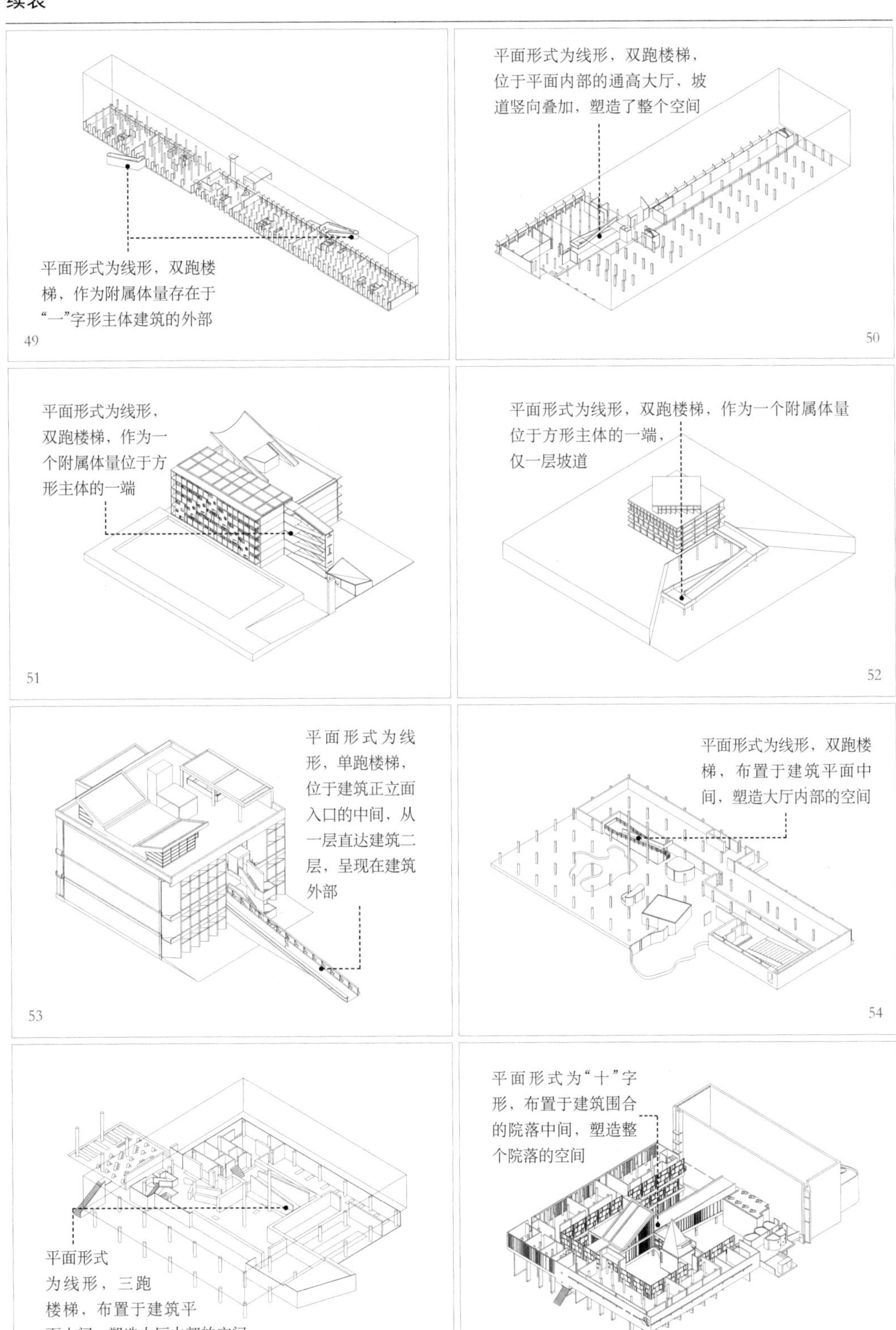
平面形式为线形，双跑楼梯，作为附属体量存在于“一”字形主体建筑的外部
49
平面形式为线形，双跑楼梯，位于平面内部的通高大厅，坡道竖向叠加，塑造了整个空间
50
平面形式为线形，双跑楼梯，作为一个附属体量位于方形主体的一端
51
平面形式为线形，双跑楼梯，作为一个附属体量位于方形主体的一端，仅一层坡道
52
平面形式为线形，单跑楼梯，位于建筑正立面入口的中间，从一层直达建筑二层，呈现在建筑外部
53
平面形式为线形，双跑楼梯，布置于建筑平面中间，塑造大厅内部的空间
54
平面形式为线形，三跑楼梯，布置于建筑平面中间，塑造大厅内部的空间
56
平面形式为“十”字形，布置于建筑围合的院落中间，塑造整个院落的空间
57

续表

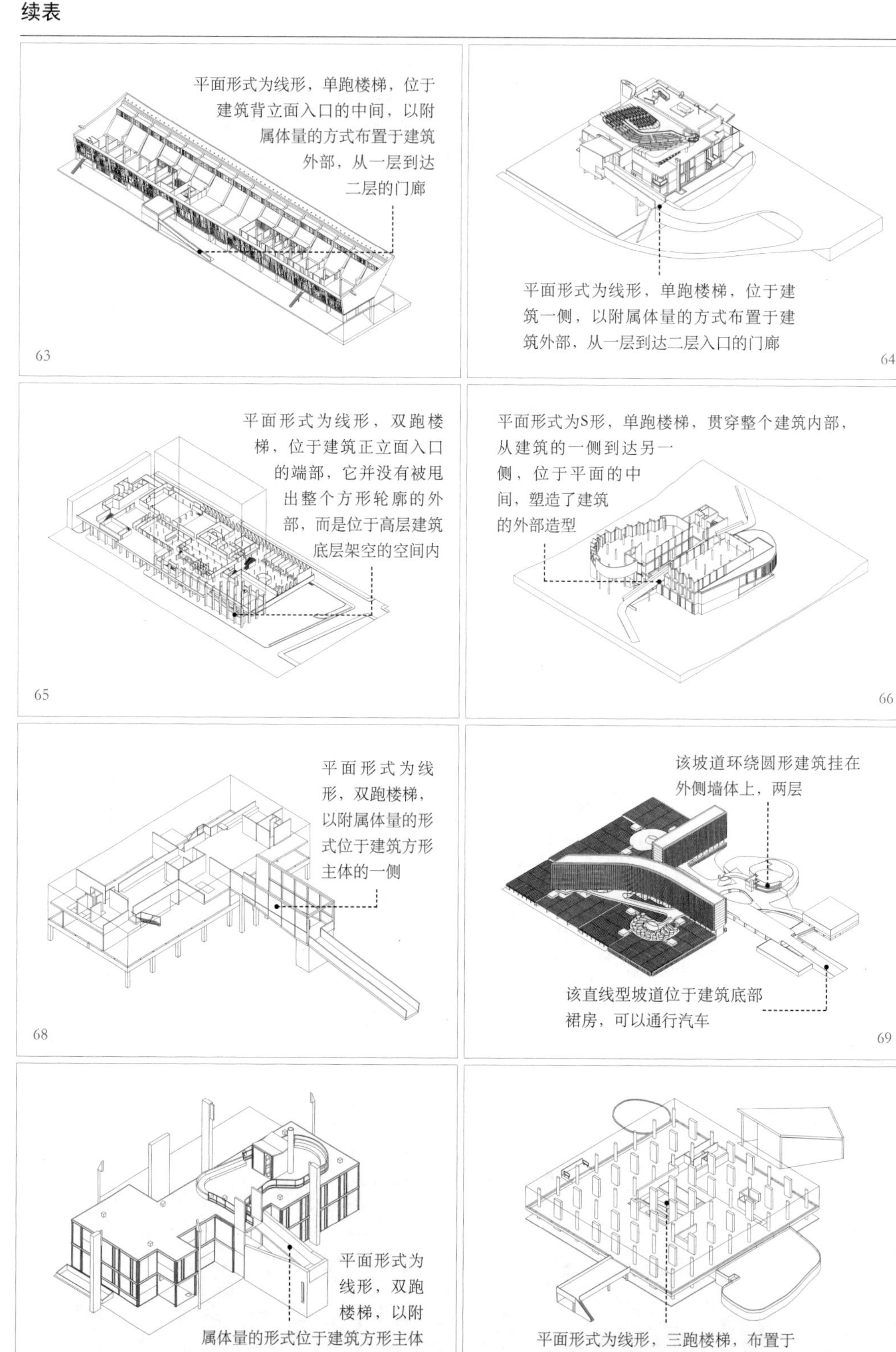
平面形式为线形，单跑楼梯，位于建筑背立面入口的中间，以附属体量的方式布置于建筑外部，从一层到达二层的门廊
63
平面形式为线形，单跑楼梯，位于建筑一侧，以附属体量的方式布置于建筑外部，从一层到达二层入口的门廊
64
平面形式为线形，双跑楼梯，位于建筑正立面入口的端部，它并没有被甩出整个方形轮廓的外部，而是位于高层建筑底层架空的空间内
65
平面形式为S形，单跑楼梯，贯穿整个建筑内部，从建筑的一侧到达另一侧，位于平面的中间，塑造了建筑的外部造型
66
平面形式为线形，双跑楼梯，以附属体量的形式位于建筑方形主体的一侧
68
该坡道环绕圆形建筑挂在外侧墙体上，两层
该直线型坡道位于建筑底部裙房，可以通行汽车
69
平面形式为线形，双跑楼梯，以附属体量的形式位于建筑方形主体的一侧
72
平面形式为线形，三跑楼梯，布置于建筑平面中间，塑造大厅内部的空间
74

续表

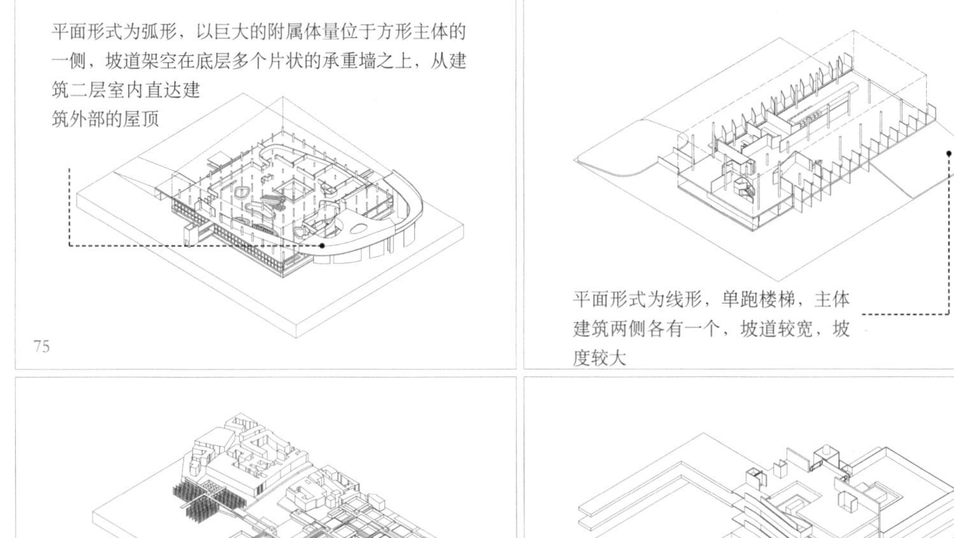

平面形式为弧形，以巨大的附属体量位于方形主体的一侧，坡道架空在底层多个片状的承重墙之上，从建筑二层室内直达建筑外部的屋顶

75

平面形式为线形，单跑楼梯，主体建筑两侧各有一个，坡道较宽，坡度较大

76

平 面 形 式 为 线形，连接三层的病房层与二层的科室，体量细长，呈组团状分布于整个建筑群的内部单元之间

77

平面形式为线形，双跑楼梯，位于主体建筑方形轮廓之内的通高空间，竖向叠加，坡道从构造上看为悬挑式，坡道从中间的楼板向外挑出

78

如前所述，有坡道的建筑作品共计 42 例，在全部公共建筑作品中占 52.5%。柯布西耶首次使用坡道是在 07 号作品莫斯科中央局大厦中。坡道本身的功能均在于交通联系，但是坡道的形式及其在建筑中如何参与空间的方式却不尽相同，主要可以分为几类：

类型 A：作为建筑内部的交通核，竖向叠加，标准单元，为旋转式或双跑式；

类型 B：位于建筑内部通高的吹拔空间，有些是三跑坡道，有些是竖向叠加的双跑式；

类型 C：螺旋状上升，坡道即“建筑”本身，建筑内外保持一致；

类型 D：位于主体建筑一侧，以附属体量的方式呈现于外部；

类型 E：位于建筑立面正中间，以线性的长甬道的形式连接地面与建筑的主入口，而坡道进入建筑的方式又可分为两种，一种是垂直于建筑立面，另一种是与建筑立面呈平行关系；

类型 F：位于建筑内部围合出的院落，作为主要的交通元素连接体块。

表42 坡道参与建筑构成的6种方式示意

类型	示意图	构成方式	特点	作品
A		竖直状的内部交通核	功能性强	07、09、20
B		通高大厅的室内焦点	塑造内部空间	19、33、43、48、50、54、56、65、74、78
C		坡道即“建筑”本身，呈现于外部	空间内外一致	08、10、41、46
D		以附属体量的形式依附在主体建筑周围	以体块的方式在外部得到表现	32、37、49、51、52、63、64、68、72
E		以甬道的形式进入建筑主入口	以线的方式在外部得到表现	17、18、28、30、31、53、66、75、76
F		在建筑院落之中连接体块	一种水平元素，展示在内部	57、77

有 5 个作品（13、16、26、45、69）无法归于这 6 种类型，其中 13 号作品的坡道在室内，连接一层与二层，既没有位于平面的中心位置，也没有处在通高的吹拔大厅内；16 号、69 号作品的坡道均在室外，只是庞大建筑群的一个小的构成要素；26 号作品的坡道参与构成了展览空间的路径，不是纯粹意义上的上述任何一种类型；45 号作品是一个室外雕塑，坡道与楼梯相对而立，连接地坪与下沉空间。

5 遮阳设施
Shading facility

在 80 个公共建筑作品中，有遮阳设施的作品共计 19 例，它们是 23、30、34、37、39、48、49、50、51、52、53、54、59、62、65、66、69、75、76 号作品。

表43　19个带遮阳设施的公共建筑作品轴测图

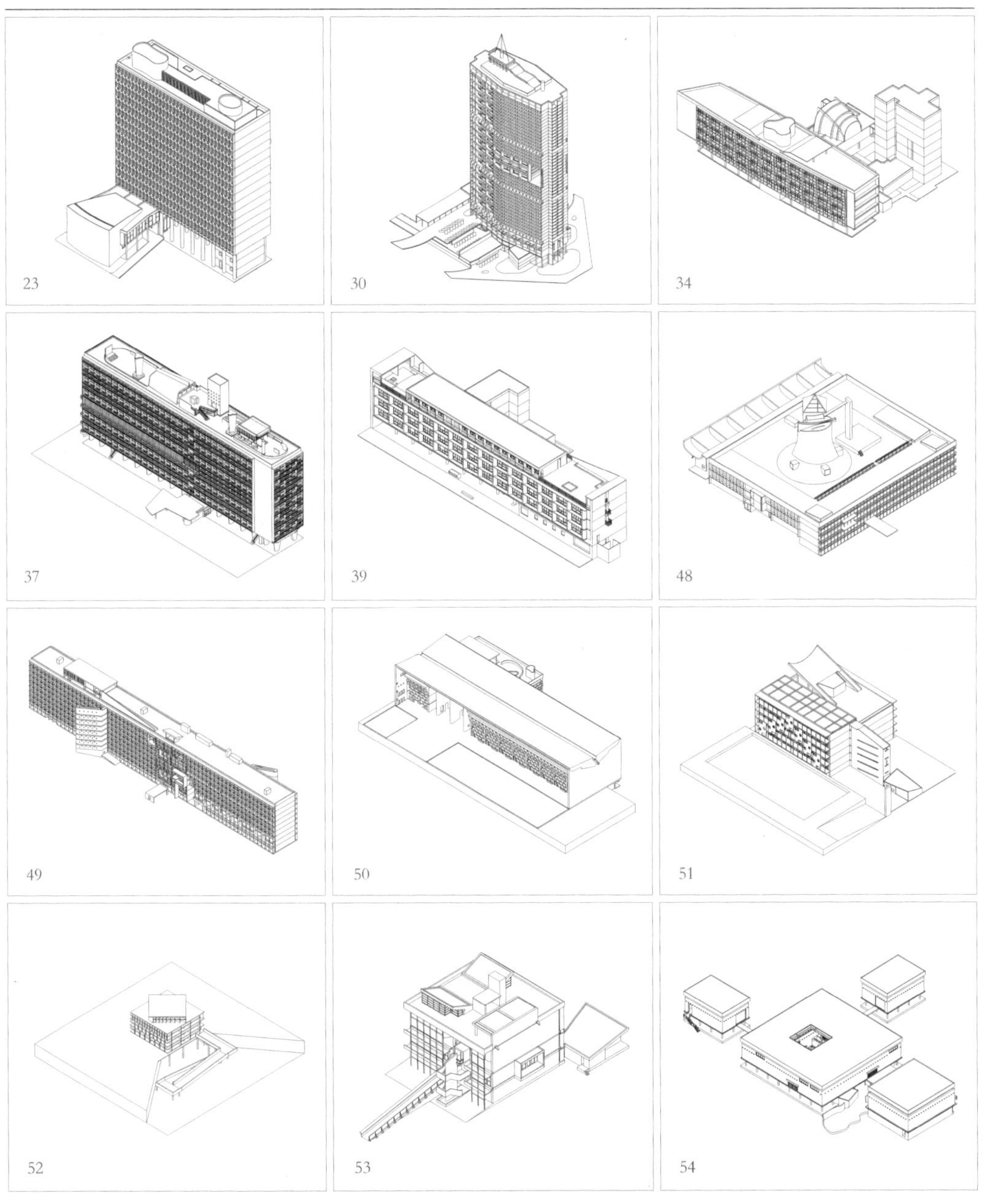

续表

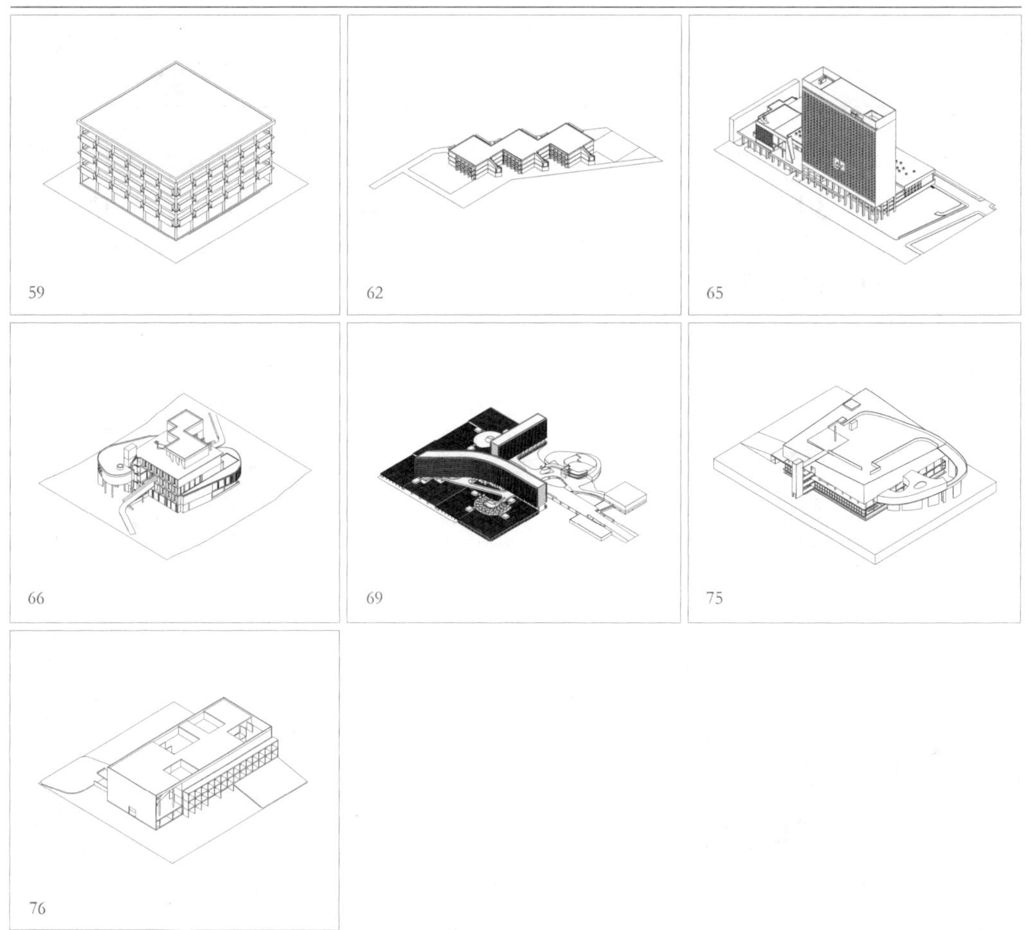

根据表 43，从设计手段来看，遮阳设施主要分为凹阳台、墙面绿植和遮阳板三种。最早开始使用遮阳设施的是 23 号作品国家教育与公共卫生部大厦，从整体上看，应用遮阳设施的作品主要在柯布西耶的后期实践中。

凹阳台

采用这一方式的有：30、49、59、65号作品，共计4个。30号作品阿尔及尔马林区摩天楼（图73），平面呈梭形，中间为交通核，两侧为开敞办公空间，建筑周围的一圈为凹阳台，标准层层高为2.2m，阳台被隔墙划分成等大的隔间，柱子这一结构要素暴露于单跨阳台的正中。49号作品昌迪加尔秘书处和59号作品城市中心商业区的阳台形式一样，如图74所示，阳台同样被划分成均一的隔间，高约1.1m的栏杆位于阳台单元的中间，与两侧墙体脱开一道缝，形成均一的立面图案。65号作品巴黎－奥赛的凹阳台有两种形式：一种是横平竖直的方格子，另一种是平面倾斜一定的角度并向外延伸的结构（图75）。

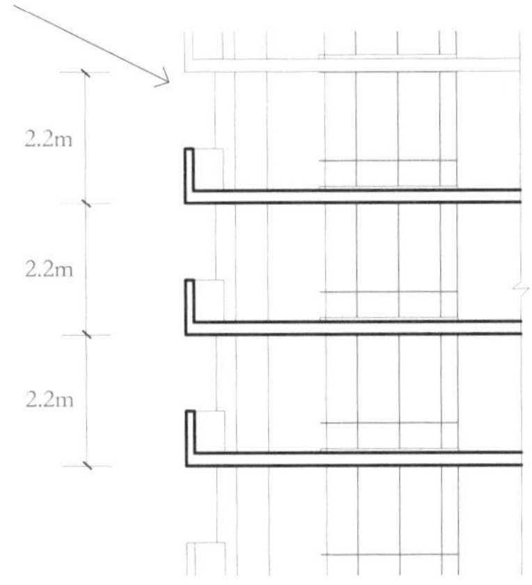

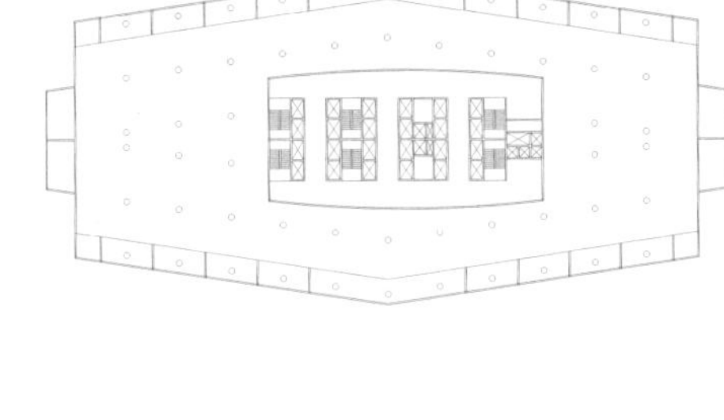

图73　30号作品的剖面局部、标准层平面图

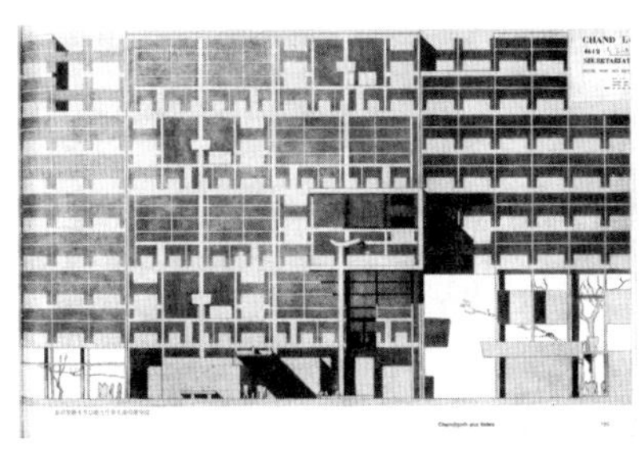

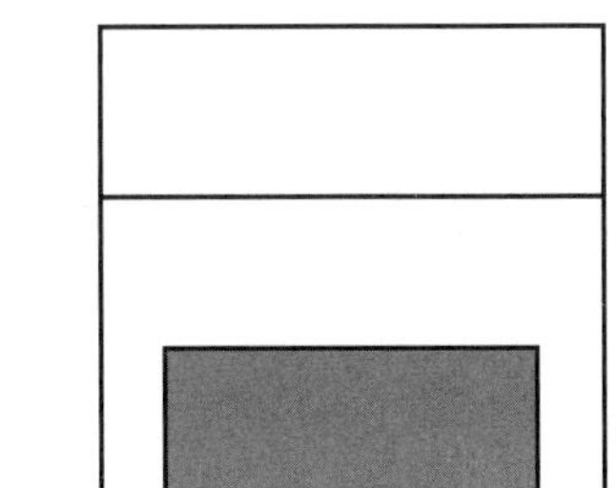

图74　49号和59号作品的凹阳台形式抽取

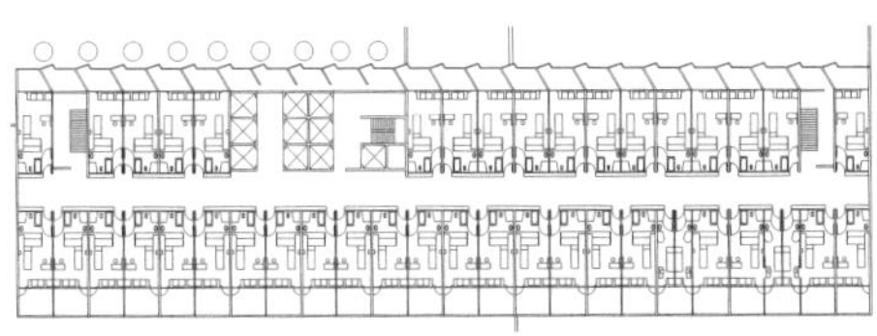

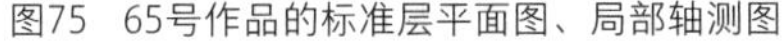

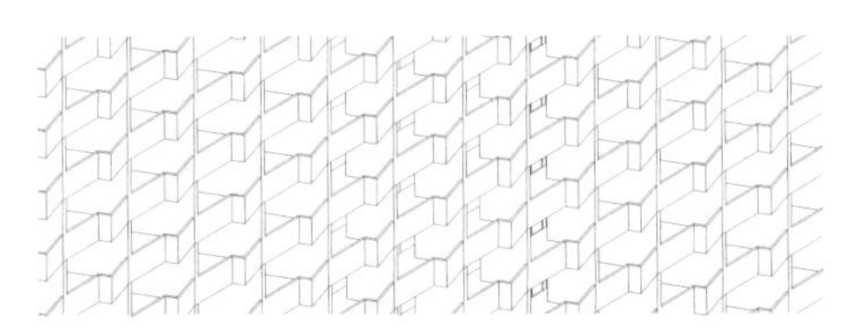

图75　65号作品的标准层平面图、局部轴测图

墙面绿植

采用此种方式的只有 54 号作品艾哈迈达巴德博物馆，柯布西耶在博物馆立面的外侧包了一圈带凹槽的混凝土结构，在夏季可以沿着沟槽种植爬藤类植物。从图 76 中可以看到绿植顺着墙面向上攀爬，起到遮阳、降温的作用，这个小的策略结合了立面的勾边处理，既可以起到功能上的作用，又能契合建筑的构图法则。

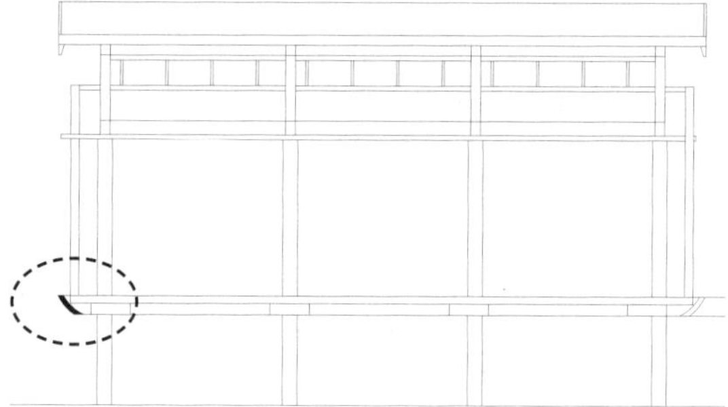

图76　54号作品的照片、局部剖面图

遮阳板

此种方式是应用最广的一种方式，在 19 个案例中占了 15 个，使用凹阳台方式的 65 号作品在底层裙房的局部也用了遮阳板。

表44　遮阳板形式汇总

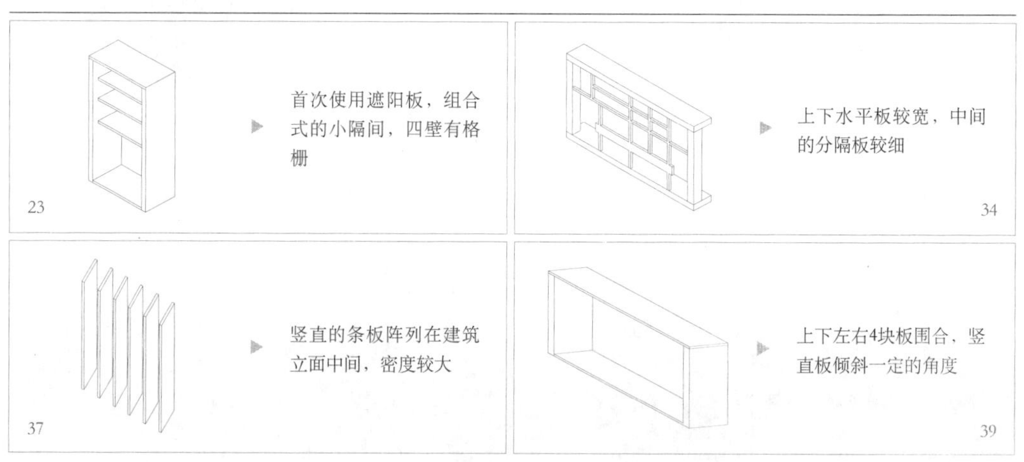

续表

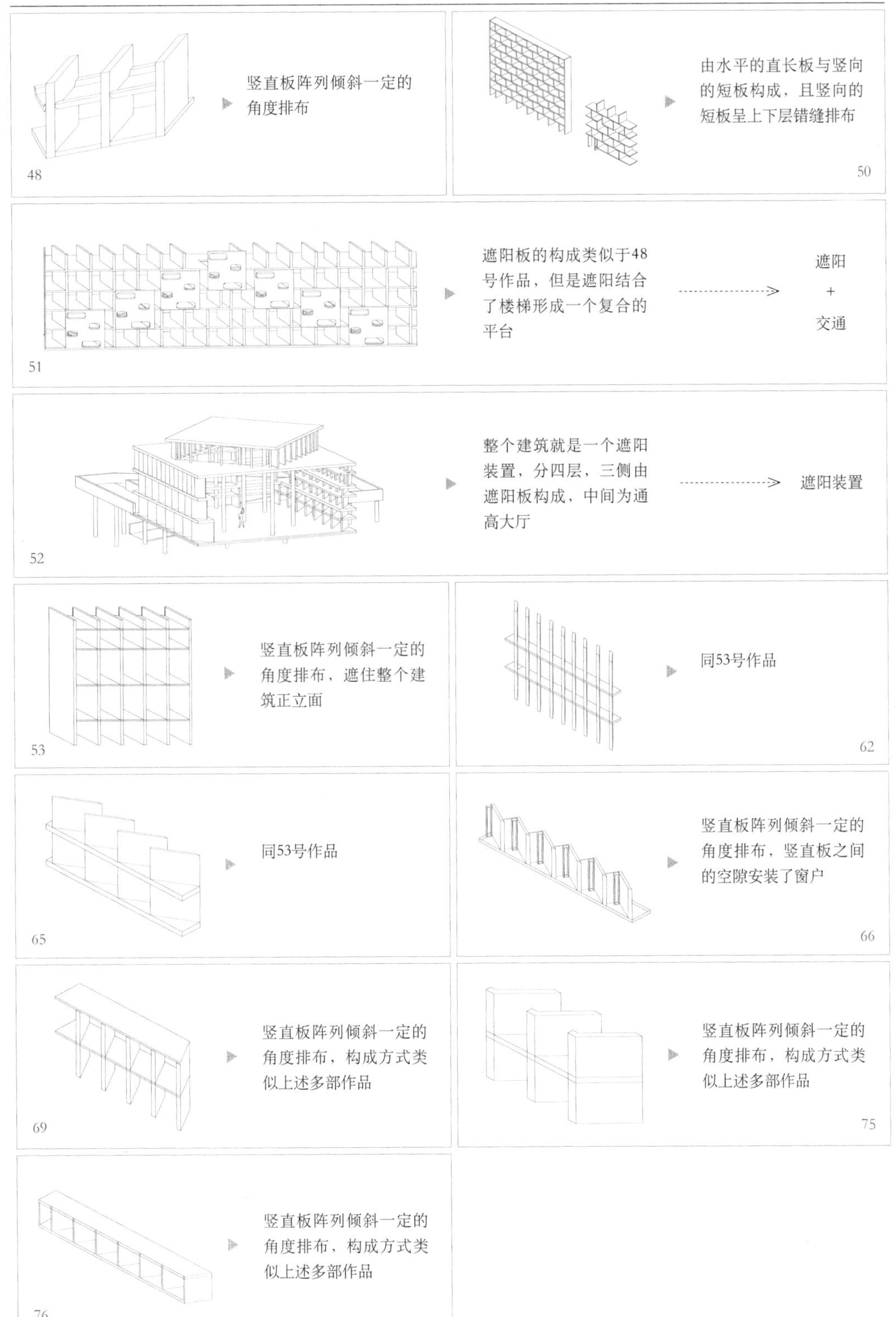

48 竖直板阵列倾斜一定的角度排布

50 由水平的直长板与竖向的短板构成，且竖向的短板呈上下层错缝排布

51 遮阳板的构成类似于48号作品，但是遮阳结合了楼梯形成一个复合的平台 ----> 遮阳 + 交通

52 整个建筑就是一个遮阳装置，分四层，三侧由遮阳板构成，中间为通高大厅 ----> 遮阳装置

53 竖直板阵列倾斜一定的角度排布，遮住整个建筑正立面

62 同53号作品

65 同53号作品

66 竖直板阵列倾斜一定的角度排布，竖直板之间的空隙安装了窗户

69 竖直板阵列倾斜一定的角度排布，构成方式类似上述多部作品

75 竖直板阵列倾斜一定的角度排布，构成方式类似上述多部作品

76 竖直板阵列倾斜一定的角度排布，构成方式类似上述多部作品

根据表 44 可以发现，51 号作品昌迪加尔认知博物馆方案和 52 号作品昌迪加尔阴影之塔方案比较特殊，虽然都应用了遮阳板，但是 51 号作品的遮阳设施结合了层层跌落的楼梯，形成一个复合功能的平台（图 77），既挡住了阳光，又能联系上下层。同时，连通 5 层的双跑楼梯所在的位置皆有一个竖向的整块板加以围挡，使人在外侧无法看到楼梯的存在，板上开出圆角的方形洞口，7 块板在立面上呈跌落布置，给建筑立面又增加了一个层次。52 号作品的特殊之处在于，整个建筑就是一个遮阳的装置，建筑三侧围以遮阳板，一面镂空，中间为透空的通高大厅，呈坐南朝北布置，遮阳板的角度与太阳在不同季节的入射角保持一定的关系。

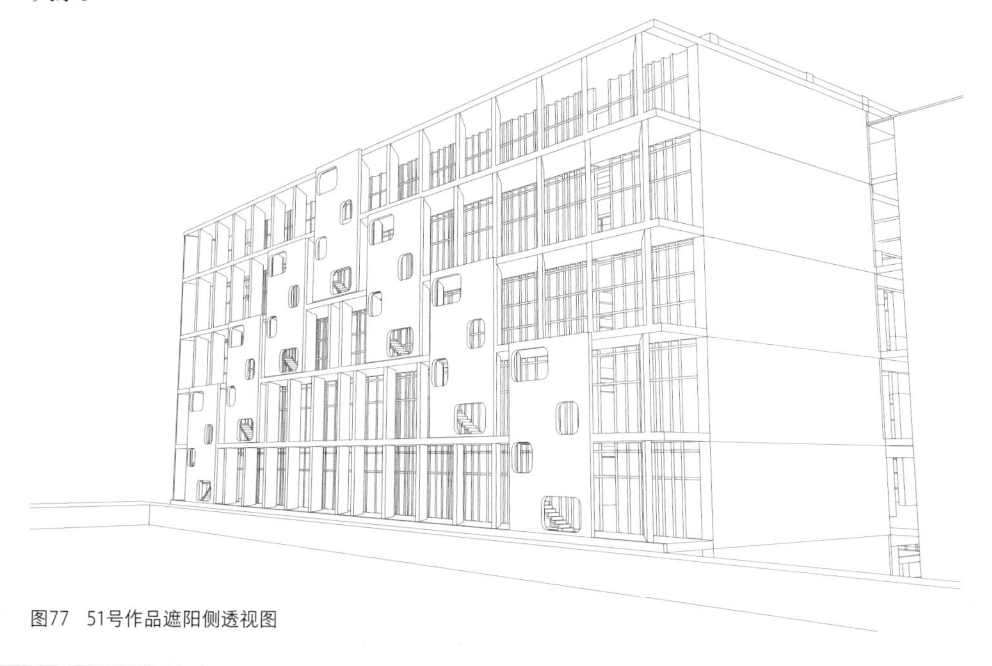

图77　51号作品遮阳侧透视图

6 排水结构

Drainage structure

从建筑的基本构成来说，任何建筑都会涉及排水的问题，但并不是所有的排水结构都会被柯布西耶加以“表现”。如 05 号作品日内瓦国际联盟宫方案，整个建筑方案的陈述都没有涉及排水部分。因此，本节只选取了在建筑外观上表露出排水结构的案例，它们是 06、27、44、48、50、53、54、57、61、63、64、67、69、71、73、74 号作品。

表45　16个公共建筑作品的排水结构

倾斜屋面
反坡屋顶

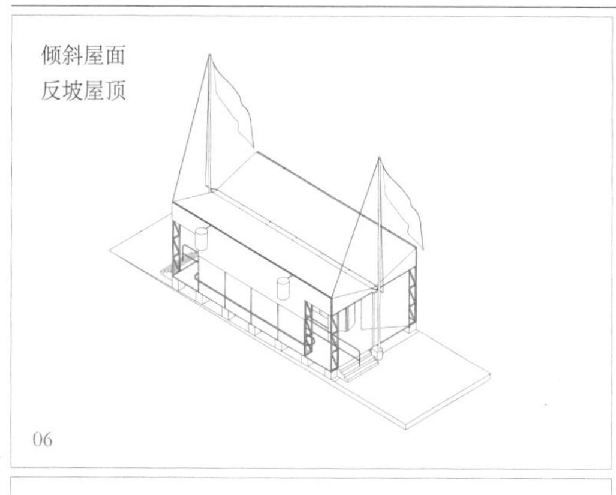

06

倾斜屋面
反坡屋顶

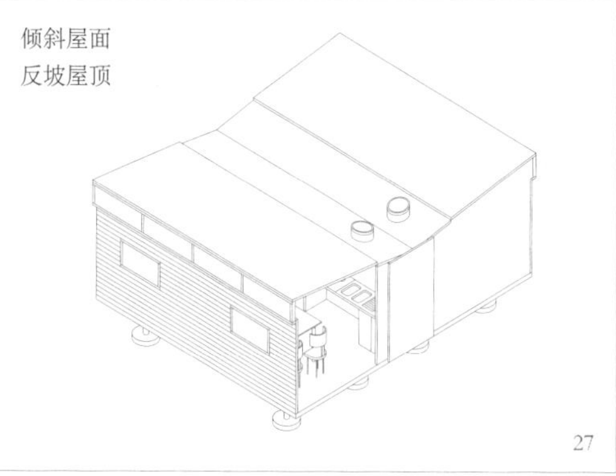

27

倾斜曲面屋顶，有排水口和接水的雨水池

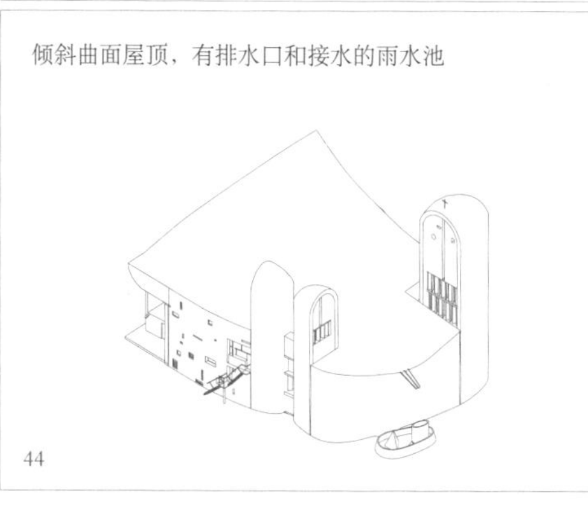

44

建筑入口的附属部分
反曲屋面
两端有排水口

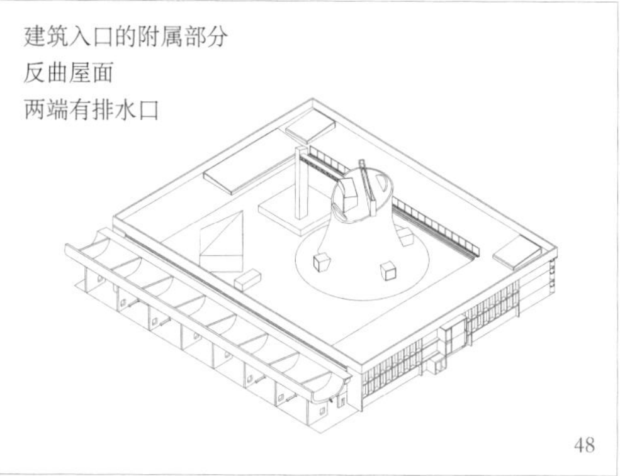

48

续表

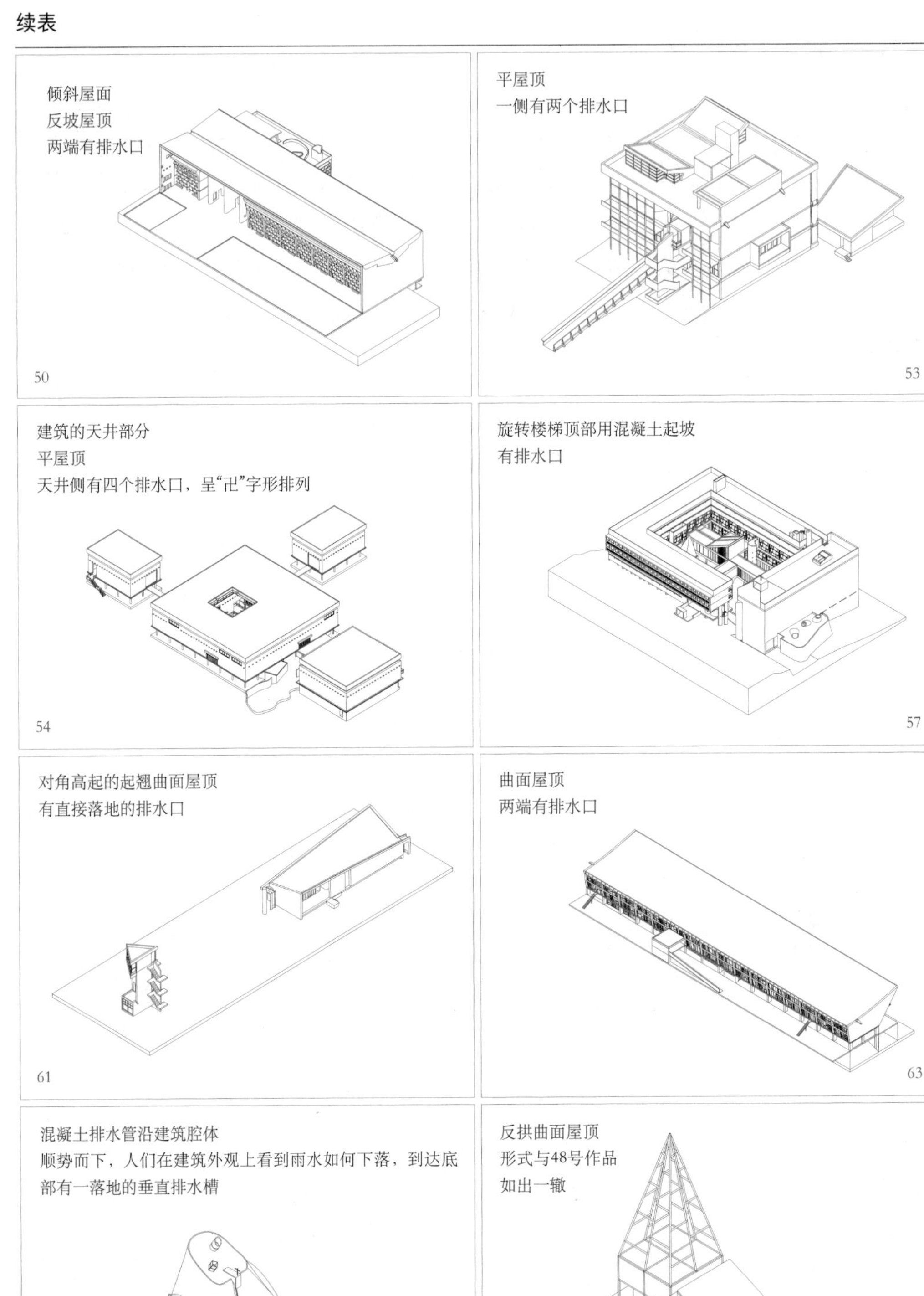
倾斜屋面
反坡屋顶
两端有排水口
50
平屋顶
一侧有两个排水口
53
建筑的天井部分
平屋顶
天井侧有四个排水口，呈“卍”字形排列
54
旋转楼梯顶部用混凝土起坡
有排水口
57
对角高起的起翘曲面屋顶
有直接落地的排水口
61
曲面屋顶
两端有排水口
63
混凝土排水管沿建筑腔体
顺势而下，人们在建筑外观上看到雨水如何下落，到达底
部有一落地的垂直排水槽
64
反拱曲面屋顶
形式与48号作品
如出一辙
67

续表

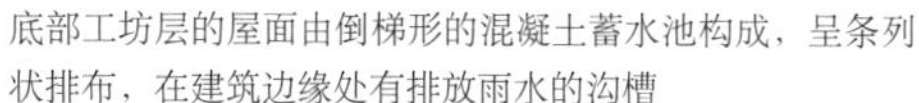
底部工坊层的屋面由倒梯形的混凝土蓄水池构成，呈条列状排布，在建筑边缘处有排放雨水的沟槽

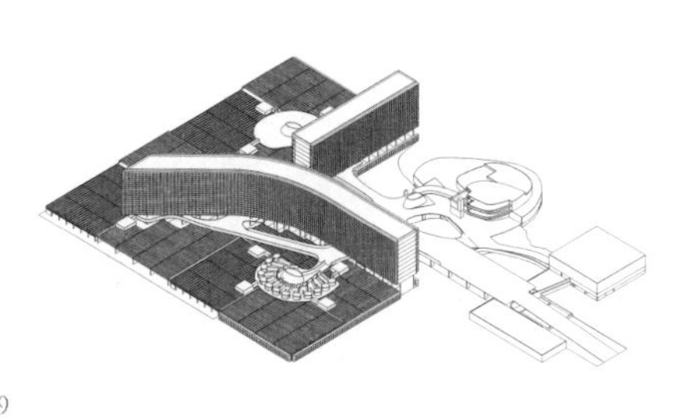
69

单坡倾斜屋顶
端部有排水口

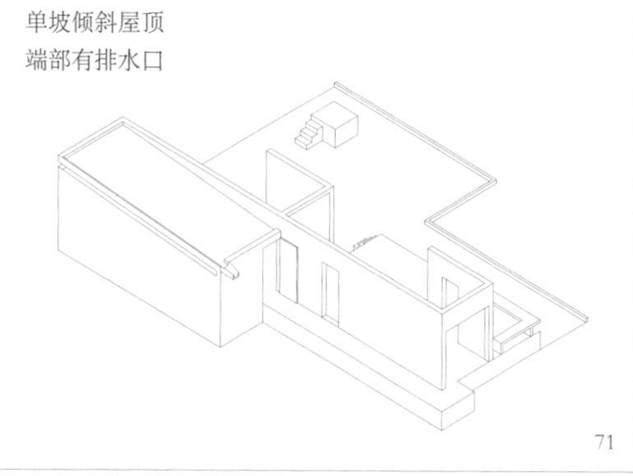
71

由曲屋面流到低处的小空间体量屋顶，两端有排水口

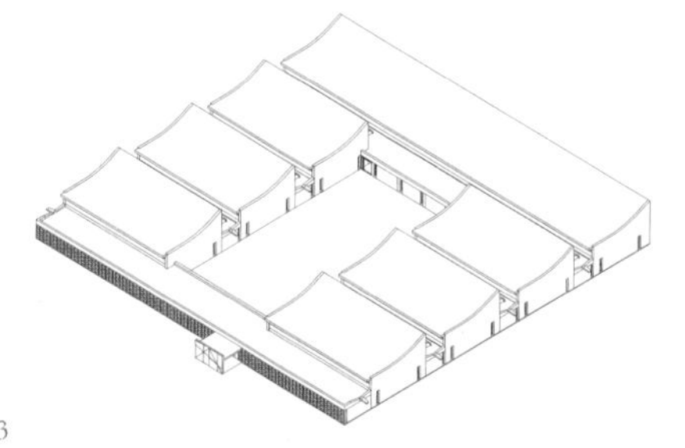
73

屋顶由一个个反坡的单元体构成，呈条列状排布，在建筑边缘处有排放雨水的沟槽，类似于69号作品

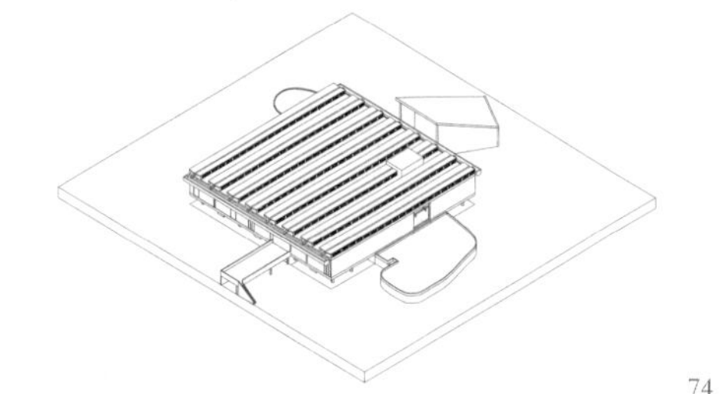
74

根据表 45 可以发现，排水结构主要有以下几种形式（图 78）。

①反坡屋顶的构造形式，脊比檐低，雨水在脊线处聚拢，然后顺着一侧或两侧排出，如 06、27、50 号。

②反拱曲屋面，屋顶本身是一个蓄水池，收集雨水后从两侧排出，如 48、63、67 号作品。

③屋顶的两个角部高起，形成起翘的曲面屋顶，雨水顺着坡屋顶排出，如 61 号作品。

④平屋顶与排水口相结合，如 53、54、73 号作品。

⑤朝一个方向倾斜的屋顶，如 44、57、71 号作品。

⑥屋顶由一排排的蓄水池构成，在端部有一个接水器，将收集到的雨水排出，如69、74号作品。

⑦排水管顺着建筑外表皮而设，再由一个垂直的瀑布状沟槽输送至地面，如 64 号作品。

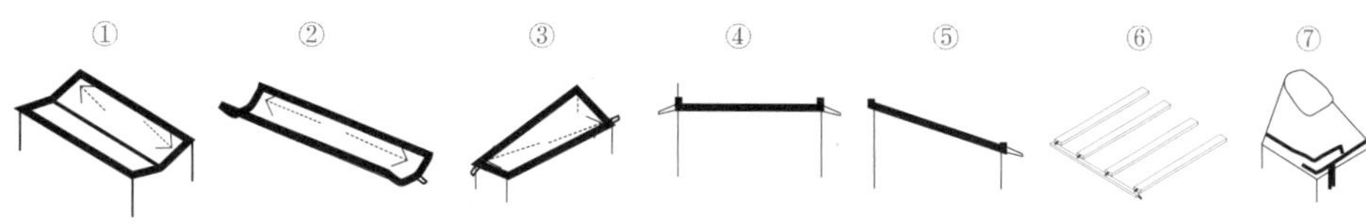

图78 排水形式的分类示意

下篇

案例重建

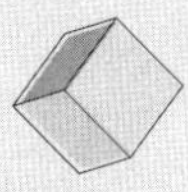

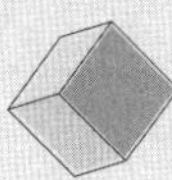

行政类——A

博物馆类——B

展览馆类——C

宗教类——D

学校类——E

体育类——F

水利类——G

综合体类——H

商业类——I

纪念碑类——J

医院类——K

A-05
日内瓦国际联盟宫方案

设计时间：1927—1929
项目地点：瑞士日内瓦
建成情况：未建成

虽然该方案在 1927 年的一次大型的国际竞赛中荣获一等奖，却未能付诸实施。基地位于日内瓦，一侧临湖，一侧临近道路。国际联盟宫由图书馆、办公楼、会议厅、集会大厅构成，其中图书馆和办公楼靠近道路一侧，集会大厅临湖。本书所摘选的是联盟宫的集会大厅部分，其整体由呈“一”字形的板楼和临湖侧呈梯形的大厅构成。在大厅的结构设计上，三个横向桁架加固的两个半拱支撑起顶棚。这一能容纳很多人的大厅设计除了结构上的巧思以外，还考虑到了声反射的轨迹，使听众在大厅的各个位置都能够清楚地听到演讲者的声音。

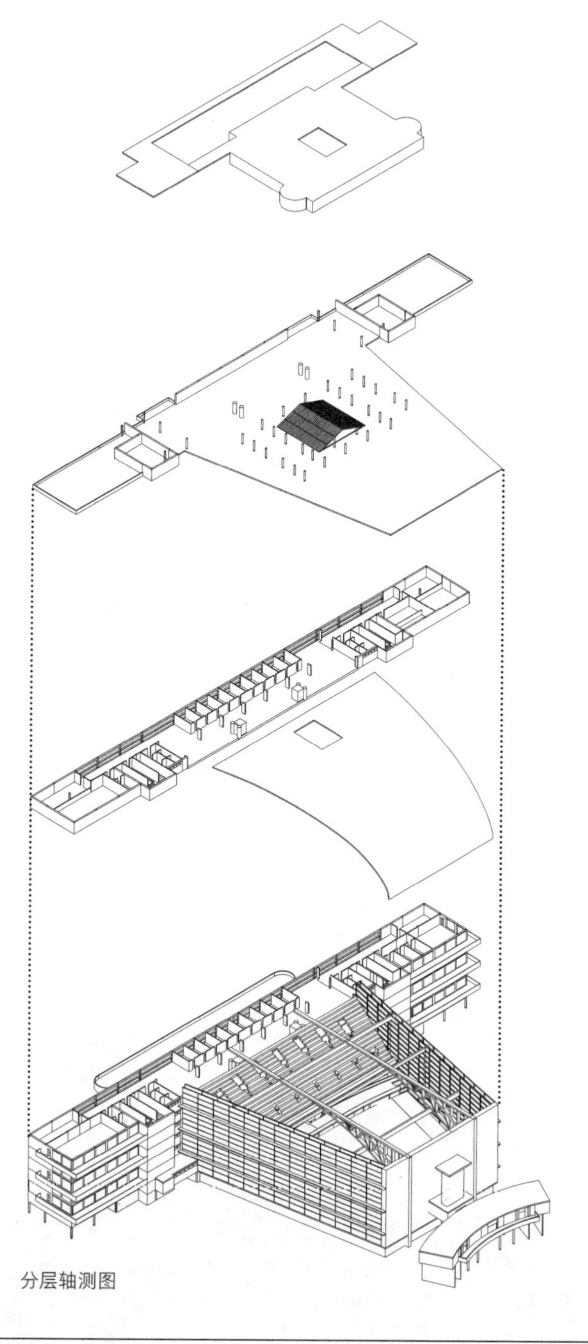

分层轴测图

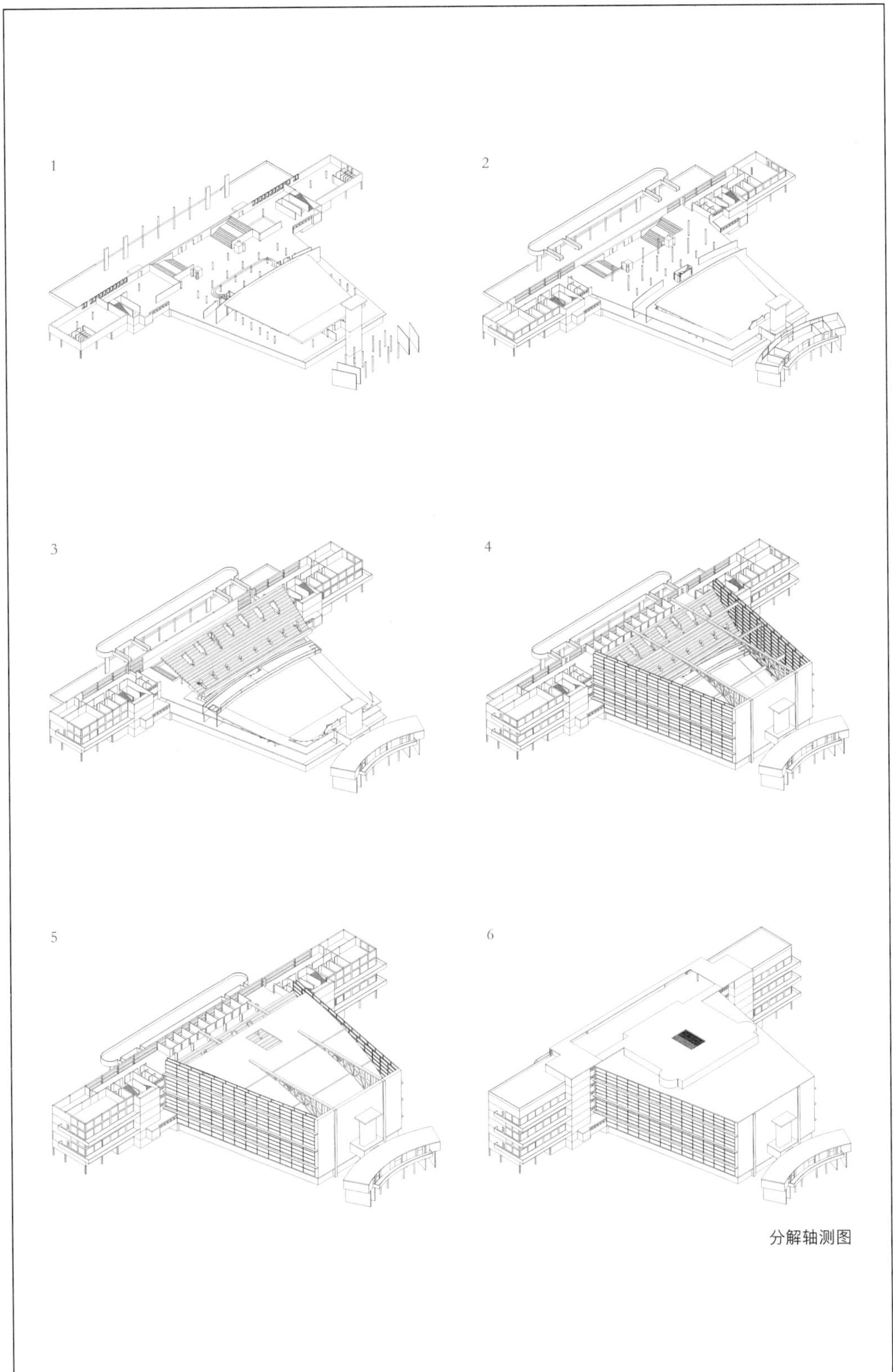

分解轴测图

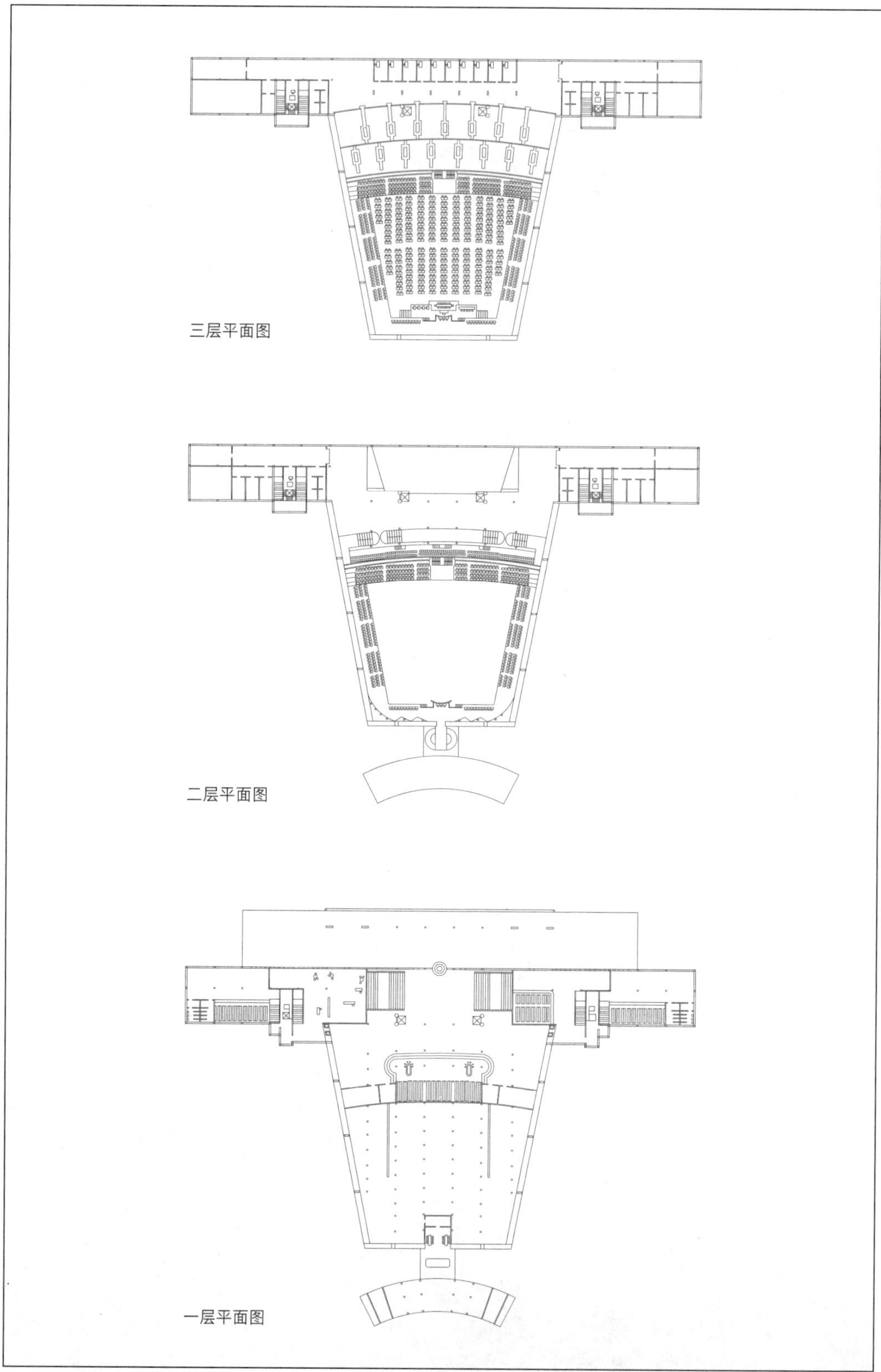
三层平面图
二层平面图
一层平面图

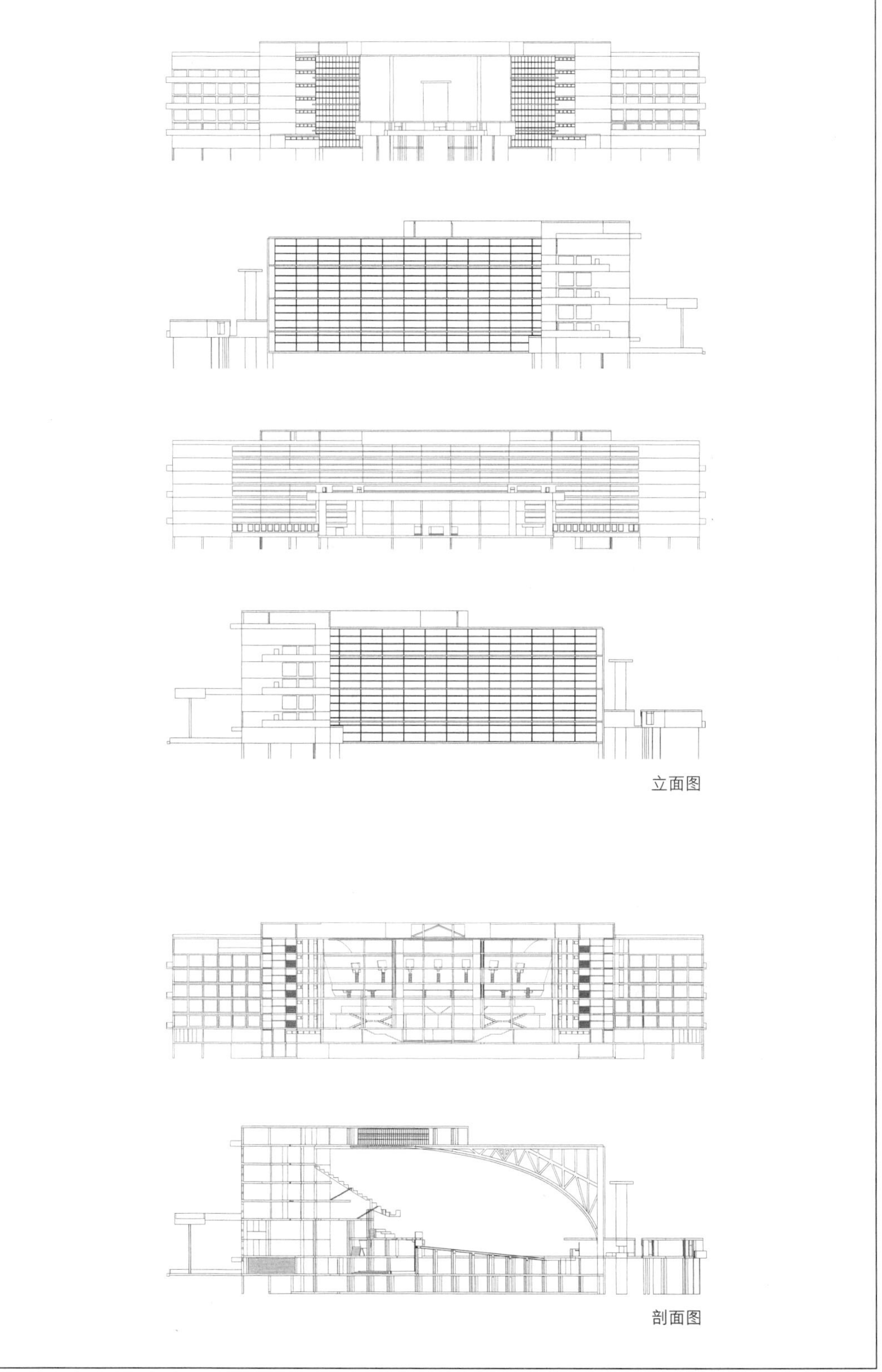

立面图

剖面图

A-07
莫斯科中央局大厦

设计时间：1928
项目地点：俄罗斯莫斯科
建成情况：建成

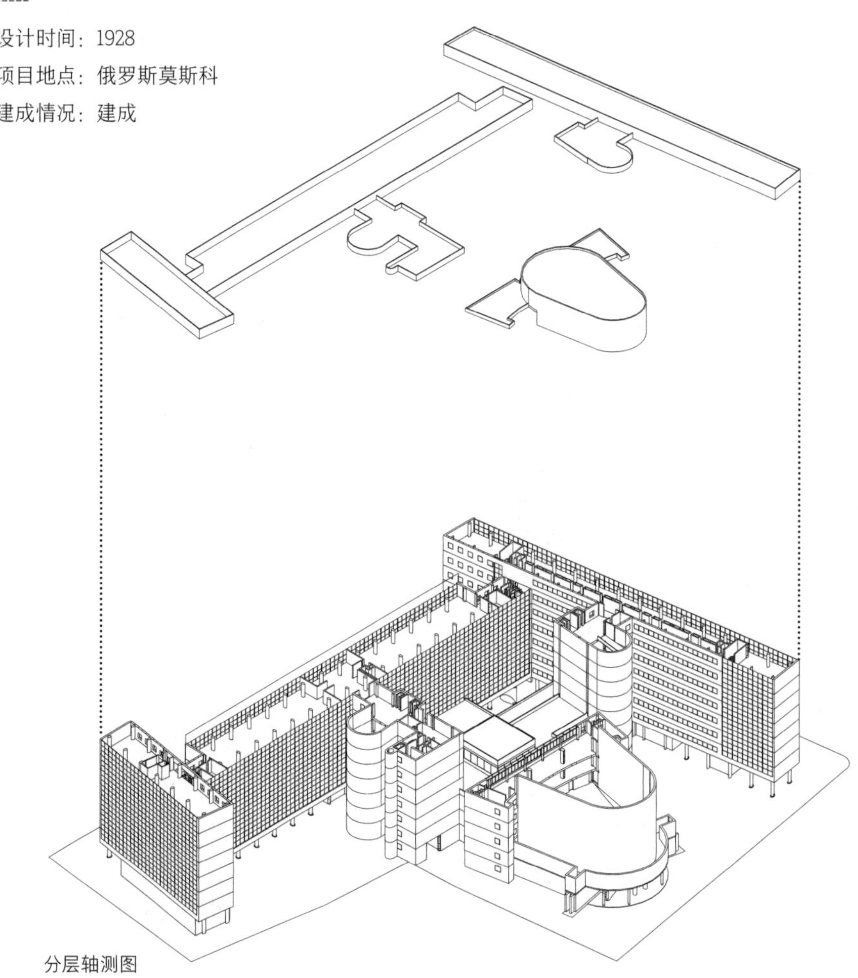

分层轴测图

这是为 2 500 名职员提供的现代办公场所，要求表现出最先进的现代技术力量，最终，柯布西耶的方案在一次大规模竞赛中被选为实施方案。莫斯科中央局大厦方案由 4 个部分构成，包括 3 个“一”字形的板楼和中间的俱乐部，建筑局部架空。在这个建筑中，柯布西耶采用了一种被称作“精确的呼吸系统”的采暖和通风设计，考虑到莫斯科寒冷的气候条件，整栋建筑是密闭的，通过空调设施和“中和墙”的隔热作用，室内的温度可以保持在 18℃左右。

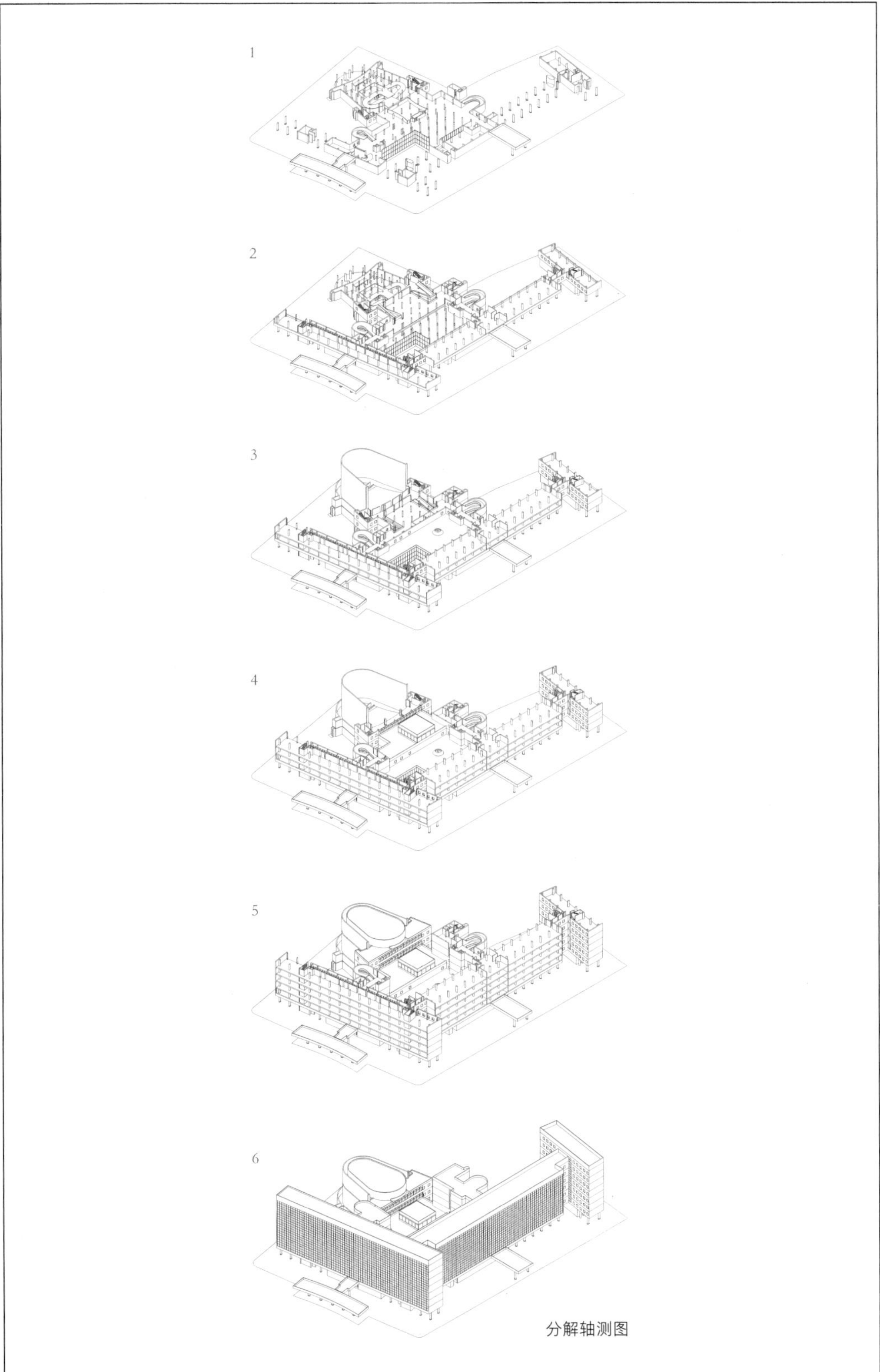

分解轴测图

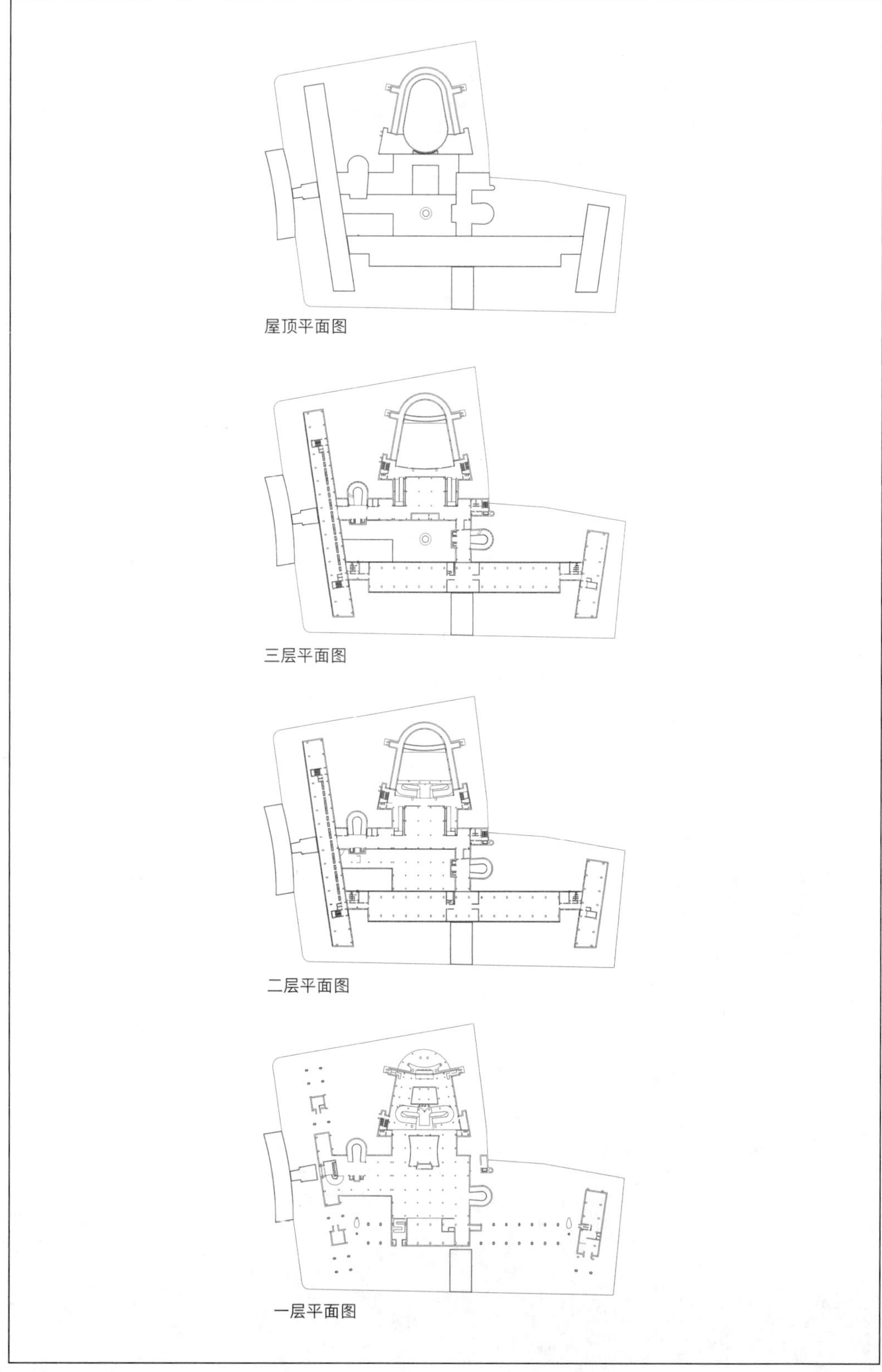

屋顶平面图

三层平面图

二层平面图

一层平面图

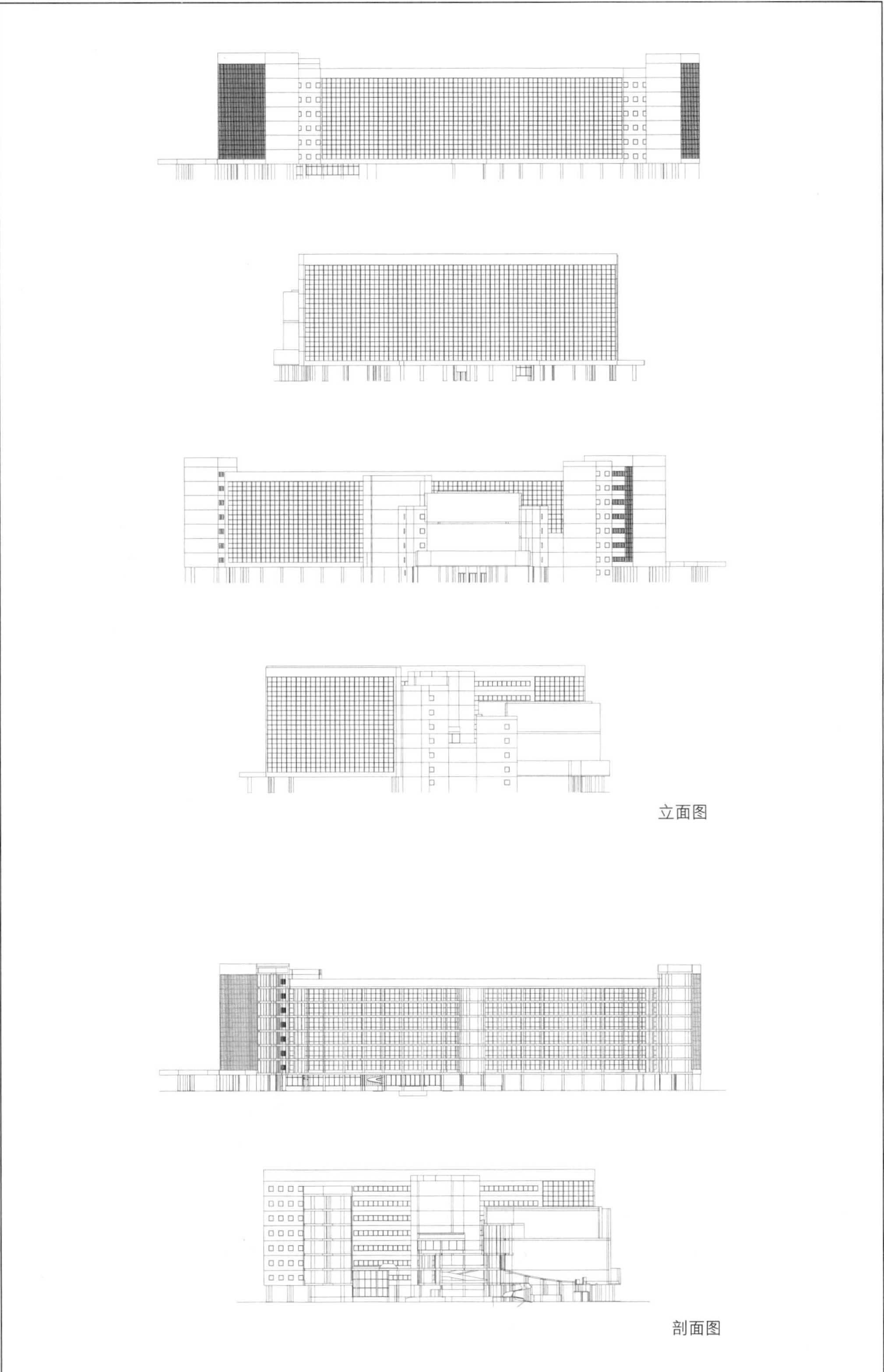

立面图

剖面图

A-09

Mundaneum 国际图书馆

设计时间：1929
项目地点：瑞士日内瓦
建成情况：未建成

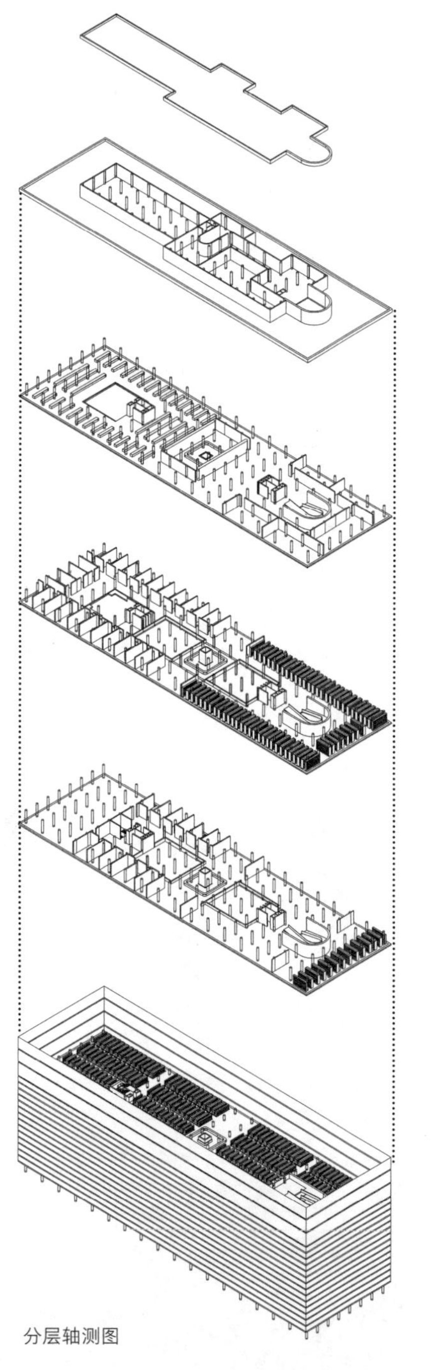

分层轴测图

Mundaneum 方案是为了在日内瓦建立一个国际的科学、文献及教育中心，该图书馆是 Mundaneum 方案建筑群中的一个组成部分。建筑被底层架空柱托起，下面设置了汽车交通的回转流线，地面层设有两个厅，一个是货物装卸厅，一个是参观者入口厅。平面呈长方形，中间为交通核，四周设置了开敞的书架，这是一个完全通透的图书馆。

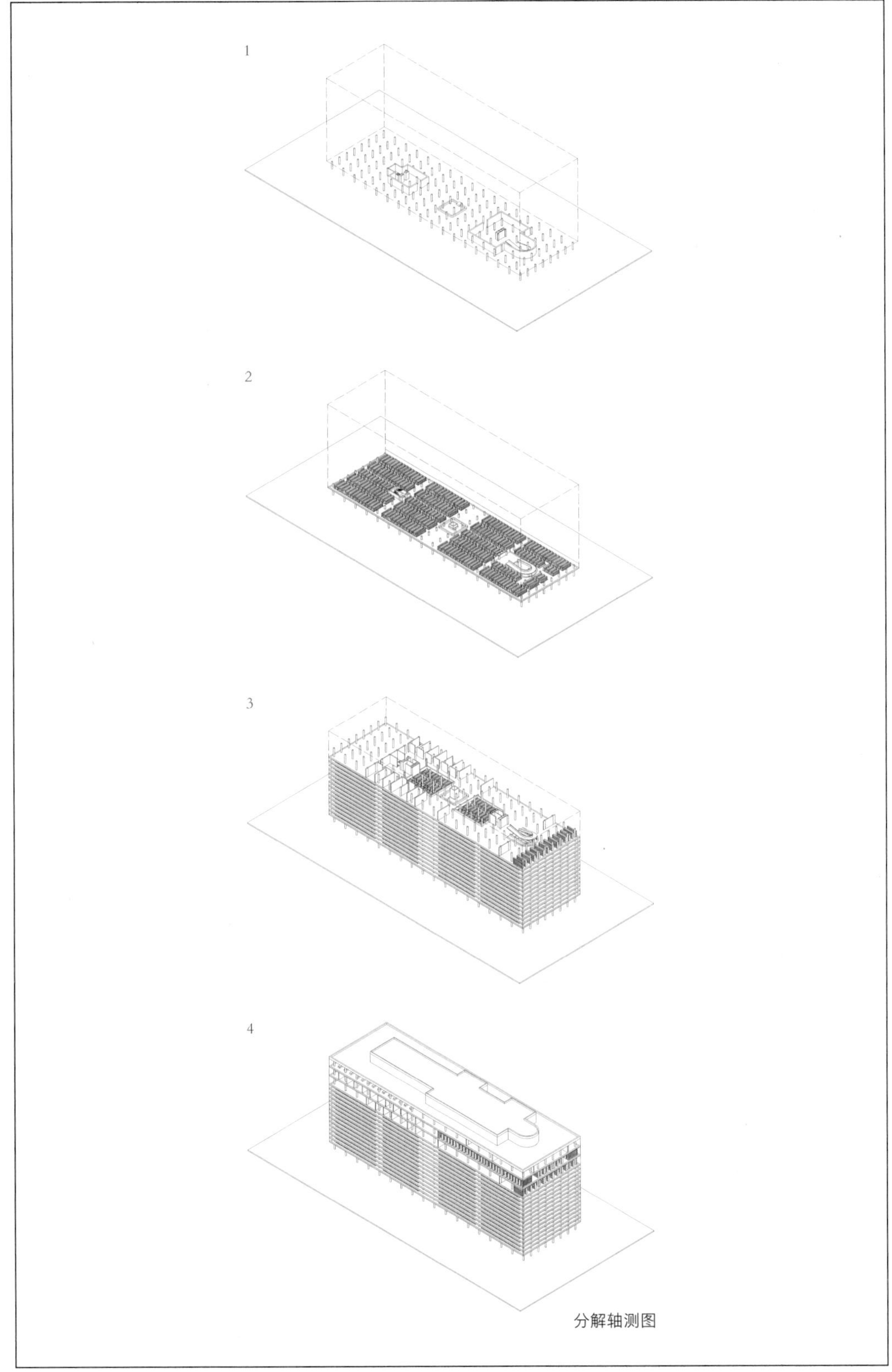

分解轴测图

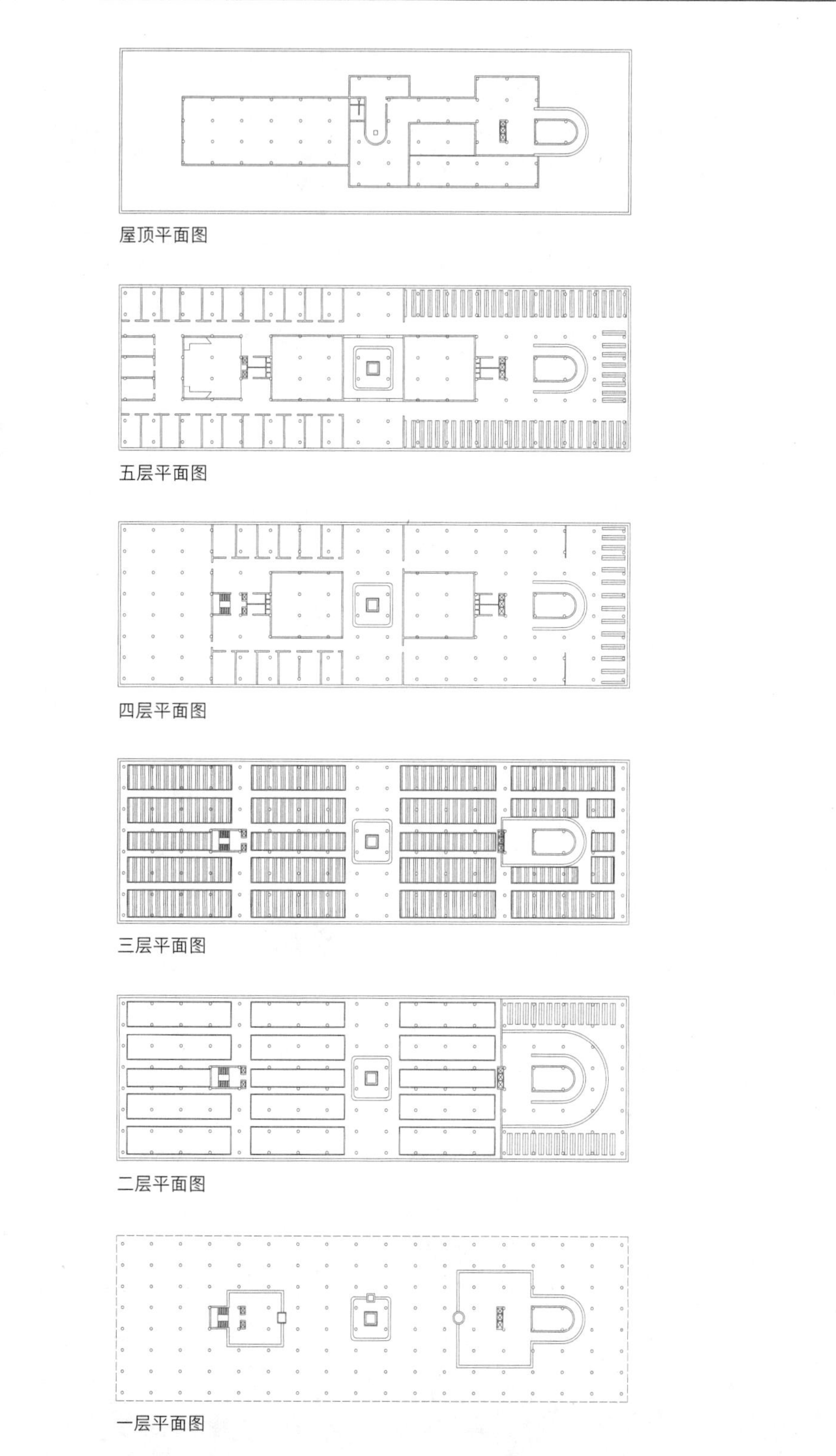

屋顶平面图

五层平面图

四层平面图

三层平面图

二层平面图

一层平面图

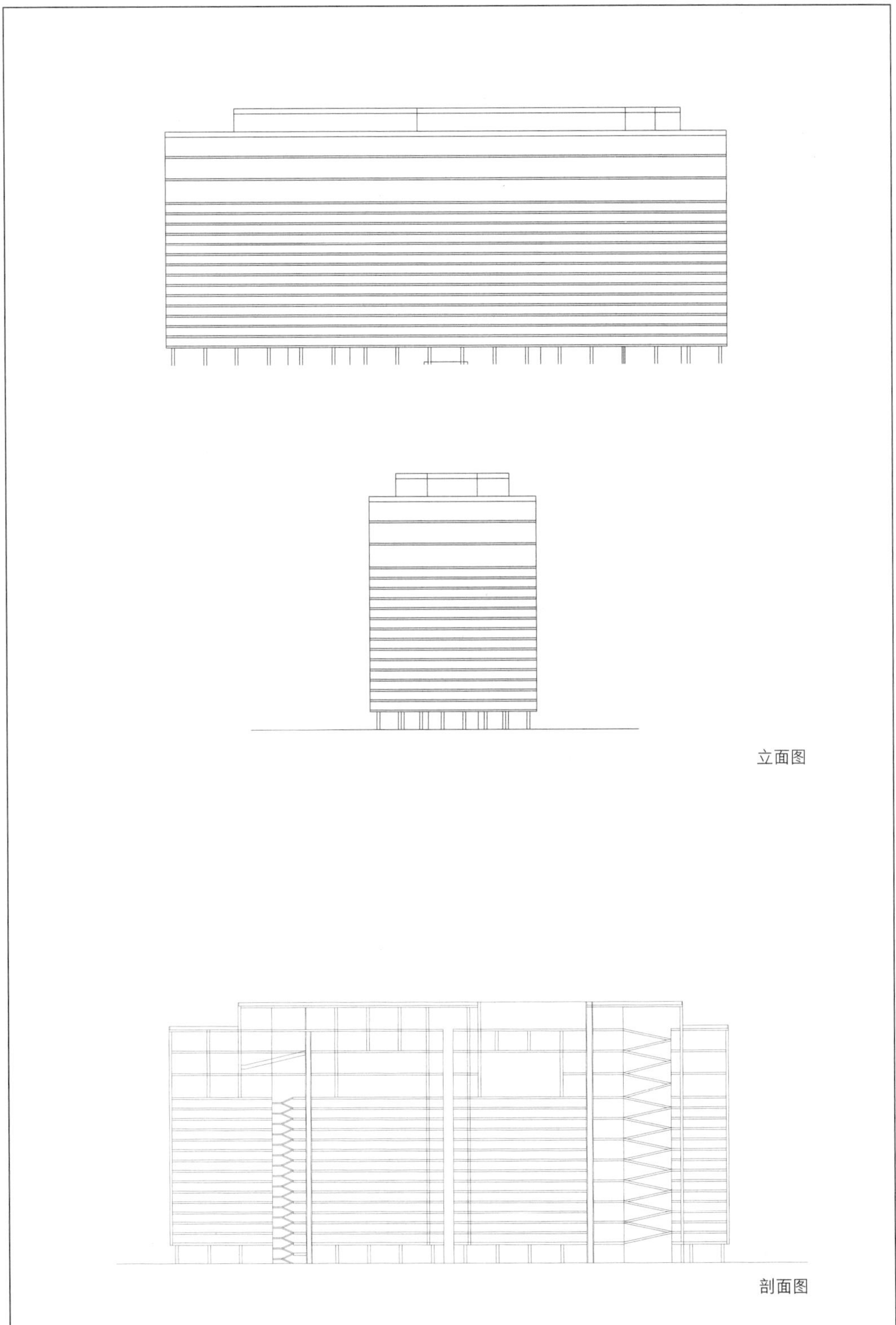

立面图

剖面图

A-16
苏维埃宫

设计时间：1931

项目地点：俄罗斯莫斯科

建成情况：未建成

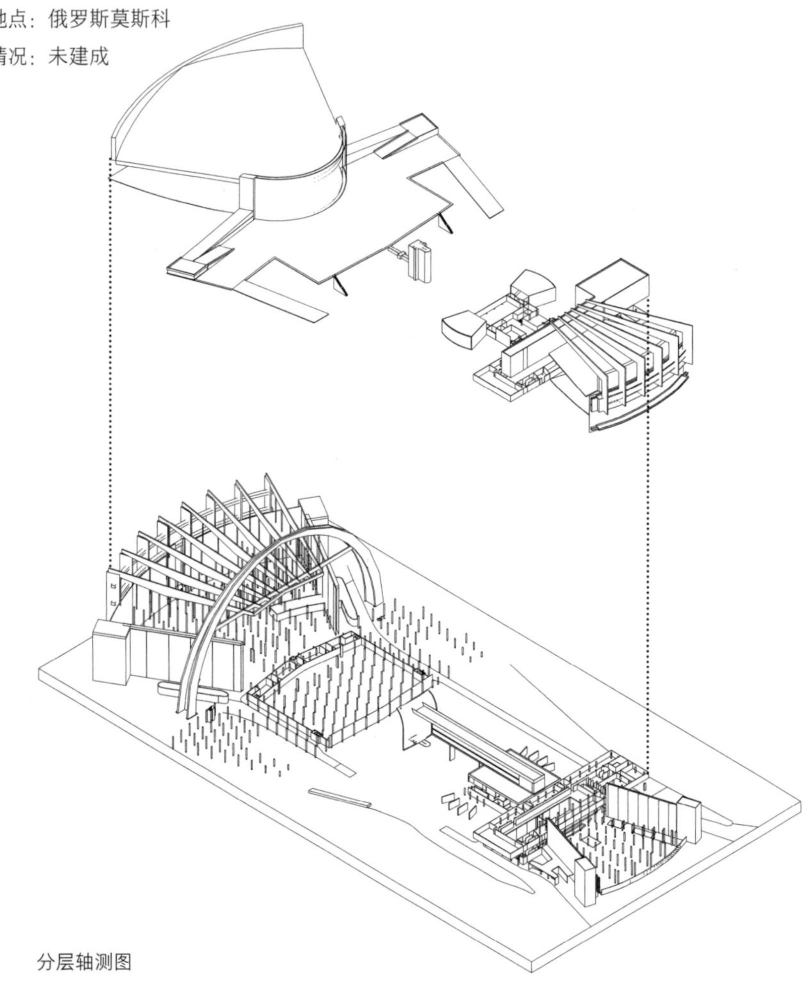

分层轴测图

在苏联政府组织的竞赛中，任务书要求设计一个由能容纳 15 000 人的观演大厅、办公室、图书馆以及餐厅等功能空间构成的巨大综合体。整体建筑构成庞杂，一端是观演大厅，另一端是能容纳 6 500 人的多功能厅，中间是广场，广场上还设置了能容纳 50 000 人的可用于演讲的露天平台。方案主要集中于解决综合体的功能要求所带来的各种人流，以及与城市道路之间的衔接等交通组织问题，但最终由于存在反对意见而未能实施。

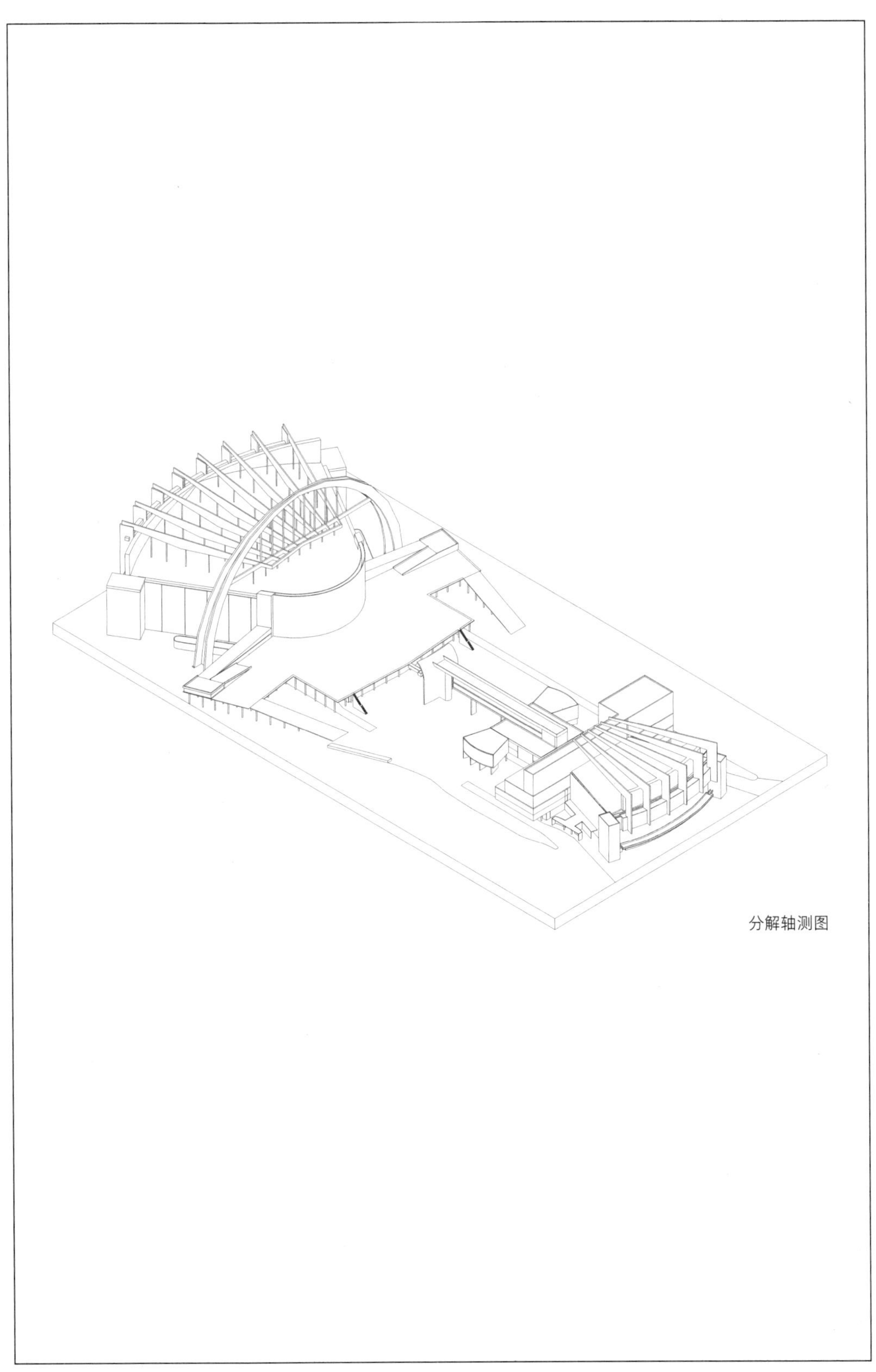

分解轴测图

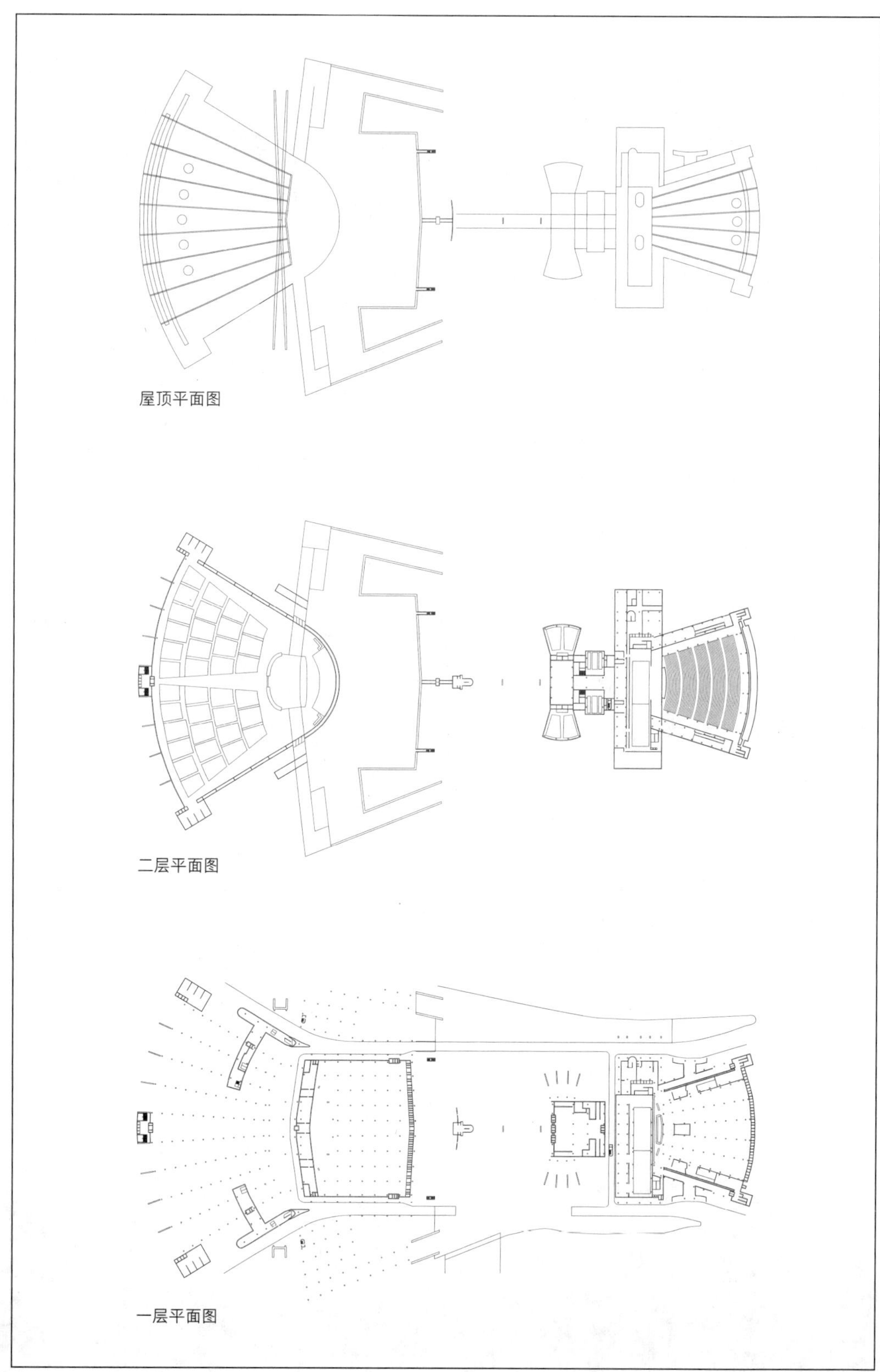
屋顶平面图
二层平面图
一层平面图

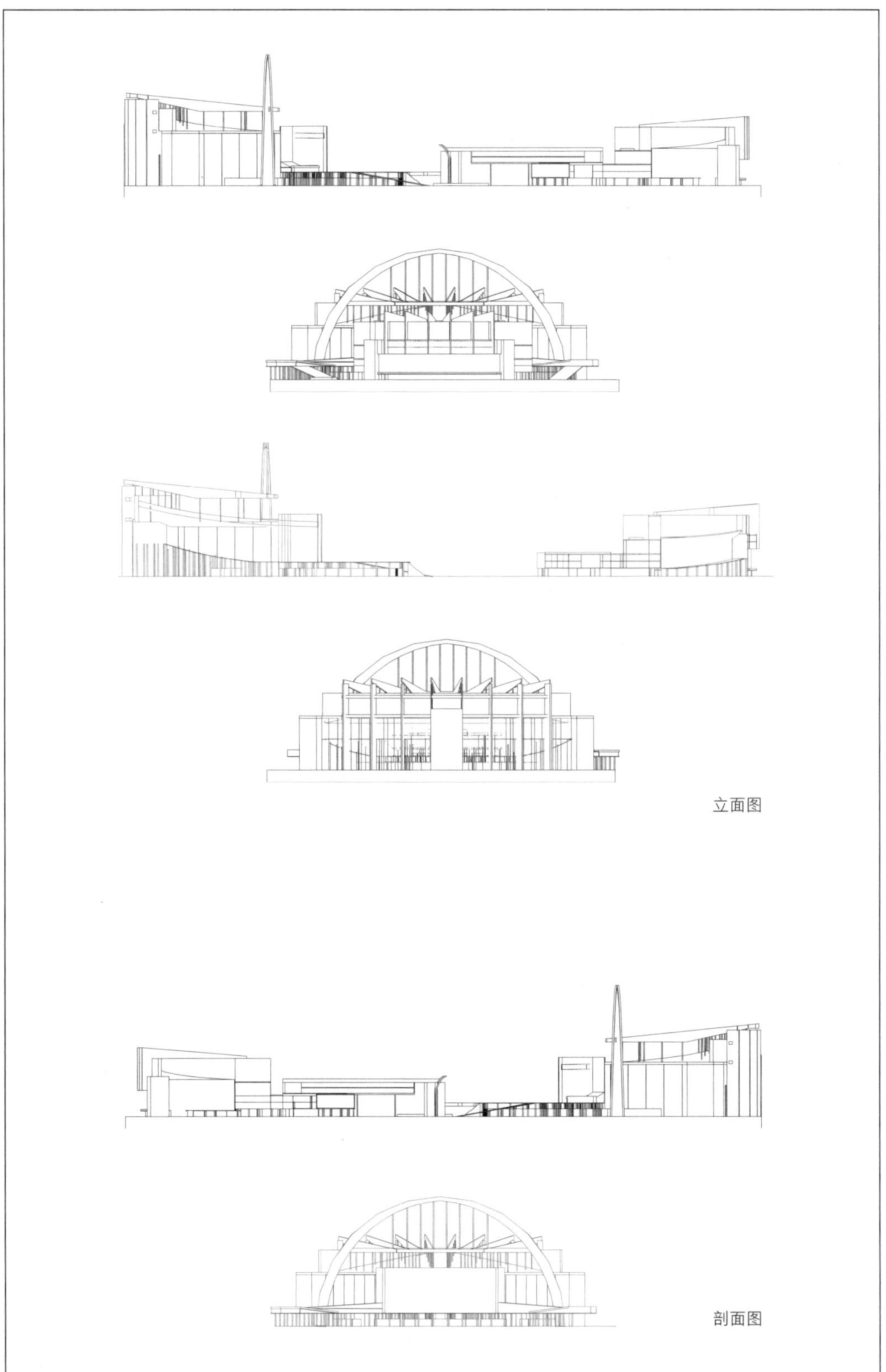
立面图
剖面图

A-17
人寿保险公司大厦方案

设计时间：1933
项目地点：瑞士苏黎世
建成情况：未建成

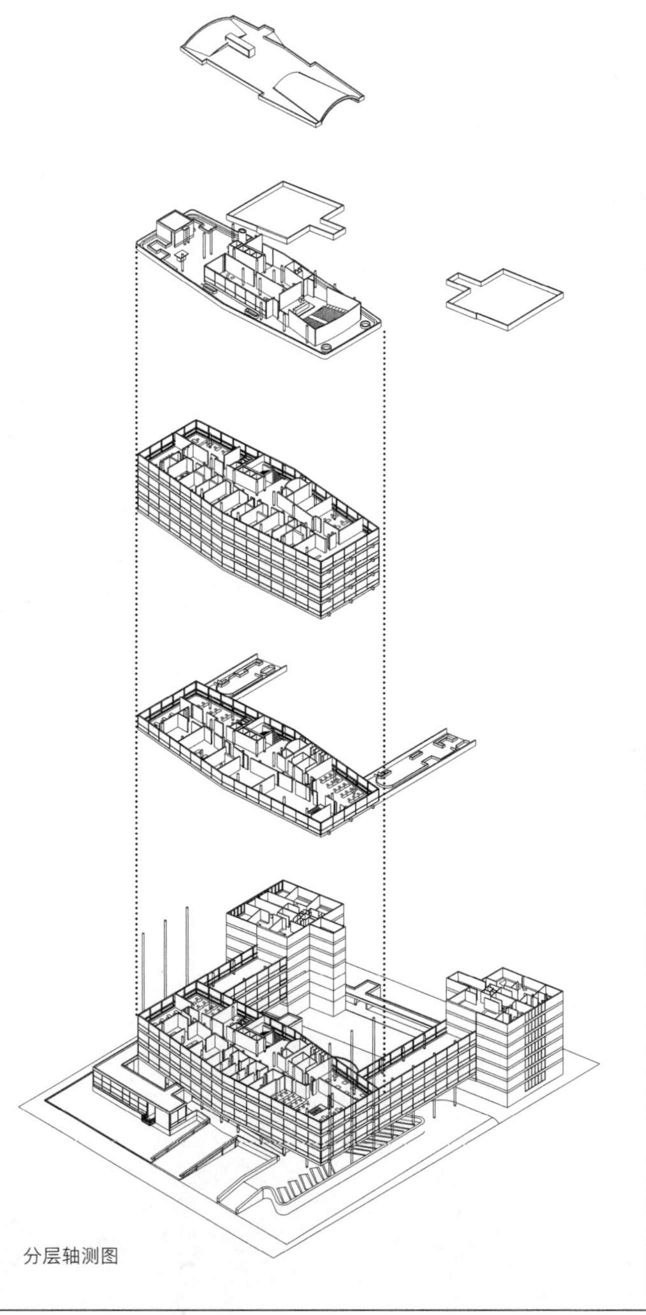

该方案是 1933 年一次竞赛的题目，基地位于苏黎世，最终未能实施。柯布西耶提交的方案是一个平面呈梭形的大楼，基地的北侧是任务书中要求预留的住宅建筑。从标准层平面可以看出，交通核和卫生间位于平面中间，四周用隔墙分隔成办公空间，平面两轴对称，建筑外表皮是玻璃幕墙。底层被架空柱托起，梭形平面的两端各有 3 根柱子，从底部一直贯穿到顶层，柱子没有被包裹在建筑内部，而是有意地展现在建筑外观上。

分层轴测图

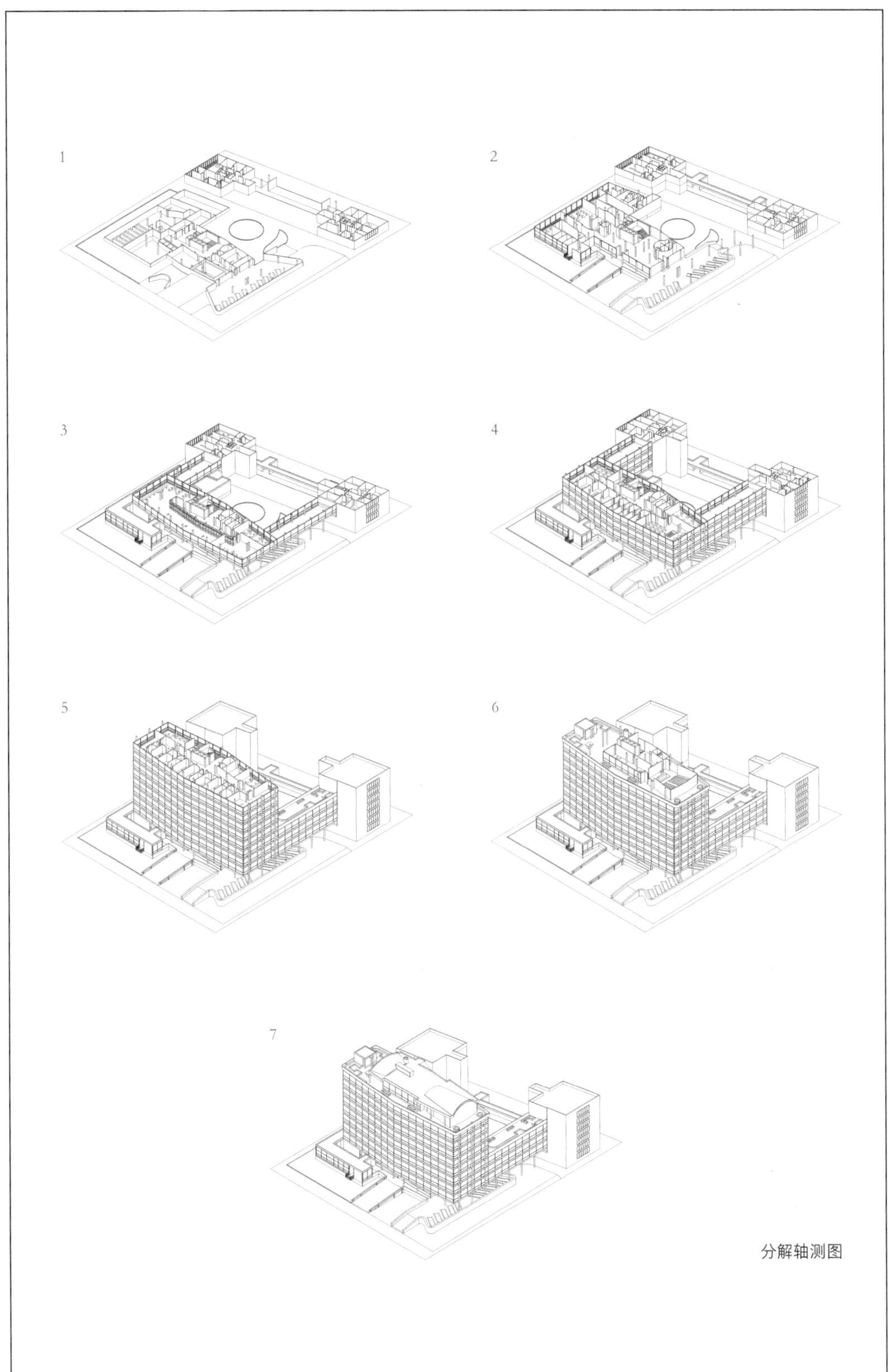

分解轴测图

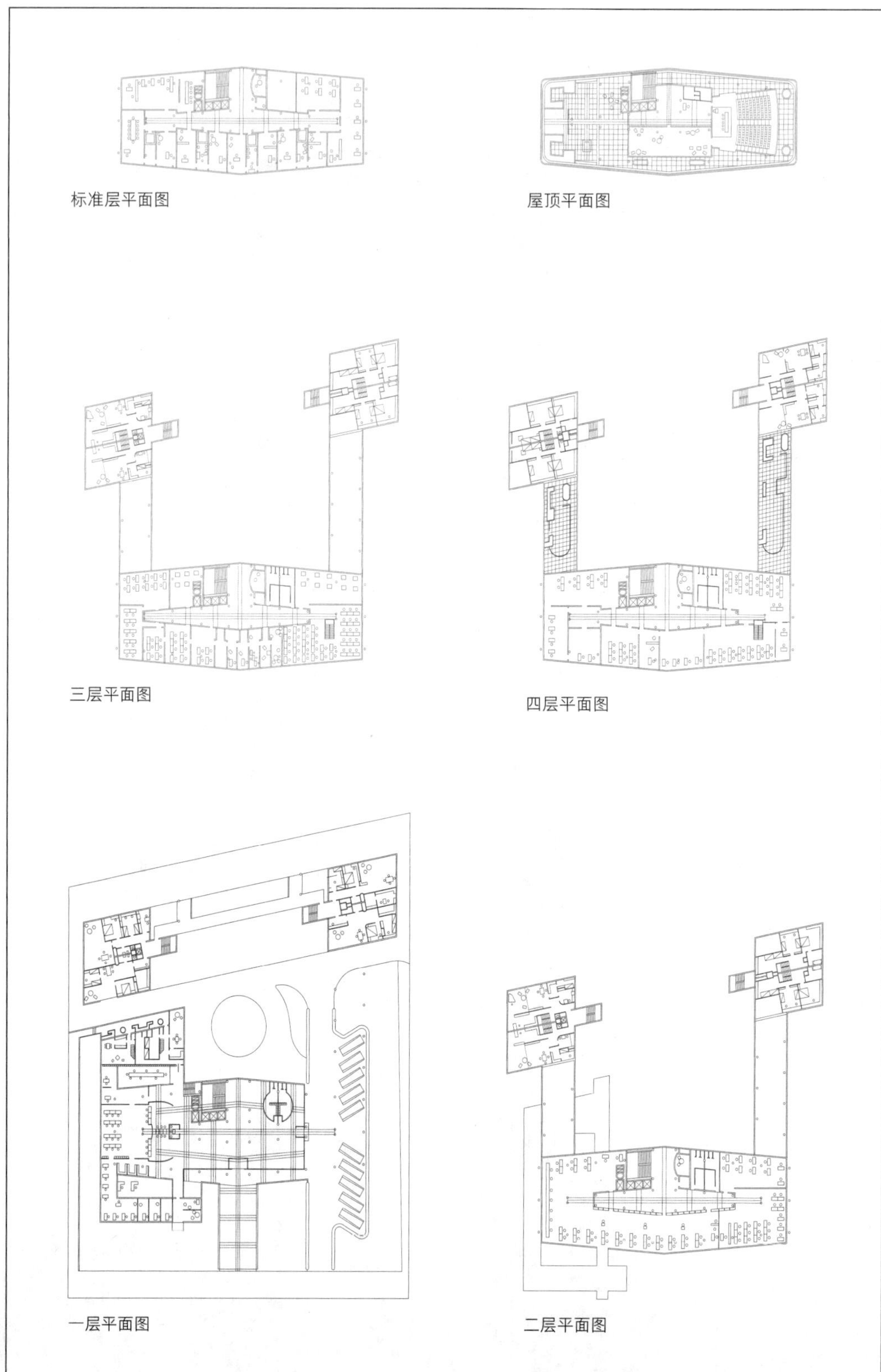

标准层平面图

屋顶平面图

三层平面图

四层平面图

一层平面图

二层平面图

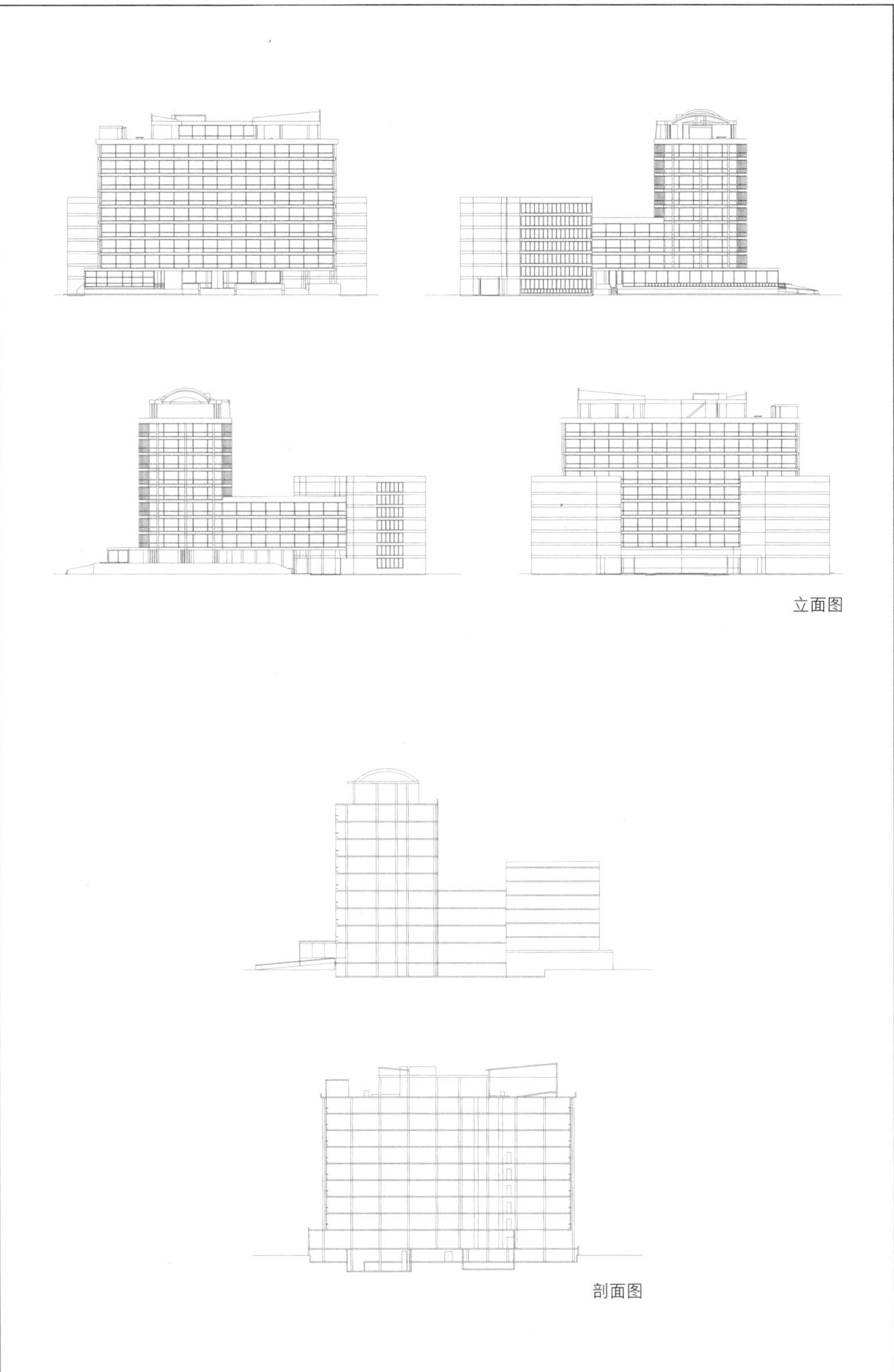

立面图

剖面图

A-23
国家教育与公共卫生部大厦

设计时间：1936
项目地点：巴西里约热内卢
建成情况：建成

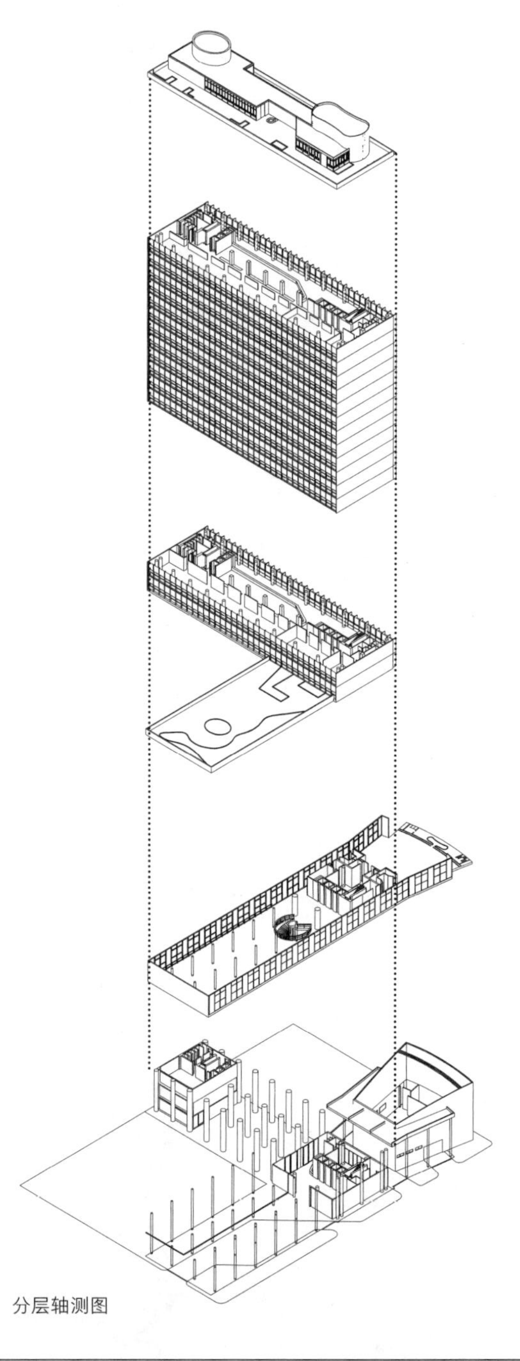

分层轴测图

项目位于里约热内卢，设计者是以奥斯卡·尼迈耶为代表的建筑师委员会，柯布西耶作为顾问参与其中。这座建筑通过大厦表皮的遮阳系统设计以及底层的架空柱廊成功地解决了巴西的地理位置带来的光照过强的问题。建筑的一层为入口及临时停车场等，二层为展览厅、报告厅及职员大厅等。整个建筑是由架空柱托起的“一”字形板楼构成的。柯布西耶作为顾问参与的这栋建筑设计，在巴西现代建筑发展的过程中产生了巨大的影响。

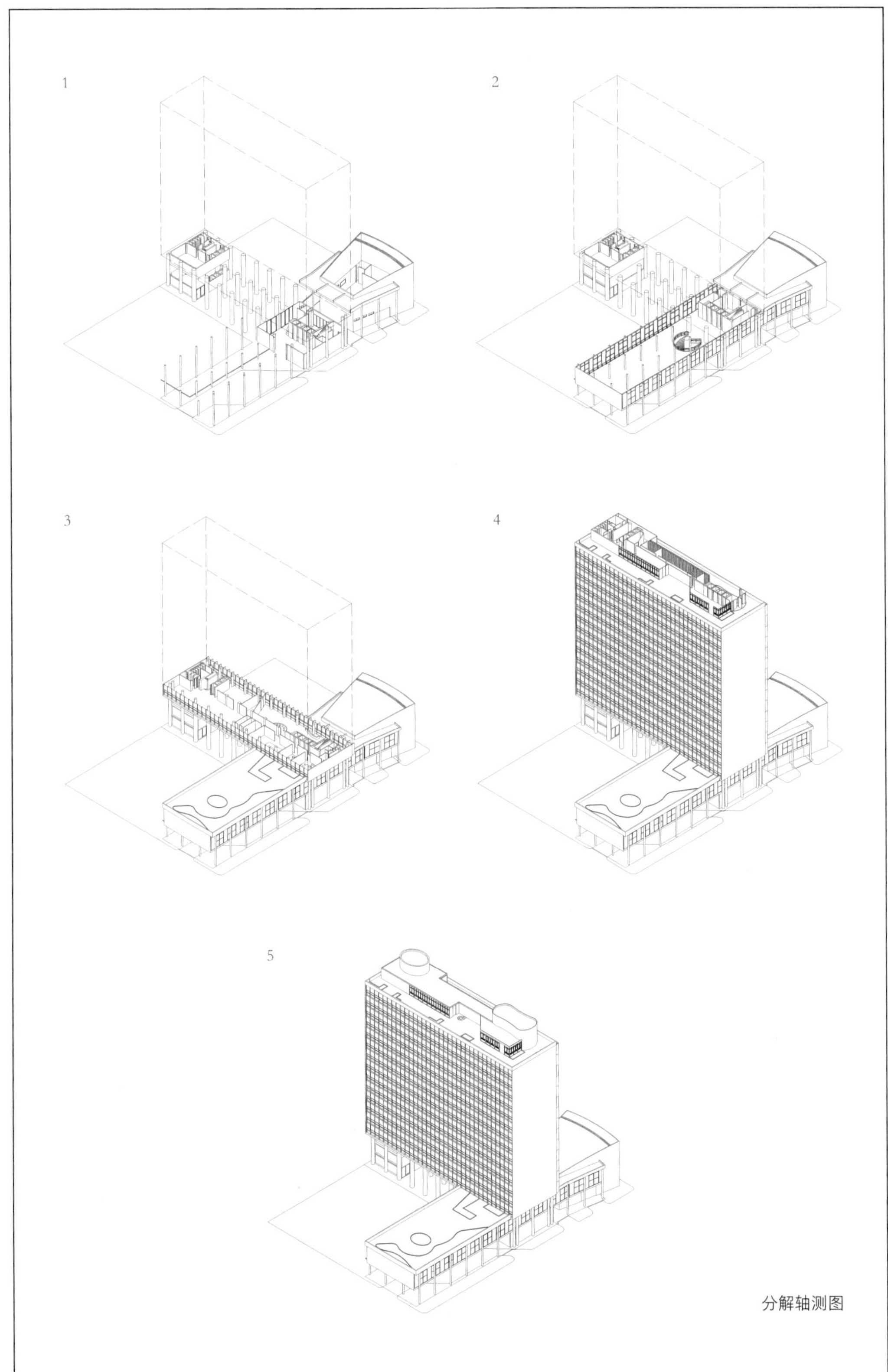

分解轴测图

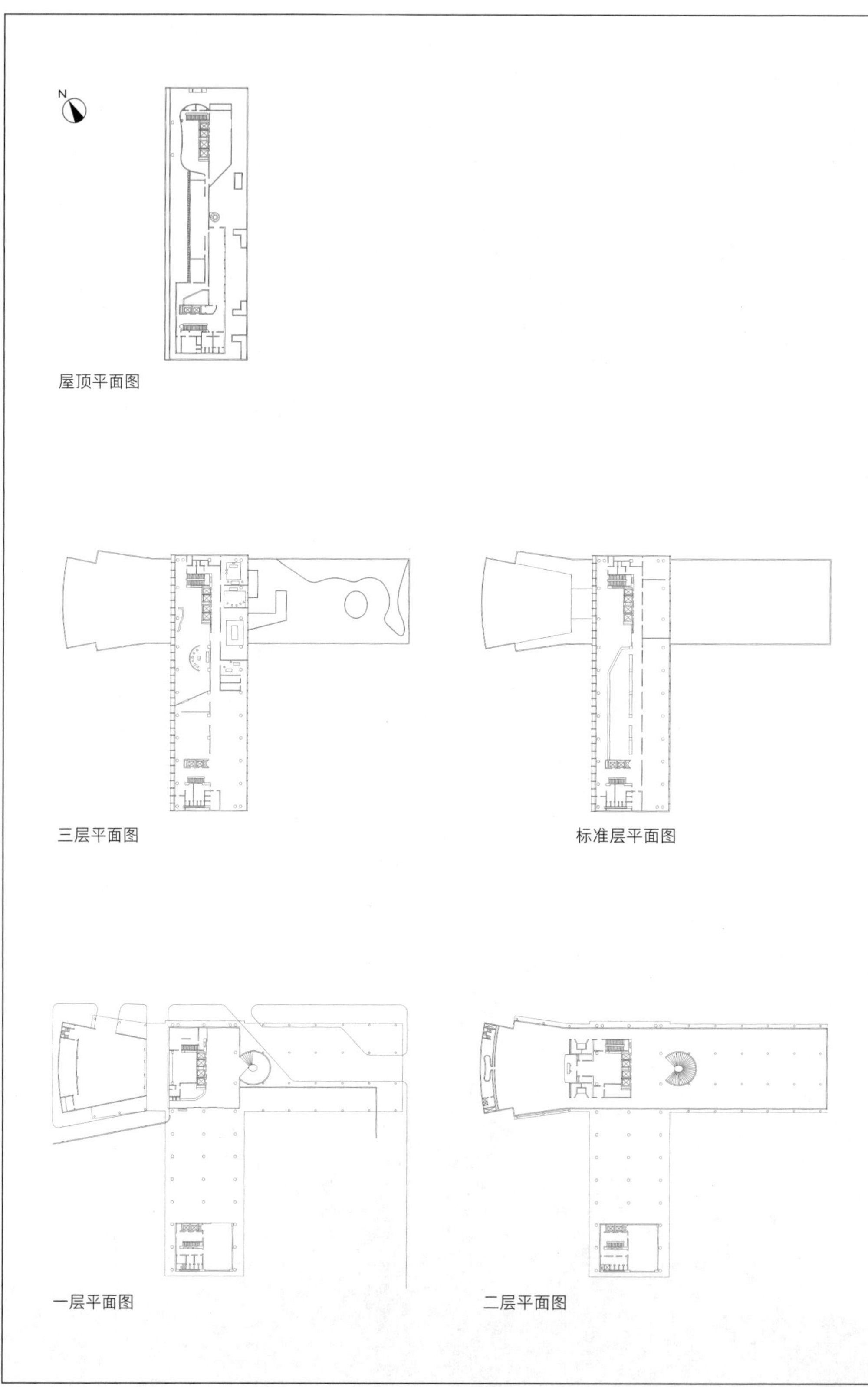
N
屋顶平面图
三层平面图
标准层平面图
一层平面图
二层平面图

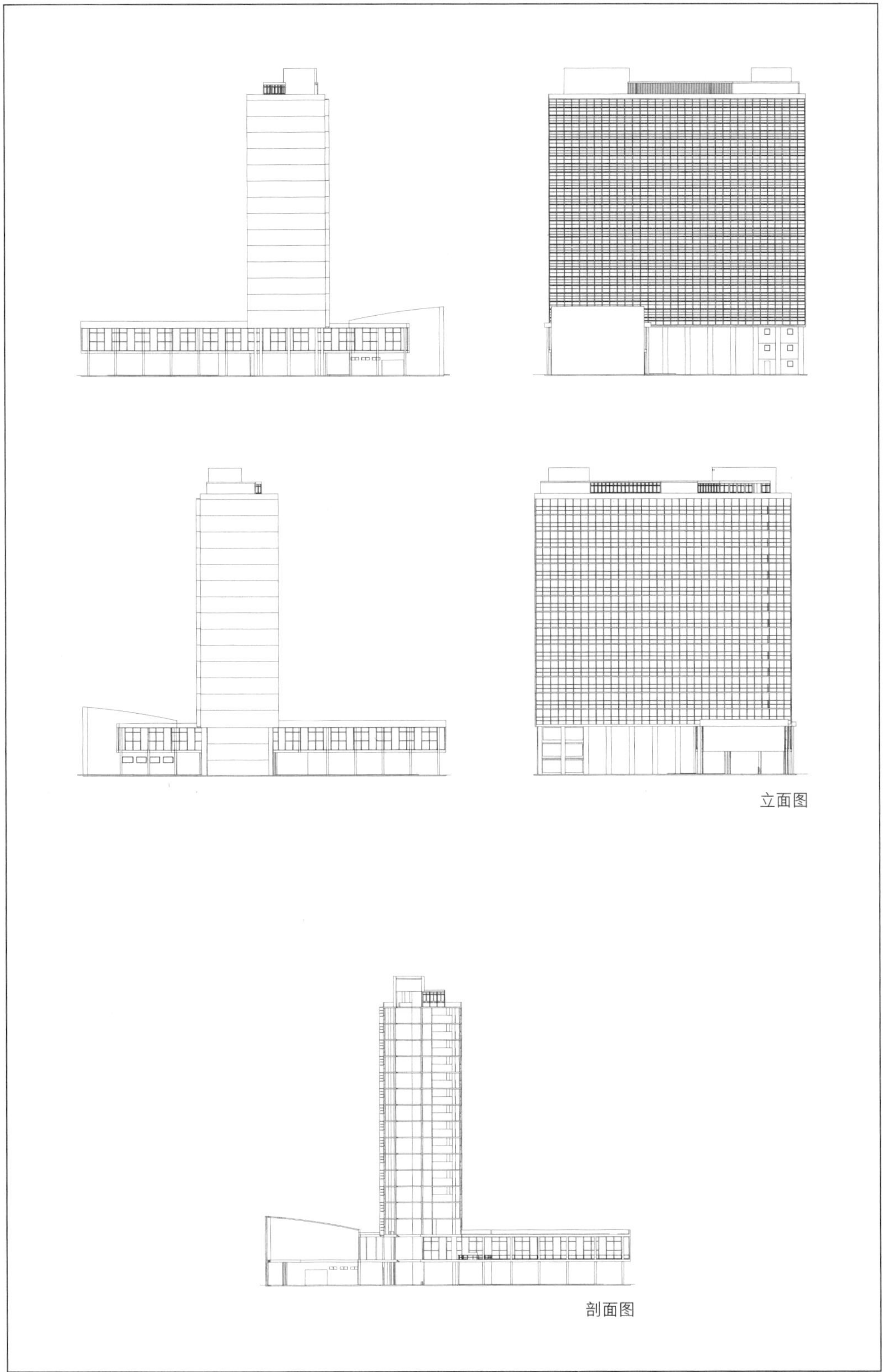

立面图

剖面图

A-34
罗斯科夫生物研究所

设计时间：1939

项目地点：法国罗斯科夫

建成情况：未建成

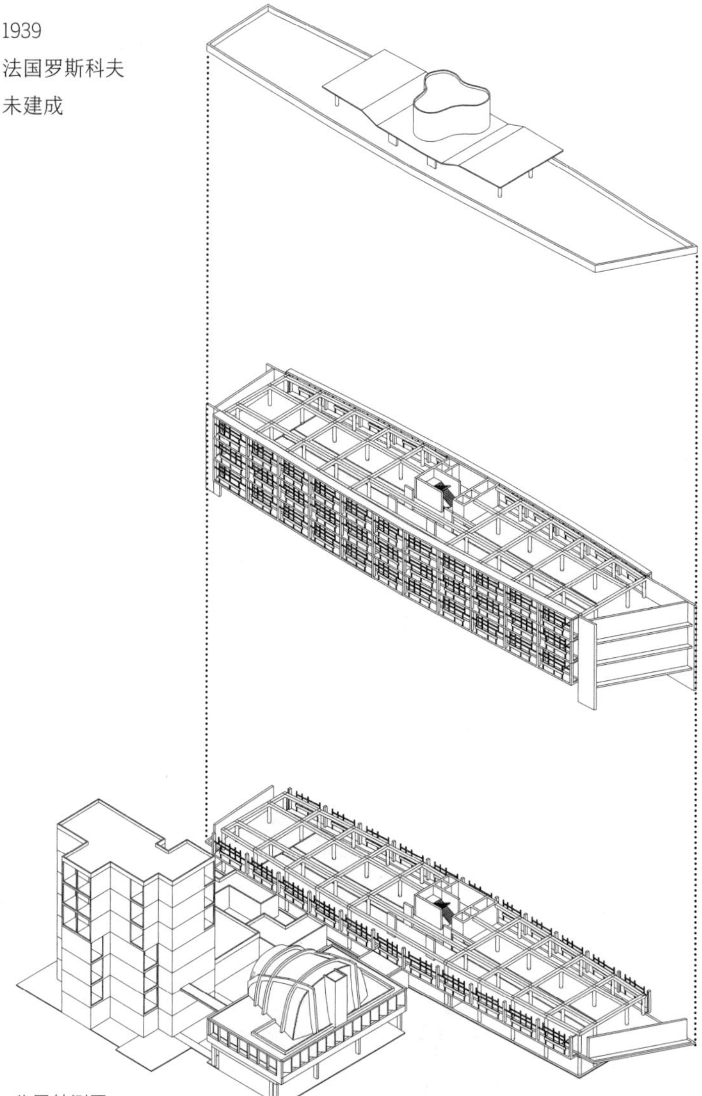

分层轴测图

该项目包括水族馆、工作室和专家住宅，底层建筑里包括入口、梯形报告厅和俱乐部。平面右上角是基地原有的古老住宅建筑。柯布西耶设计了一个带遮阳系统的板楼，其中的遮阳设施包括蜂房小室、垂直的薄板以及凹阳台。

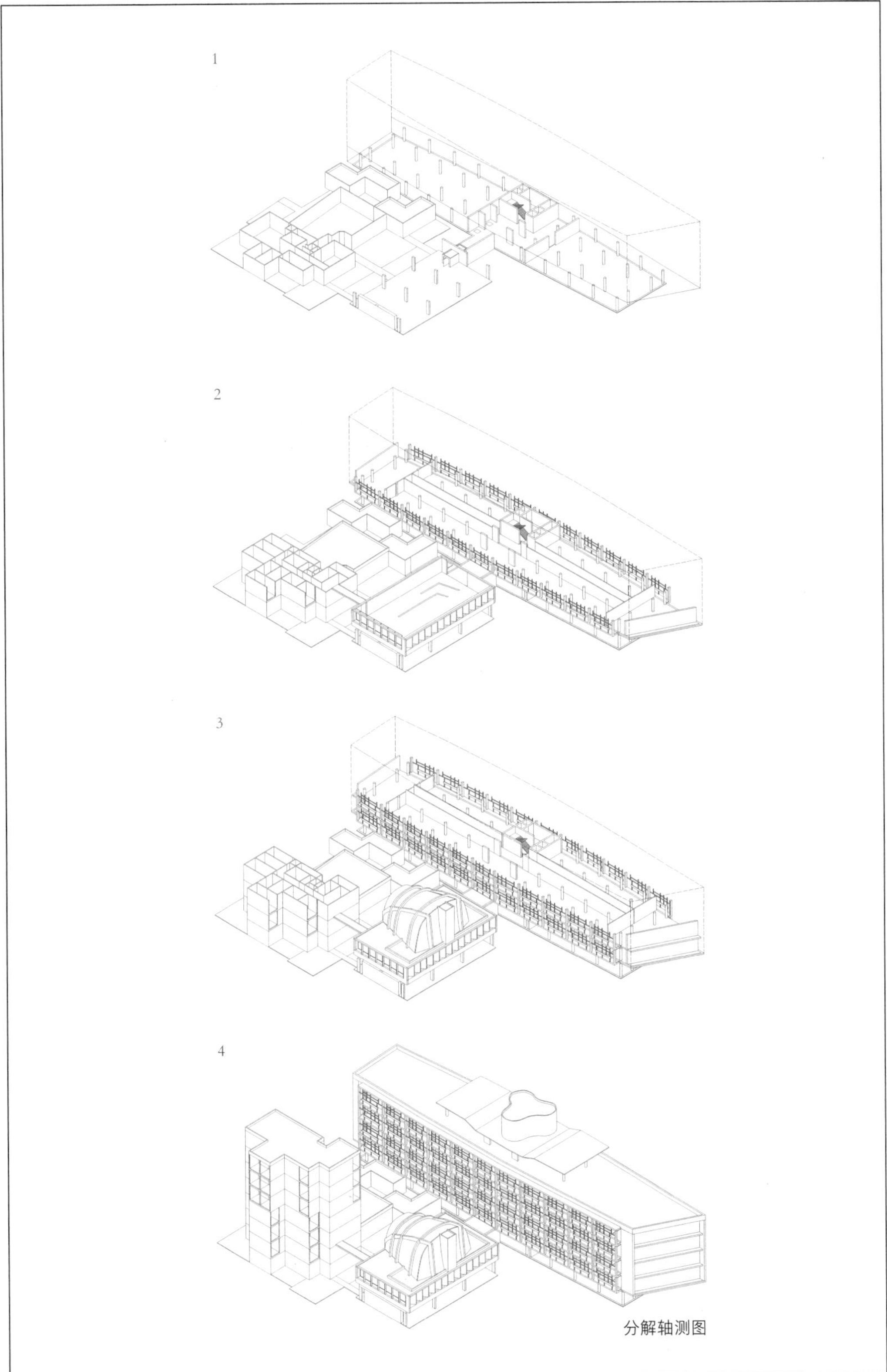

分解轴测图

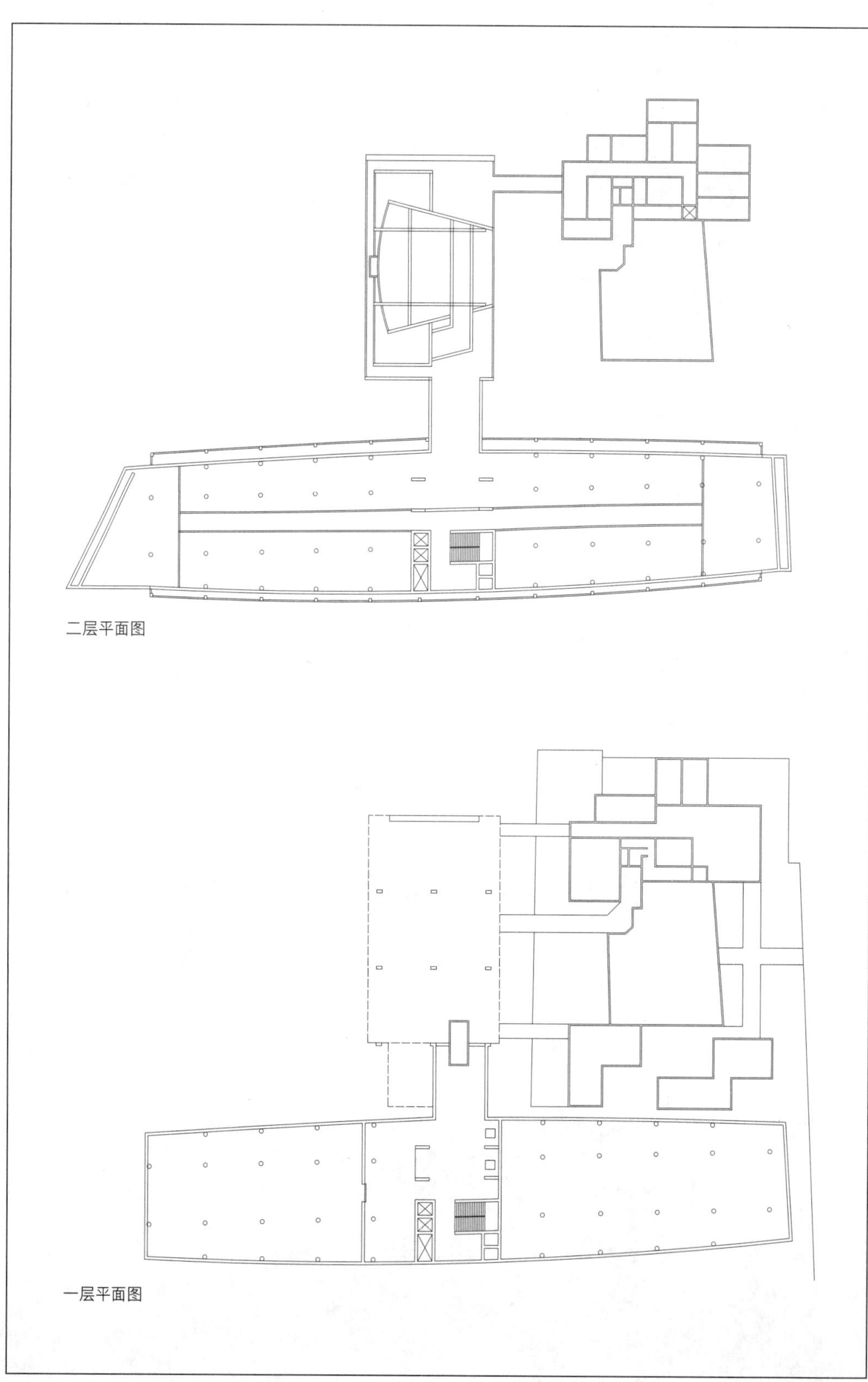

二层平面图

一层平面图

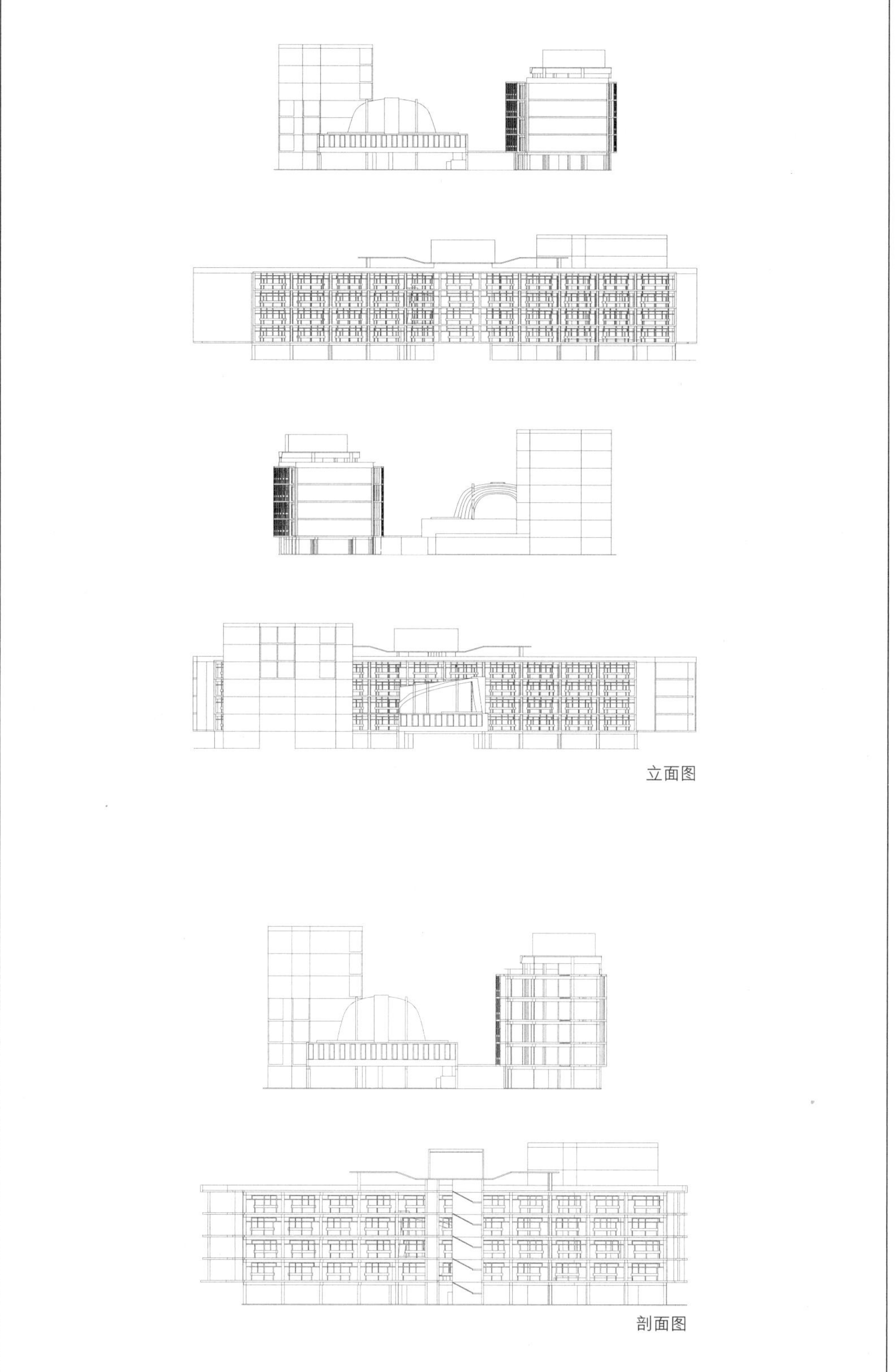

立面图

剖面图

A-38
纽约联合国总部大厦

设计时间：1946
项目地点：美国纽约
建成情况：建成

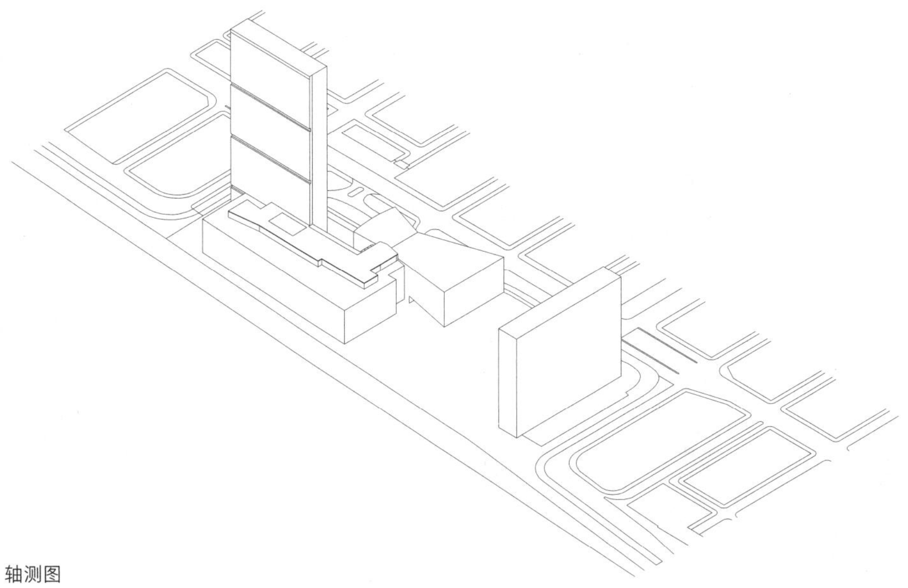

轴测图

1946 年，10 个国家的建筑师代表被邀请参与设计联合国总部大厦的项目，其中代表中国的是梁思成，而柯布西耶作为法国代表提出了该方案。基地位于纽约曼哈顿方格网状的城市肌理之中，柯布西耶试图将其提出的“光辉城市”的愿景在纽约这座城市实现。方案主要由一栋高层大楼，即柯布西耶提出的笛卡儿摩天楼及附属的裙房构成，其设计理念是通过建筑在垂直向的发展而尽量多地留出地面空地。

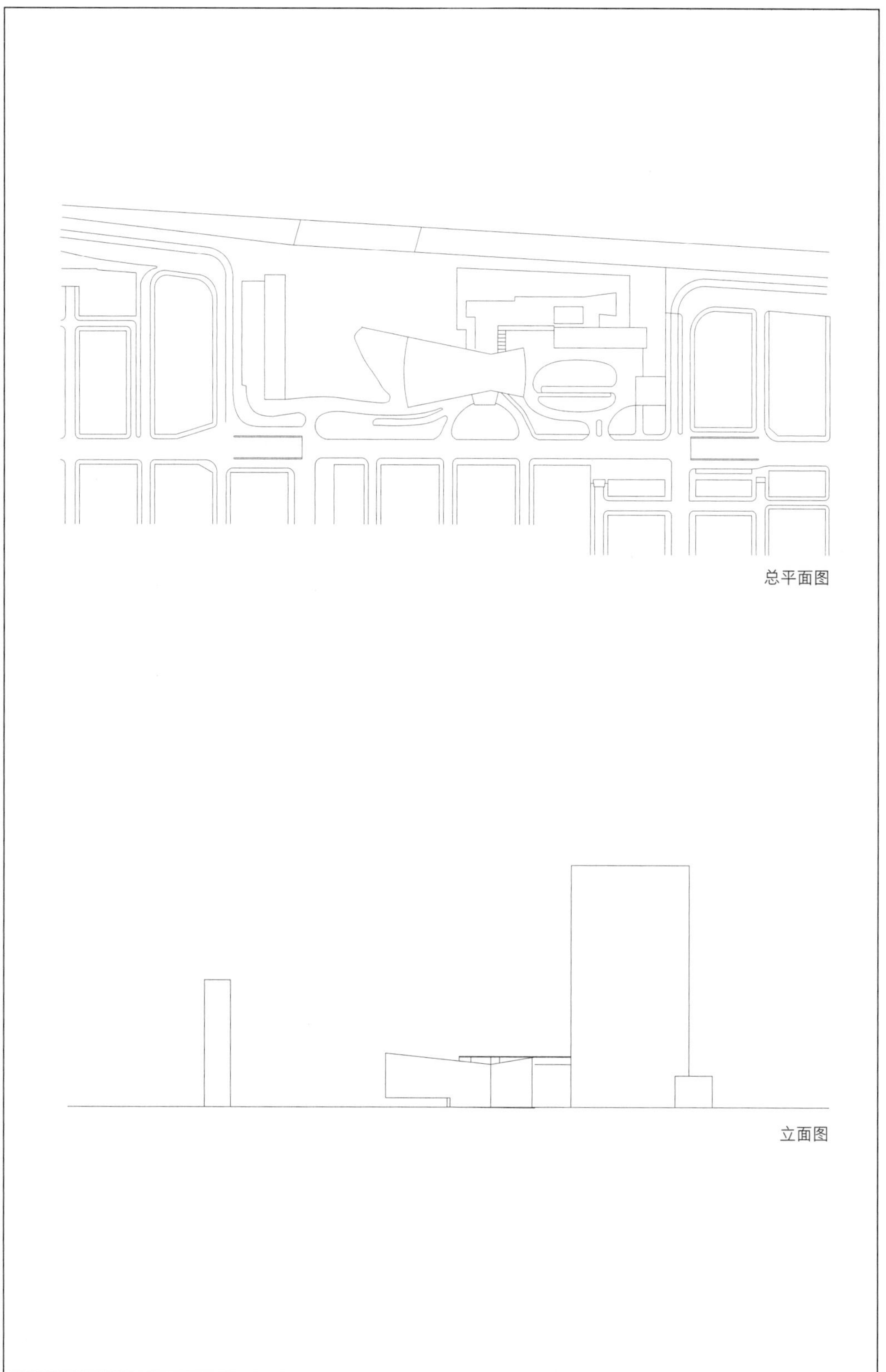

总平面图

立面图

A-39
圣迪埃制衣厂

设计时间：1946—1951
项目地点：法国圣迪埃
建成情况：建成

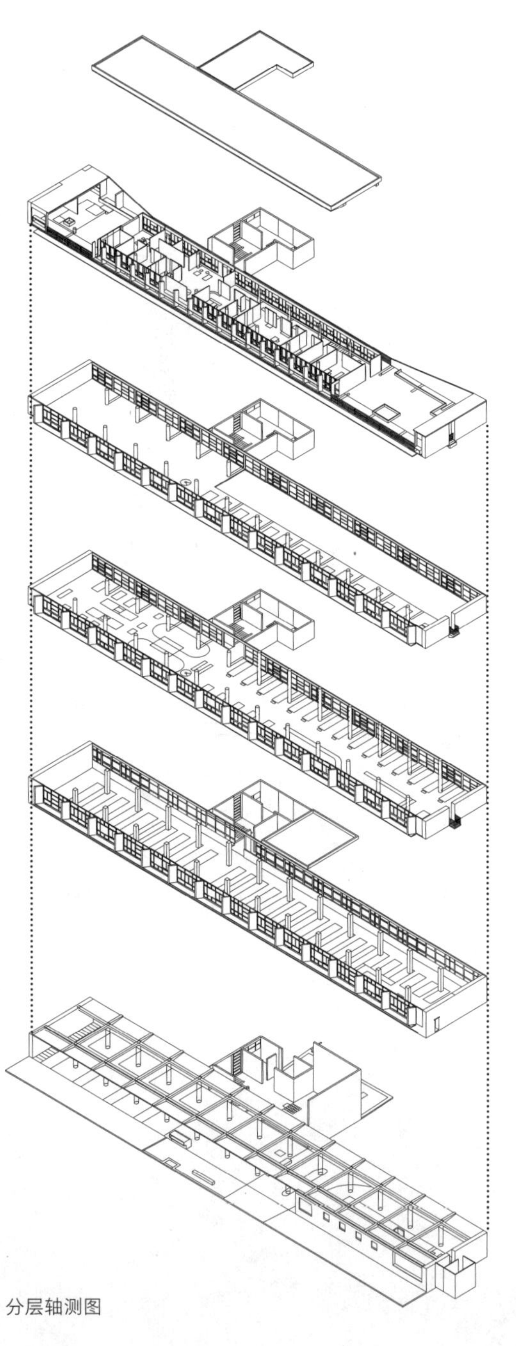

受圣迪埃一位企业家的委托，柯布西耶建造了这座工厂建筑。在这个项目中，柯布西耶试验了 3 个建筑手法：一是在立面的混凝土遮阳格栅、混凝土柱列及玻璃墙面的窗棂上应用模度系统，分别按照红蓝尺进行精确的数值设计；二是在剖面上设计局部通高的成衣车间大厅，制衣的各个工序得到合理而紧凑的安排；三是顶棚、管井等处采用鲜明而强烈的色彩表现，这与建筑本身的混凝土质感形成对比。建筑主体位于底层架空柱之上，入口位于平面中间，两端是卡车库和自行车库，建筑两端的山墙是采用从被毁的旧建筑上收集的砂岩建造的。

分层轴测图

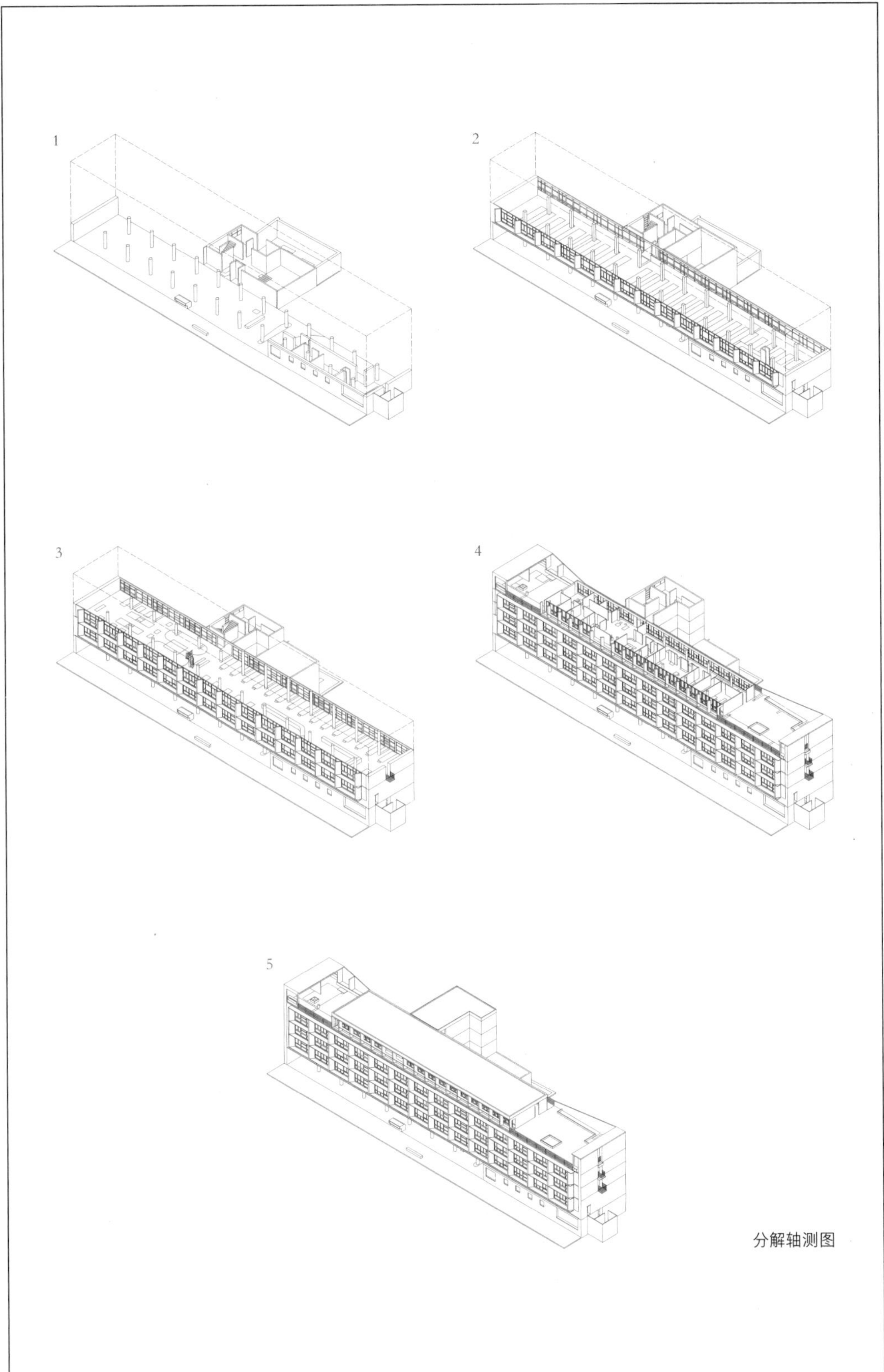

分解轴测图

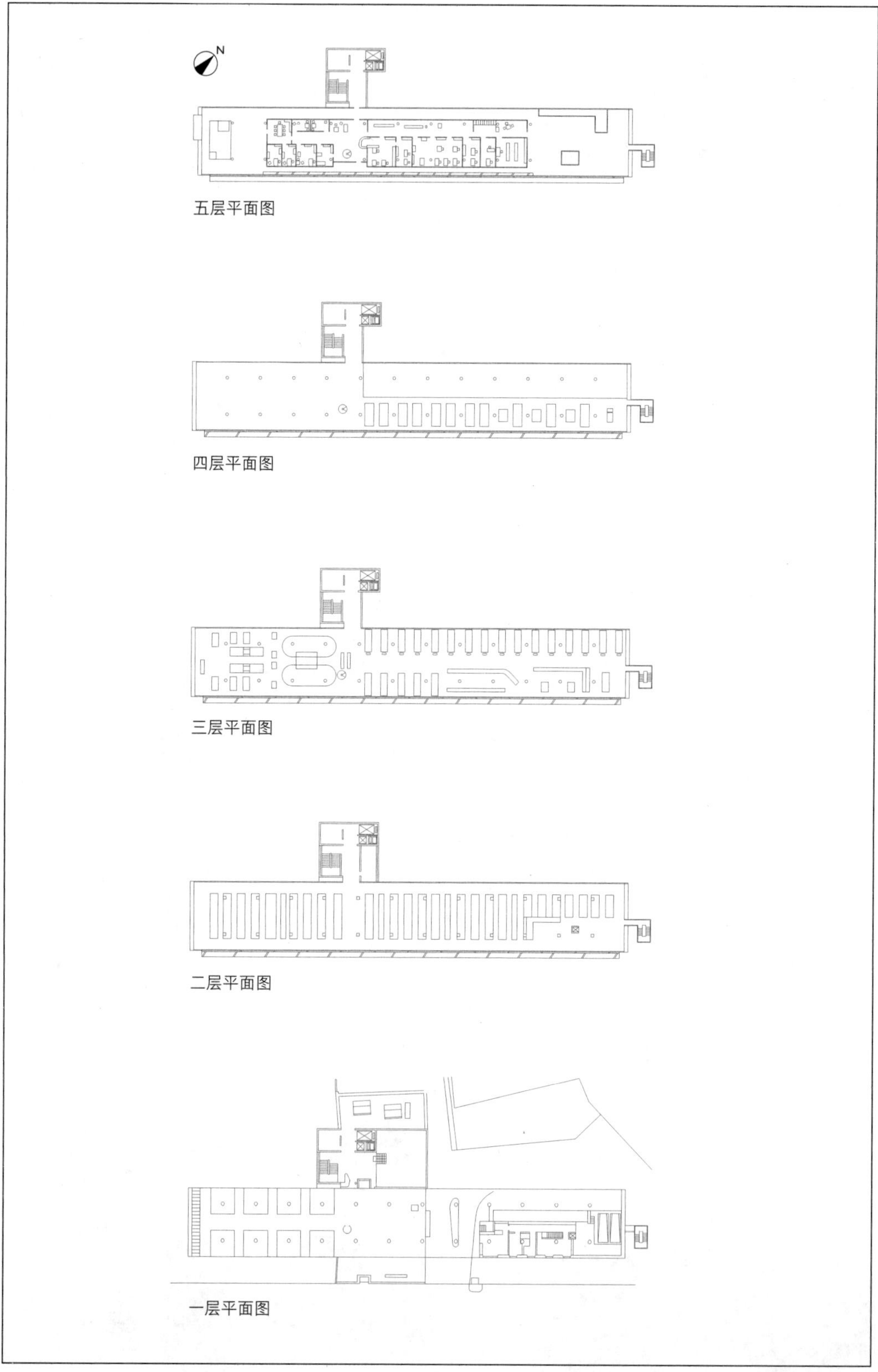
N
五层平面图
四层平面图
三层平面图
二层平面图
一层平面图

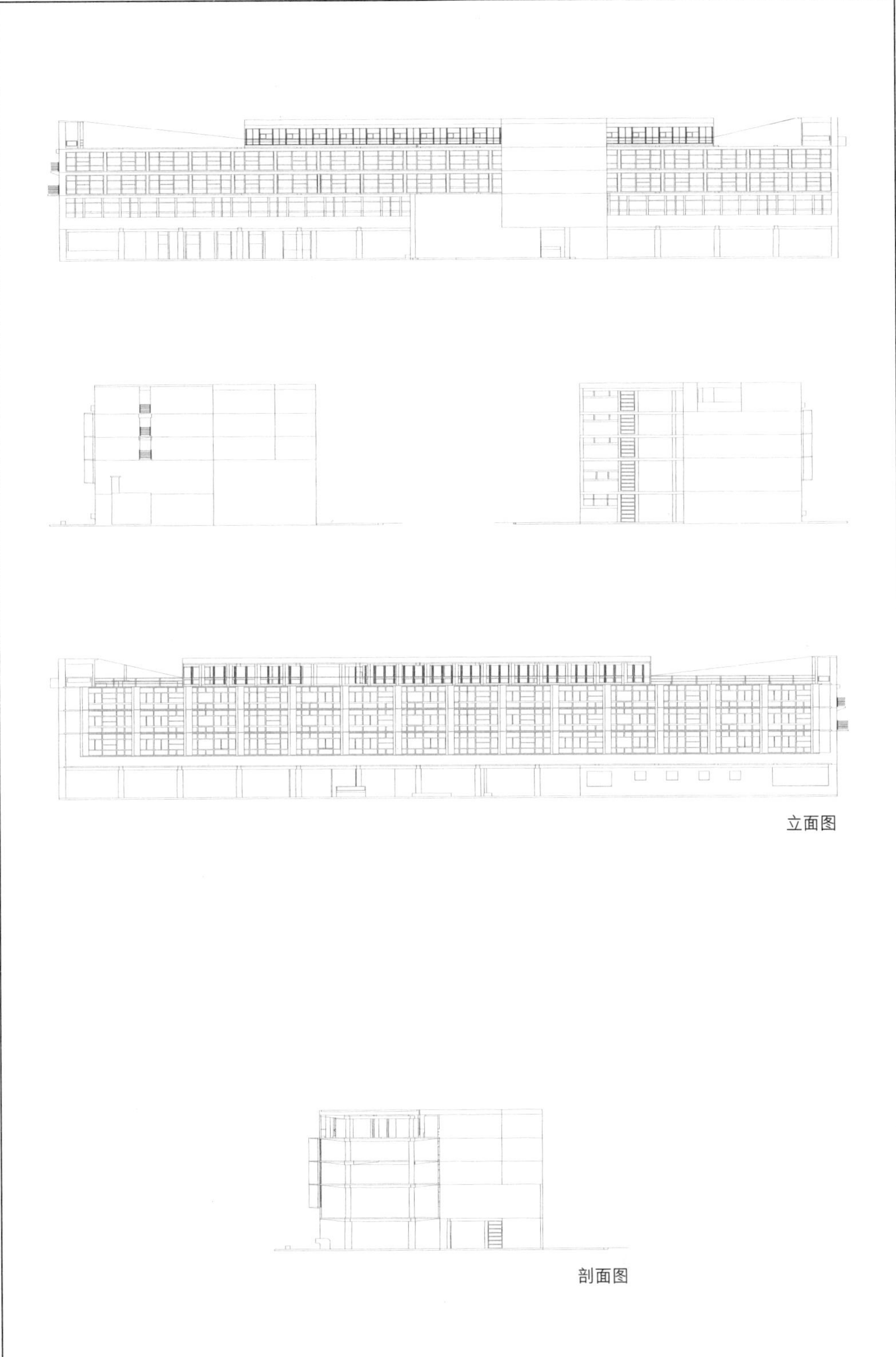

立面图

剖面图

A-48
昌迪加尔议会大厦

设计时间：1951—1957
项目地点：印度昌迪加尔
建成情况：建成

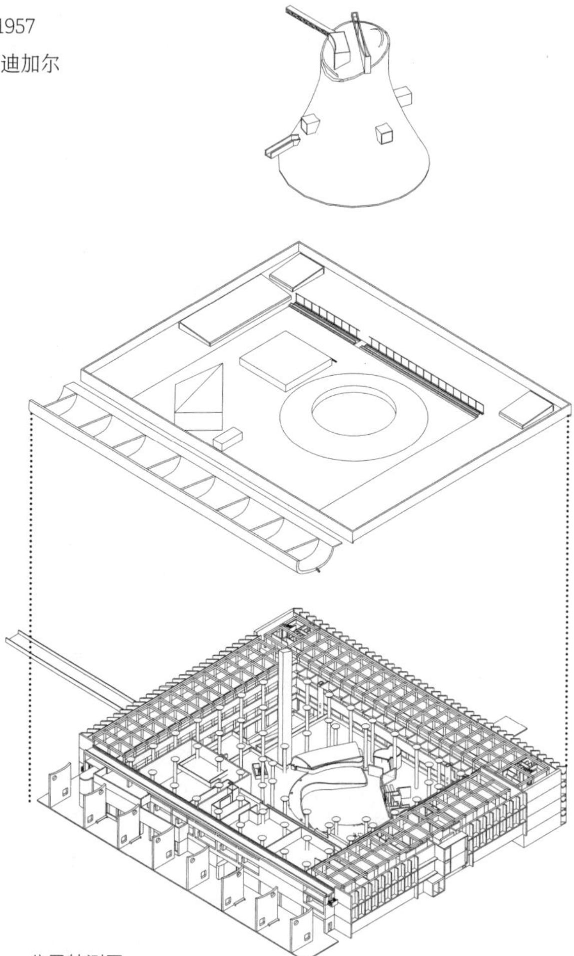

分层轴测图

议会大厦建筑地下一层，地上三层，平面由一个 U 形的作为办公空间的体块和一个脱开的门廊围合成一个“回”字形，中间的“广场”是众议院和参议院的集会大厅。柯布西耶有意打破了传统议会大厦的一个大房间的布局，通过这样的平面设计将政见不同的各方围合在一起，给他们提供一个相互协商和讨论政事的场所。其中，众议院集会大厅是一个由巨大的圆形双曲薄壳构成的“塔”。柯布西耶将工业冷却塔的原型引进了议会大厦中，体现了他将自然界中各种已有事物的原型进行创造性转用的设计理念。

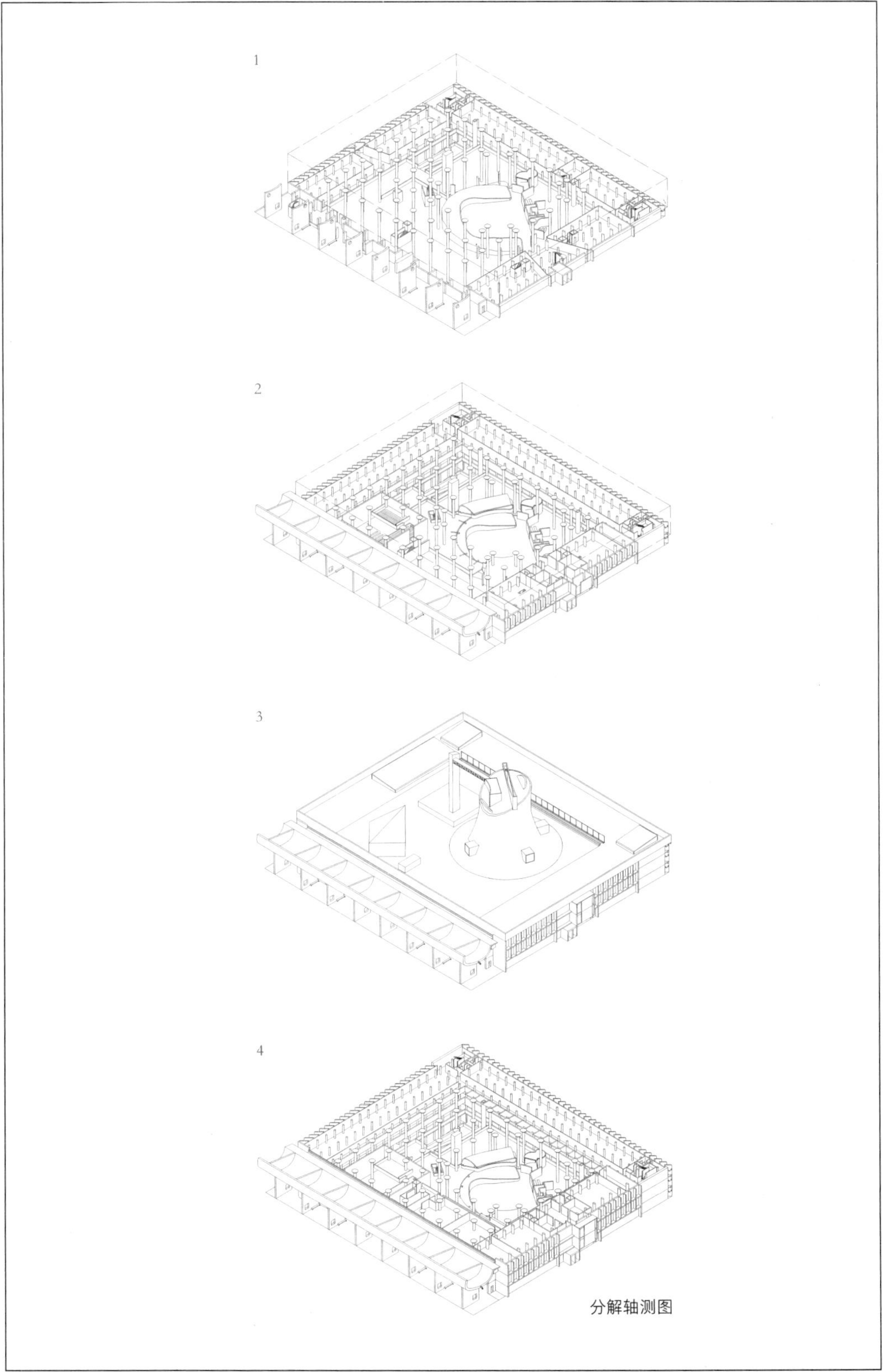

分解轴测图

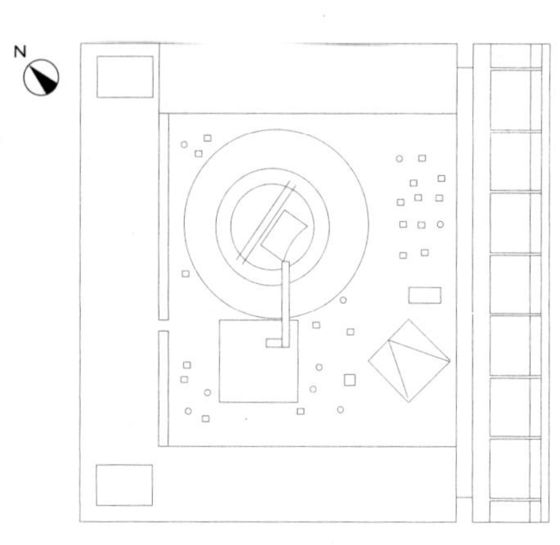

屋顶平面图

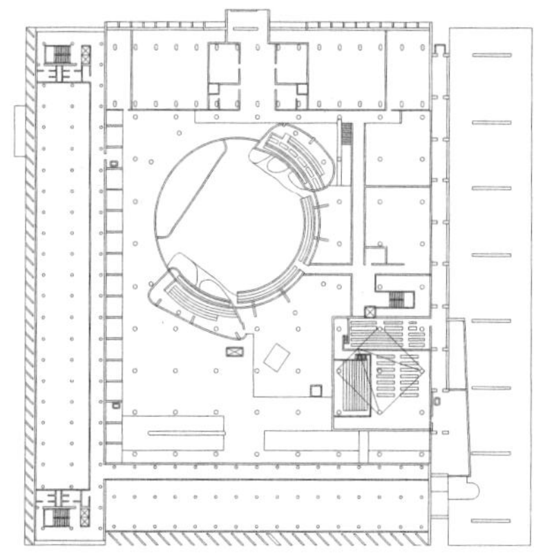

二层平面图

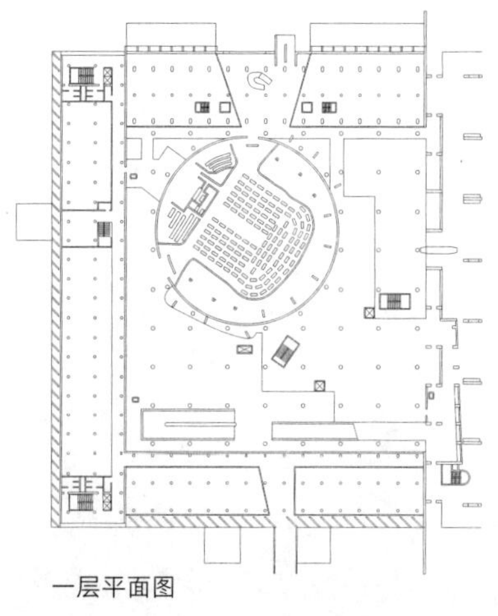

一层平面图

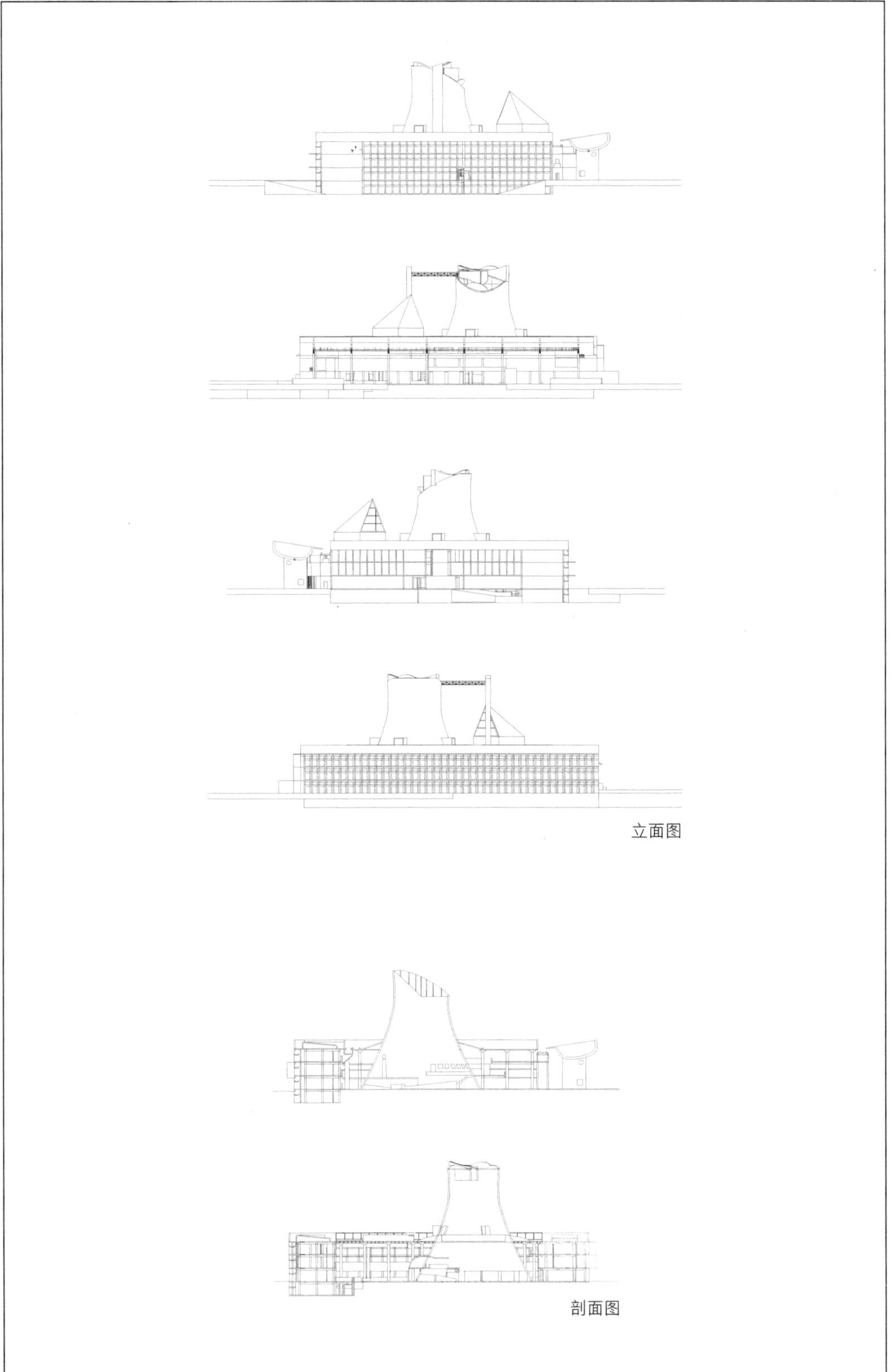
立面图
剖面图

A-49
昌迪加尔秘书处

设计时间：1952—1956

项目地点：印度昌迪加尔

建成情况：建成

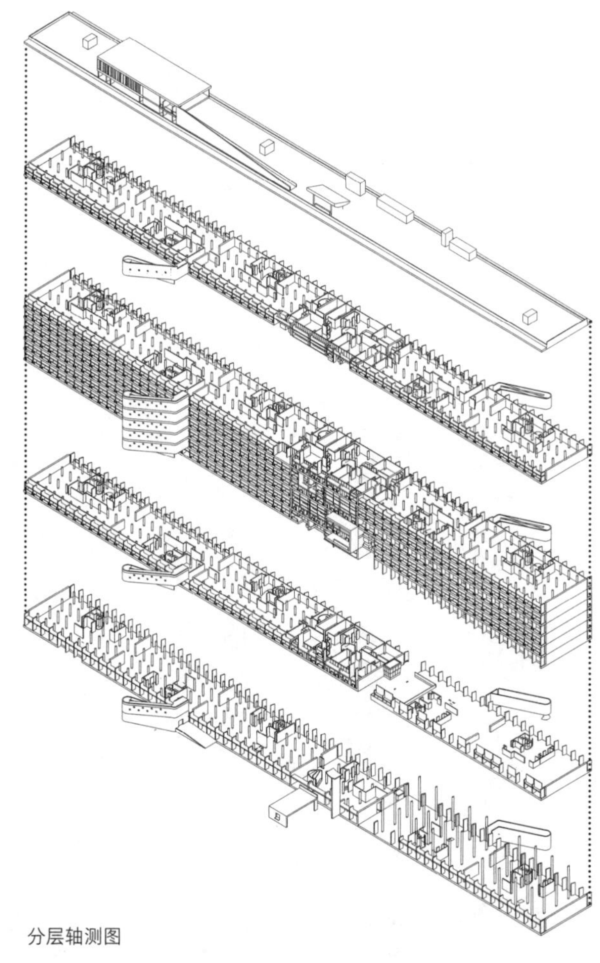

分层轴测图

这是一艘停在昌迪加尔的“巨轮”，建筑长 254m，高 42m，可以容纳 3 000 多个公务人员。平面呈狭长的“一”字形，分为若干个区，中间为部长区，东北翼和西南翼为办公室区。“一”字形平面之外为两个竖向的坡道交通体，这些坡道在施工时是骡子运送材料的通路。建筑立面采用了混凝土遮阳格栅以及凹阳台来抵御当地强烈的日照。

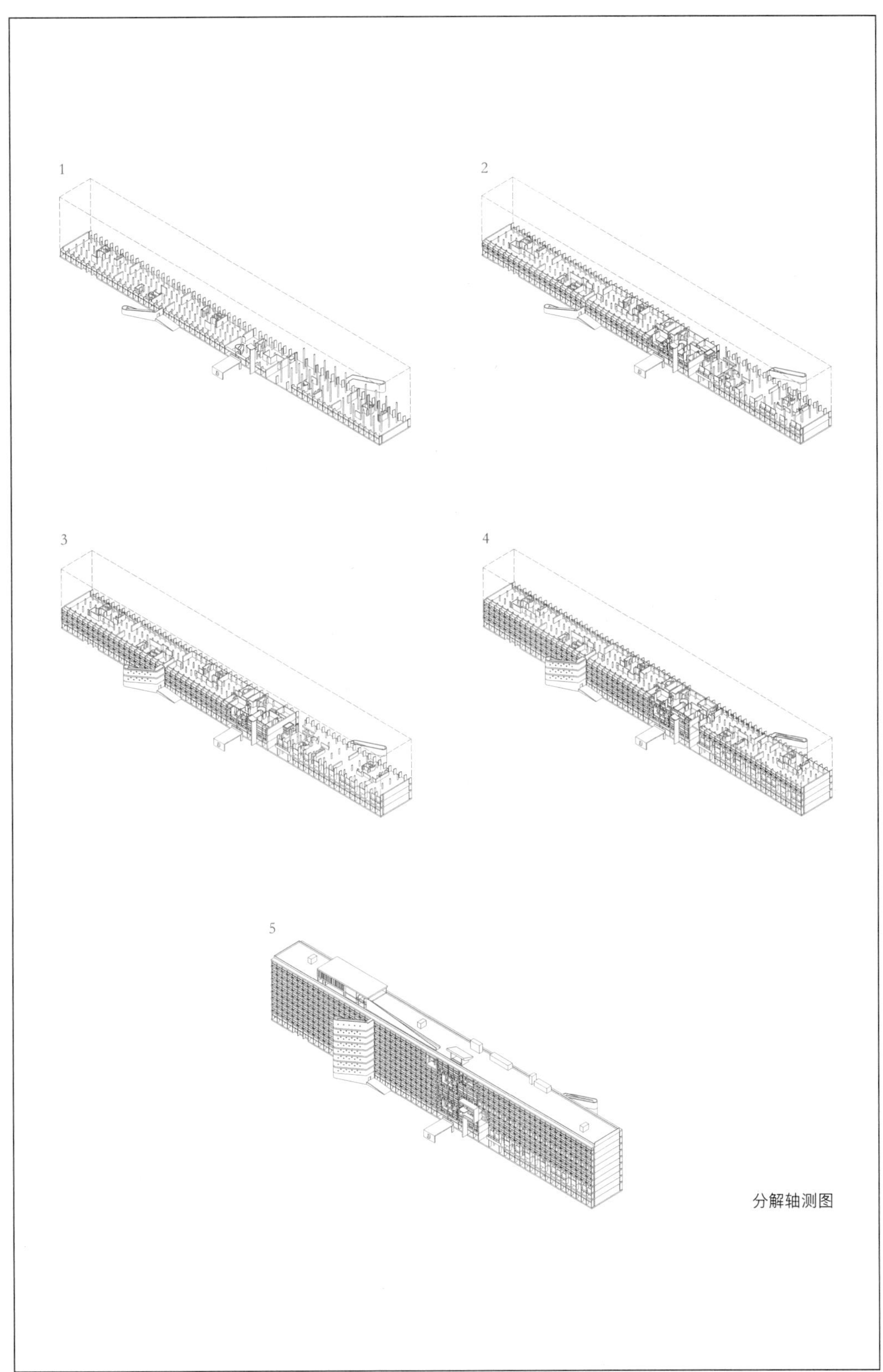

分解轴测图

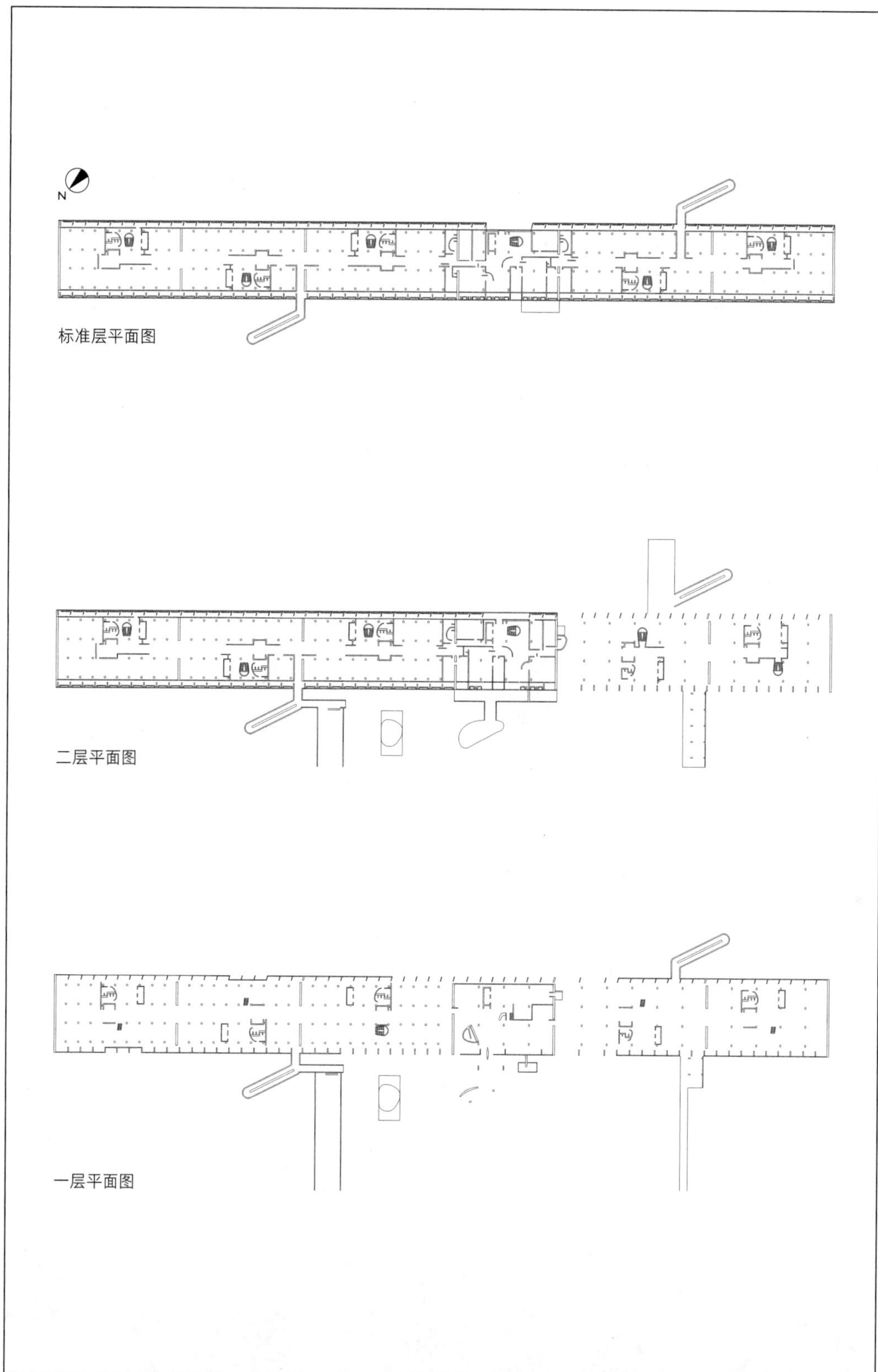

标准层平面图

二层平面图

一层平面图

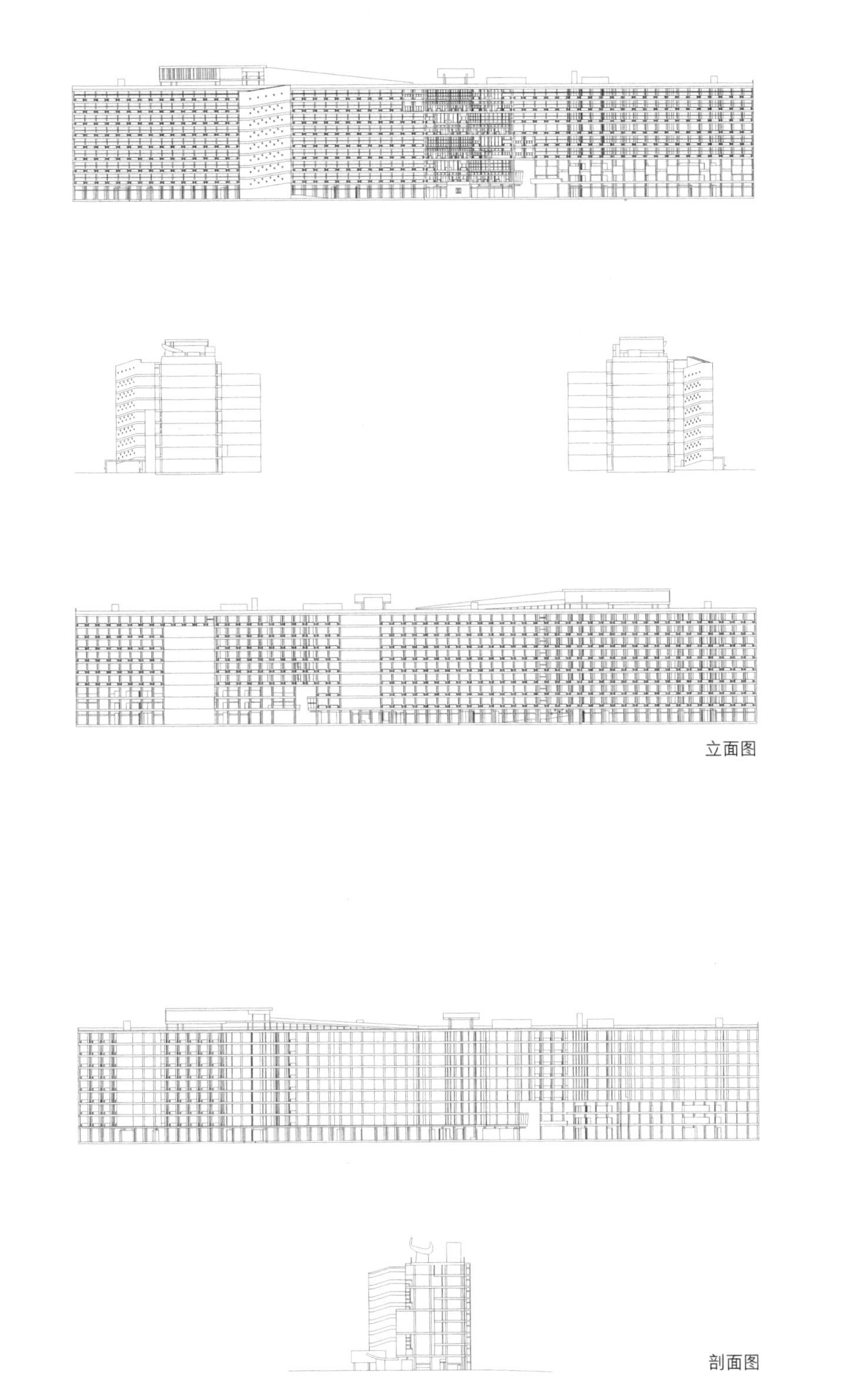

立面图

剖面图

A-50
昌迪加尔大法院

设计时间：1952—1956
项目地点：印度昌迪加尔
建成情况：建成

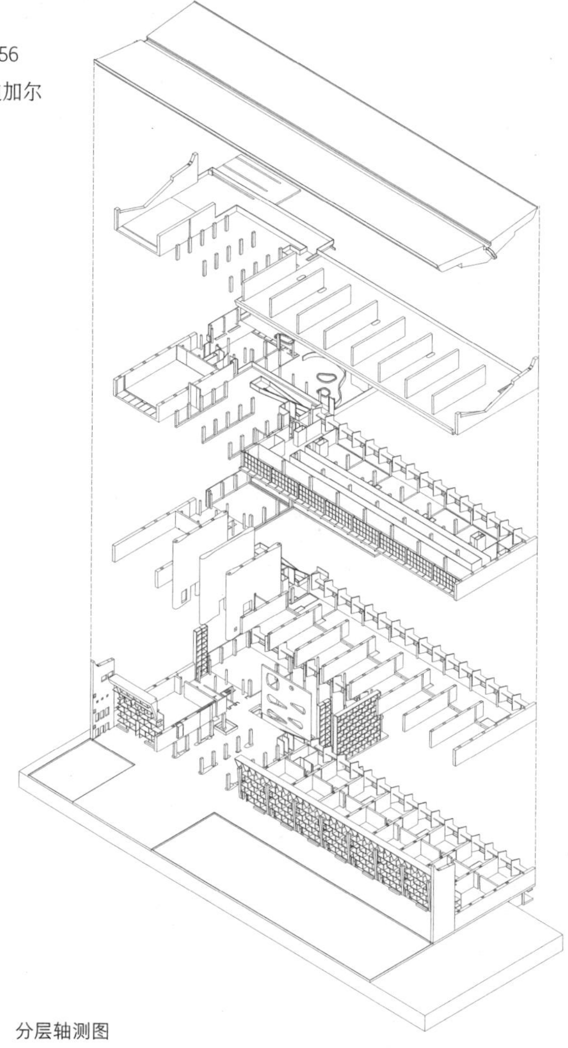

分层轴测图

建筑地下一层，地上四层，整体被一片巨大的混凝土反拱屋顶所覆盖。底层的入口门廊由三道覆以喷浆混凝土的廊墙构成，深处是通往上层的坡道，正立面的各个混凝土格栅的尺寸是按照模度系统进行设计的，确保了各个局部在整体构成上的统一。平面的一层是大法庭及敞厅，二层是小隔间的律师及法官办公室，三层是办公室、档案室和餐厅，阳伞状屋顶下方的四层是可上人的露台。

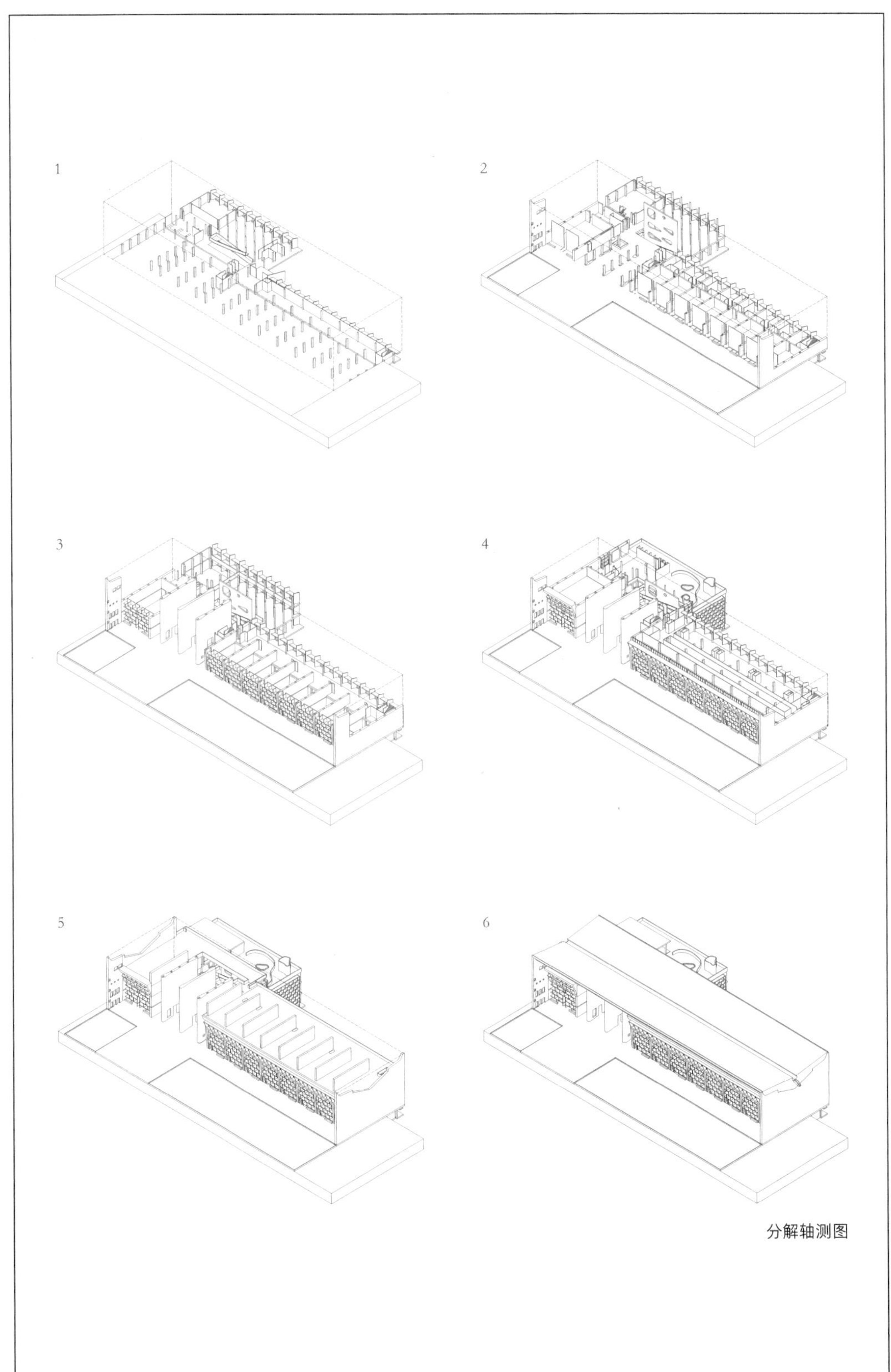

分解轴测图

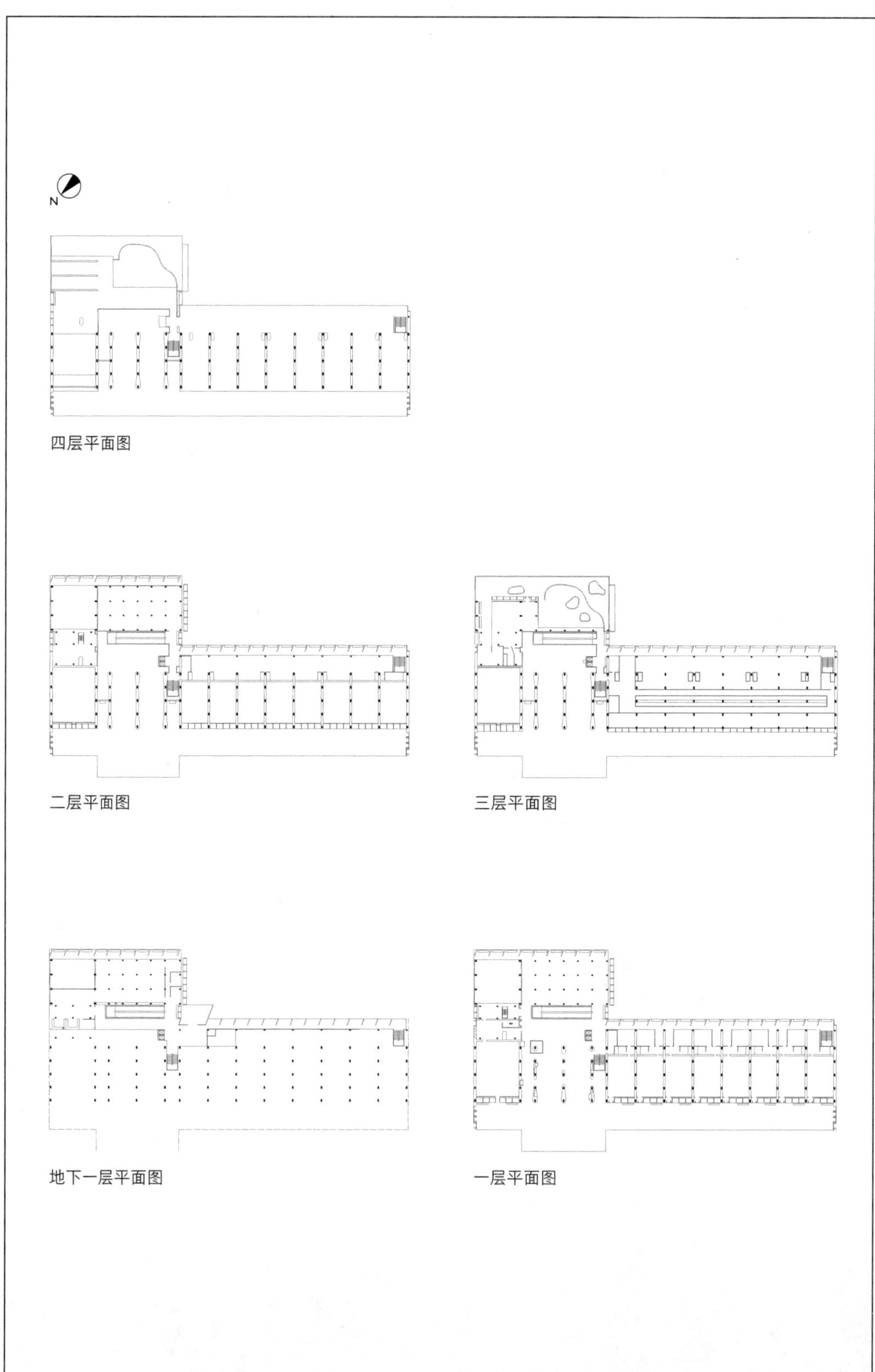

四层平面图

二层平面图

三层平面图

地下一层平面图

一层平面图

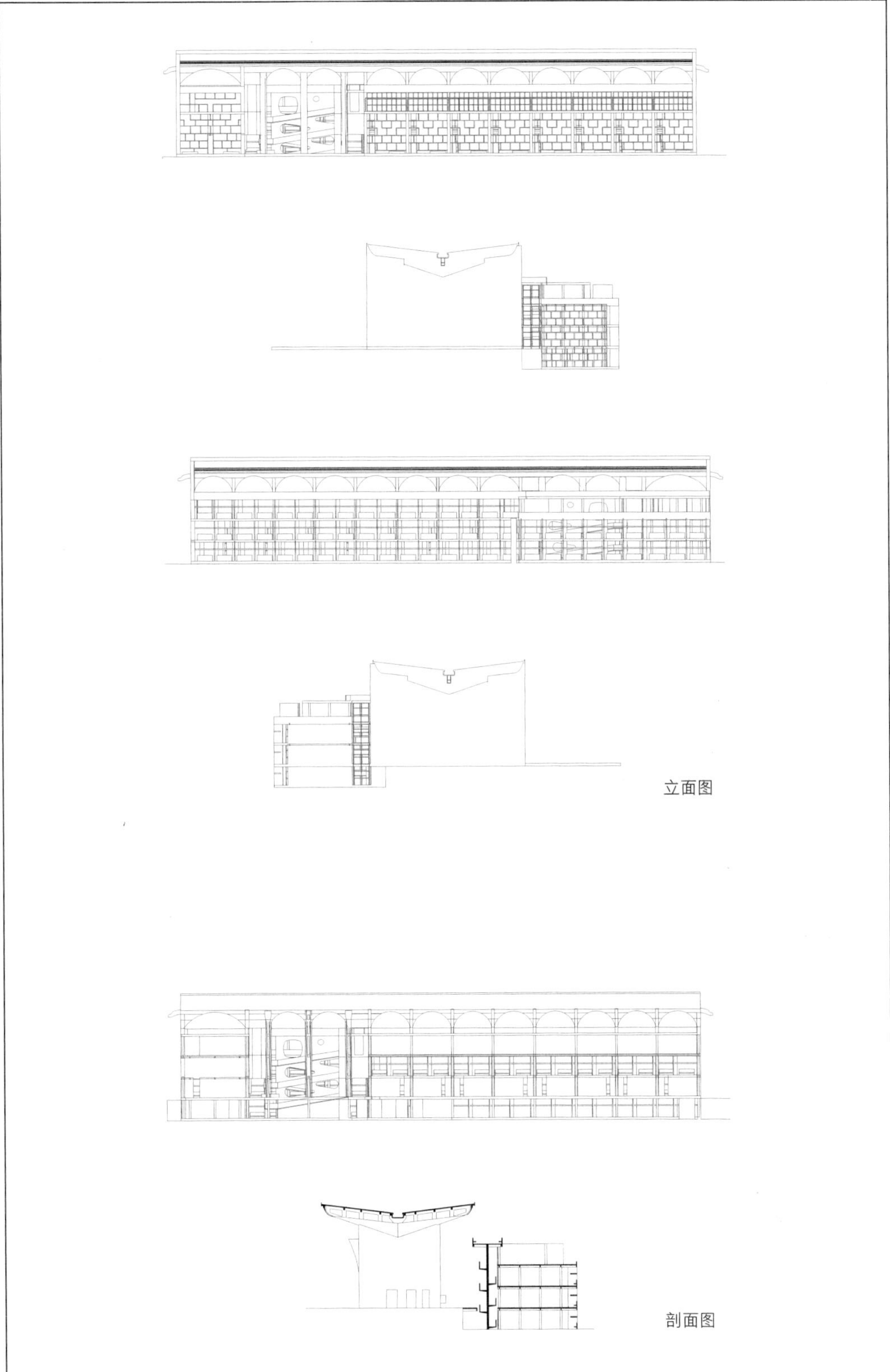
立面图
剖面图

A-53
艾哈迈达巴德棉纺织协会总部

设计时间：1954—1957
项目地点：印度艾哈迈达巴德
建成情况：建成

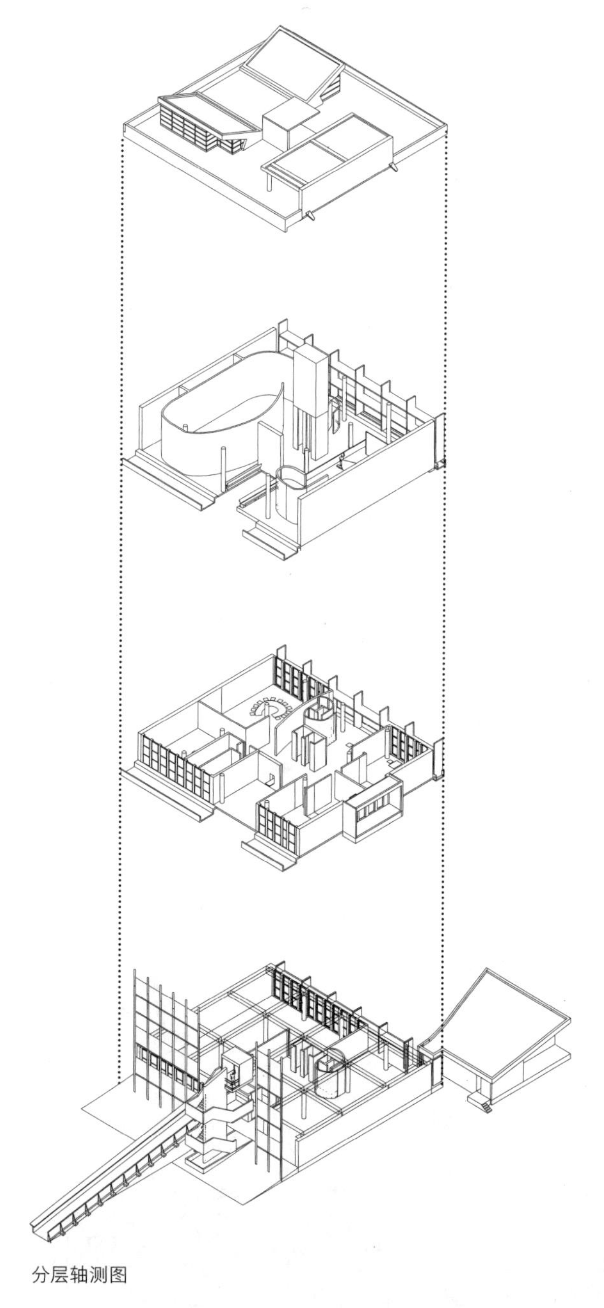

建筑基地坐落在一处临河的花园中，西立面上的一条长长的坡道直接将行人引入办公层，建筑的南北立面几乎不开窗，东西立面采用了遮阳的格栅。平面的中间为直达各层的电梯交通核，混凝土的框架结构使得室内可以自由布置空间，卫生间（一个室内独立的仓体）的布置，将这一点体现得淋漓尽致。一层为入口、办公室、餐厅及厨房等，其中餐厅和厨房处于主体方形平面之外，位于基地东南翼；二层为办公室和会议室等；三层为通高的敞厅及集会大厅。

分层轴测图

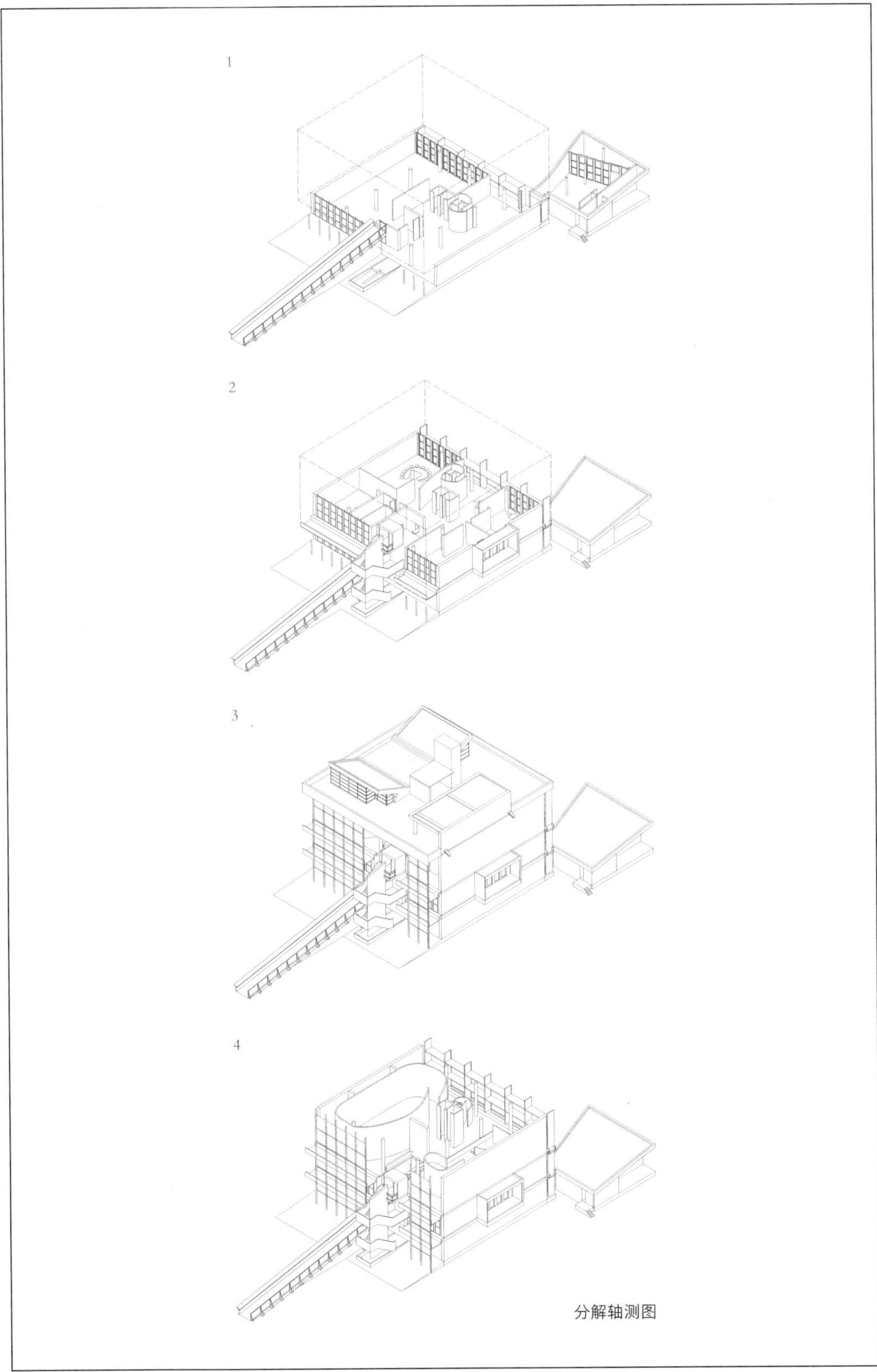

分解轴测图

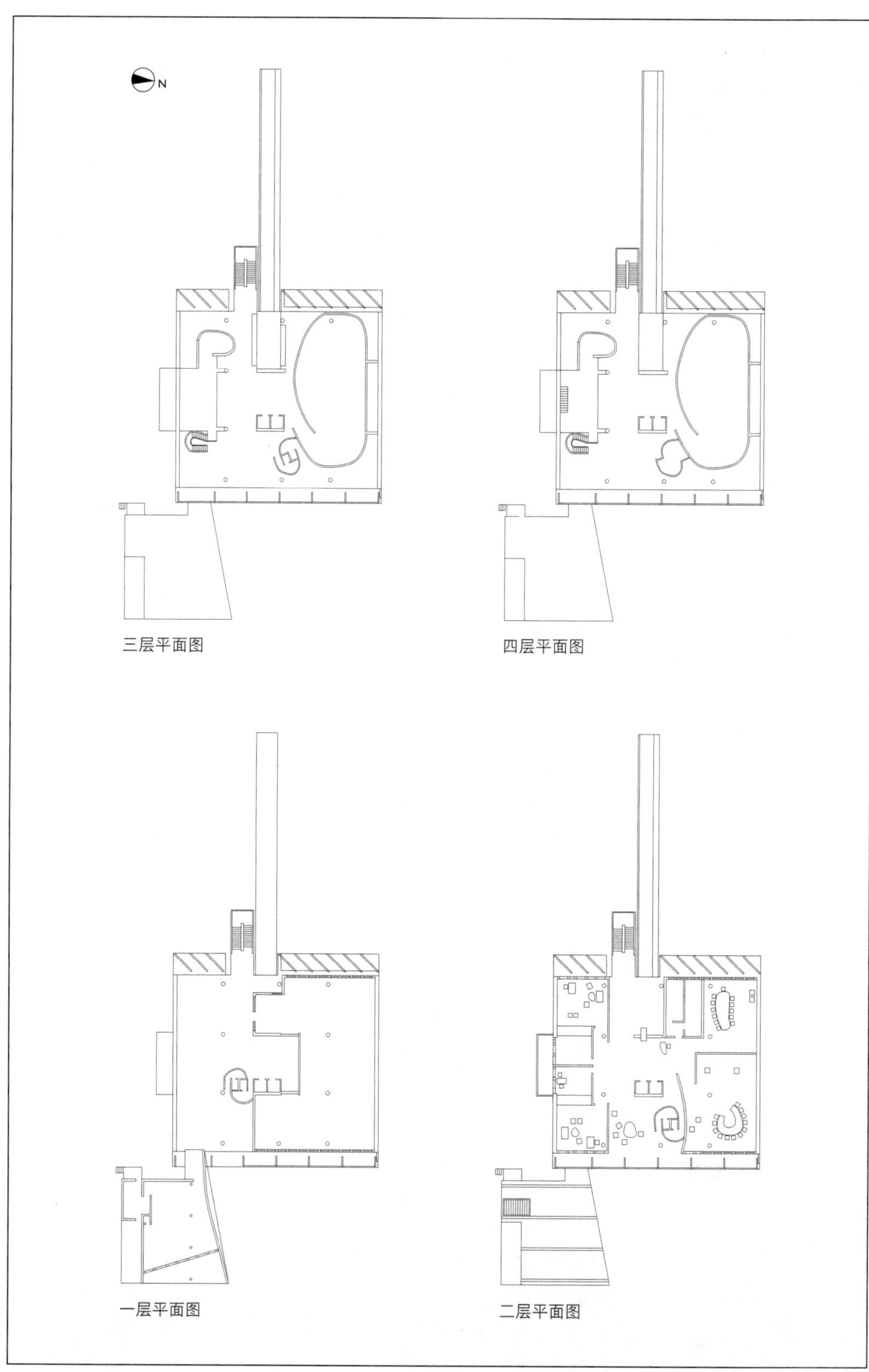
N
三层平面图
四层平面图
一层平面图
二层平面图

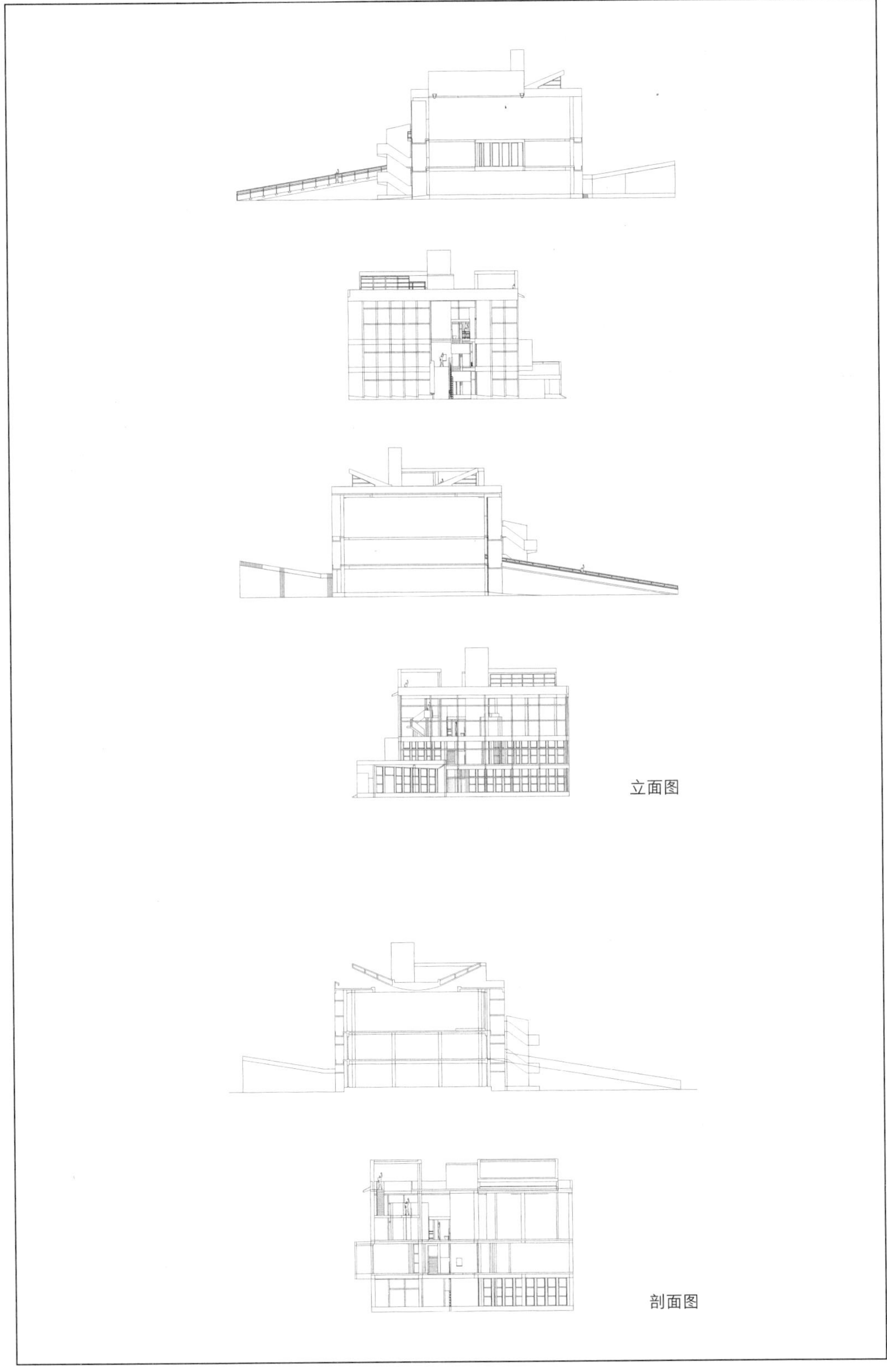

立面图

剖面图

A-62
昌迪加尔大法院的附属建筑

设计时间：1960—1965
项目地点：印度昌迪加尔
建成情况：建成

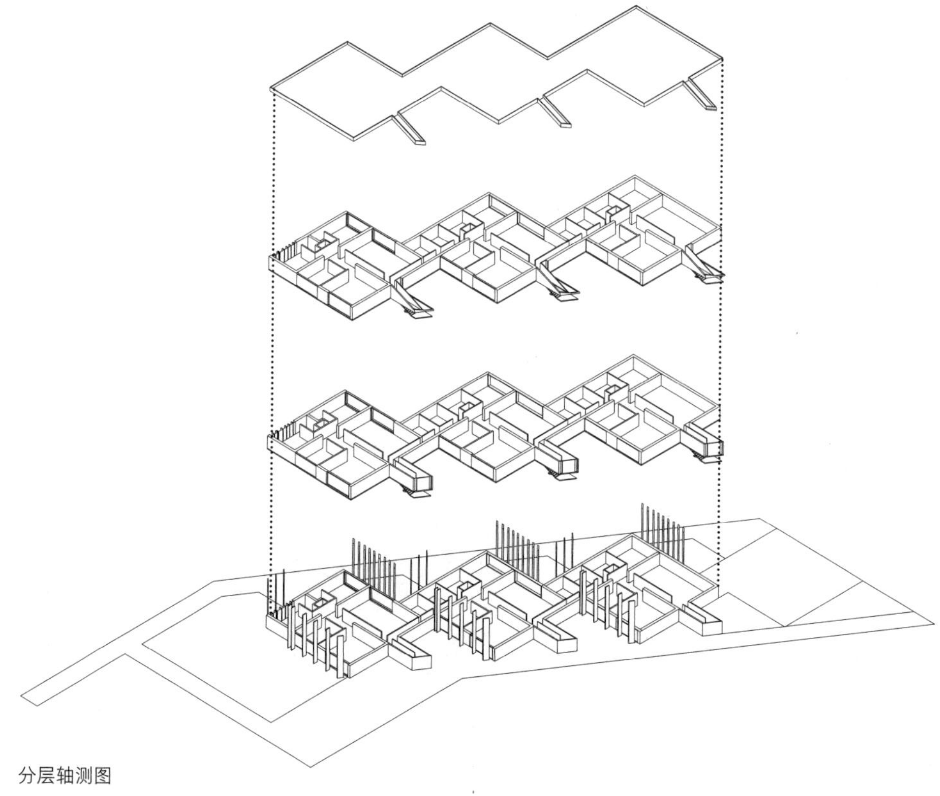

分层轴测图

基地位于昌迪加尔大法院的东侧，建筑包括档案室和办公室。柯布西耶较为关注这些附属建筑的设计，以期尽可能地与整个建筑群保持统一。该建筑采用了可以无限向北侧延伸的标准化平面，平面呈方形，内部 4 个方向的隔墙划分出主要的隔间，且通过建筑的一角与相邻的单元连通，垂直交通核的楼梯间被置于方形平面之外，两栋标准单元体之间围合出一个小庭院。

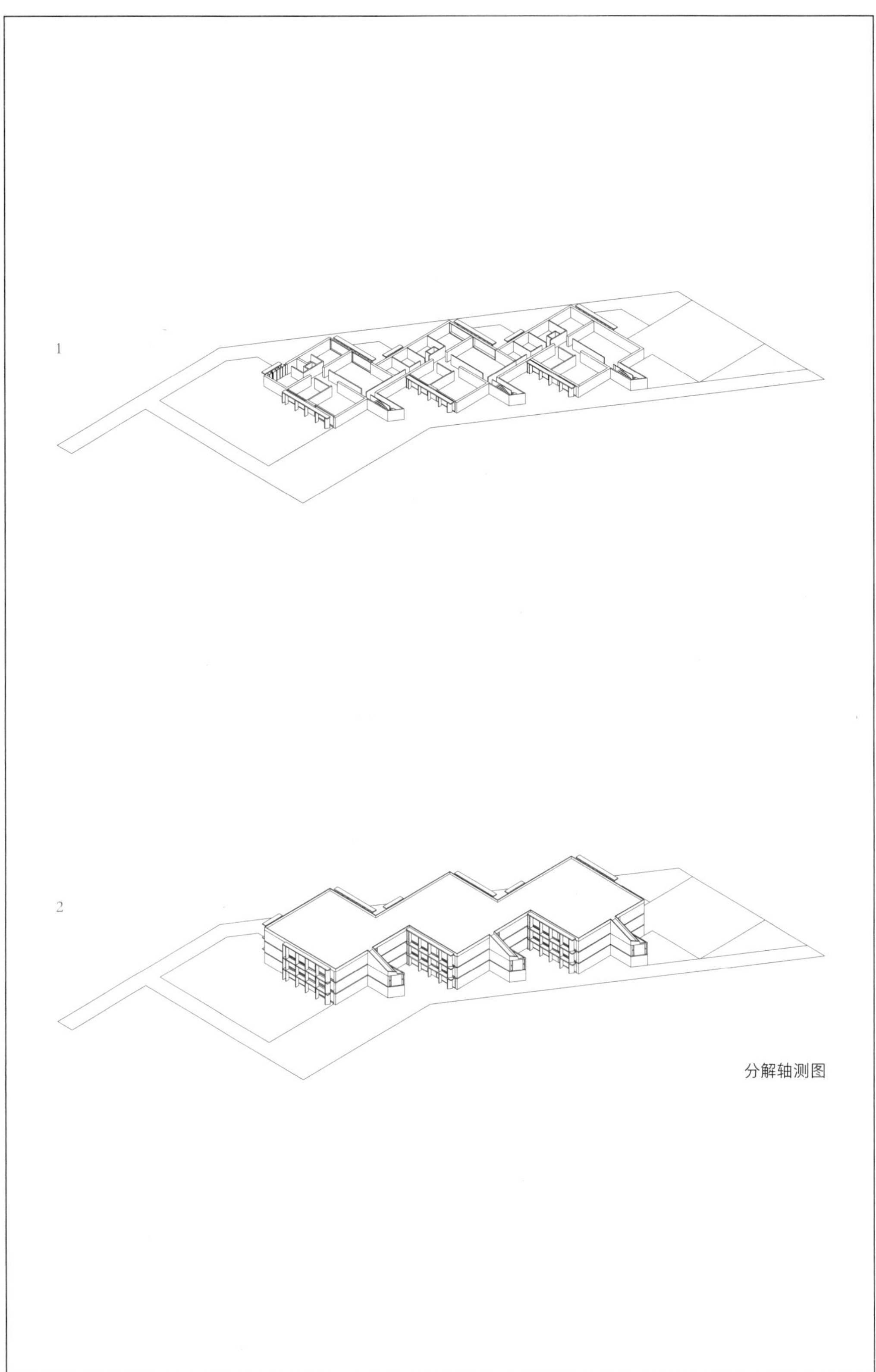

分解轴测图

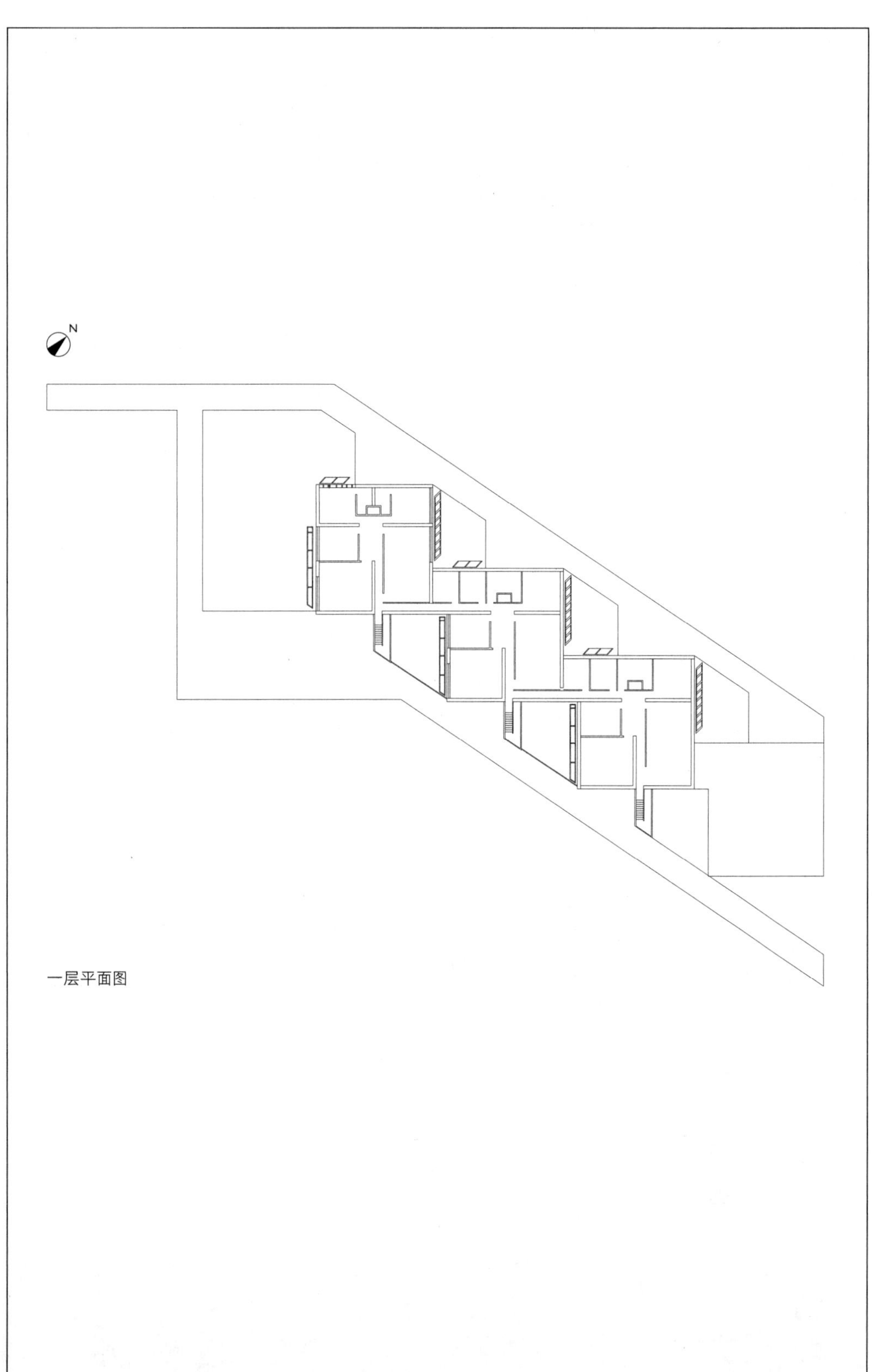

一层平面图

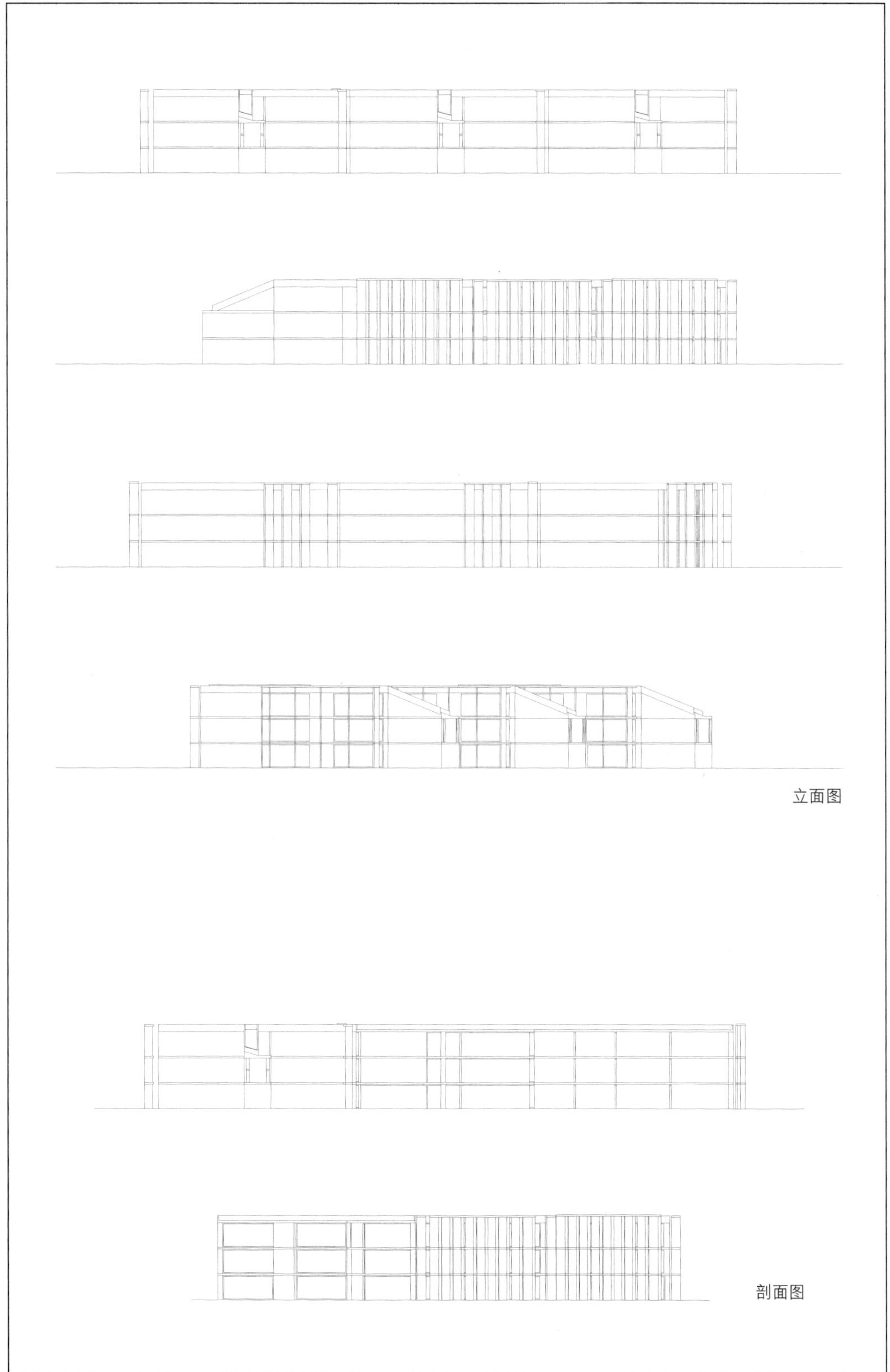

立面图

剖面图

A-69
奥利维蒂电子计算中心

设计时间：1963—1964
项目地点：意大利罗镇
建成情况：未建成

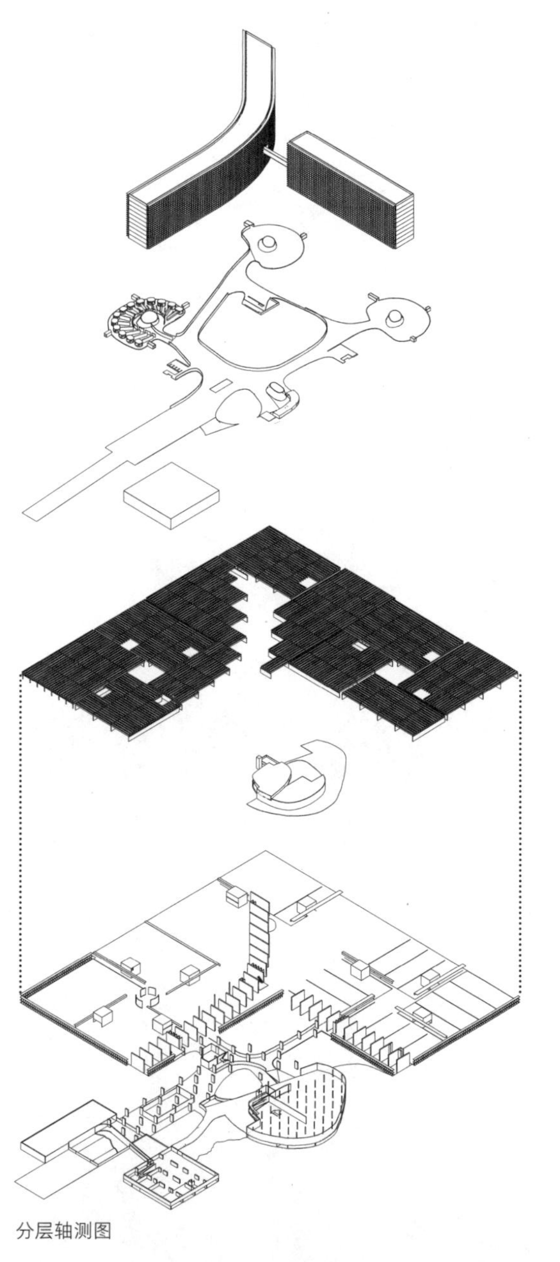

分层轴测图

这是一个能容纳 4 000 多名工作人员的建筑综合体，由两栋科研楼与底层的工场构成。工场部分是 3 个标准的方形平面，从屋顶平面来看，内部的单元是按照方螺旋的方式来布置的，4 个楼梯交通核连接上下层，工场的顶部是屋顶花园以及呈有机形态分布的淋浴卫生间。从平面构成来看，这是柯布西耶将无限生长的博物馆中所采用的方螺旋式布局应用到建筑综合体中的一次试验，而它们都有一个共同的主题，即可以沿着现有框架进行标准化的扩展。

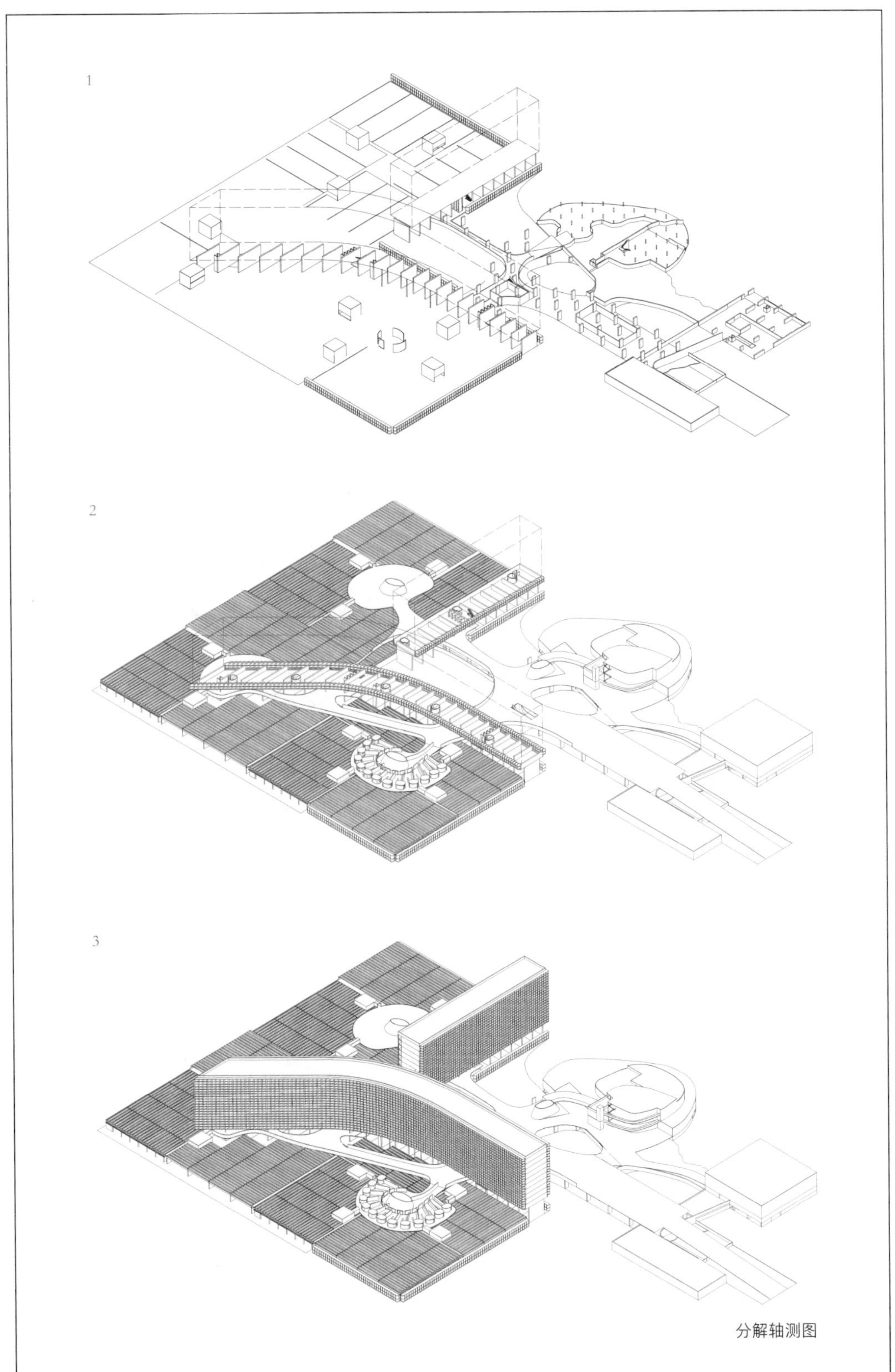

分解轴测图

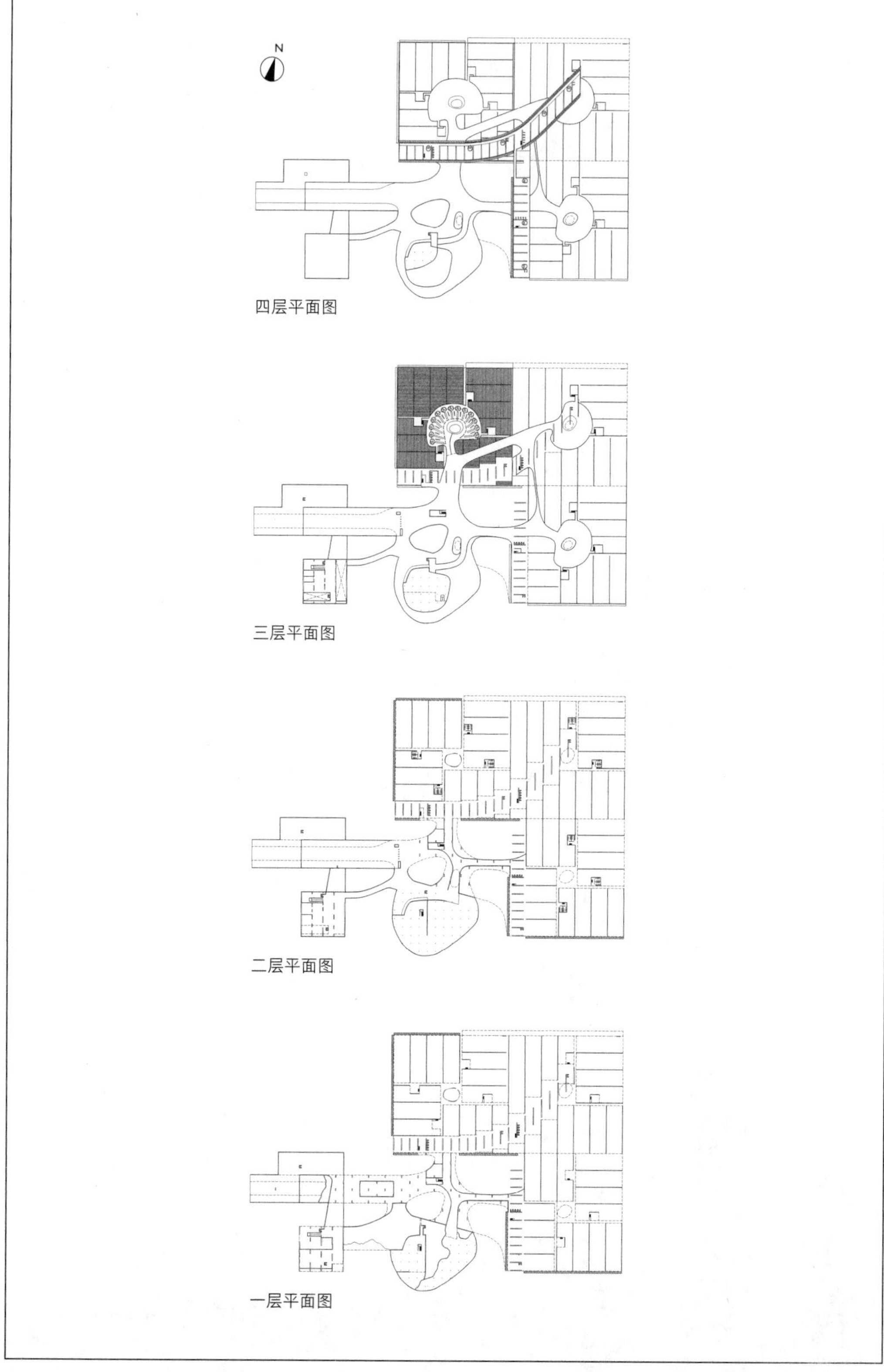

四层平面图

三层平面图

二层平面图

一层平面图

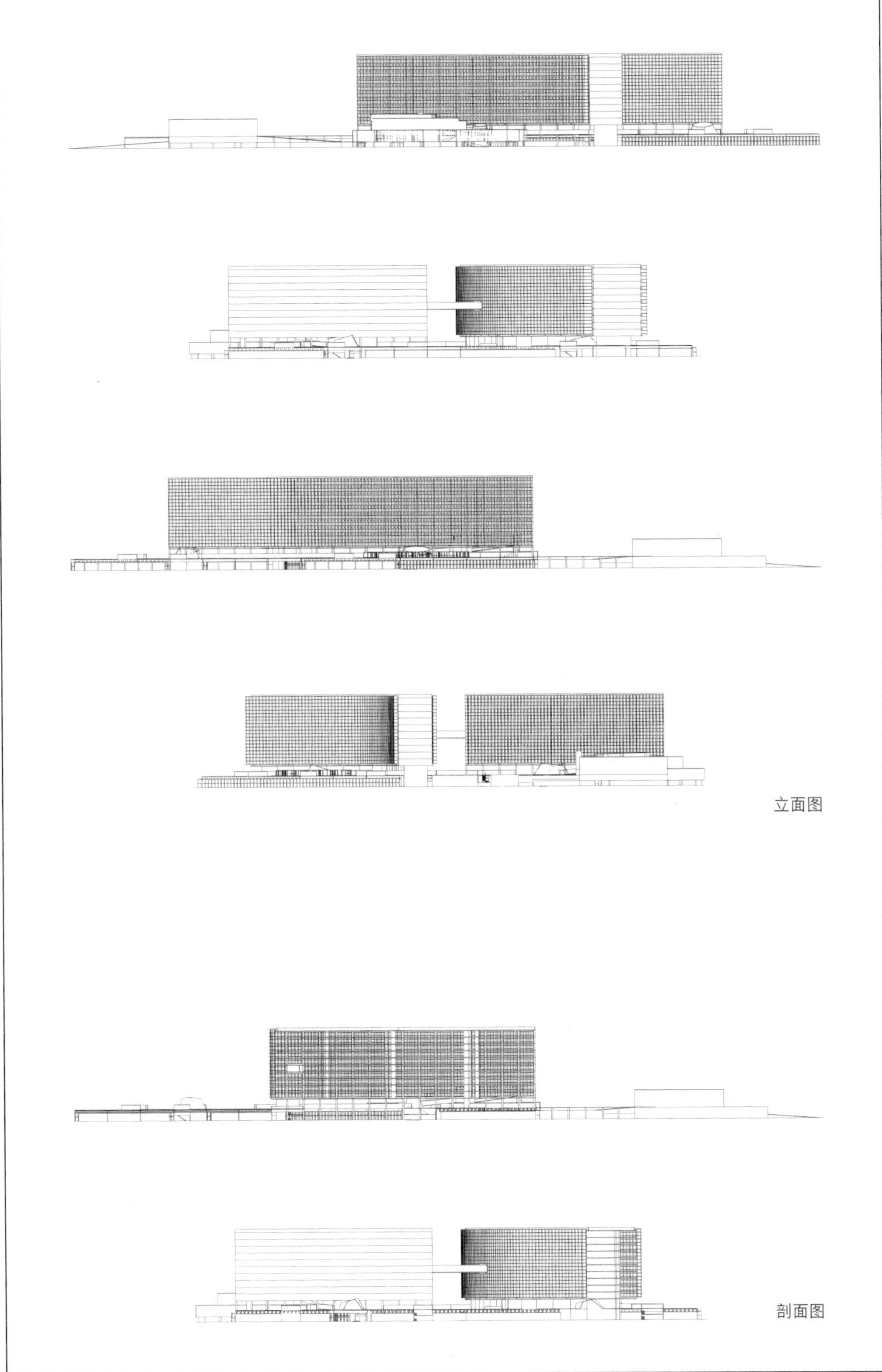

立面图

剖面图

A-75

斯特拉斯堡国会大厦

设计时间：1964

项目地点：法国斯特拉斯堡

建成情况：未建成

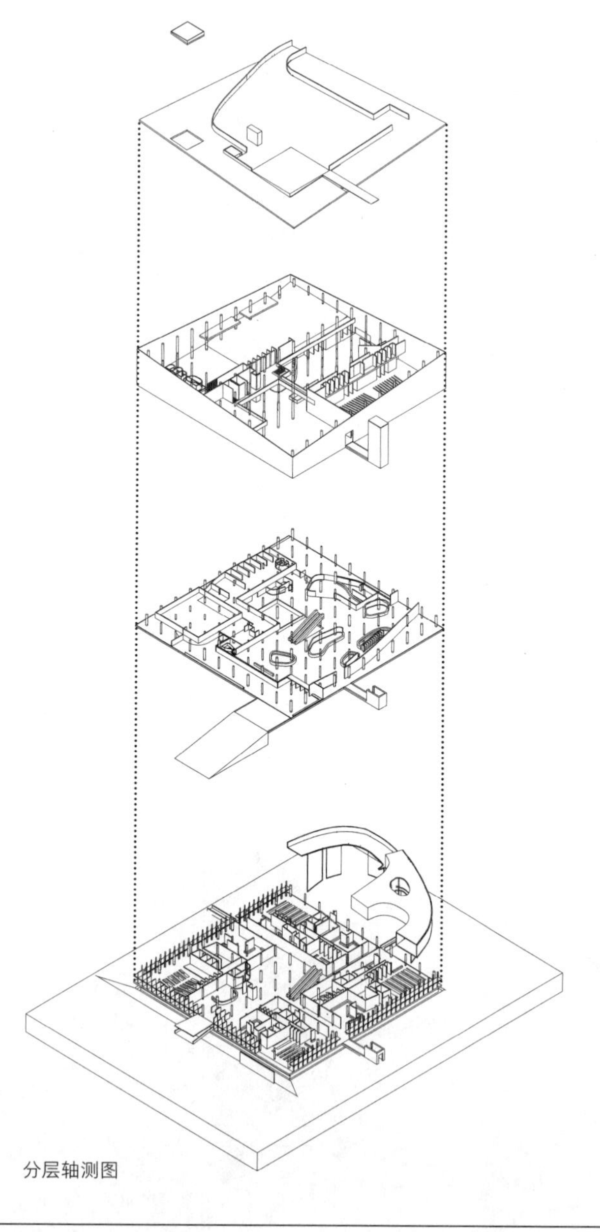

分层轴测图

建筑整体由一个方形体块和附属的从二层直达屋顶的大坡道构成，一层是大小不同的会议厅、入口接待区、办公室等，二层为图书室、酒吧、沙龙等休闲娱乐空间，三层为能容纳较多人的集会大厅，贯穿各层平面的是中间的自动扶梯交通核，整体的构成是基于框架结构所带来的自由平面。建筑北侧的大坡道由底层的混凝土承重墙所支撑，连通了二层、三层及屋顶。这是柯布西耶在公共建筑上所惯用的手法，即除却建筑平面中心的竖直交通核心以外，于建筑平面的外侧设置一个辅助的“建筑漫步”的交通体，如昌迪加尔秘书处大楼中的附属坡道，以及苏黎世柯布西耶中心外侧的坡道等。

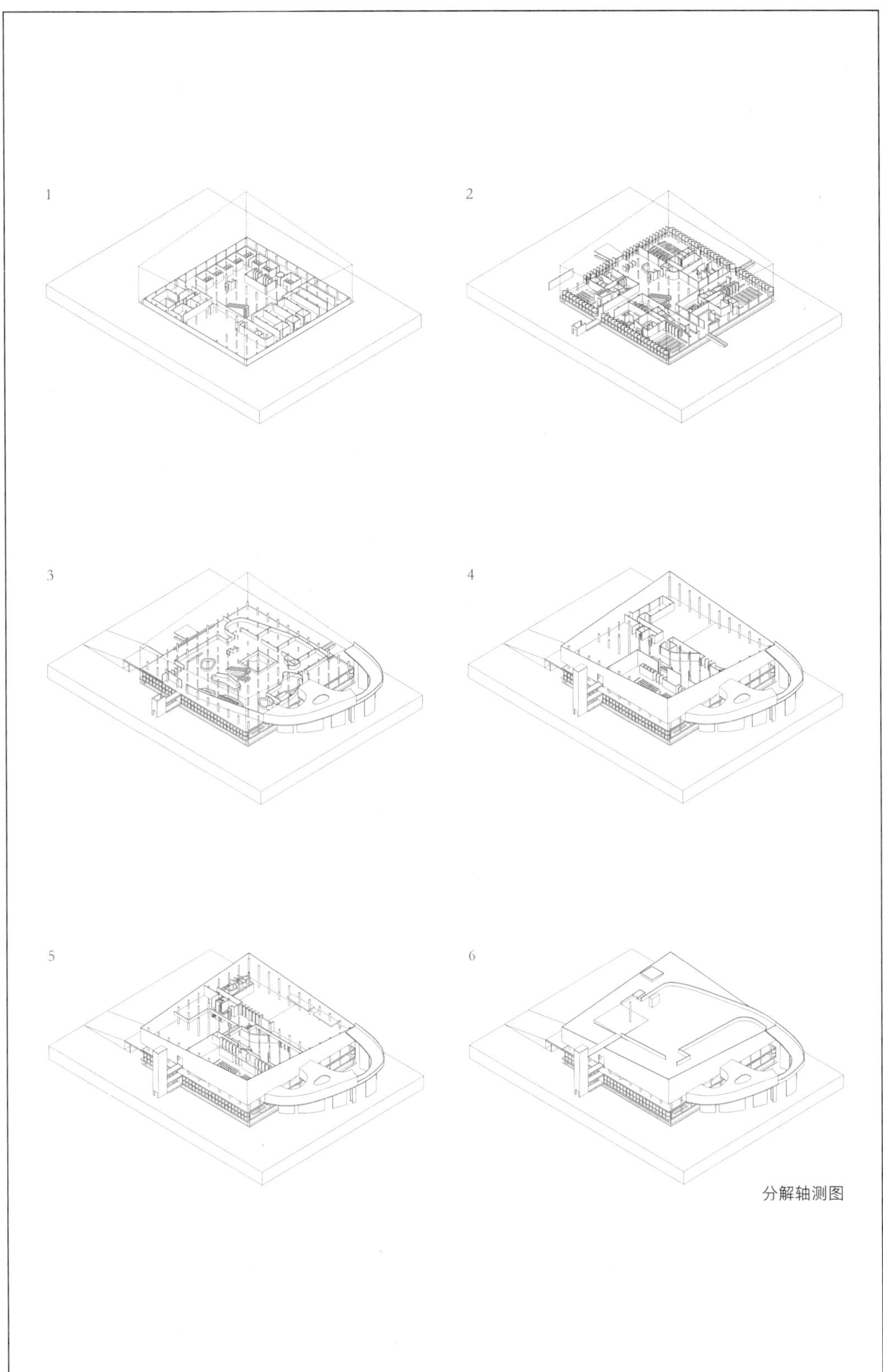

分解轴测图

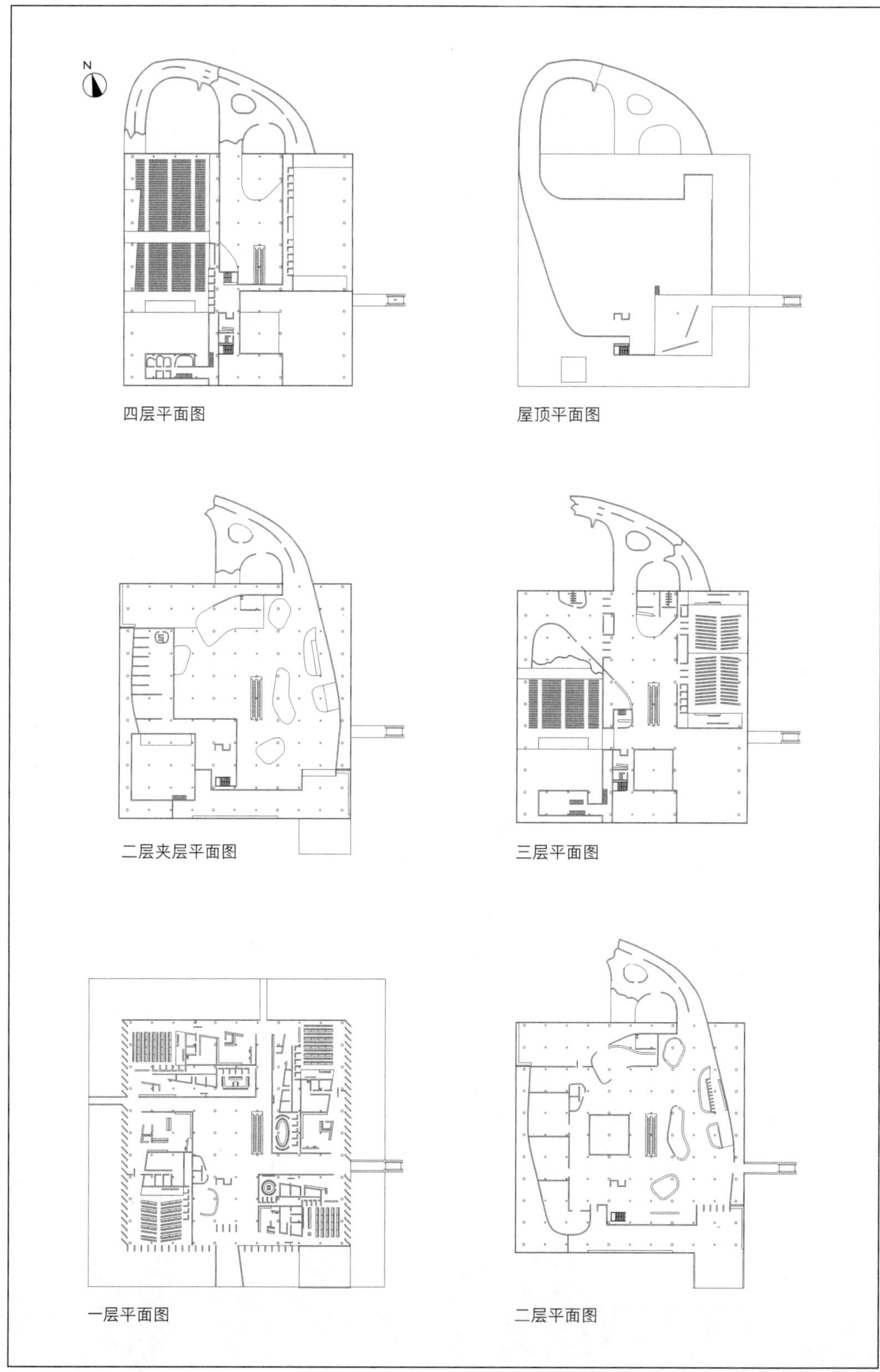

四层平面图

屋顶平面图

二层夹层平面图

三层平面图

一层平面图

二层平面图

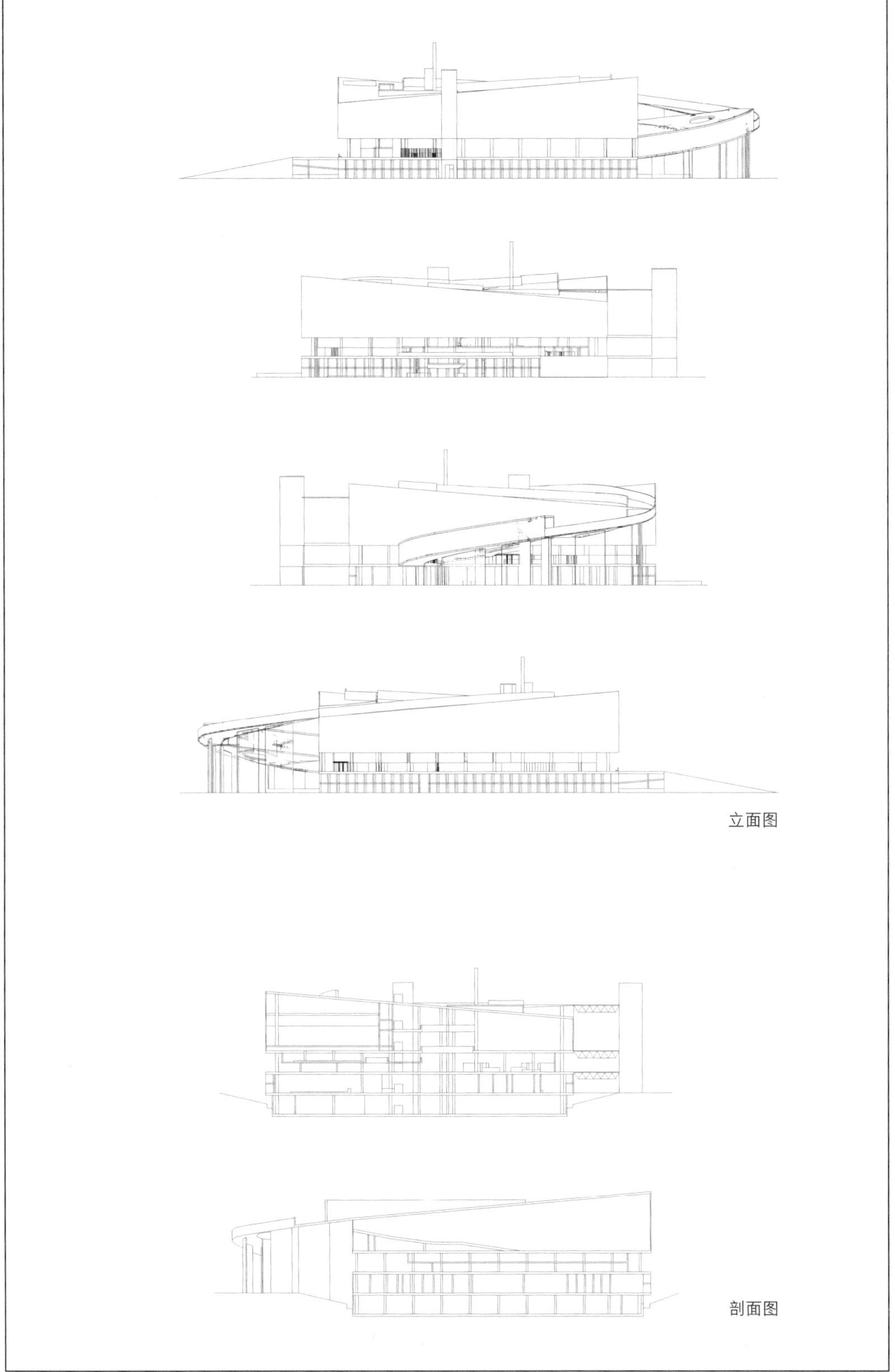

立面图

剖面图

A-76
巴西利亚法国大使馆方案

设计时间：1964—1965
项目地点：巴西巴西利亚
建成情况：未建成

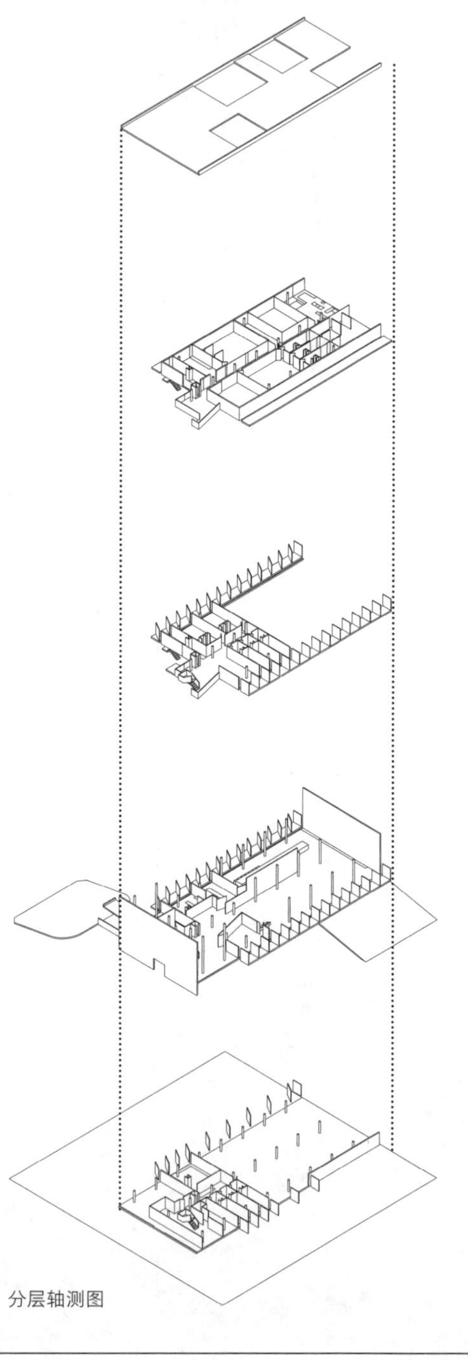

基地位于巴西的首都巴西利亚，整个方案是一个建筑群，主要由大使住所和使馆办公楼构成，本书摘选了大使住所部分。从功能上看，一层为入口、厨房、前厅及仆人房等，二层为餐厅、客厅等，三层为套房，四层为娱乐室、儿童房、书房等。平面呈方形，建筑的东立面和西立面设置了遮阳的格栅，格栅整体被容纳在一个方形的体块之中，东侧有一个大坡道，直接连接了一层和二层。

分层轴测图

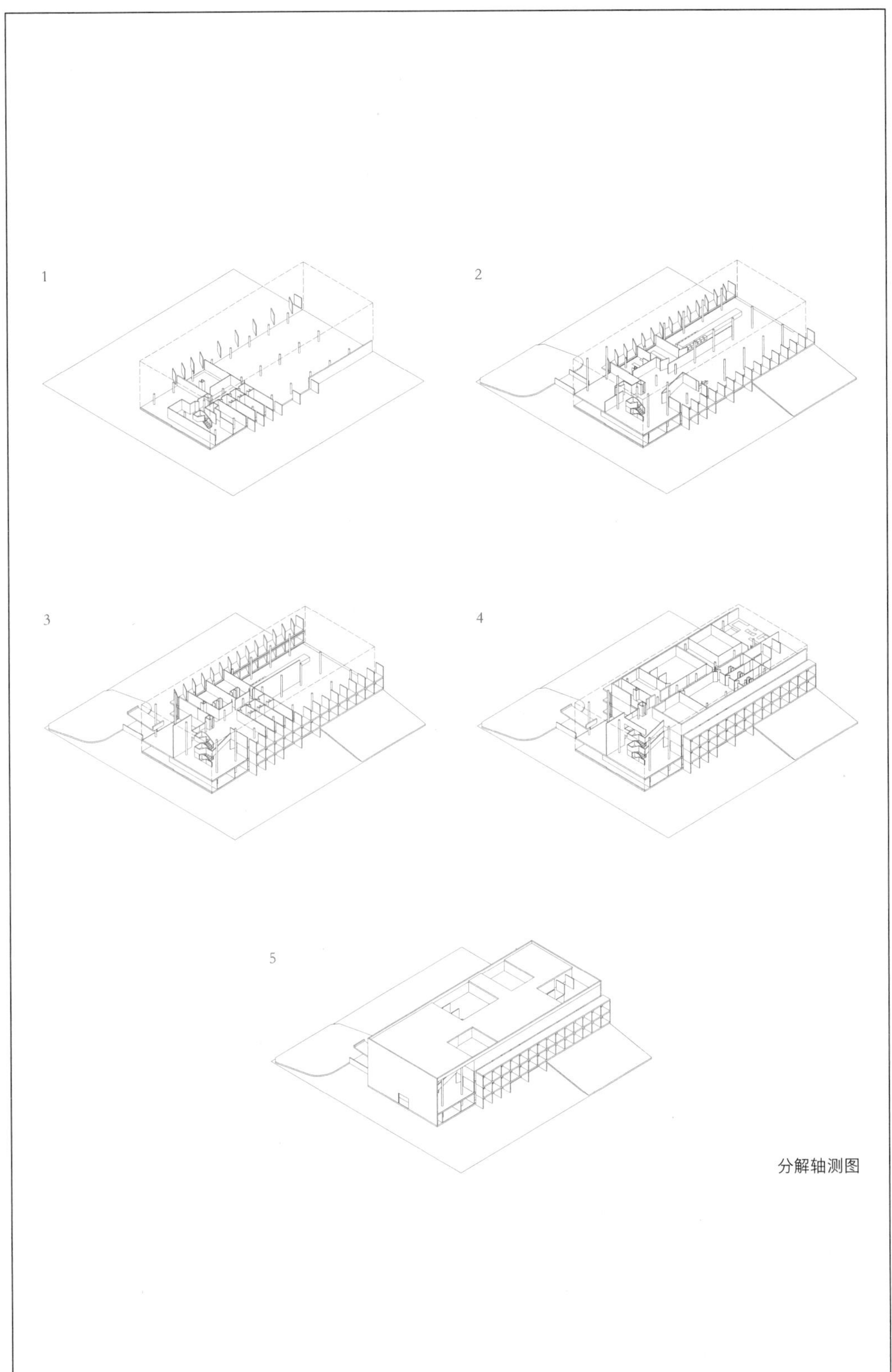

分解轴测图

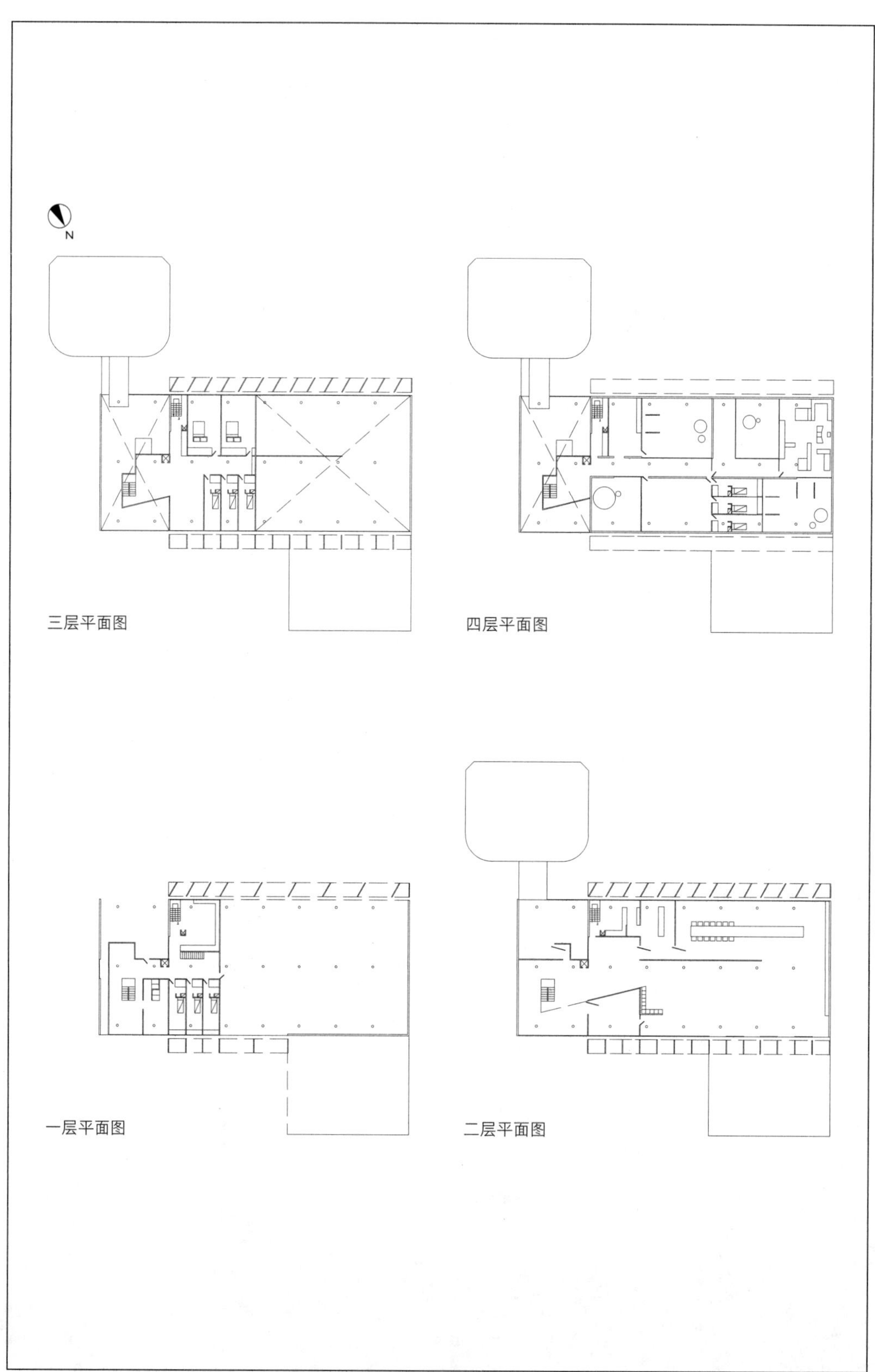
N
三层平面图
四层平面图
一层平面图
二层平面图

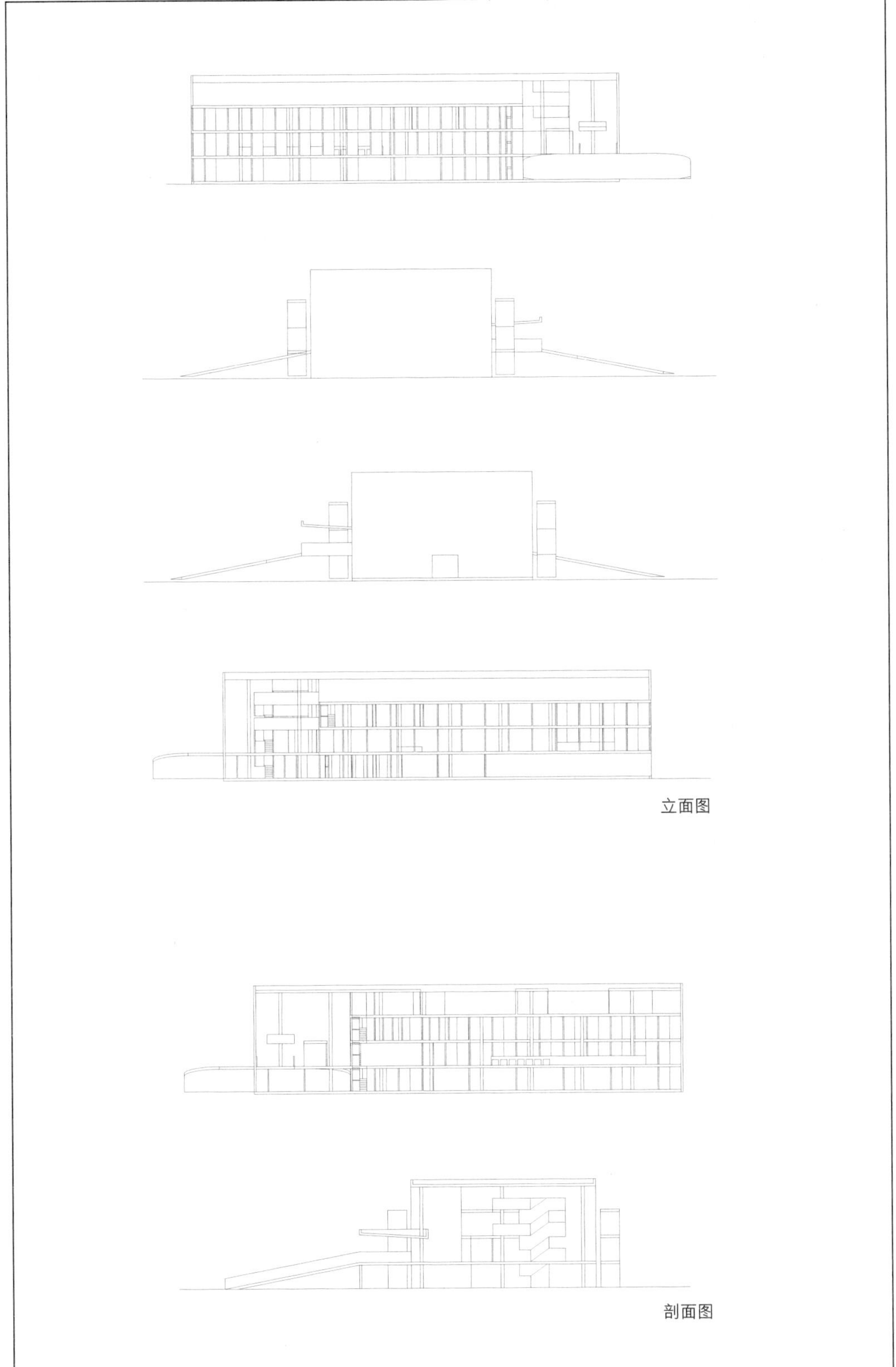

立面图

剖面图

B-08

Mundaneum 世界博物馆

设计时间：1929

项目地点：瑞士日内瓦

建成情况：未建成

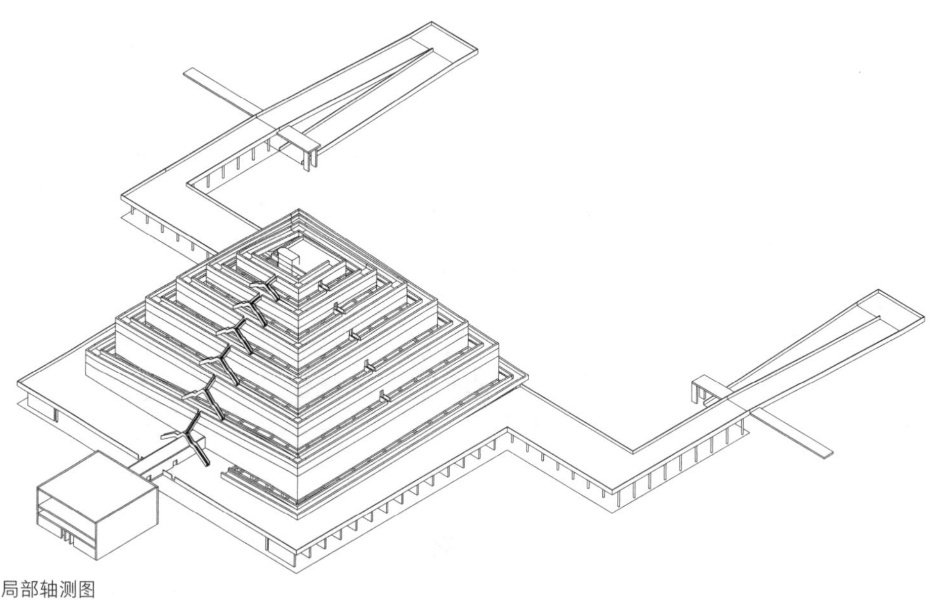

局部轴测图

这个基地位于日内瓦的世界博物馆方案，如其名称所指，是一个旨在为全世界的人们所设计的国际的、科学的、无国籍指向的展示中心。其主要展示的内容是古往今来处于不同时间与不同空间中的人及其作品，简要来说，设计要考虑作品、时间、地点三个要素。为了使这三个要素的展示得以同步实现，柯布西耶设计了三条彼此之间没有隔墙的坡道，坡道沿着螺旋线缓缓上升，人们可以乘坐电梯直达顶部，然后顺着坡道进入博物馆。这一未建成的世界博物馆的构思，无论是从其最初的目的，还是从实现的形式上来看，都像是柯布西耶为 20 世纪的人类设计的一座理想的“巴别塔”。也许正因为如此，它最终只能停留在纸面上，并未实施。该方案的关键词是“螺旋线”与“坡道”，柯布西耶在博物馆类建筑设计上开创性地应用了螺旋线这一几何学要素，并且将其一直贯穿于无限生长的博物馆系列作品之中。

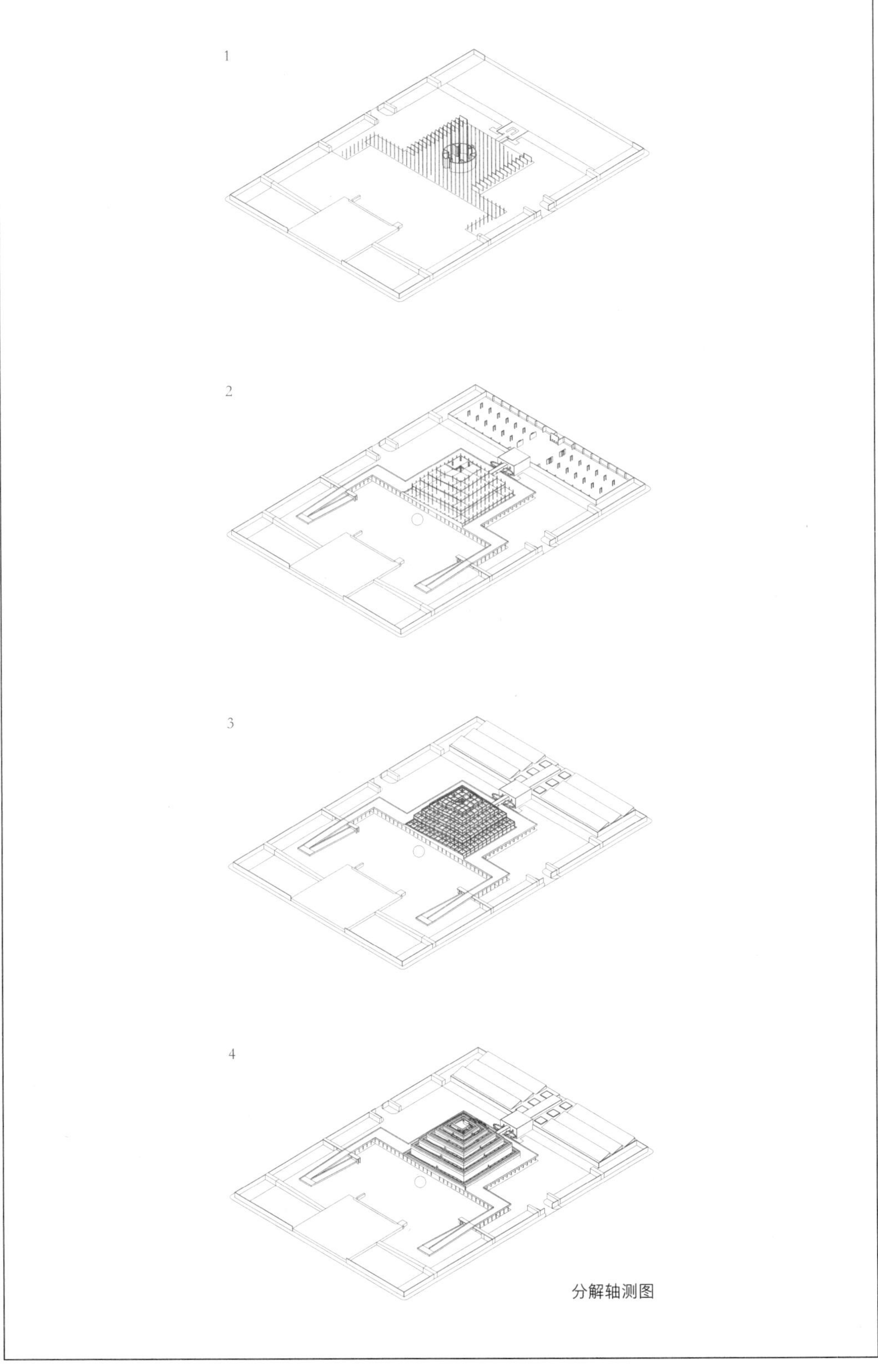

分解轴测图

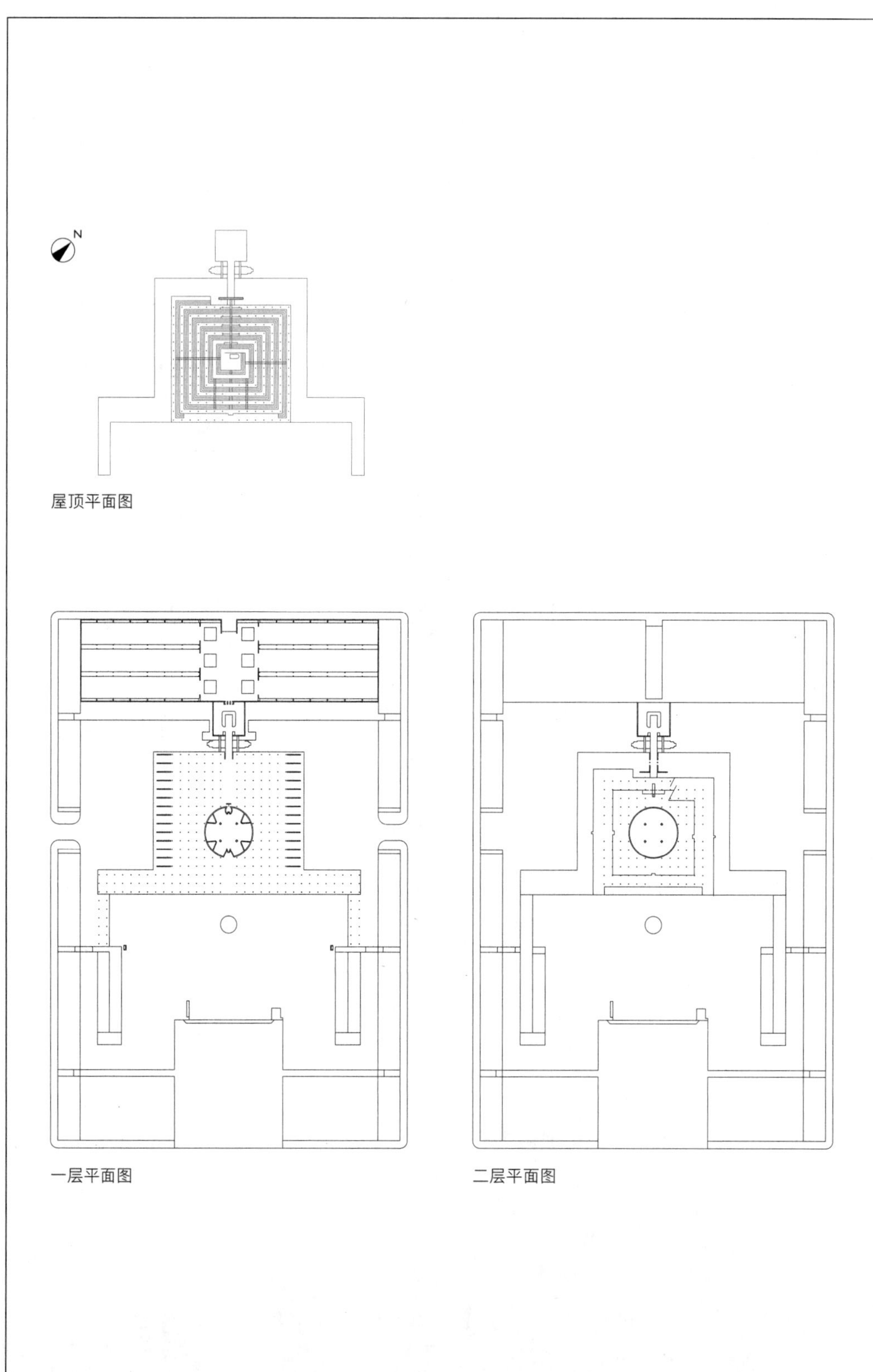

屋顶平面图

一层平面图

二层平面图

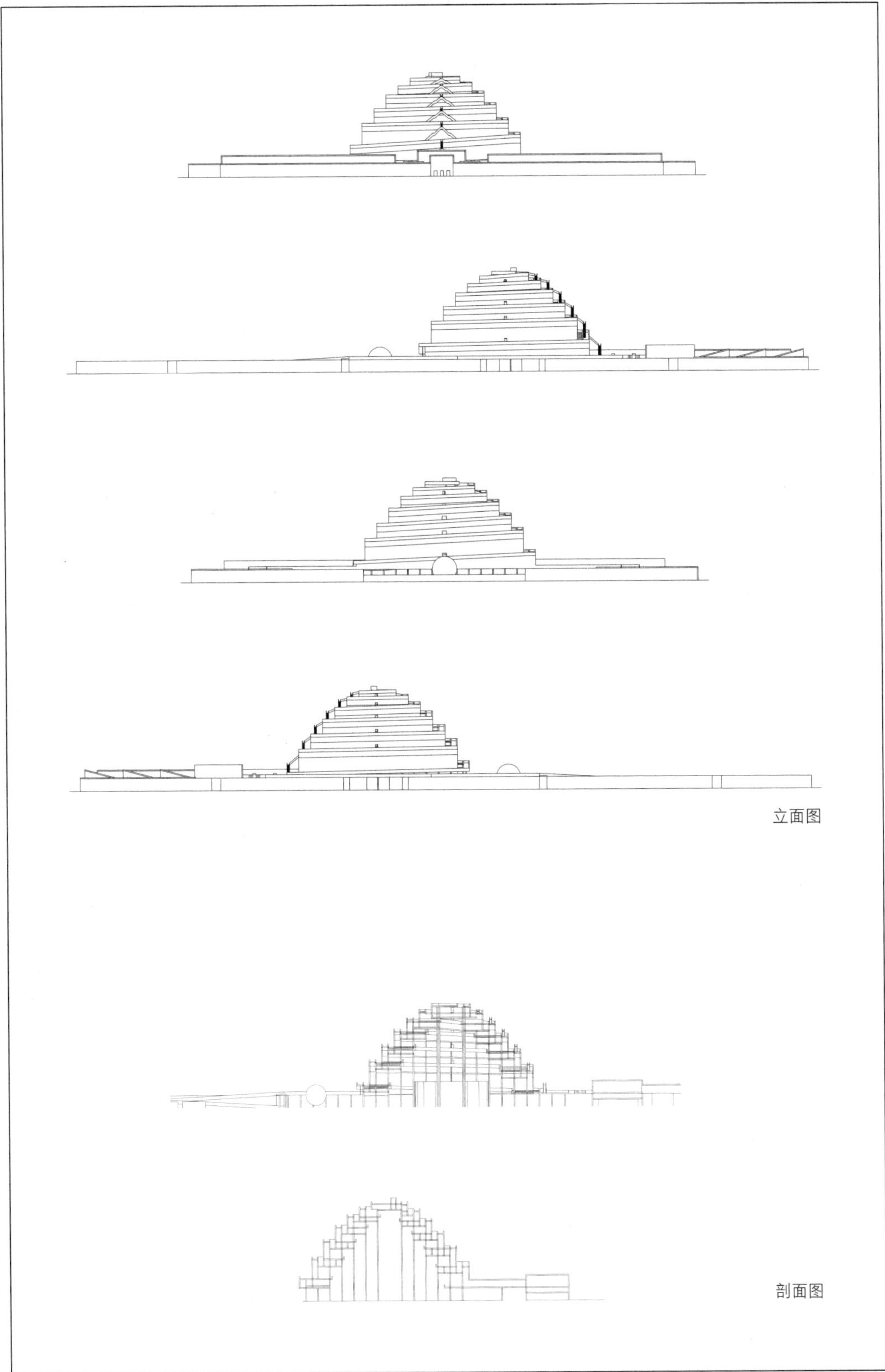

立面图

剖面图

B-14
巴黎当代艺术博物馆

设计时间：1931

项目地点：法国巴黎

建成情况：未建成

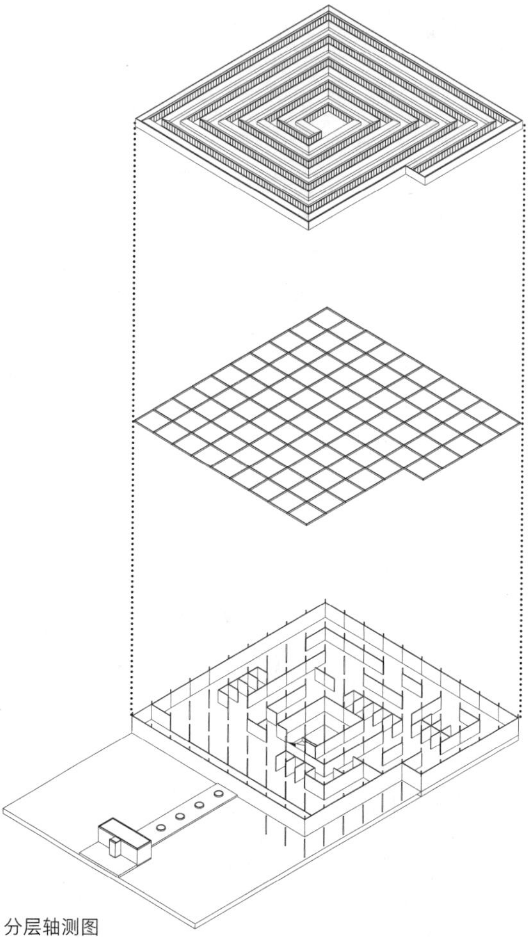

分层轴测图

设计于 1931 年的巴黎当代艺术博物馆，基地位于巴黎近郊，未建成。和柯布西耶的其他博物馆项目一样，该项目的一个核心课题是可扩展的展厅的需求所带来的标准化问题，以及在技术层面之外的设计上如何组织起这个展示空间的问题。其解决方案是使用 7×7 的标准柱网以及螺旋线。柯布西耶设计了一条长长的地下甬道，用来连通博物馆的入口和展示厅的中央大厅。如同柯布西耶本人所说，人们看不到博物馆的任何立面，因为从地下一直到大厅，再到螺旋展开的展览空间，人们看到的始终是展墙。如屋顶平面图所示，这些不断由中心向外呈螺旋状延伸开来的展厅，依靠屋顶天窗来调节光线的入射角度，进而控制采光。

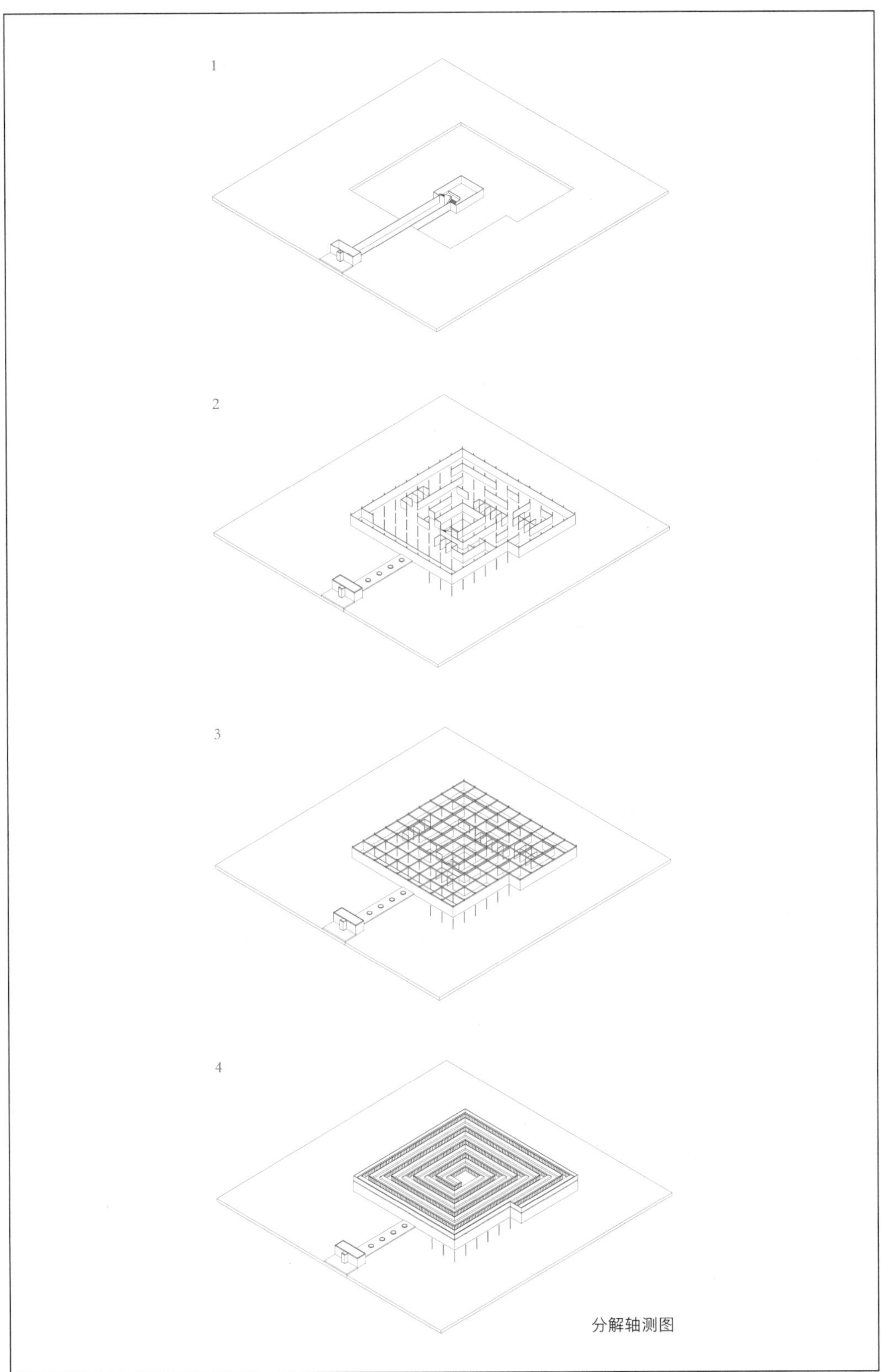

分解轴测图

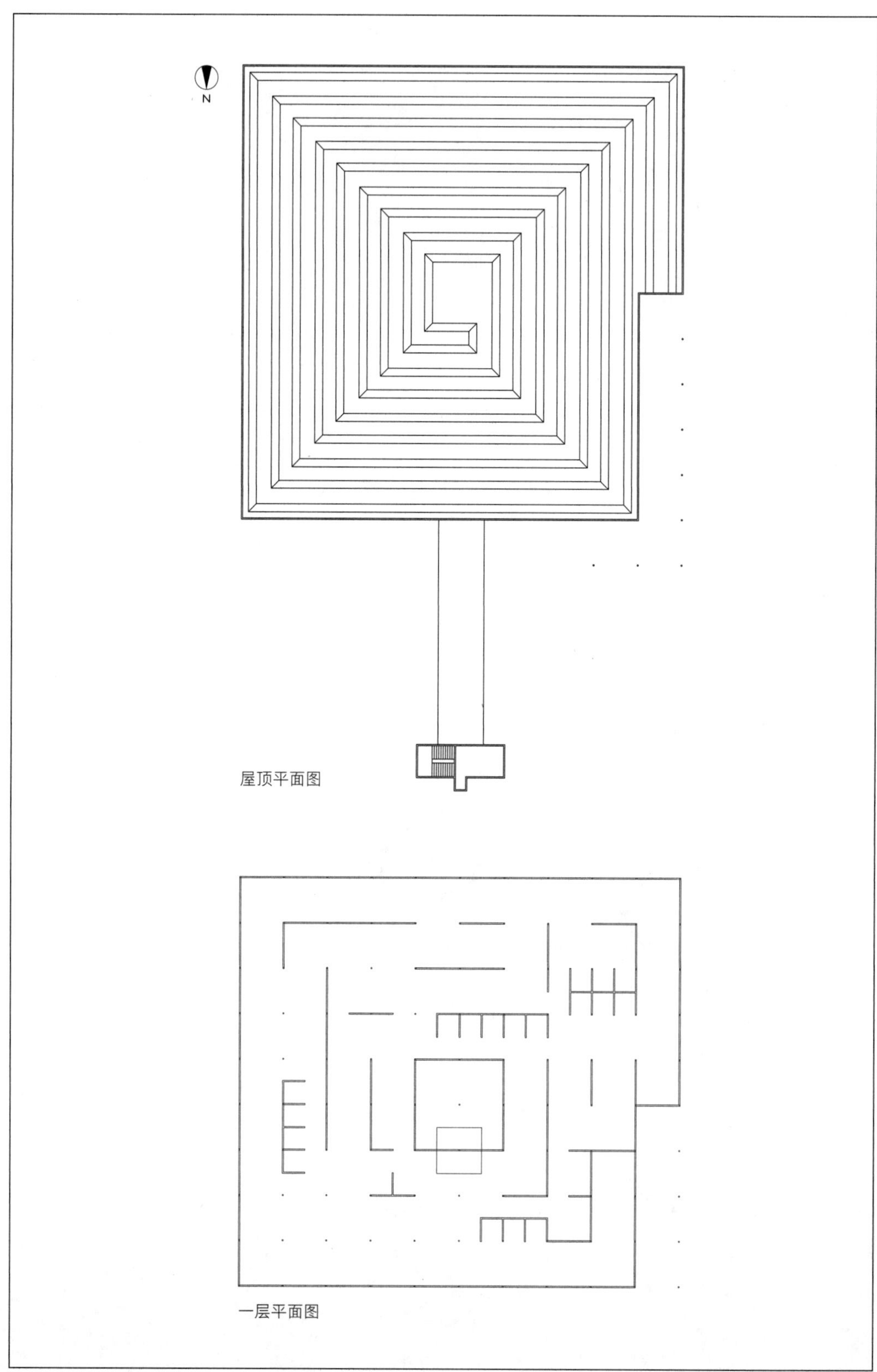
N
屋顶平面图
一层平面图

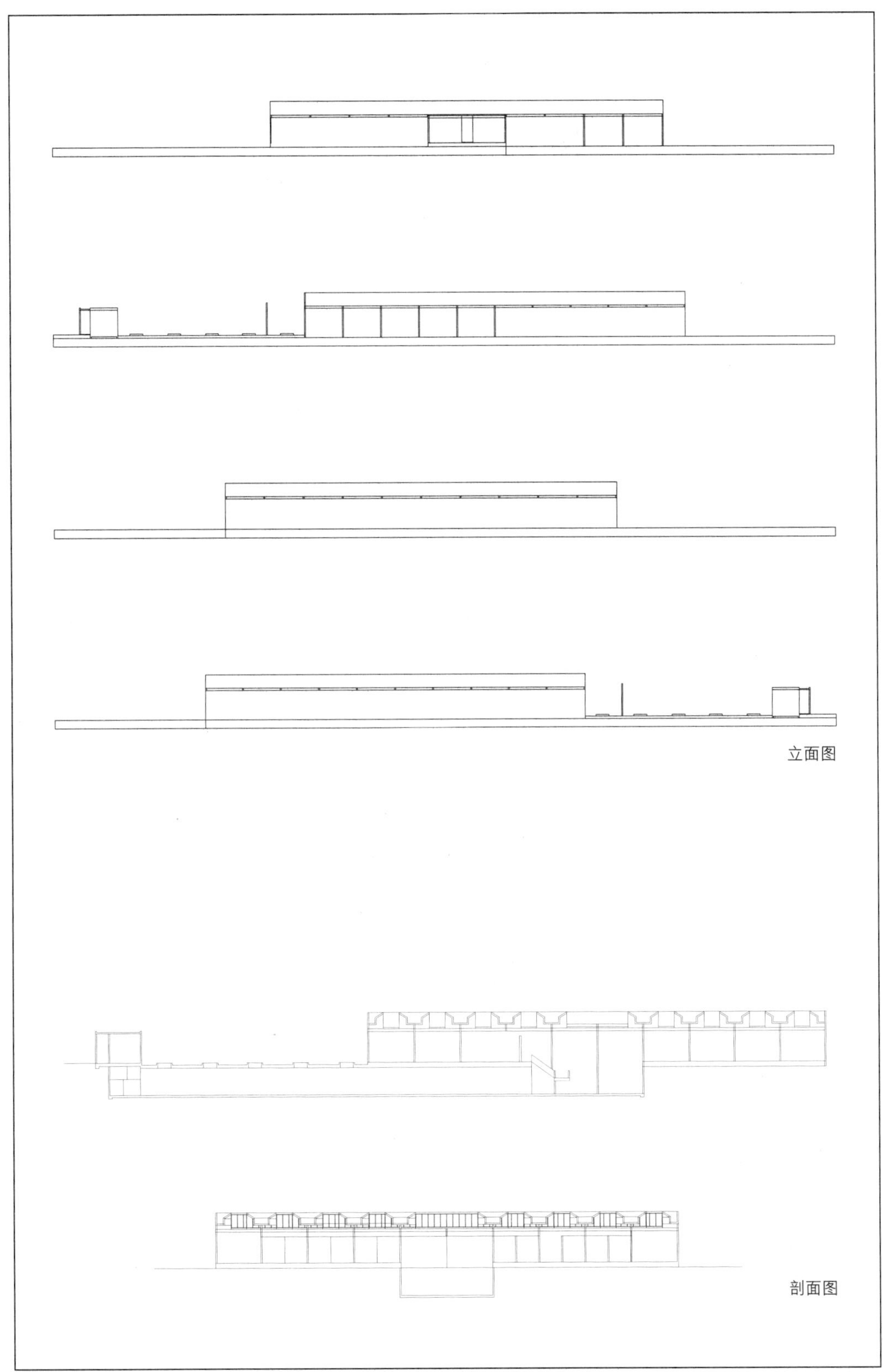

立面图

剖面图

B-15
巴黎当代艺术家博物馆方案

设计时间：1931

项目地点：法国巴黎

建成情况：未建成

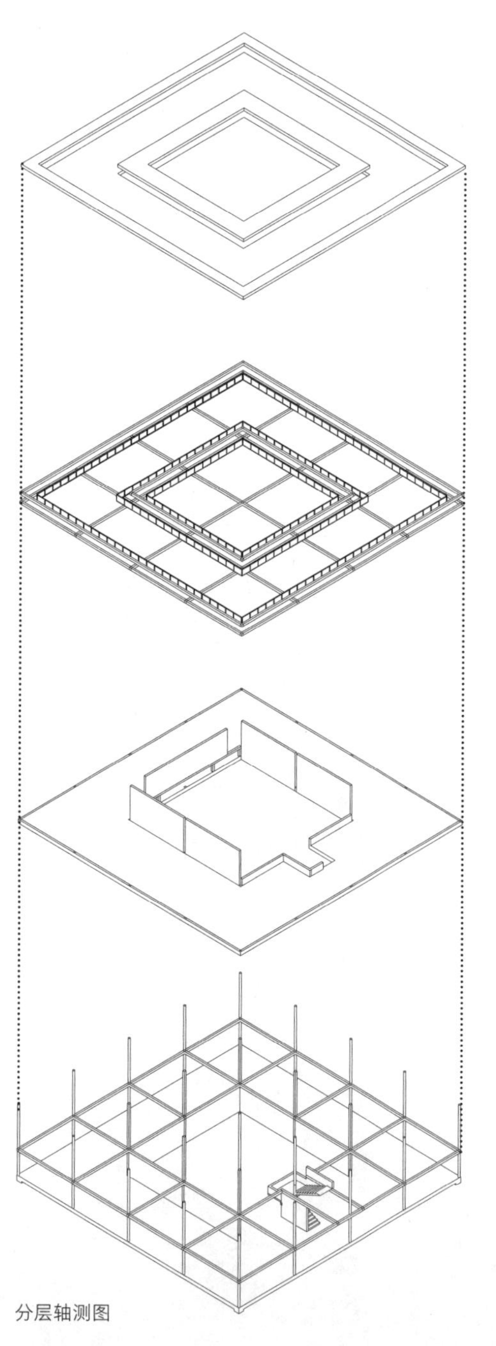
分层轴测图

这是一个并未收录进《勒·柯布西耶全集》的未建成博物馆方案。建筑为两层，平面为4×4的布局，中间的大厅为正方形的吹拔空间，一个双跑楼梯位于平面一侧，围绕吹拔空间的是一圈展墙。这个方案，无论平面还是空间构成都极其简洁，而且外观呈现出如其晚期的东京西洋美术馆一样的，由底层架空柱所支撑起来的飘浮箱体的状态。

分解轴测图

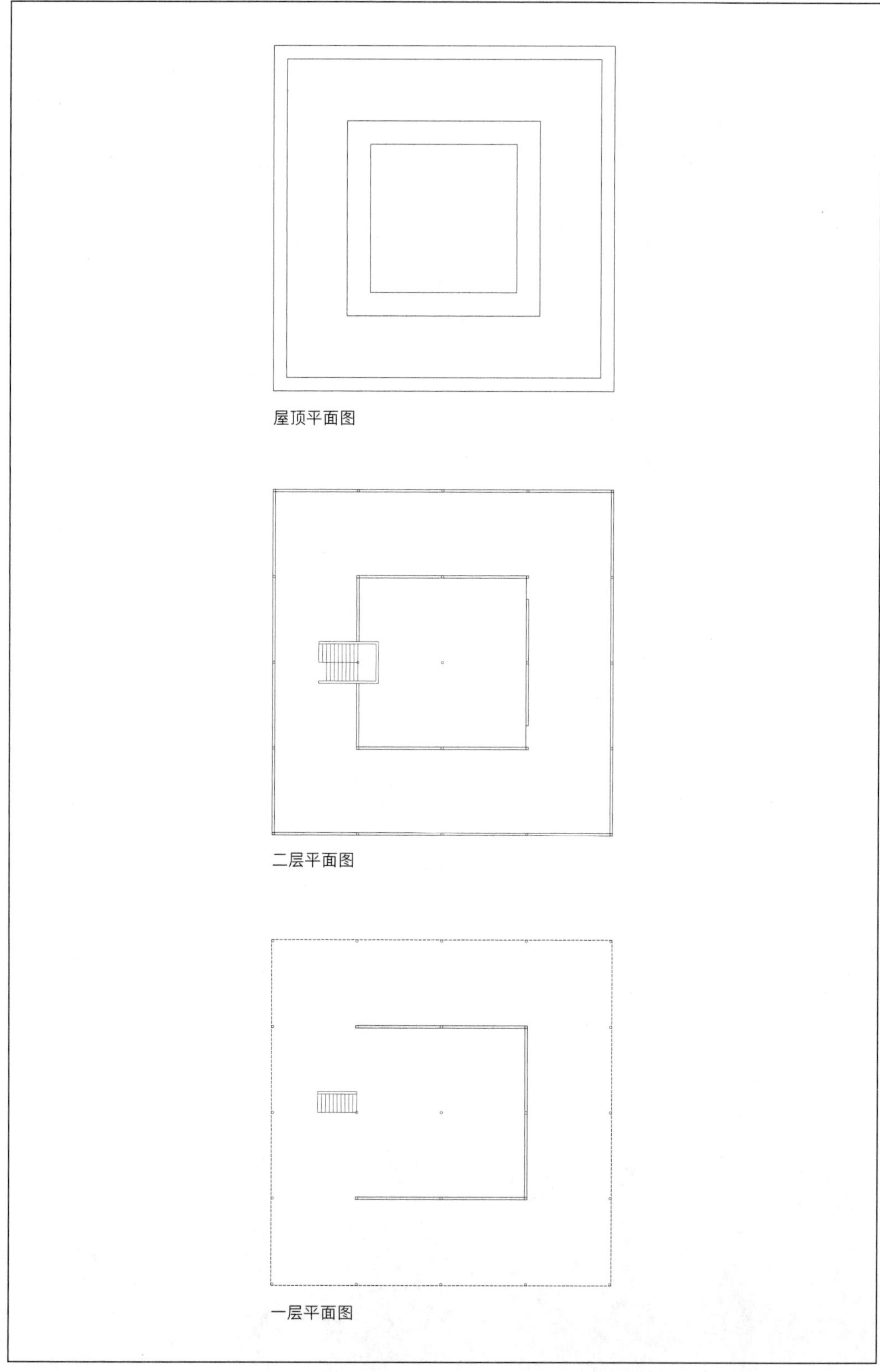
屋顶平面图
二层平面图
一层平面图

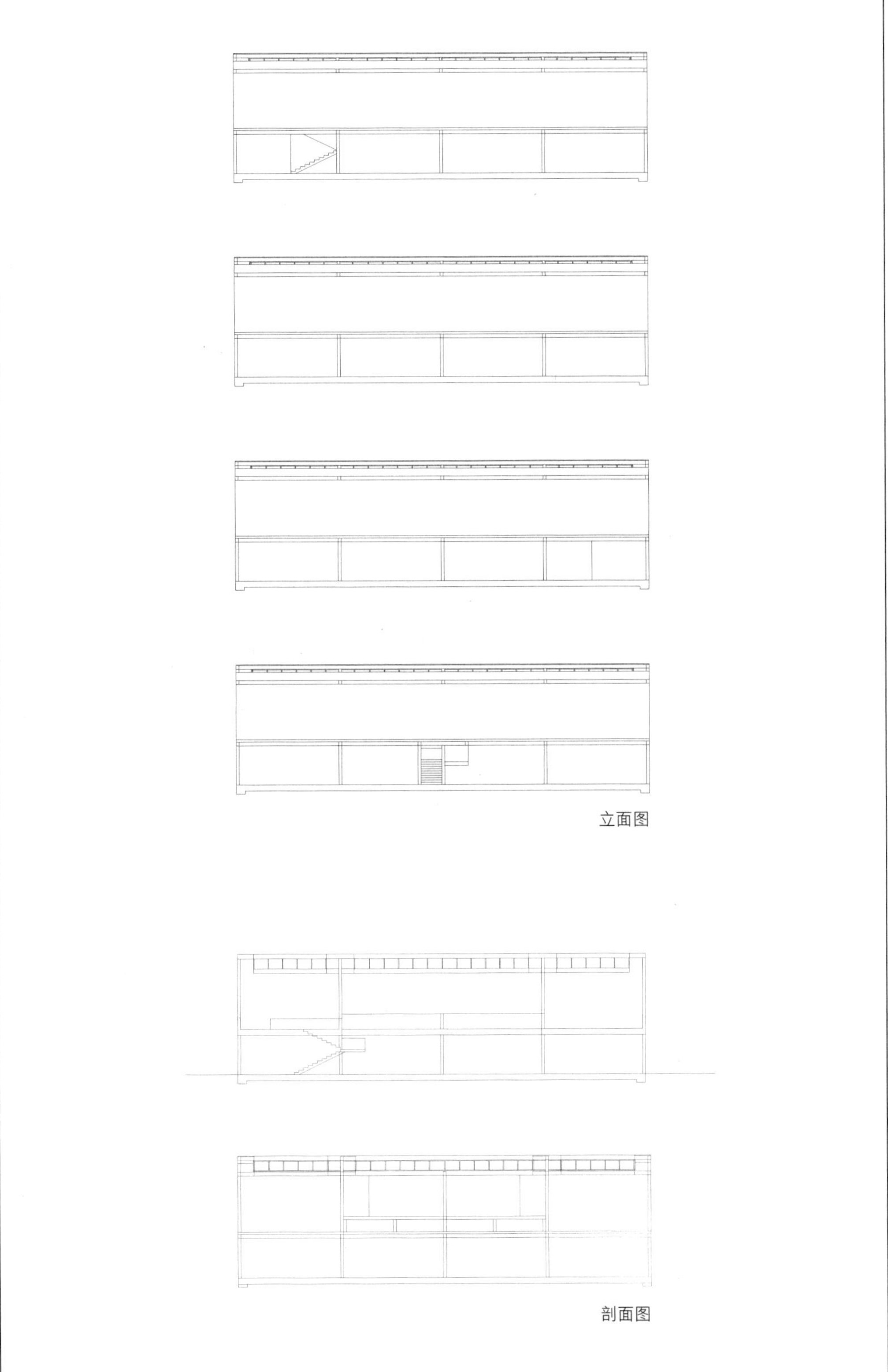

立面图

剖面图

B-20
巴黎城市及国家博物馆方案

设计时间：1935
项目地点：法国巴黎
建成情况：未建成

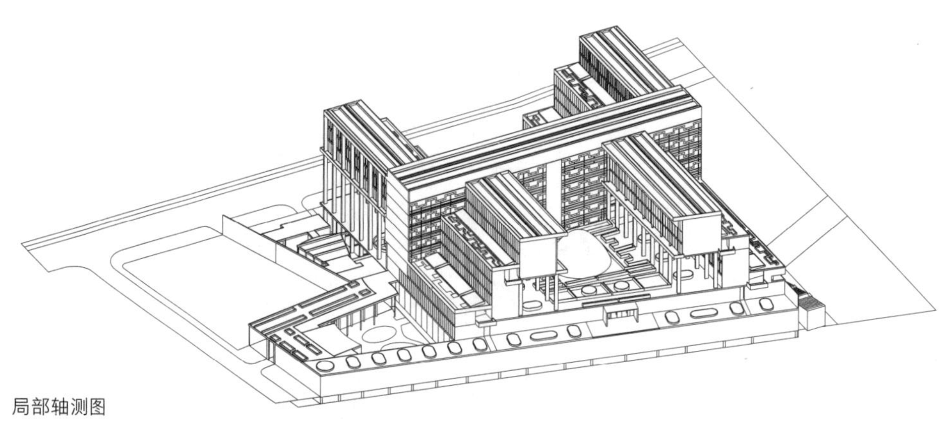

局部轴测图

这是柯布西耶为 1937 年巴黎世界博览会筹备委员会组织的竞赛所提供的一个方案。项目要求在同一基地上设计一个巴黎城市博物馆和一个国家博物馆。方案通过中间的一条集中了电梯和坡道的细长板楼来组织竞赛要求的两座博物馆。其中，北侧为巴黎城市博物馆，南侧为国家博物馆，两个博物馆被明确地分离开来，且入口不在同一标高，其设计分别对应城市的现有要素。在体量构成上，两座博物馆均利用层叠式的体块组织展厅，相比于其他博物馆项目，该作品作为一个严格回应巴黎城市现状要素及竞赛要求的方案，从体量到空间的构成都更加复杂。

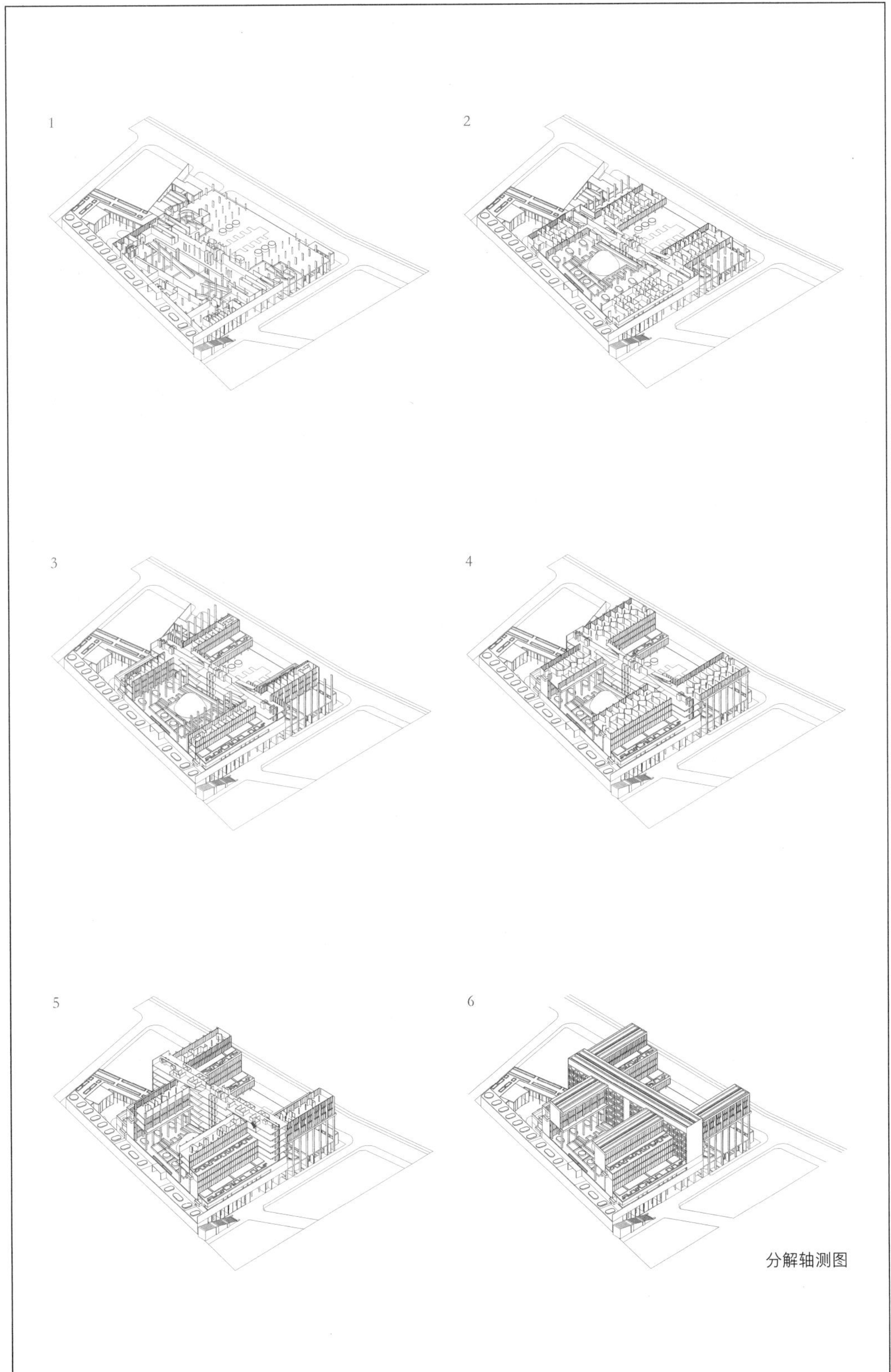

分解轴测图

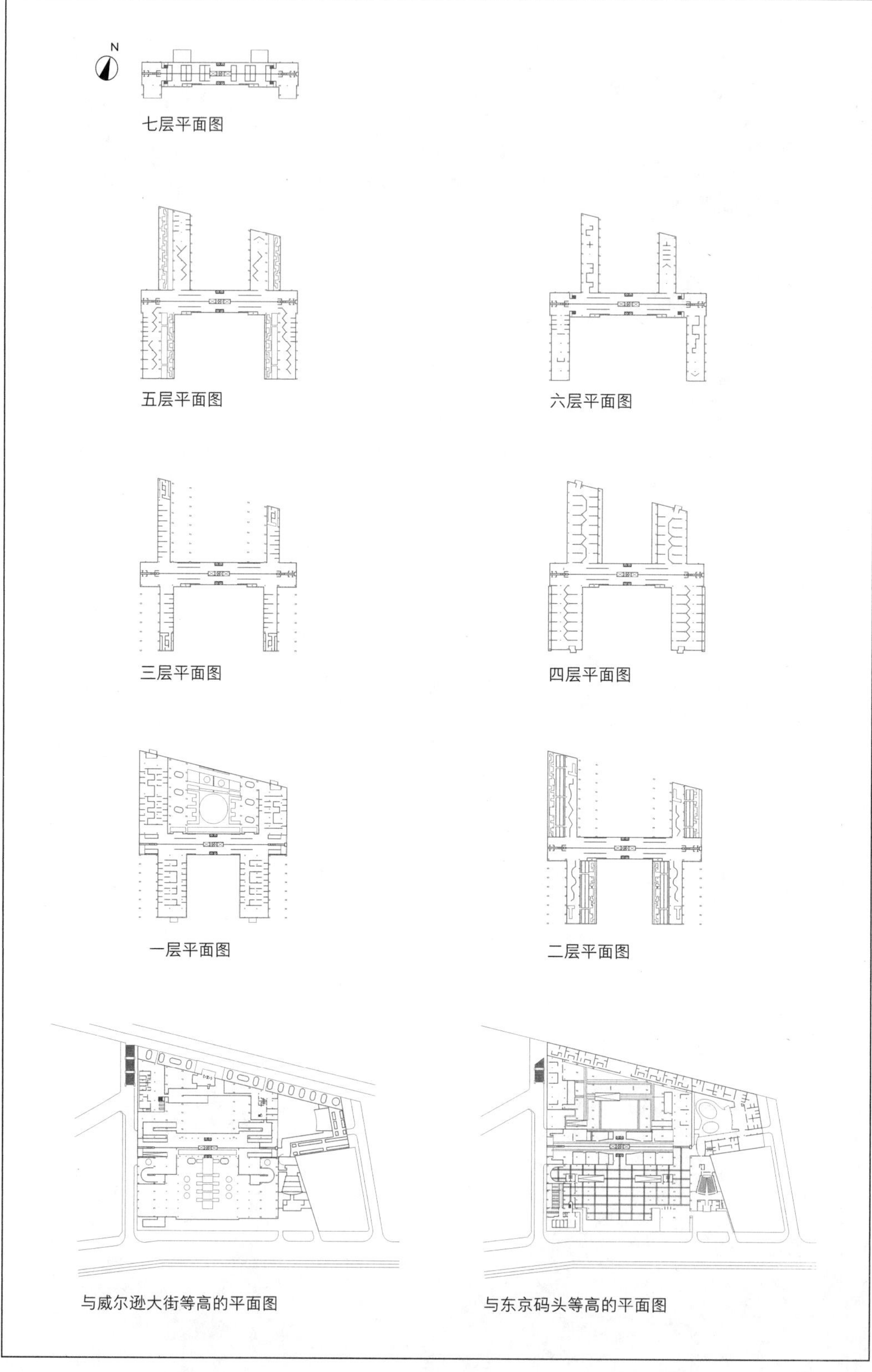

七层平面图

五层平面图

六层平面图

三层平面图

四层平面图

一层平面图

二层平面图

与威尔逊大街等高的平面图

与东京码头等高的平面图

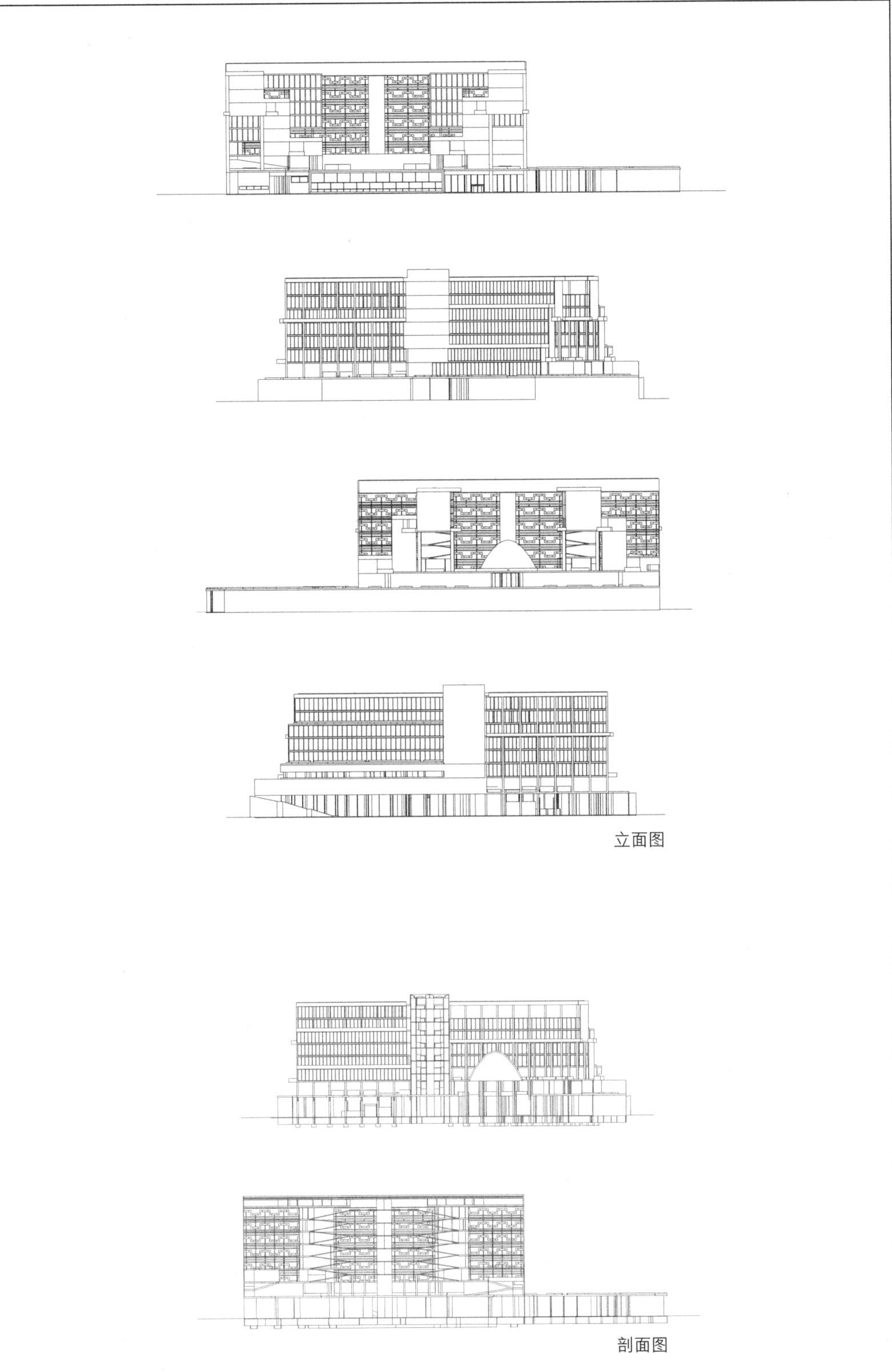

立面图

剖面图

B-33
无限生长的博物馆方案

设计时间：1939
建成情况：未建成

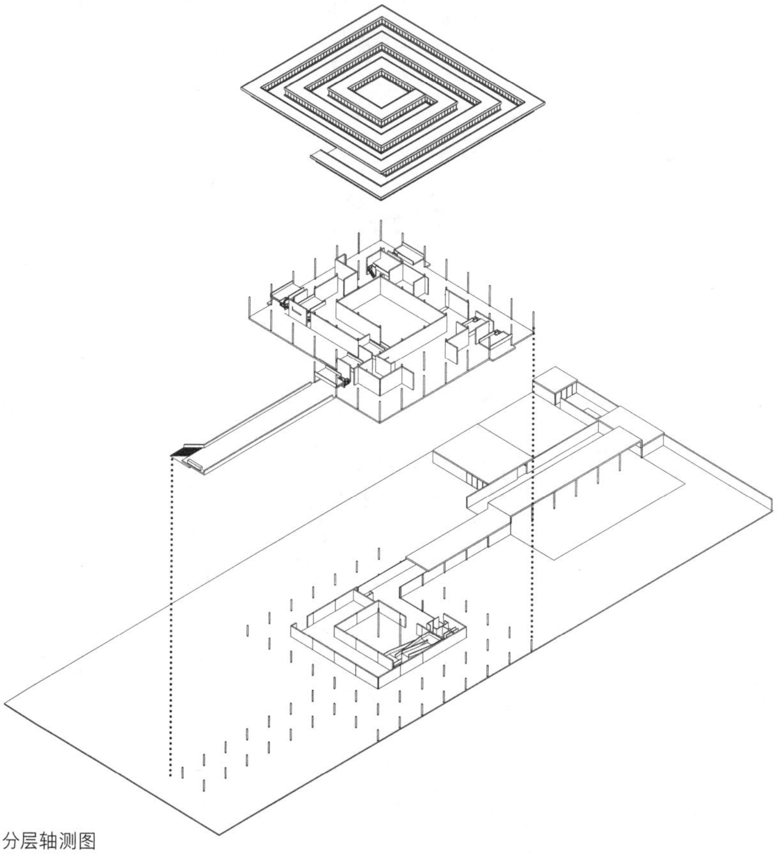

分层轴测图

该方案是柯布西耶为无限生长的博物馆这一设计主题所做的回应，其最终的落点在于柱、梁、楼板等所有建筑元素的标准化。建筑整体呈现为由底层架空柱所支撑起的飘浮的盒子。人们从一层由整个建筑的正中心进入主展厅，然后沿着螺旋线展开的隔墙逐渐参观各部的展厅。在二层的展厅布置中，采用了“卍”字形来布局。值得一提的是，在建筑外观上，四个立面的屋顶下方所突出的梁头，出于将来展厅扩建的考虑而被预留下来，同时也达到了一种独特的立面效果。

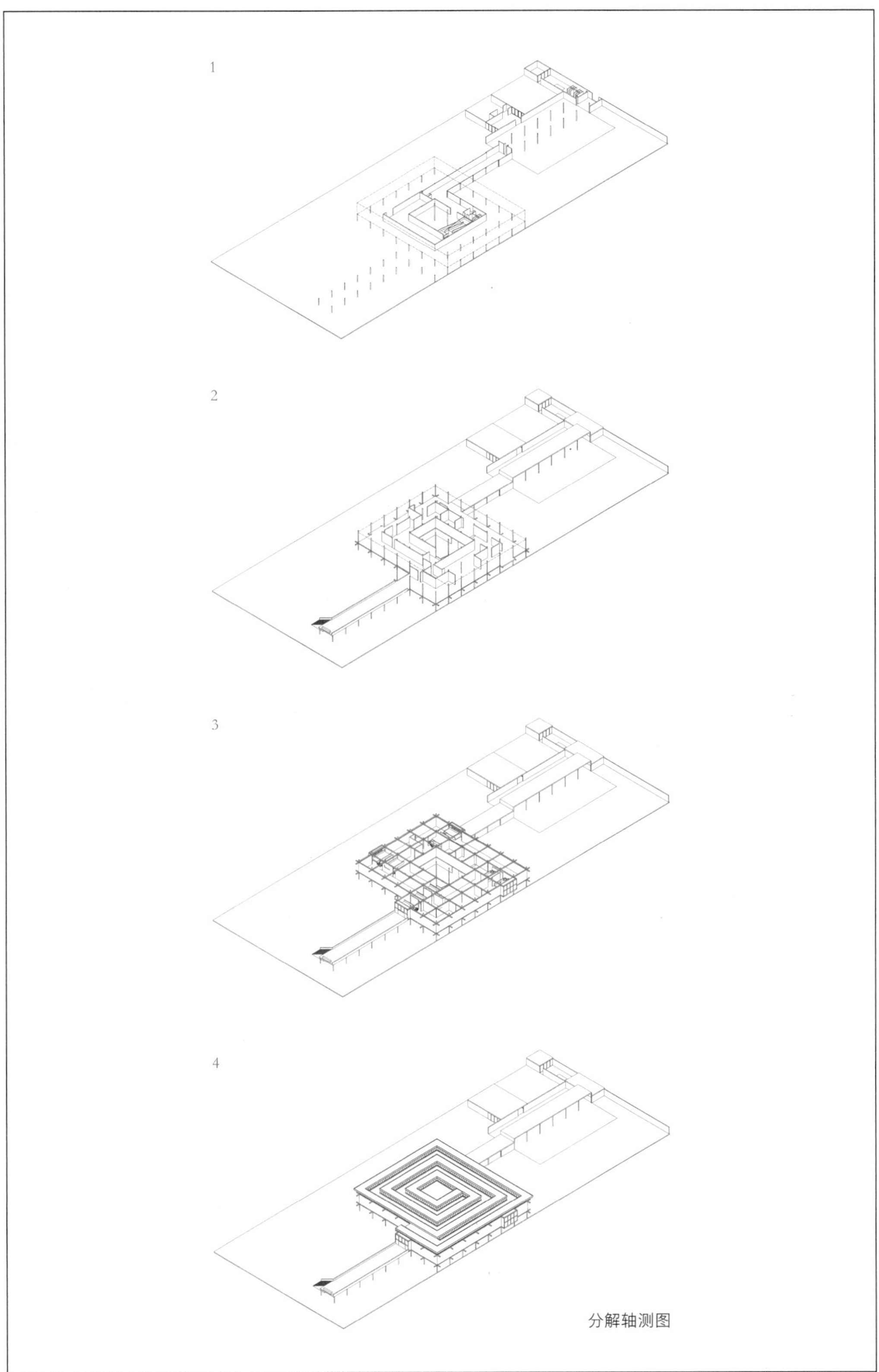

分解轴测图

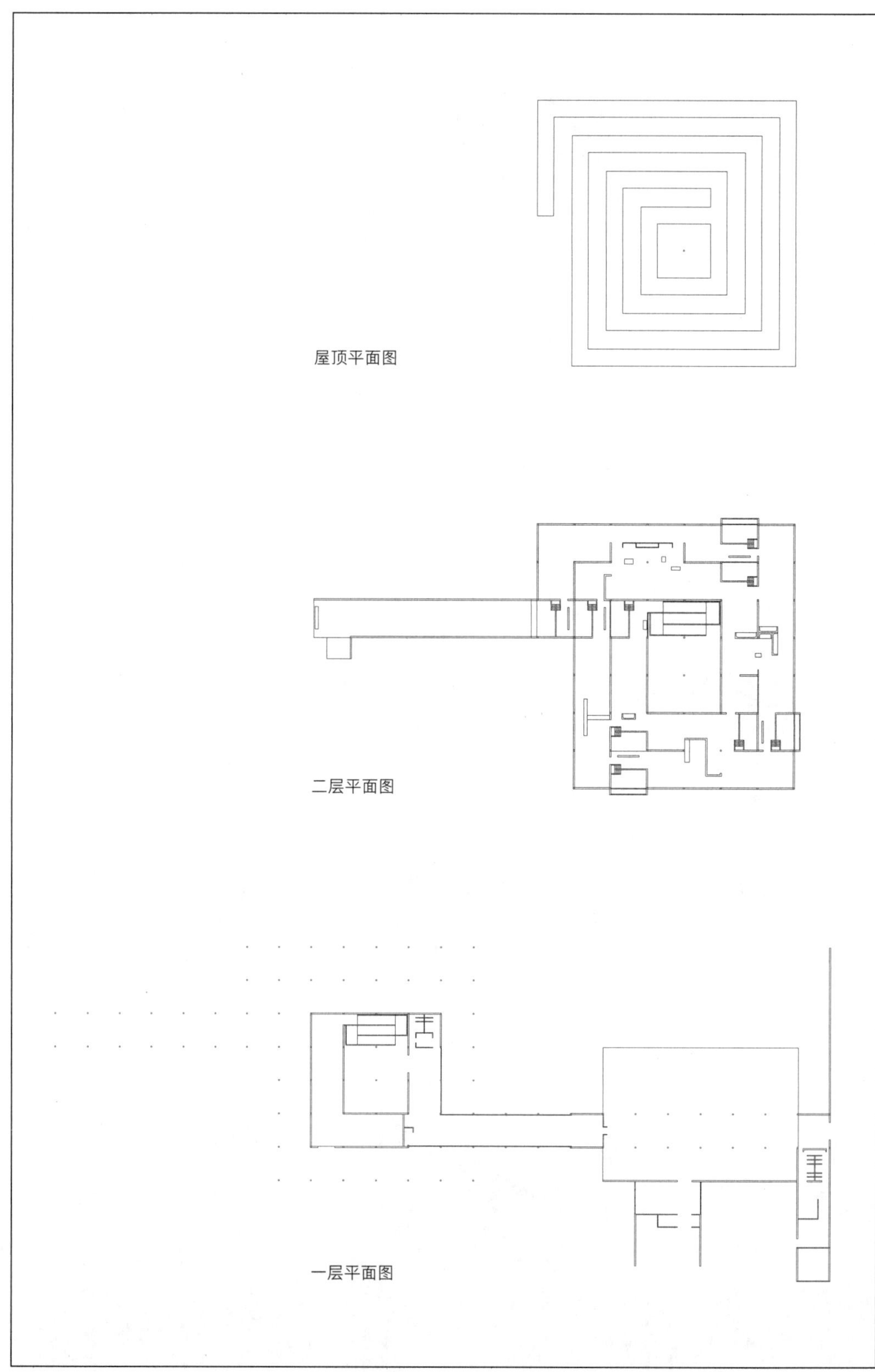
屋顶平面图
二层平面图
一层平面图

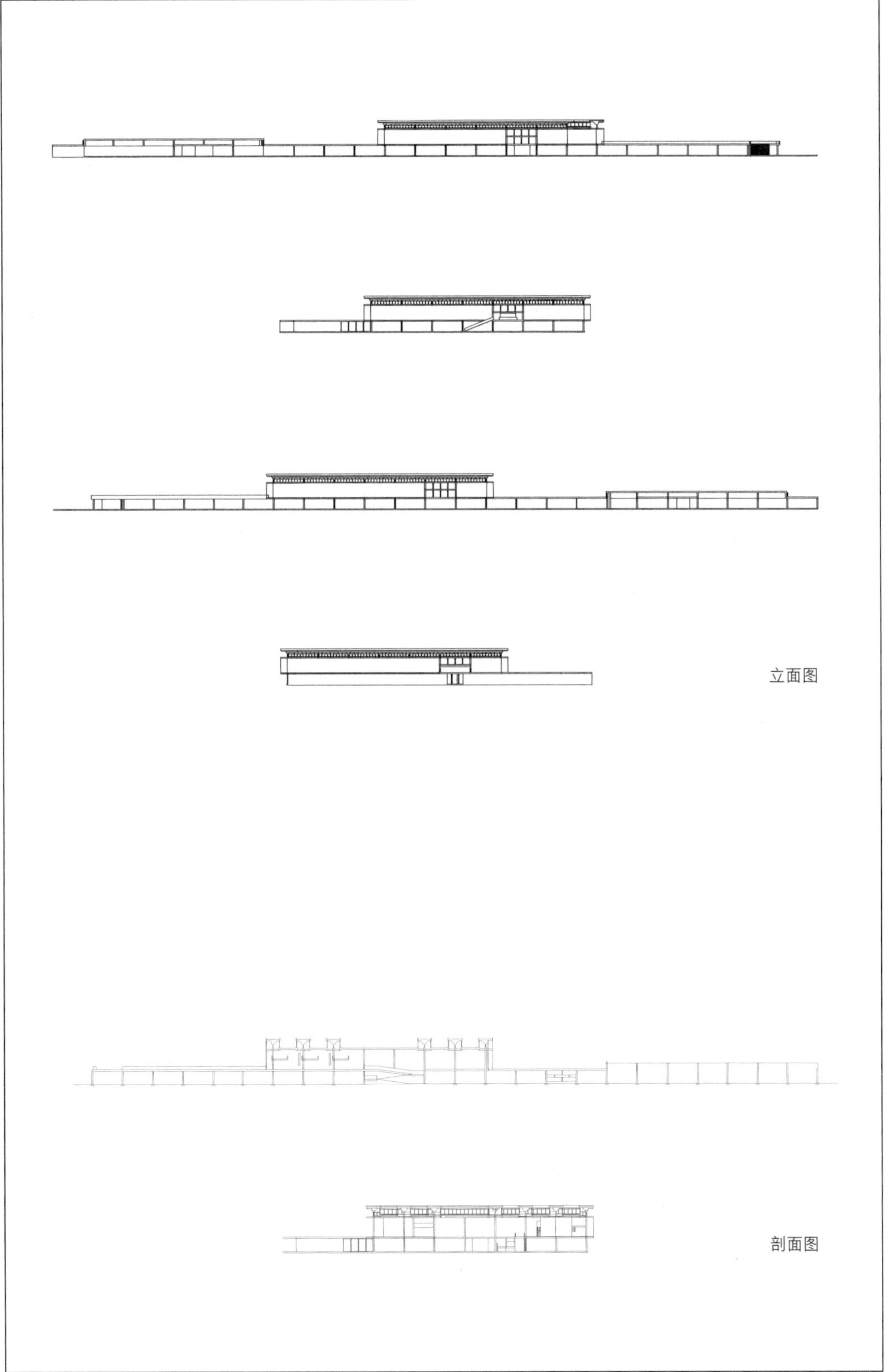

立面图

剖面图

B-40
德洛内地块博物馆

设计时间：1946
项目地点：德洛内私人地块
建成情况：未建成

该方案未被收录进《勒·柯布西耶全集》，是一个位于私人地块上的小博物馆，未建成。平面为2×2的方形布局，梁柱框架结构，内部为一个没有隔间的两层挑高空间，屋顶的采光设计采用了柯布西耶一贯的高窗手法。值得注意的有两点：一是方形平面正中心有一根中柱，它起到统摄整个平面的作用，这种使用中柱的方式在后来的日本建筑师，如筱原一男等人的建筑作品中得到了放大和呈现；另外一点是建筑立面上凸出的外露梁头，虽然在柯布西耶的无限生长的博物馆等作品中，该处理方式是考虑到博物馆将来的扩建而有意为之的，但是其作为单个建筑的立面元素时，也颇具表现力。

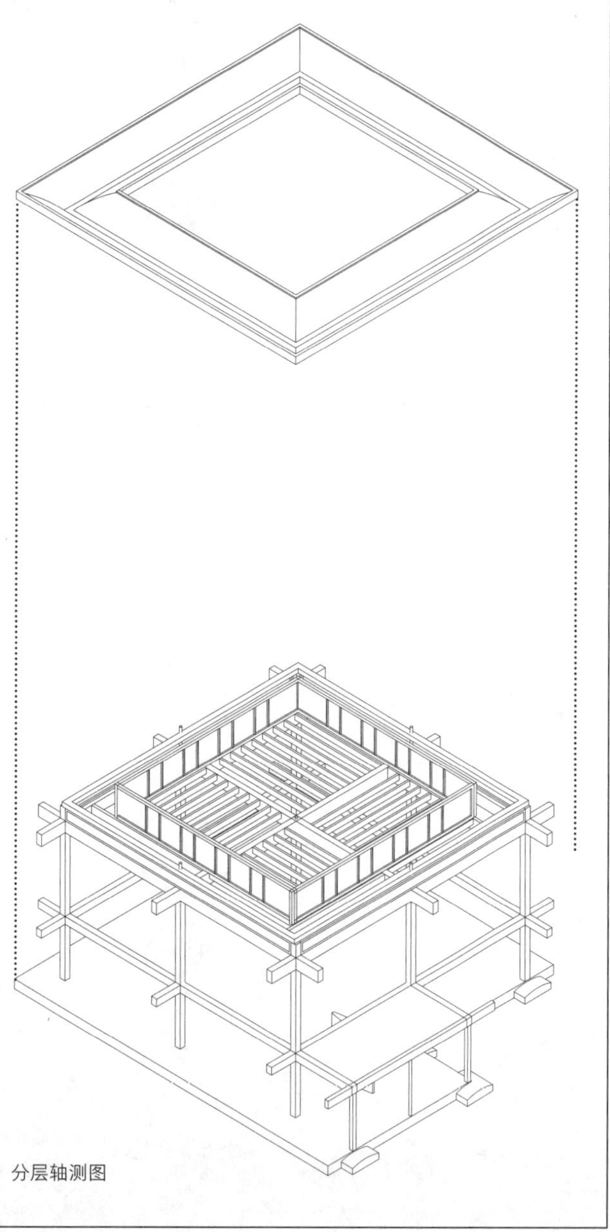

分层轴测图

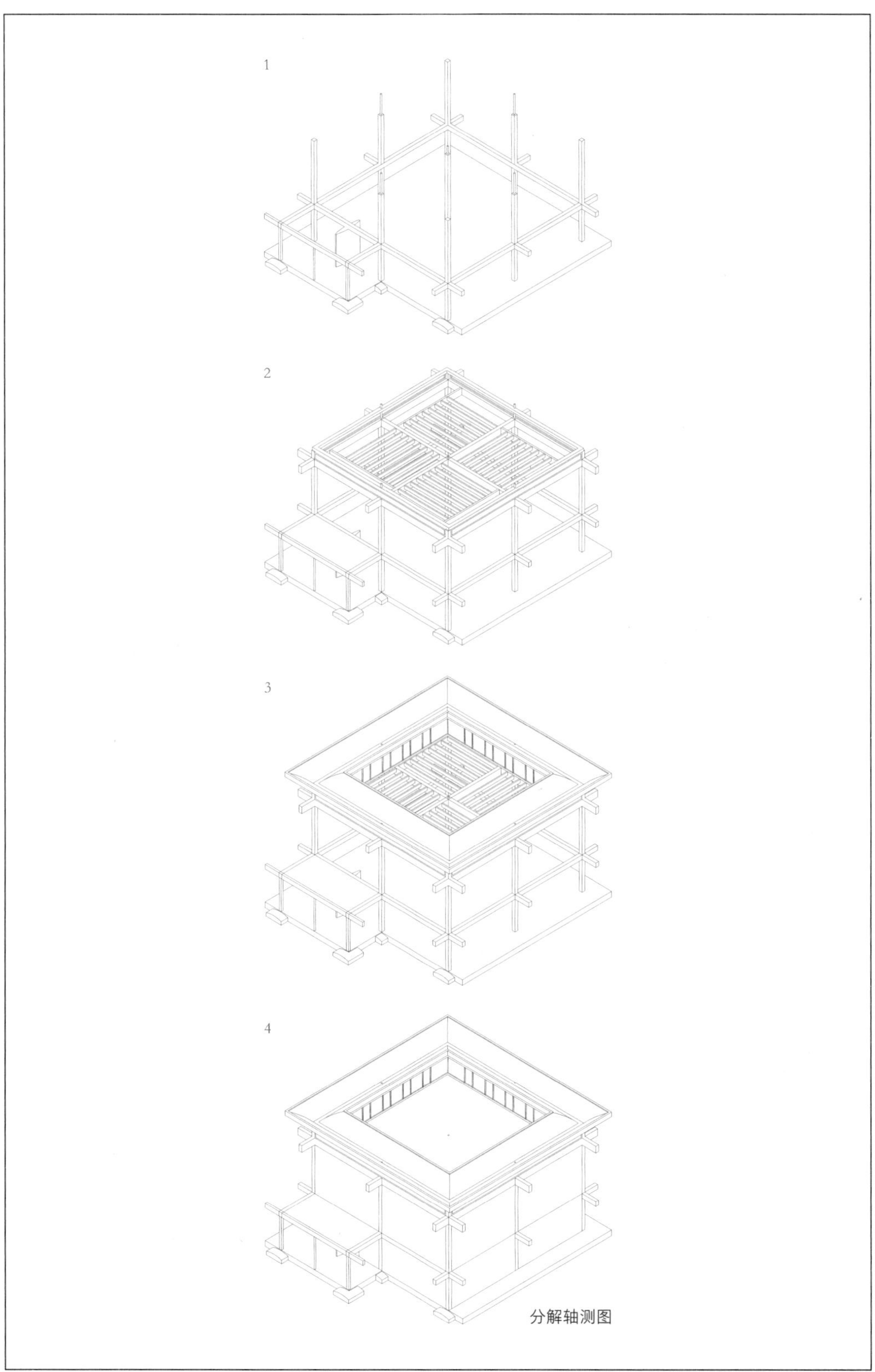

分解轴测图

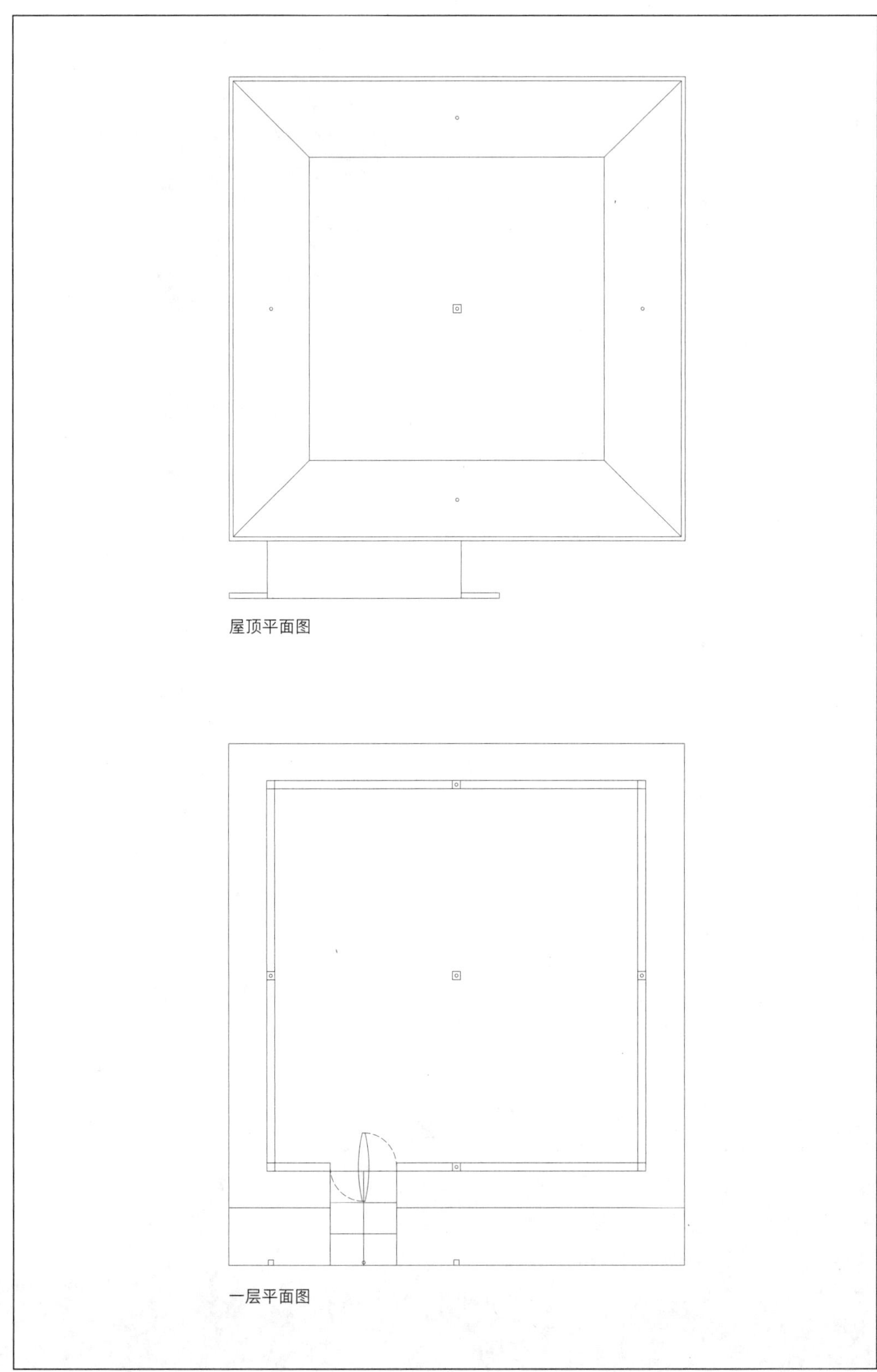

屋顶平面图

一层平面图

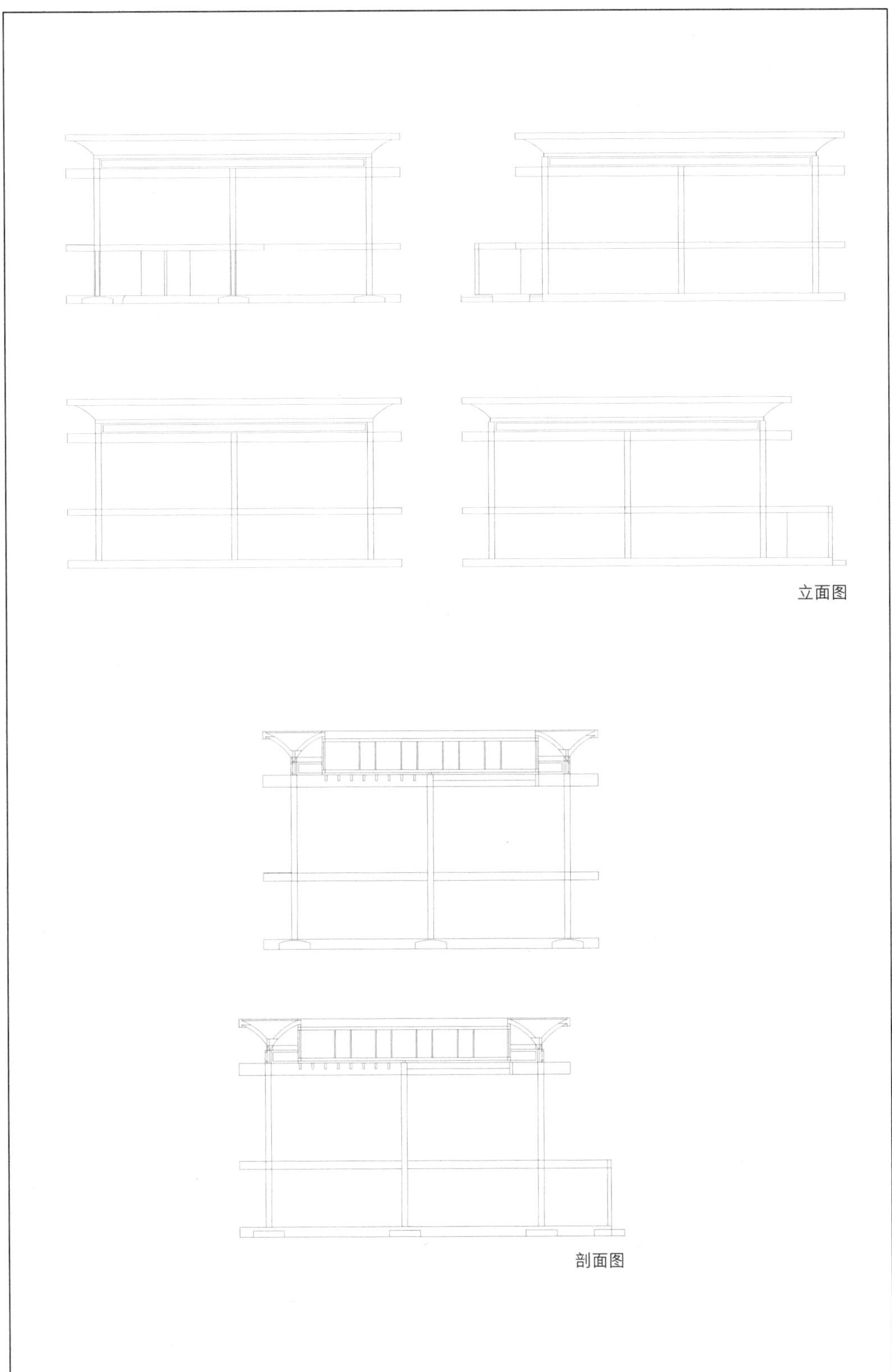

立面图

剖面图

B-51
昌迪加尔认知博物馆方案

设计时间：1952

项目地点：印度昌迪加尔

建成情况：未建成

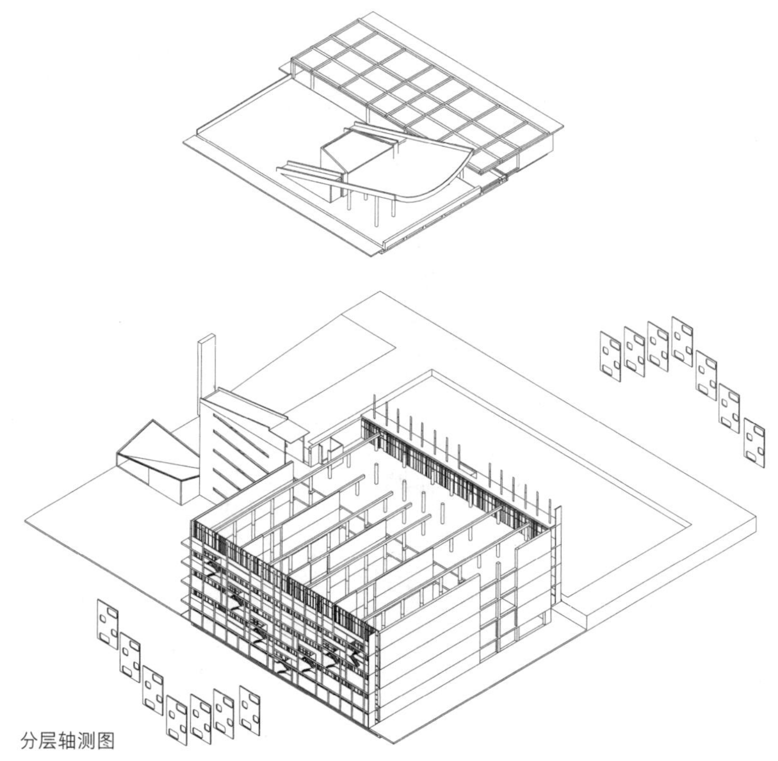

分层轴测图

在柯布西耶为昌迪加尔所做的整体规划中，行政区的建筑群中有一个未实现的博物馆方案。该博物馆的展览部分由 4 个通高的大殿构成，是以经济、技术、社会及伦理为主题的 4 个“实验室”。在平面图中，4 个展览空间通过可以移动的隔墙加以分割，主体空间的一侧有一个坡道交通井。该方案最具空间设计创造力的地方在于主体展览空间两侧外围的一条交通走廊。从柯布西耶的构思草图来看，这是他为应对昌迪加尔地区强烈的日照而设计的遮阳系统。这条廊道上除了呈一定角度的混凝土片墙阵列以外，还有呈跌落式布置的连接各个楼层的双跑楼梯。所以，这条走廊既是遮阳系统，又是交通系统，同时还是露台。

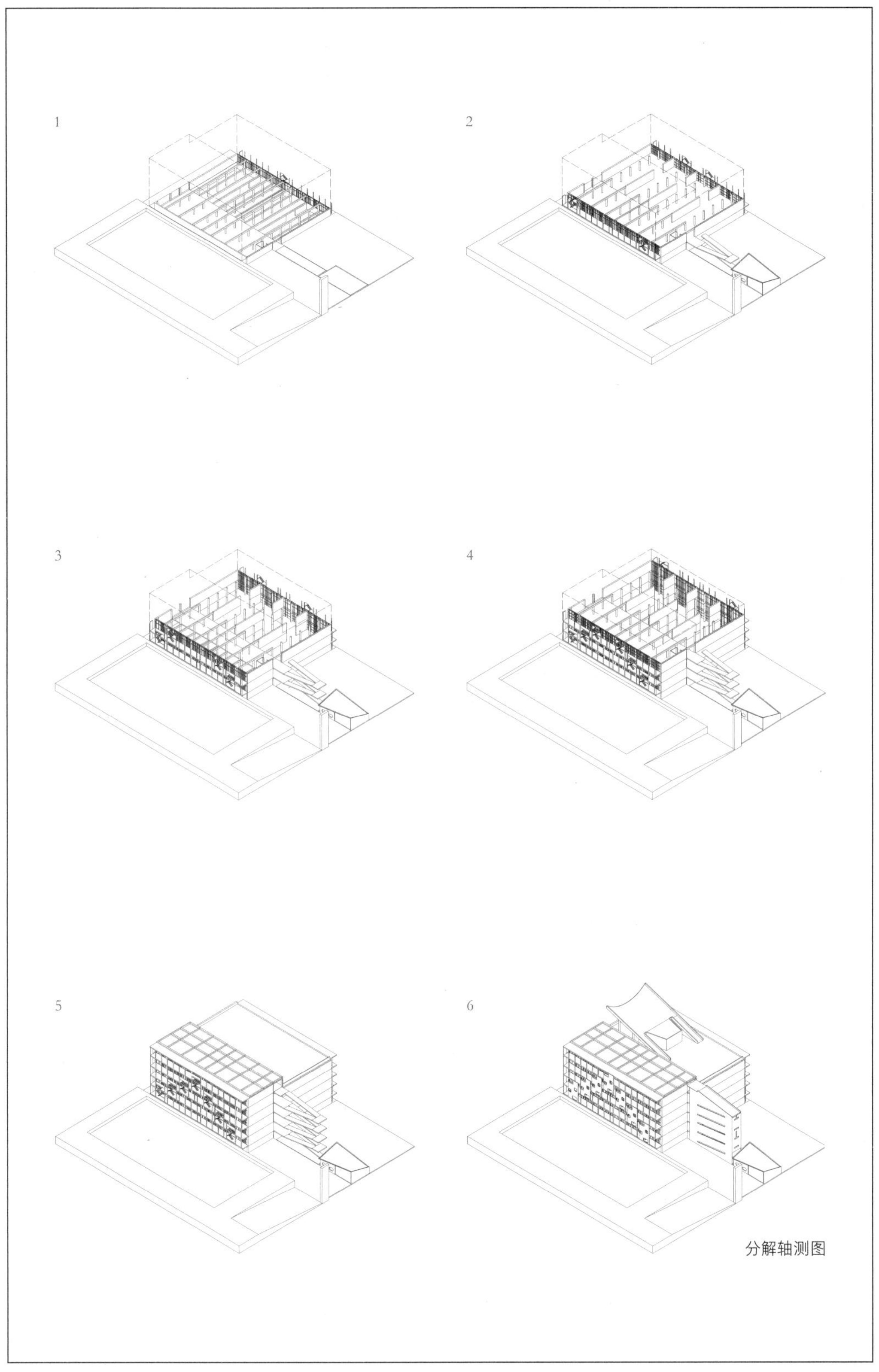

分解轴测图

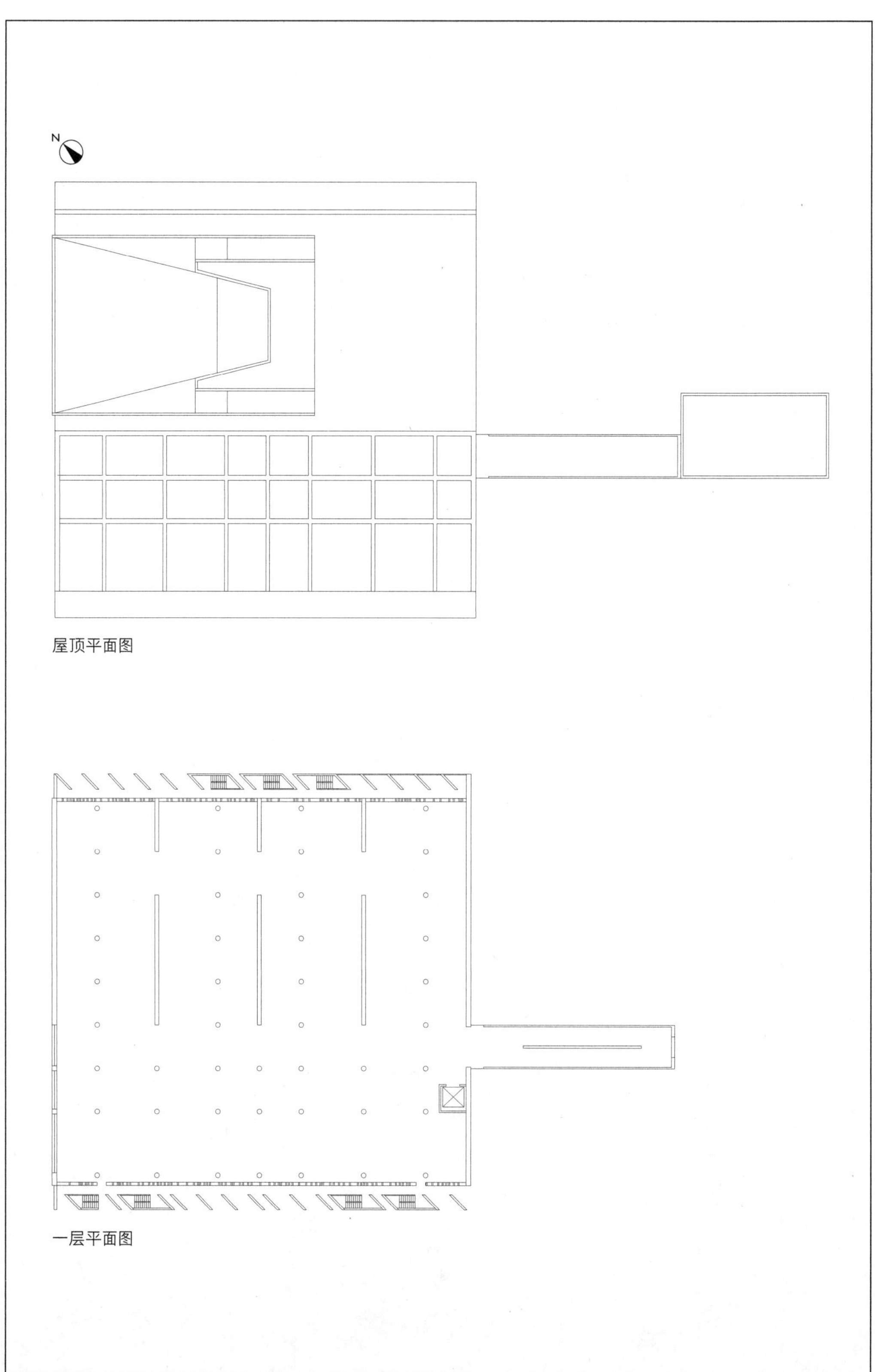

屋顶平面图

一层平面图

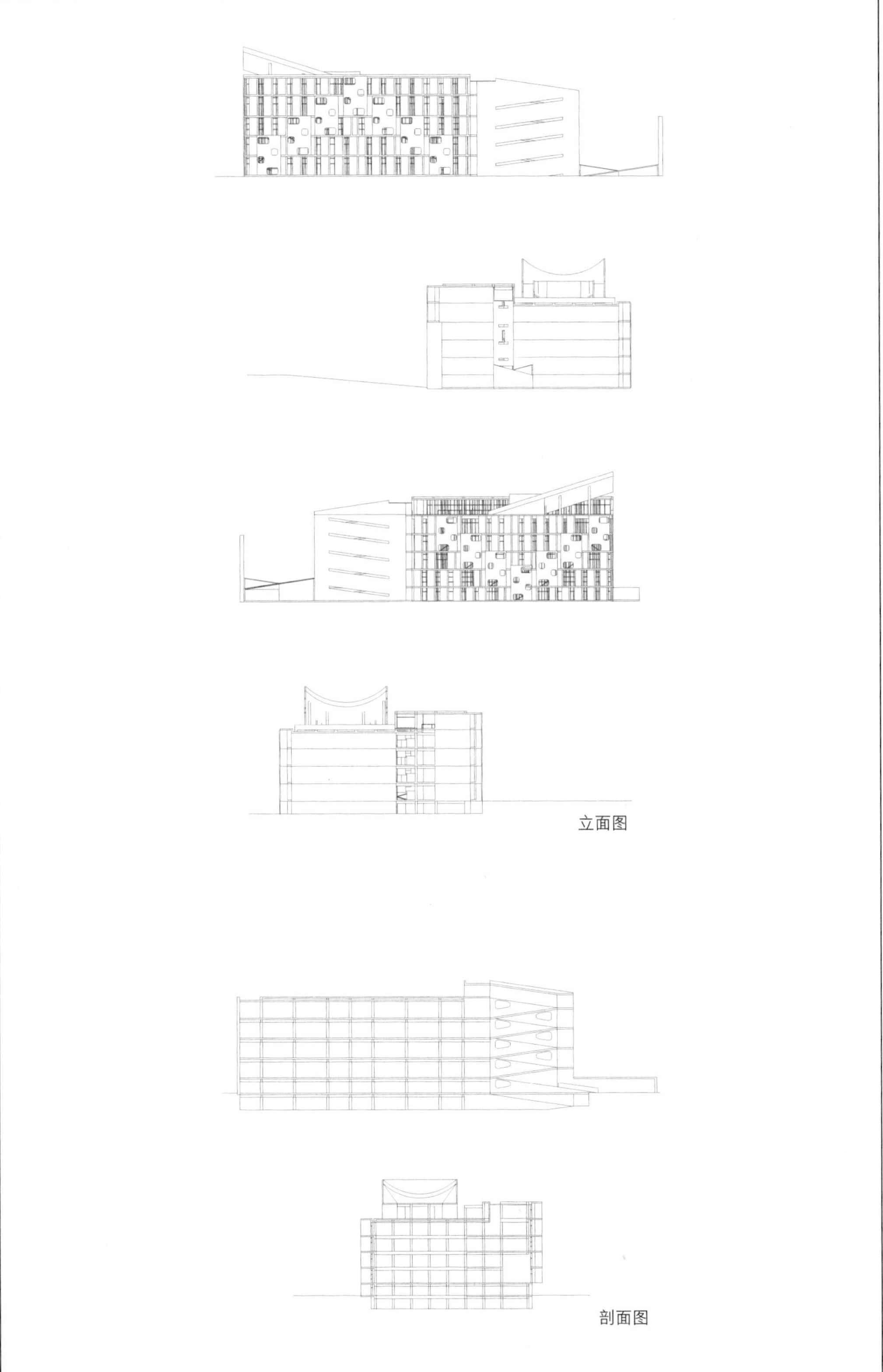

立面图

剖面图

B-54

艾哈迈达巴德博物馆

设计时间：1954—1957

项目地点：印度艾哈迈达巴德

建成情况：建成

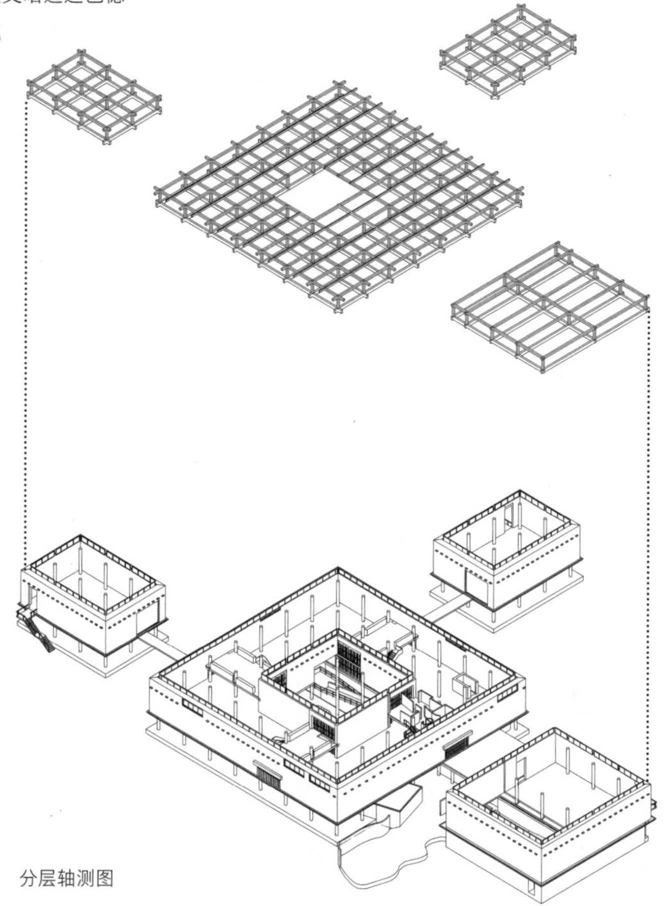

分层轴测图

建筑由中间的方形主展馆和附属的3个小展馆构成,中间的主展馆内部展厅呈方螺旋式布局。从轴测图中可以看出，在内部有一个14m×14m的方形露天中庭，这是柯布西耶为应对艾哈迈达巴德当地的气候所做的隔热降温设计，参观者可以从此处的坡道进入展馆的内部。在屋顶与内部展厅的天花板之间有一个空腔，用来敷设电线和安装各种电器设备。建筑的外立面上环绕了一圈的圆槽花池，除了可以作为天然的隔热屏障以外，其本身裸露的混凝土也是该建筑的“宏大交响曲”的构成要素之一。

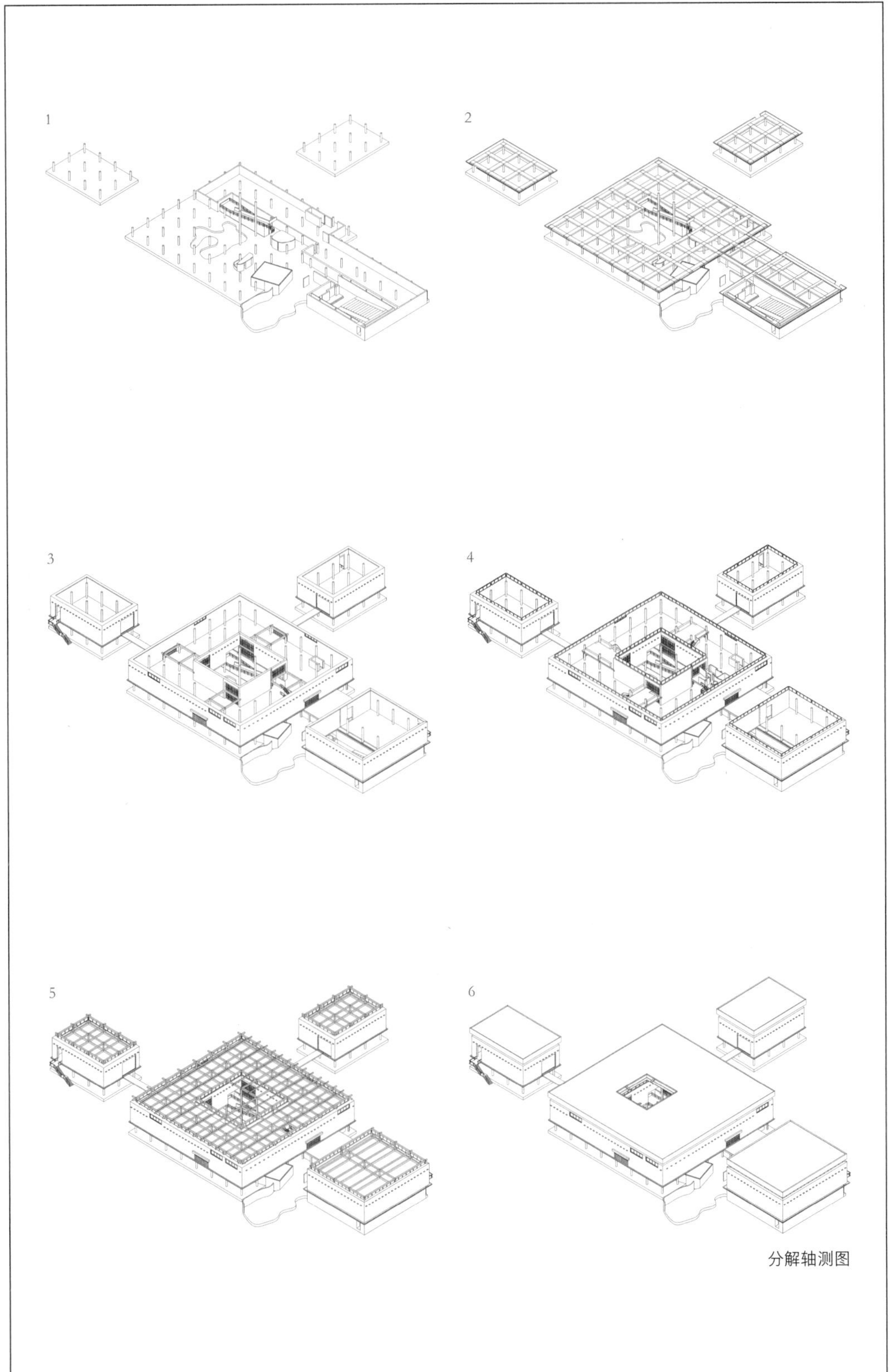

分解轴测图

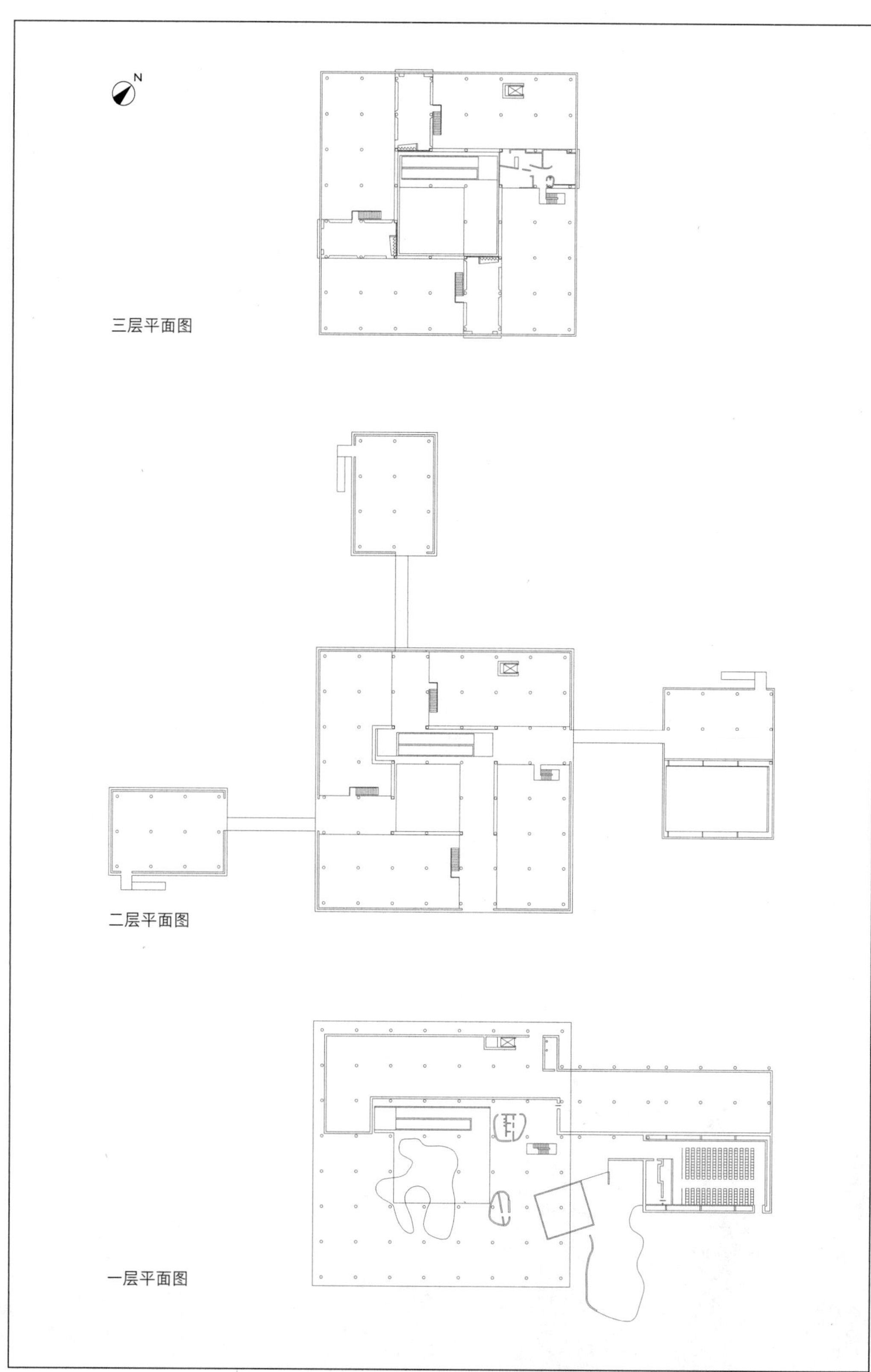
N
三层平面图
二层平面图
一层平面图

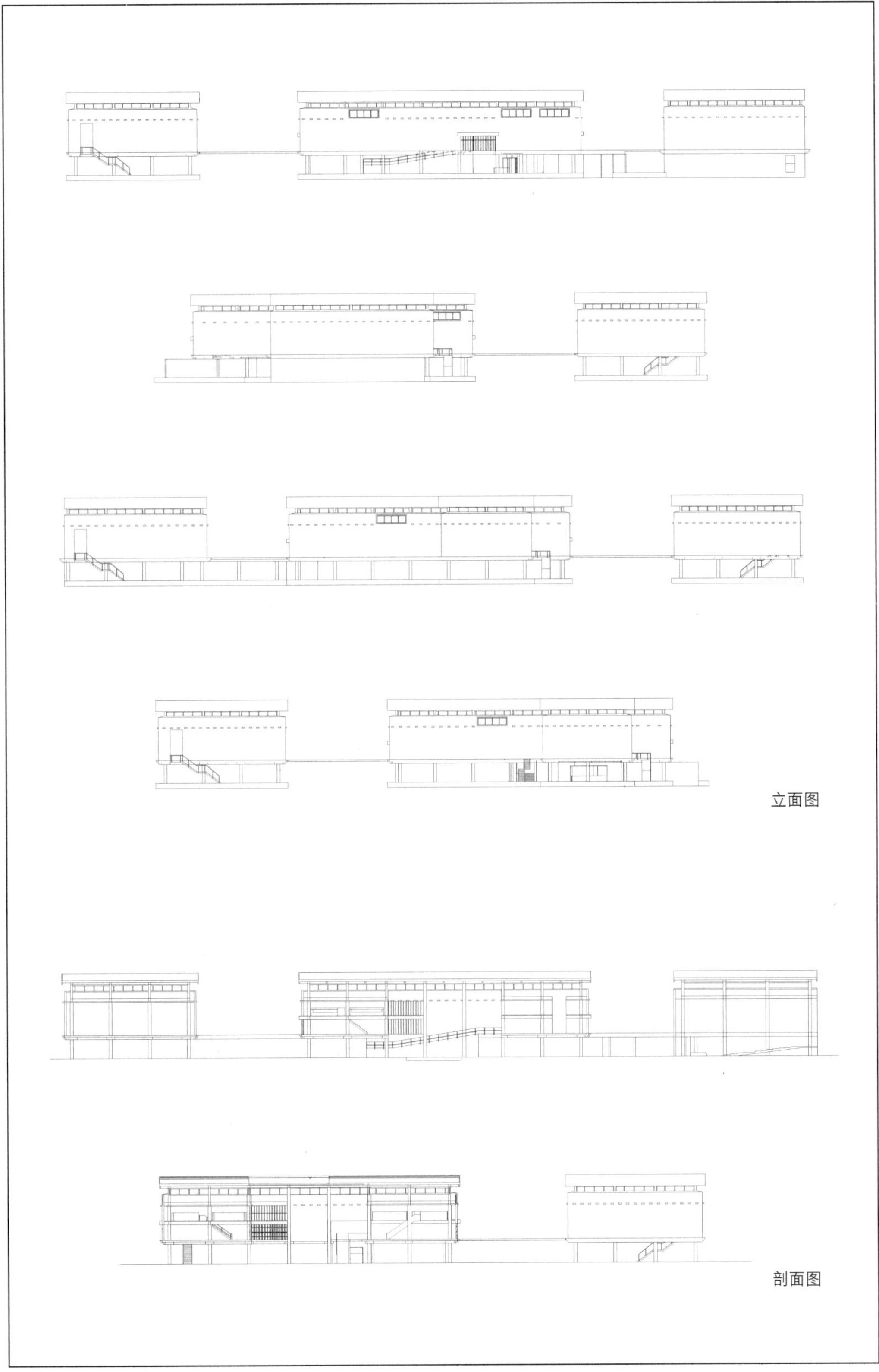

立面图

剖面图

B-56

东京国立西洋美术馆

设计时间：1957—1959

项目地点：日本东京

建成情况：建成

项目位于日本东京的上野公园附近。日本政府委托柯布西耶设计一座美术馆，用于收藏一位旅居巴黎的日本人的藏品。柯布西耶曾指出，该方案的原型来自他一直都在研究的“无限生长的博物馆”，现场的建造建筑师是曾在法国的柯布西耶事务所工作过的前川国男和坂仓准三。同样，该作品的展厅呈“卍”字形布置，中间是一个三角锥状的天窗，其下方是一个通高的混凝土柱和十字交叉梁，极具空间表现力，可以说是整个建筑的中心所在。另外，建筑立面外挂的板材是镶嵌了鹅卵石的预制混凝土板，体现了日本工匠的细腻手艺。

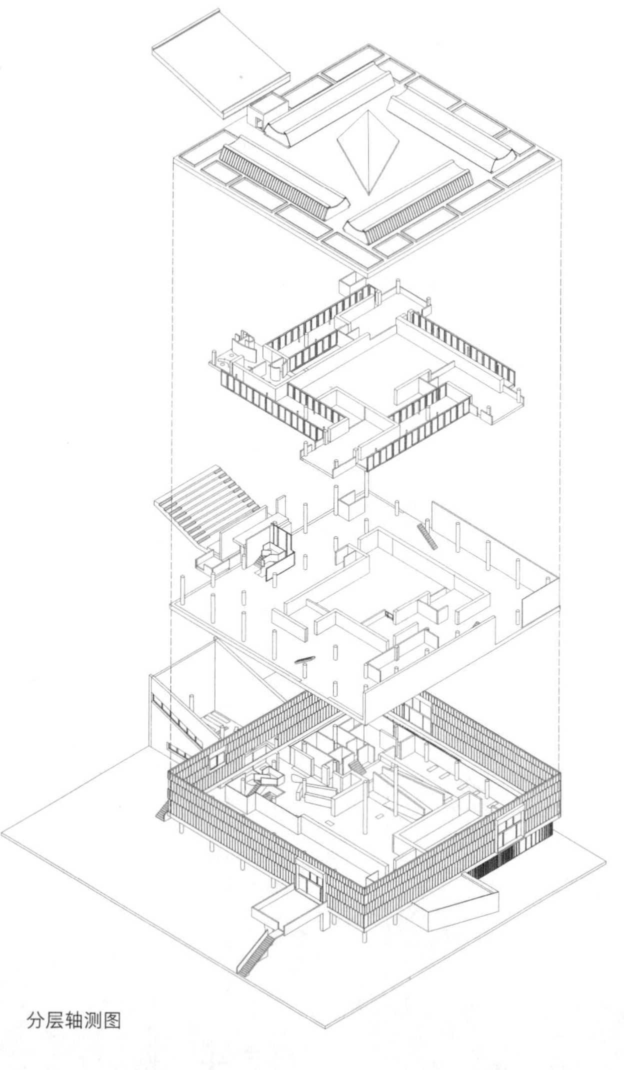

分层轴测图

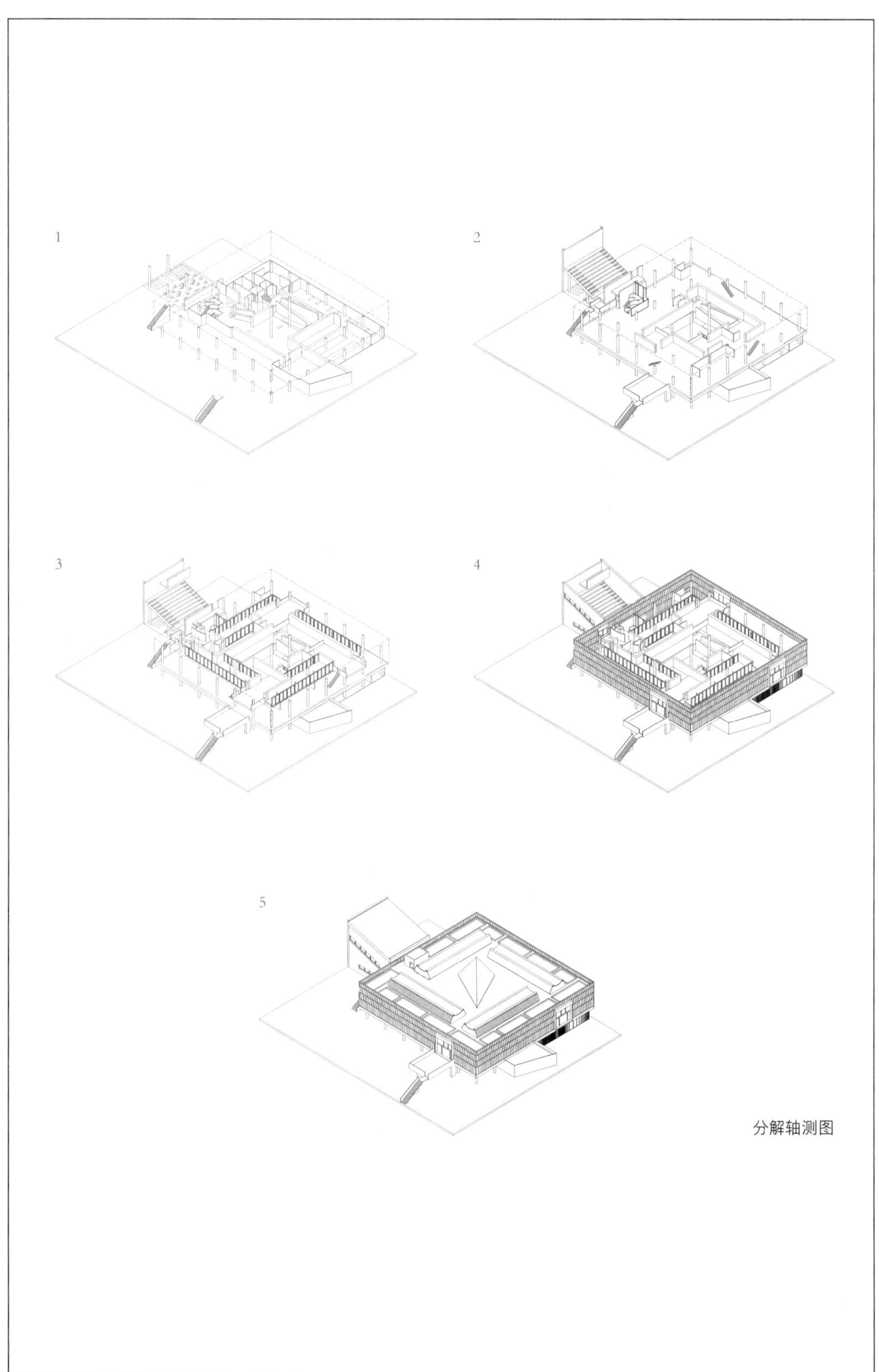

分解轴测图

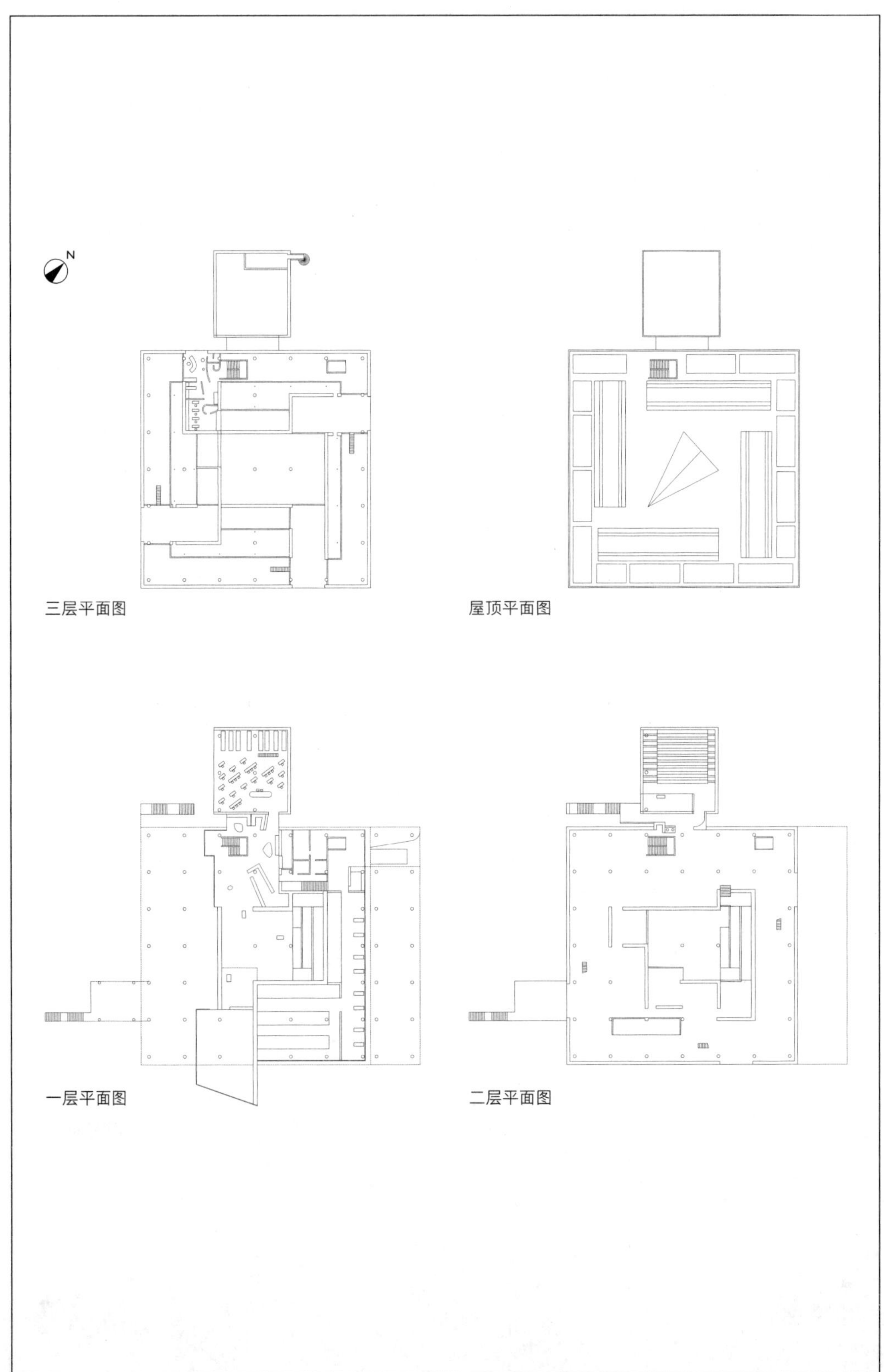

三层平面图

屋顶平面图

一层平面图

二层平面图

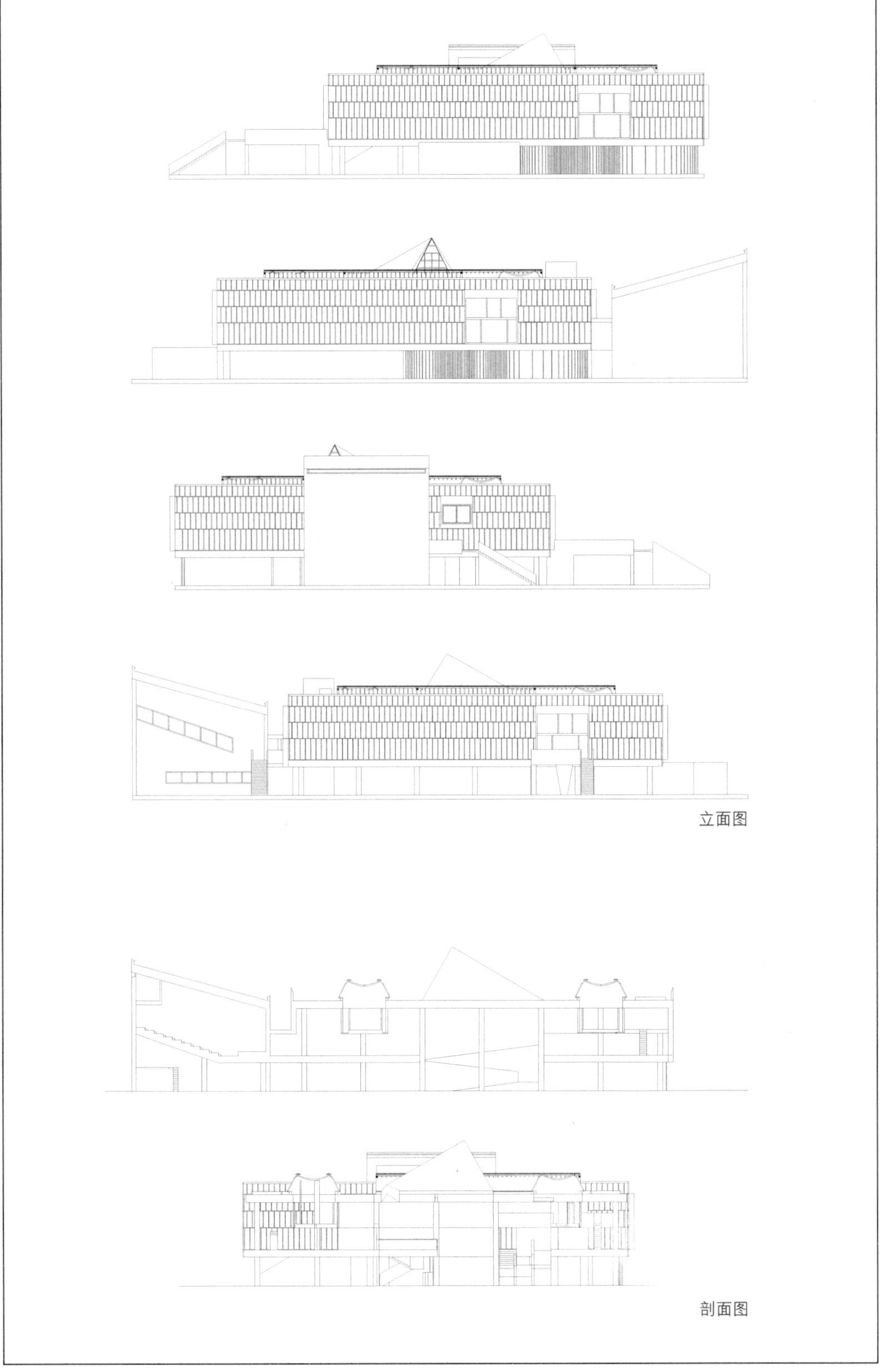

立面图

剖面图

B-74
昌迪加尔艺术品陈列馆

设计时间：1964—1968
项目地点：印度昌迪加尔
建成情况：建成

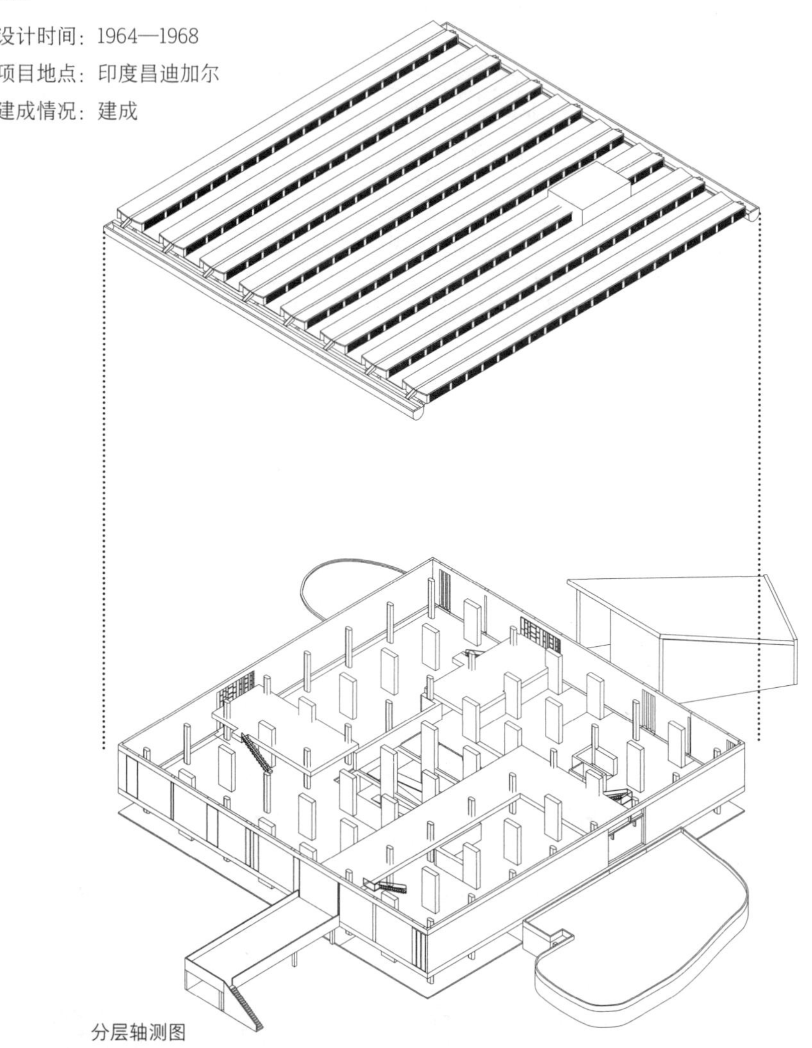

分层轴测图

正如《勒 · 柯布西耶全集》中所言，柯布西耶已建成了两座类似的博物馆：一座是印度的艾哈迈达巴德博物馆，另一座是东京国立西洋美术馆，而昌迪加尔艺术品陈列馆的设计同样源自无限生长的博物馆的草图。该方案与其他两个已建成的博物馆的较大不同点在于对屋顶的处理，8 条阵列排布的凹陷下去的高窗体块，同时也是 8 条雨水槽，经由它们收集到的雨水会汇入两侧与其垂直的排水沟中。

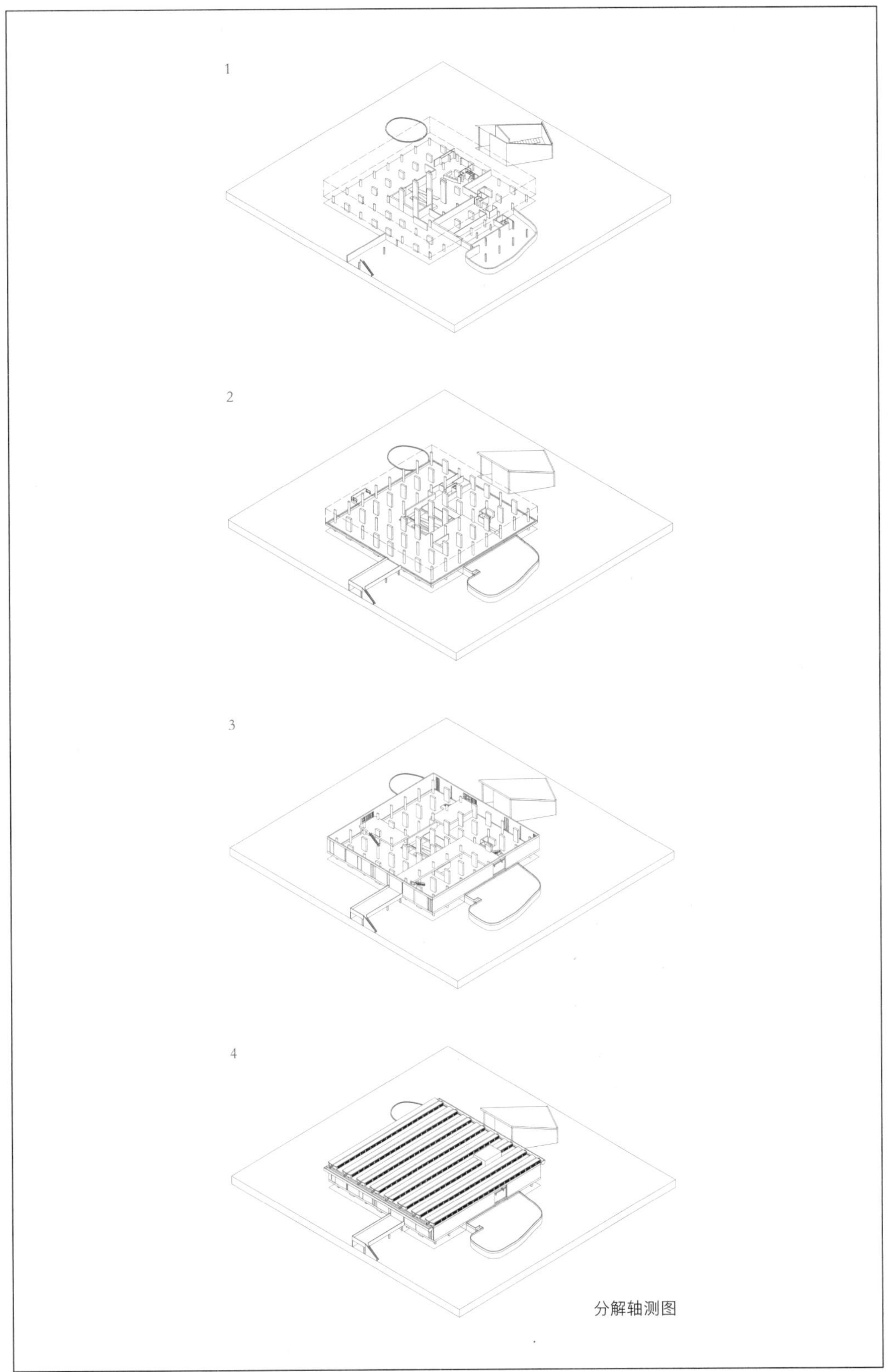

分解轴测图

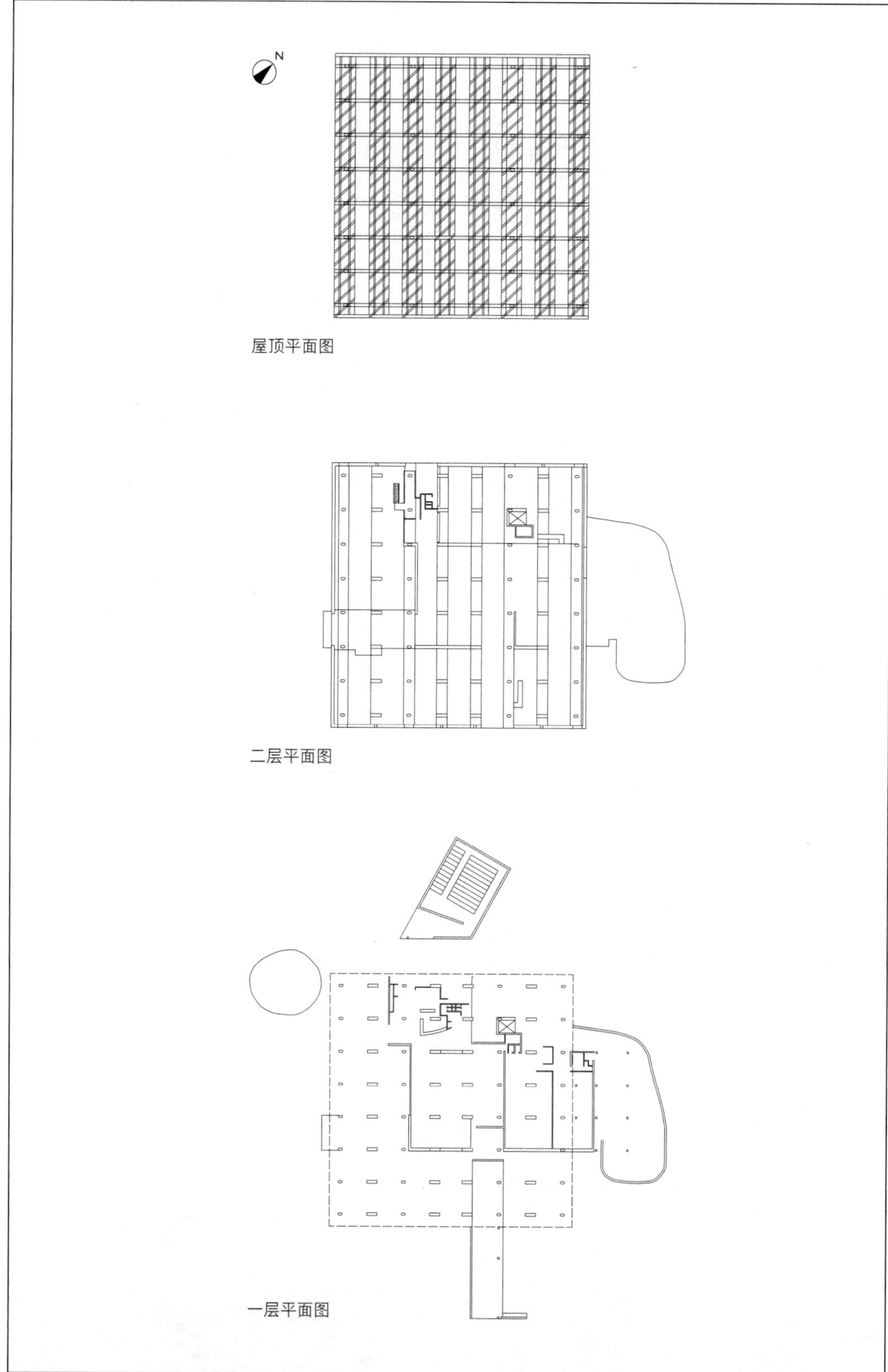

屋顶平面图

二层平面图

一层平面图

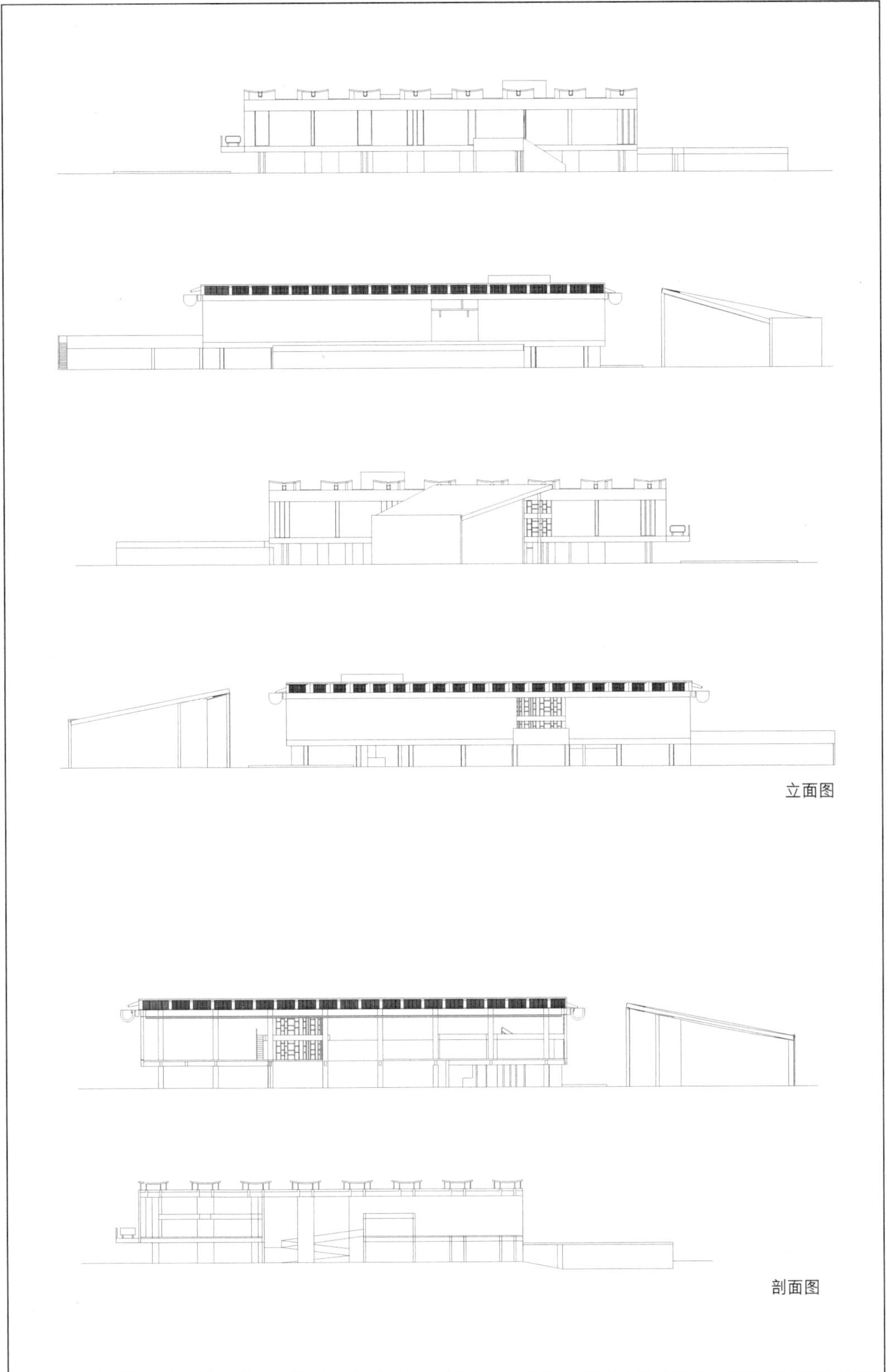

立面图

剖面图

B-80
20 世纪博物馆

设计时间：1965
项目地点：法国巴黎
建成情况：未建成

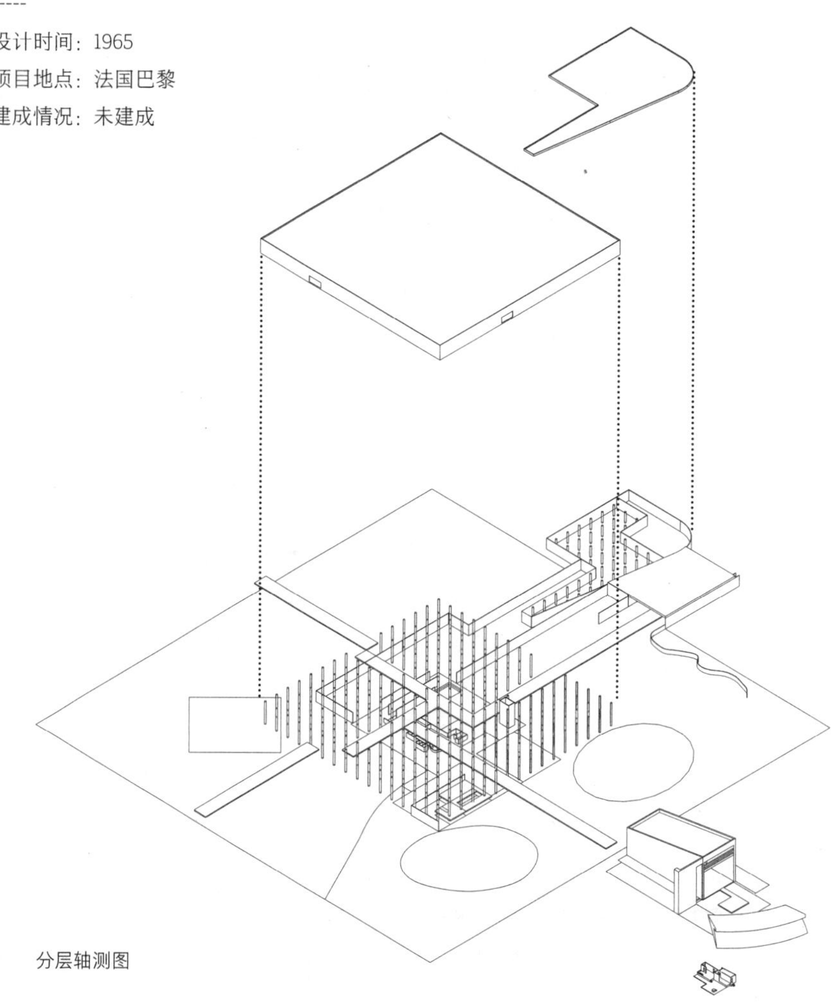

分层轴测图

该项目是基地位于法国巴黎的未建成方案。该博物馆以底层架空柱为支撑，内部是无限生长的方螺旋博物馆，而在方形展馆之外，柯布西耶设计了一个附属的自生剧场建筑。但方案还停留在了初期设计阶段，很多地方并没有深入下去。在 20 世纪博物馆项目最初的构思草图中，柯布西耶署下了日期：1965 年 6 月 29 日，这是柯布西耶生前亲手绘制的最后一张方案图。从最初的 Mundaneum 世界博物馆到最后的 20 世纪博物馆，整体来说，这些博物馆都是基于柯布西耶持续研究了数十年的主题——无限生长的博物馆。

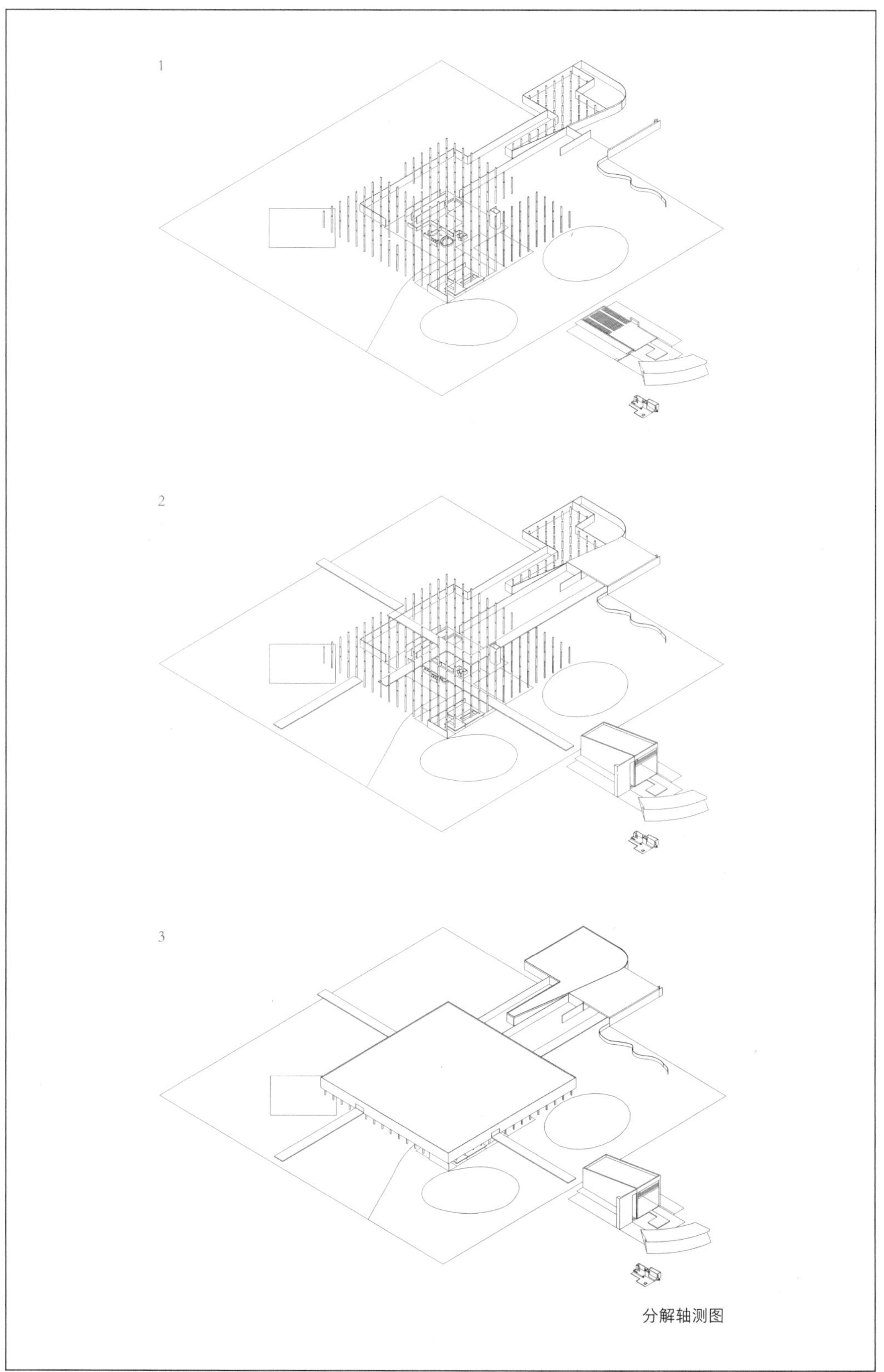

分解轴测图

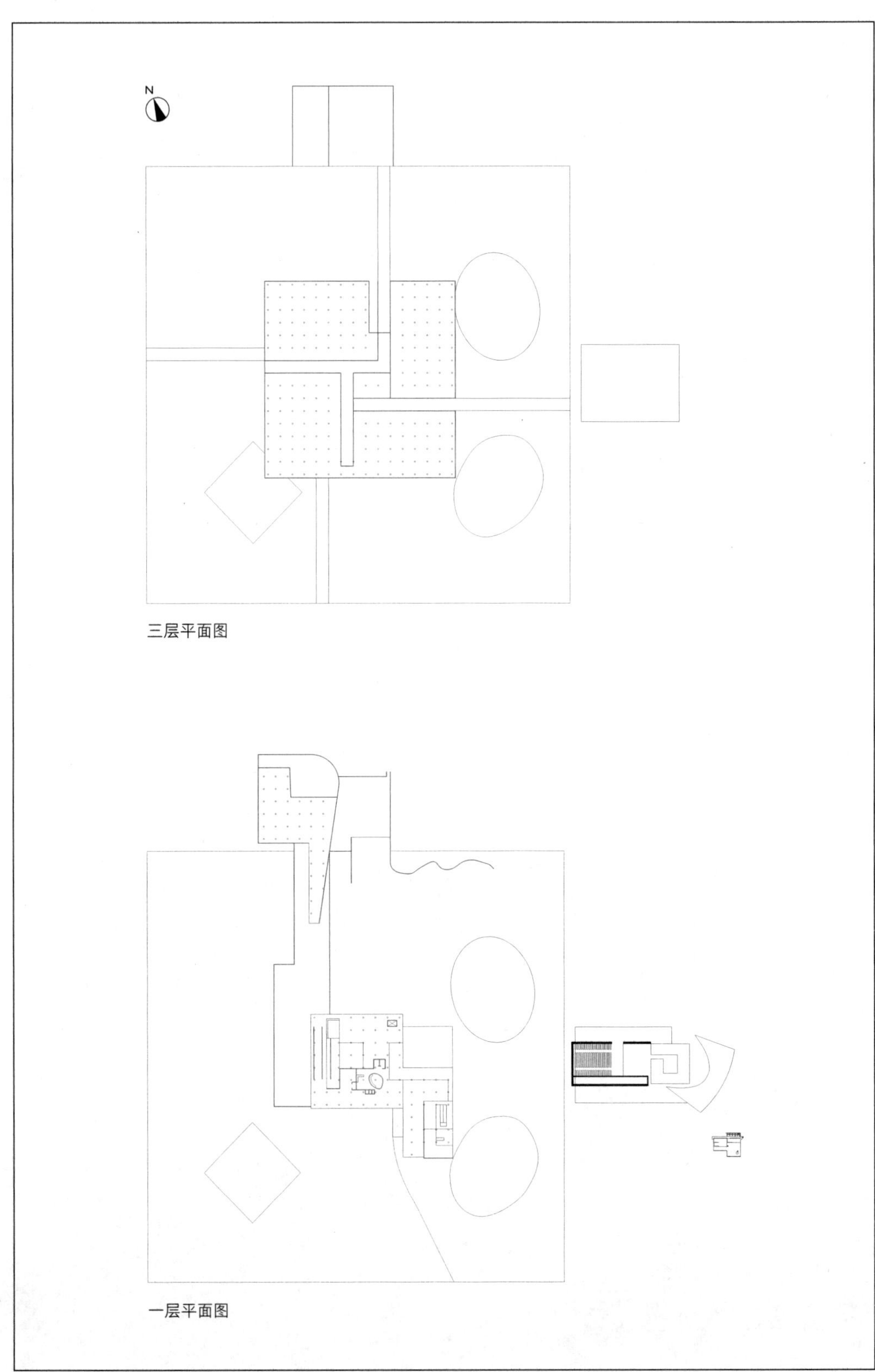

三层平面图

一层平面图

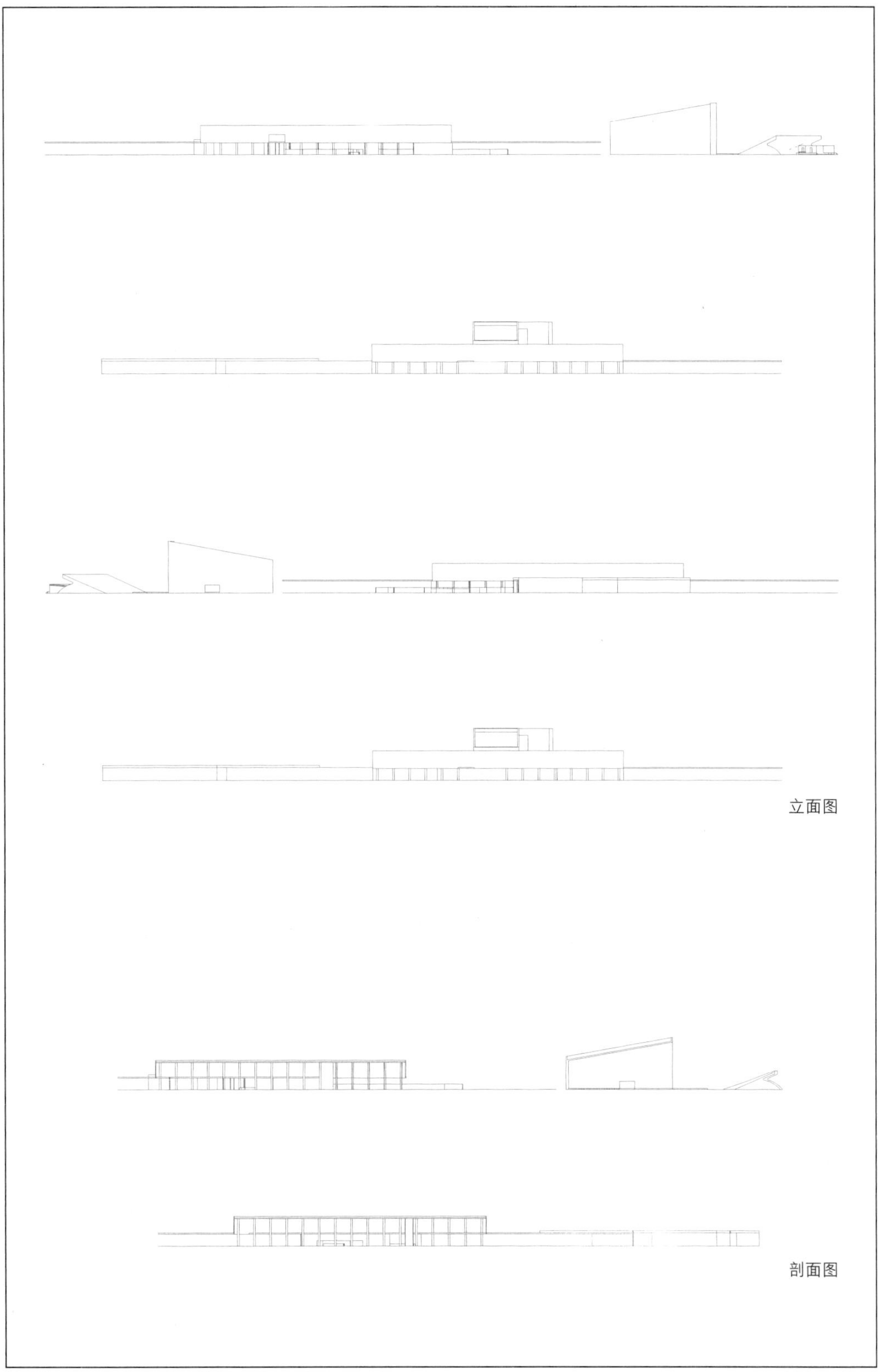

立面图

剖面图

C-06
雀巢亭

设计时间：1928

项目地点：法国巴黎

建成情况：建成

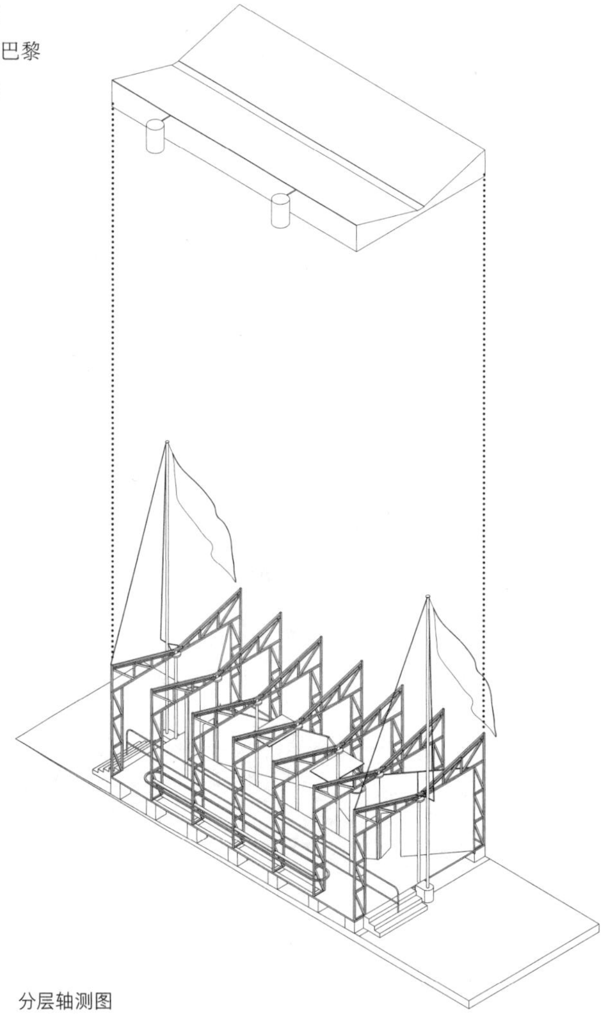

分层轴测图

这是柯布西耶 1928 年为雀巢公司设计的一个可拆卸的小型展售亭，已建成。展售亭采用了金属骨架结构，整体骨架由 7 个阵列排布的金属桁架构成，面向道路的一侧设置了一条直线通道，背街侧设置了一个带橱窗的销售展示厅。另外，建筑基地本身存在微弱的高差，柯布西耶通过基础构件的敷设建造了标高一致的平面，人们可以经由通道两端的台阶进出展售亭。

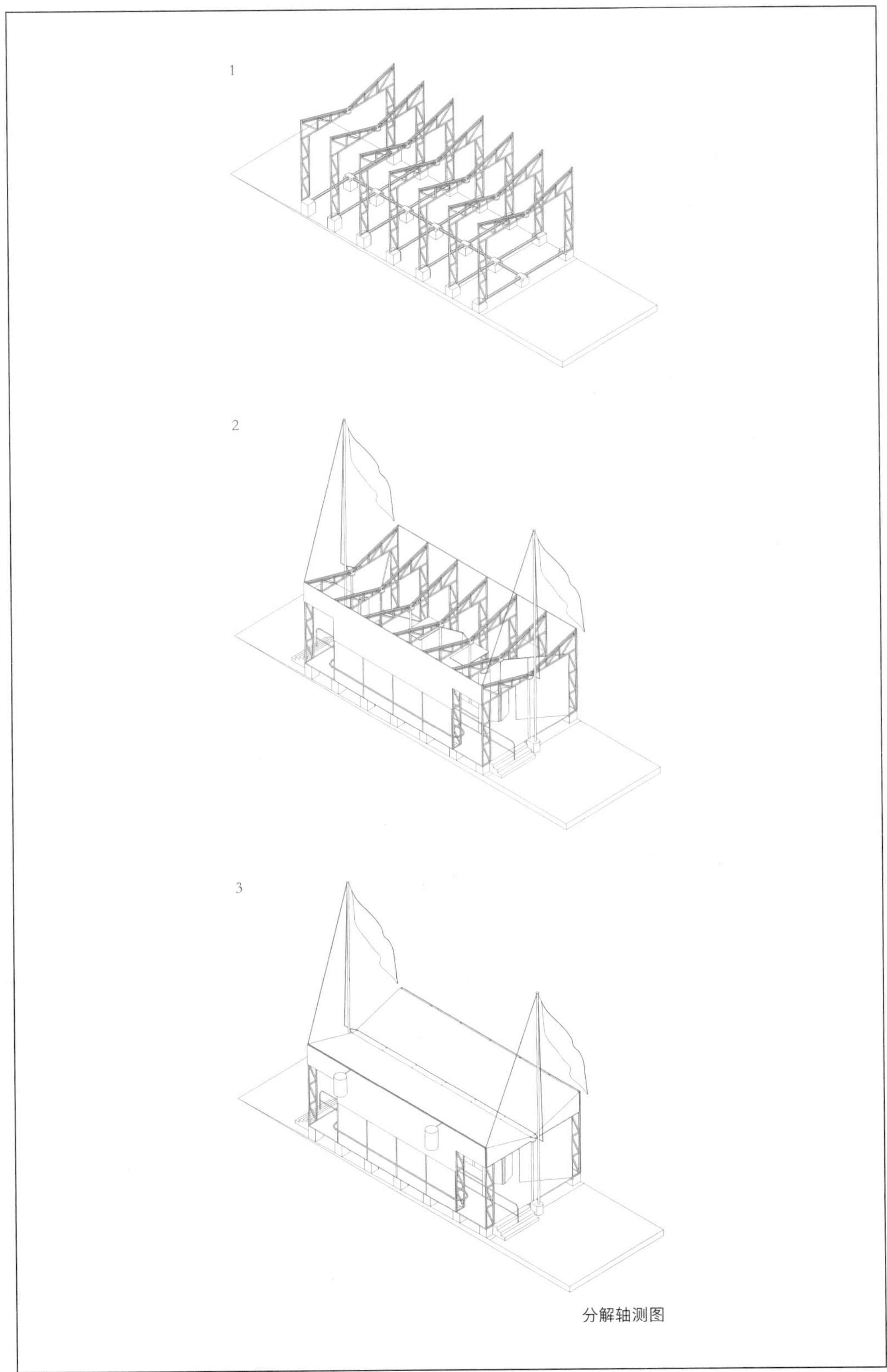

分解轴测图

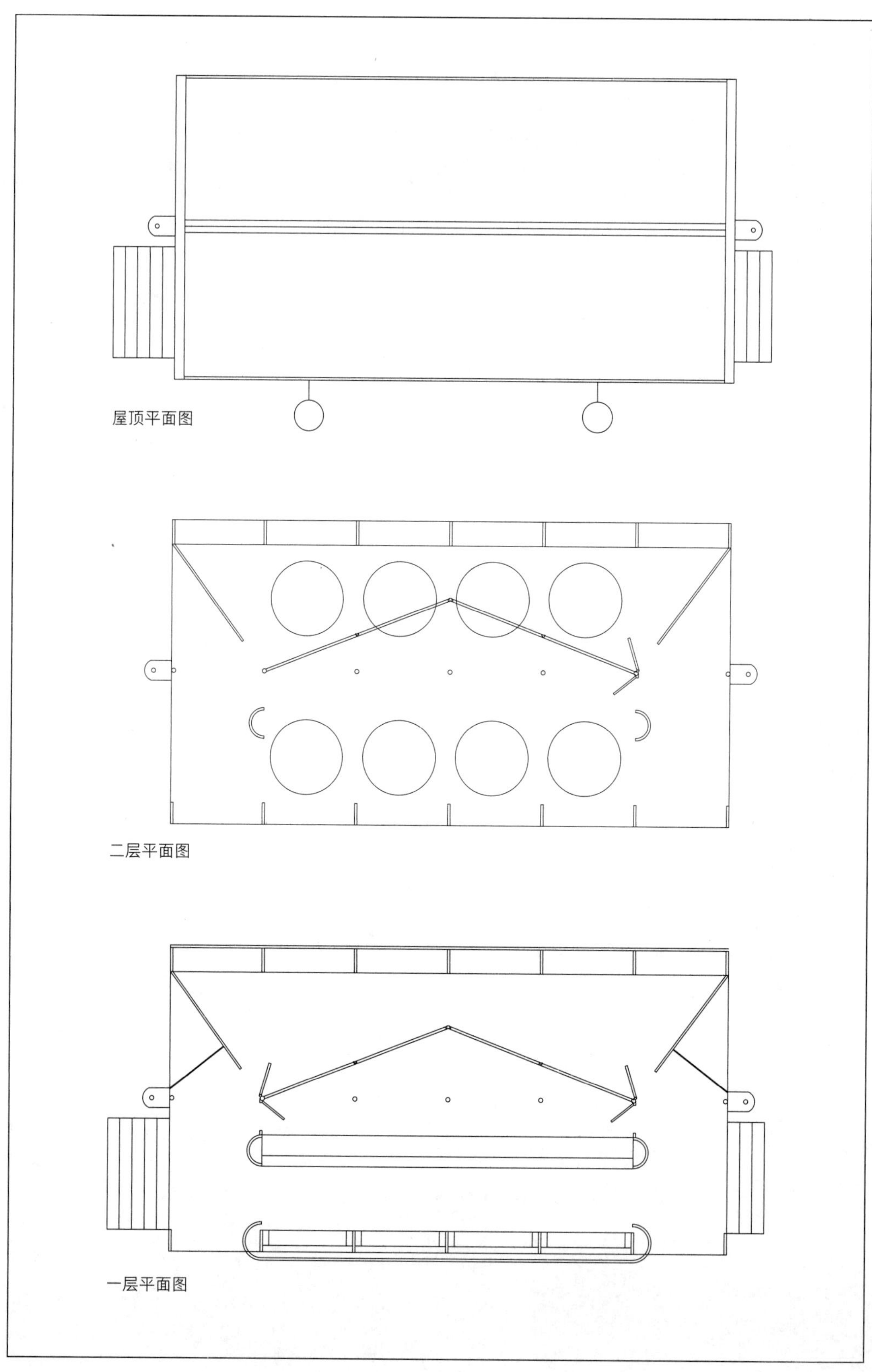
屋顶平面图
二层平面图
一层平面图

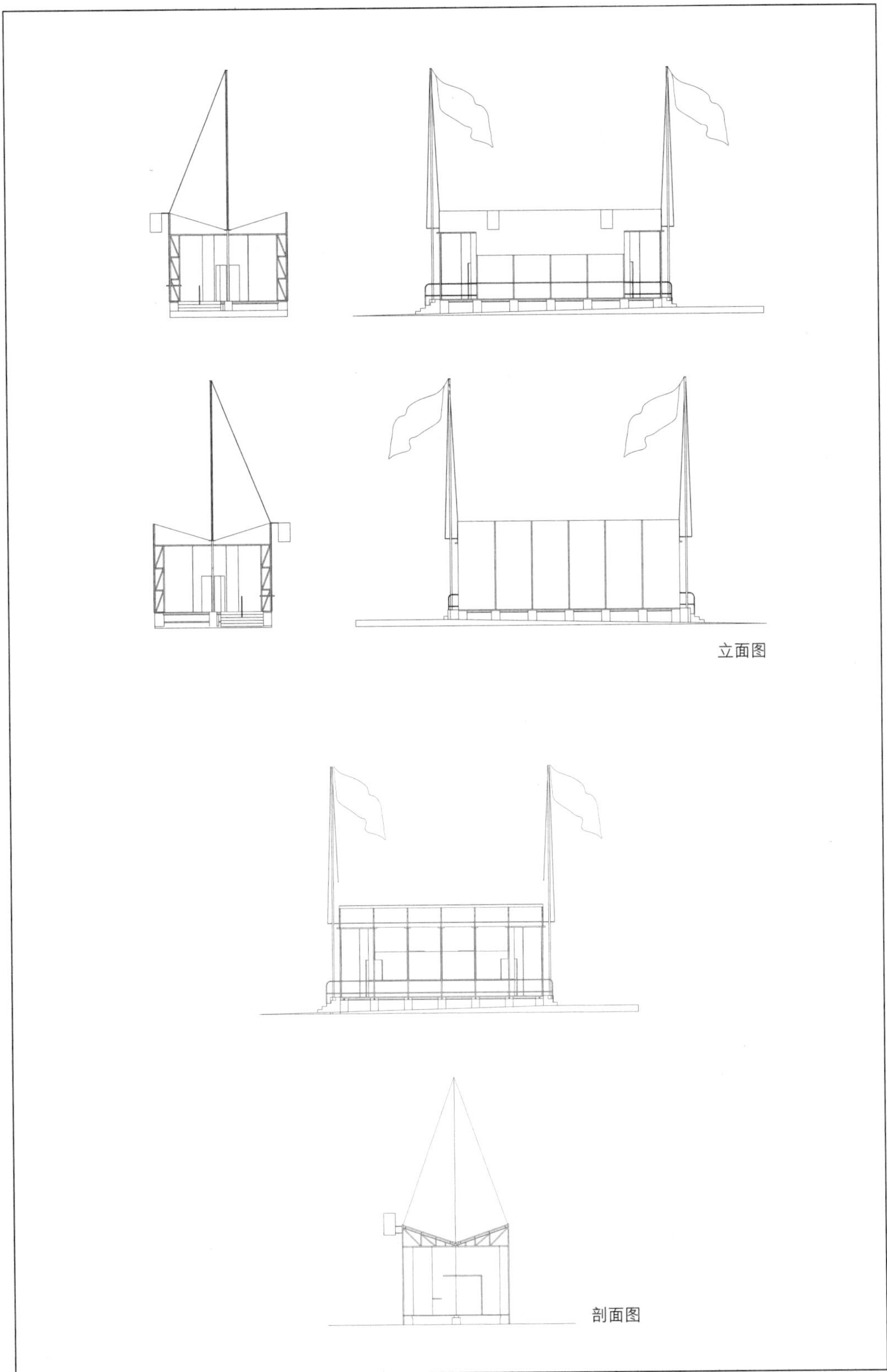
立面图
剖面图

C-11
勒布尔歇航空展览馆

设计时间：1930
项目地点：法国勒布尔歇
建成情况：未建成

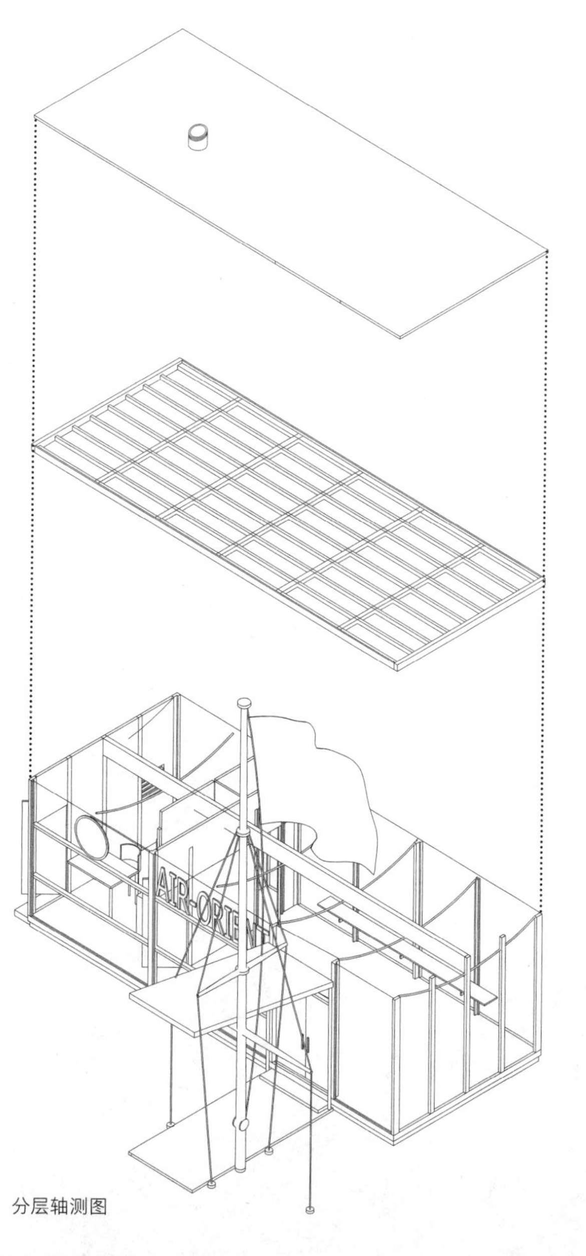

该方案未收录进《勒·柯布西耶全集》，未建成。和雀巢亭类似，该方案也是一个金属骨架的小展亭，通过T形和方形的结构柱支撑着屋顶的桁条。平面一分为二，一部分为办公区域和卫生间区域，另一部分为展厅。在室内设计上，柯布西耶设置了一个弧形的顶棚，并通过数根弧形构件和两侧的支撑柱联系起来。另外，因为入口的附属门廊部分有旗杆和遮雨板，使展览馆犹如一艘帆船。

分层轴测图

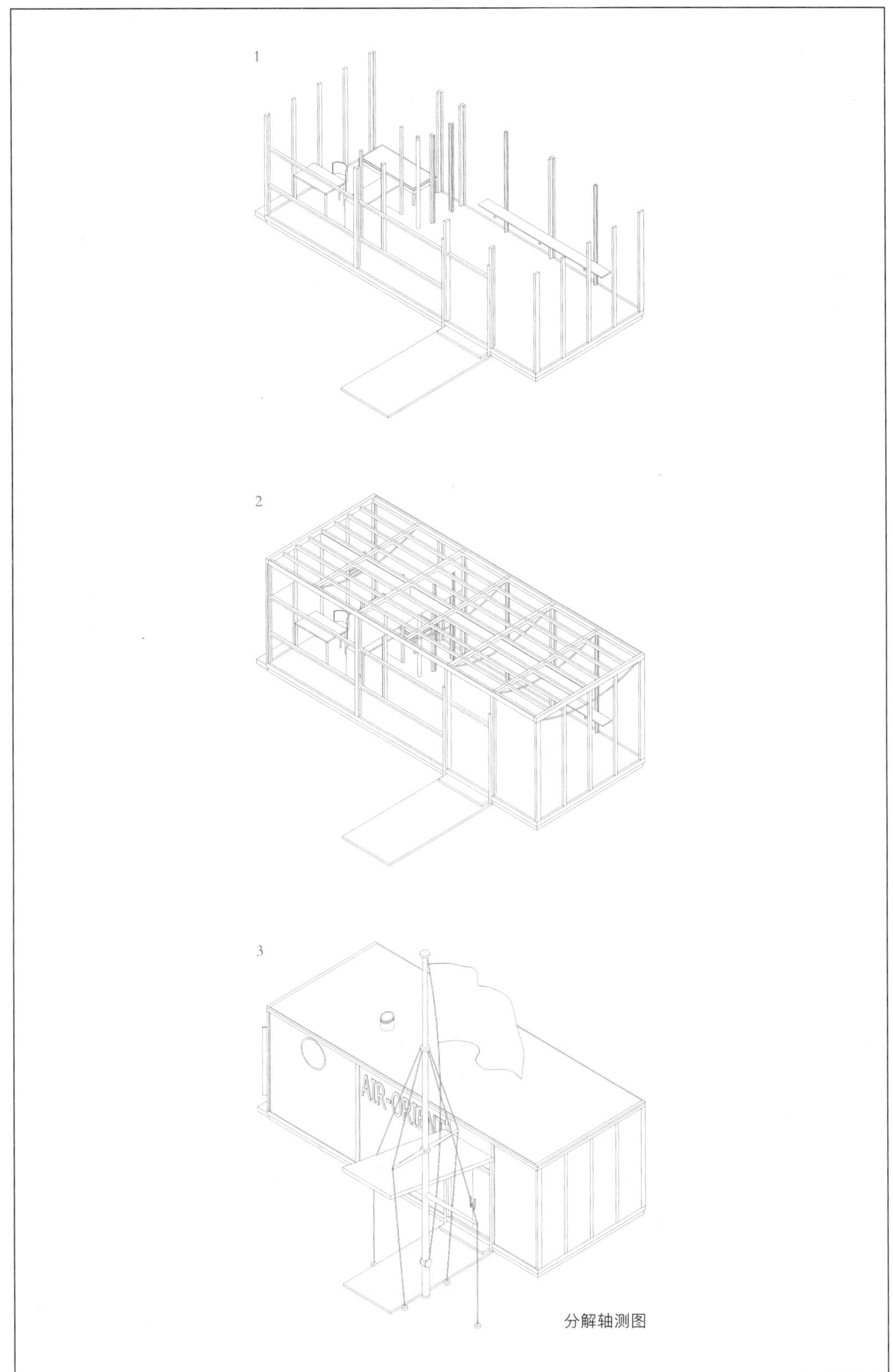

分解轴测图

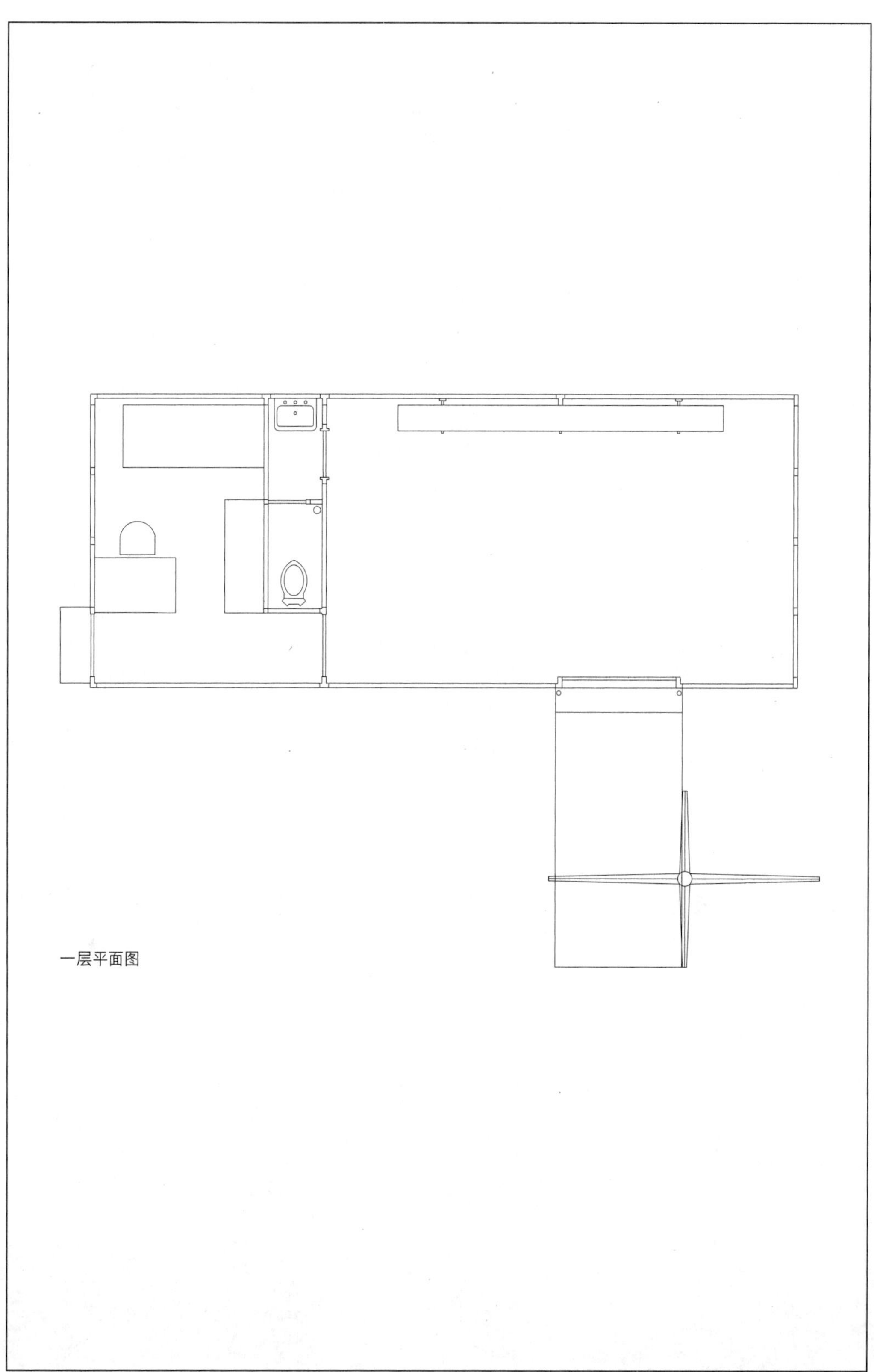
一层平面图

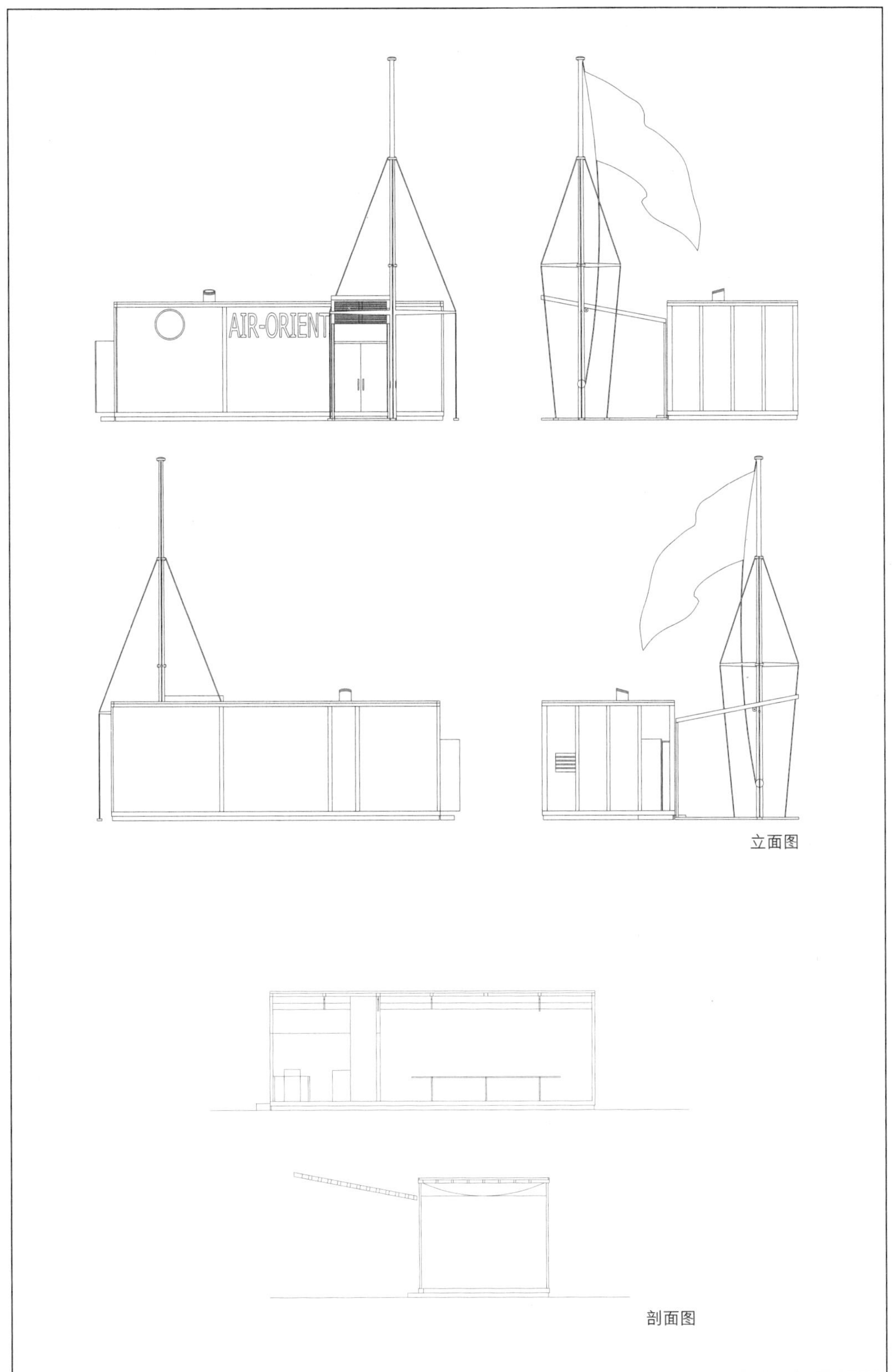

立面图

剖面图

C-19
1937 年巴黎国际博览会当代审美中心

设计时间：1935
项目地点：法国巴黎
建成情况：未建成

这是无限生长的博物馆系列的一个方案作品。建筑整体由底层架空柱支撑，内部展厅的布置采用了方螺旋的手法，屋顶是金属桁架结构。诚如柯布西耶所言，这是一个没有立面的展览馆，内部采用了一种由石棉水泥制成的特殊板材，板材可以拆换。人们可以从底层通高的中央大厅进入展馆内部，方螺旋线一圈一圈地逐渐展开，标准单元的尺寸为 7m×7m，顶棚的桁架所形成的空腔可以上人，并通过适当地布置透明或半透明的板材来调节光线。

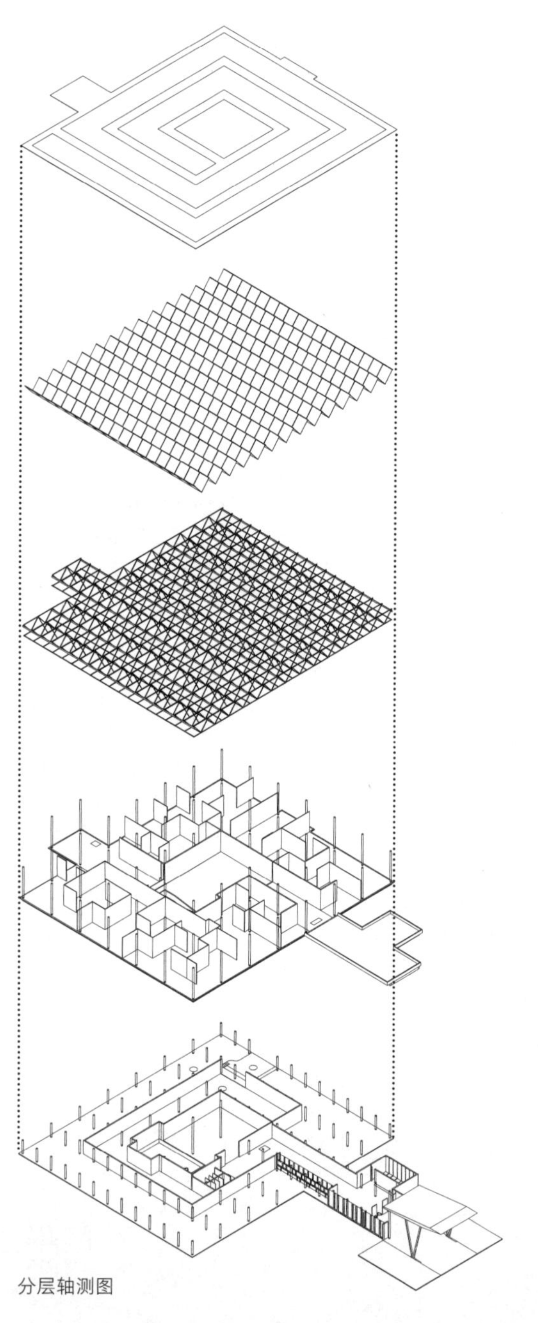
分层轴测图

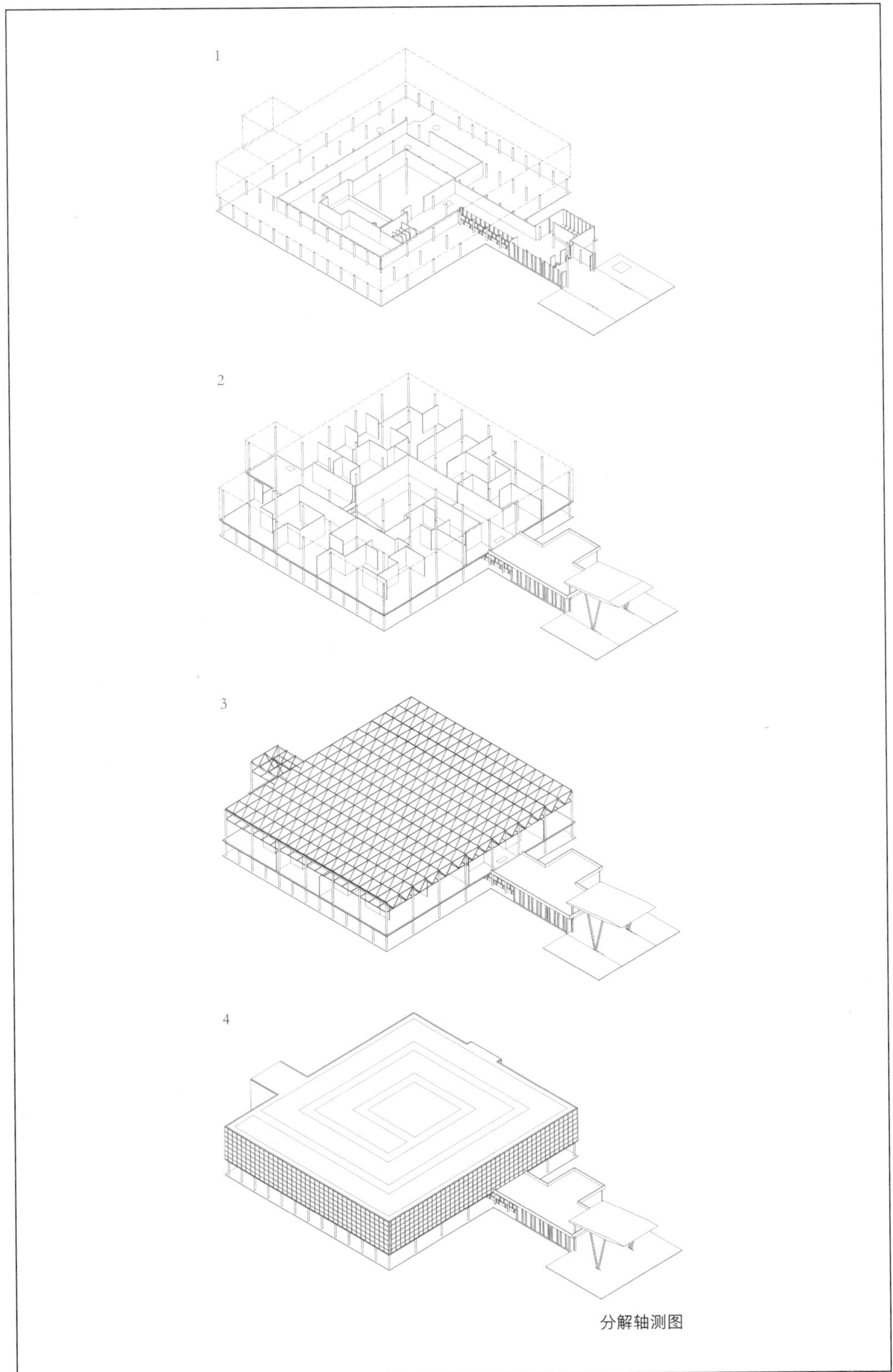

分解轴测图

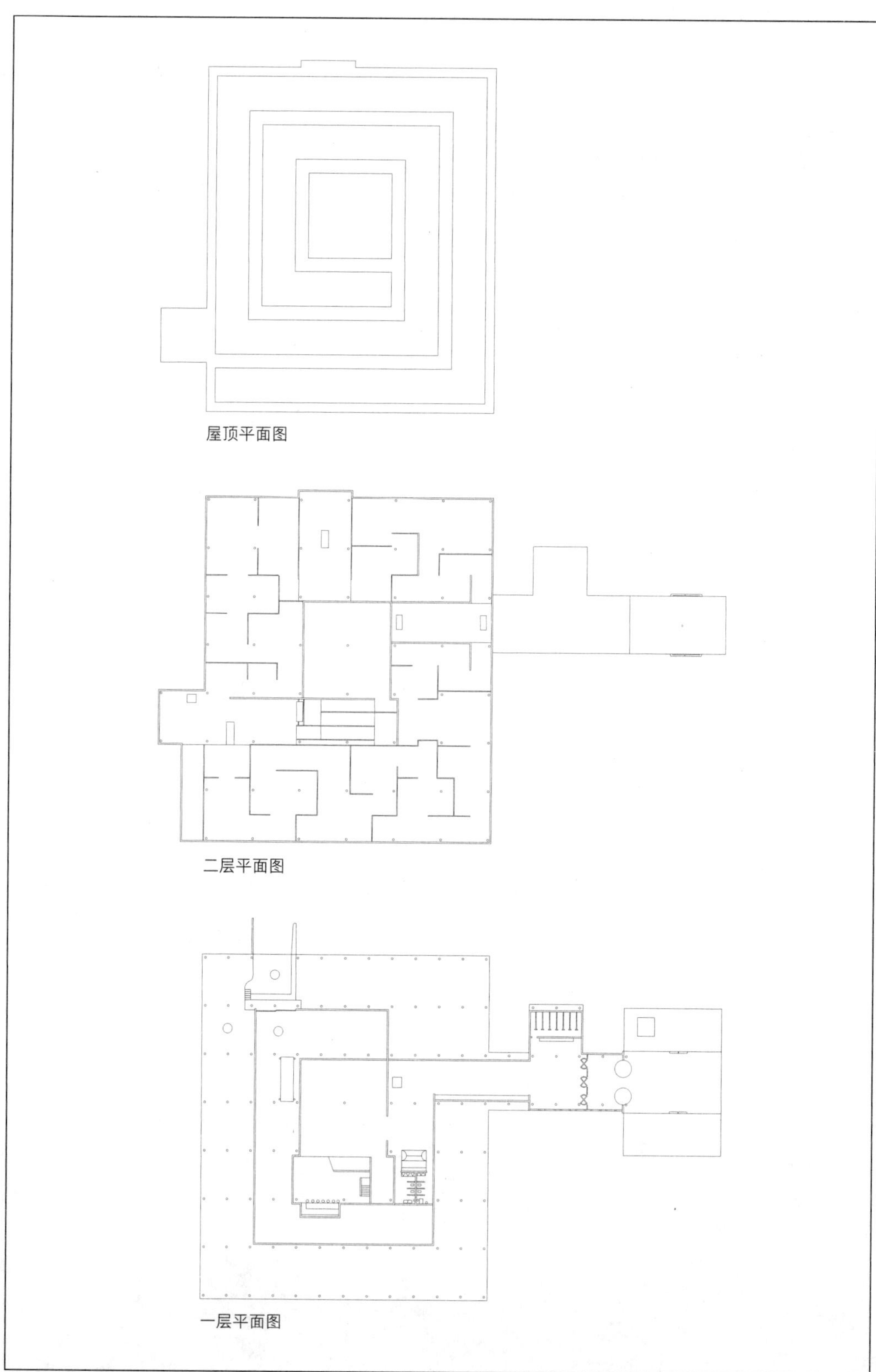
屋顶平面图
二层平面图
一层平面图

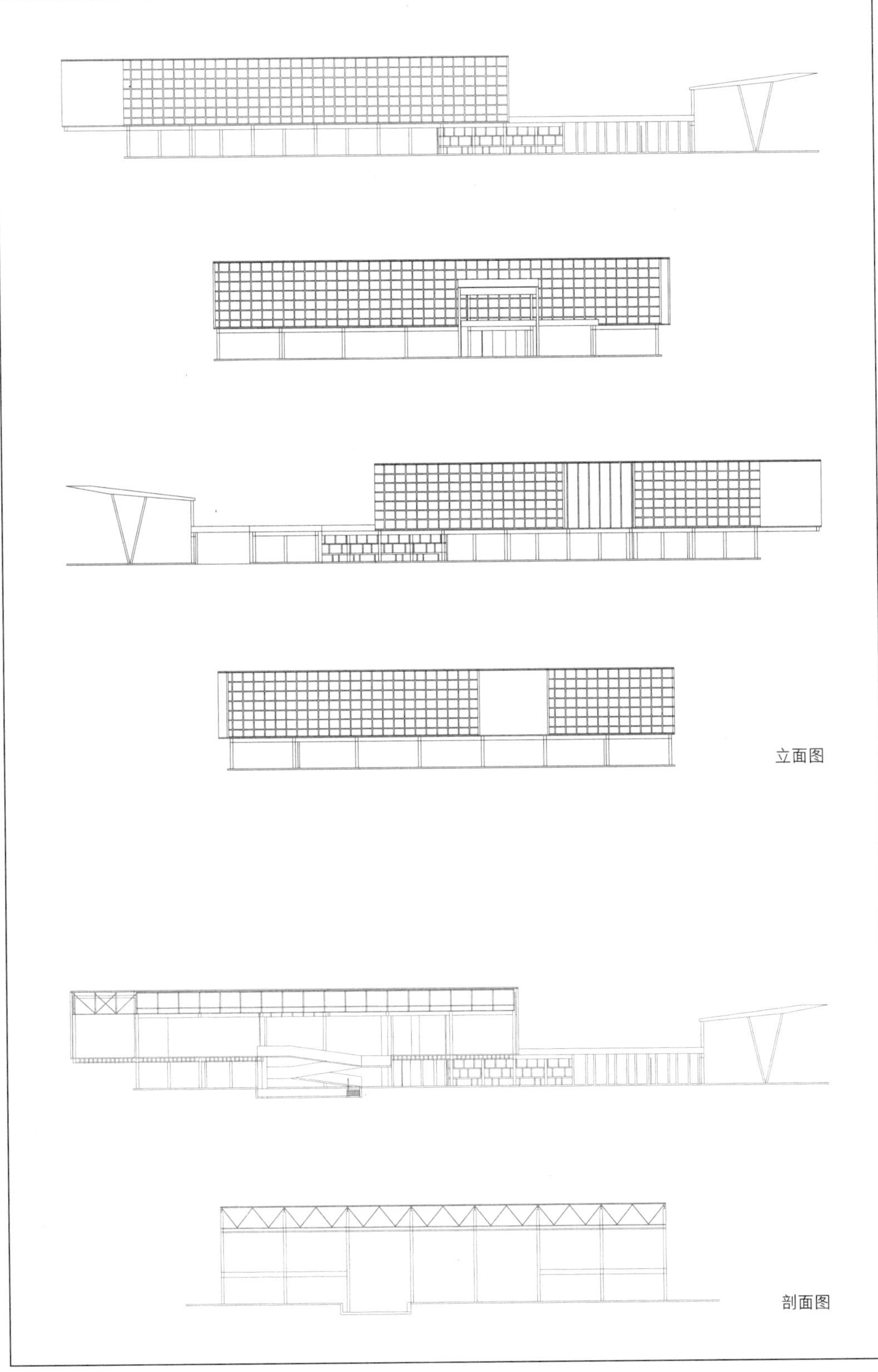
立面图
剖面图

C-26
迈罗门的新时代馆

设计时间：1936
项目地点：法国巴黎
建成情况：建成

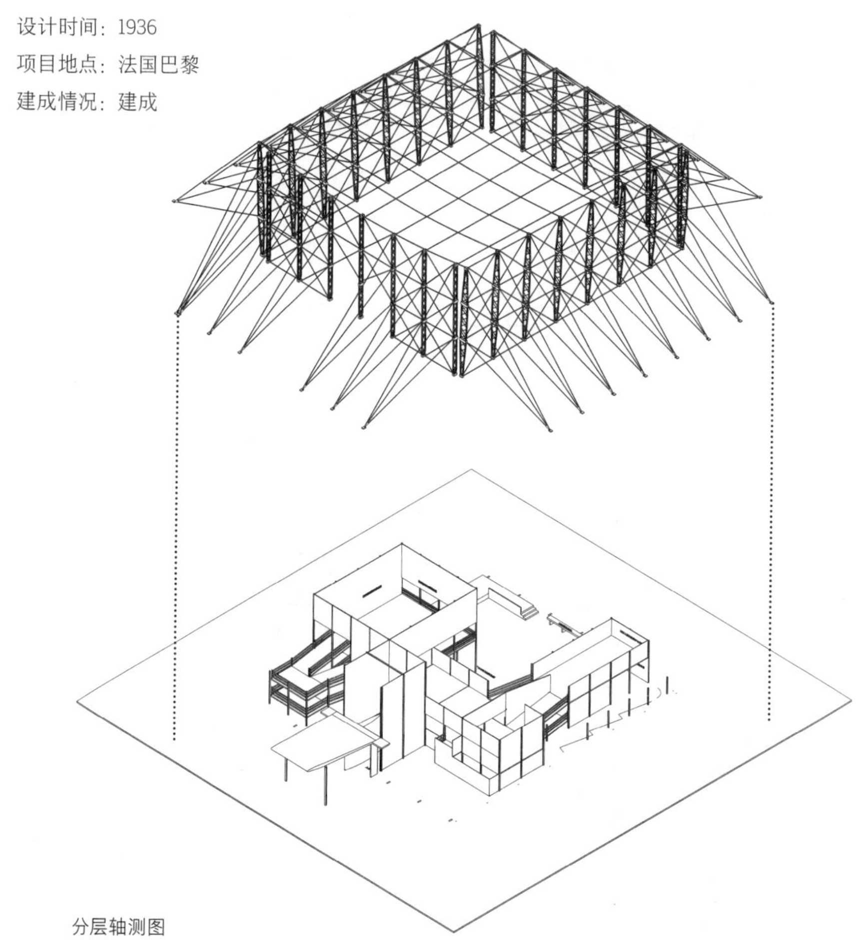

分层轴测图

在柯布西耶为 1937 年巴黎国际博览会所做的 A、B、C 方案均遭到拒绝后，作为方案 D 的迈罗门的新时代馆终于得以付诸实现。整个展馆由围绕场地一圈的钢缆和覆盖立面及屋顶的帆布构成，内部用坡道和展板来组织展览的内容和路线，是一个套匣子的构成。从剖面图中可以清楚地看出这一关系：外部的帐篷充当容器，内部的展台和坡道充当内容，两者之间形成明显的区分。展馆的总面积是 15 000m^2，人们从平面中间的门廊进入内部，沿着规划好的路线从一侧的坡道上到二层，然后从另一端的坡道下来，整体形成了一个观览的回路，体现了柯布西耶建筑漫步的理念。

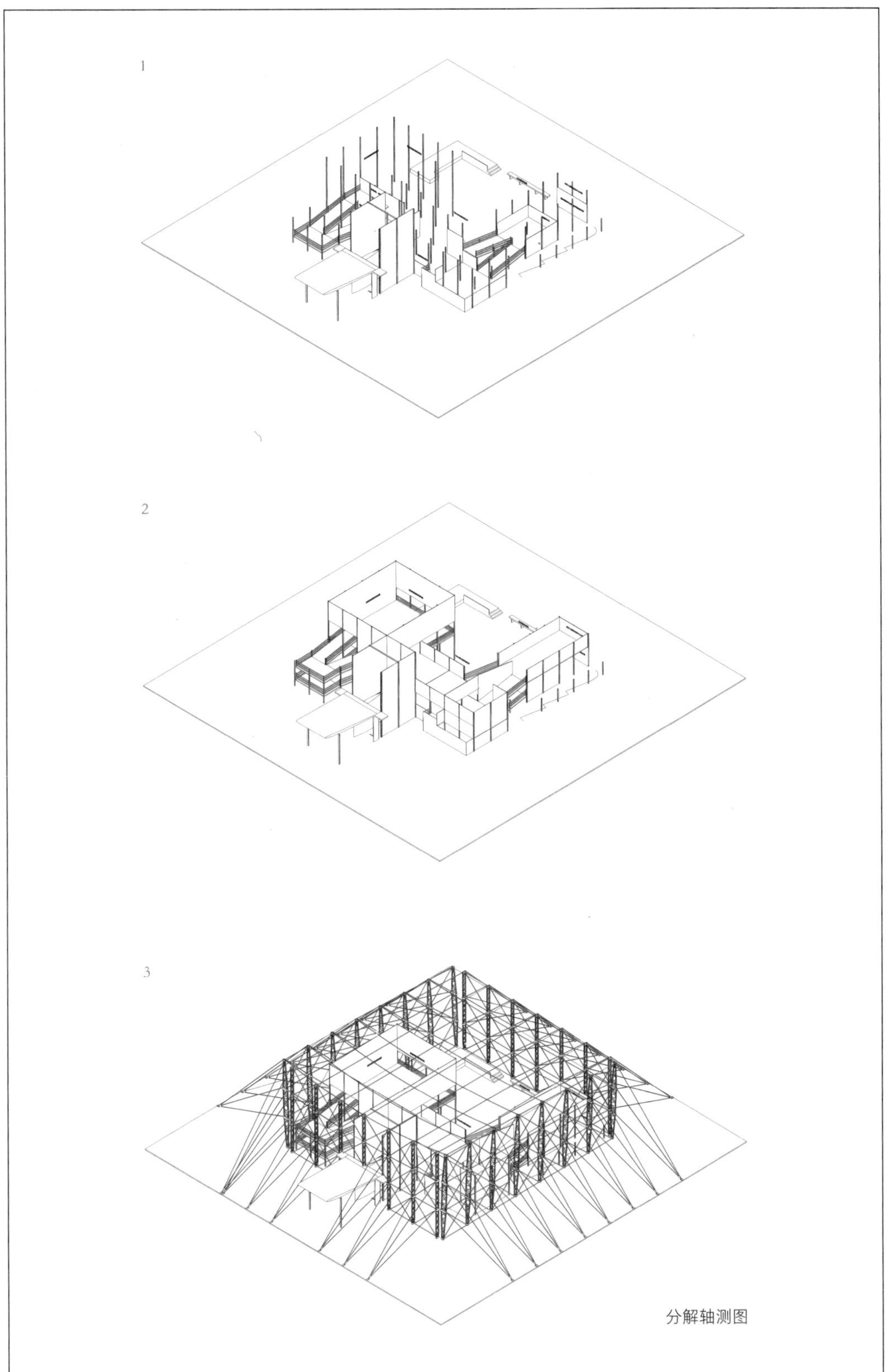

分解轴测图

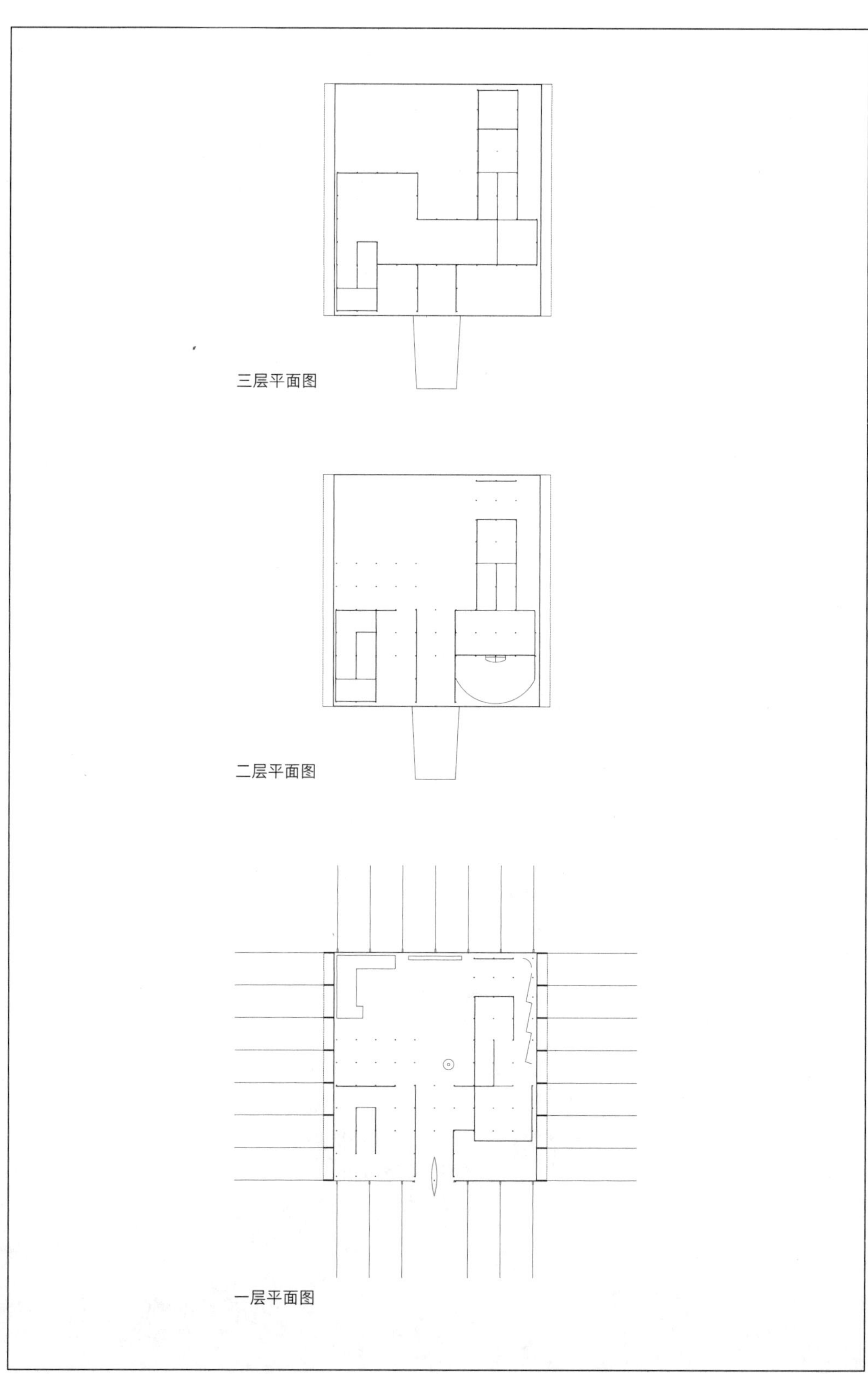
三层平面图
二层平面图
一层平面图

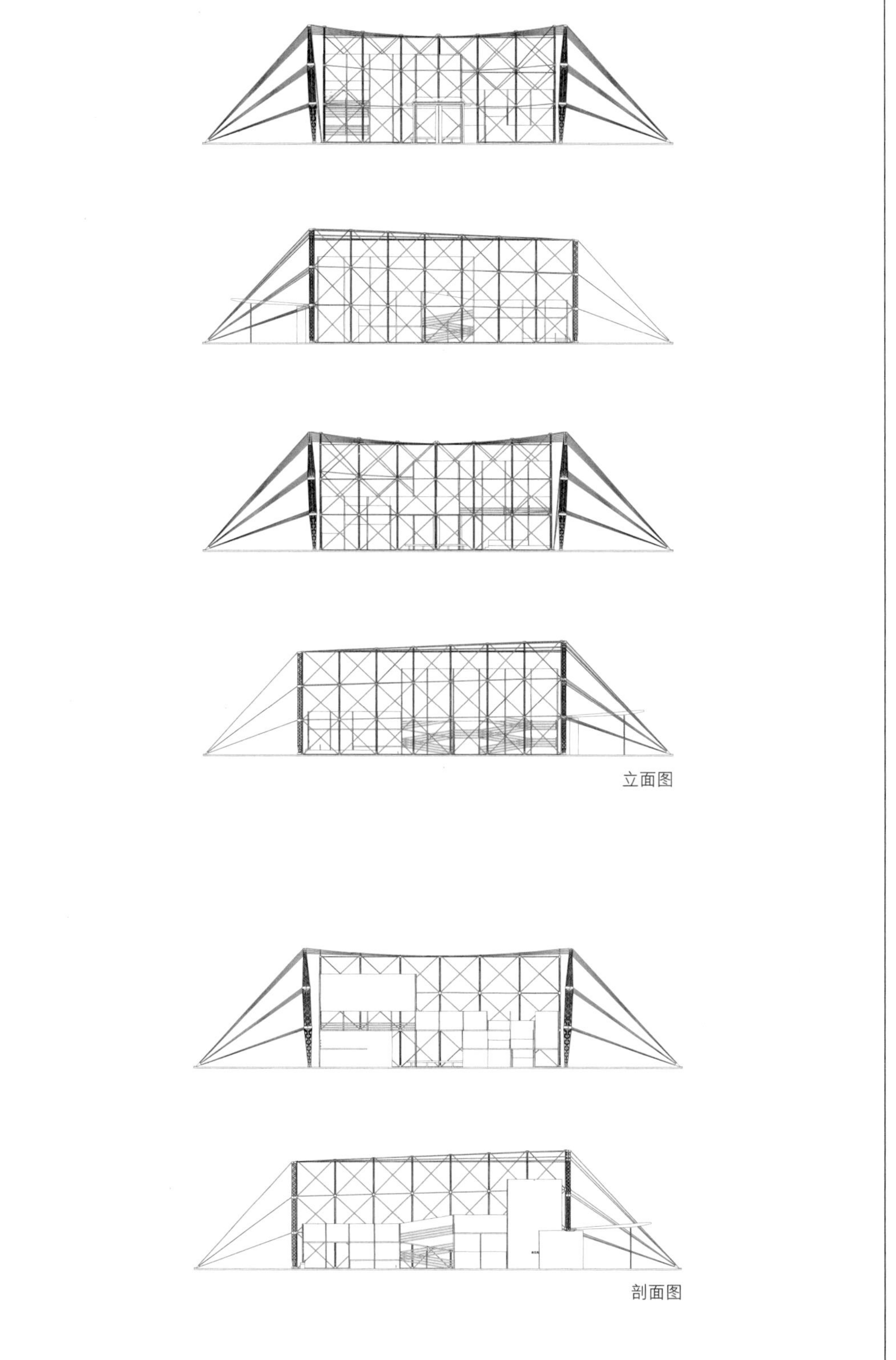

立面图

剖面图

C-27

TN—Wagon 住宅展览馆

设计时间：1936

项目地点：法国巴黎

建成情况：未建成

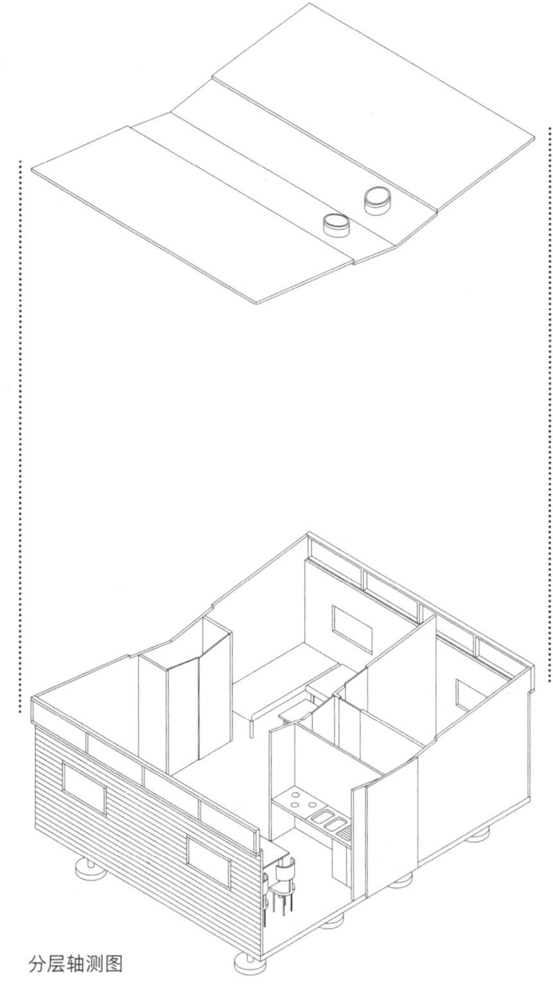

分层轴测图

这是一个未建成的住宅展览馆方案，未收录进《勒·柯布西耶全集》。整体是由底层架空柱支撑的箱体，平面被分成三部分，一部分为寝室和办公空间，中间为卫生间，另一部分为厨房和餐厅，住宅的基本功能全部被容纳在这个小的方形平面中。屋顶采用了凹入的反坡形式，目的有二：一是屋顶两侧抬起一定的高度，可以设置高窗；二是中间凹陷的部分可以收集雨水形成排水沟。这一反坡的屋顶形式在柯布西耶晚期作品昌迪加尔大法院中得到了更加清晰的表达。

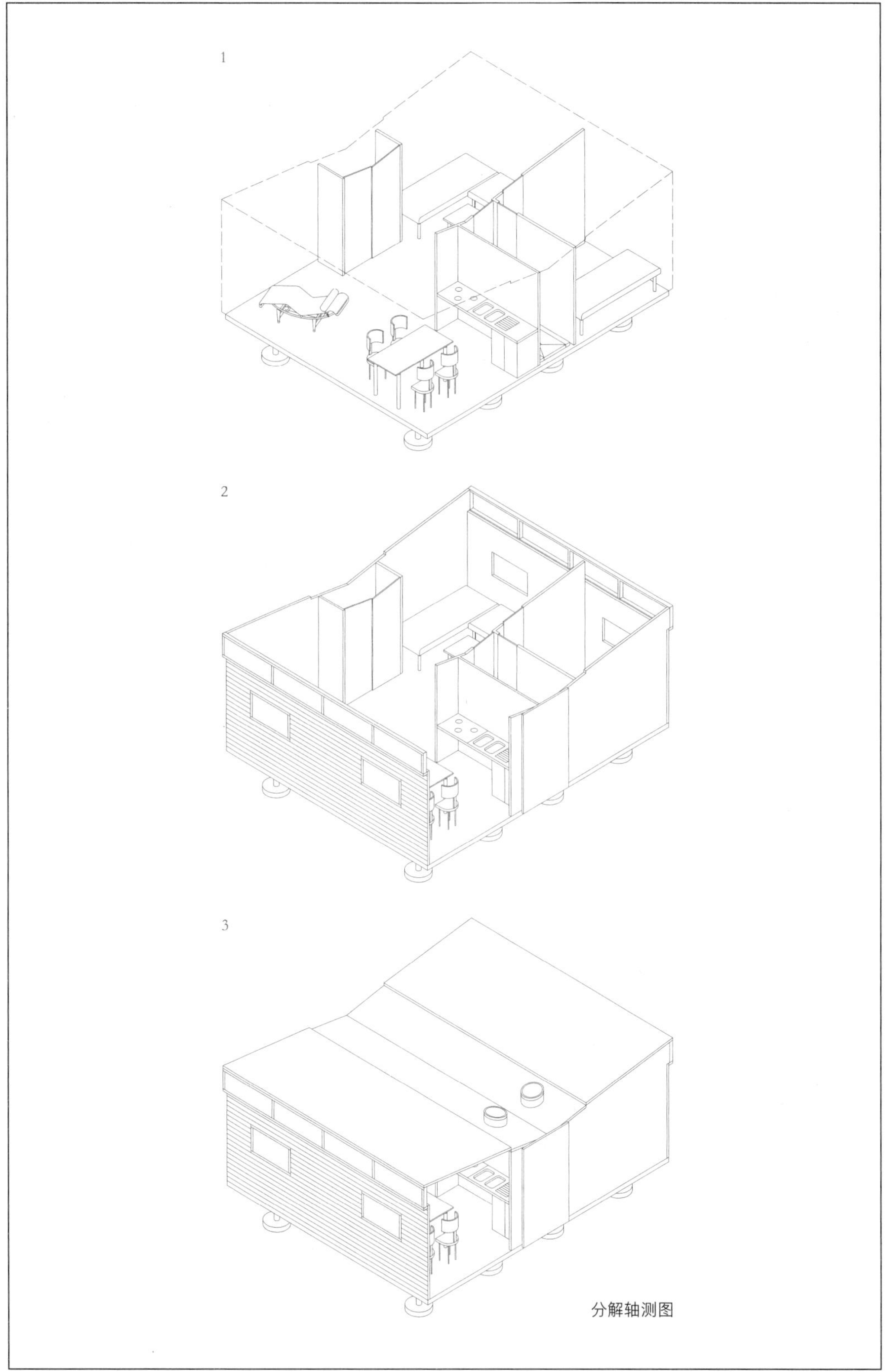

分解轴测图

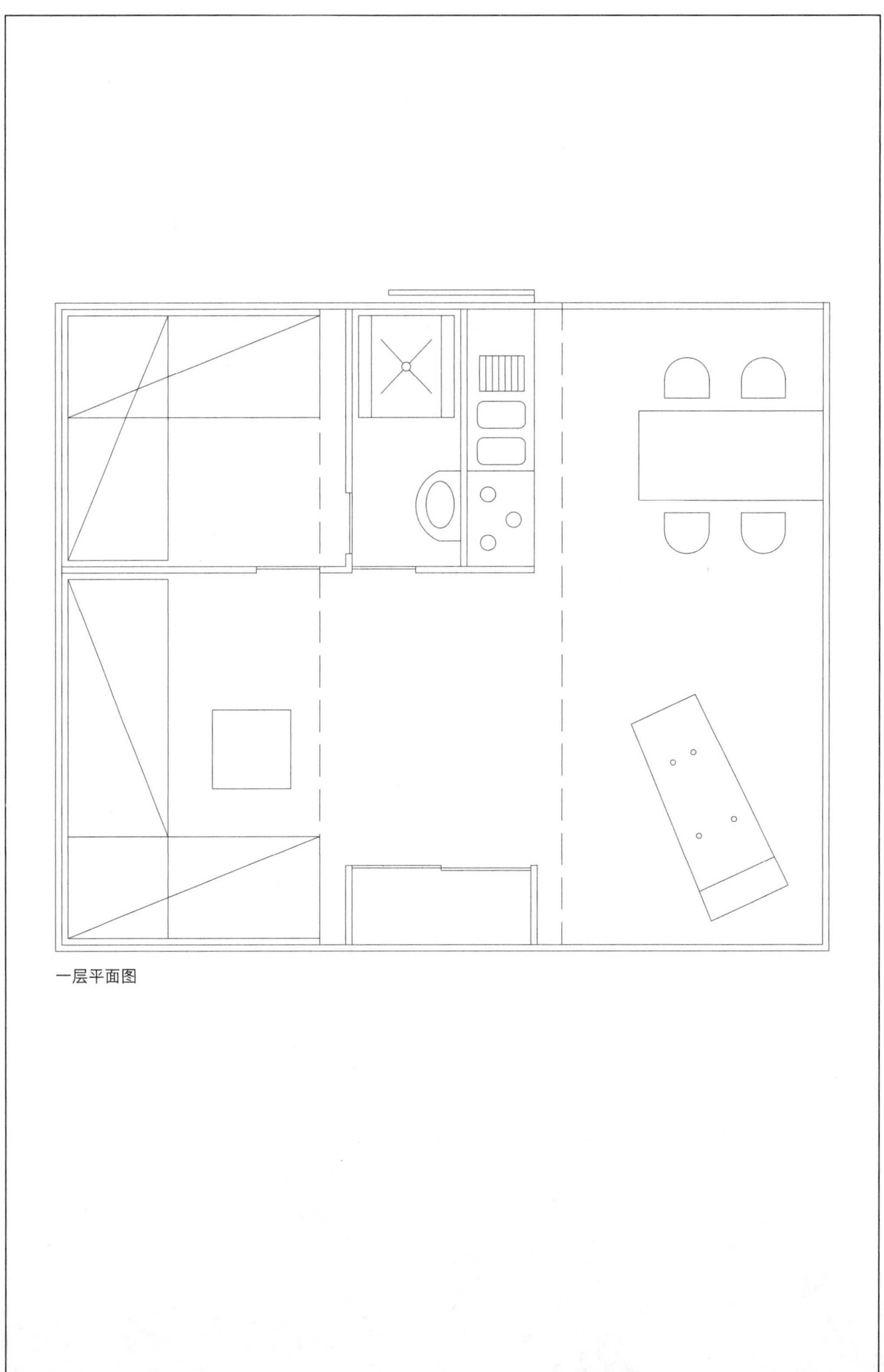

一层平面图

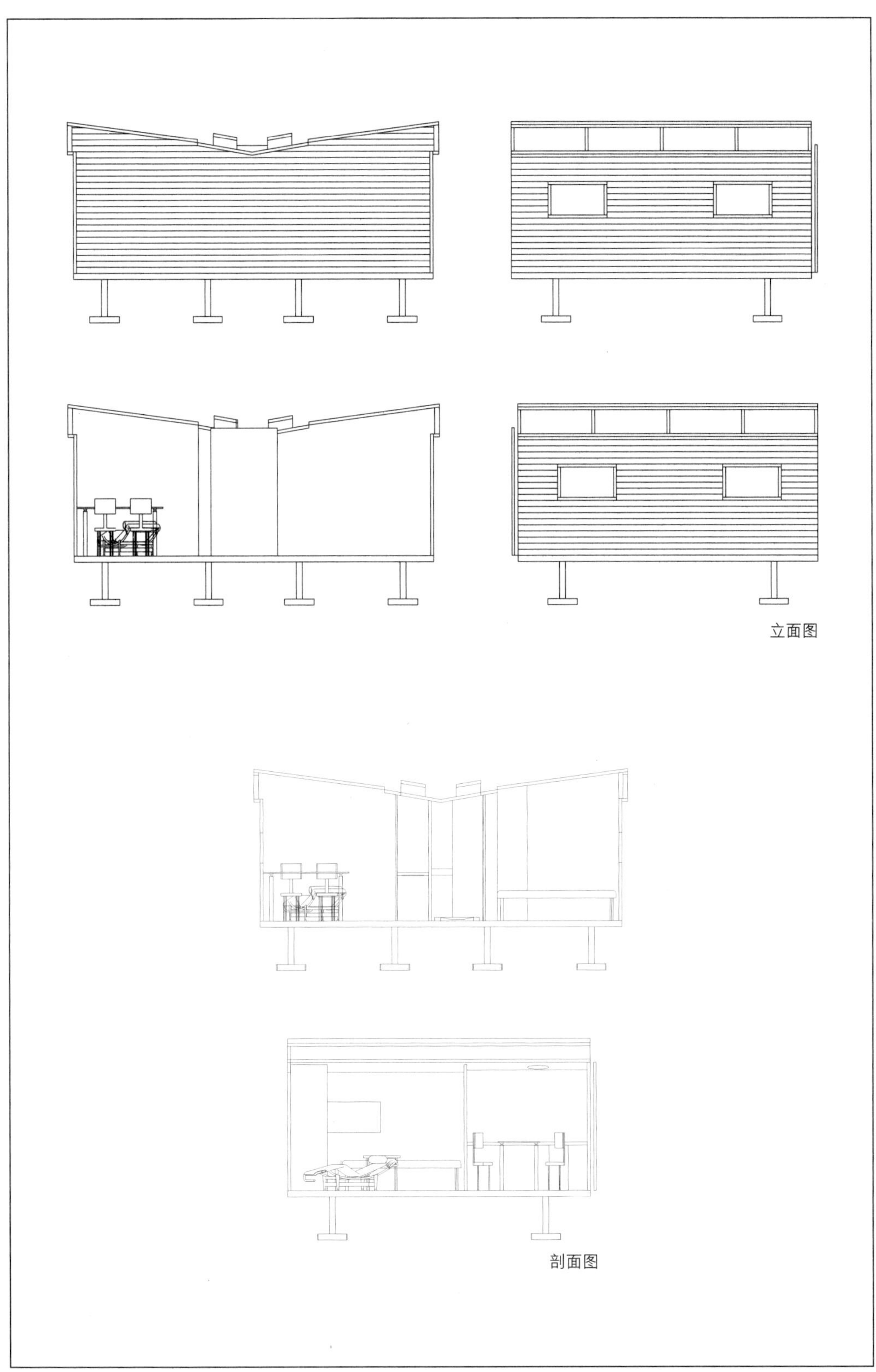
立面图
剖面图

C-28

巴黎国际博览会“Bat’a”展馆方案

设计时间：1937

项目地点：法国巴黎

建成情况：未建成

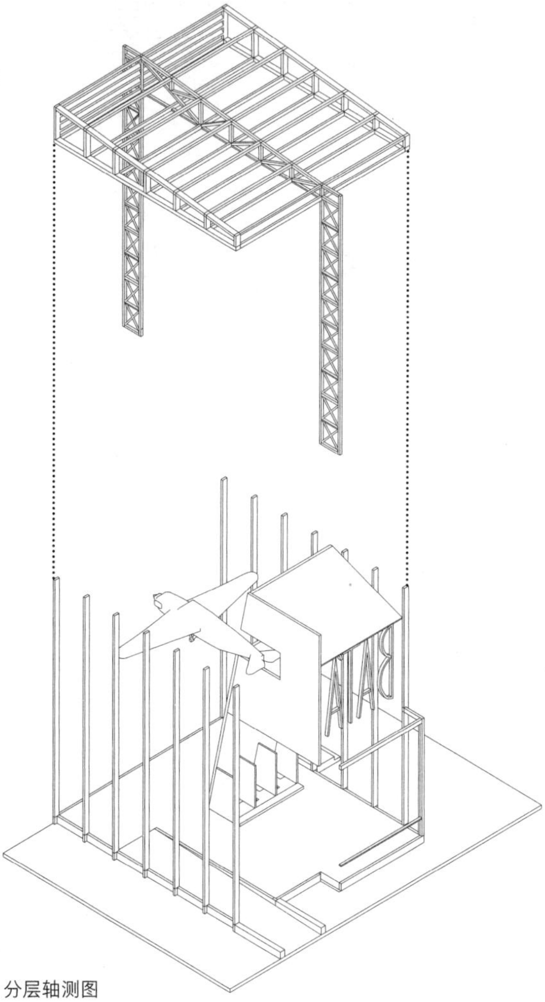

分层轴测图

这是一个未能付诸实施的展馆方案。建造上采用工字钢柱来支撑屋顶的桁架，上覆玻璃顶棚，外墙覆以棕褐色皮革，呈鳞片状排列，如同巨大的瓦片。内部采用标准的展板来组织展示内容，平面中心的修脚间上方设置了一个倾斜的隔板，用来营造昏暗的氛围，以便投放电影。结合展览路线，展馆的入口和出口被分开设置。在展览内容上，除了巨大的“Bat’a”霓虹标识牌、灯箱广告和与人眼高度齐平的鞋靴橱窗以外，展厅中间的上空还展示了一架飞机，顶棚的背景是地球的平面展开图。

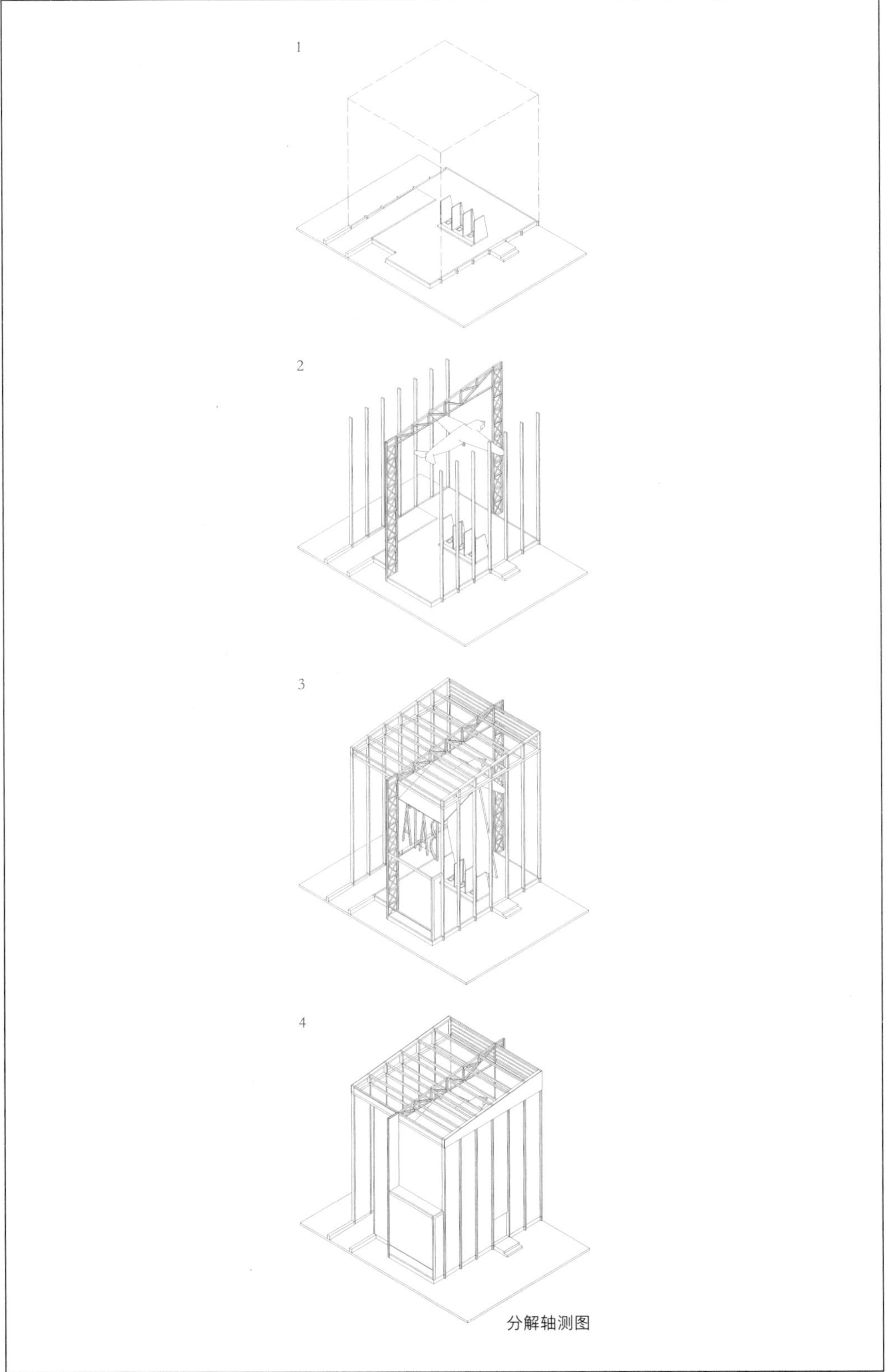

分解轴测图

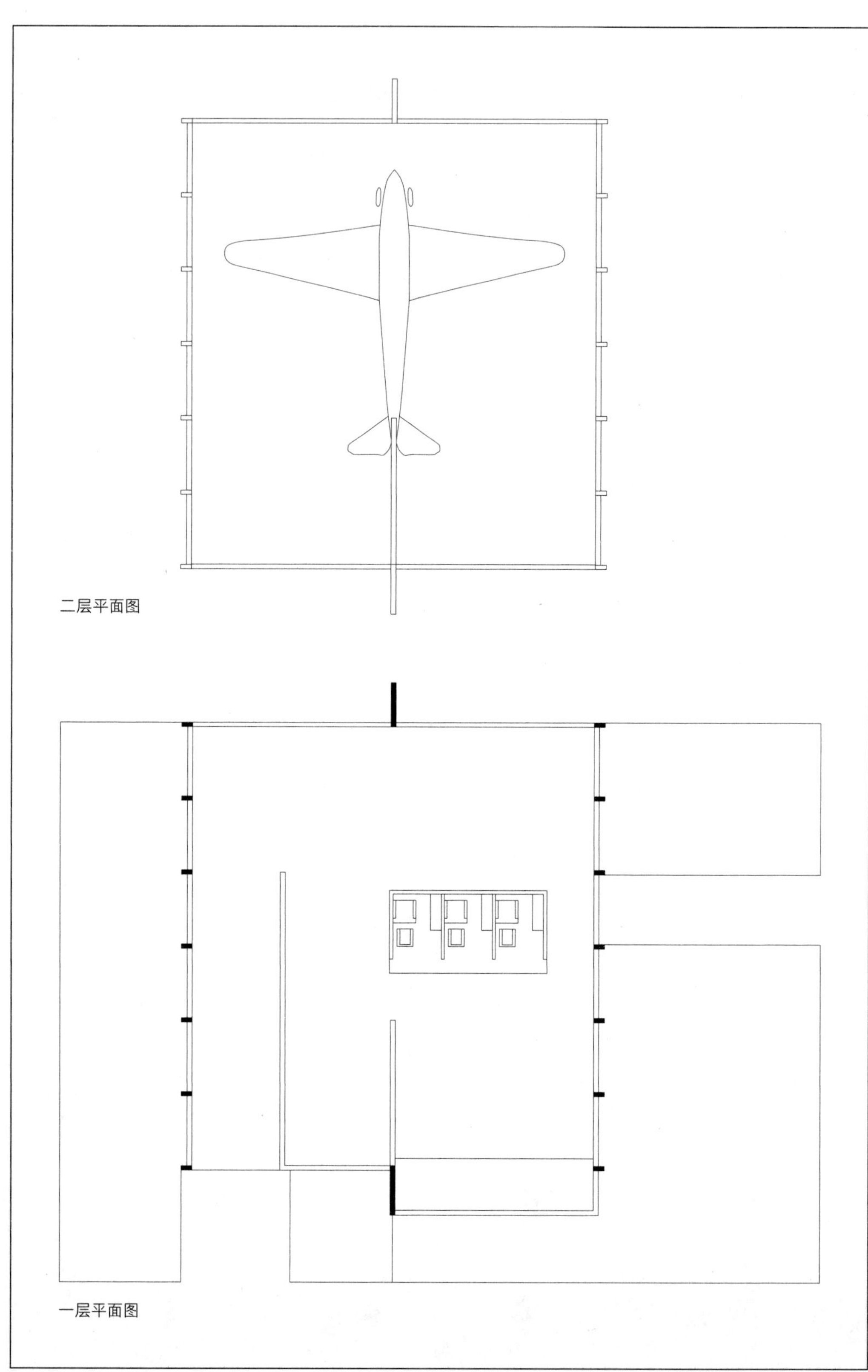
二层平面图
一层平面图

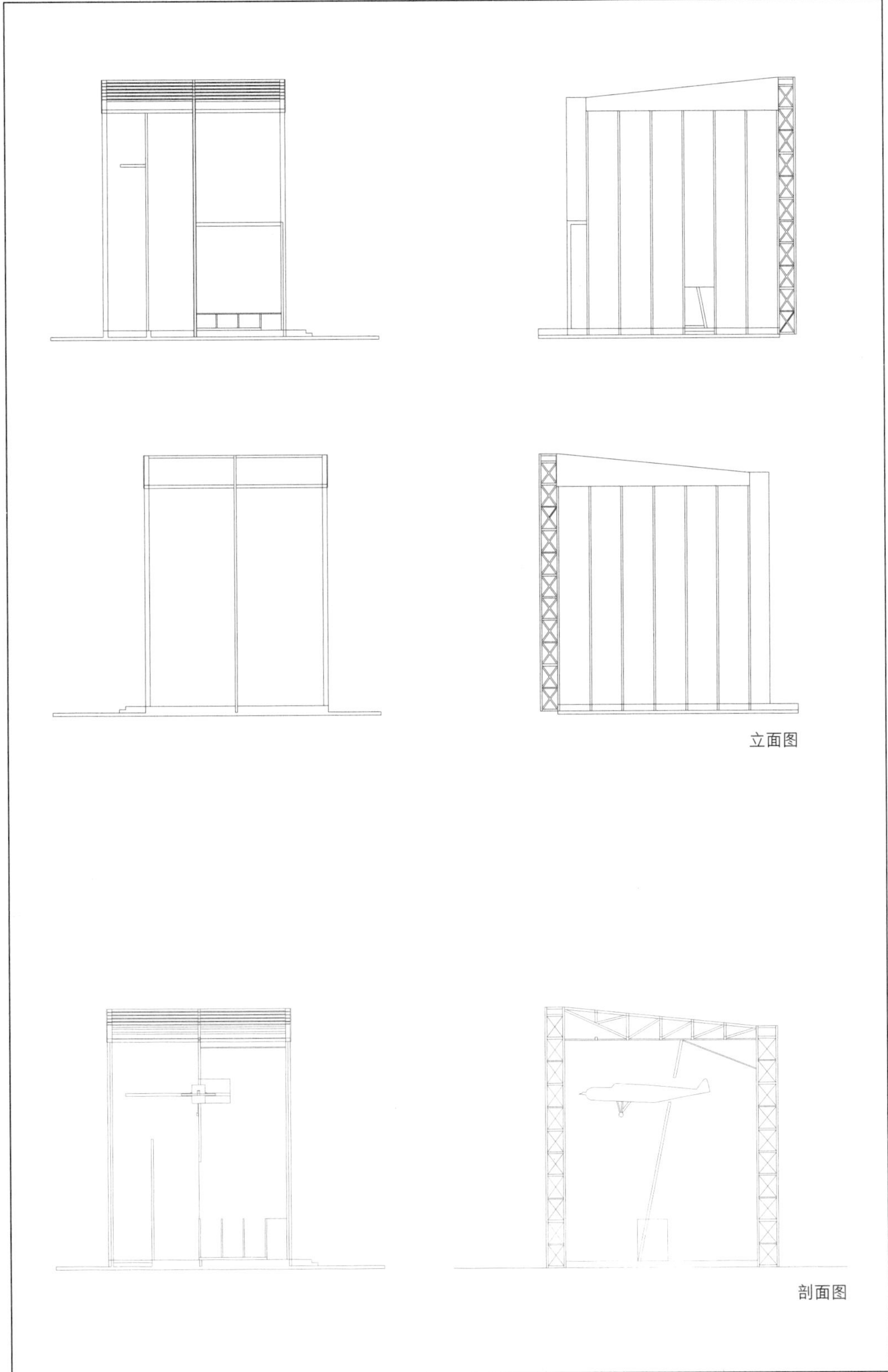
立面图
剖面图

C-31
列日法国馆方案

设计时间：1939
项目地点：比利时列日
建成情况：未建成

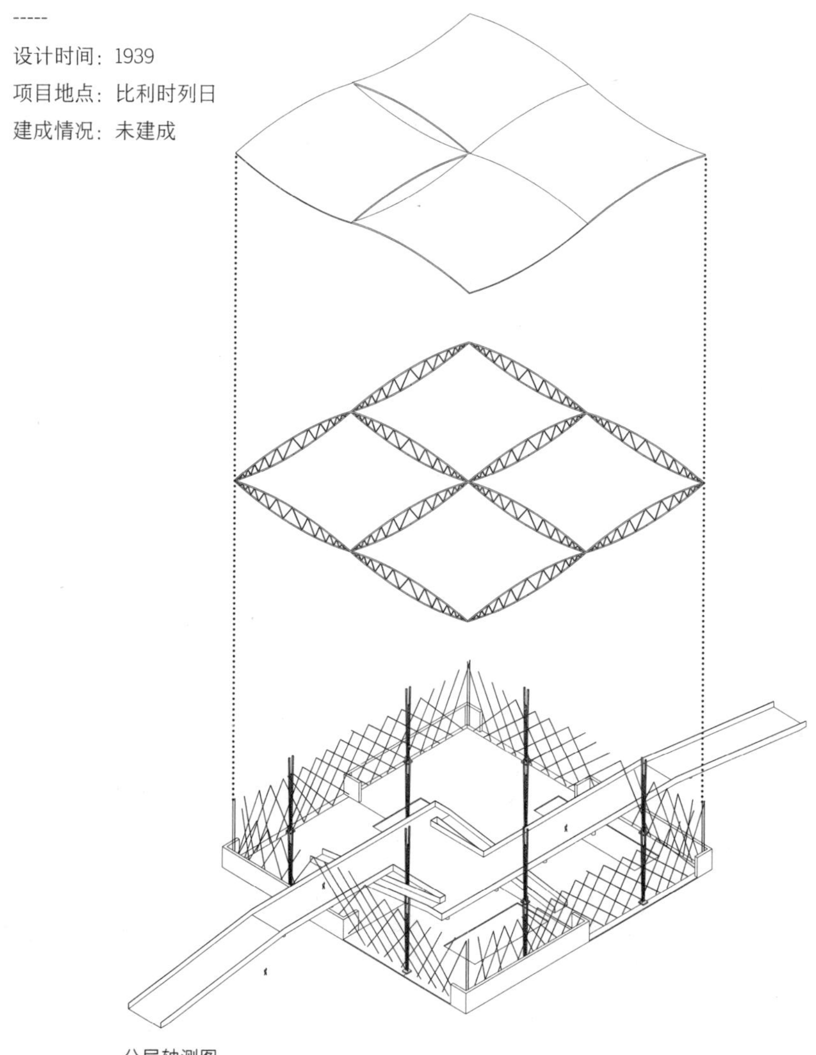

分层轴测图

在该方案中，柯布西耶一反当时模仿“真实”建造各种宫殿的传统，重拾世界上第一个博览会建筑——伦敦水晶宫的理念。本展馆方案中，柯布西耶同样以玻璃和钢铁作为主要材料，用 12 根工字钢柱支撑起 4 片半柔性的顶棚，顶棚如同一个钢制的遮阳篷。展馆内部主要通过片墙和坡道来组织展览内容，且片墙的布置在平面上呈“卍”字形，使整体形成了 4 个展示区域。贯穿整个方形平面大殿的是一条从两侧开始并横向展开的坡道。

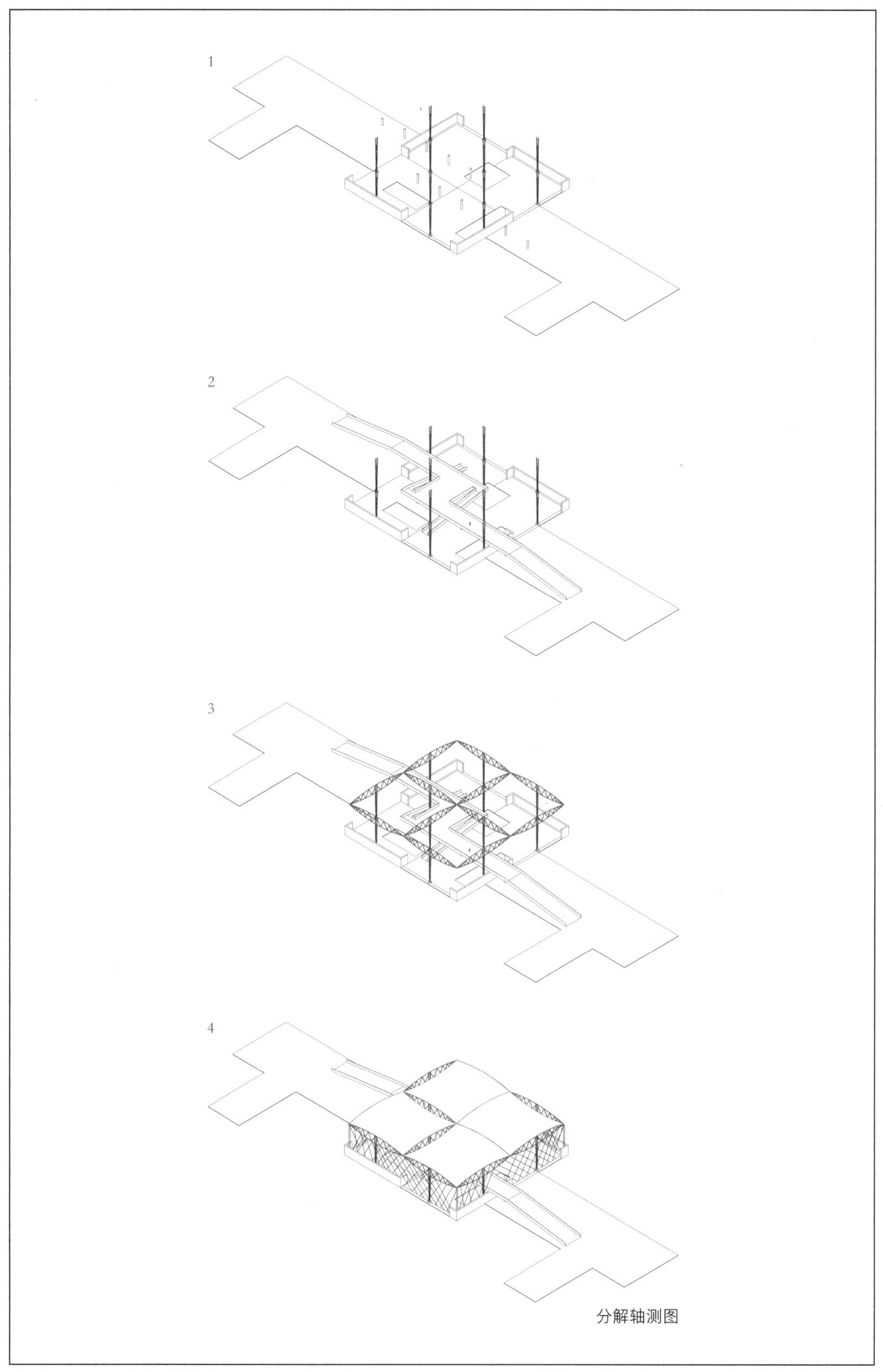

分解轴测图

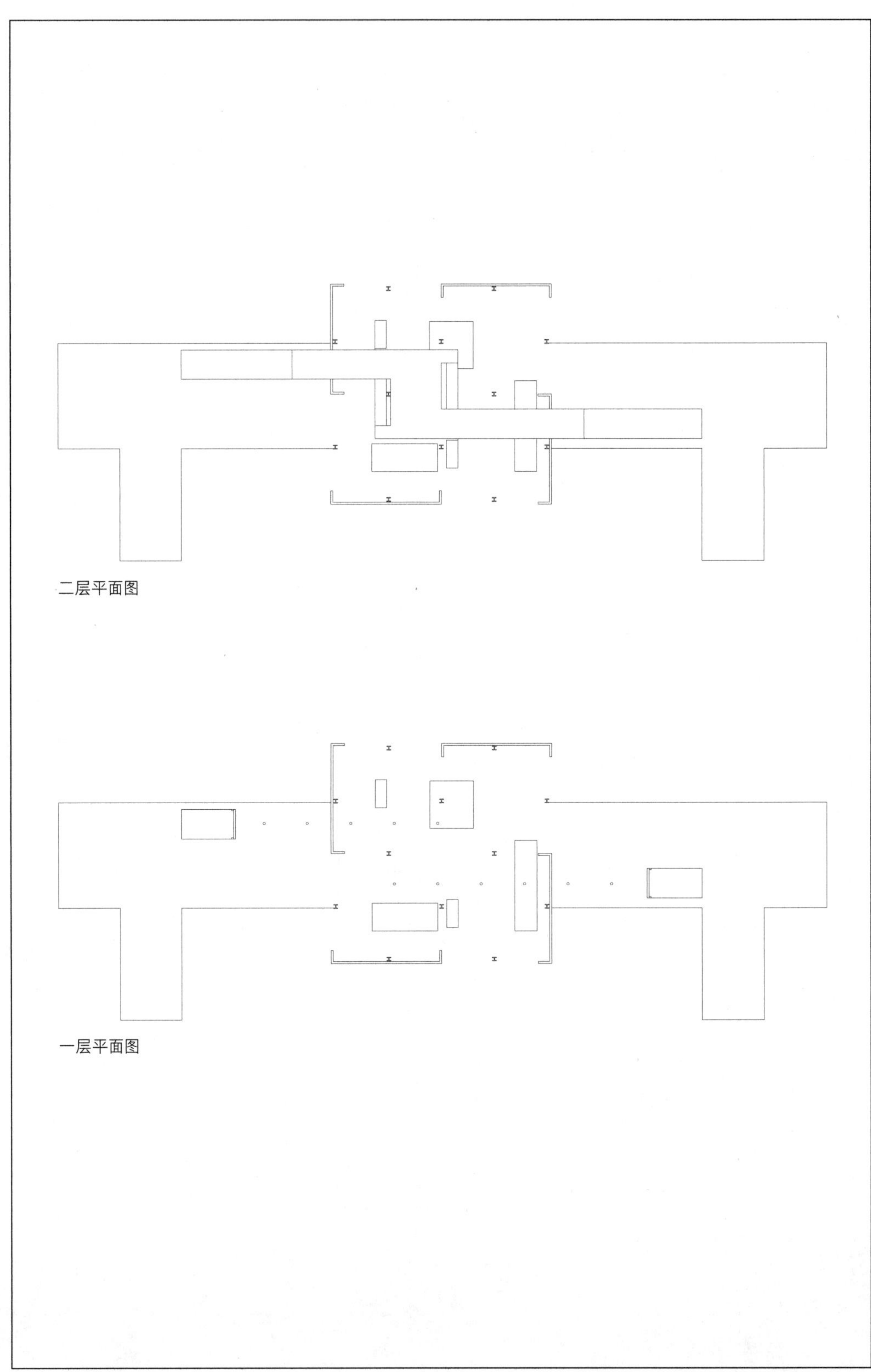
二层平面图
一层平面图

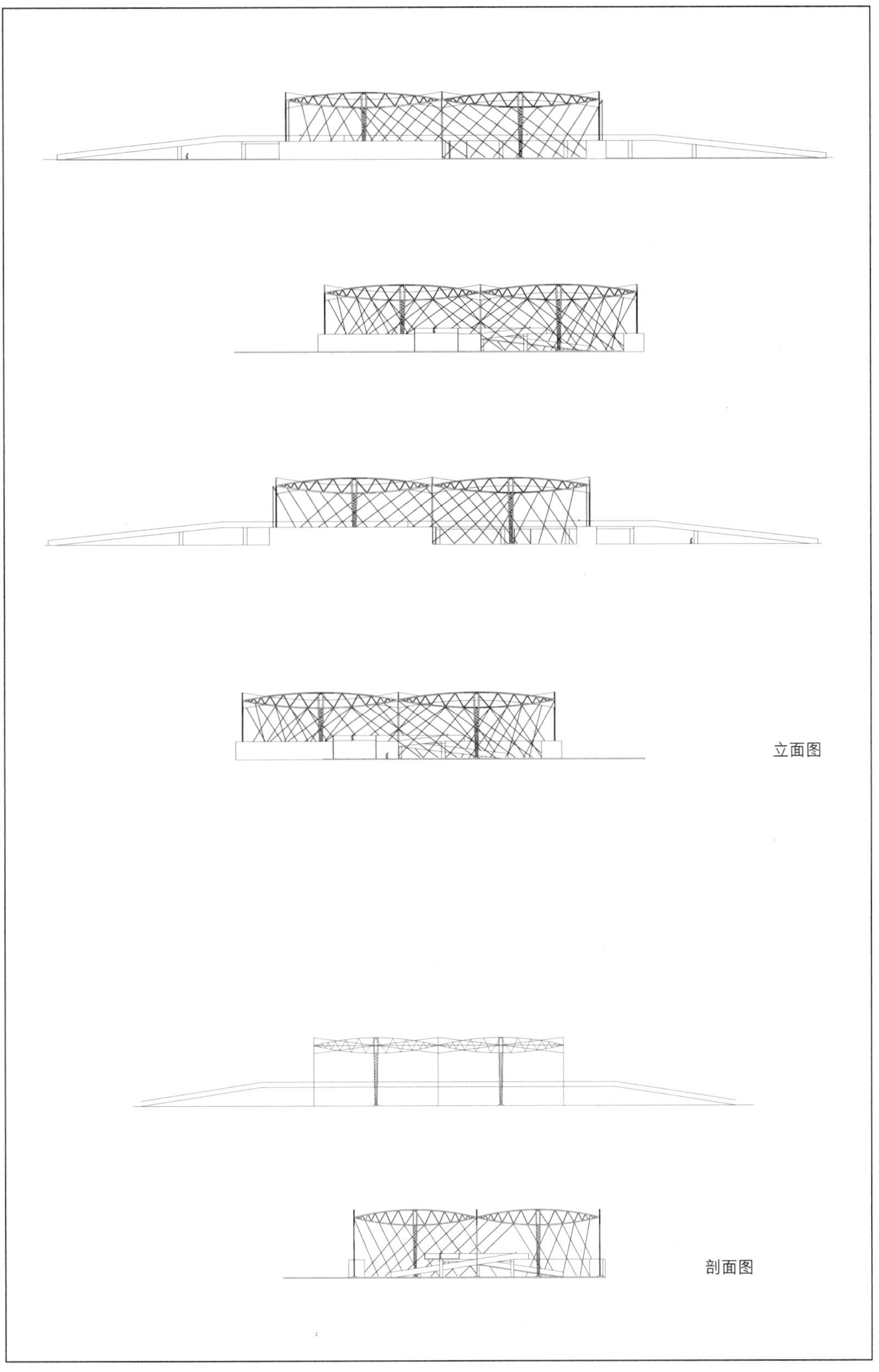

立面图

剖面图

C-32
伦敦“理想家园”展

设计时间：1939

项目地点：英国伦敦

建成情况：未建成

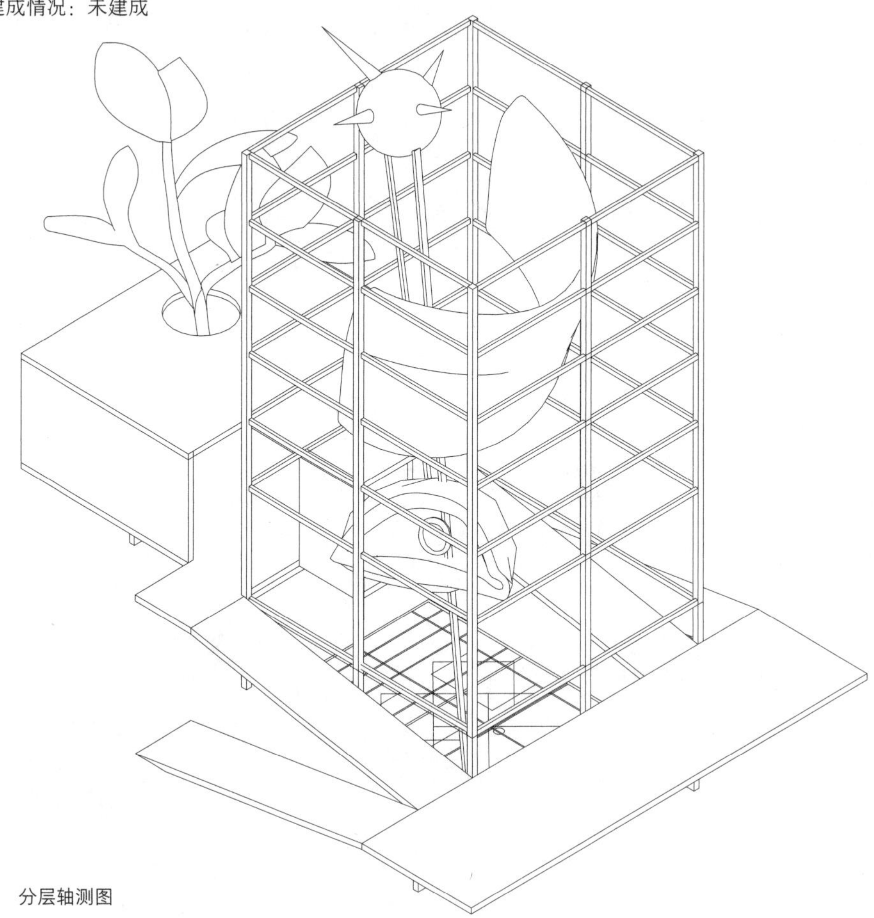

分层轴测图

这是在伦敦举办的以“理想家园”为主题的展览会建筑方案。在这个作品中，柯布西耶向世人展示了他所提出的关于未来城市规划与住宅建设的理念，架空柱、框架结构、屋顶花园、多样化的住宅剖面的可能性，以及这次展览中最重要的主题——阳光、空间和绿色。展馆本身是一个由废铁与混凝纸浆制作的巨大结构，内部还有一只“眼睛”和一只“耳朵”，旨在唤起参观者的好奇心。底层的主展厅展示了柯布西耶的“光辉城市”的城市规划理念。

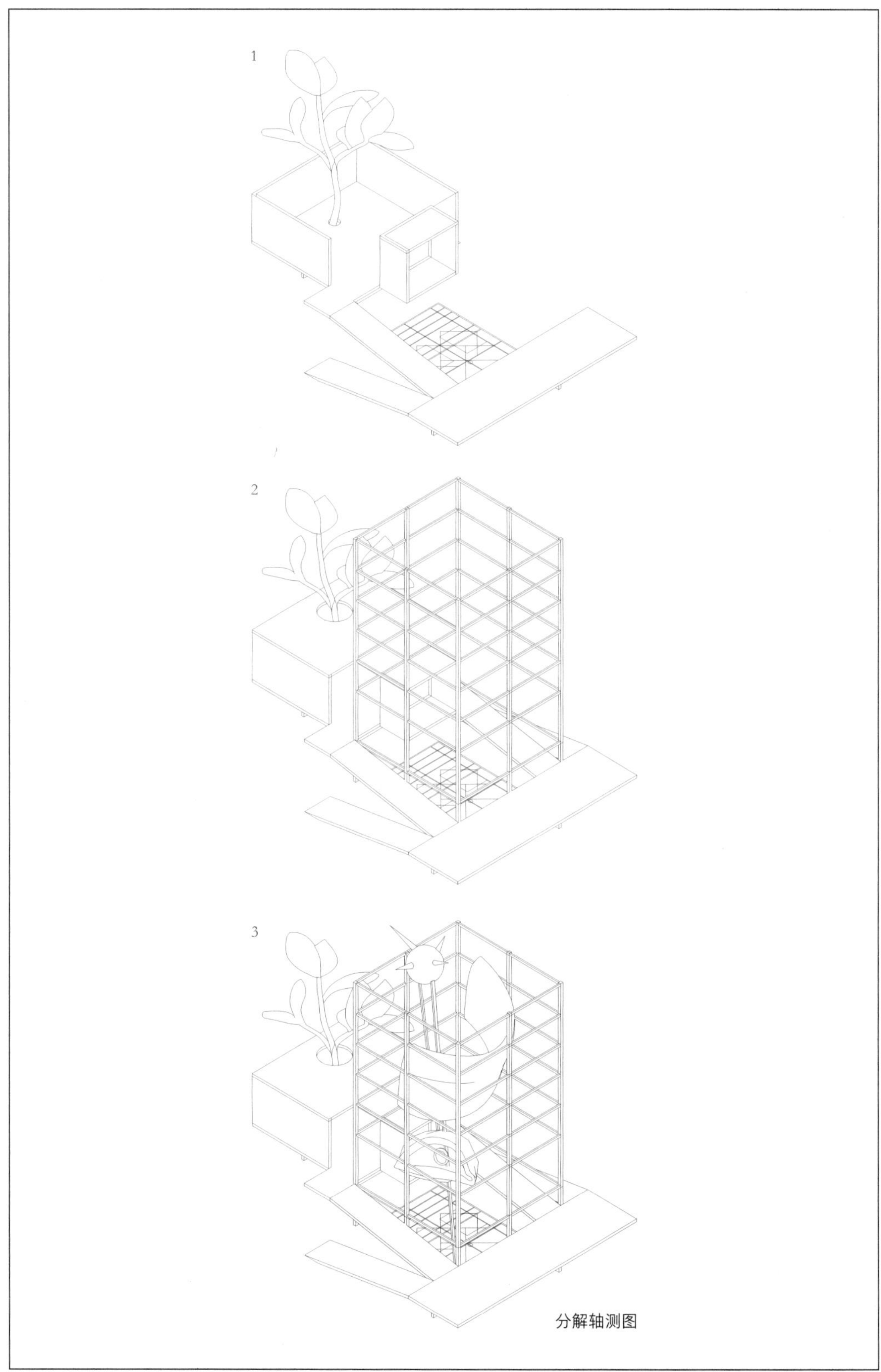

分解轴测图

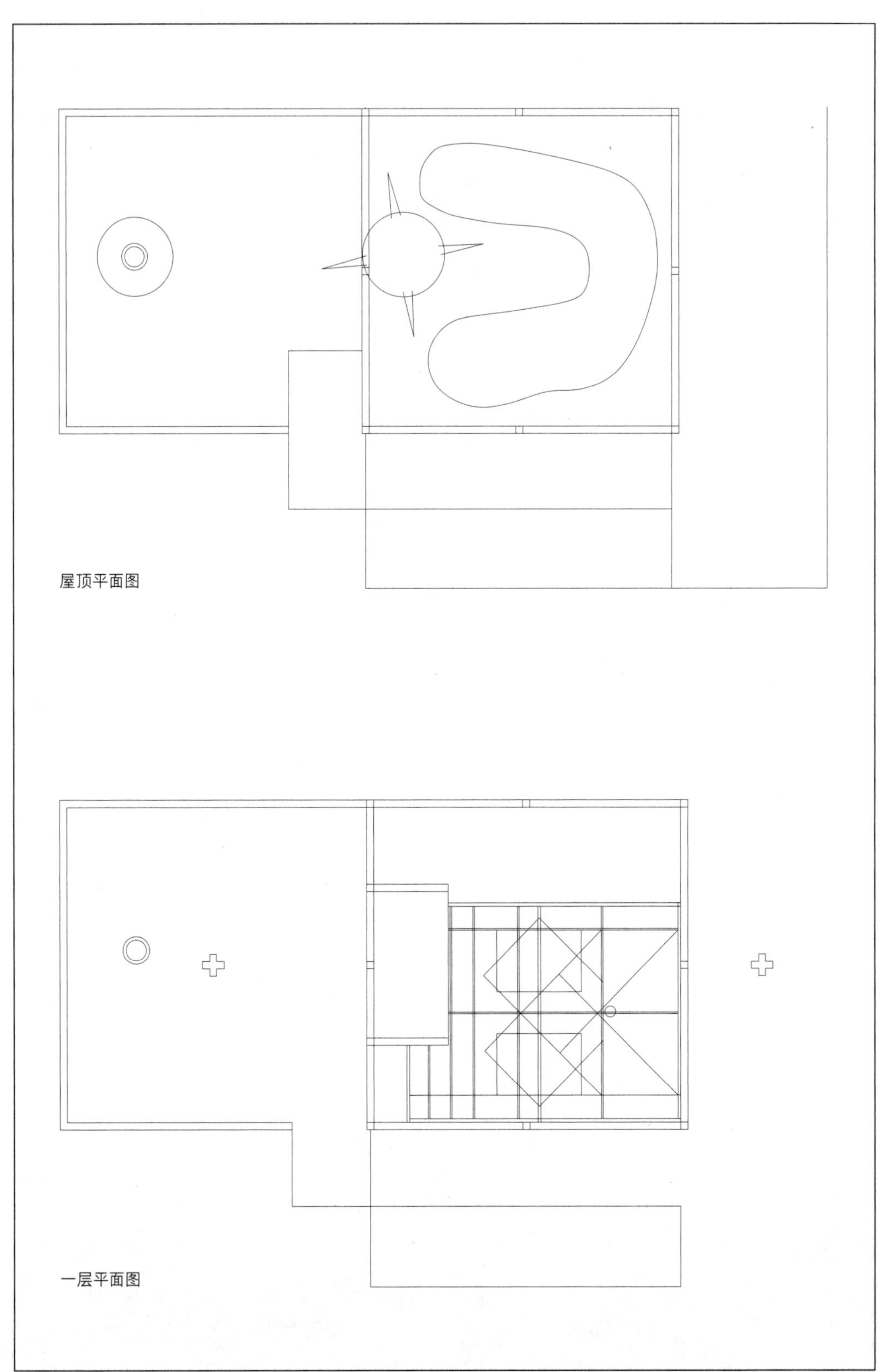
屋顶平面图
一层平面图

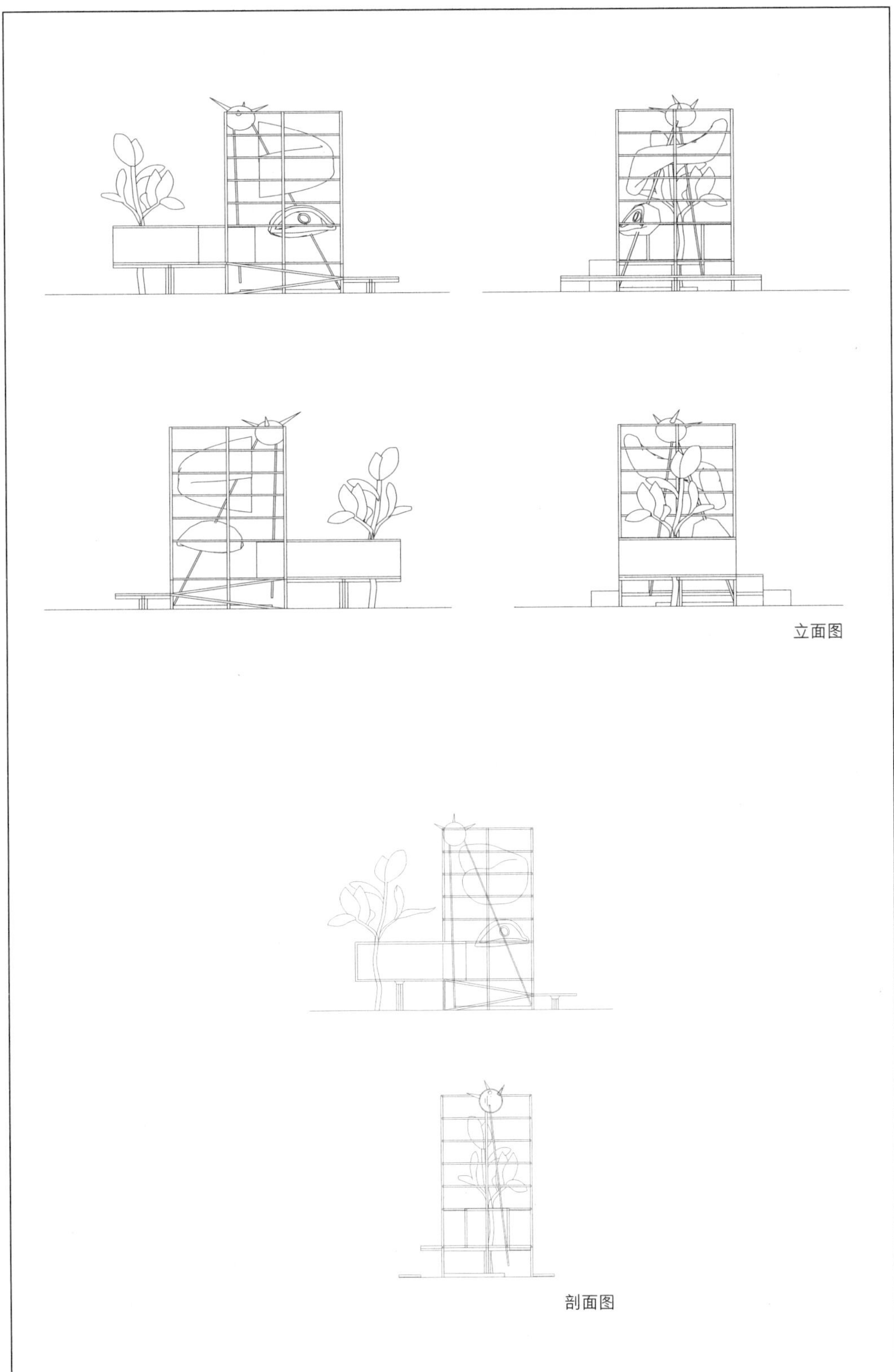

立面图

剖面图

C-42
艾哈迈达巴德博物馆帐篷

设计时间：1950

项目地点：印度艾哈迈达巴德

建成情况：建成

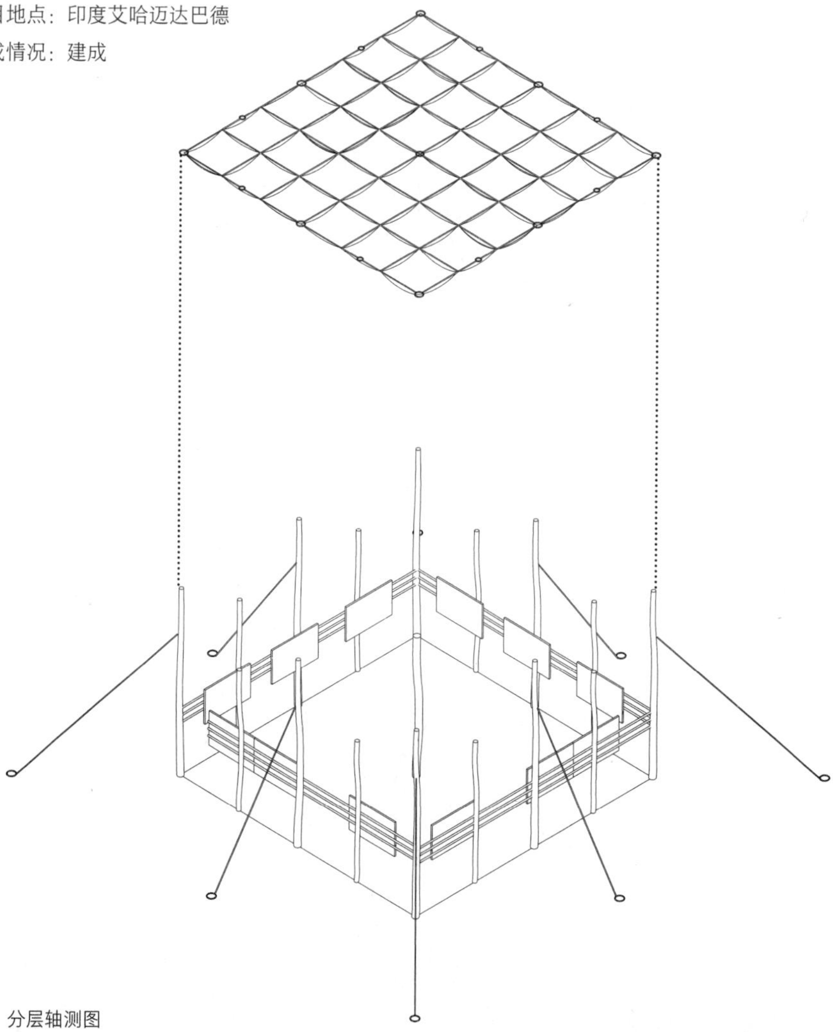

分层轴测图

这是艾哈迈达巴德博物馆的附属建筑——一个简易的帐篷。帐篷采用原木和四周的拉索撑起屋顶和外墙的帆布，在构造方式上利用了绳索的捆绑手法。整体构成类似早期的迈罗门的新时代馆。该方案平面中心的一根柱子起到控制整个帐篷空间的作用，同时也是整个空间的视觉焦点。

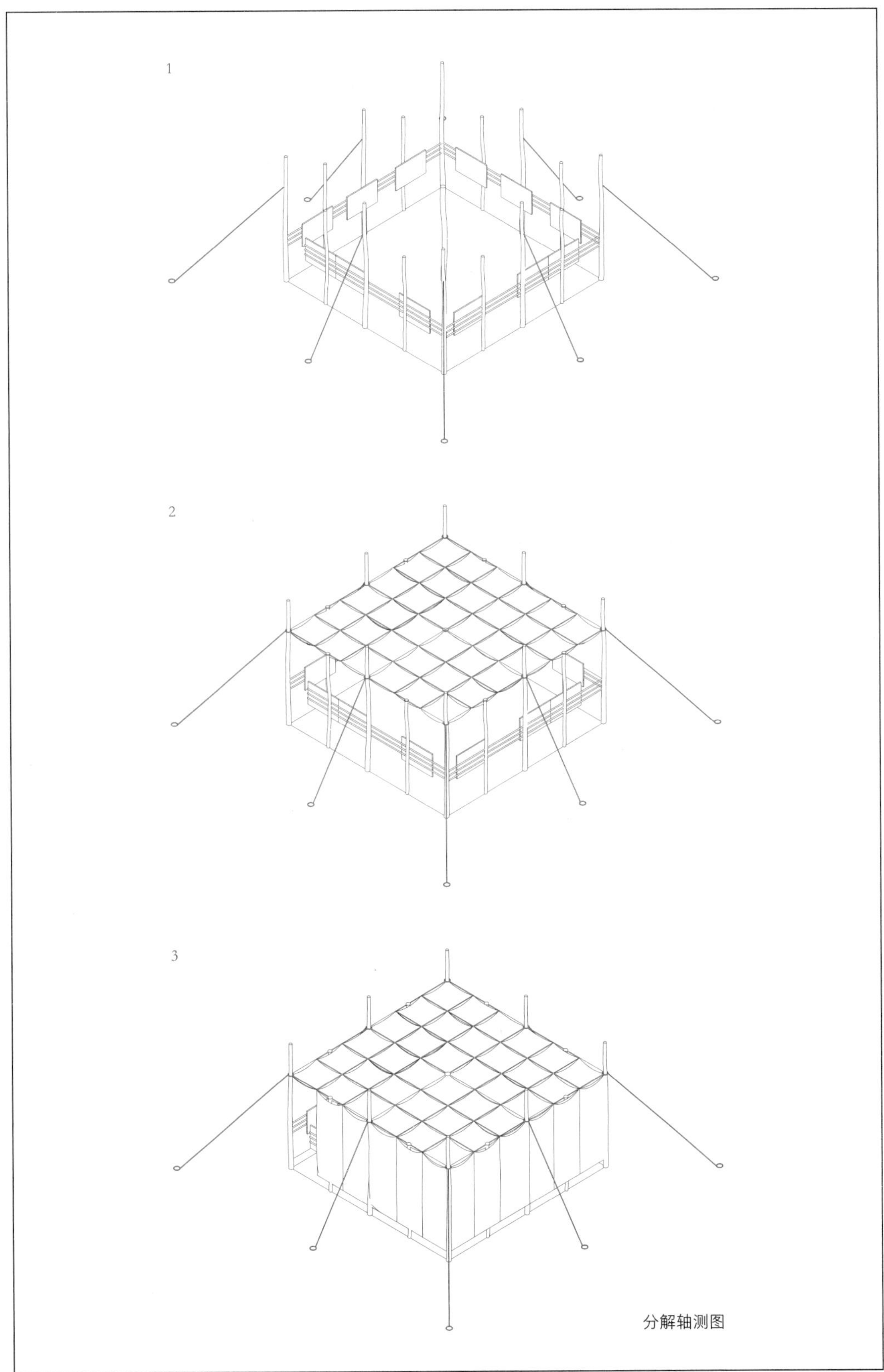

分解轴测图

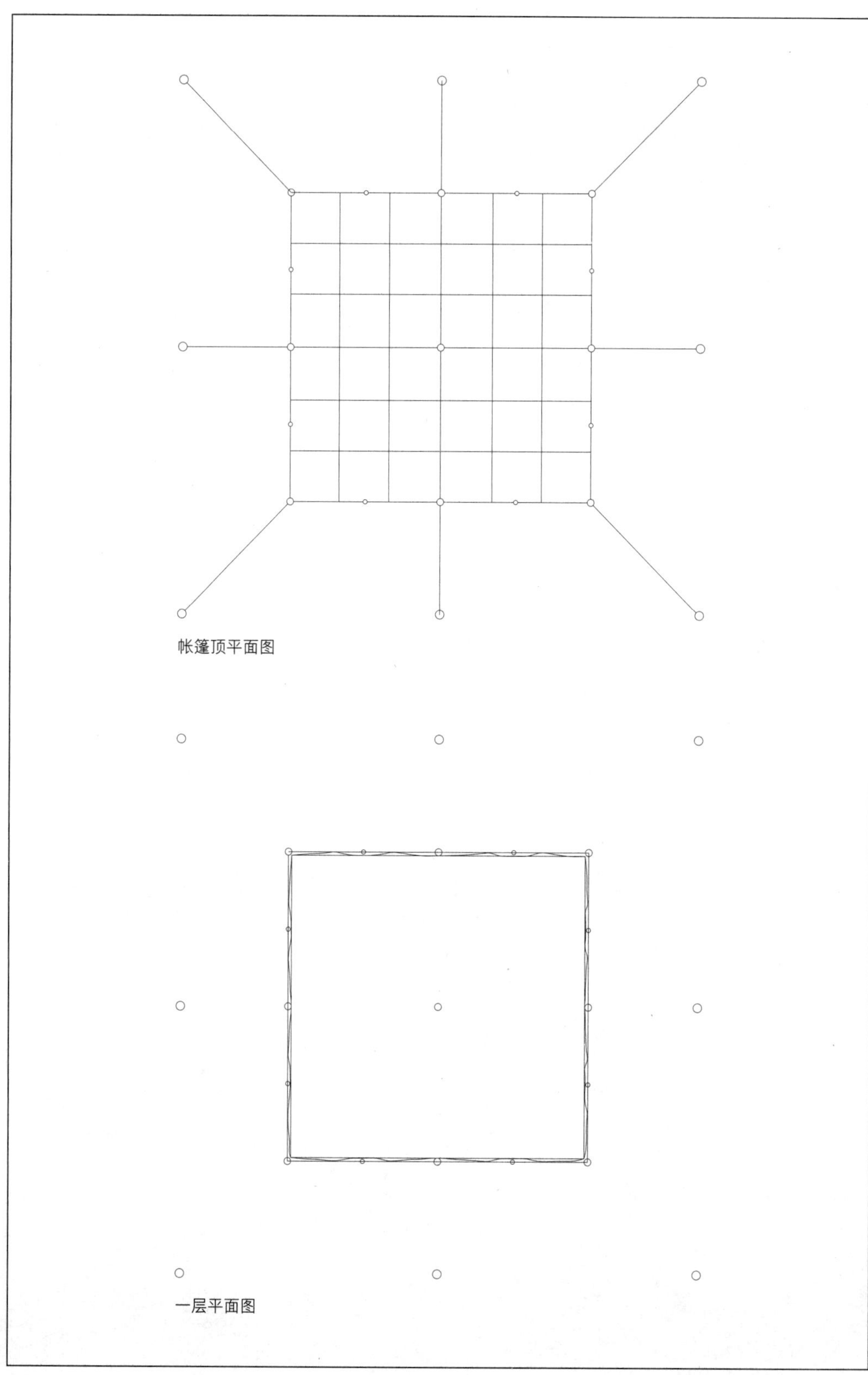
帐篷顶平面图
一层平面图

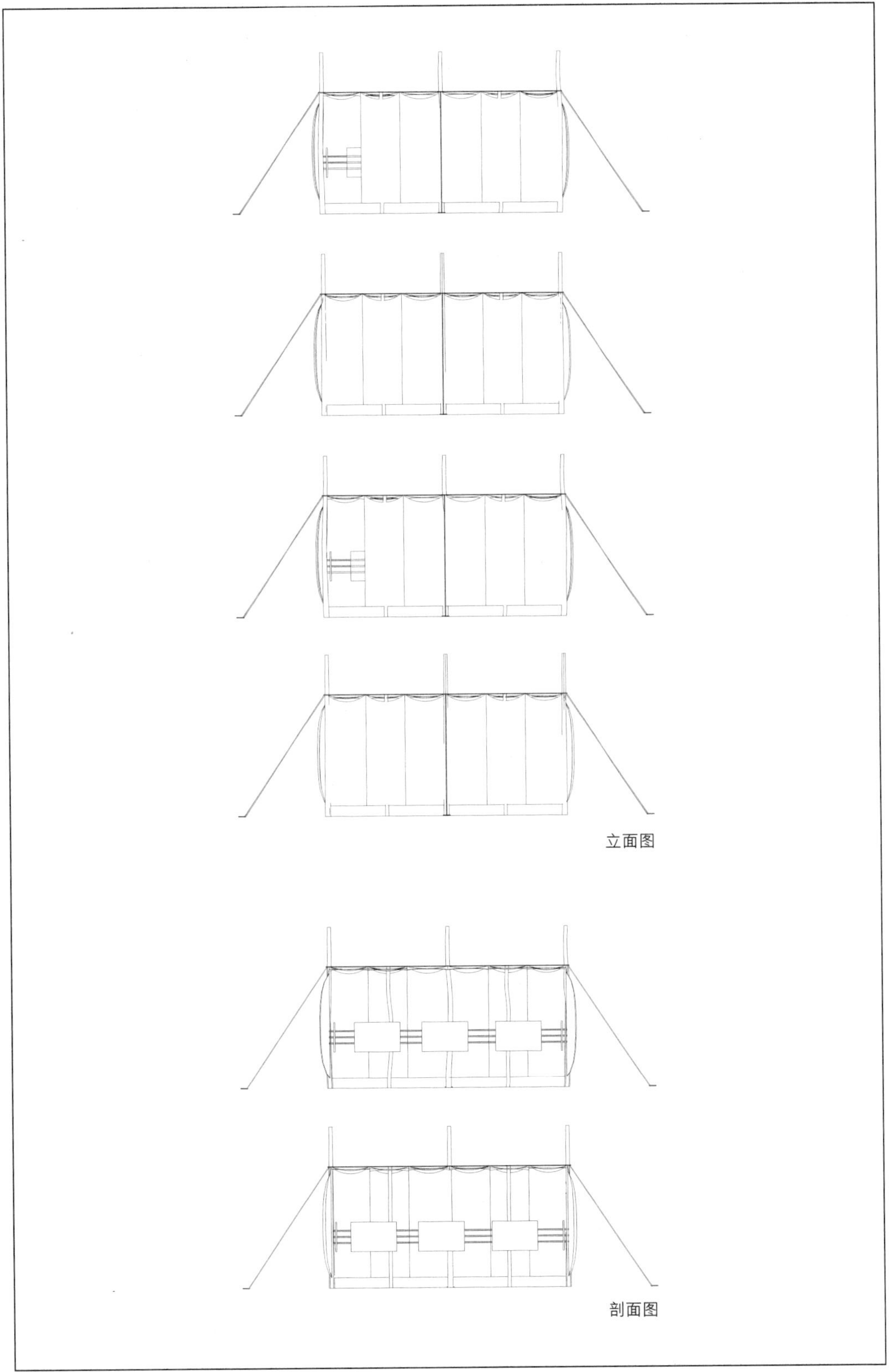
立面图
剖面图

C-43

迈罗门 1950 方案

设计时间：1950

项目地点：法国巴黎

建成情况：未建成

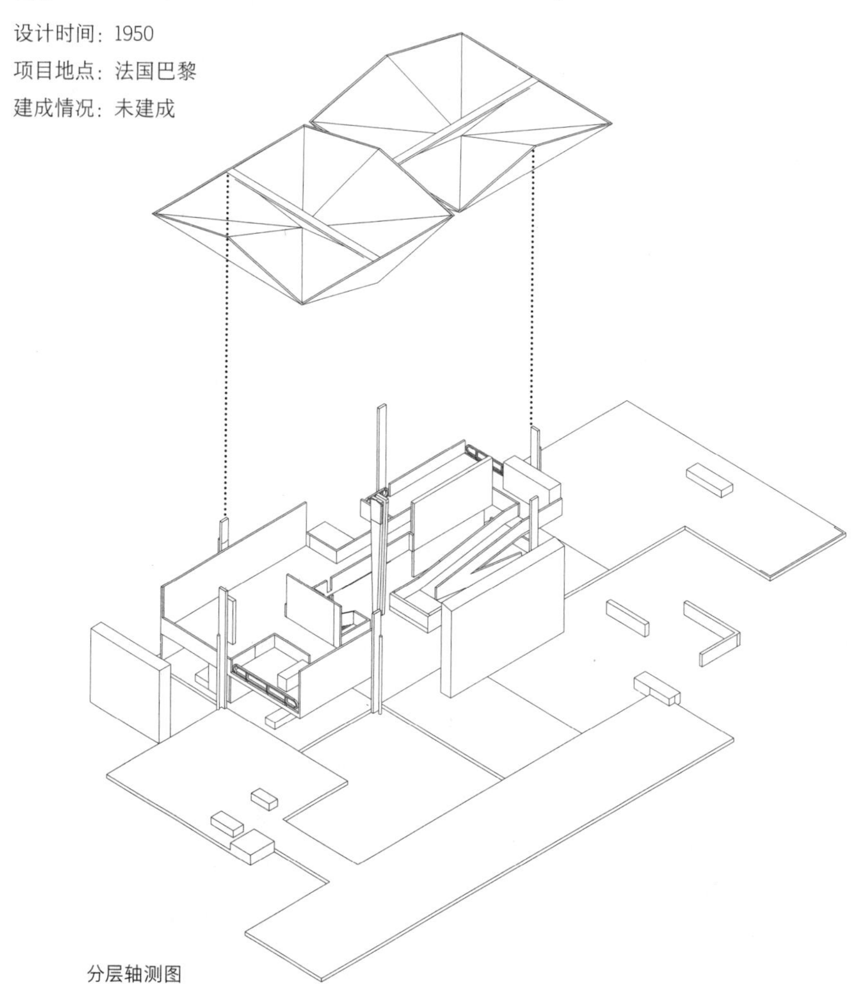

分层轴测图

这是迈罗门展馆项目的第二稿方案，初稿中的展馆是由一个轻质木构架构成的，第二稿则采用了金属构架。7 根结构钢柱支撑起两片阳伞状屋顶，展厅内部则通过隔墙和坡道以及楼梯来组织参观路线。展示可以一直延伸到室外空间，室内主要通过这两把边长为 14m 的金属结构的“伞”实现遮蔽的作用。从平面上看，展厅由两个等长的正方形组成，这种整体的构成方式在后来的若干个展馆方案中也多次出现，可以说是柯布西耶对“展示馆（Pavilion）”提出的一个具有普及性的原型，正如他在无限生长的博物馆中所贯彻的理念一样。

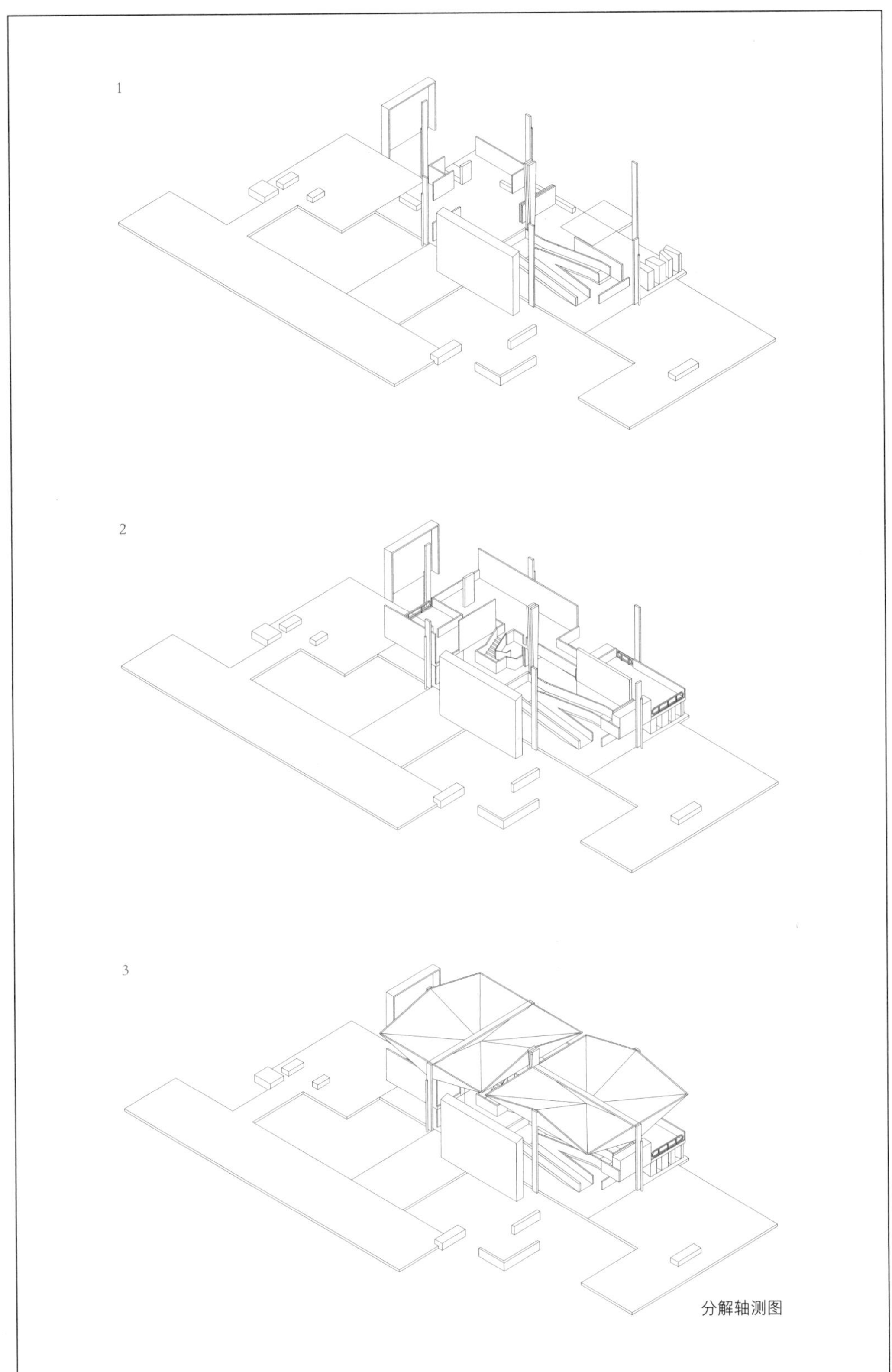

分解轴测图

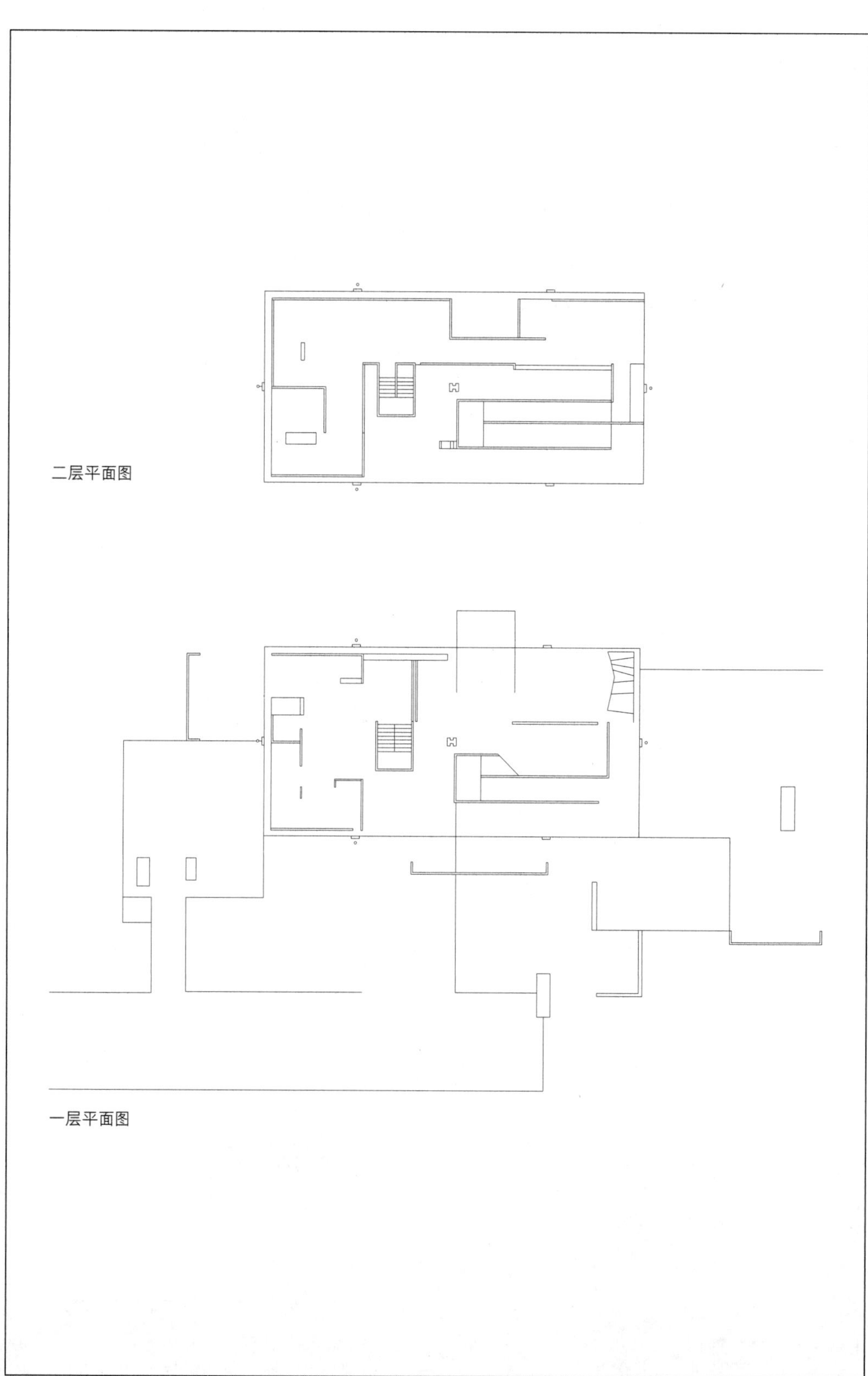
二层平面图
一层平面图

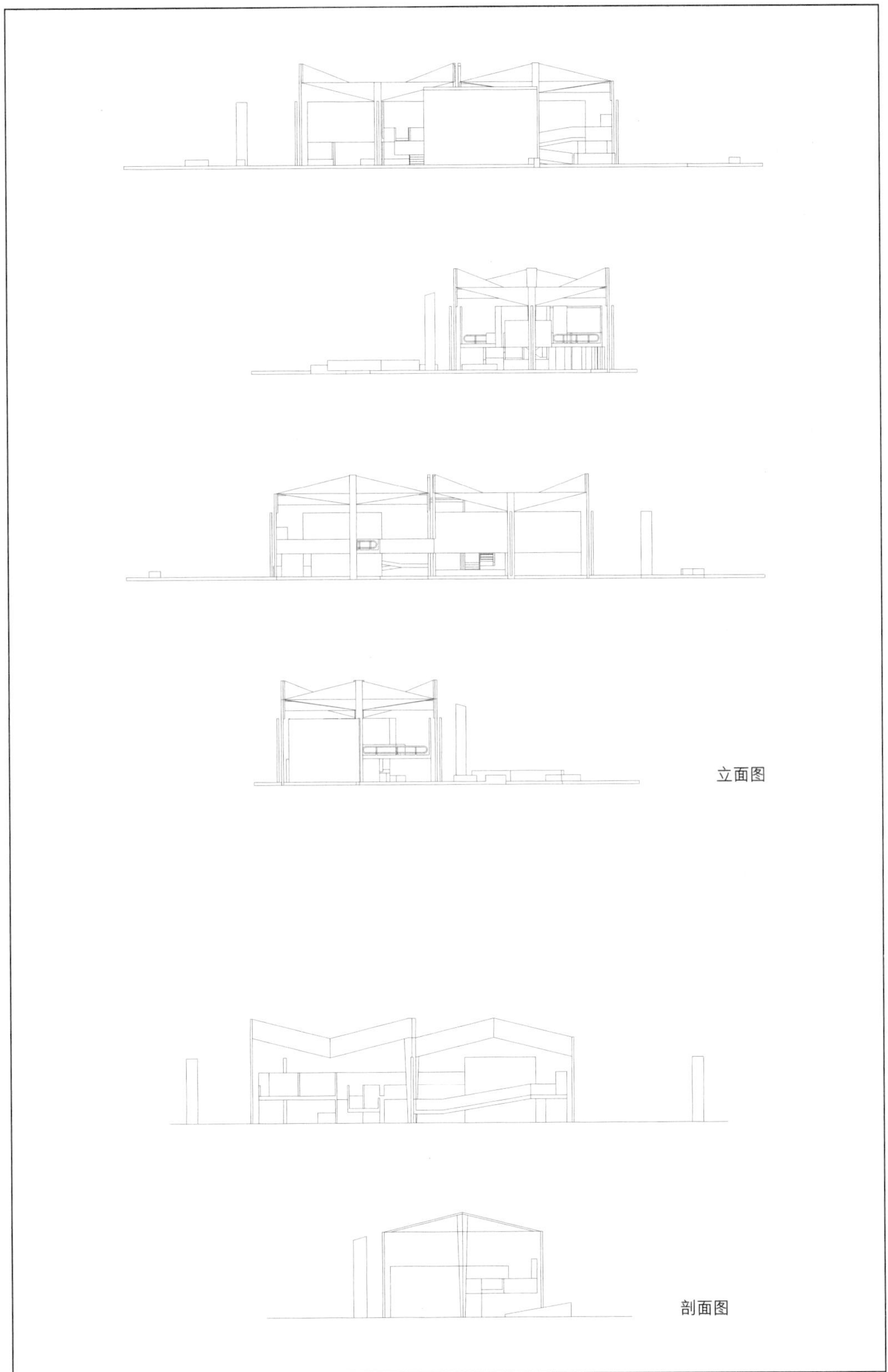
立面图
剖面图

C-58
布鲁塞尔博览会飞利浦馆

设计时间：1958
项目地点：比利时布鲁塞尔
建成情况：建成

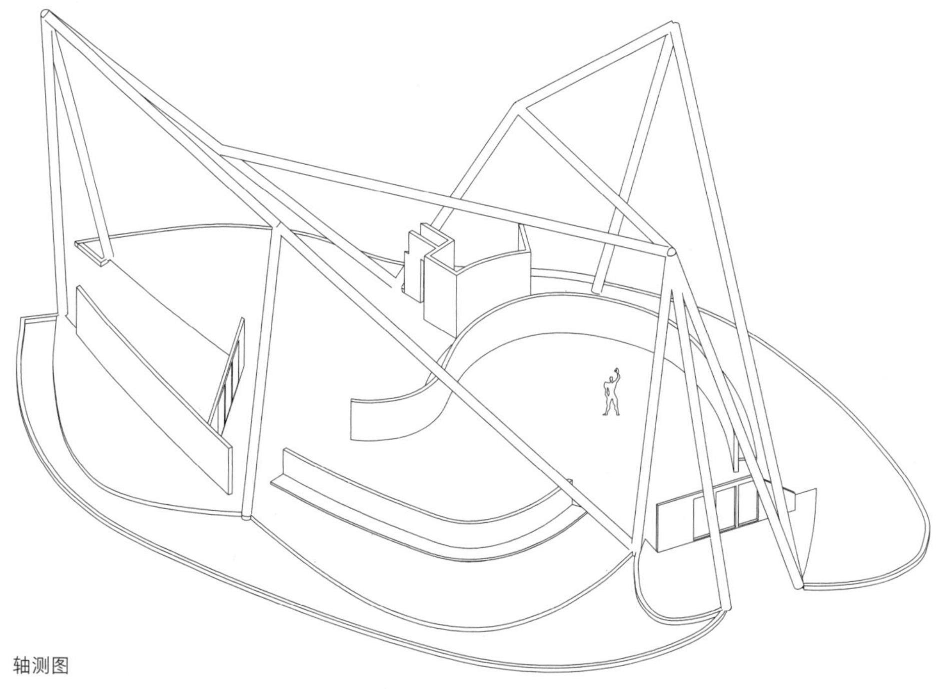

轴测图

布鲁塞尔博览会飞利浦馆是柯布西耶的展馆建筑中独具一格的作品，它采用了“双曲 - 抛物线”帆状悬索张拉结构。建造的方式是首先在基地上竖立起数根呈双曲形布置的钢筋混凝土柱，然后以它们为基准张拉起拉索构成的钢网，最后在这些钢网中固定预制的扭曲状的混凝土板。柯布西耶将飞利浦馆称作“电子诗篇”的一次展示，即“电子观演”这一新的艺术形式，图像、色彩、语言、音乐在此融合在一起。

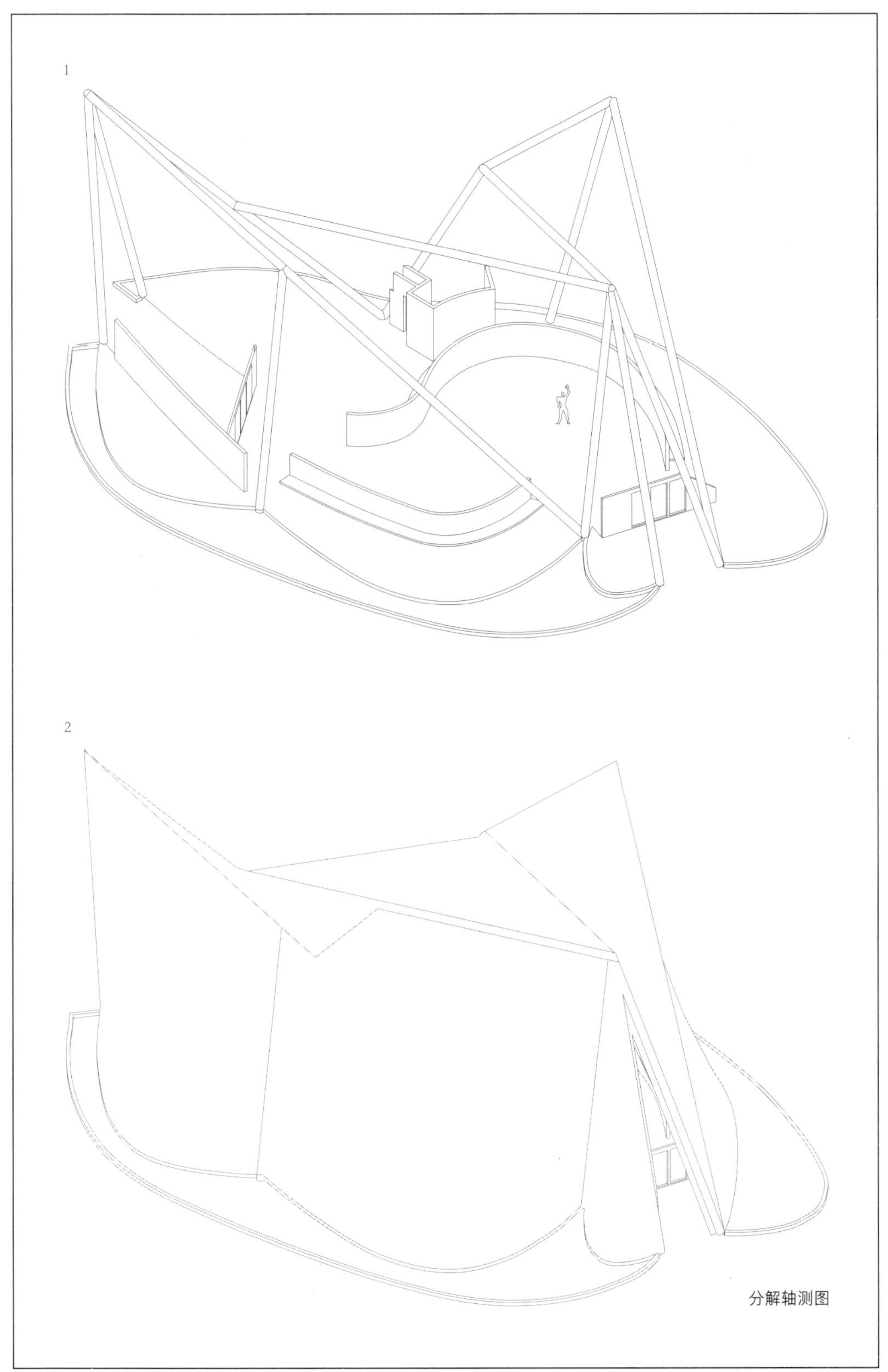

分解轴测图

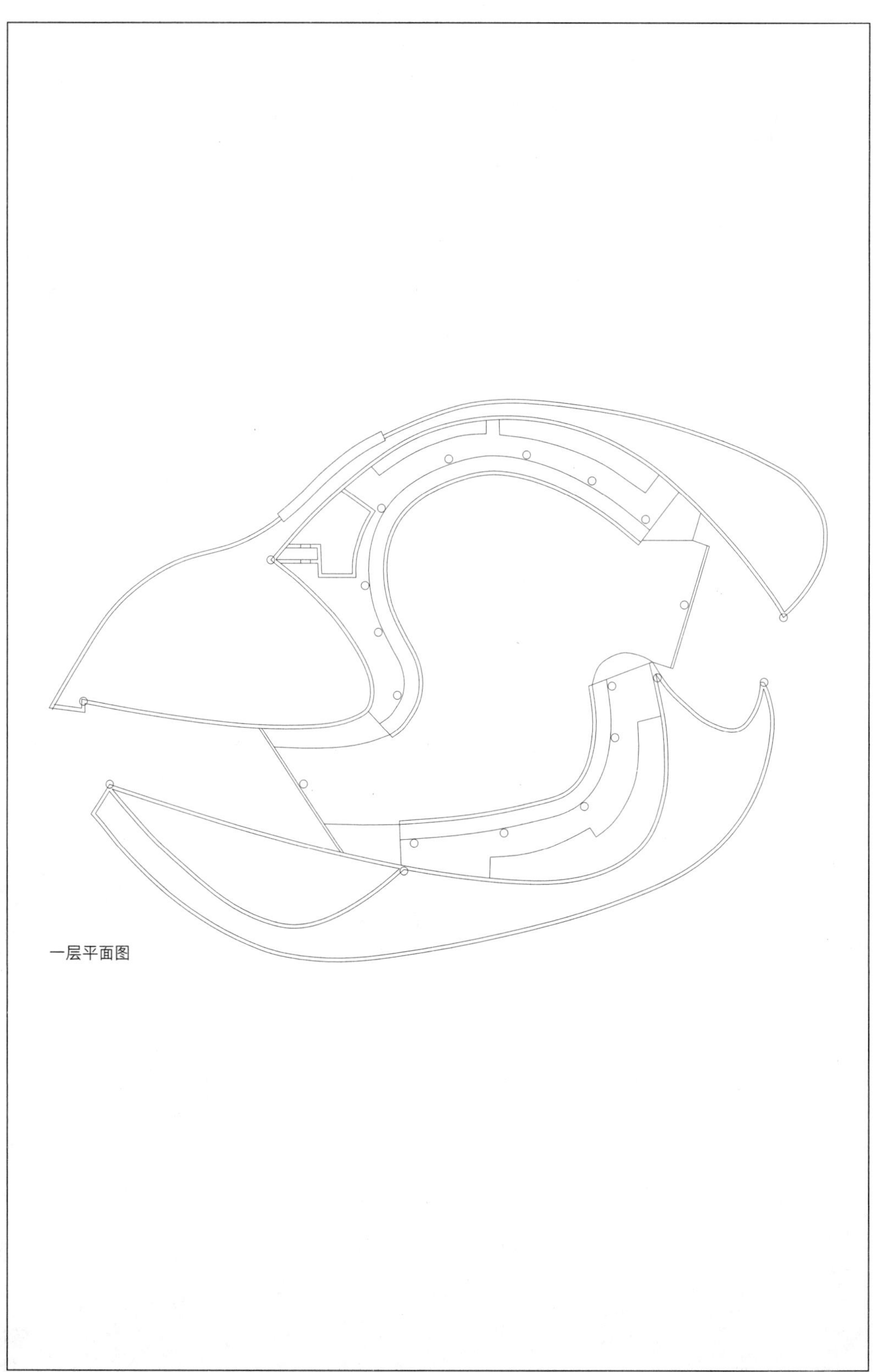

一层平面图

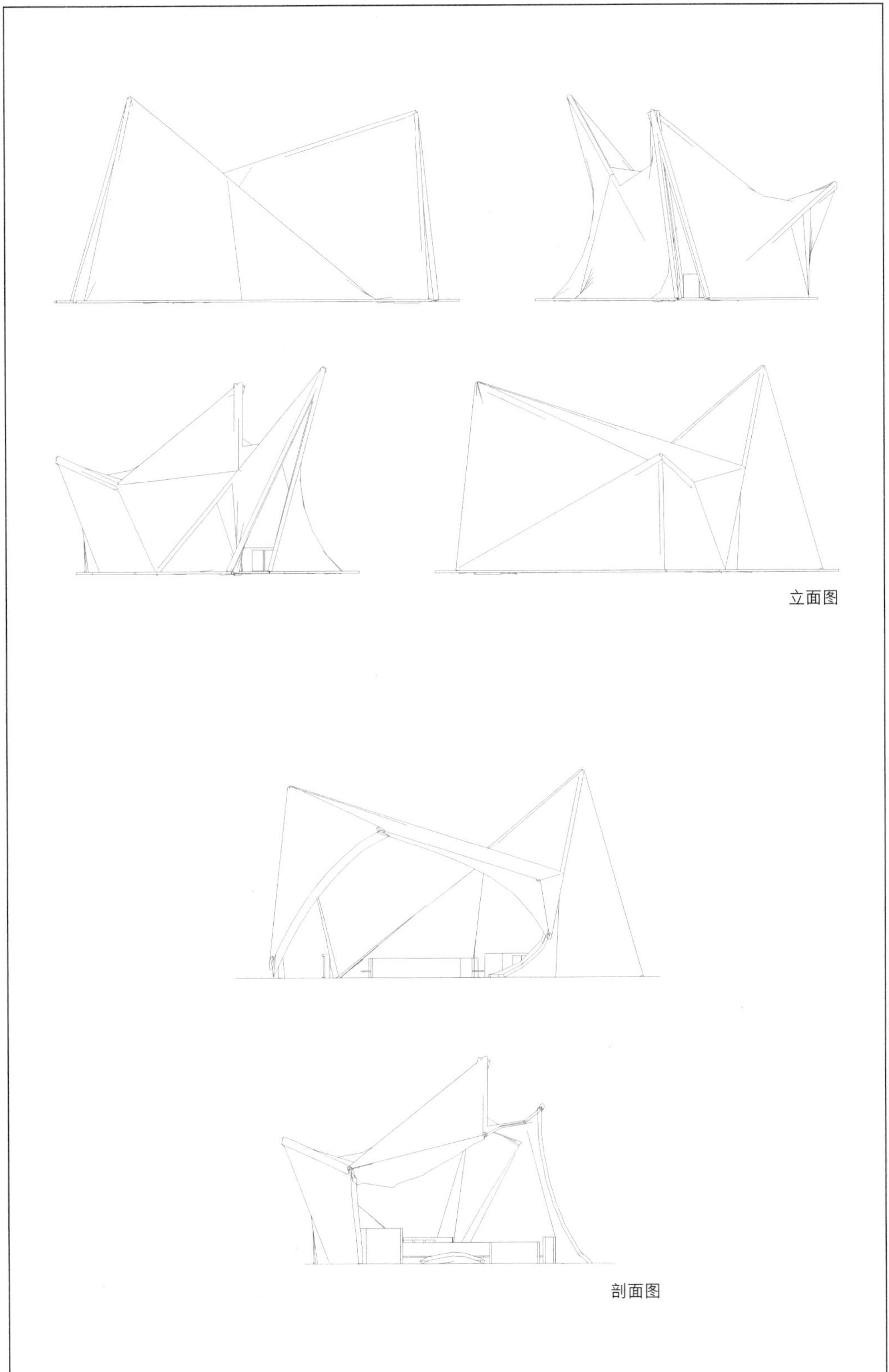
立面图
剖面图

C-68
斯德哥尔摩展览馆

设计时间：1962
项目地点：瑞典斯德哥尔摩
建成情况：未建成

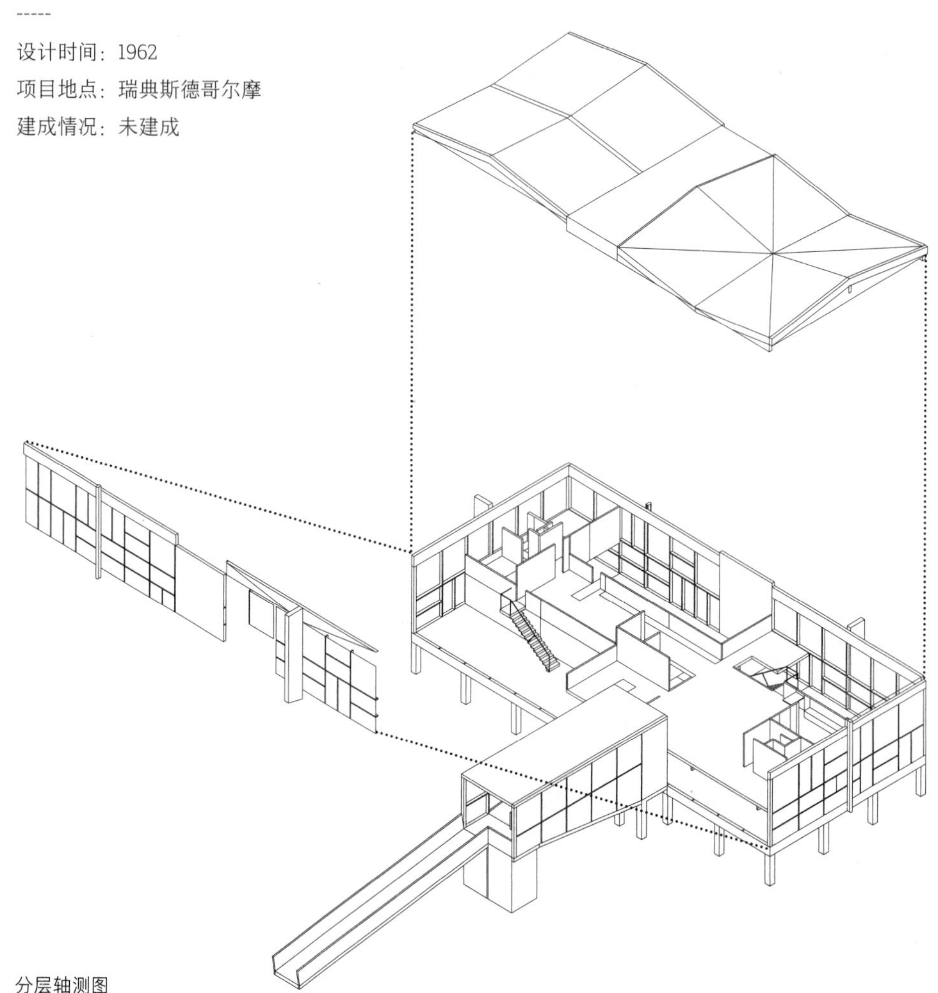

分层轴测图

柯布西耶受一个商人的委托，在斯德哥尔摩这座城市设计了一个用于展示三位艺术家作品的展馆，这三位艺术家分别是毕加索、马蒂斯及柯布西耶。项目的基地位于近陆地的海上，面向码头，通过一个栈桥与陆地相连。基于这一环境要素，建筑由底层架空柱支撑，平面主要由两个等宽的正方形构成，方形之外的 6 根钢柱支撑起两片伞状的屋顶，整体构成类似于迈罗门 1950 方案。从平面功能上看，一层为三位艺术家作品的展厅——毕加索厅、马蒂斯厅和柯布西耶厅，二层主要是一些附属功能区，如临时展厅、办公室、储藏室及卫生间等。

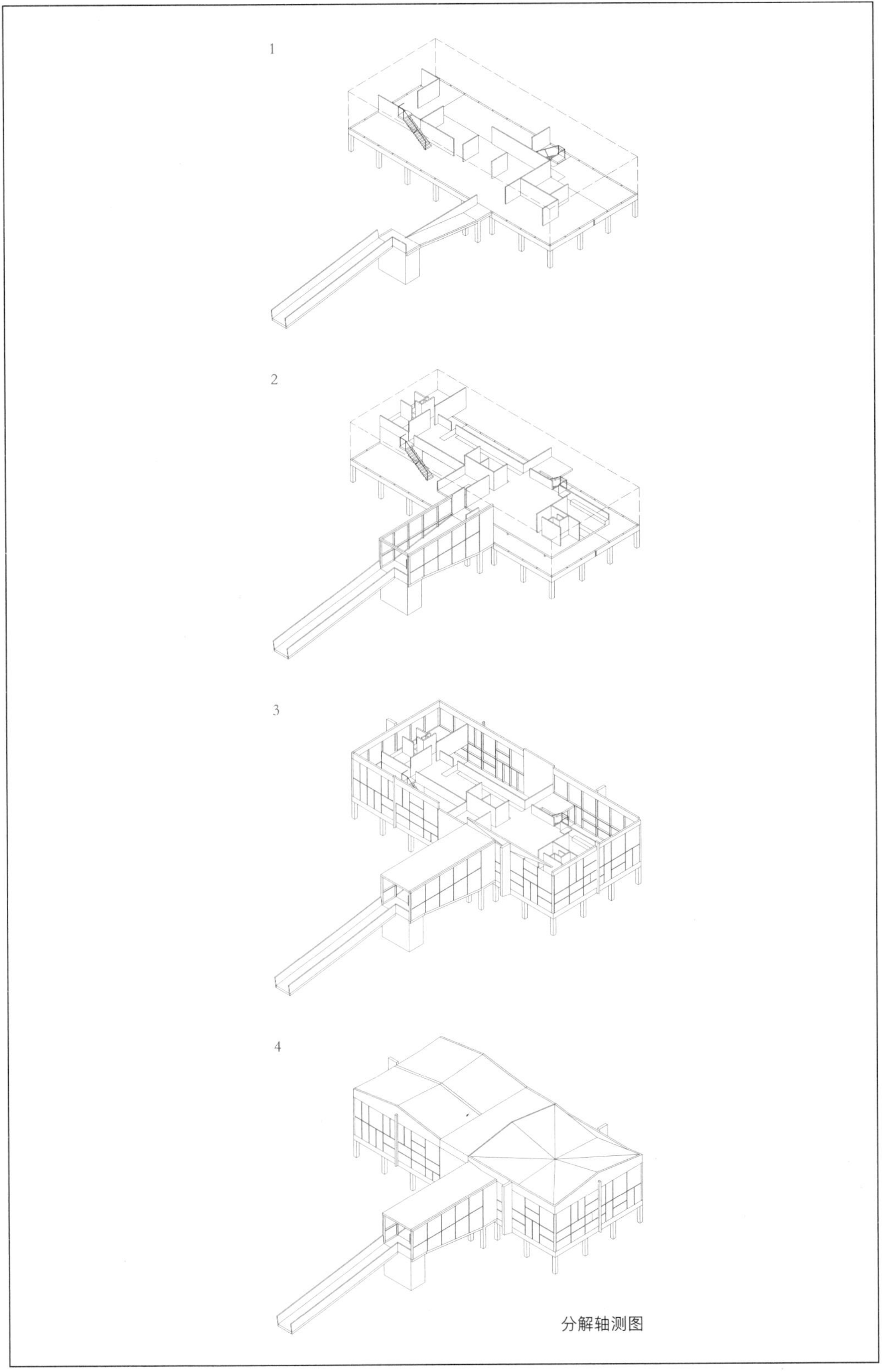

分解轴测图

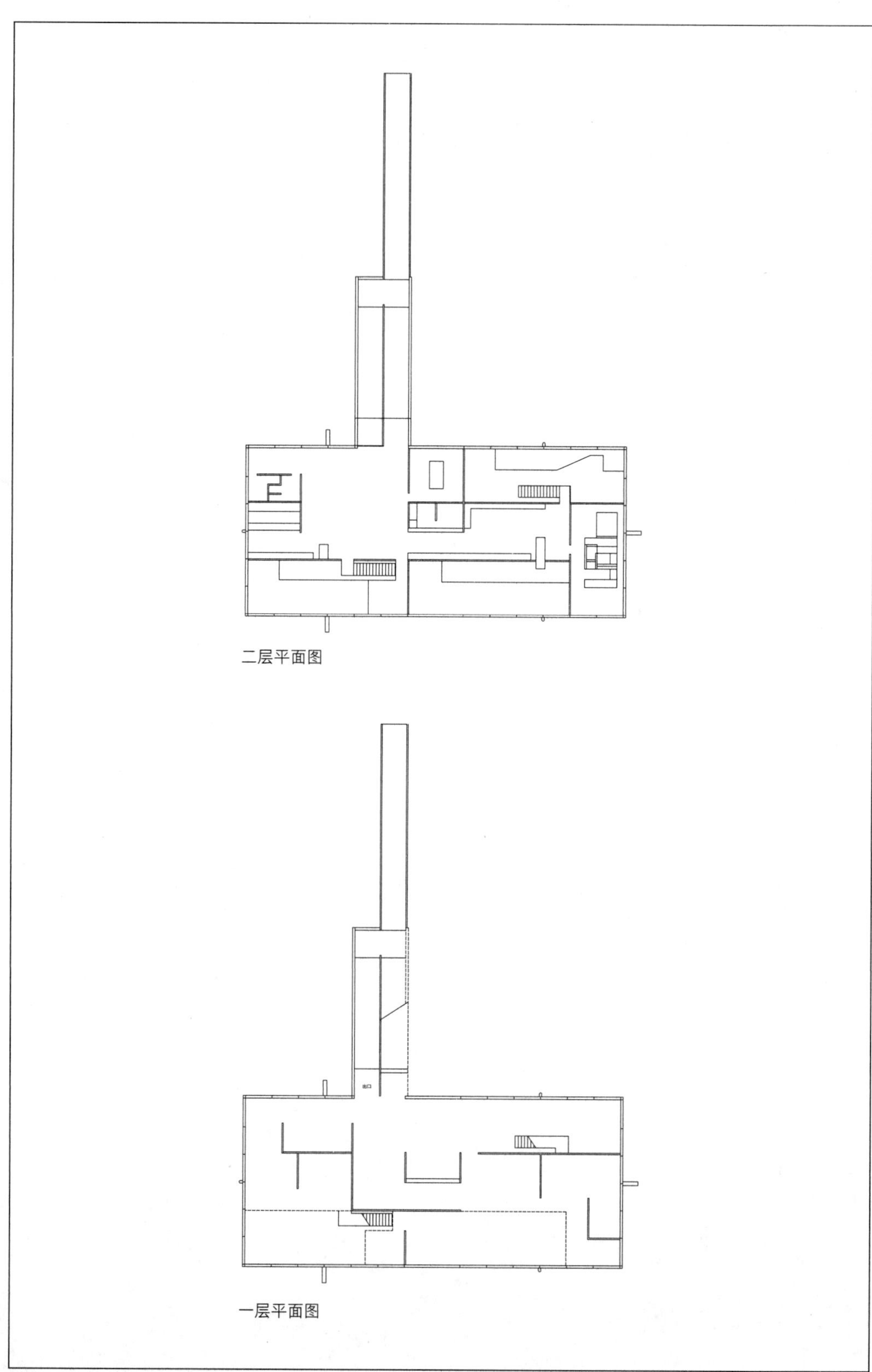

二层平面图

一层平面图

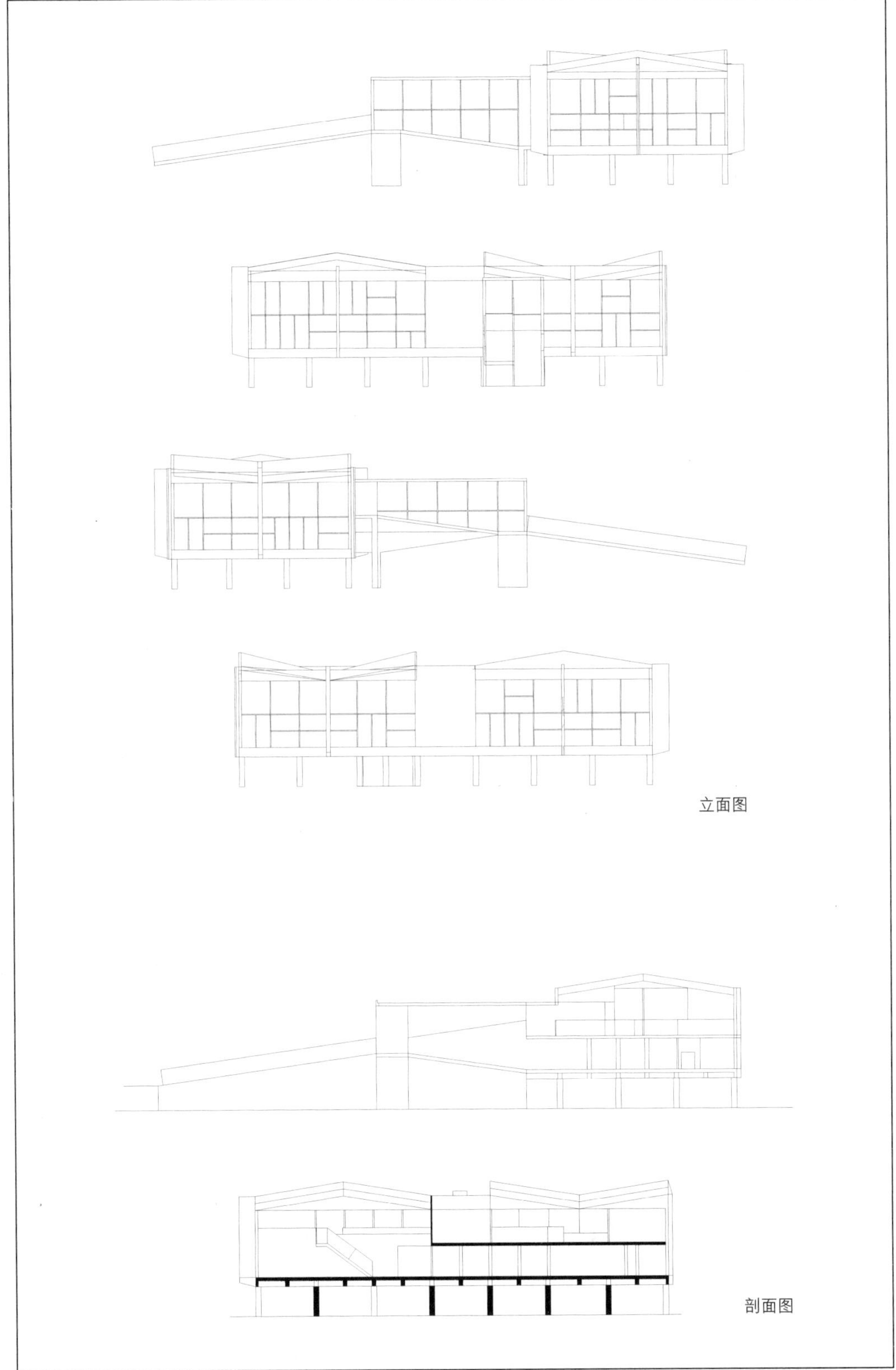
立面图
剖面图

C-71
埃伦巴赫国际艺术中心自生剧场

设计时间：1963

项目地点：德国美因河畔

建成情况：未建成

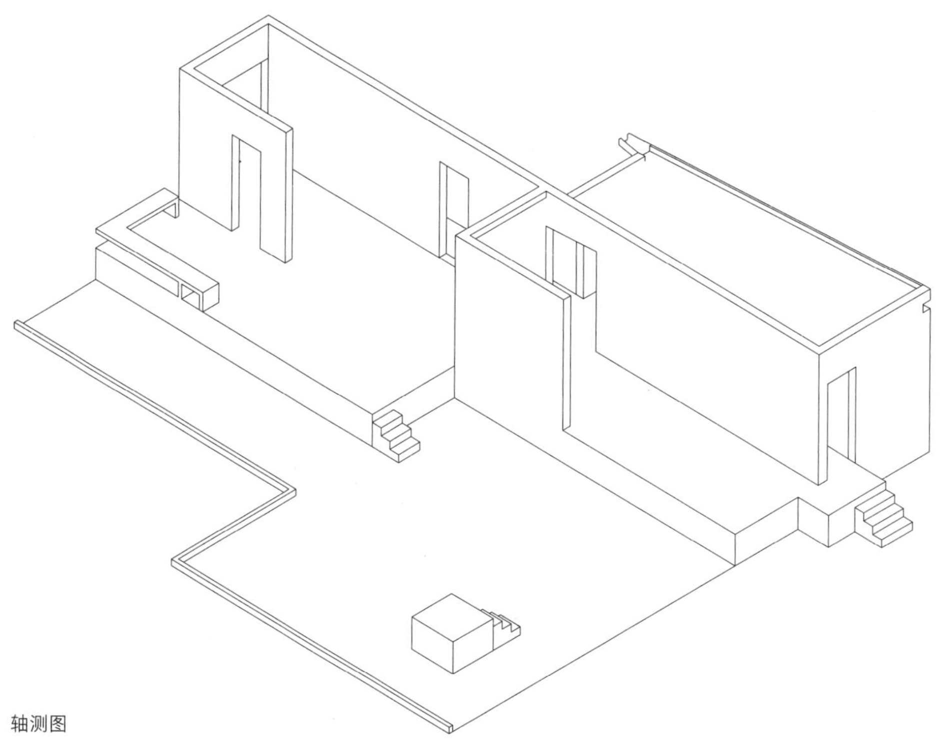

轴测图

自生剧场是柯布西耶为埃伦巴赫国际艺术中心设计的一套方案中的一个单体建筑，除此以外，方案还包括无限生长的博物馆、一个“魔盒”、一个“巡回展馆”及库房等。简单来说，自生剧场是一个可以进行各种表演的室外舞台。从平面功能来看，它包括化妆间、主讲台、副台及淋浴卫生间，观众席位于建筑主平面之外。柯布西耶并没有设置固定的观众座席，演员的出场和入场流线等也都没有强制规定，所以它是一个名副其实的自生剧场。从轴测图上可以看出，只有主讲台背后的化妆间和卫生间是有屋顶的，其他的空间都暴露在室外环境中。

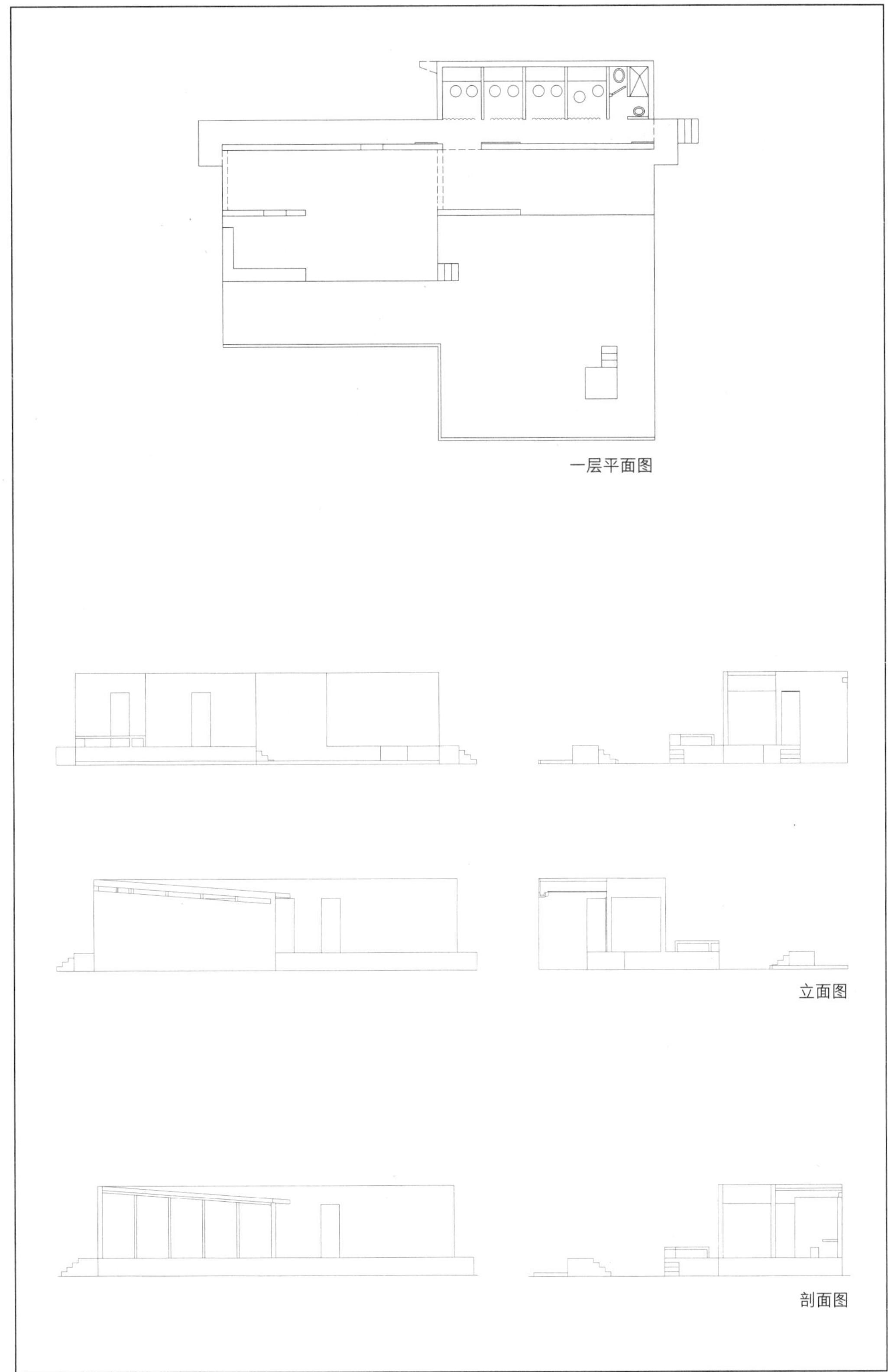

一层平面图

立面图

剖面图

C-72
苏黎世柯布西耶中心

设计时间：1963—1967
项目地点：瑞士苏黎世
建成情况：建成

该方案的另一个名字是“人类的家”，出资的是海蒂·韦伯女士。最初的任务是设计一座住宅，现在，这座建筑被用来组织展览和会议。从迈罗门 1950 方案开始，一直到这个“人类的家”，柯布西耶持续采用了钢结构柱支撑一起一伏两个折板阳伞状屋顶这一构成原型，而该原型终于在这个项目上得以成功建造。该建筑地下有一层，地上有两层，还有一个屋顶露台层。地下一层是集会大厅及储藏室等，一层为住宅的基本功能空间，如餐厅、客厅和厨房等，二层主要为展厅和图书室等，顶层是一个供休憩的露台。在交通组织上，除了方形平面内部的一个楼梯以外，主要靠方形平面之外的坡道来实现。

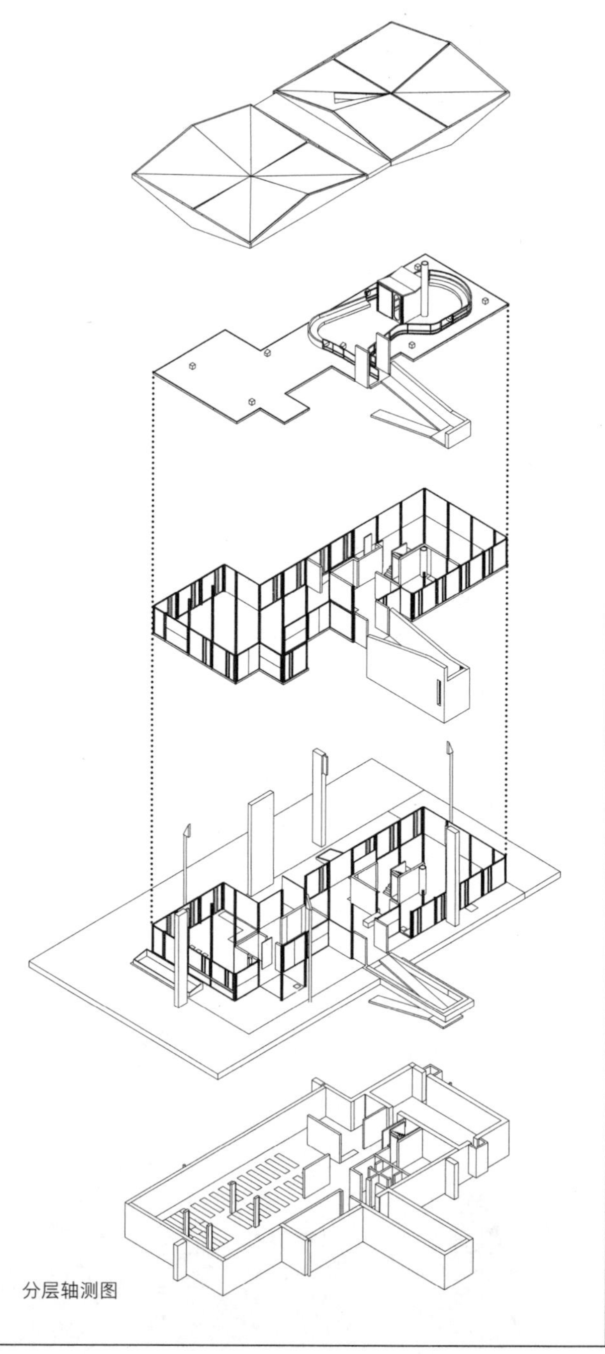

分层轴测图

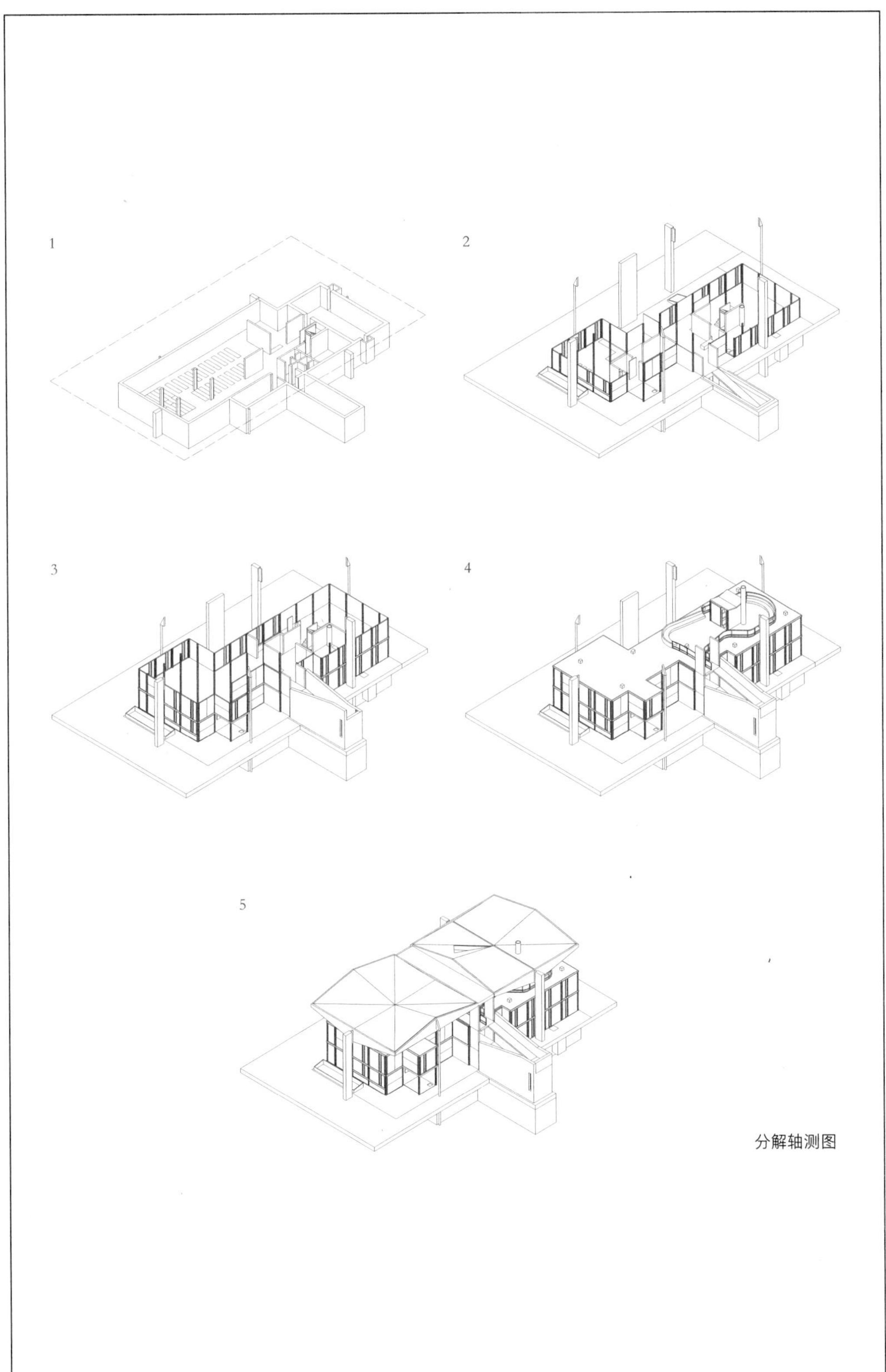

分解轴测图

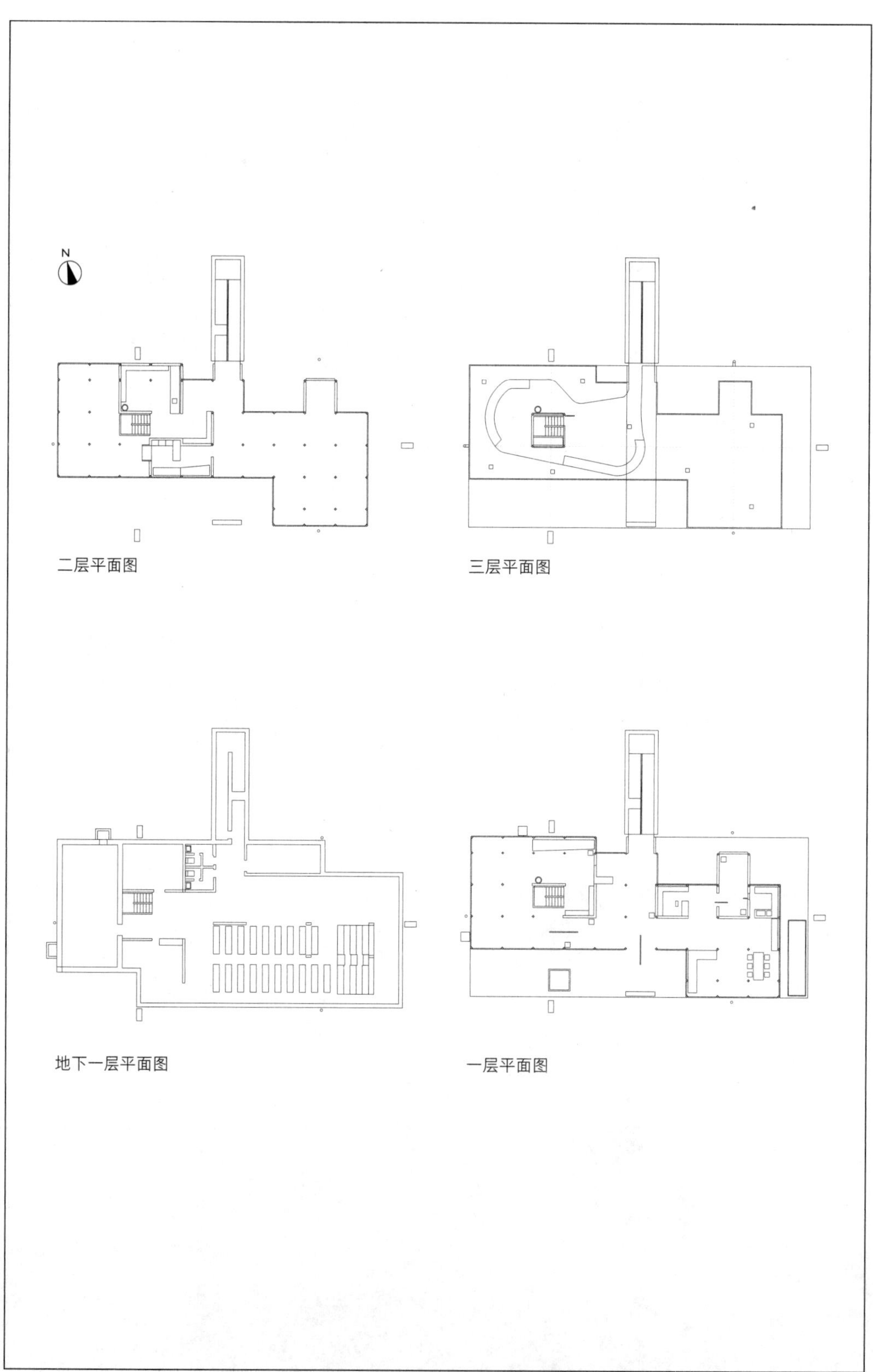
N
二层平面图
三层平面图
地下一层平面图
一层平面图

立面图

剖面图

D-10
特朗布莱教堂

设计时间：1929

项目地点：法国特朗布莱

建成情况：未建成

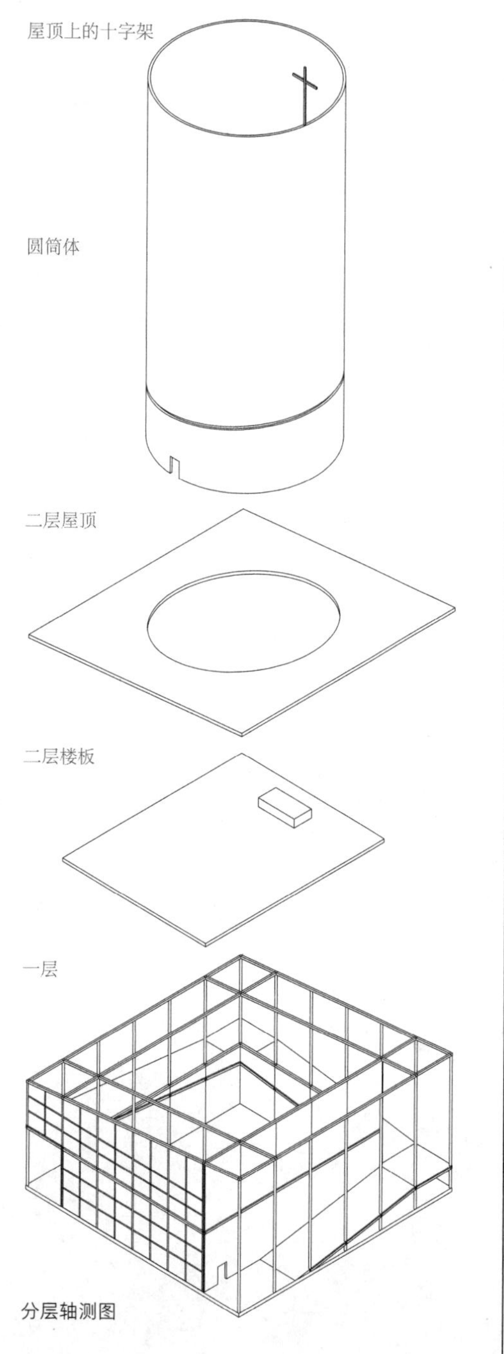

分层轴测图

该项目位于法国特朗布莱，是一个设计于1929年的未建成作品。关于该项目的相关信息比较少，仅有的两张设计草图可参阅勒·柯布西耶基金会官网。从整体的空间构成上来看，该项目由位于平面中心的圆筒状的纯净宗教空间和底层方形的附属空间构成，围绕圆筒的是外围的一圈坡道，从设计的构思草图中可以看出，在到达二层的圆筒宗教空间之前，柯布西耶有意通过这一坡道赋予建筑宗教参拜的仪式感，这既体现在坡道本身的缓冲作用上，又体现在坡道的一层入口和中间的圆筒体之间所形成的挑空空间的大尺度上。与其晚期的圣皮埃尔教堂方案相比，柯布西耶早期设计的该作品表现出略简化和纯净的倾向。

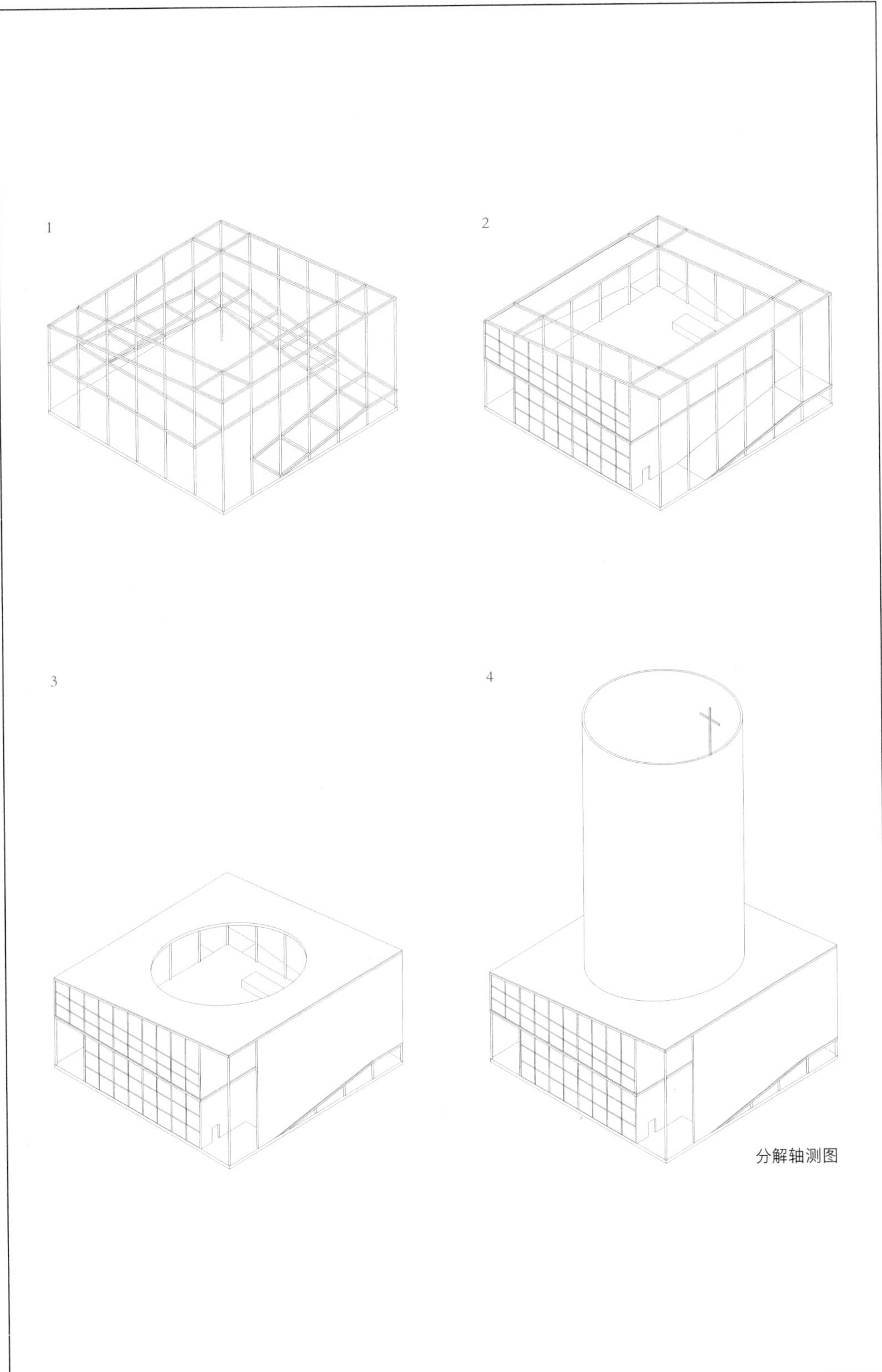

分解轴测图

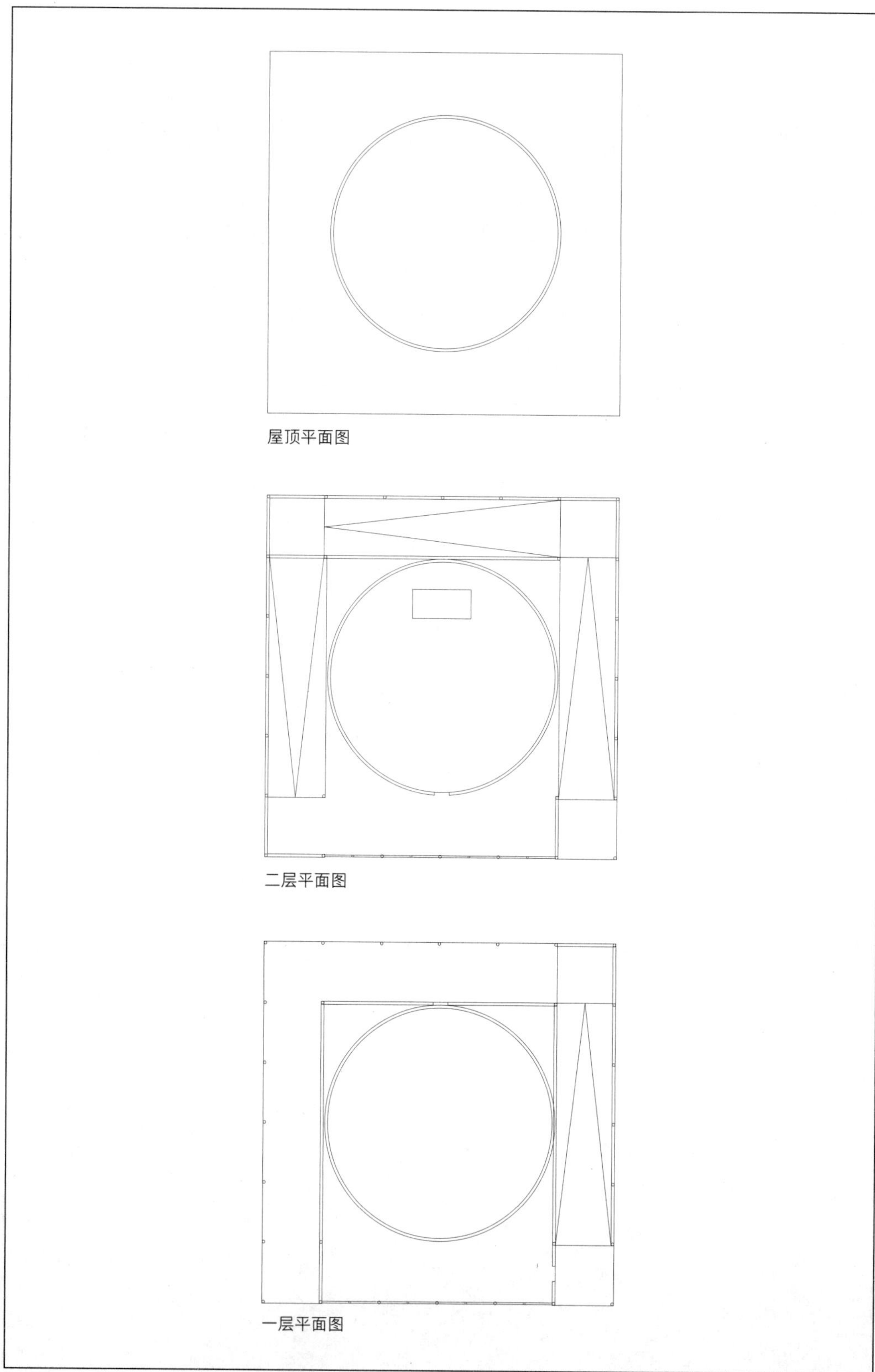
屋顶平面图
二层平面图
一层平面图

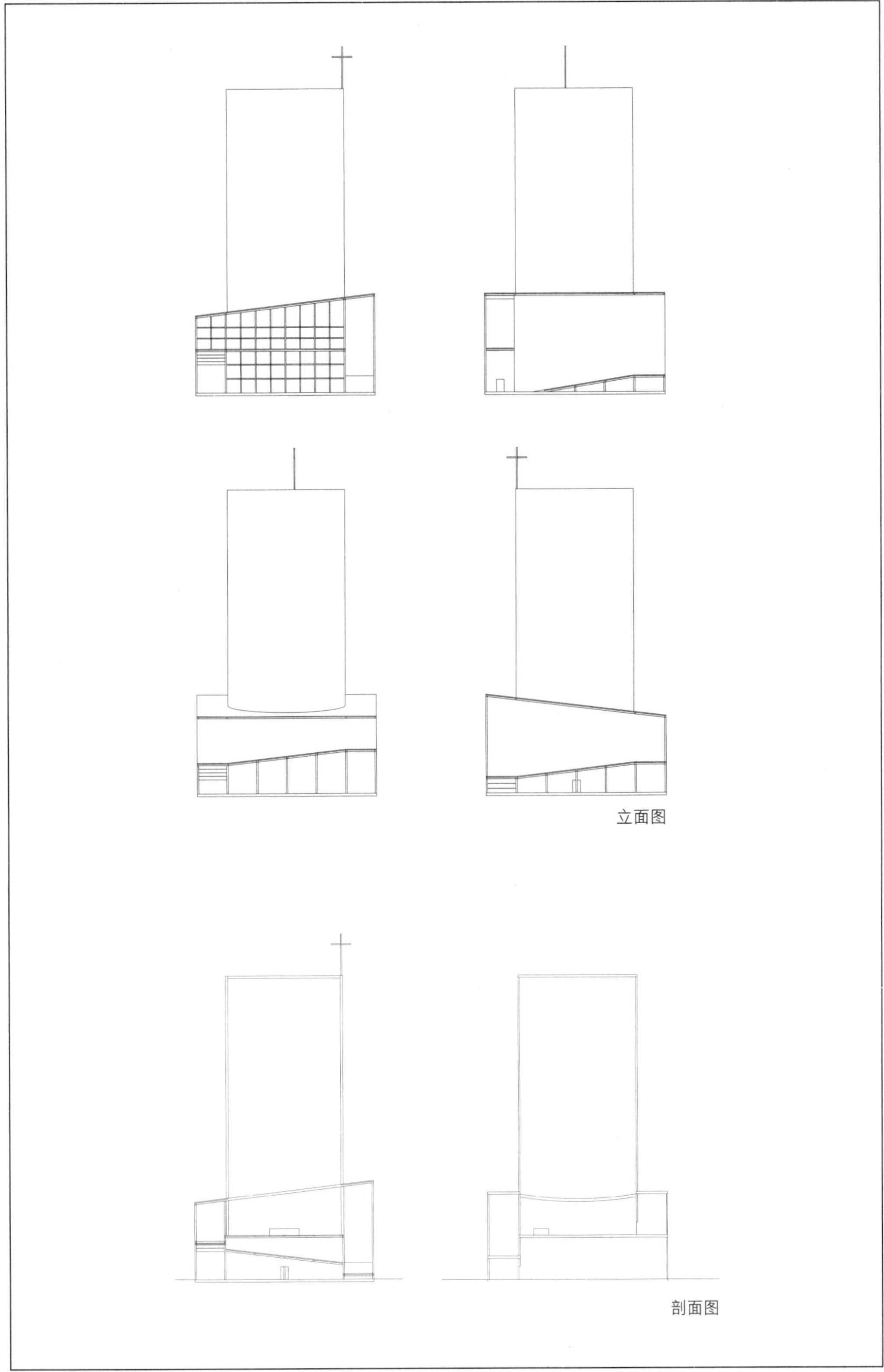
立面图
剖面图

D-41
圣博姆的巴西利卡

设计时间：1948
项目地点：法国圣博姆
建成情况：未建成

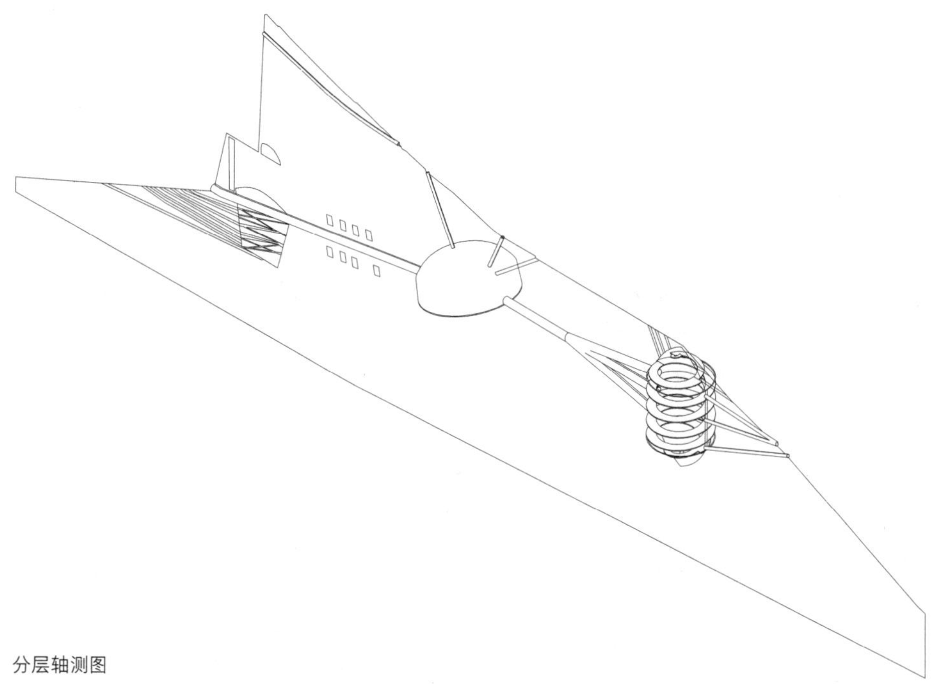

分层轴测图

该宗教建筑是设计于二战后的未建成作品，项目位于法国圣博姆的一块高地。业主是一个土地丈量师，同时也是一位牧师，柯布西耶受委托将其继承的一块荒地建设成一个宗教之地。然而，因为法国枢机会和大主教的斥诉，该方案最终流于纸面。柯布西耶的总体方案构思是保持基地的风景不被破坏，于是他将整个巴西利卡建筑安置在开凿的山体内部，人们从一侧的峭壁岩穴进入，一直到达山体的另一侧，直接面向大海。如剖面图所示，山体中的房间通过水平向和螺旋状的坡道相连，采光则依靠从人工开凿的竖井的尽头射入的自然光和人工光源。

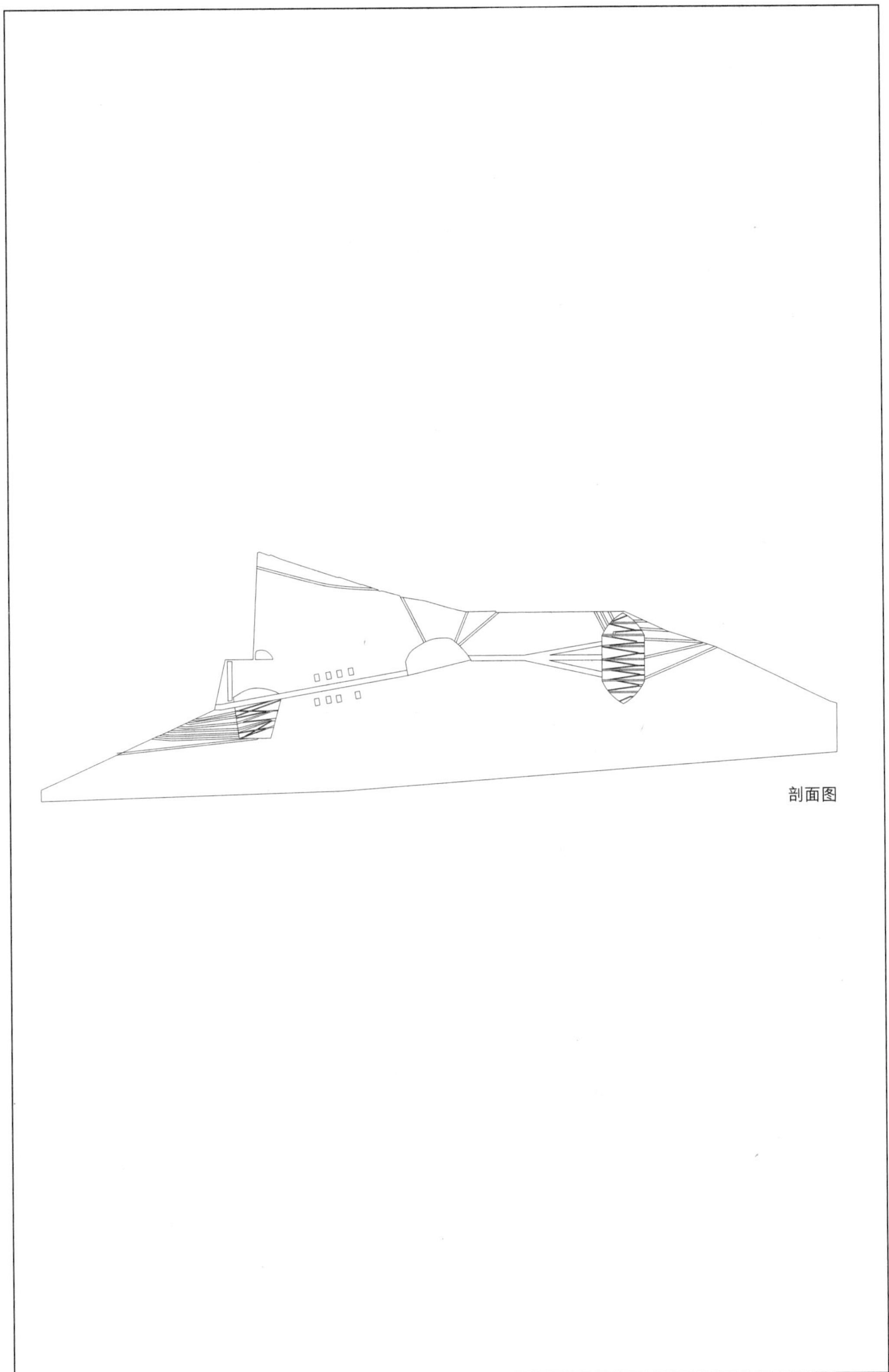
剖面图

D-44
朗香教堂

设计时间：1950—1954
项目地点：法国孚日山脉
建成情况：建成

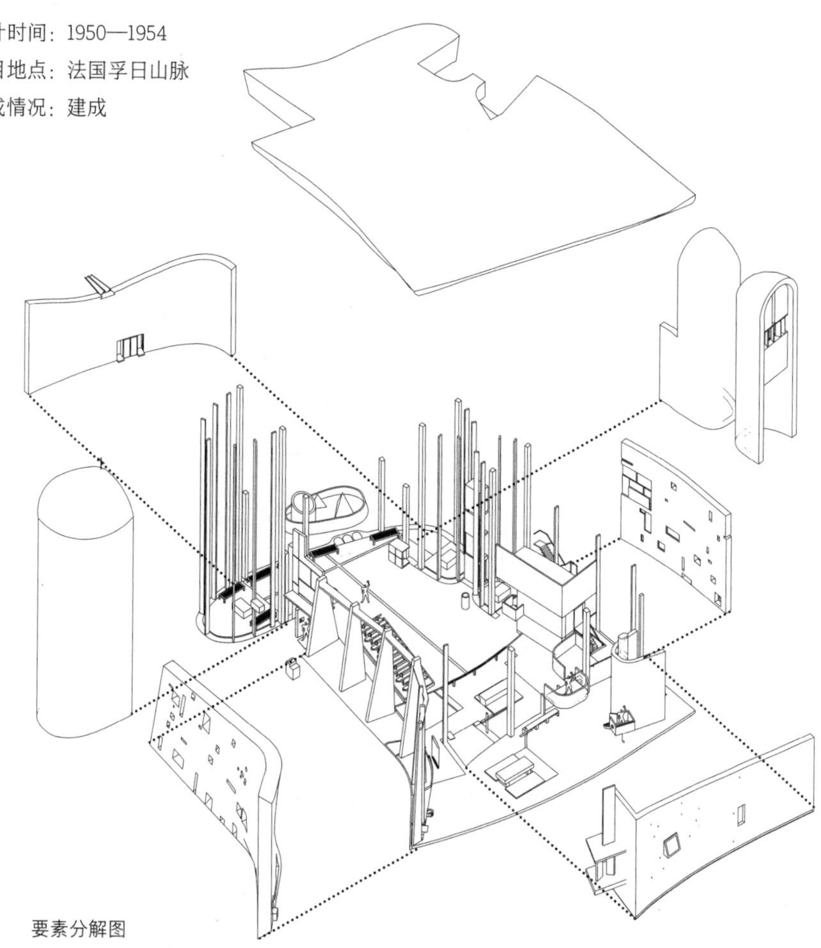

要素分解图

柯布西耶的代表作之一。朗香教堂位于法国孚日山脉，形体极具特点，一反柯布西耶早期作品的理性主义手法，呈现出同时期绘画作品中所表现出的暧昧的轮廓。从平面来看，它主要由中间的可容纳 200 人的中殿以及 3 个以采光塔为顶的祭台构成。整个建筑的墙体是利用混凝土喷枪建造的，墙体的内部包裹着数根结构柱，支撑起巨大的屋顶。南侧是整面混凝土“光墙”，窗子与其说是开在墙面，不如说是挖在墙上的洞，并且其内外表面的开口和位置不一，从室内看，如同一个个光的发射器。另外，建筑各个面的墙体不是直接相连的，而是相互脱开，呈现出独立的姿态，其间隙或作为入口，或充当采光口。

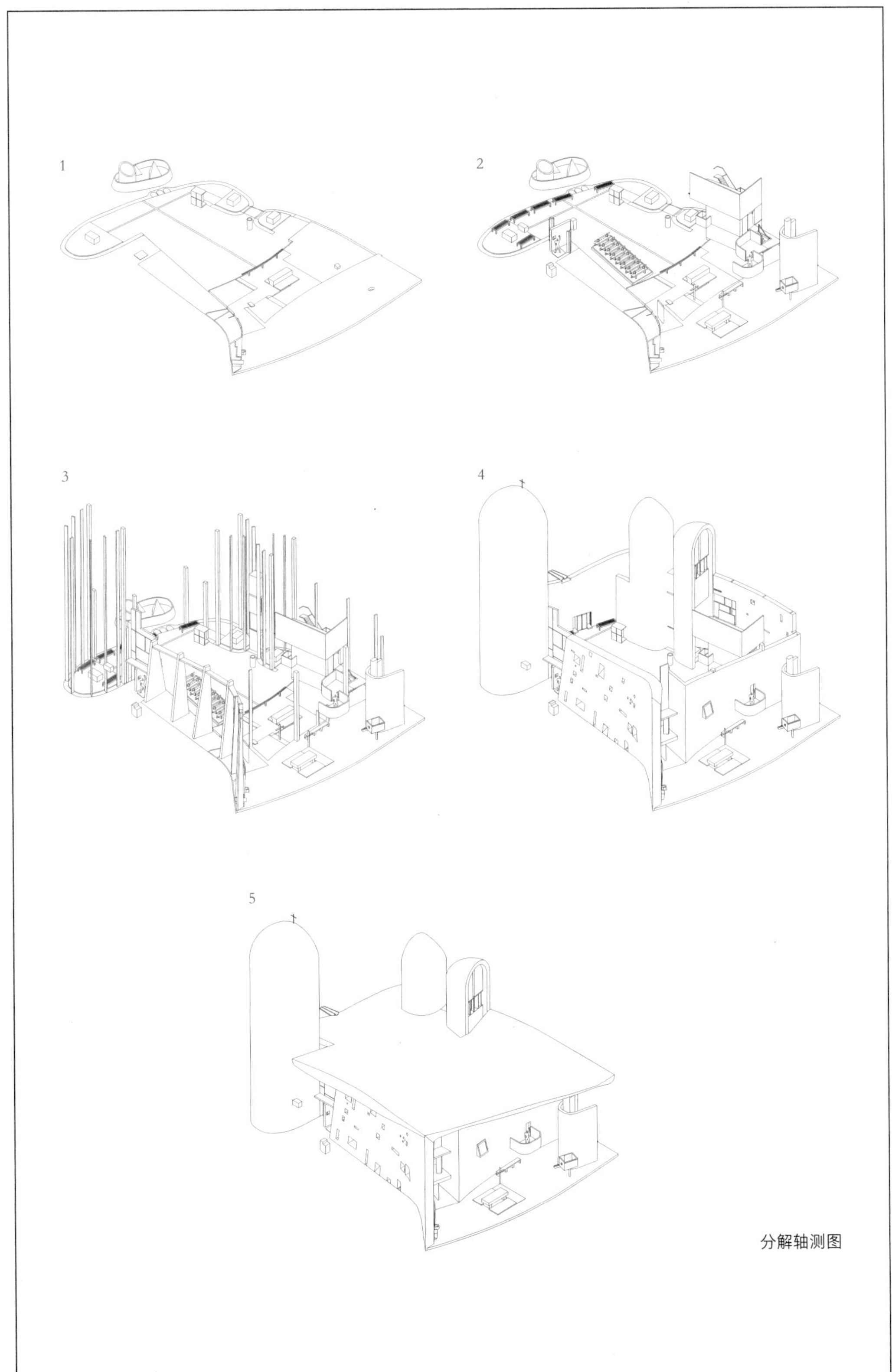

分解轴测图

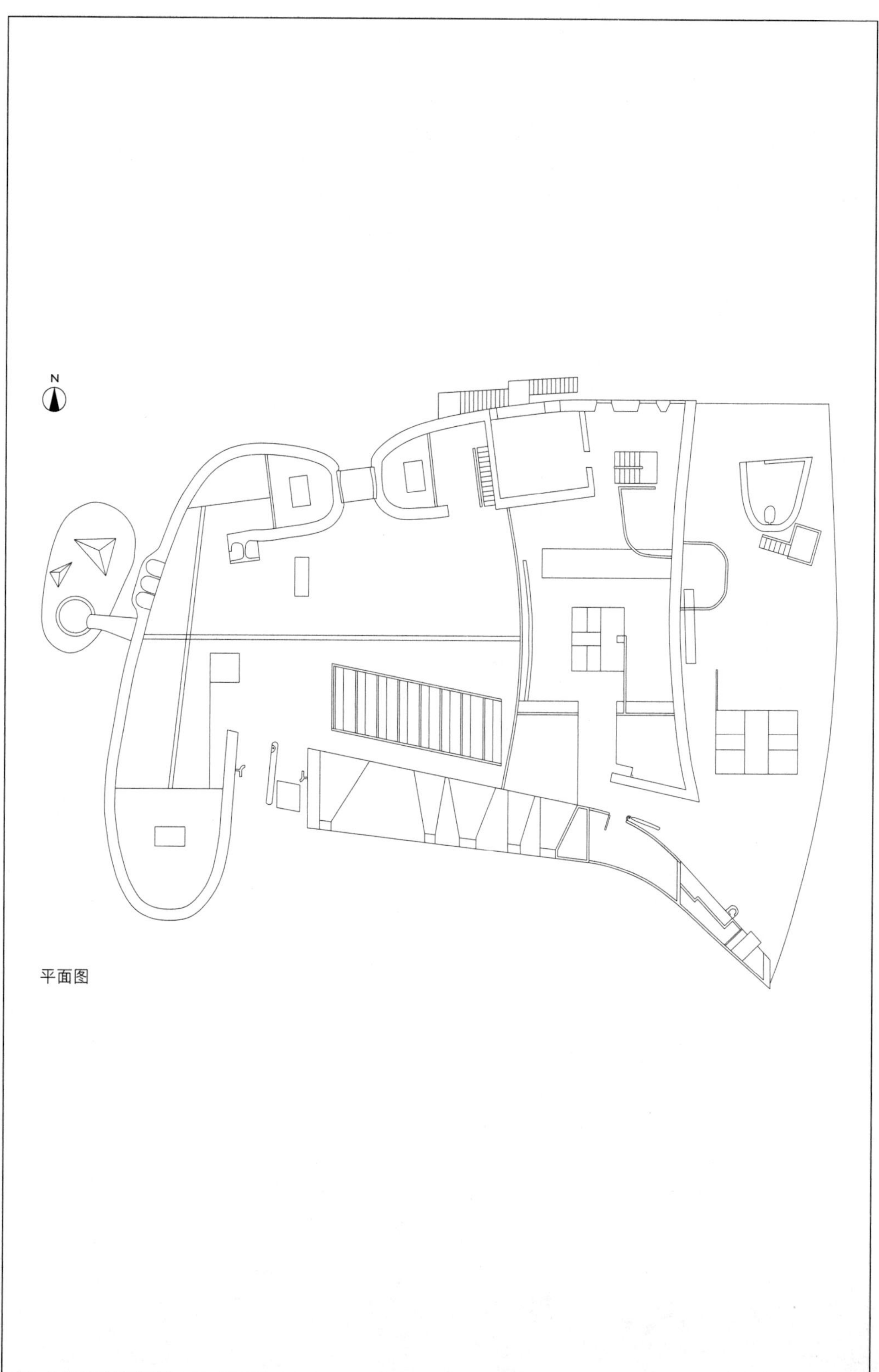

平面图

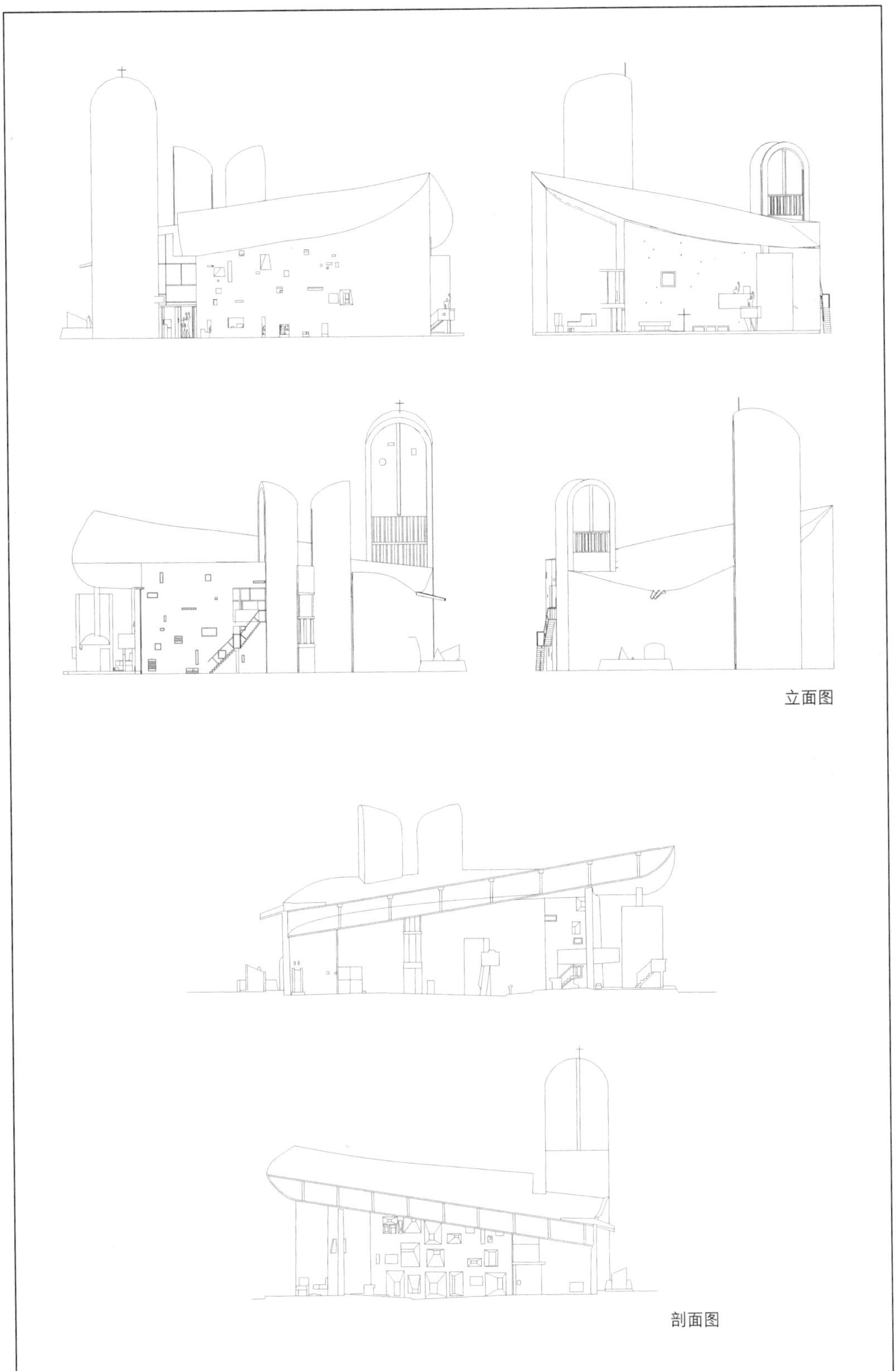

立面图

剖面图

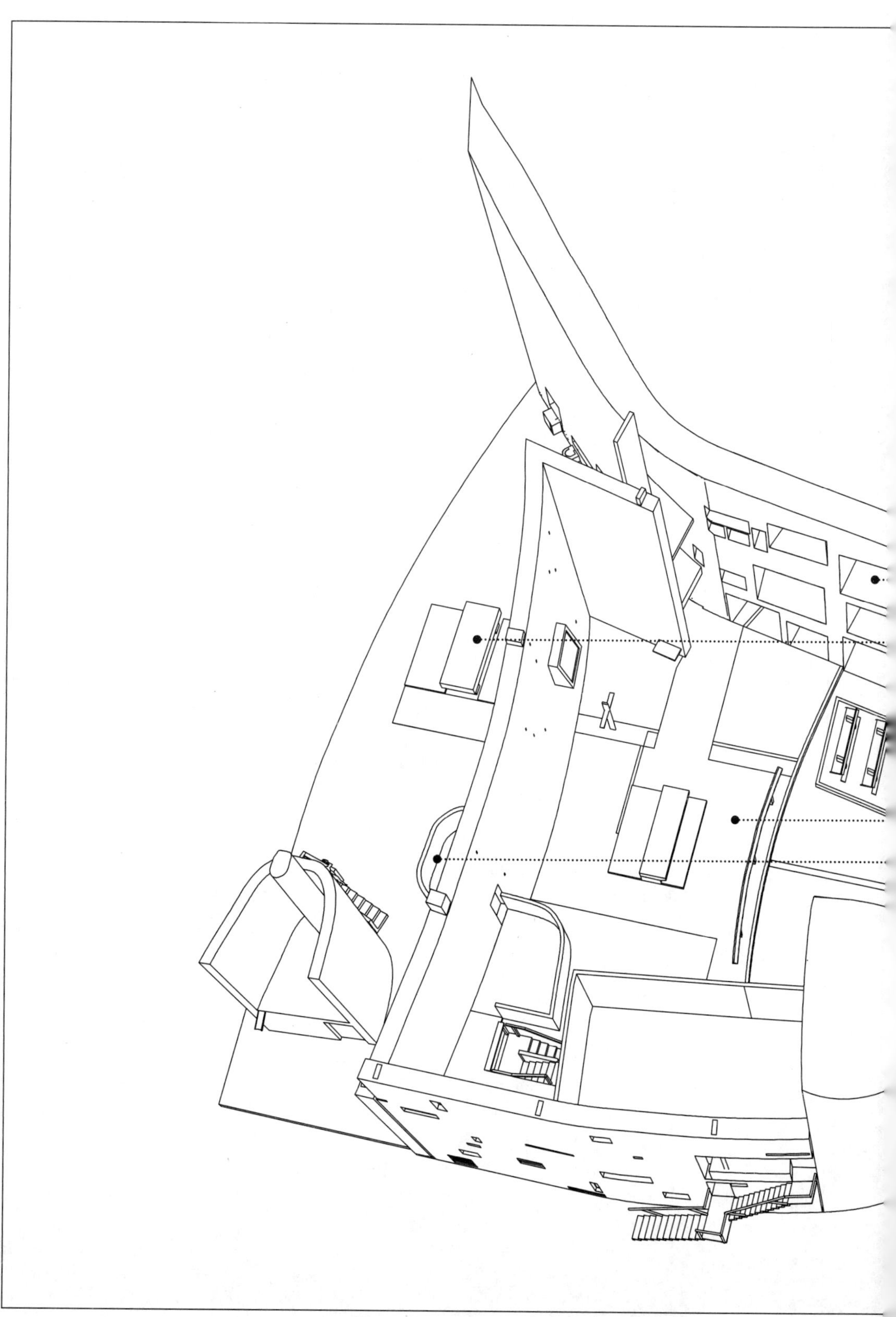

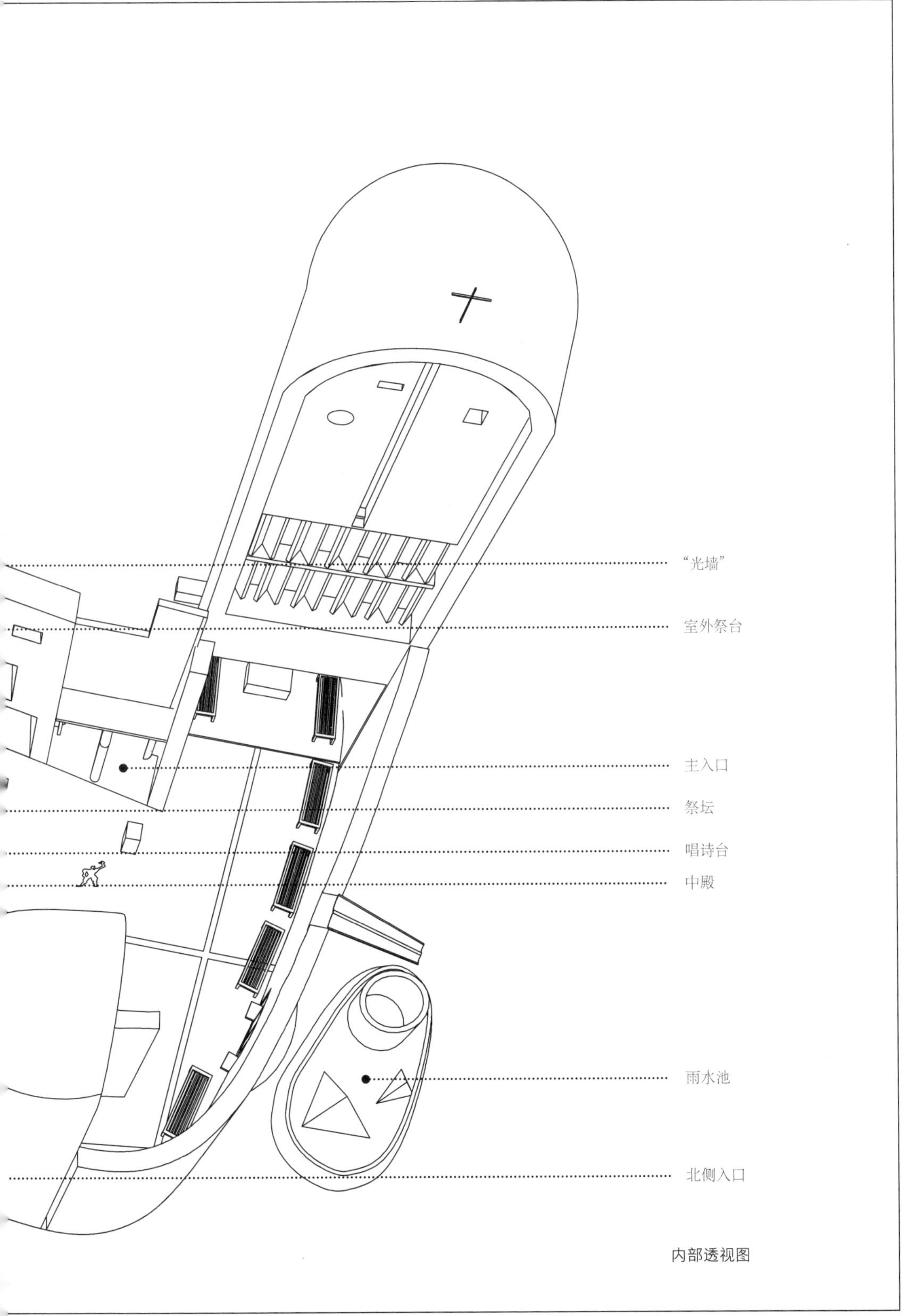

内部透视图

D-47
委内瑞拉葬礼礼拜堂

设计时间：1951

项目地点：委内瑞拉

建成情况：未建成

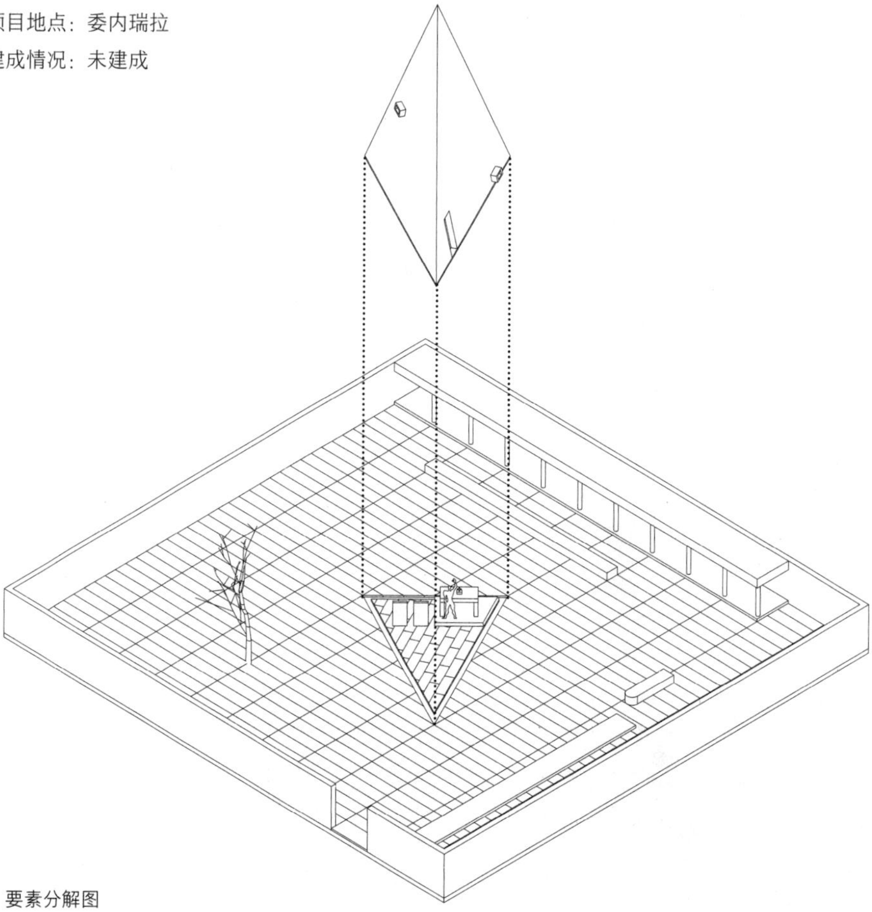

要素分解图

这是一个寂寂无名的作品。整体构成极其简洁，方形的庭院中心竖立着一个三角锥状的几何体祭台，在庭院内部的一侧设置了一个半开敞的亭廊，三角锥状的祭台空间里有一个半地下的用于放置棺木的小室，祭坛的墙体上开设了竖直的方形的窗。该方案的平面构成同柯布西耶晚期的作品，如昌迪加尔大法院、拉图雷特修道院有相似之处，均呈中心式布局。另外，由该方案的设计图中的模度人可知，庭院的院墙和祭台入口的高度均在 2.26m 左右，显然，柯布西耶在比例和尺度的控制中采用了模度这一工具。

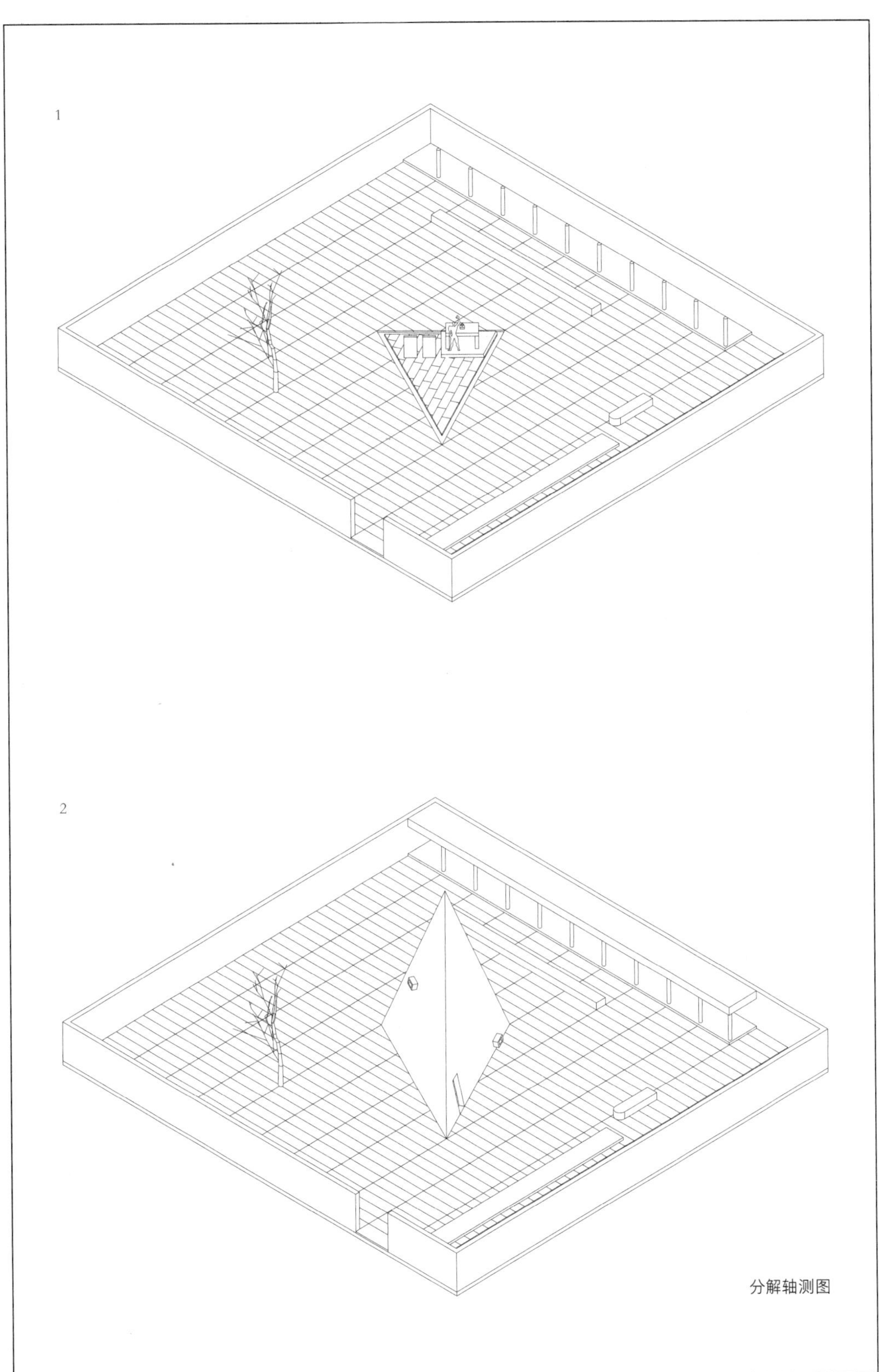

分解轴测图

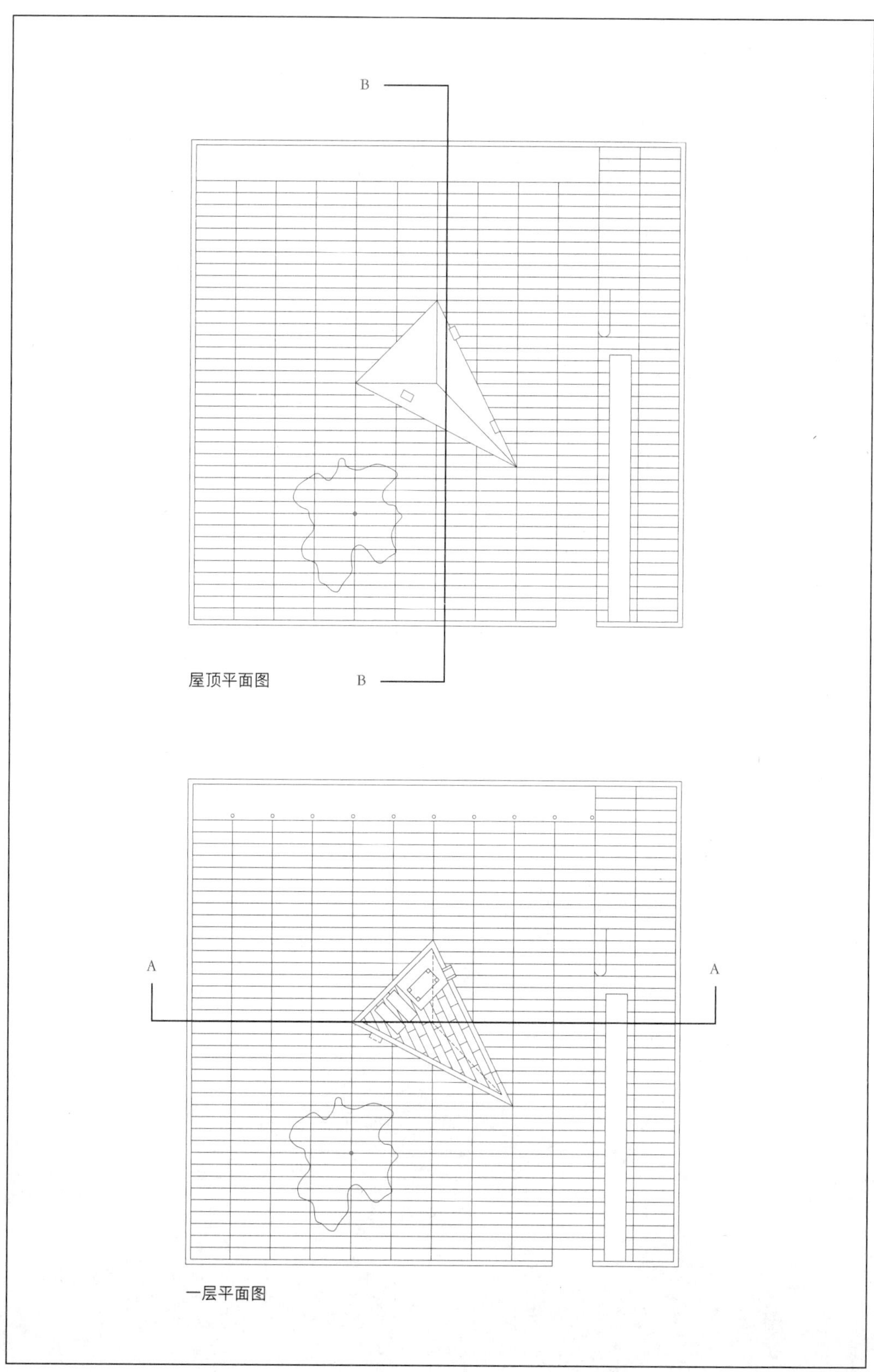
B
B
屋顶平面图
A
A
一层平面图

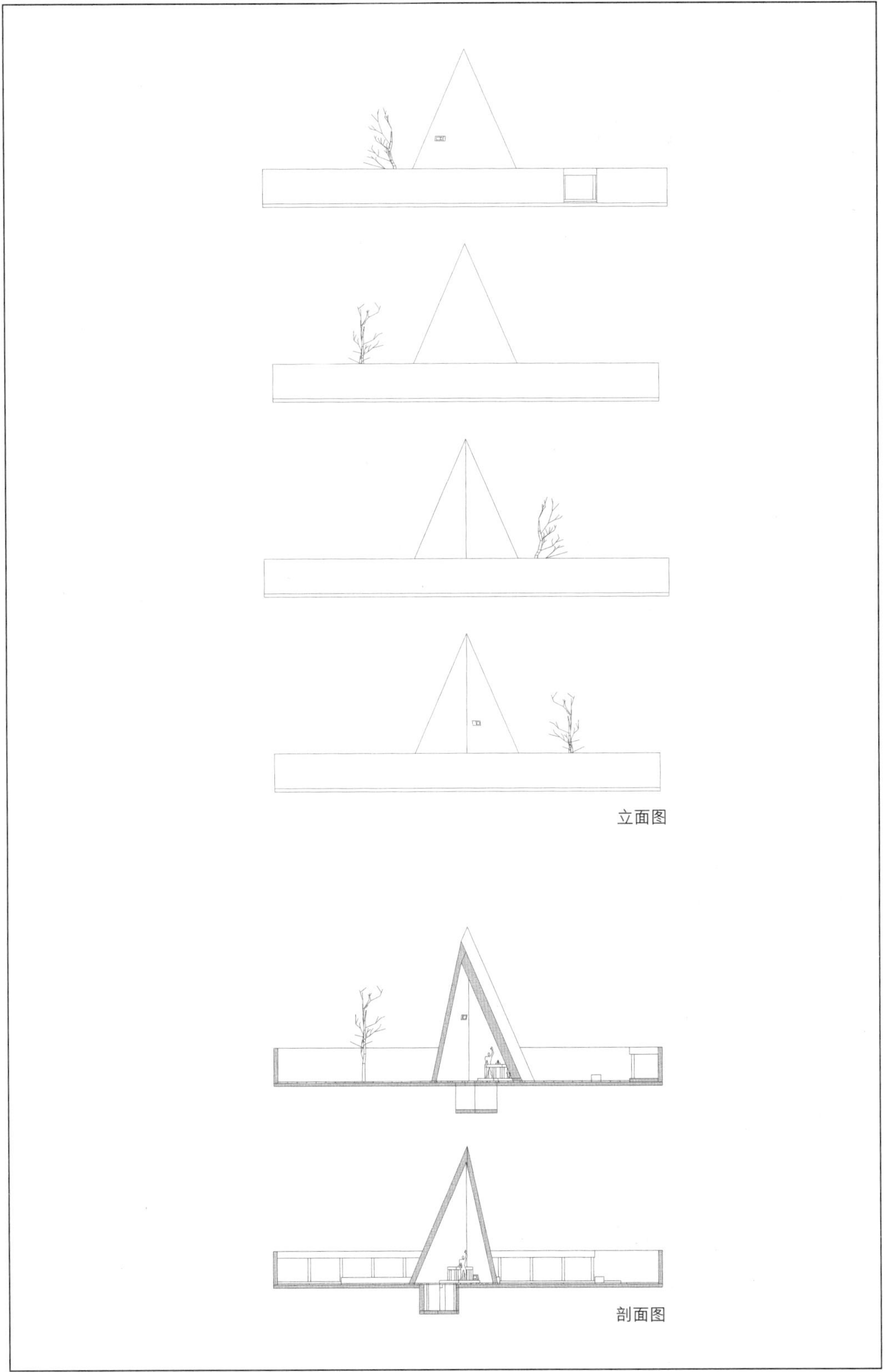

立面图

剖面图

D-57
拉图雷特修道院

设计时间：1957—1960
项目地点：法国埃沃
建成情况：建成

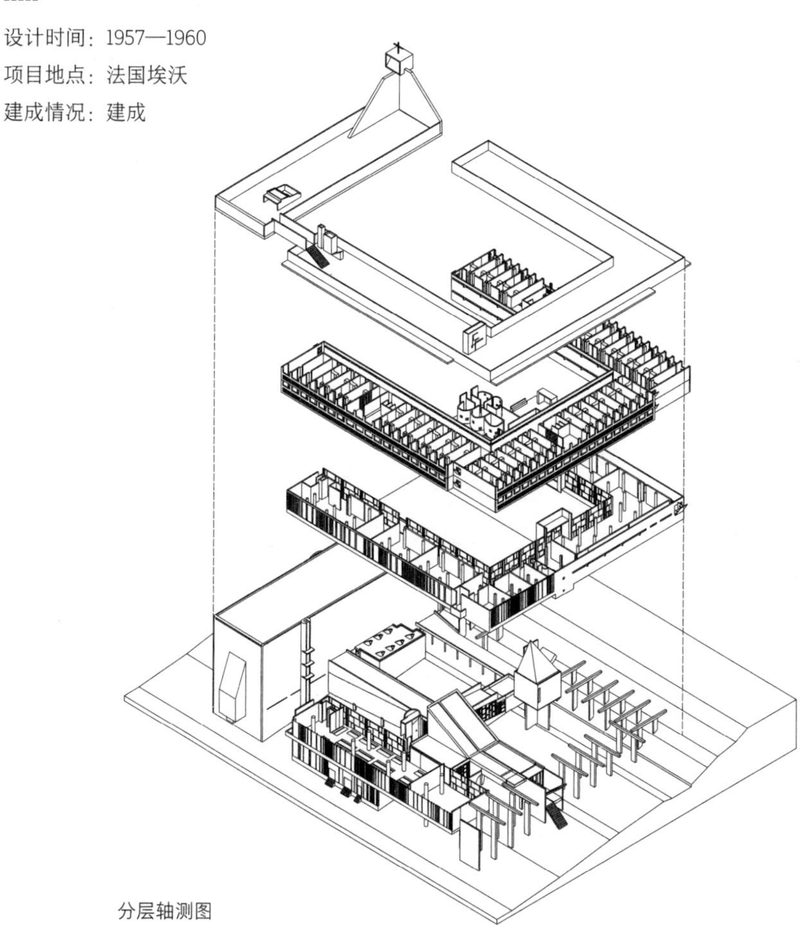

分层轴测图

此为柯布西耶晚期作品中的集大成之作。拉图雷特修道院位于法国里昂附近的埃沃，其中包括教堂、修道士的宿舍及学习室、图书室等。基地本身存在高差，从东侧入口的高地一直向西侧的餐厅和教士集会厅倾斜。顶部的两层是修道士的宿舍，呈U形布置，由竖立在坡地上的底层架空柱支撑。修道院的北侧是一个脱开的呈“一”字形的独栋教堂，两者围合出一个内向的庭院。在这一四方形的庭院中，柯布西耶设计了一个平面呈“十”字形的交通廊道，还有一个竖直的楼梯筒和一个顶部呈三角锥状的祈祷室。整个庭院如同几何体的装置舞台，从圆筒体到方体，再到三角锥体。这一切都被整个建筑的外轮廓包裹，呈现出封闭的状态。

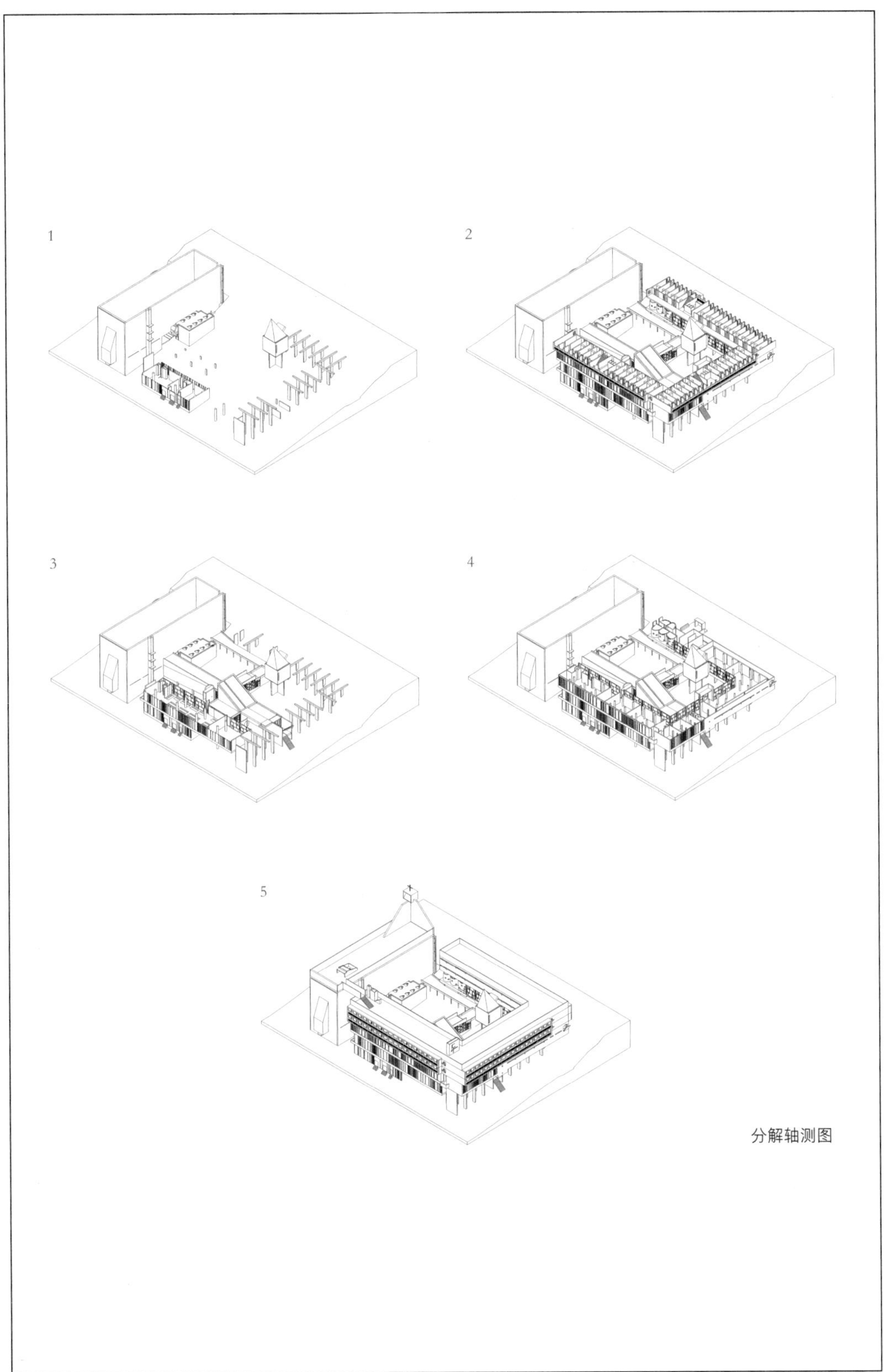

分解轴测图

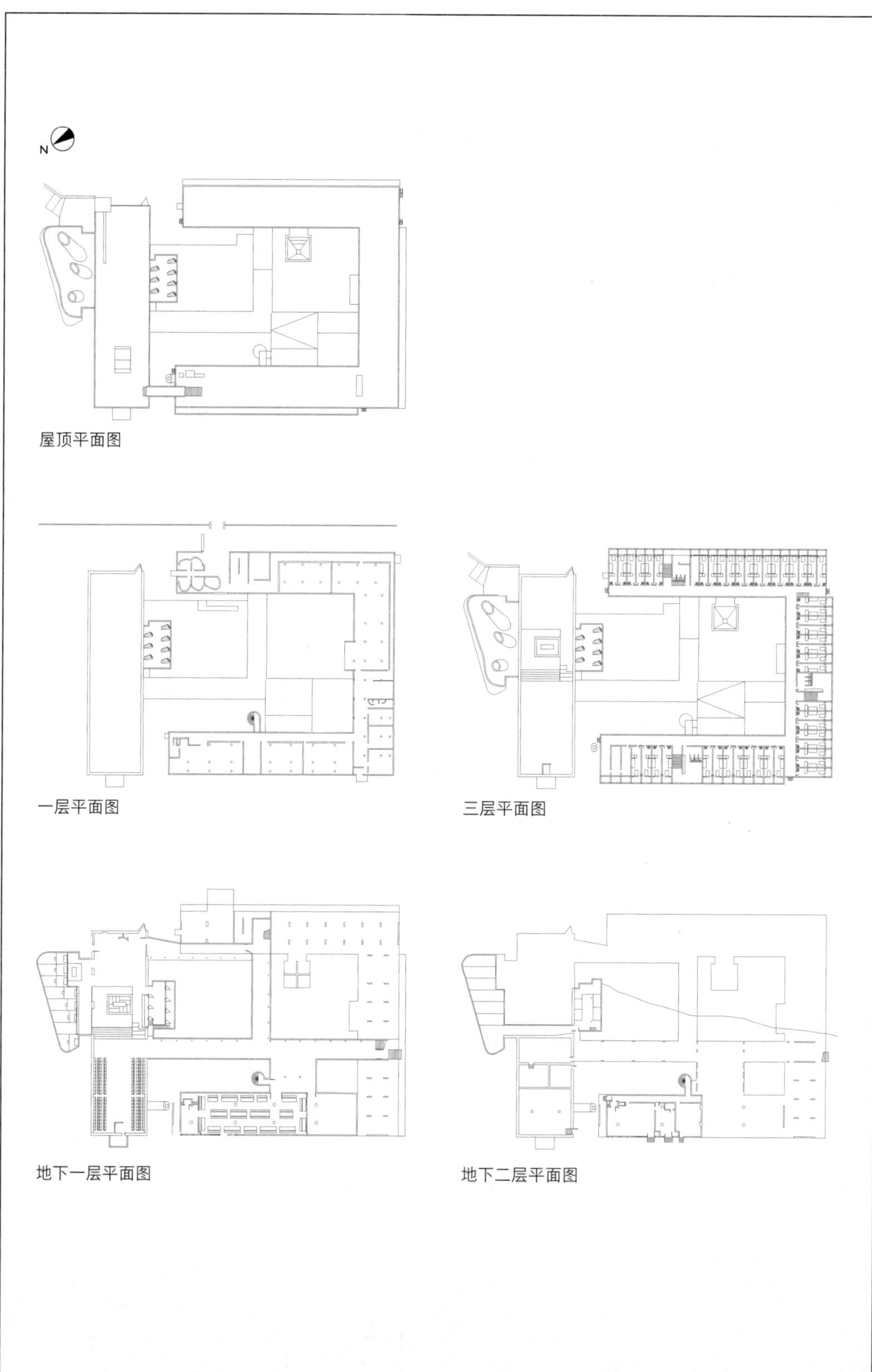

屋顶平面图

一层平面图

三层平面图

地下一层平面图

地下二层平面图

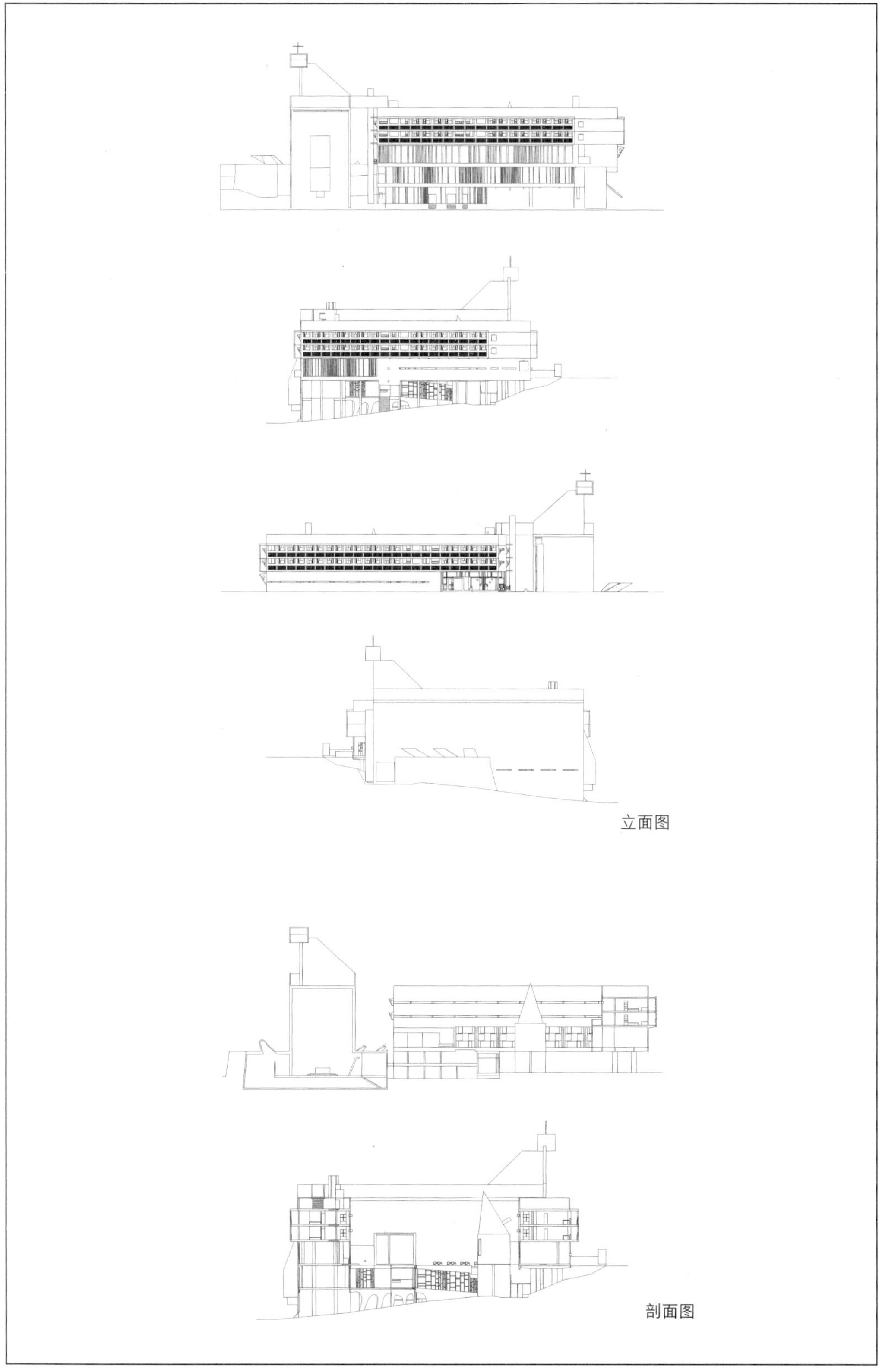

立面图

剖面图

D-64
圣皮埃尔教堂方案

设计时间：1960—1969
项目地点：法国菲尔米尼
建成情况：建成

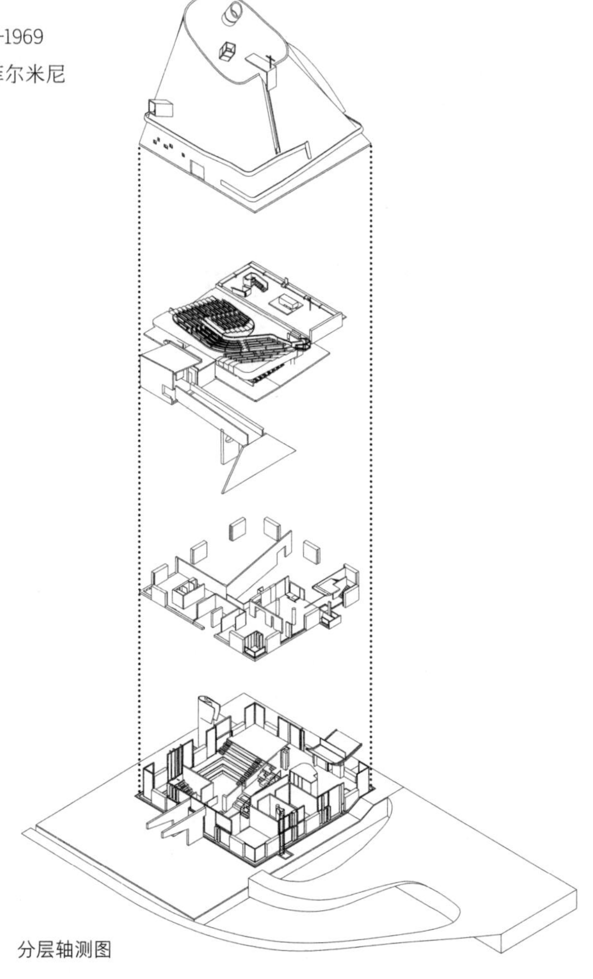

分层轴测图

这是继朗香教堂和拉图雷特修道院之后，柯布西耶第三个极具特点的宗教建筑。教堂的主体是由上部的直纹曲面薄壳和底部的方形基座构成的。在平面构成上，底层主要是一些附属功能用房，如教士的集会厅和教室以及接待室等，上部的薄壳所包裹的是座席和祭台等。在薄壳上，柯布西耶设计了一首光的“交响曲”——透过大大小小的窗洞和线窗，光影在一天内逐渐变化，赋予祭台空间以神圣之感。另外，薄壳的外部表面设有一圈排水管，如立面图所示，雨水从顶部开始，一直沿着混凝土的沟槽顺势而下，通过竖向和水平向的排水沟的组织，柯布西耶有意识地借由建筑的语言表达其与自然的关系。

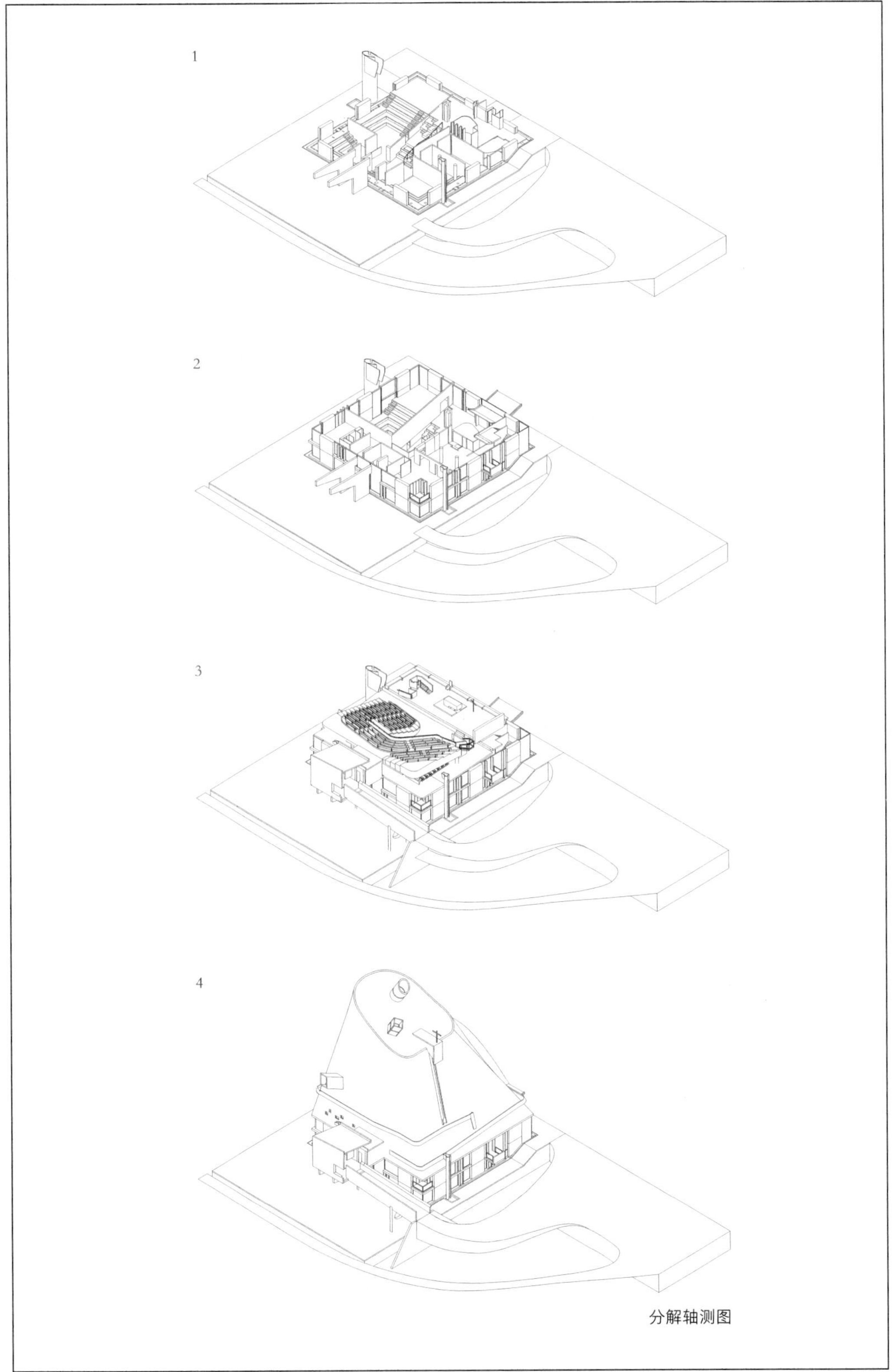

分解轴测图

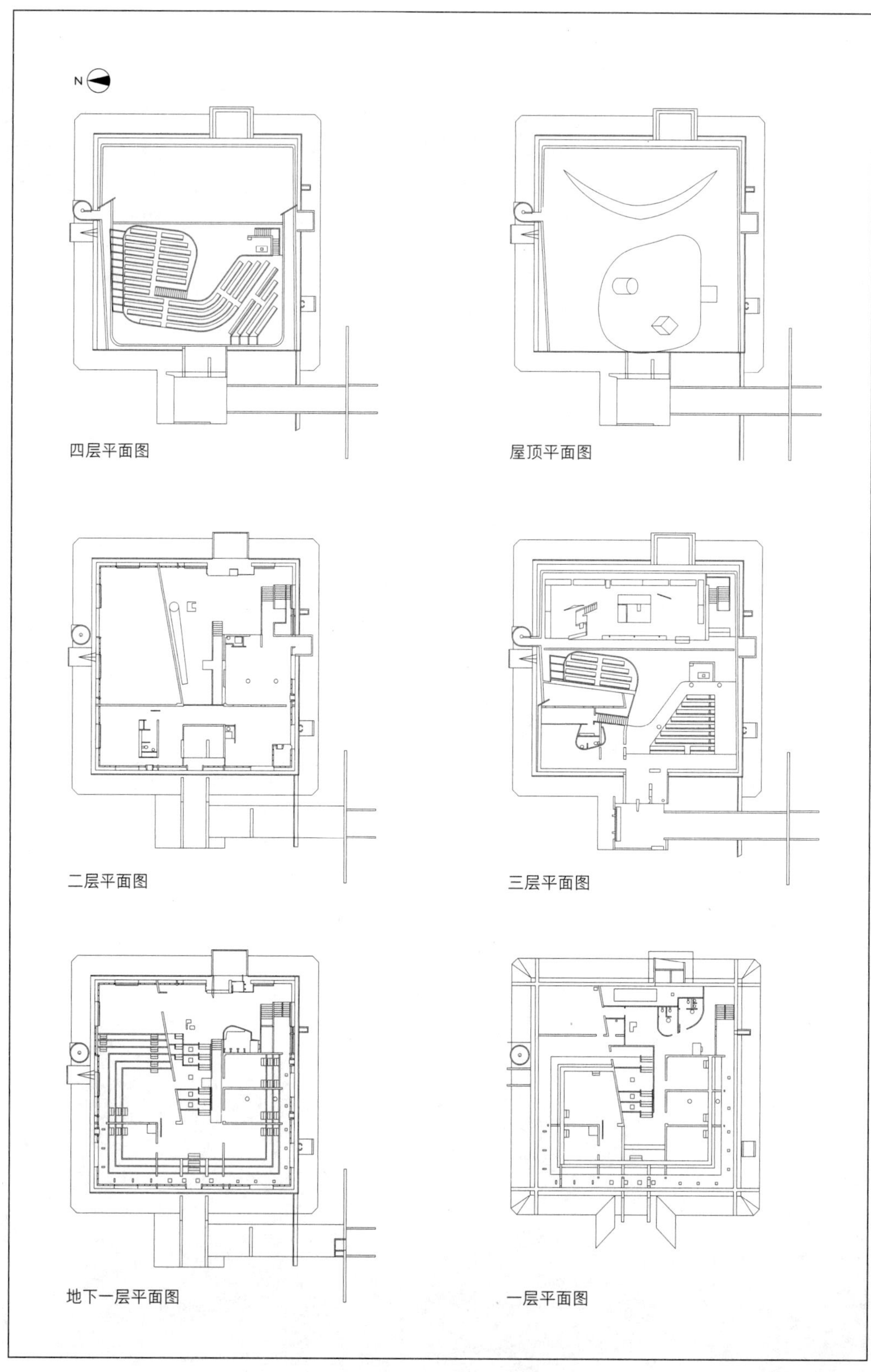
N
四层平面图
屋顶平面图
二层平面图
三层平面图
地下一层平面图
一层平面图

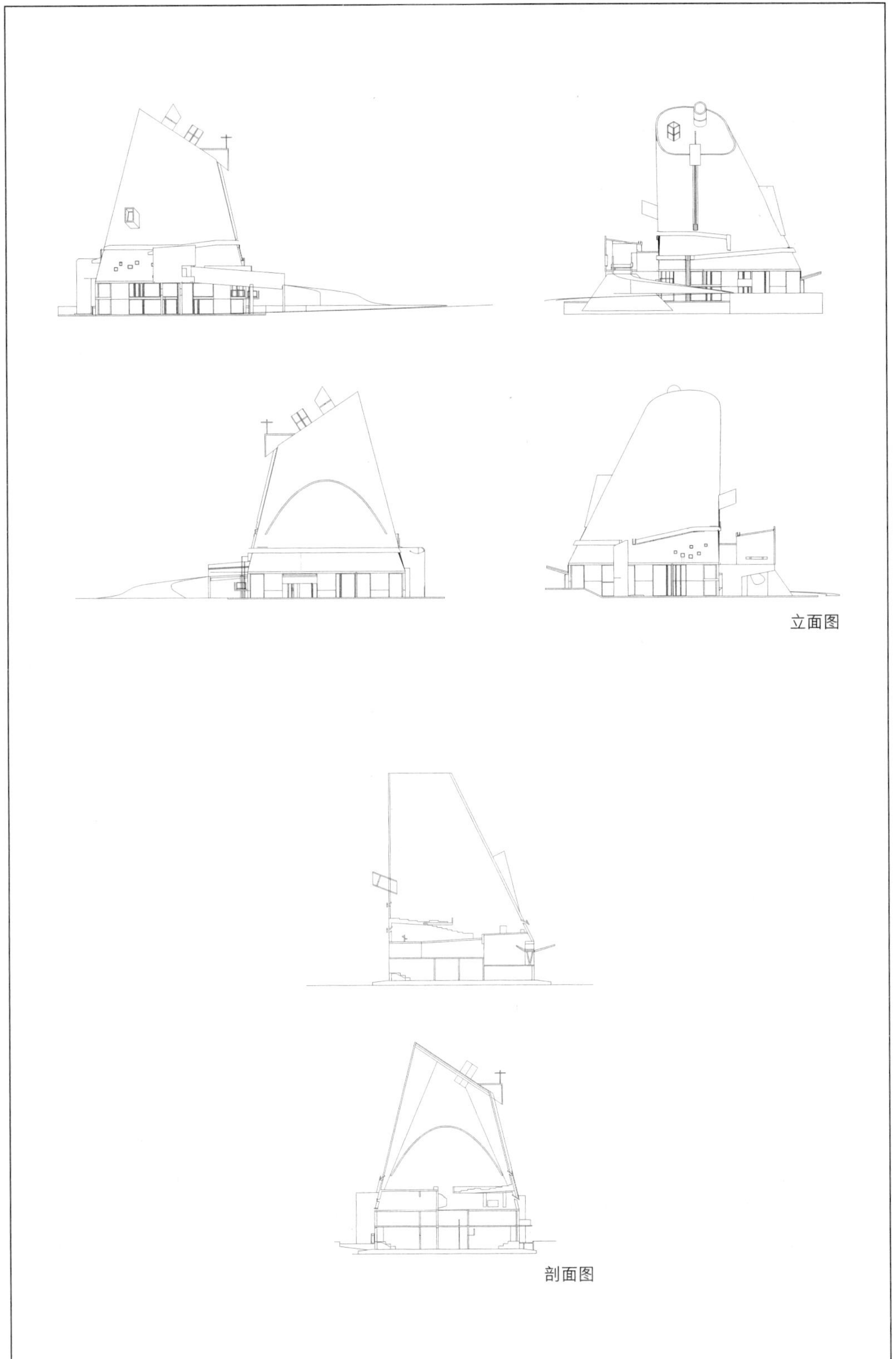

立面图

剖面图

D-67
博洛尼亚教堂

设计时间：1962
项目地点：意大利博洛尼亚
建成情况：未建成

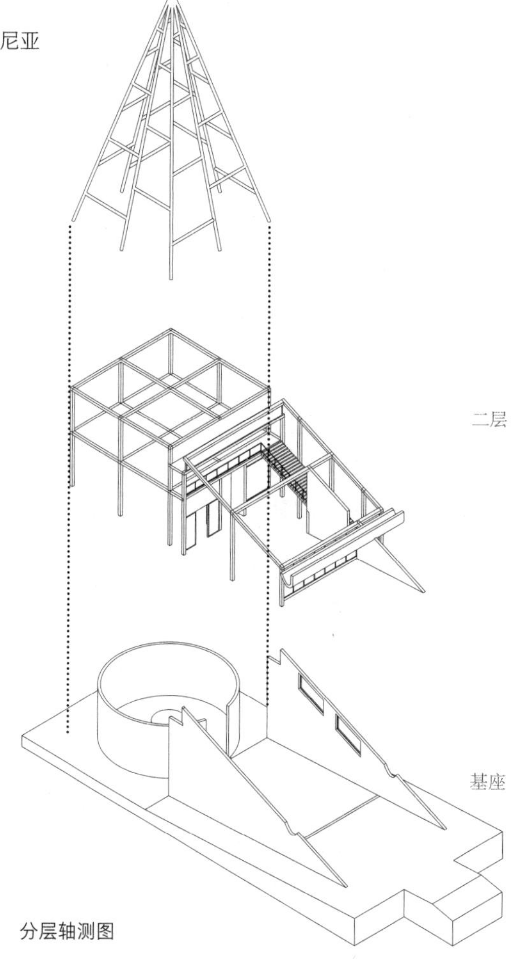

分层轴测图

这是设计于 1962 年的未建成作品，位于意大利博洛尼亚。平面呈规整的长方形，建筑主体为二层，祭台上部为三角锥的结构框架。基地本身存在微小的高差，入口在地势稍高的一侧，从正立面经由一个直跑楼梯可直接到达二层。从仅有的 3 张设计草图来看，柯布西耶有意识地保留了基地本身存在的高差，通过坡道将地形要素反映在室内空间中。值得一提的是，柯布西耶在正入口上方的屋顶上设计了一条反曲的排水沟，这在他的昌迪加尔议会大厦中也有应用。

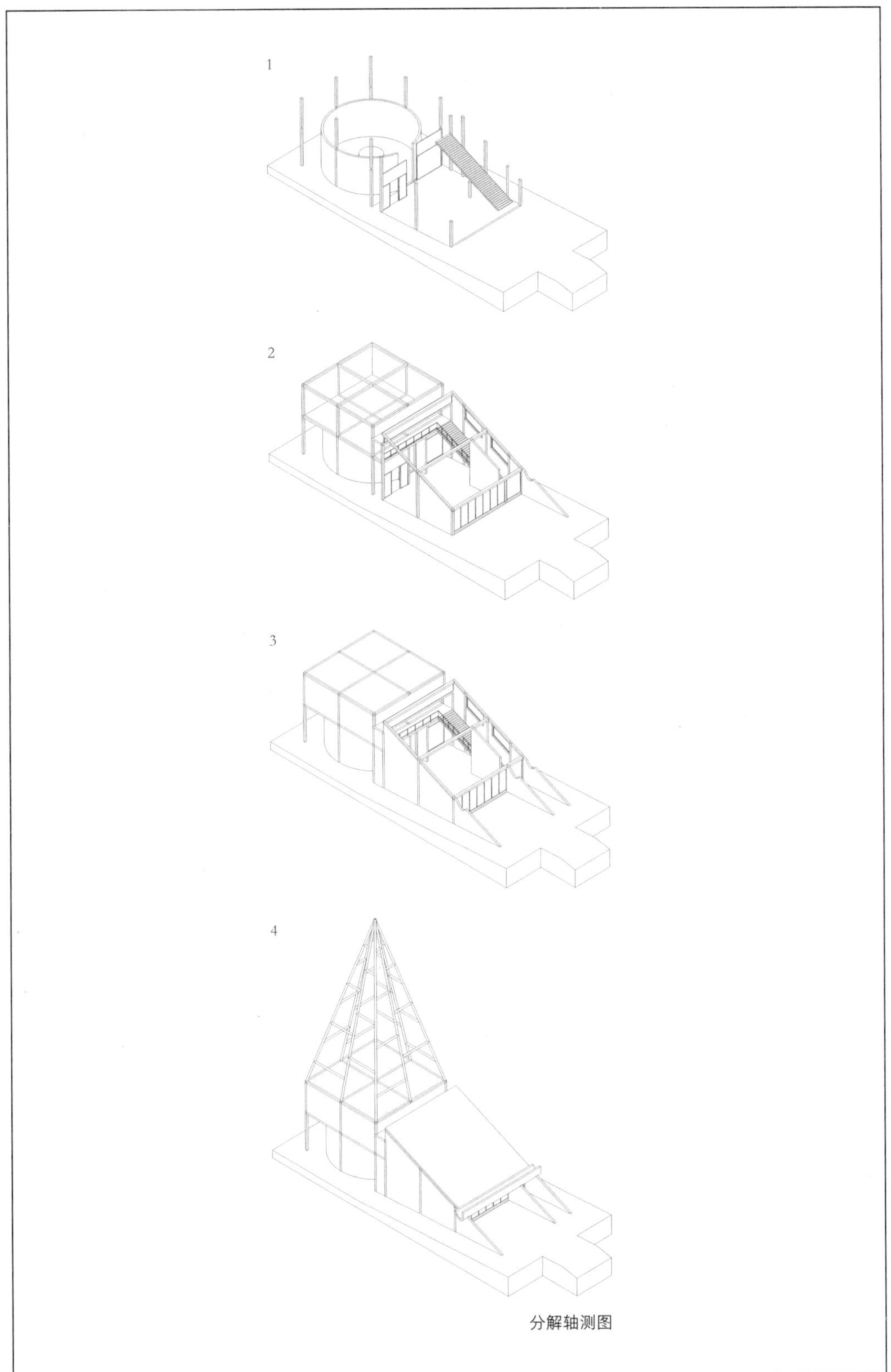

分解轴测图

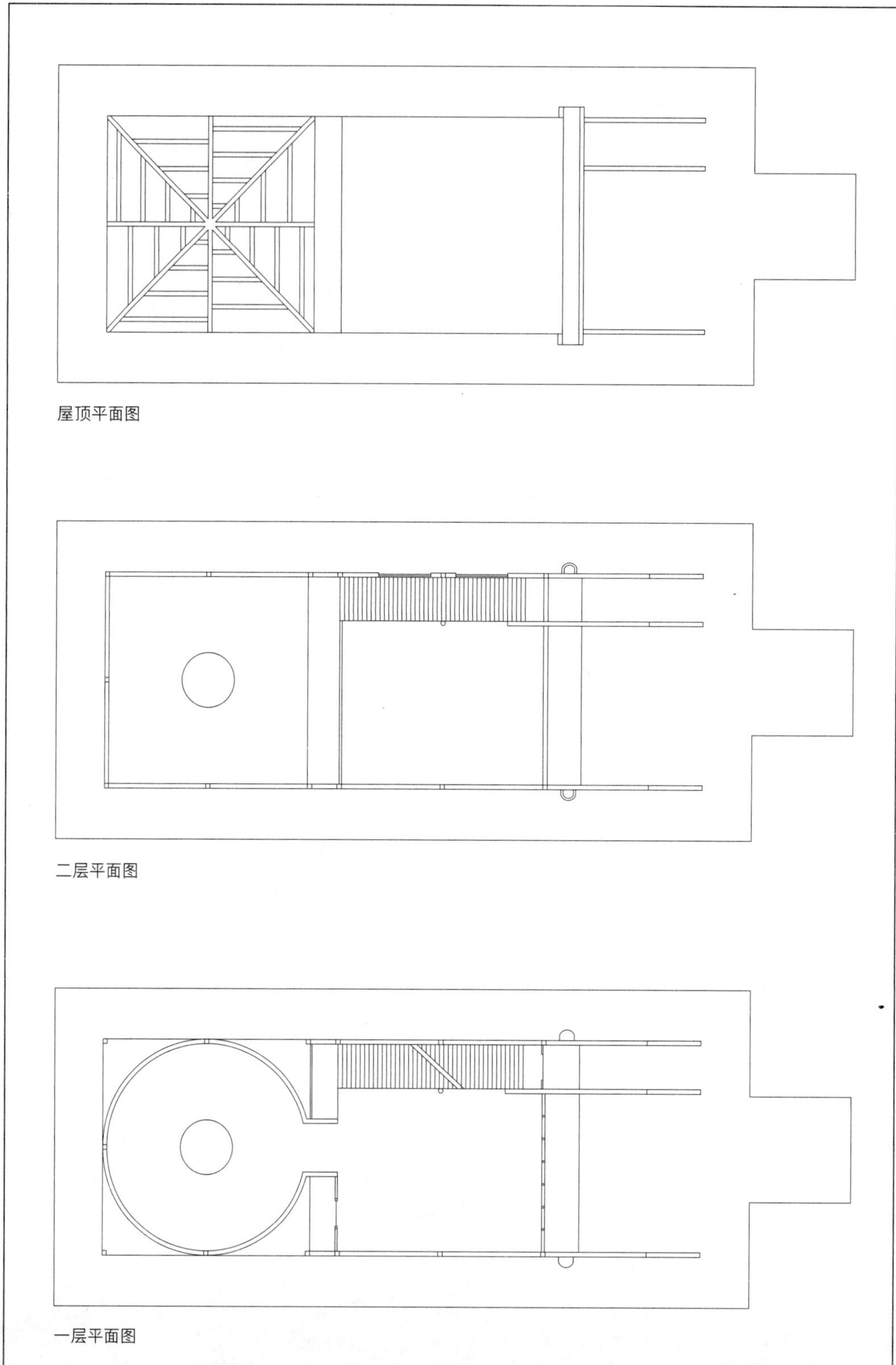

屋顶平面图

二层平面图

一层平面图

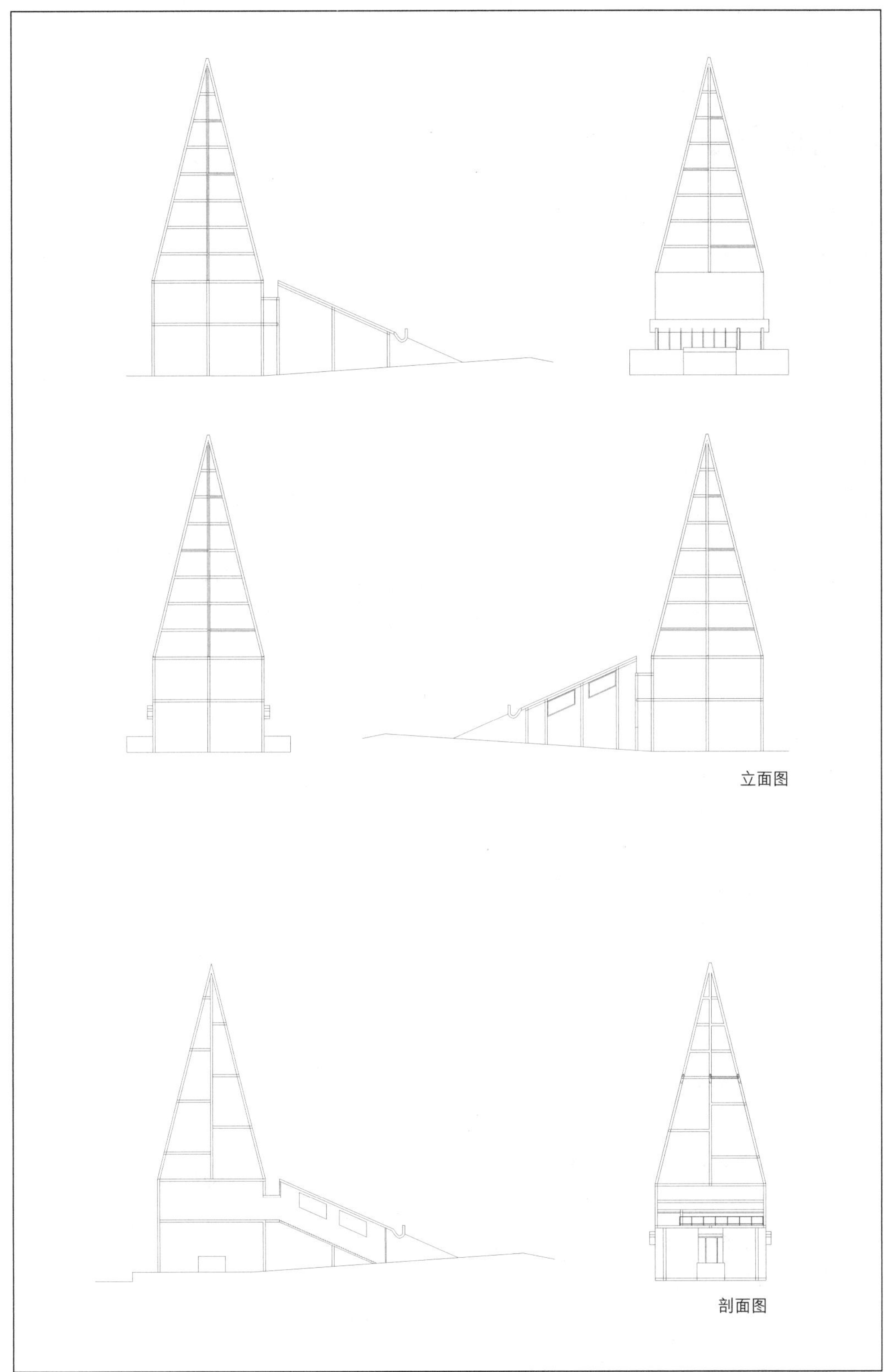
立面图
剖面图

D-78
新威尼斯医院教堂

设计时间：1964—1965
项目地点：意大利威尼斯
建成情况：未建成

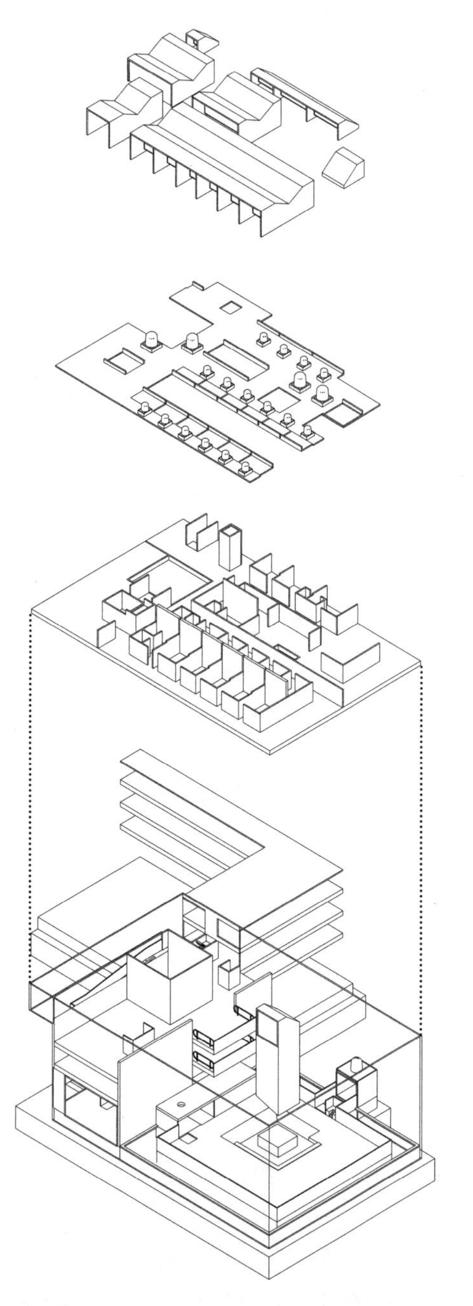

1964年，柯布西耶接受威尼斯当局的委托，计划为这座他青年时期第一次长途旅行所去的重要城市设计一个大型医院设施，而该教堂则属于医院建筑群中的一个单体建筑，位于总体项目的北端。但项目最终未能得以实施。教堂主体为五层，平面呈方形，各个楼层通过过道与医院的其他设施相连，正是这些细长的过道组织起了这个庞大的医院设施。一层布置了祭台，从剖面图中可以看到，祭台正上空垂下了一个贯穿整栋建筑的采光井，并且采光井的底部被斜向切成楔形。一层主要祭拜空间的四周都是水，柯布西耶借由建筑的方形外壳将水元素囊括进建筑之中，以呼应威尼斯著名的“水上之城”的称号。

分层轴测图

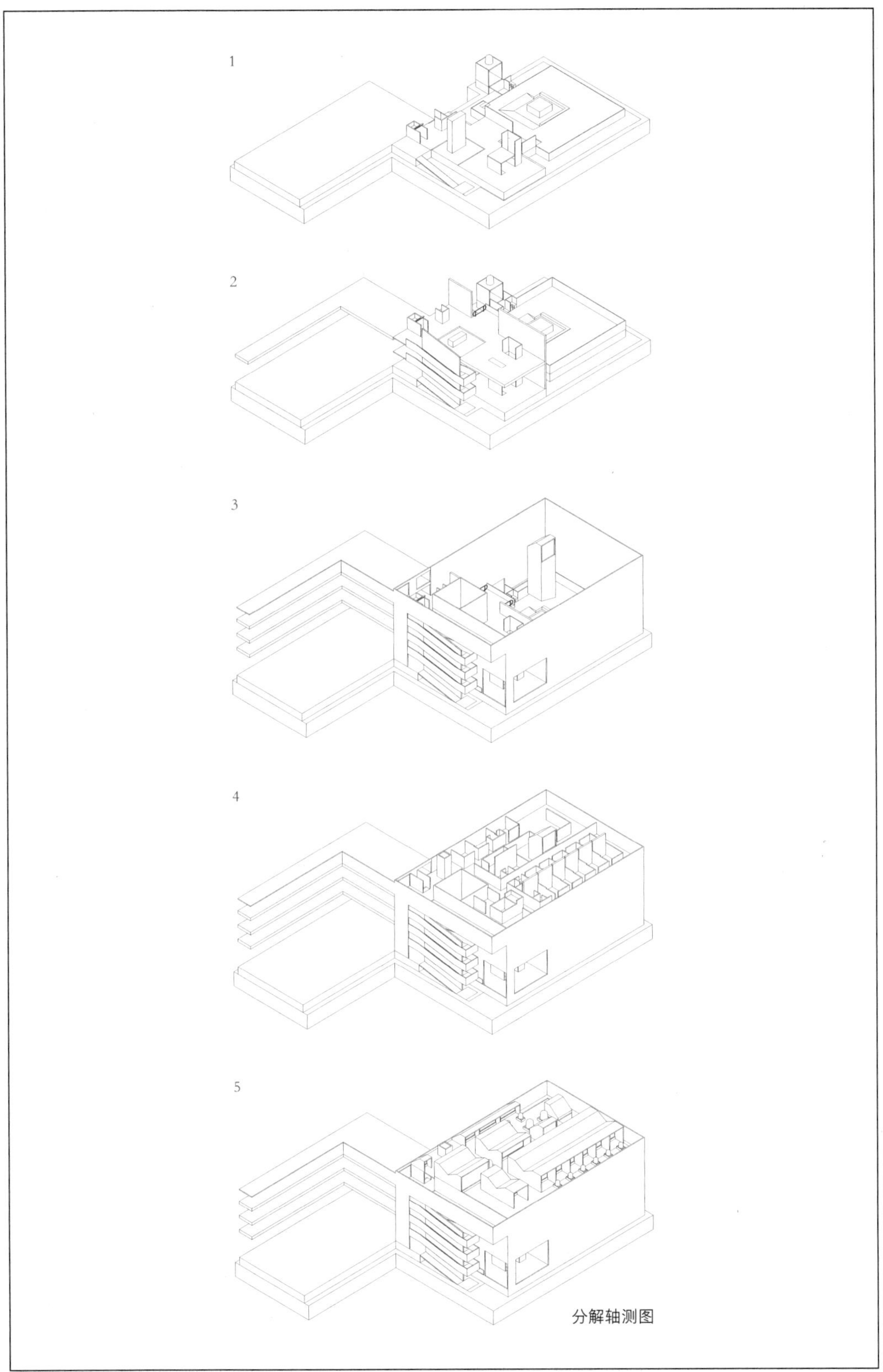

分解轴测图

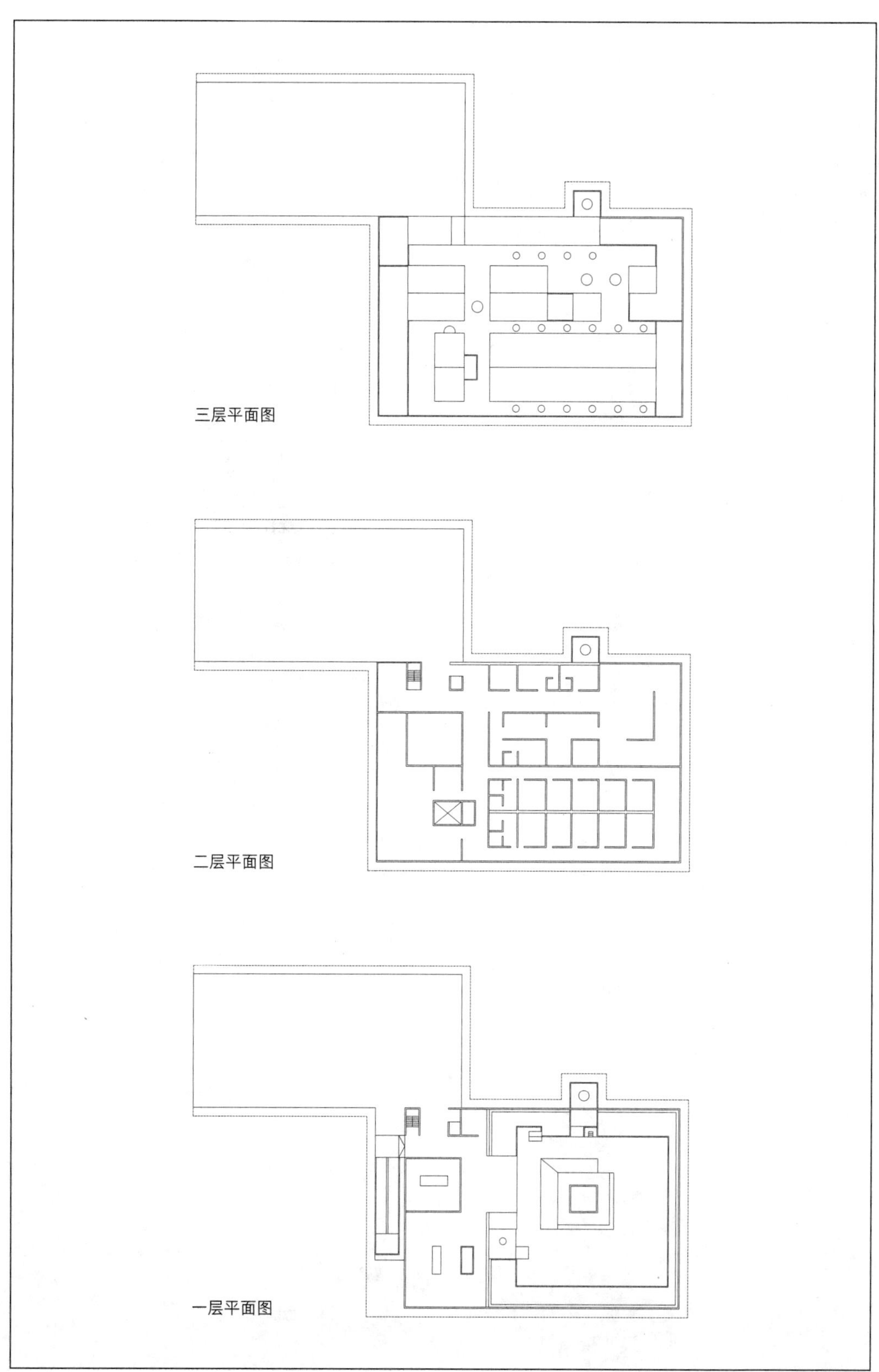
三层平面图
二层平面图
一层平面图

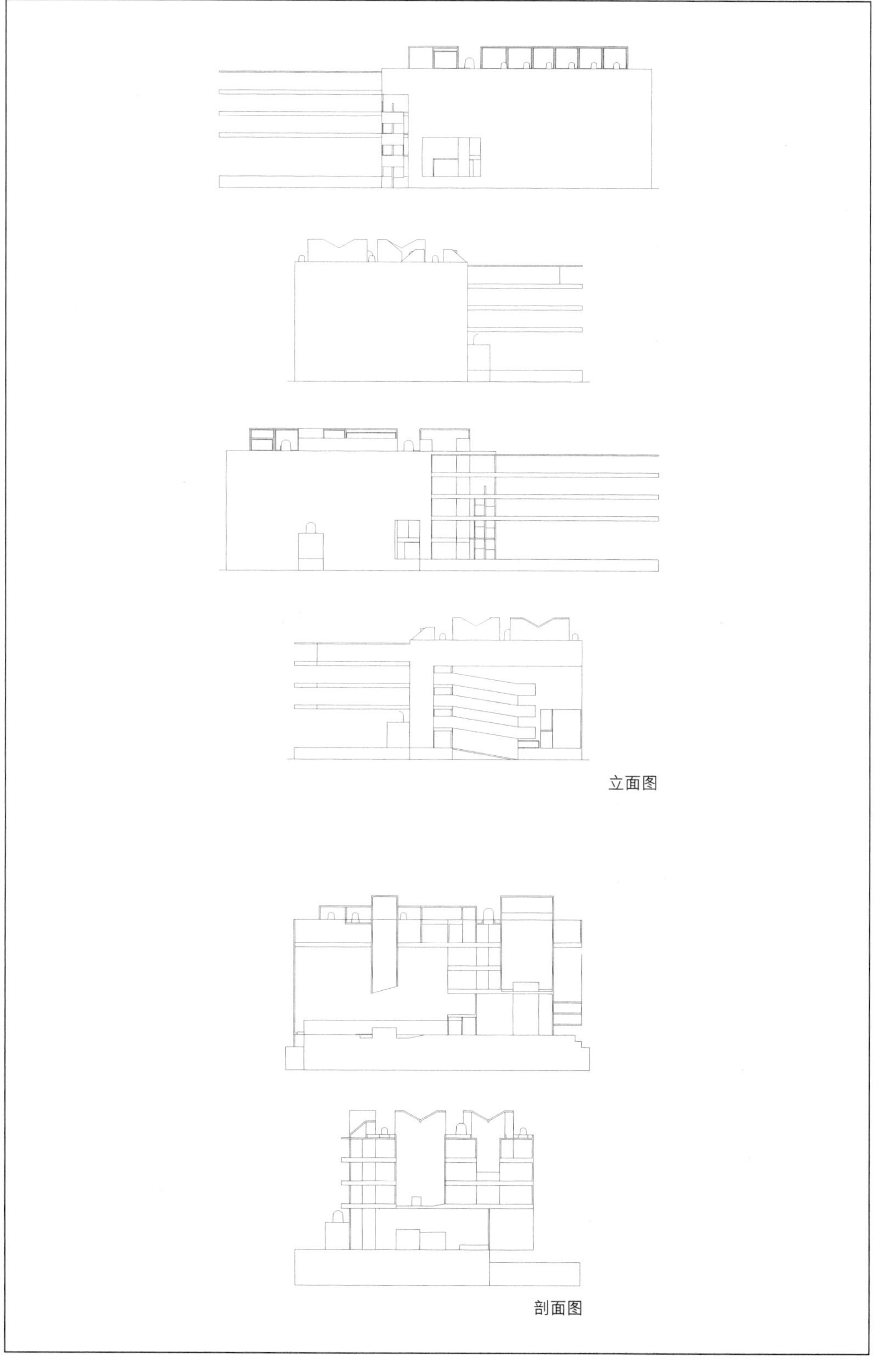

立面图

剖面图

E-01
艺匠作坊

设计时间：1910
项目地点：无基地
建成情况：未建成

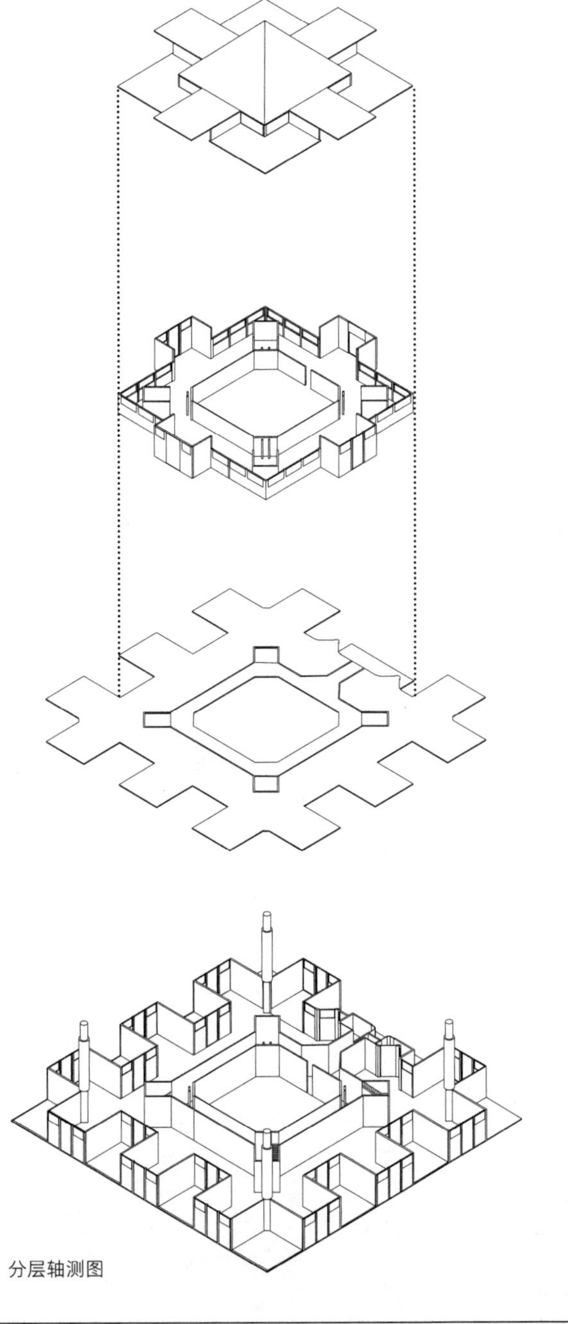
分层轴测图

该项目设计于1910年，是《勒·柯布西耶全集》第1卷收录的第一个作品。项目平面呈向心式的中心布局，中间为一个大教室，周边为各种制造工艺如石雕、木雕、壁画等作坊，各个作坊之间围合出一个供室外作业的小庭院。平面的四角竖立着4个高塔，中间为三角锥的金字塔屋顶。无论从平面构成还是建筑的体块构成来看，该建筑作为柯布西耶早期的构思方案，都映射出了古代拜占庭教堂的痕迹。另外，这些中心布局的小作坊单元也体现了20世纪工业技术所带来的标准化主题。

分解轴测图

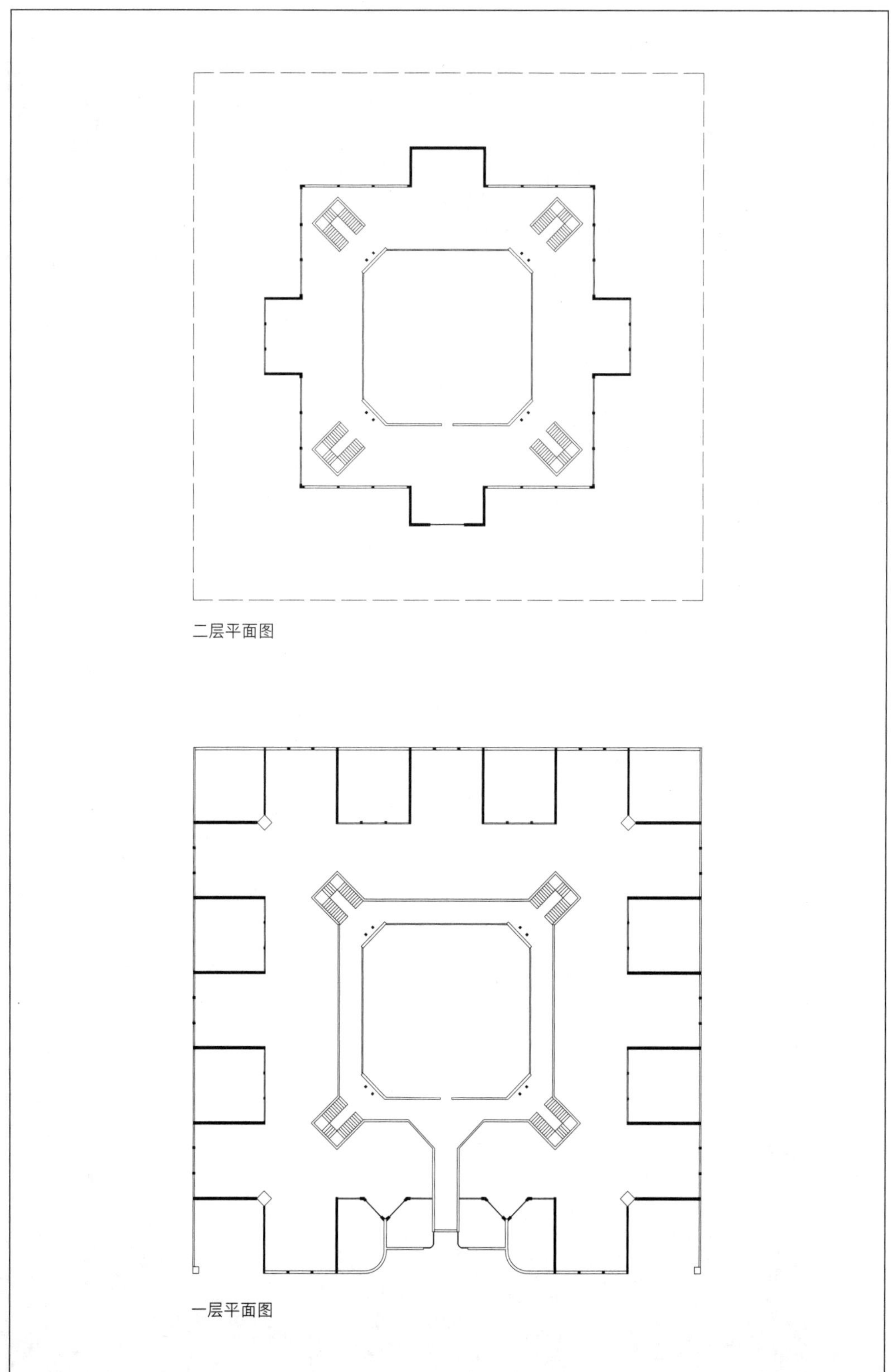

二层平面图

一层平面图

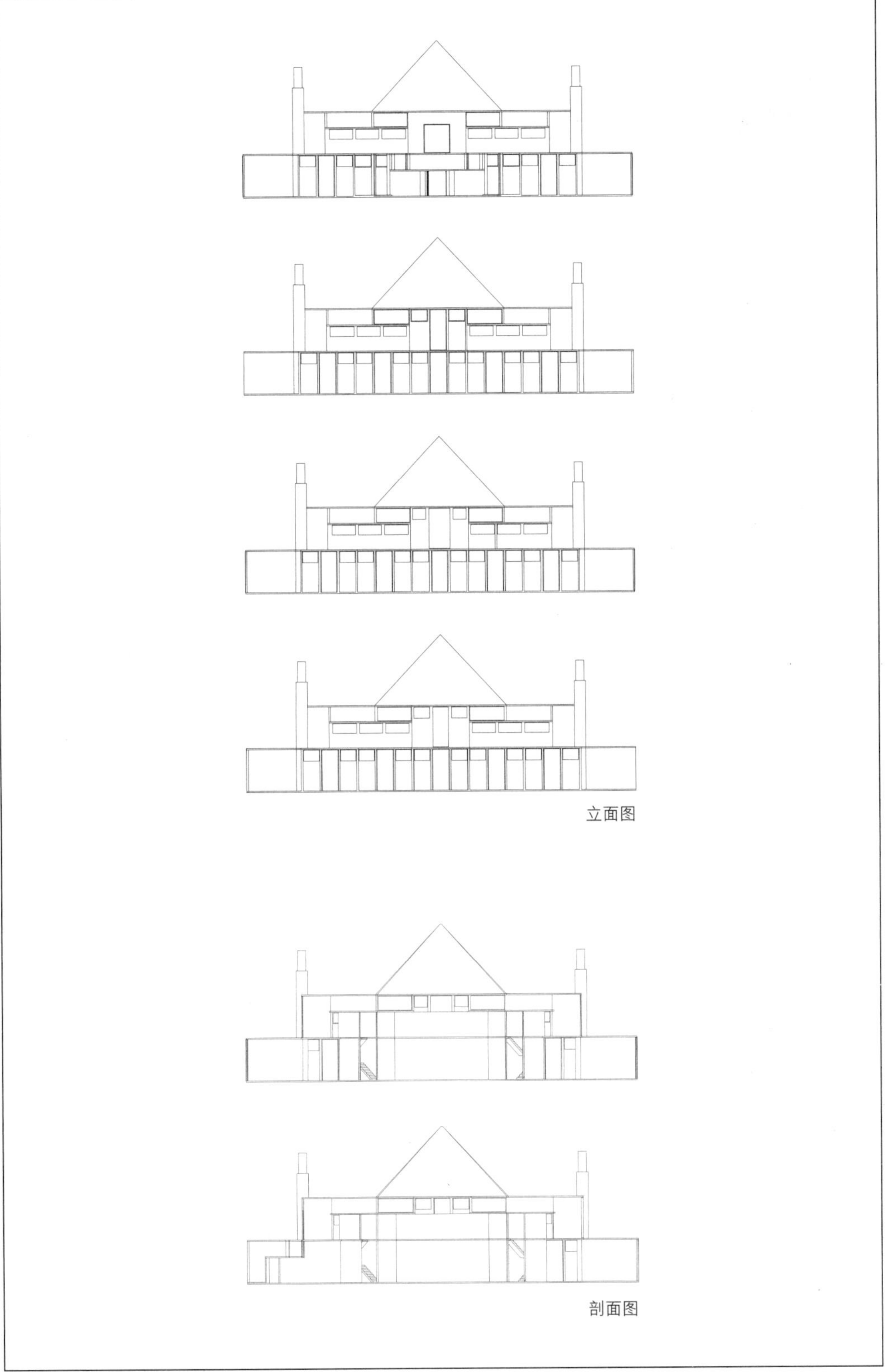

立面图

剖面图

E-12
巴黎大学城瑞士馆

设计时间：1930—1932
项目地点：法国巴黎
建成情况：建成

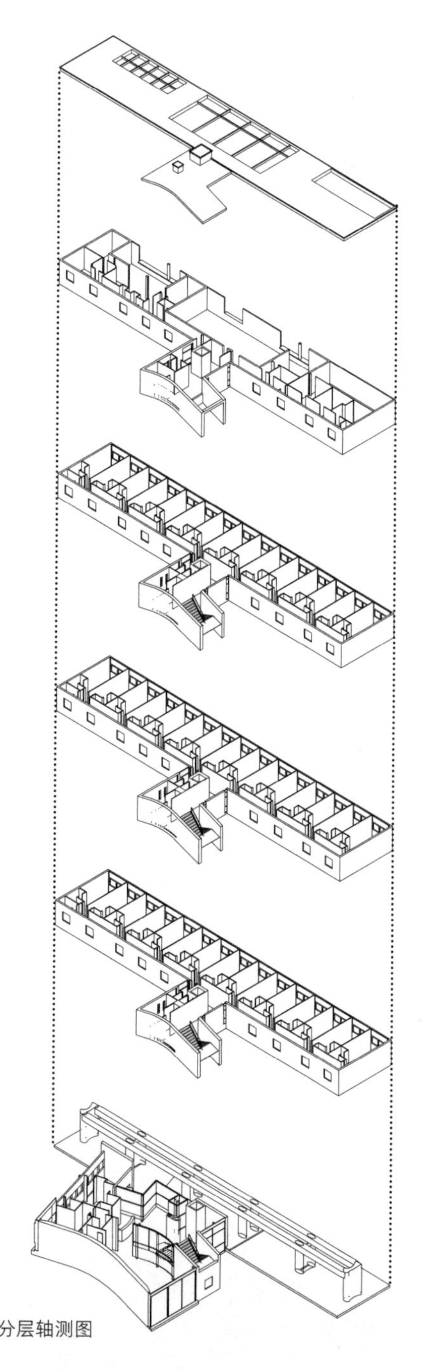

分层轴测图

建筑地上五层，由四层学生宿舍板楼及底部的图书室等附属功能空间的裙房构成。建筑底层架空，六组巨大的椭圆形平面混凝土柱支撑起整个上部建筑。底层架空空间是柯布西耶一直提倡的能够解决大城市交通问题的理念的体现。底层平面中，长条形板楼外的图书室及楼梯部分采用了不规则的变形曲面，以获得较为宽敞的空间感受。

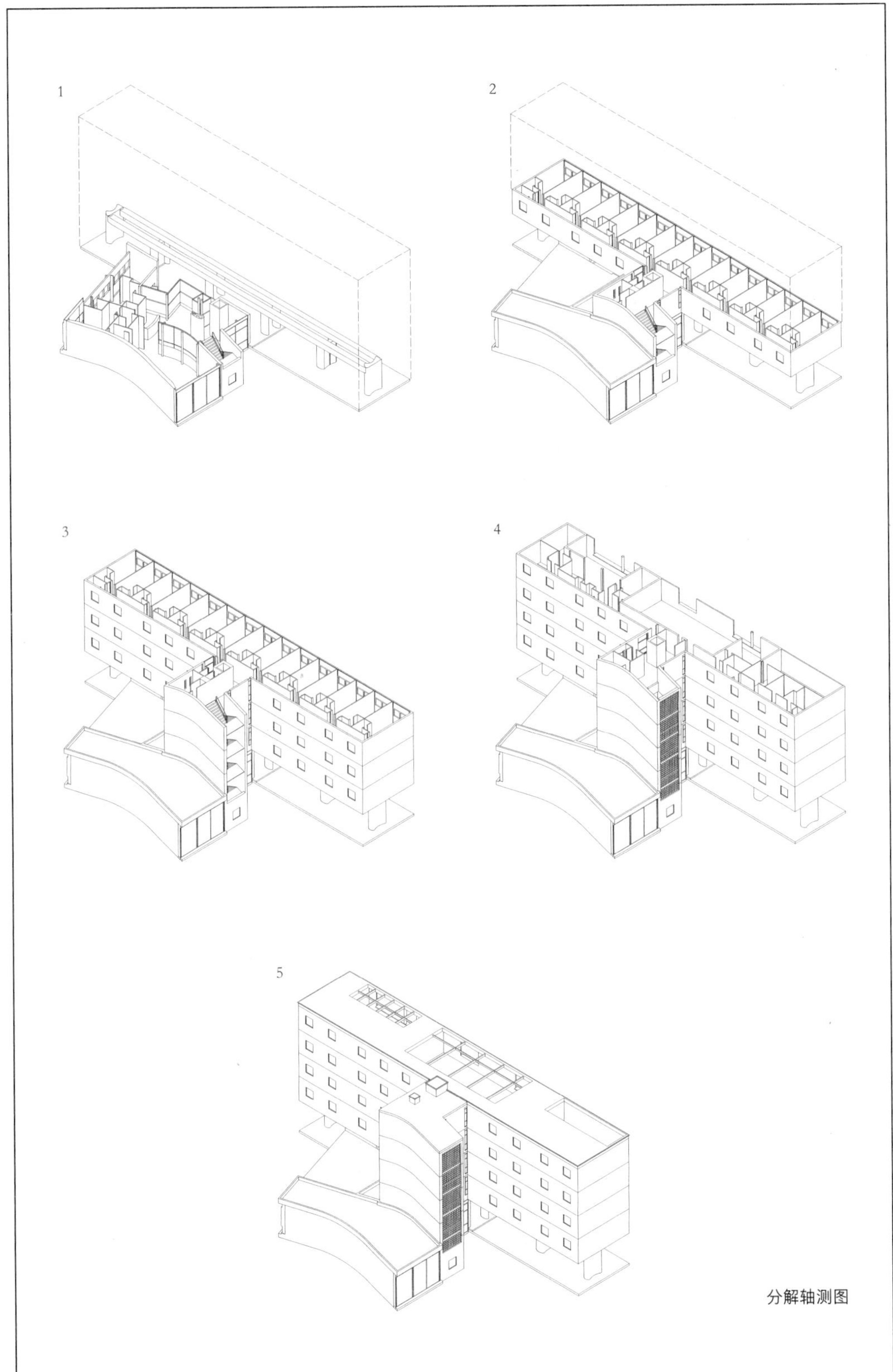

分解轴测图

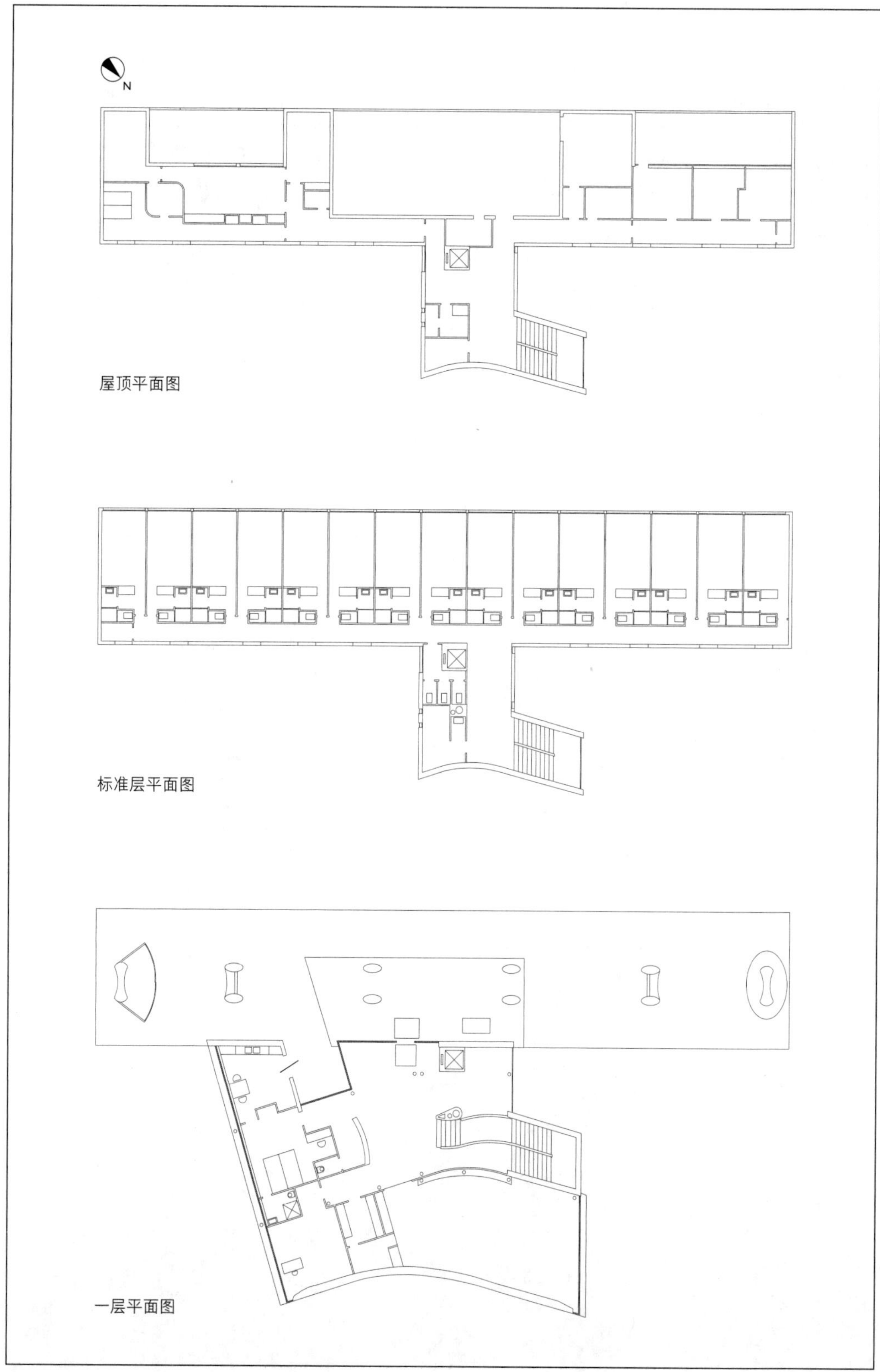
N
屋顶平面图
标准层平面图
一层平面图

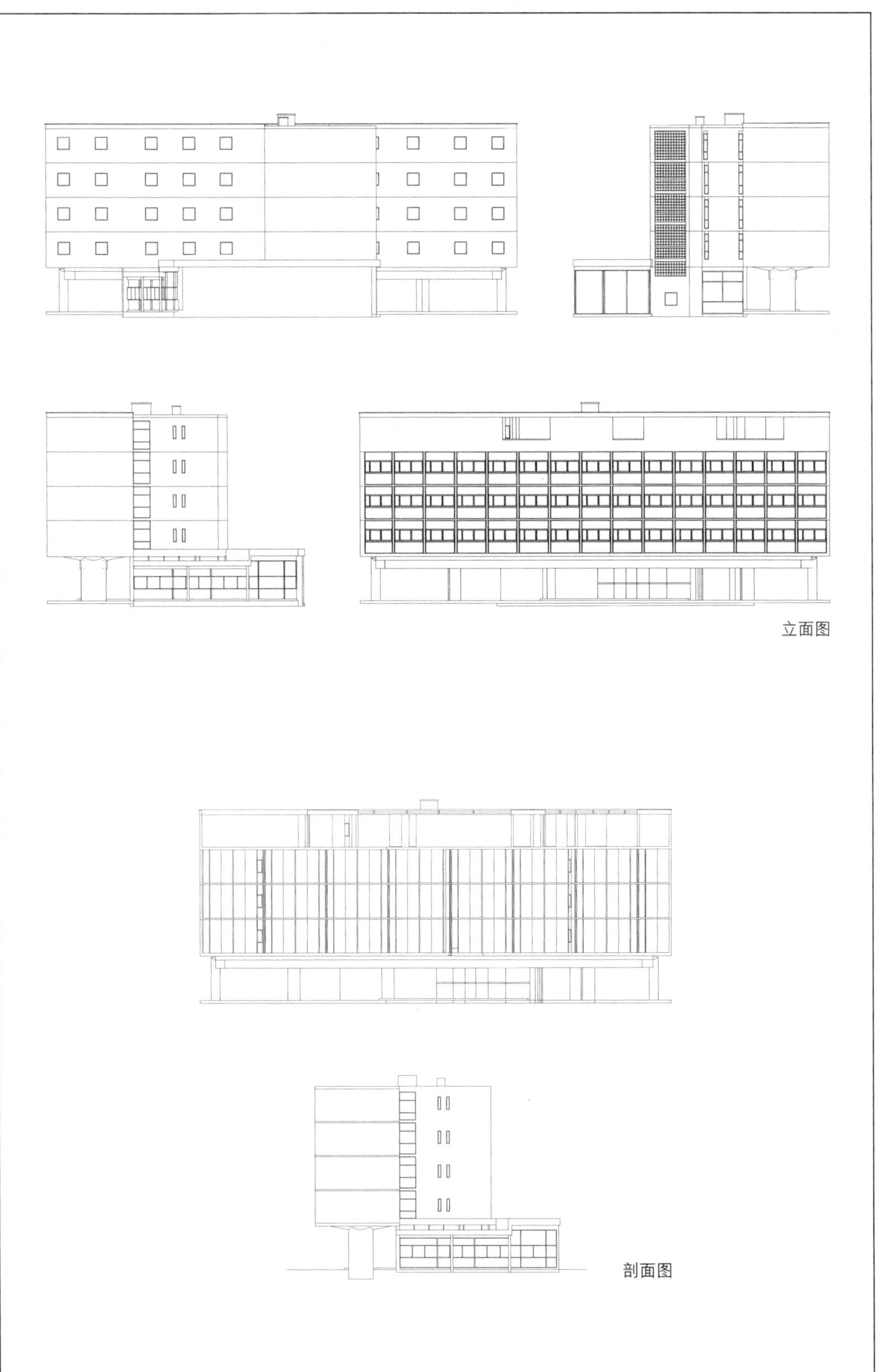

立面图

剖面图

E-36
便携式学校

设计时间：1940
项目地点：无基地
建成情况：未建成

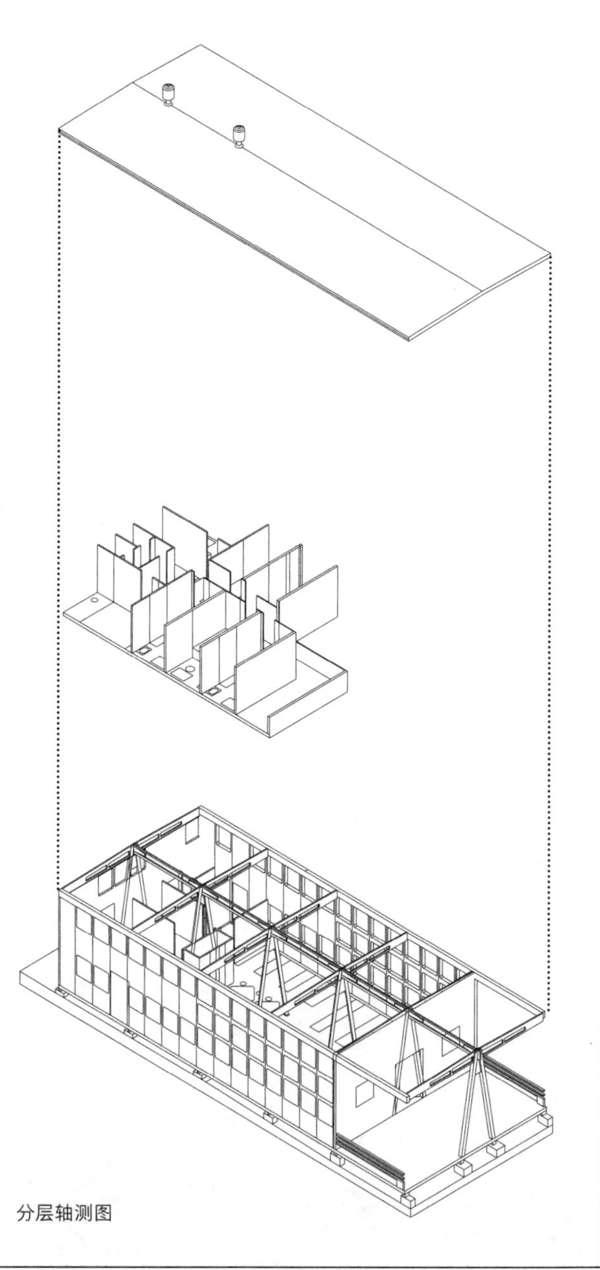

这是柯布西耶为战争中的难民提供的一个高效而廉价的构造方案。它不仅是学校，还可以作为食堂、集会厅等各种多样化的功能设施。这种建筑建造简易，采用折叠钢板屋架及木板来完成搭建。位于长方形平面正中心的一排柱子支撑起屋顶构架，这些柱子由相互倾斜的两个构件形成，三角形有力地保证了结构的稳固。内部空间属于柯布西耶在住宅设计上提出的雪铁龙住宅类型，即局部挑高。

分层轴测图

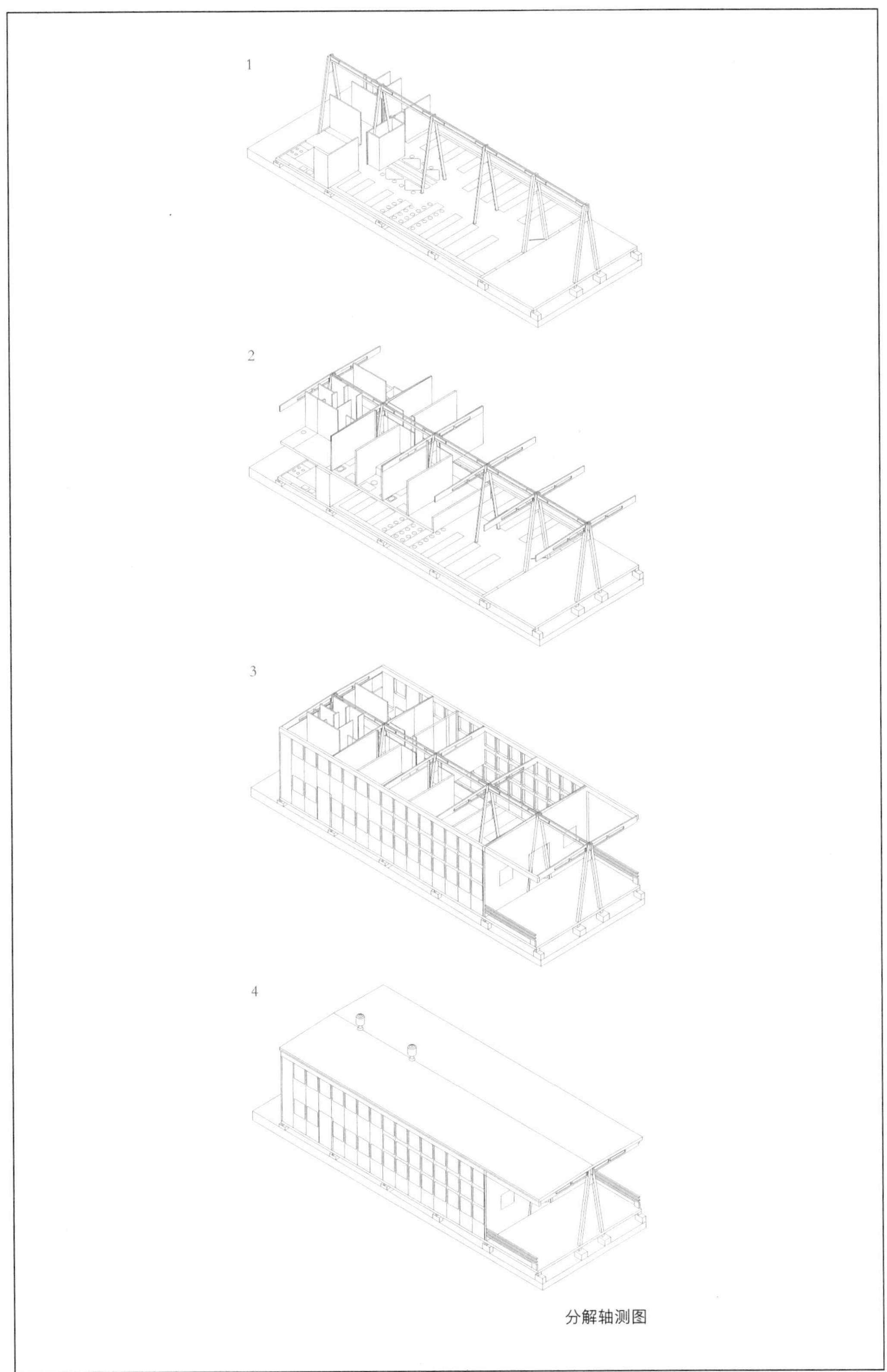

分解轴测图

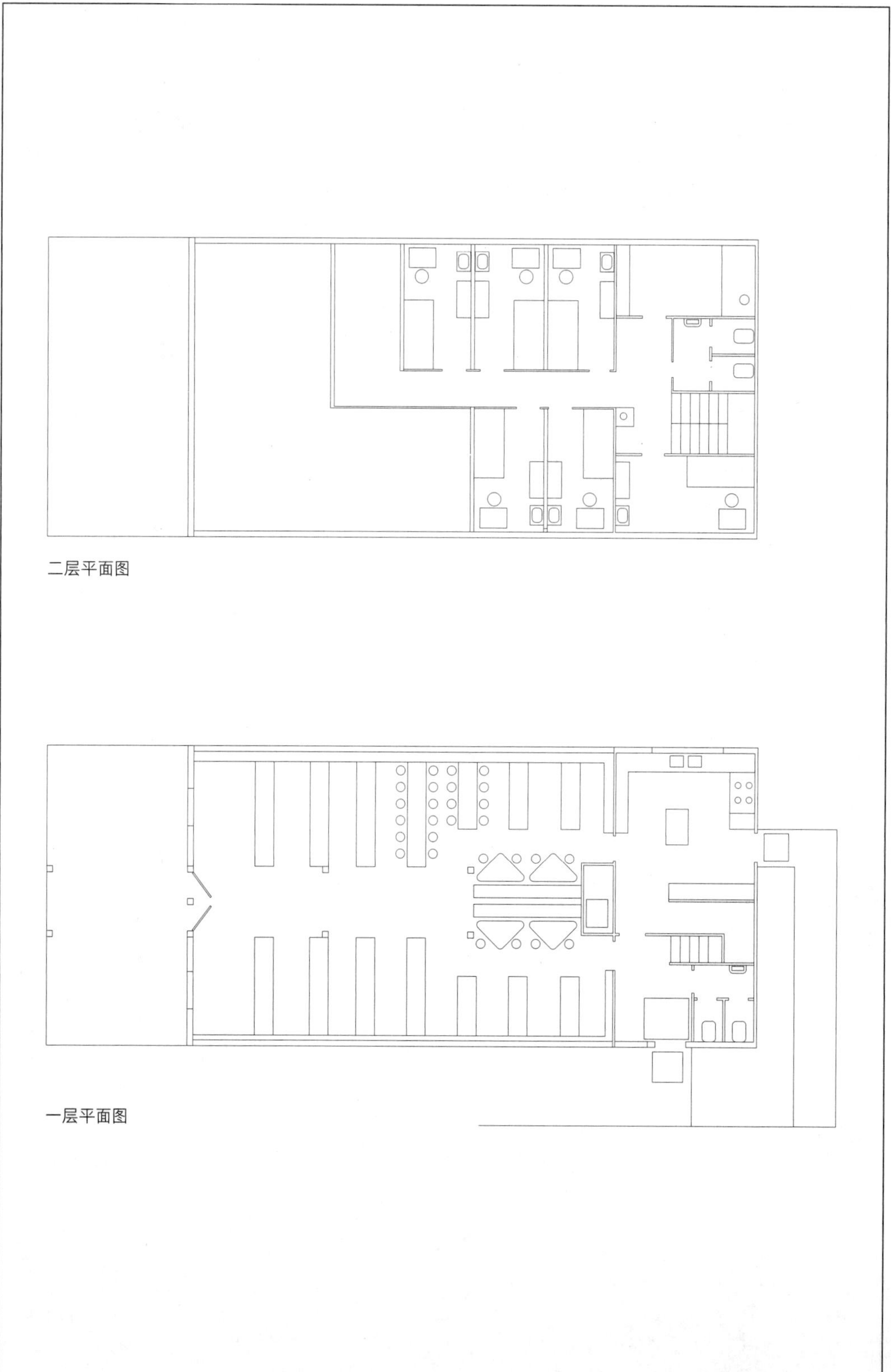
二层平面图
一层平面图

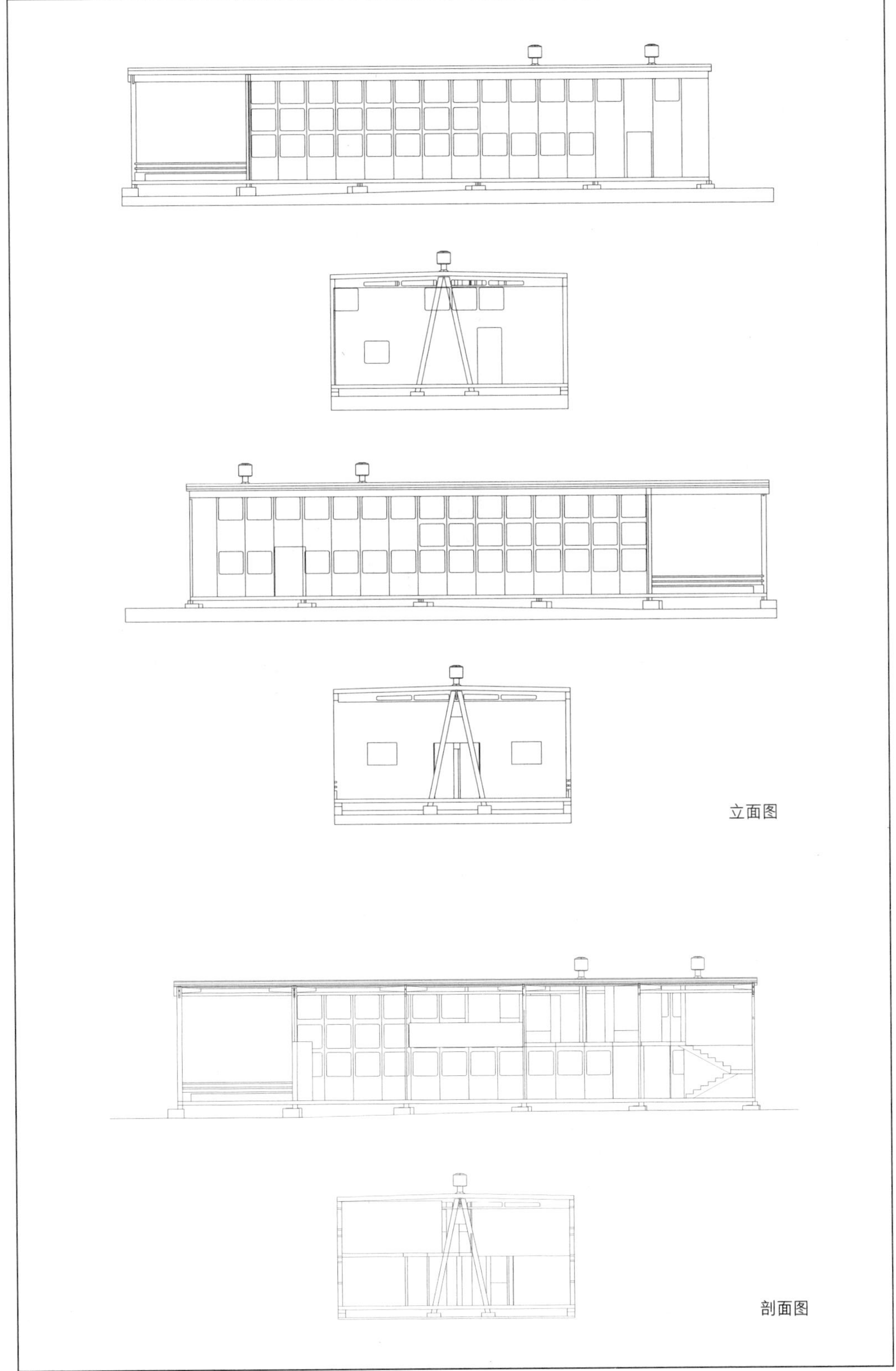
立面图
剖面图

E-60
巴黎大学城巴西学生公寓

设计时间：1958
项目地点：法国巴黎
建成情况：建成

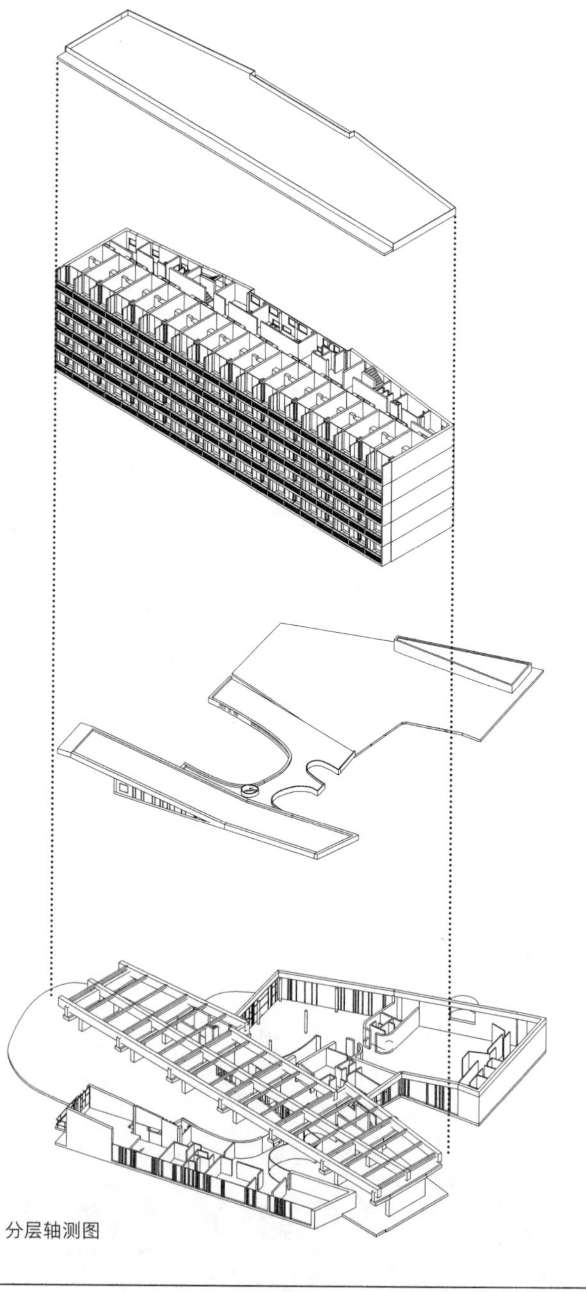

同柯布西耶于 1930 年设计的巴黎大学城瑞士馆相似，该建筑由底层架空柱支撑起的学生宿舍板楼和底层的裙房构成，建筑的东侧设置了遮阳系统。底层为入口、办公室、公共厨房及观演厅等公共空间，这些功能被安排在贯穿板楼平面前后两侧的附属体量之中，板楼的巨大混凝土支撑柱周围的曲线平面增加了空间的多元性。

分层轴测图

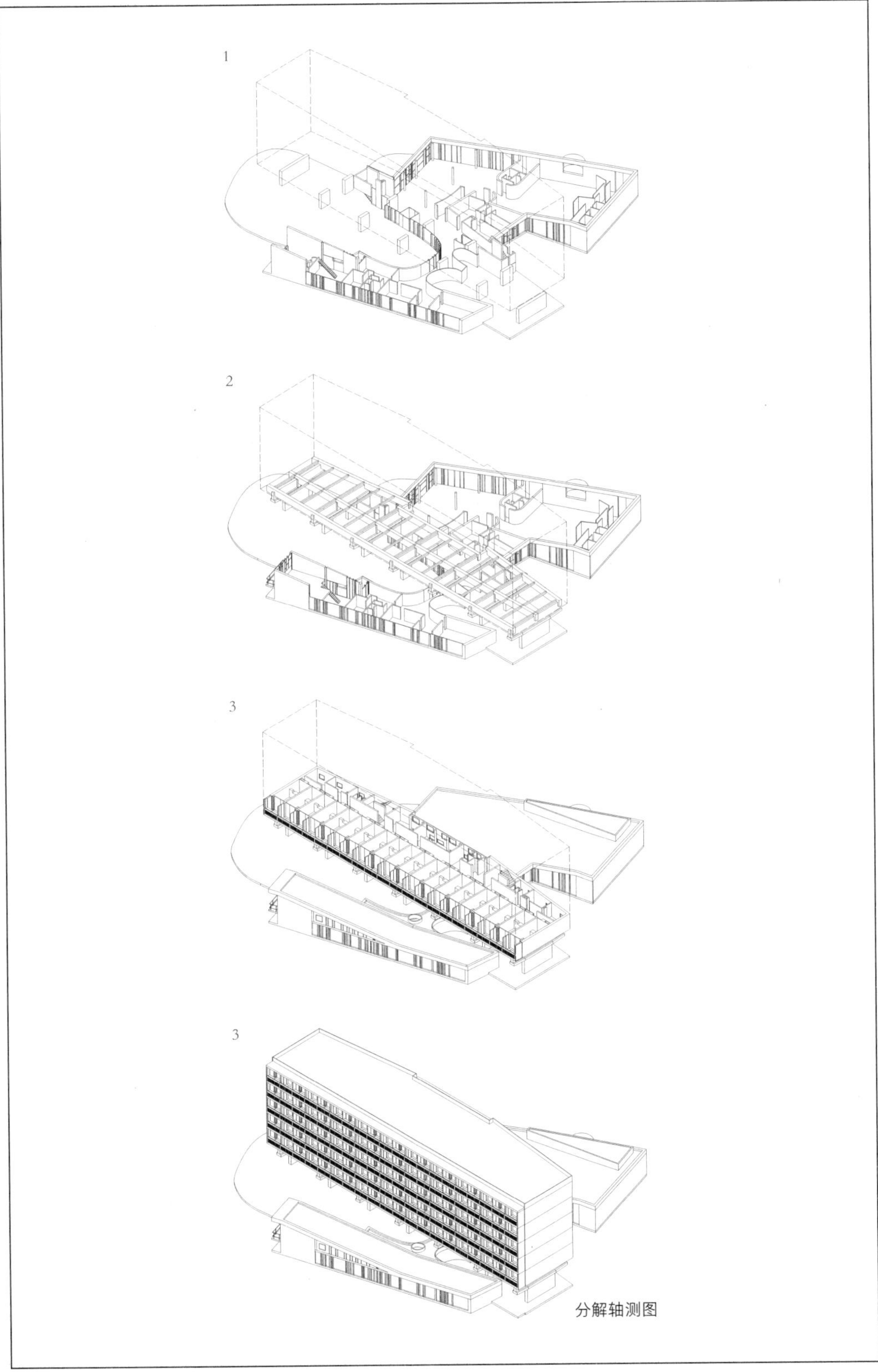

分解轴测图

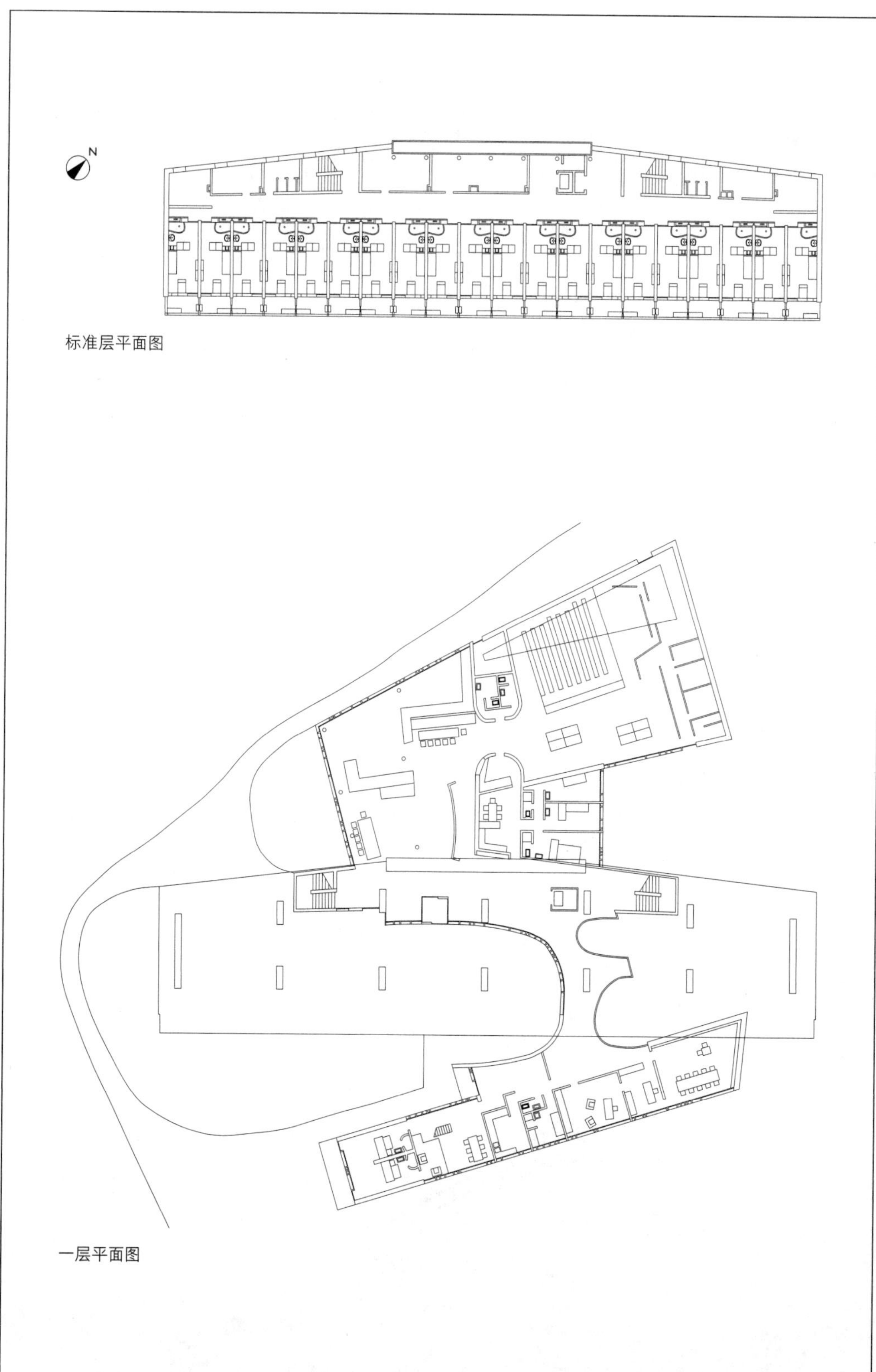

标准层平面图

一层平面图

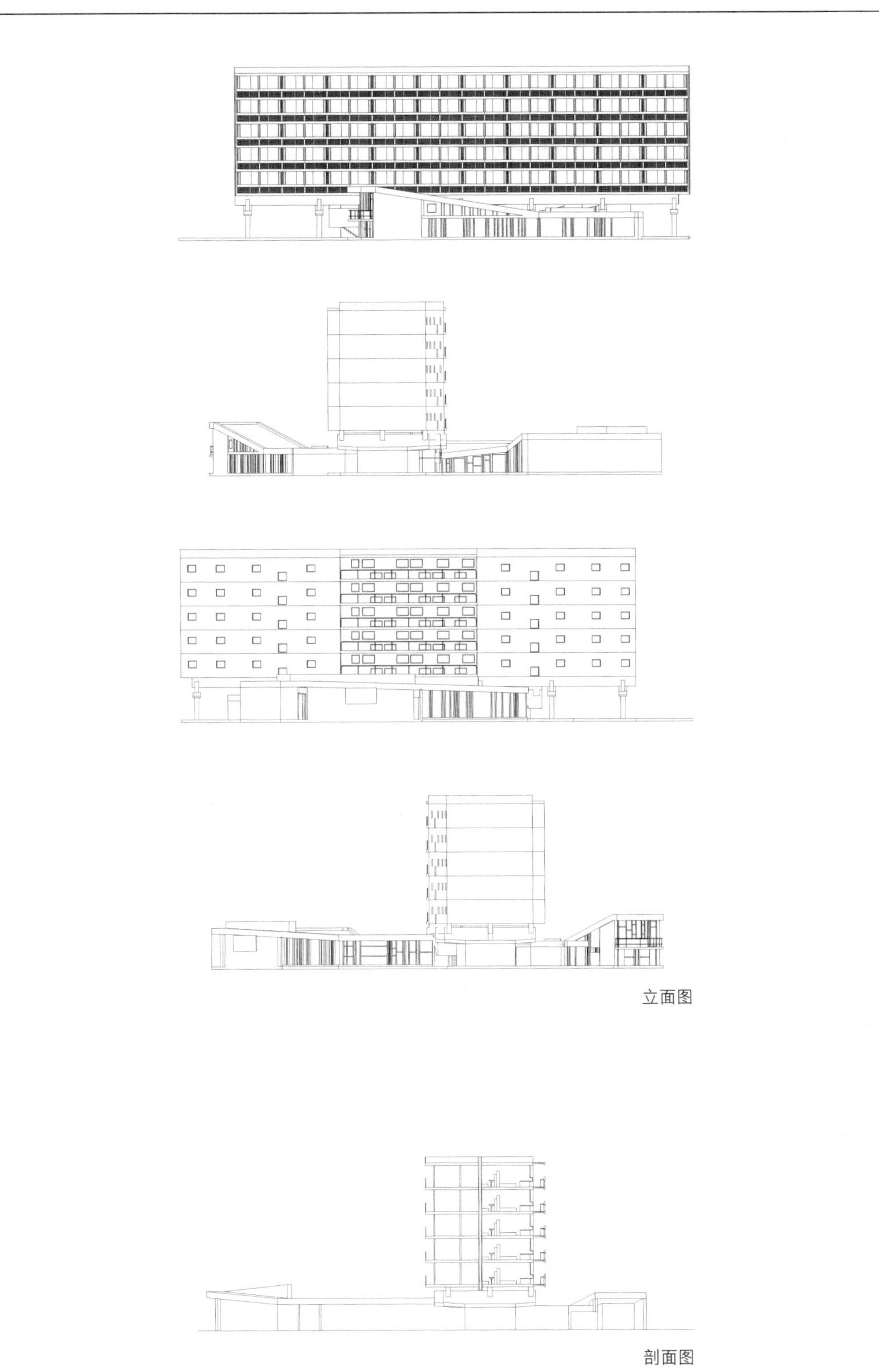

立面图

剖面图

E-66

哈佛大学视觉艺术中心

设计时间：1961—1964

项目地点：美国马萨诸塞州

建成情况：建成

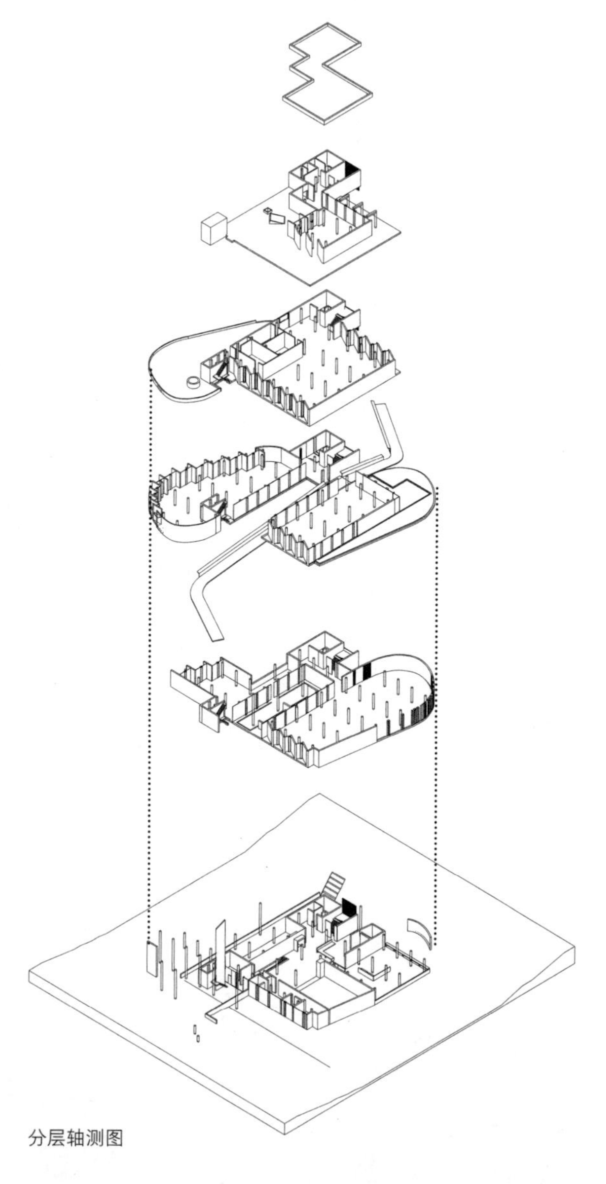

这是柯布西耶在美国的第一个作品，基地位于哈佛大学校园内的一个狭小的地块上。在这个建筑中，柯布西耶实现了一个核心理念：经由一条贯穿建筑的坡道使人们可以在不进入建筑内部的情况下通过建筑，同时使相互渗透的内外空间得以形成。建筑平面紧紧围绕该坡道而设置，被坡道一分为二的两个体块各自独立，并在三层会合，其中一个体块被底层的混凝土片墙所支撑，在底部形成了开敞的架空空间。

分层轴测图

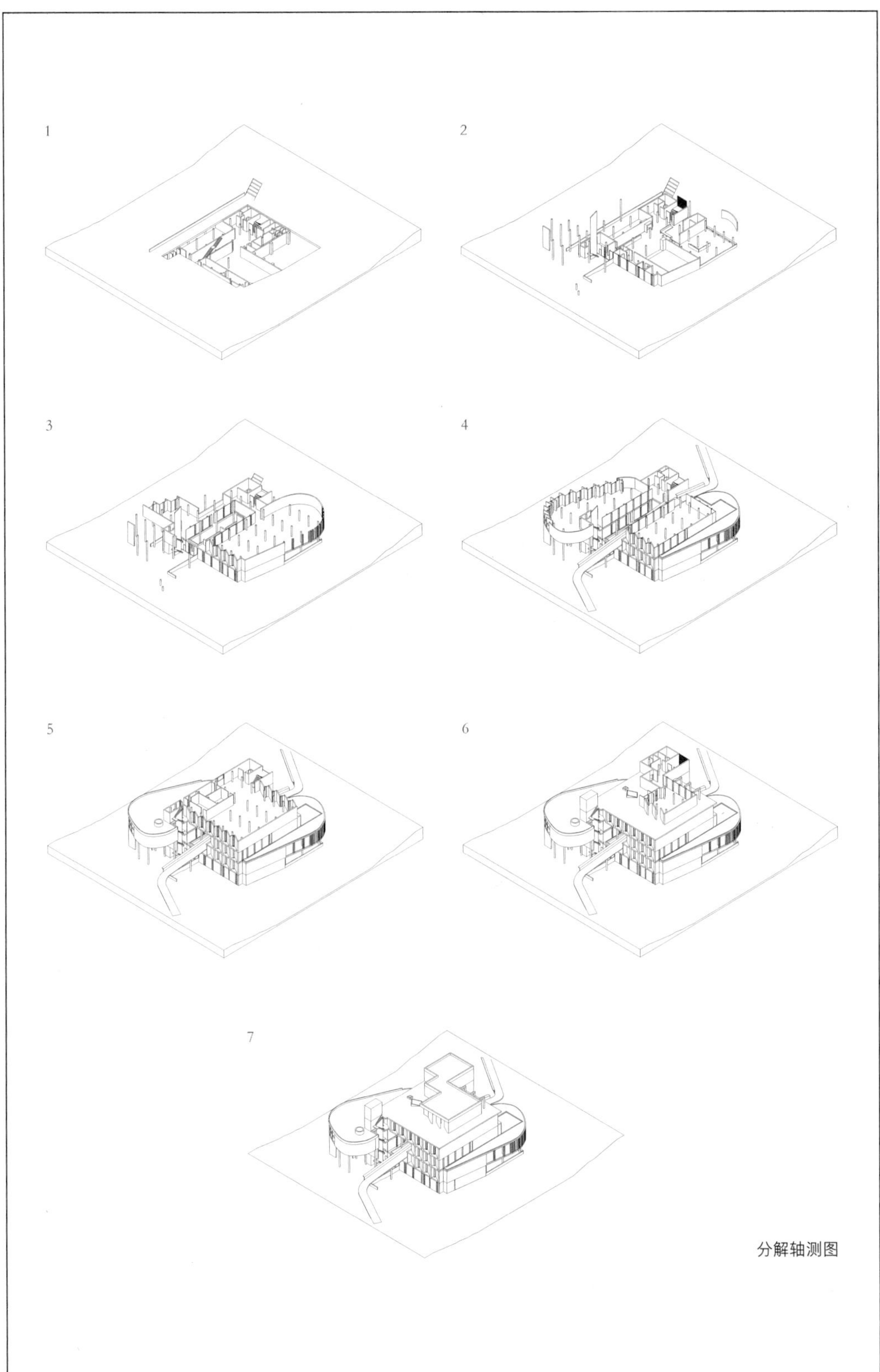

分解轴测图

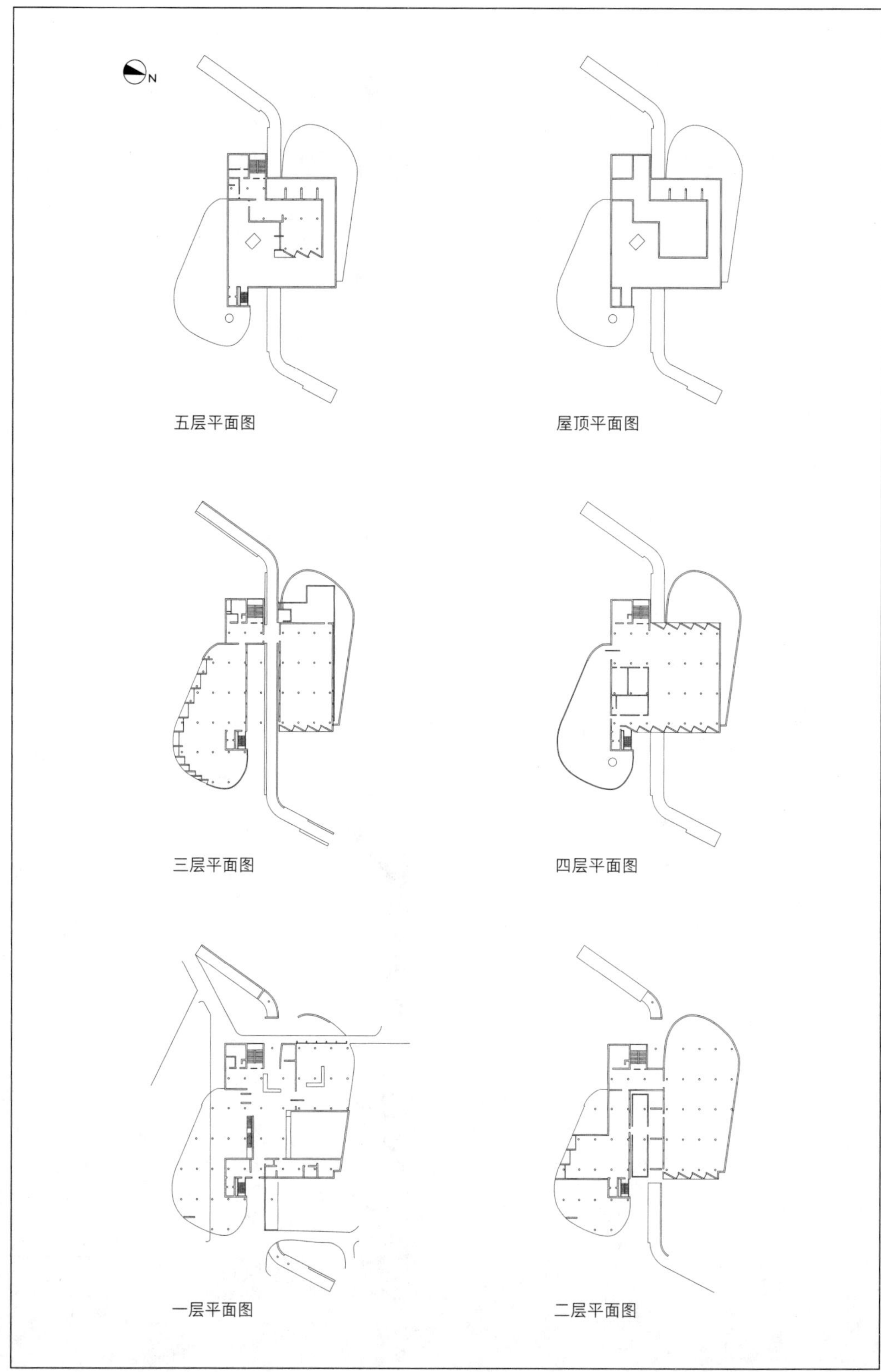
N
五层平面图
屋顶平面图
三层平面图
四层平面图
一层平面图
二层平面图

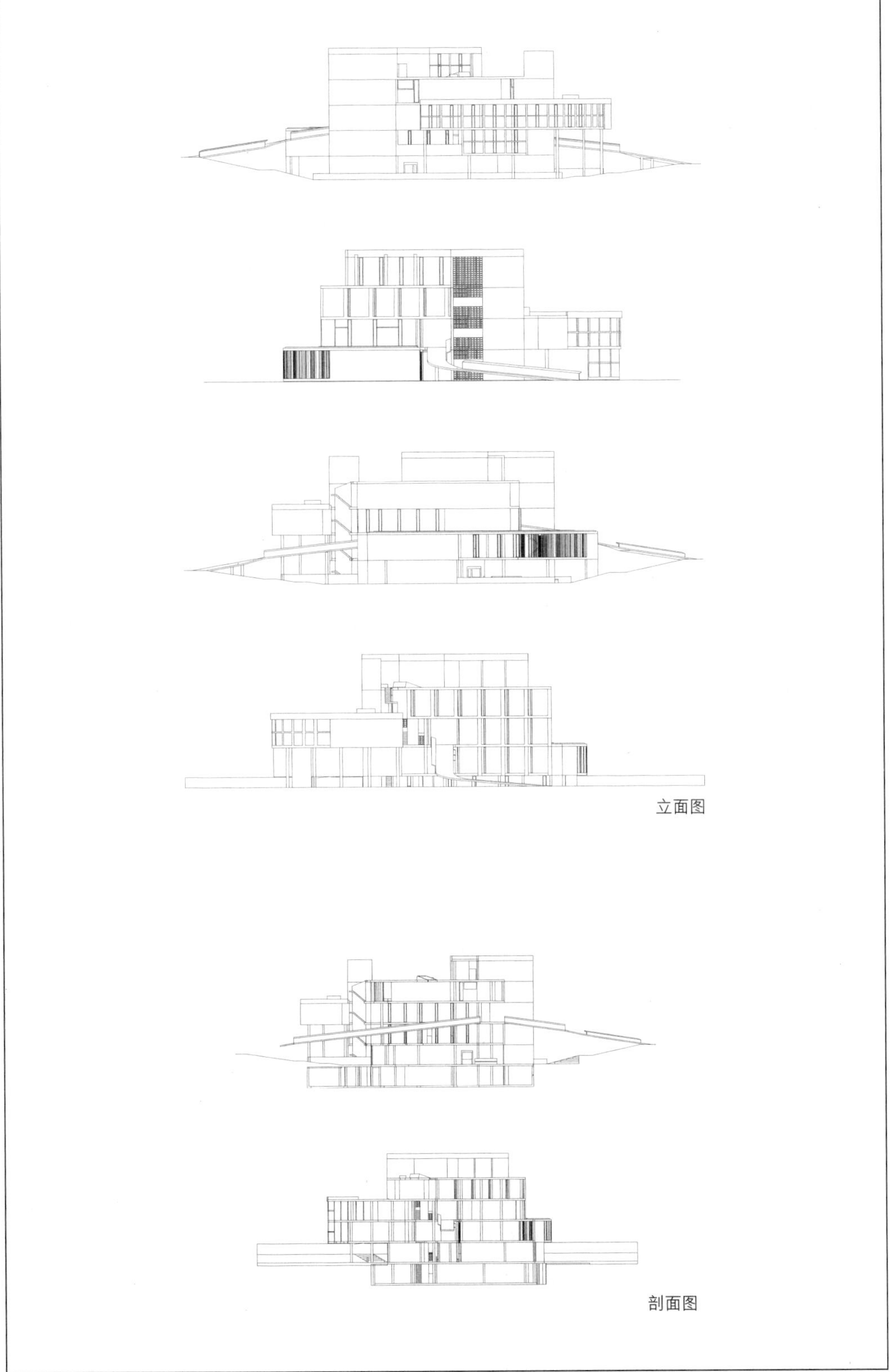

立面图

剖面图

E-73
建筑学校和艺术学校

设计时间：1964—1969

项目地点：印度昌迪加尔

建成情况：建成

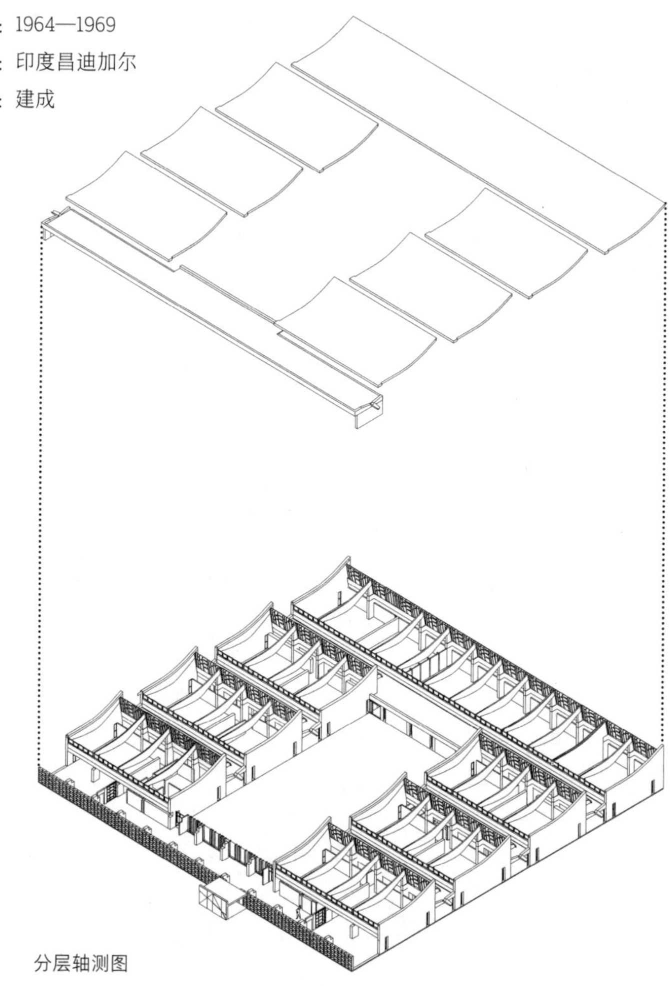

分层轴测图

该项目基地位于昌迪加尔政府广场附近。柯布西耶在这里使用印度当地的红砖作为主要材料，以衬托出政府广场的混凝土建筑群。在平面构成上，以中间的内院为核心，教室和工作室组织在其周围，这些教室和工作室以标准化的单元形式前后连接在一起。从立面图中可以看出其连续的统一性。为集中解决北向采光的问题，柯布西耶采用了倾斜的弧形屋顶，因此，南向窗户被压得很低，而北向窗户面积较大。该剖面上成组的预应力拱的设计构思，最早出自柯布西耶 1929 年的“我的家”方案。

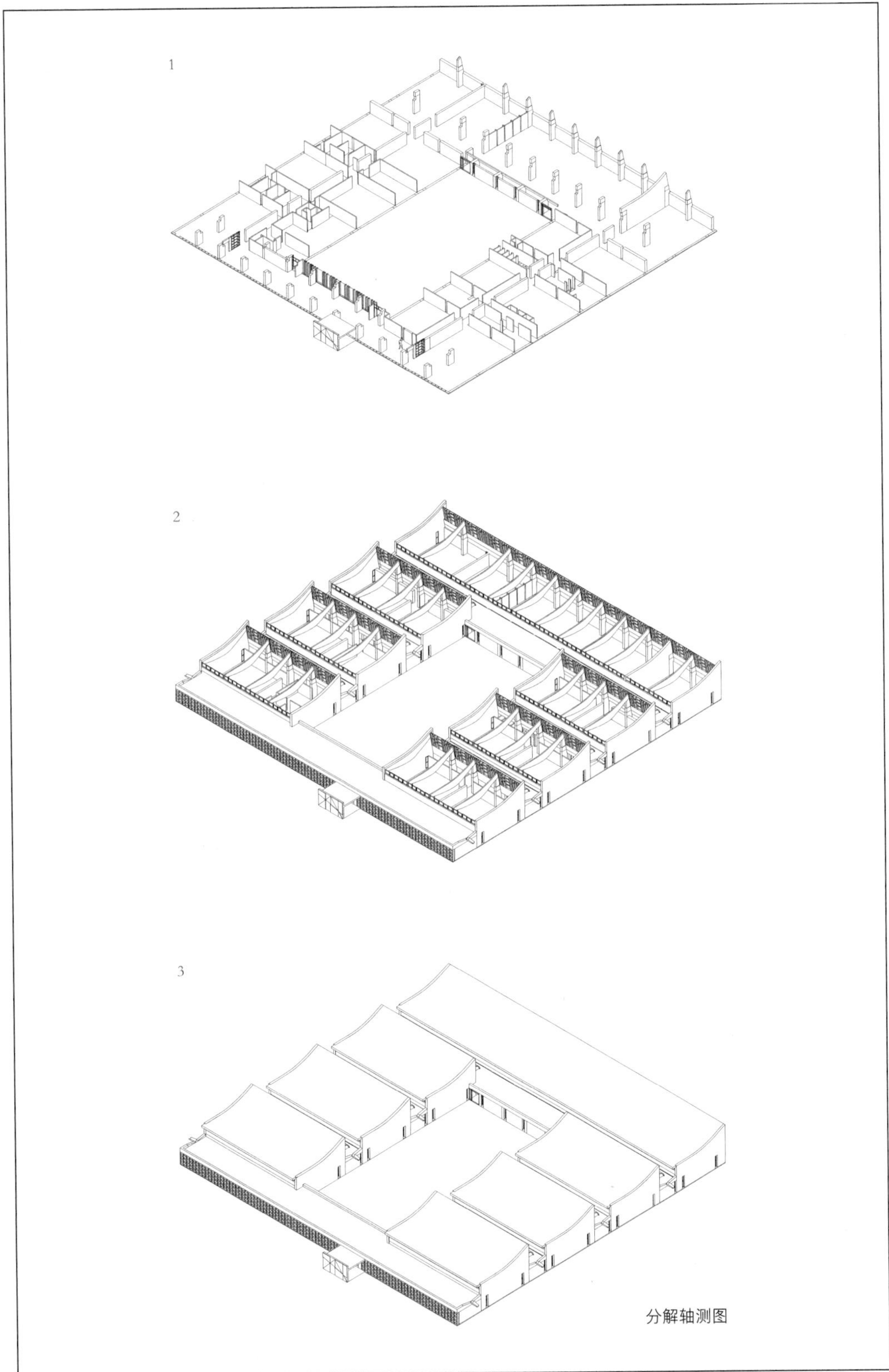

分解轴测图

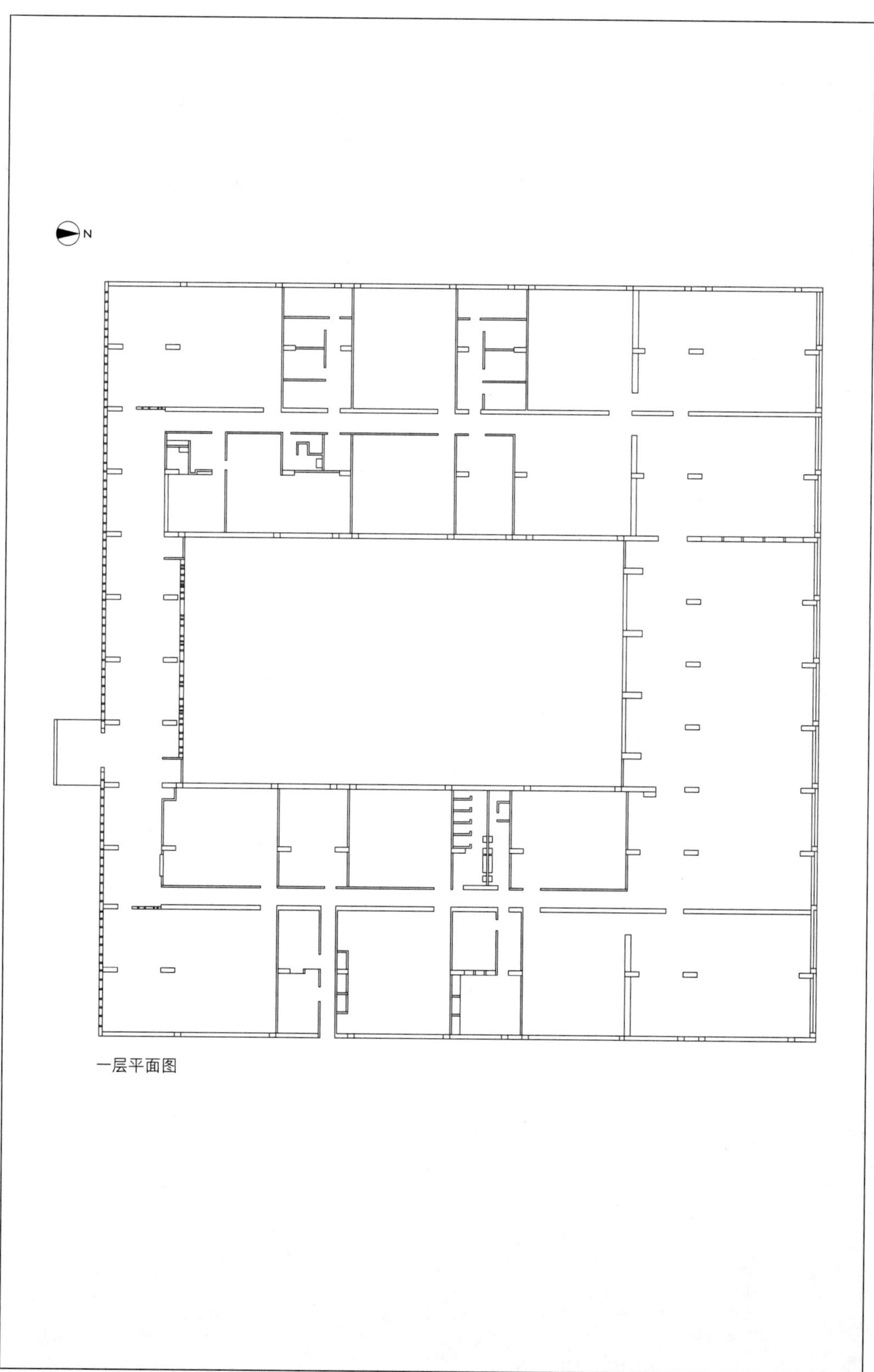

一层平面图

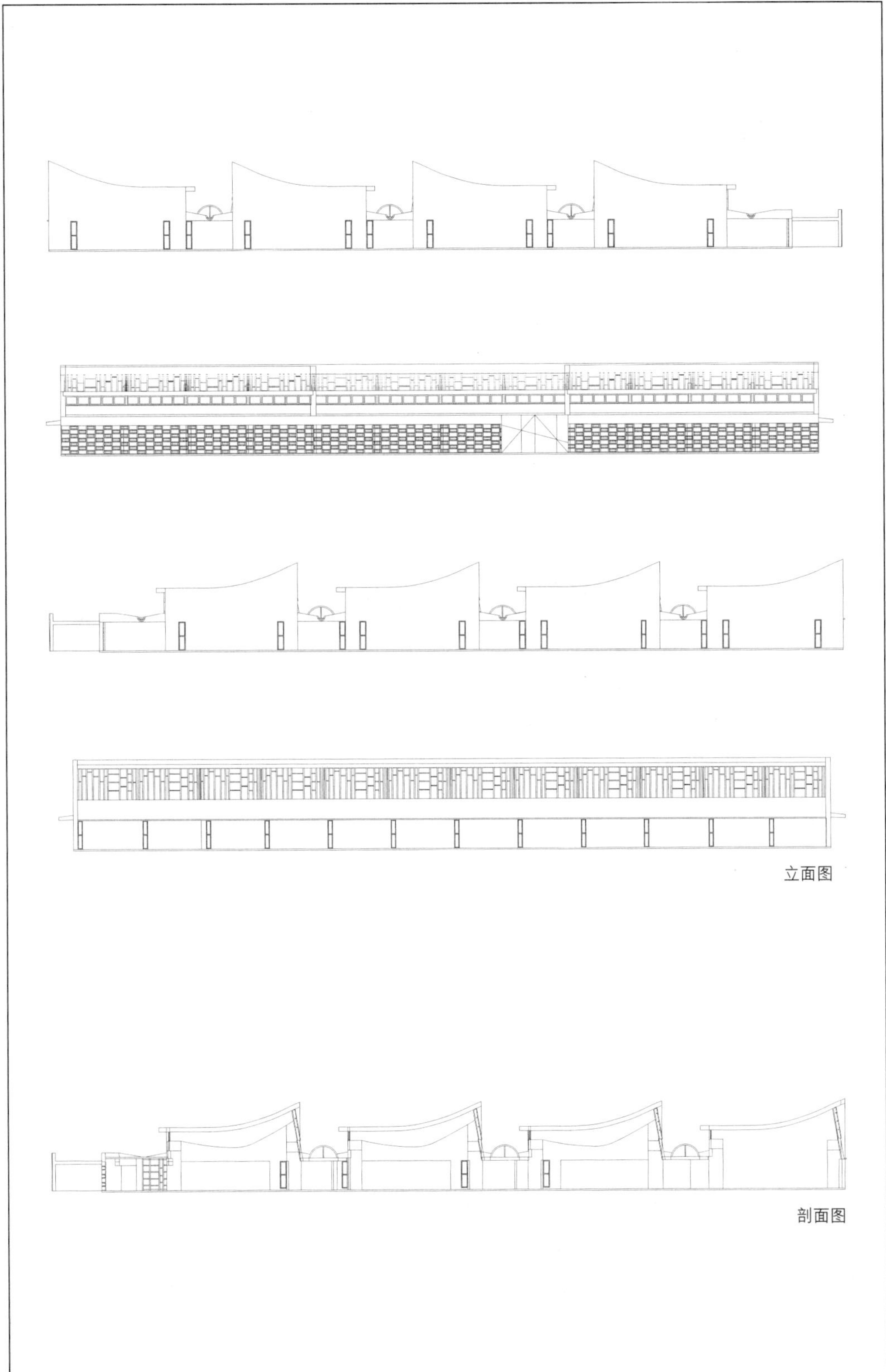
立面图
剖面图

F-21

激浪泳场方案

设计时间：1935

项目地点：阿尔及利亚阿尔及尔

建成情况：未建成

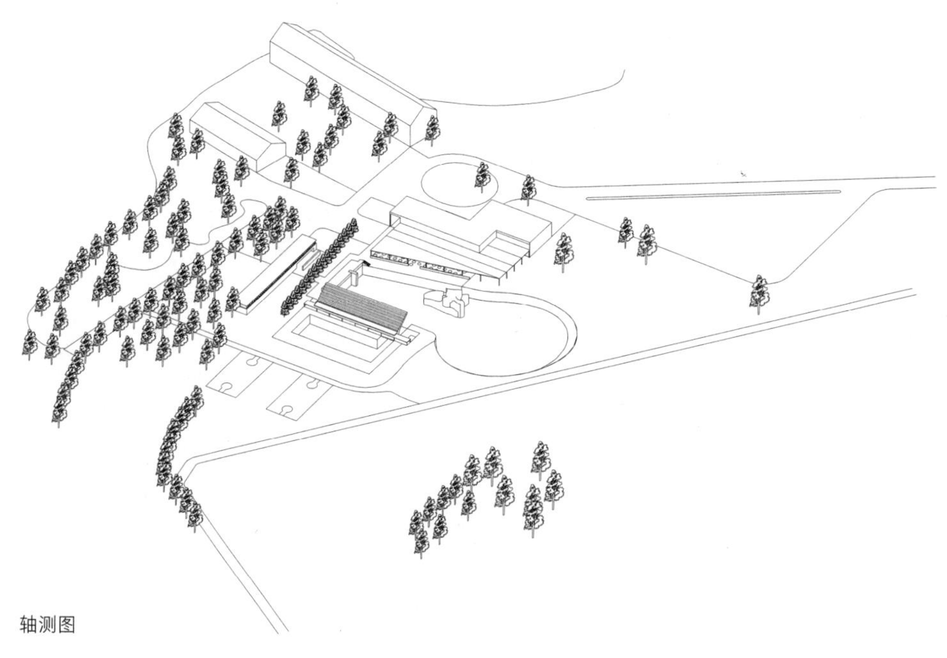

轴测图

该项目基地位于阿尔及尔的一个小山谷中，是一个供人们假日休闲的地方。柯布西耶设计了泳池、餐厅及咖啡馆等功能空间，但最终未建成。总平面图中，弧形的泳池为儿童戏水池，这些泳池的形式能够对应各不相同的功能。剖面图中的看台是一个 Y 形的构成，一边朝向标准泳池，另一边为深水区提供遮蔽。这一未建成方案中的 Y 形剖面构造，可以作为当代建筑师在城市中的实践的借鉴，如解决狭窄基地环境中的空间多元利用问题。

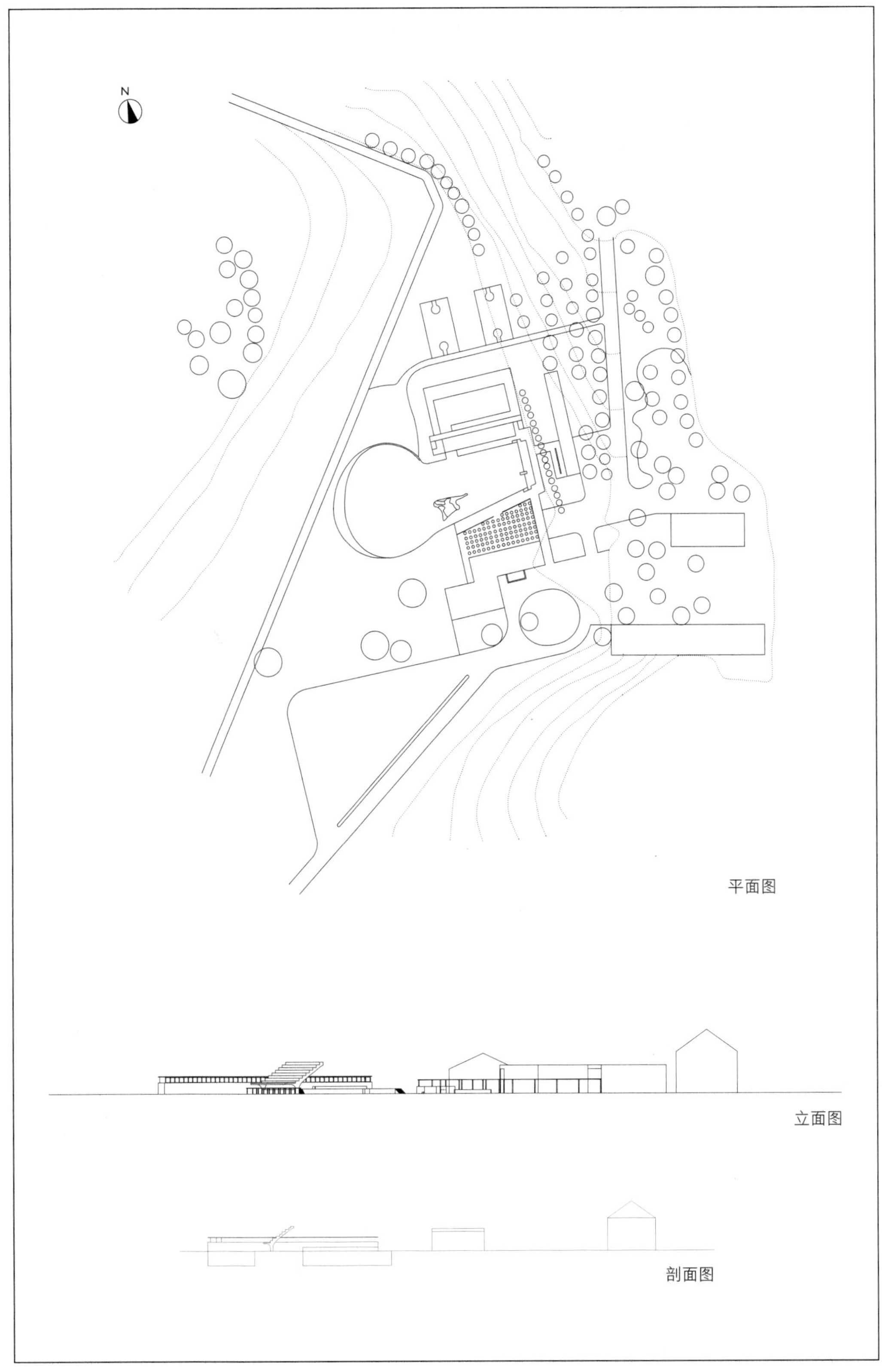
N
平面图
立面图
剖面图

F-24

10 万人国民欢庆中心方案

设计时间：1936—1937

项目地点：法国巴黎

建成情况：未建成

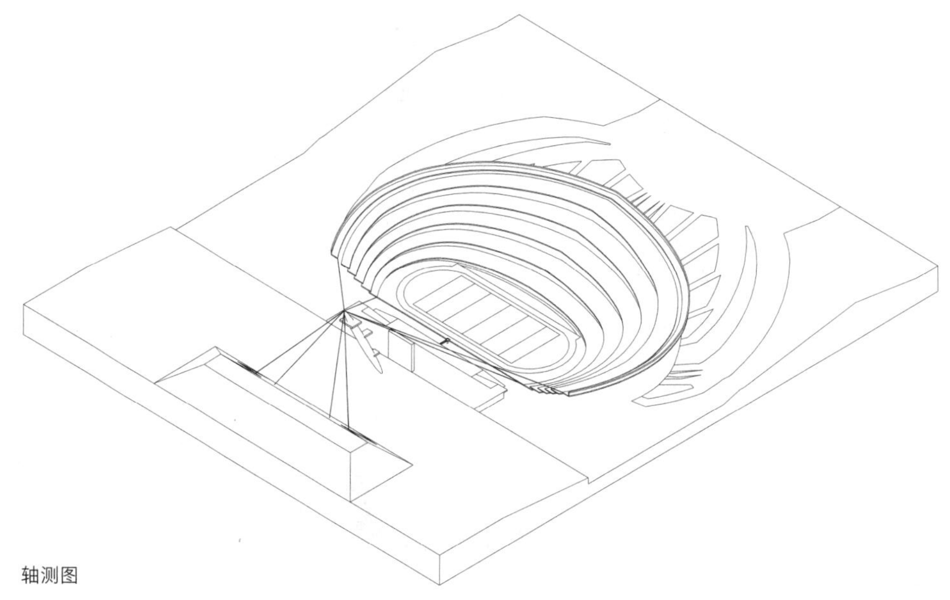

轴测图

这是一个基地位于巴黎，能容纳 10 万人的综合体育场，除了环形的看台以外，前面还设置了一个用于大型表演的四棱锥台、一根支撑顶棚的桅杆、一个电影屏幕和一个舞台，环形看台围合的是奥林匹克跑道。从剖面图中可以看出，柯布西耶采用了拉索结构，以一种柔性的屋面来解决体育场的遮蔽问题。

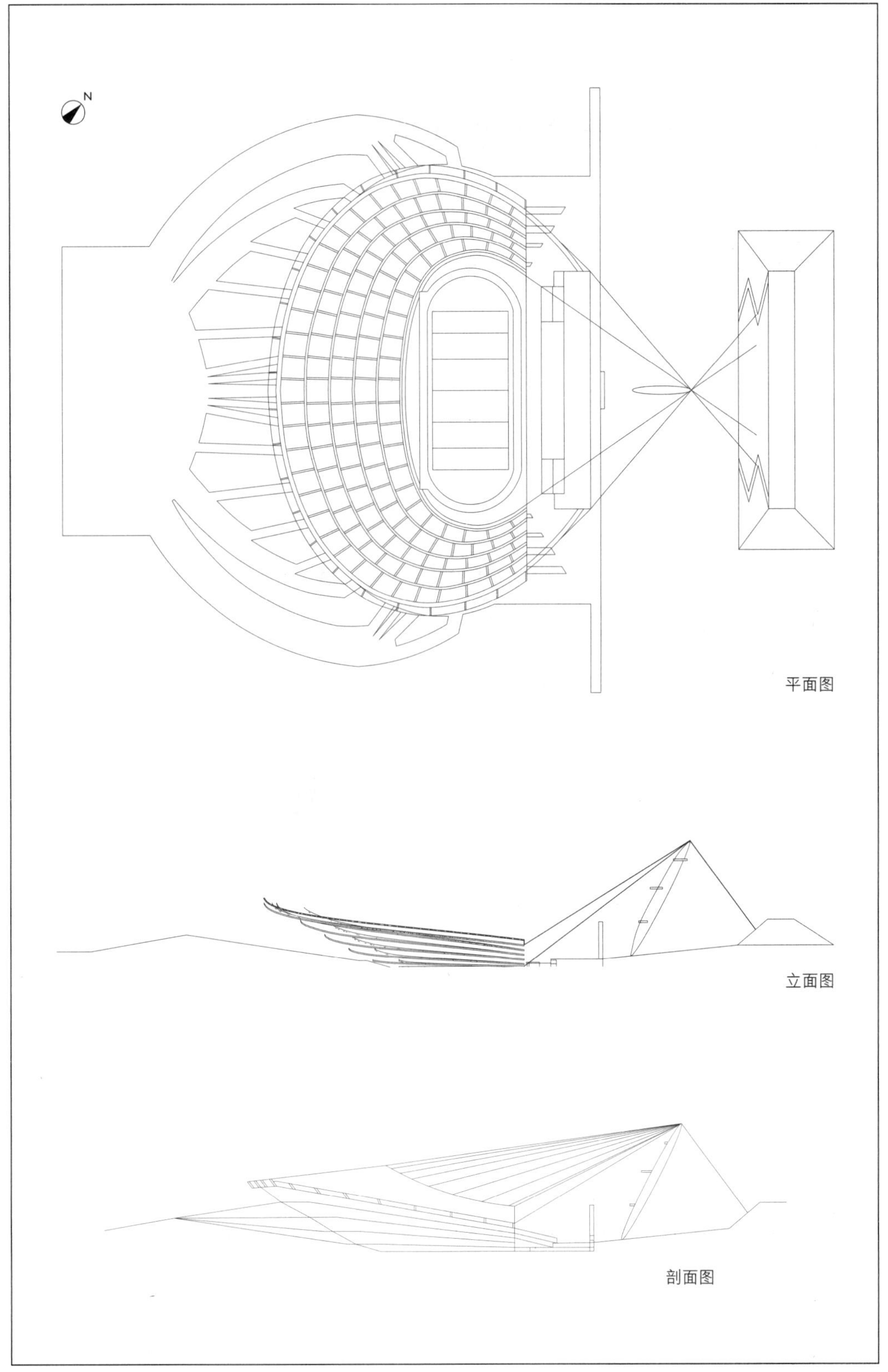
N
平面图
立面图
剖面图

F-35

瓦尔山谷的冬夏体育活动中心

设计时间：1939

项目地点：法国瓦尔山谷

建成情况：未建成

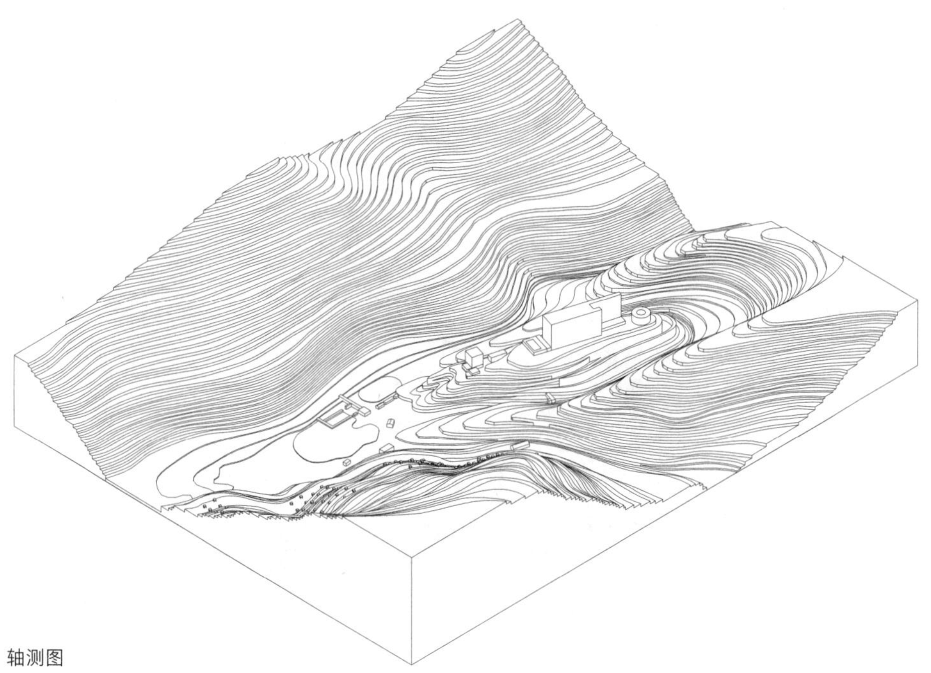

轴测图

该项目基地位于瓦尔山谷中，设计于 1939 年，是一个供人们休闲的地方。项目设计包括商务中心、游泳池、溜冰场和旅馆等，其中，独立的单体箱体旅馆建筑位于基地一侧的山丘上。从总平面图中可以清晰地看到，这些独栋的旅馆沿着基地的等高线平行布置。

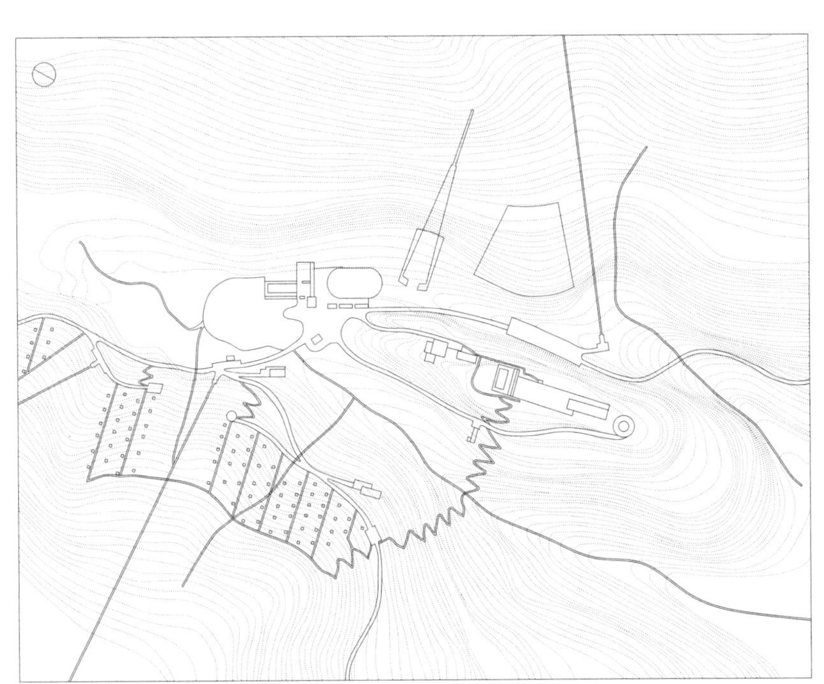

总平面图

立面图

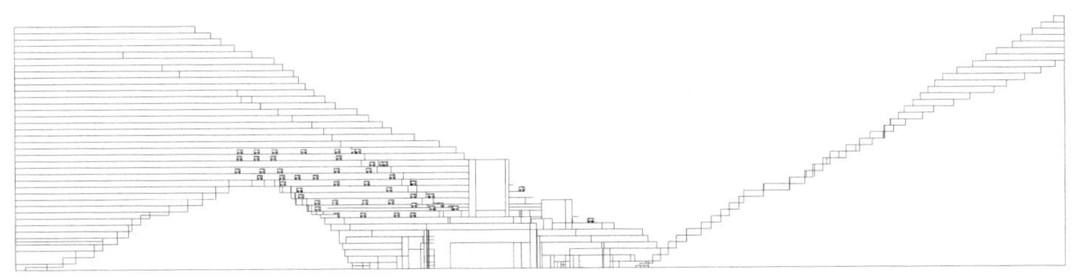

剖面图

F-63

菲尔米尼青年文化中心

设计时间：1960—1965

项目地点：法国菲尔米尼

建成情况：建成

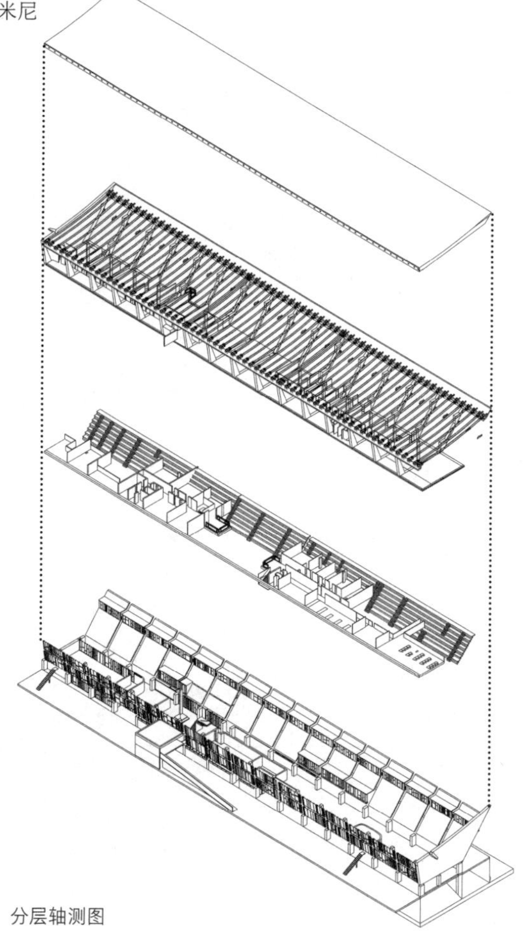

分层轴测图

建筑平面呈狭长方形，总长 112m，一面临道路，一面朝向体育场，两侧存在高差。建筑在面向体育场侧大幅度出挑，内部是台阶，底层架空，支撑屋顶的是 132 根抛物线状的钢索，两端通过焊接的钢支座固定，继而固定屋面覆板。这些屋顶板材采用的是轻质多孔的混凝土板，在立面图中可以看到固定钢索的孔洞。从建筑整体构思来看，柯布西耶是基于地块所存在的高差而有意结合台阶来做出挑，以此处理青年文化中心在整体项目中同体育场等设施的关系。

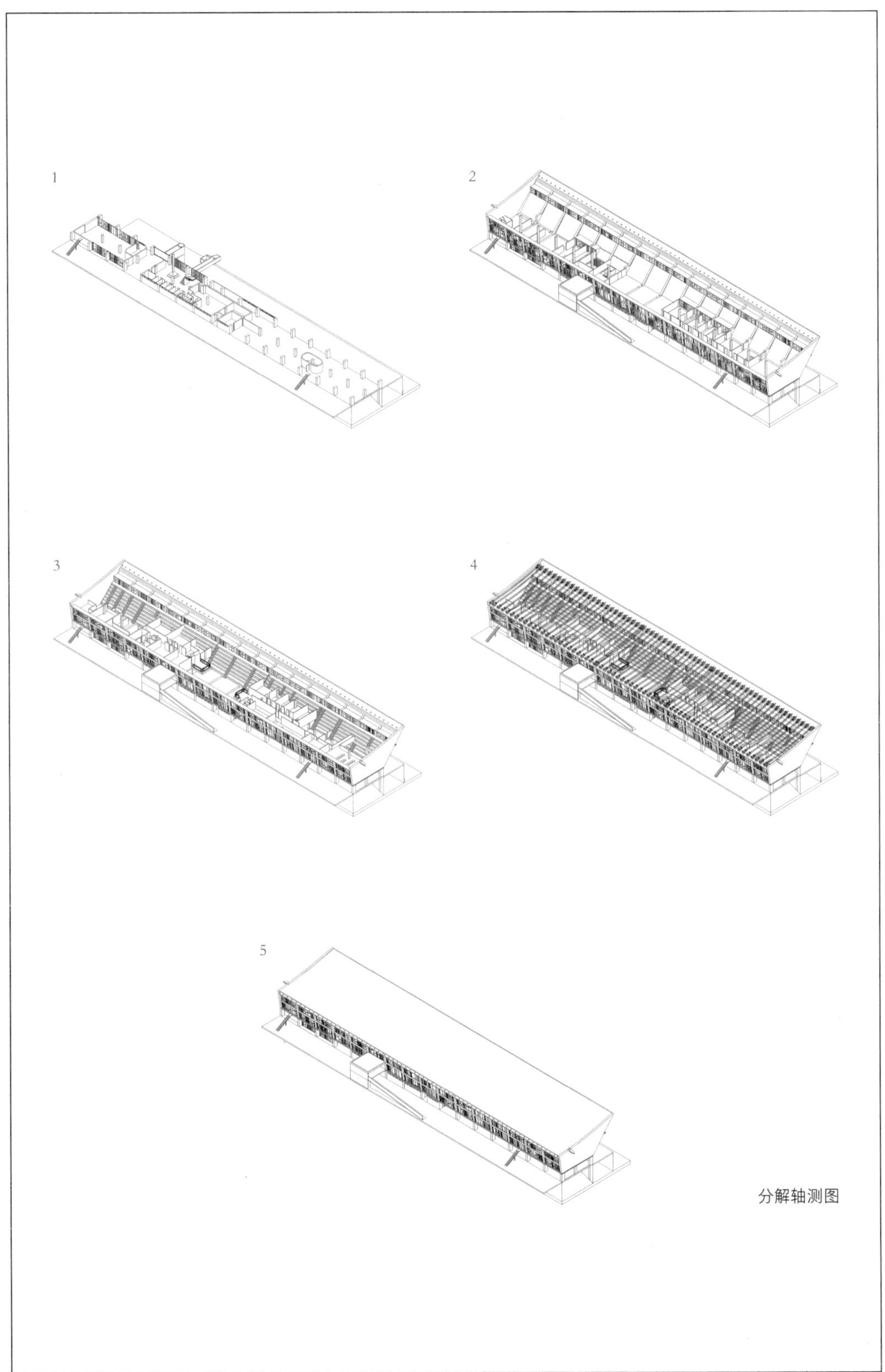

分解轴测图

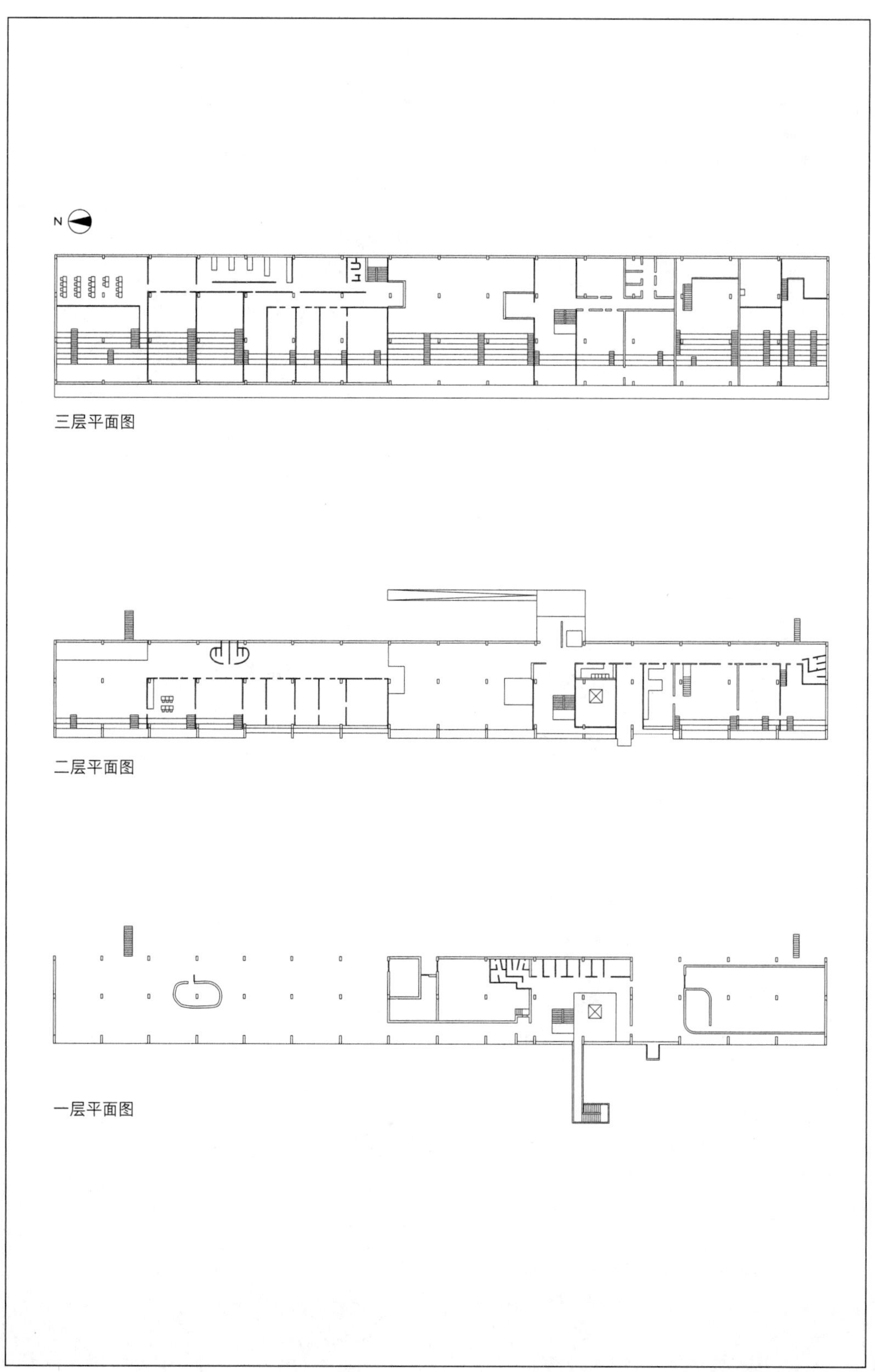

三层平面图

二层平面图

一层平面图

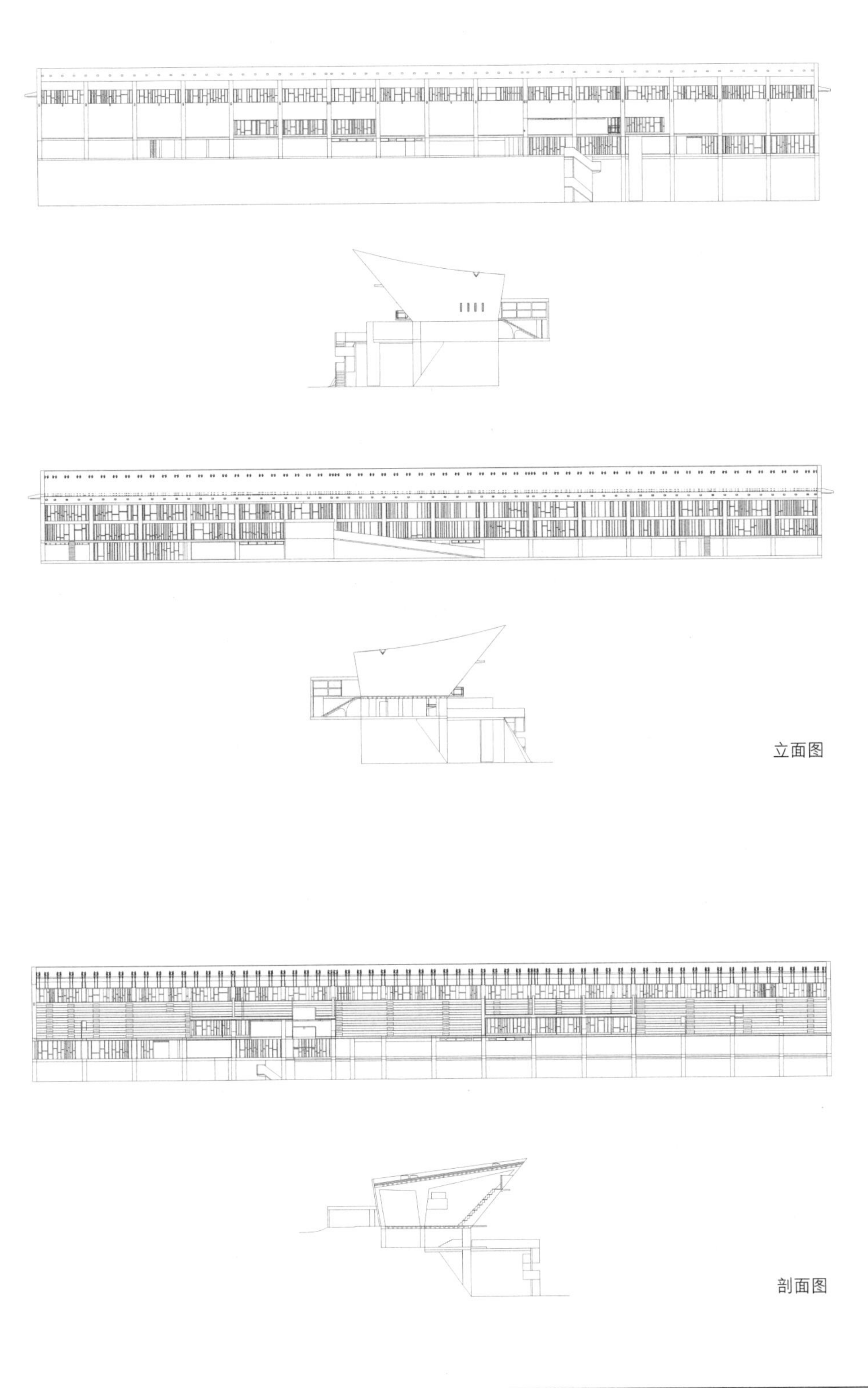
立面图
剖面图

F-79

菲尔米尼－维合特体育场

设计时间：1965—1969

项目地点：法国菲尔米尼

建成情况：建成

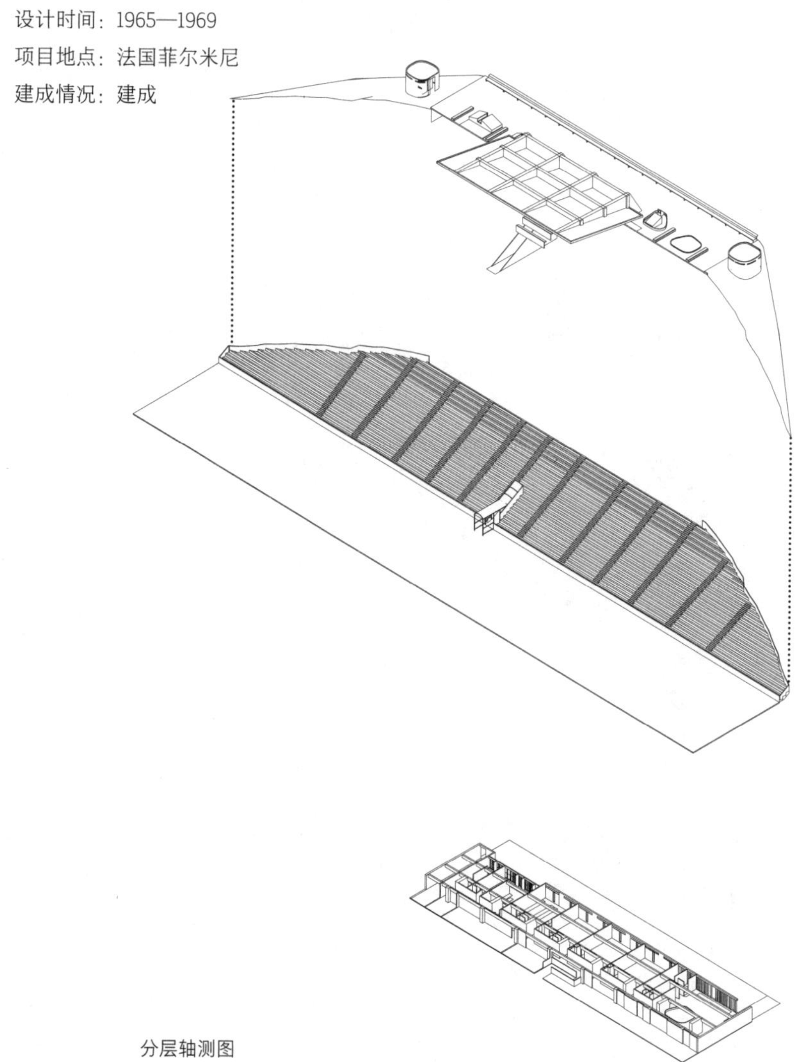

分层轴测图

体育场位于青年文化中心的对面，两者围合出环形的跑道。体育场的一层是运动员的更衣室、休息大厅、办公室及其他附属用房等；二层是看台座席，朝向跑道一侧的中间设置了一条入口通道，看台上部设置了一个倾斜的雨棚屋架。从剖面图来看，体育场的看台和雨棚的倾斜构图与对面的青年文化中心的出挑形成了呼应。

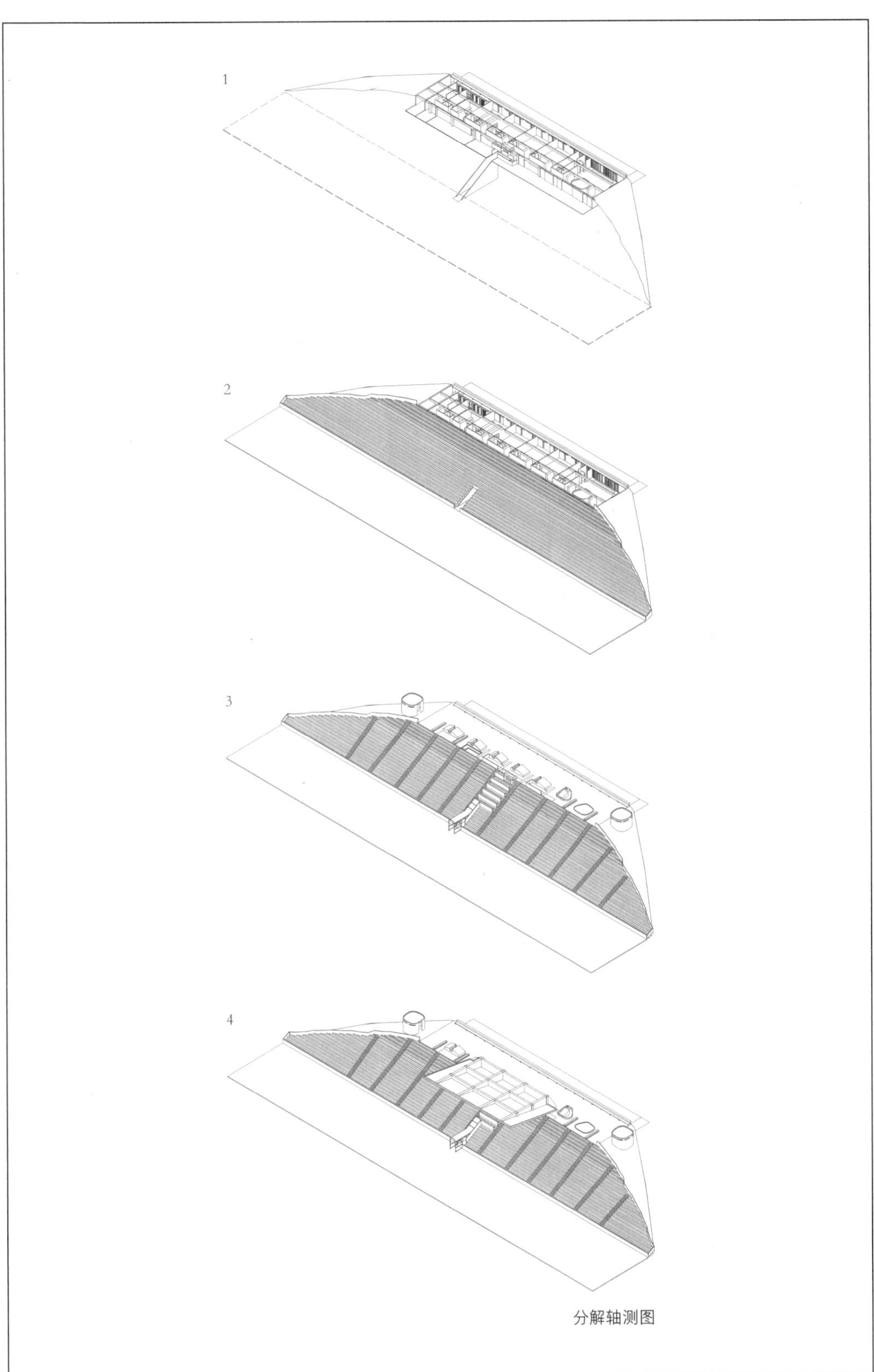

分解轴测图

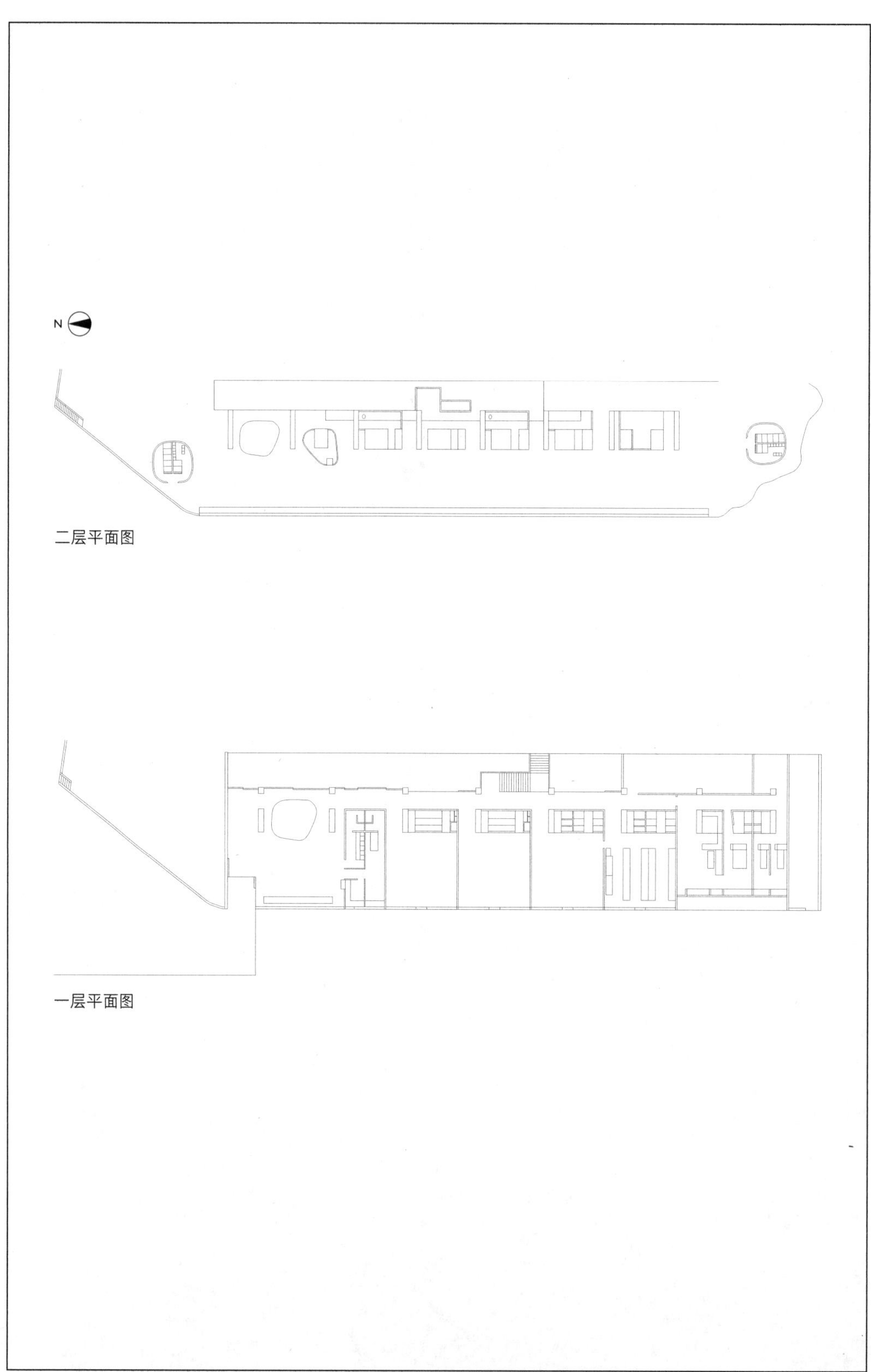

二层平面图

一层平面图

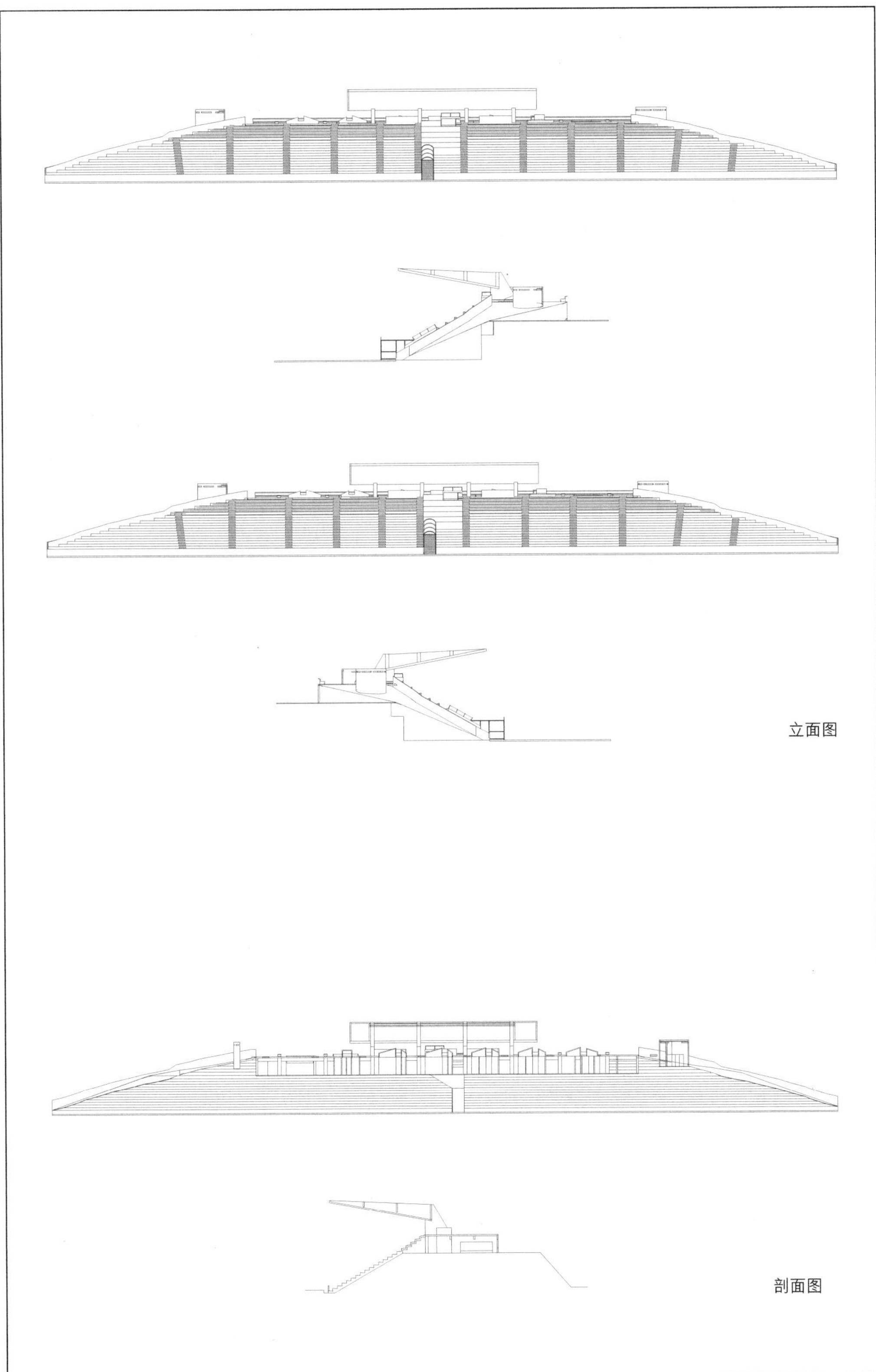
立面图
剖面图

G-03

波当萨克水塔

设计时间：1917

项目地点：法国波当萨克

建成情况：建成

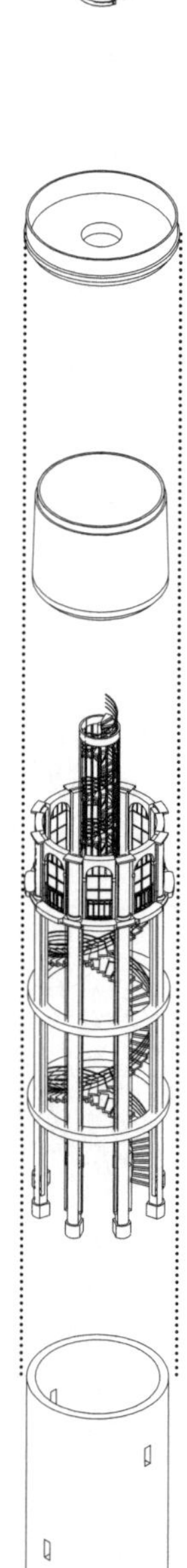

这是未收录进《勒·柯布西耶全集》的一个建成的水利建筑。平面为圆形，8 根柱子将平面八等分，水塔的中间有个观景台，从地面入口通过一个沿着建筑外墙内壁的螺旋楼梯可以到达。观景台的八等分隔间里设置了窗户和栏杆，而该层的平面正中心则是通往水塔屋顶的小螺旋楼梯，在这样一个八角形的紧凑平面中，只有圆形平面的螺旋楼梯才能被收纳进去。屋顶有个小的宝盖。该水塔作为一个水利建筑的原型，在柯布西耶后来的作品中逐渐被转用作竖直的交通塔，如拉图雷特修道院内院一角的螺旋楼梯圆筒体，正如他将工业塔的原型应用到昌迪加尔议会大厦的集会大厅中一样。

分层轴测图

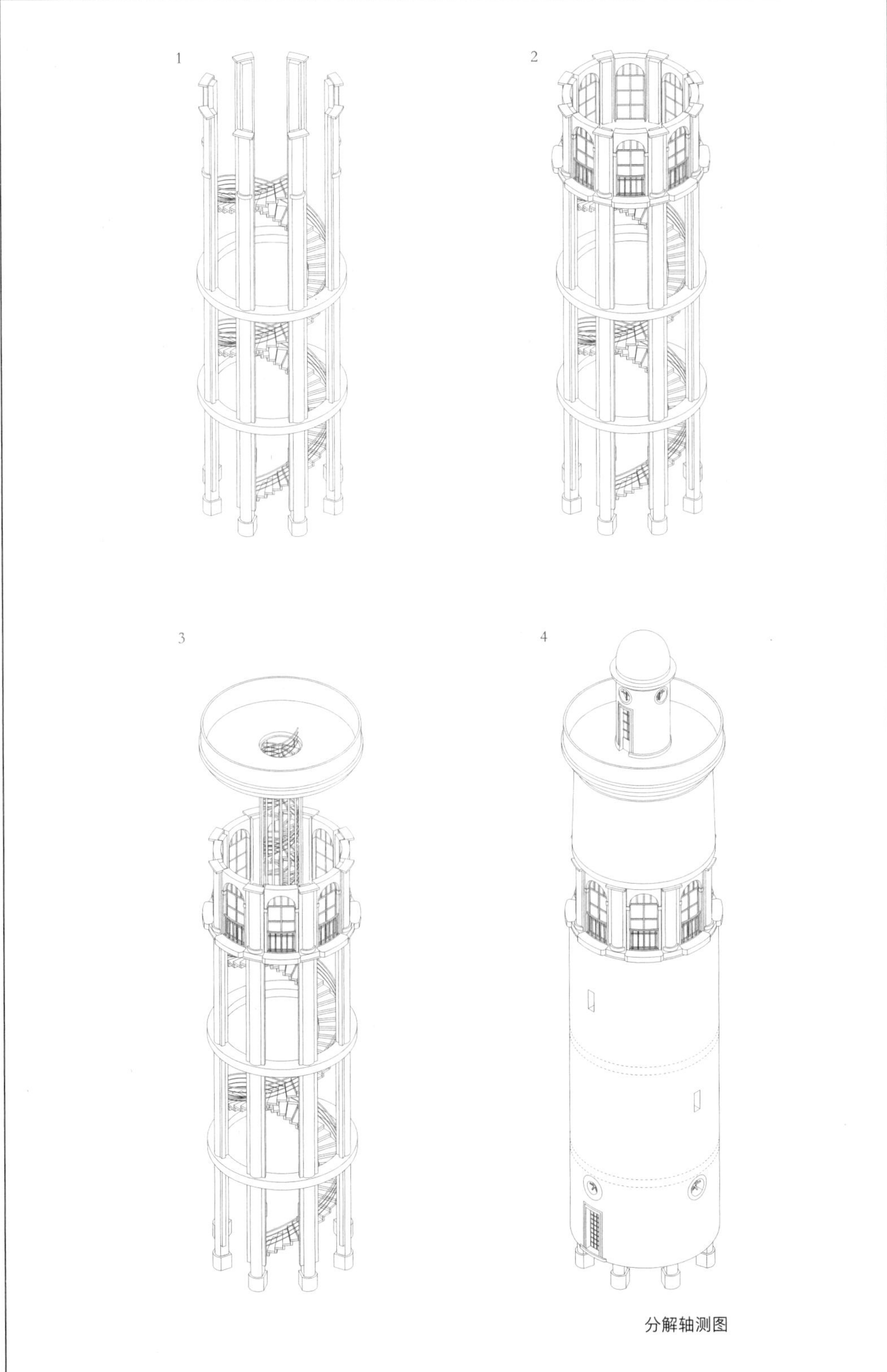

分解轴测图

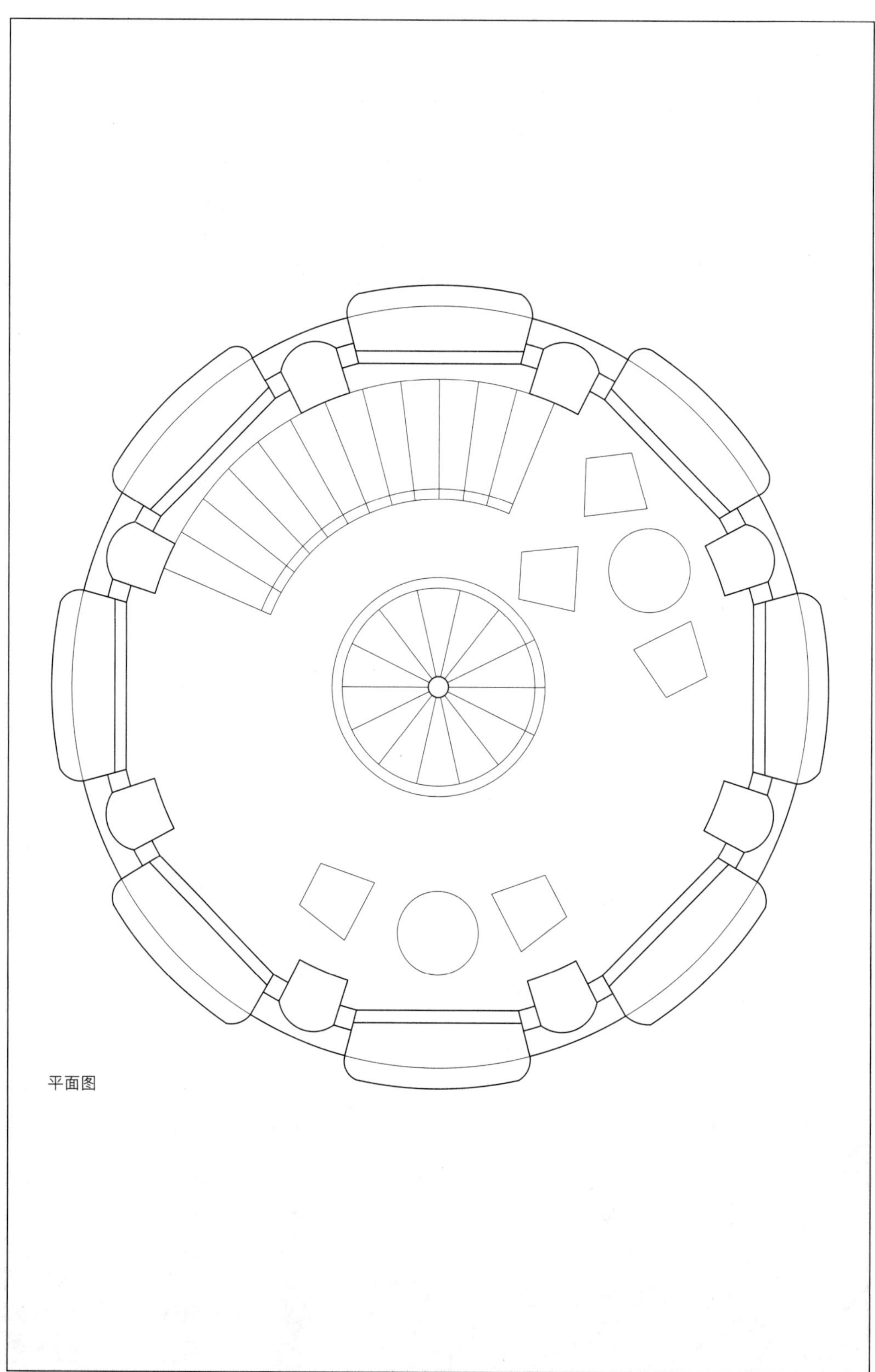
平面图

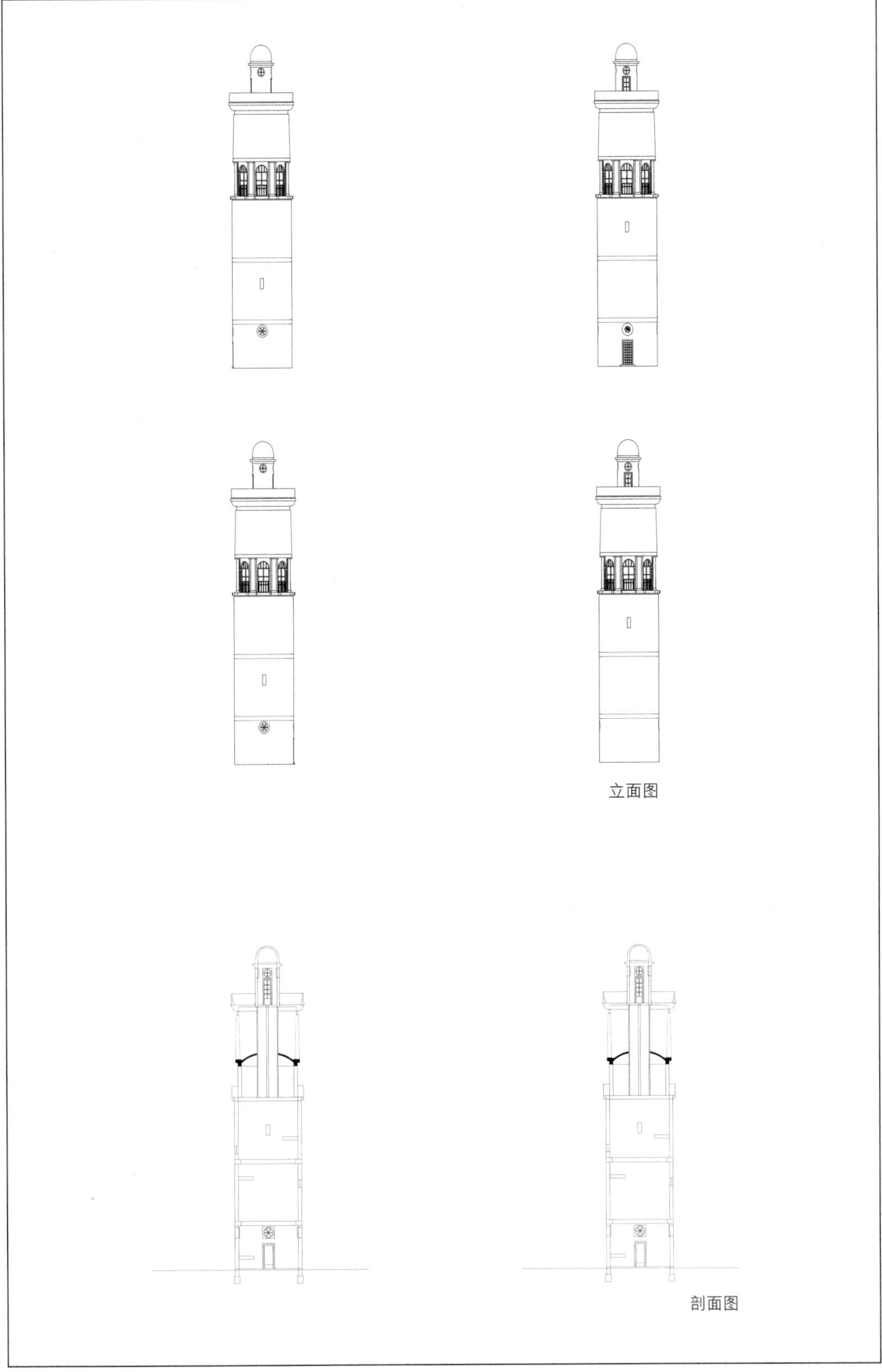

立面图

剖面图

G-61

坎贝－伲佛闸口

设计时间：1959—1962

项目地点：罗讷河与莱茵河之间

建成情况：建成

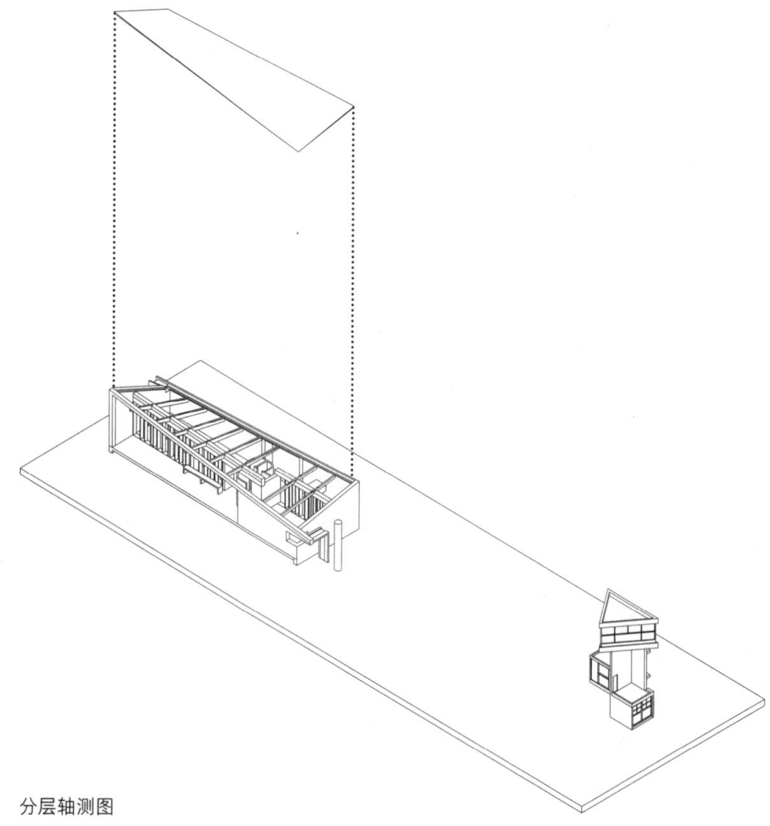

分层轴测图

闸口基地位于罗讷河通往莱茵河主河道的衔接点上，由一个安置船闸管理员和机械设备房的控制塔和一个检查站构成。其中，控制塔通过一个T形的混凝土承重墙支撑起塔顶的平台层，到达该层的双跑楼梯被置于一侧，与平台互相脱开。检查站的地面层是用于航运调度和检查的办公室，地下部分为车库、职员房和锅炉房。平面呈方形，屋顶呈对角高起的折线形，雨水从两个低矮的对角处流出，这两个对角处均设计了模仿瀑布水流的混凝土落水。排水是所有建筑的一个基本问题，而柯布西耶在这里将其作为建筑的要素加以表现，正如他在圣皮埃尔教堂的薄壳外壁上将排水沟渠表现出来一样。

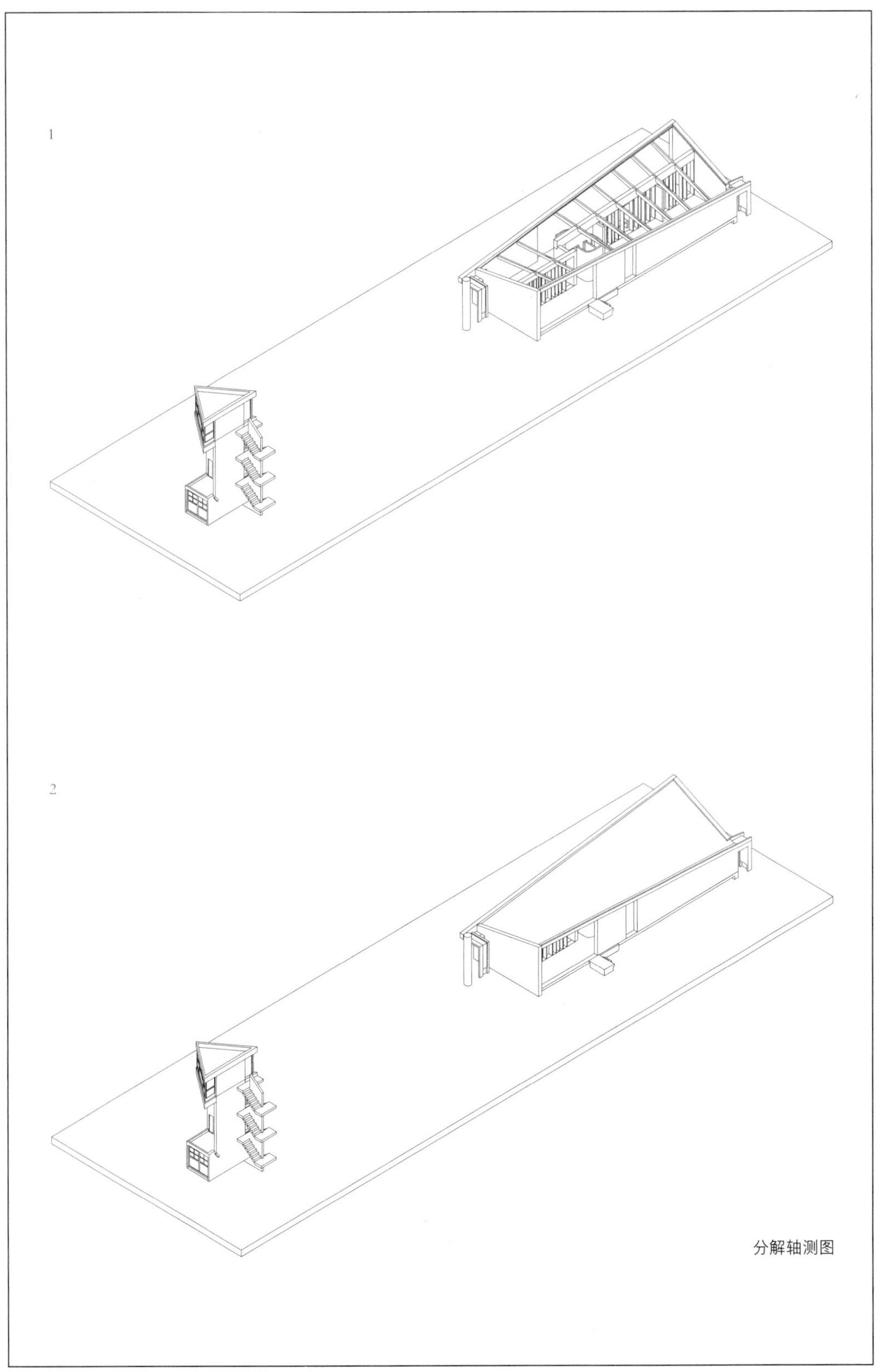

分解轴测图

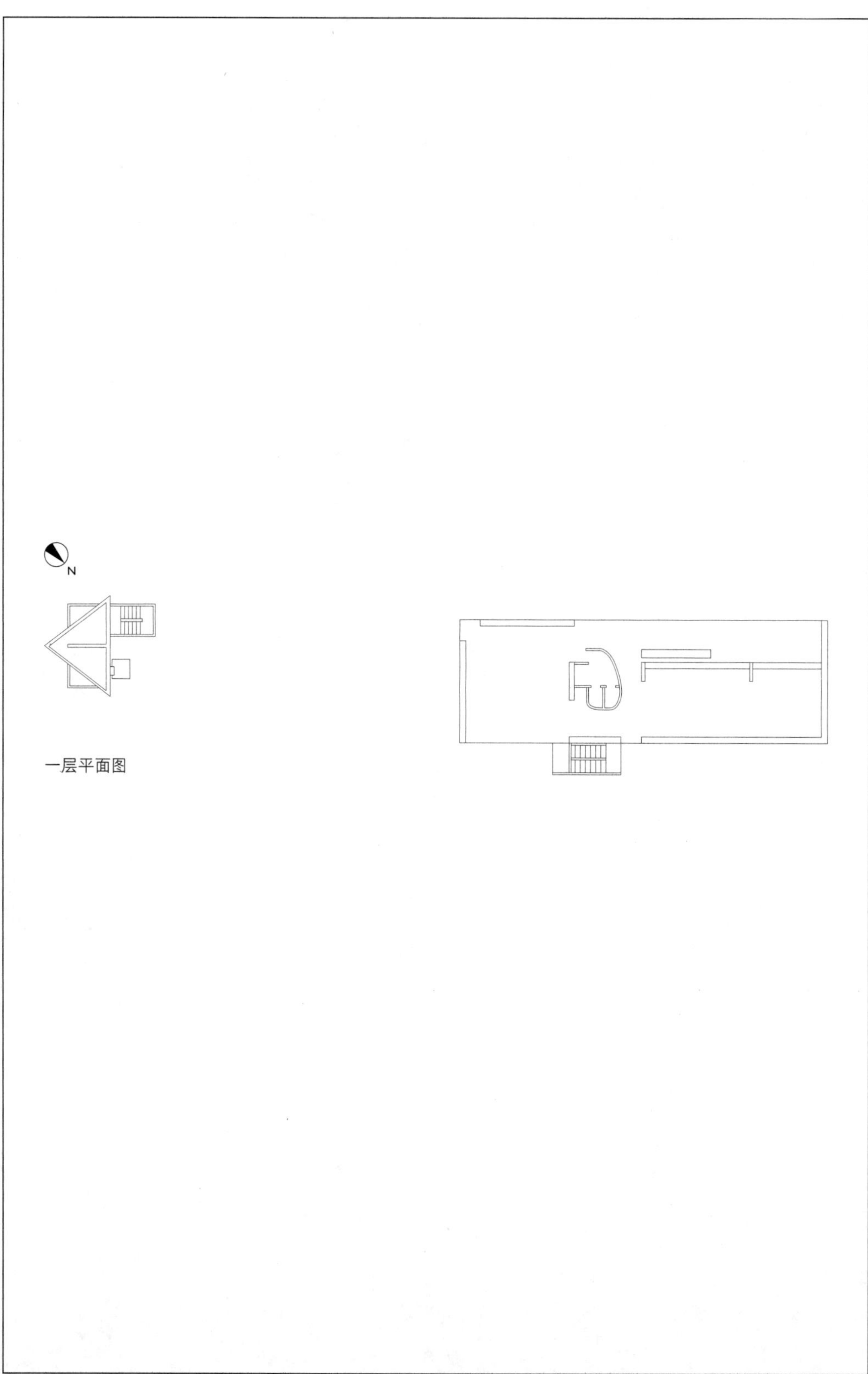

一层平面图

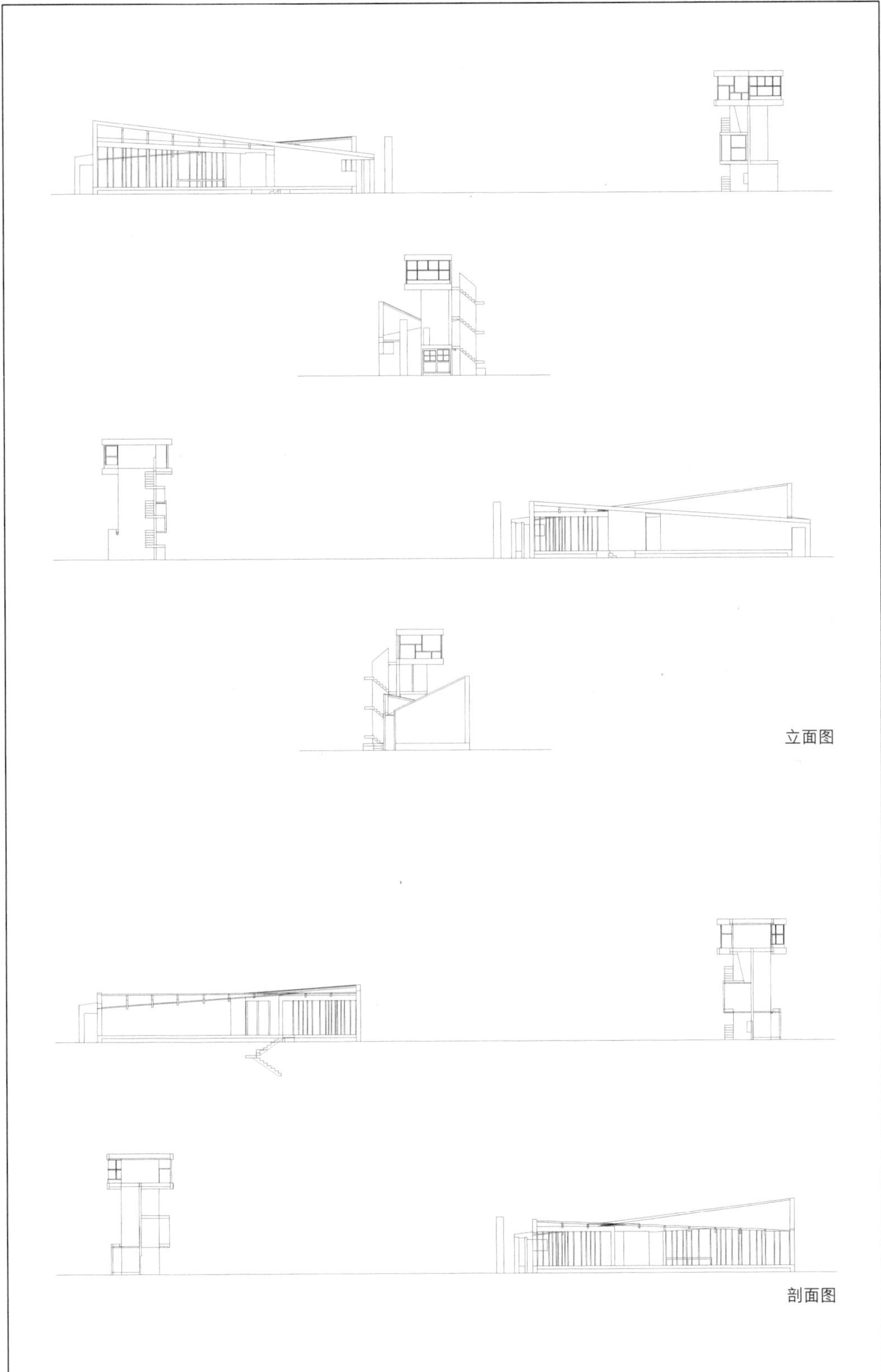
立面图
剖面图

H-04
笛卡儿摩天楼

设计时间：1922
项目地点：无基地
建成情况：未建成

笛卡儿摩天楼诞生于 1922 年法国的秋季沙龙展上，当时柯布西耶提出了“300 万人口的当代城市”规划理念。1935 年，当柯布西耶第一次到达美国时，曾对美国记者说：“这些摩天楼太小了，太密了……”从“300 万人口的当代城市”到“光辉城市”，柯布西耶所提出的关于城市规划的构想中，一个共通的主题是阳光、绿地、空气，这在建筑上表现为较小的占地面积和较大的建筑密度。笛卡儿摩天楼平面呈 Y 形，解决了柯布西耶在诸如“瓦赞规划”中提出的“十”字形平面所带来的北侧采光问题。从功能上来说，地面层是行人使用区，地面以上 5m 处是汽车道、高速路和汽车站，中间是标准办公层，最上面是屋顶花园。

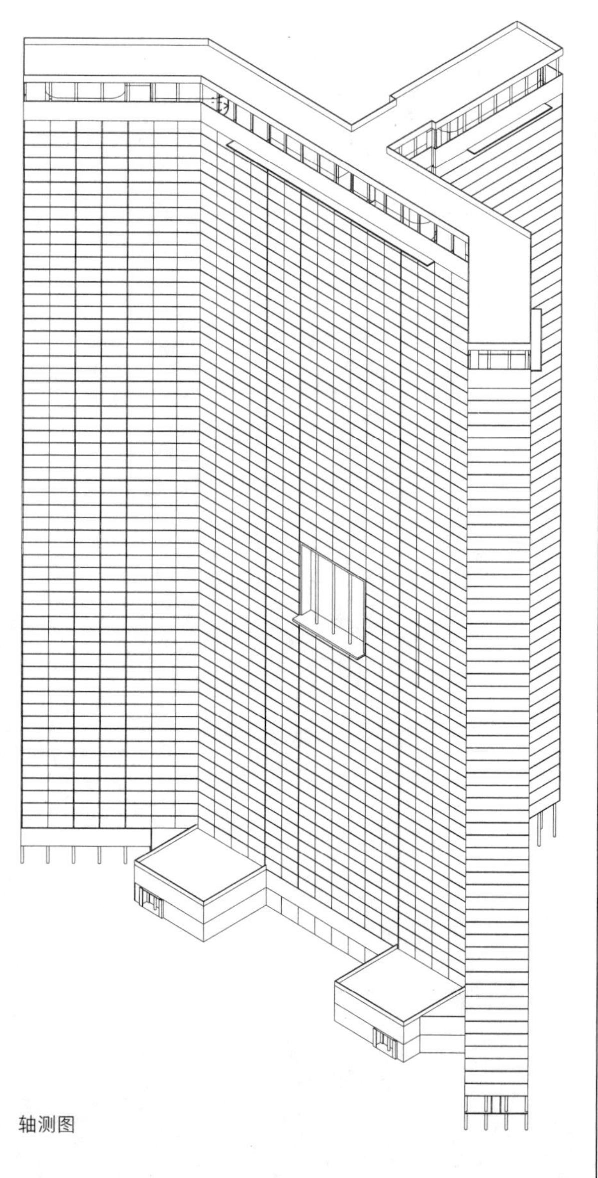

轴测图

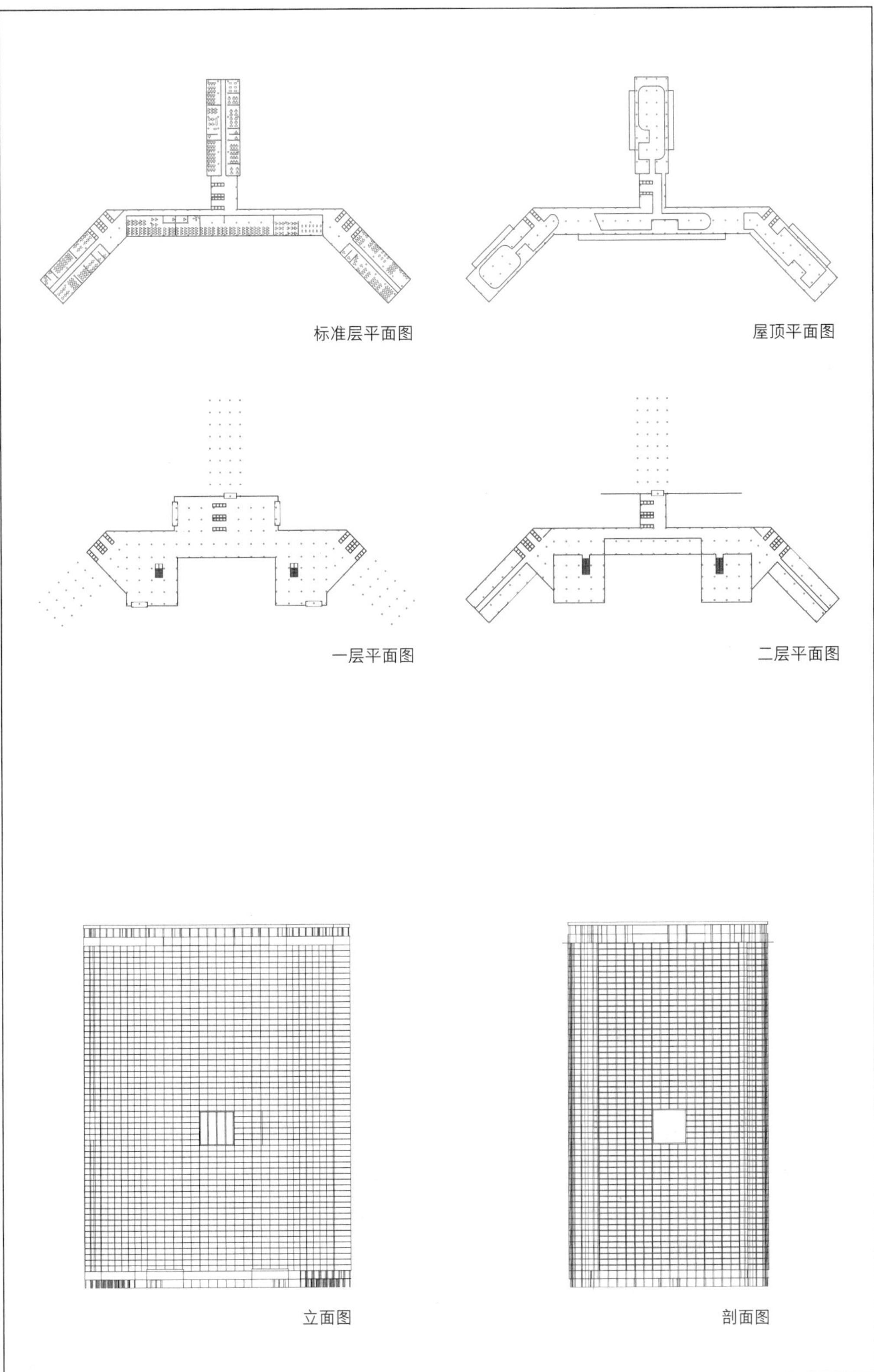
标准层平面图
屋顶平面图
一层平面图
二层平面图
立面图
剖面图

H-18
农田改组：合作农庄

设计时间：1934—1938
项目地点：无基地
建成情况：未建成

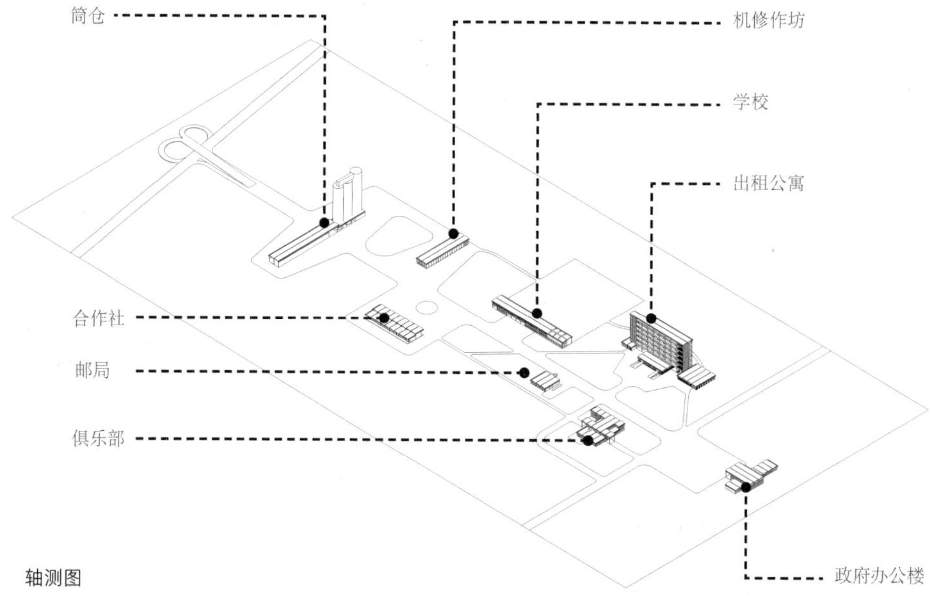

轴测图

继“光辉城市”的理论模型提出之后，柯布西耶针对新时代的农村，通过合作农庄的方案表达了“光辉农场”的理念。建筑群除了传统的设施，如政府办公楼、学校、邮局之外，还有体现集体生活的新机构：控制生产的筒仓、可开展各种活动的俱乐部、提供新的家庭生活的出租公寓、供应生活必需品的合作社，以及装配、建造金属构件的机修作坊。整体来说，这是一个提倡农村集体生活和公共服务的、带有乌托邦色彩的规划理念。从建筑上来说，柯布西耶采用了平拱来统一建造所有的农庄设施。该项目采用的是可拆卸的模板浇筑的平拱薄壳，其上覆土层，可以种植草和灌木。

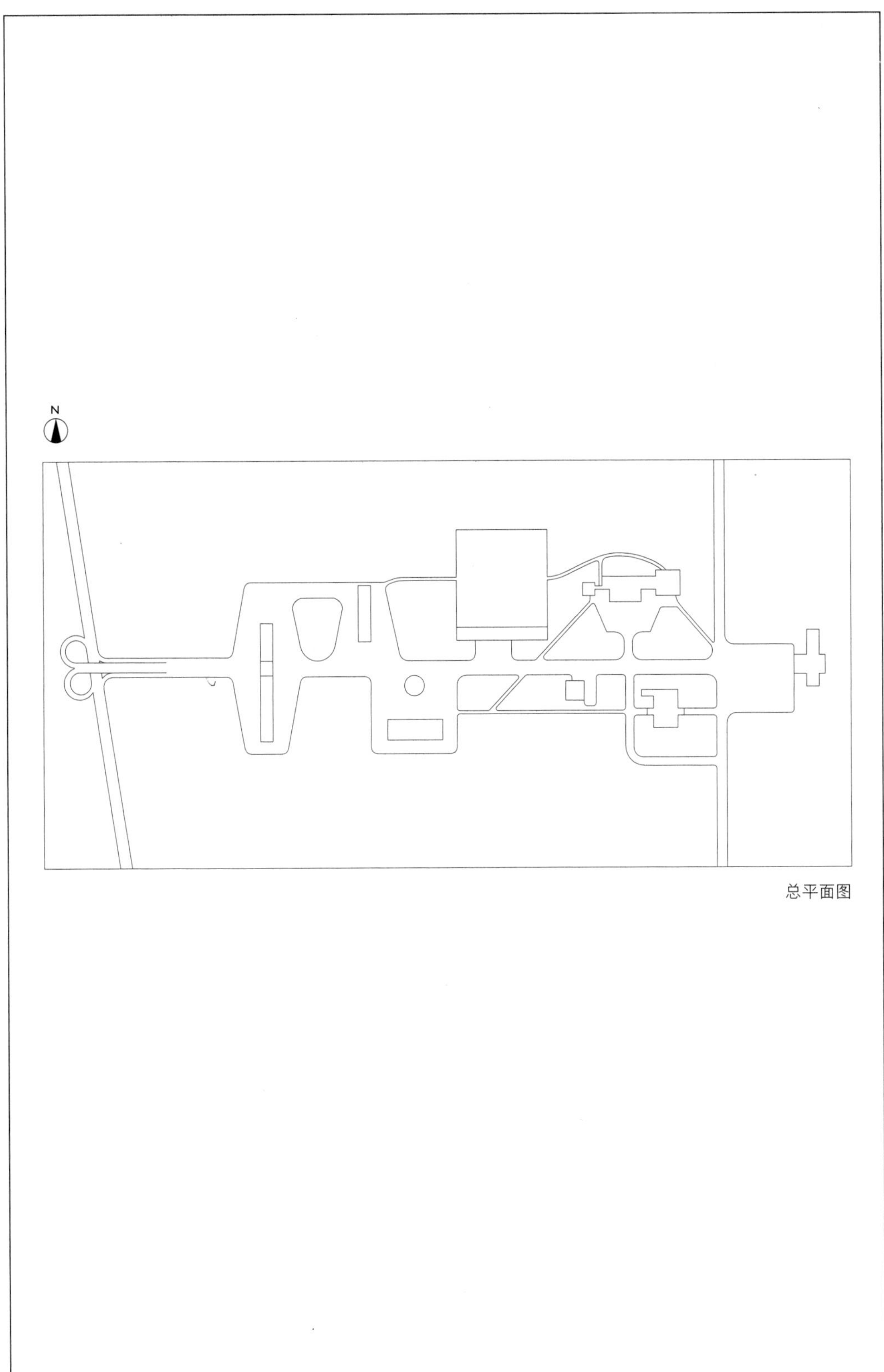

总平面图

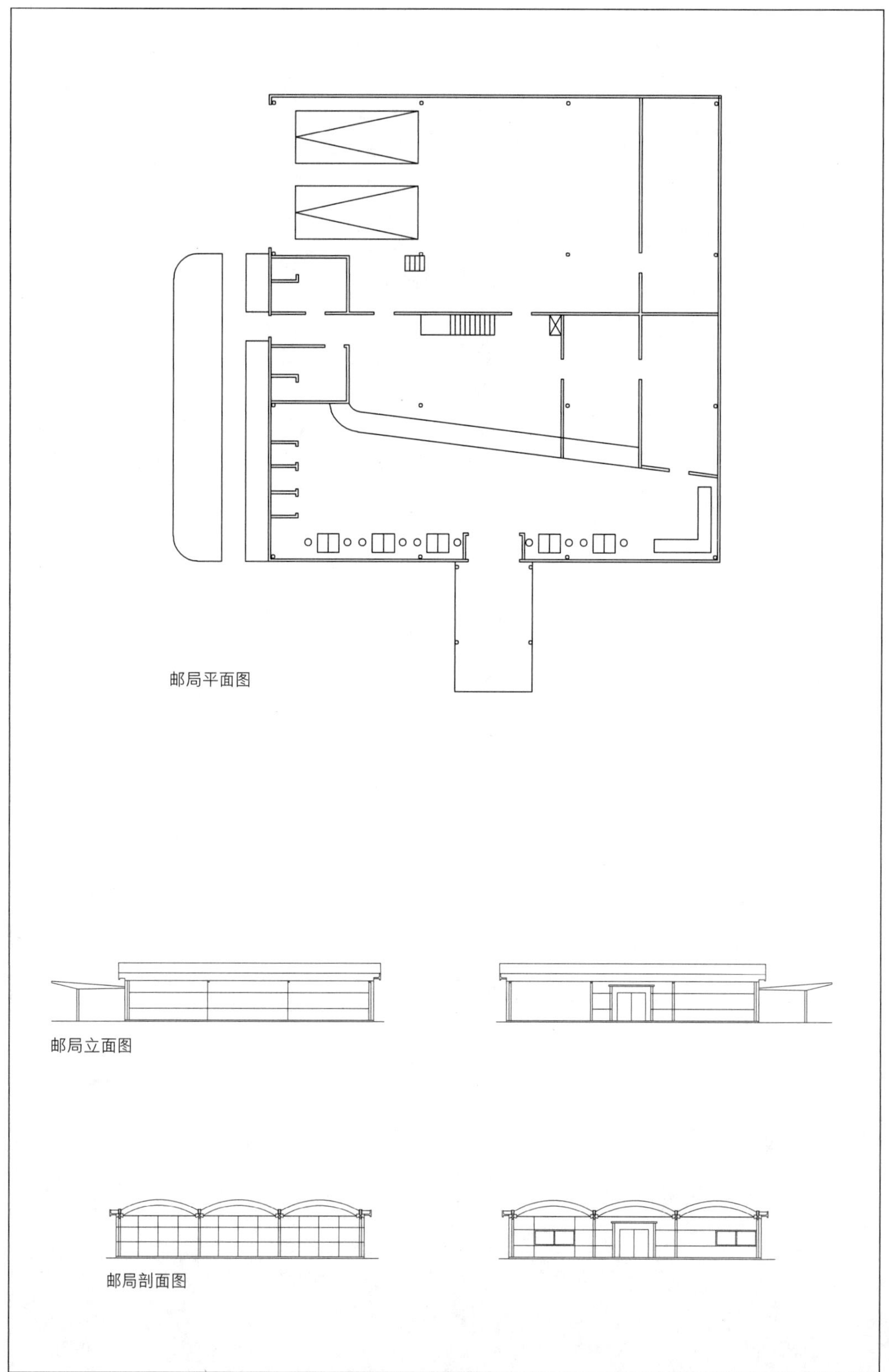
邮局平面图
邮局立面图
邮局剖面图

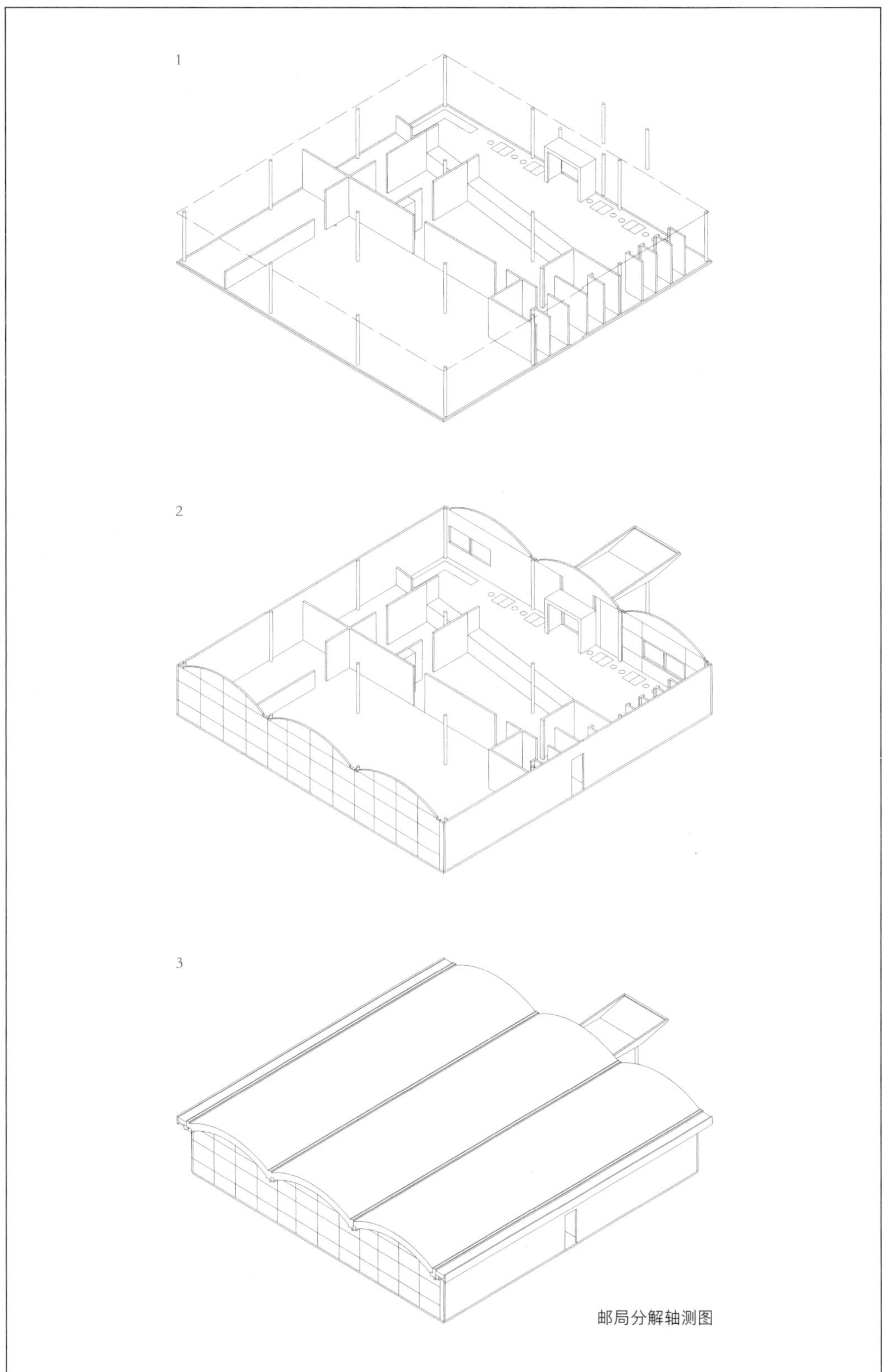

邮局分解轴测图

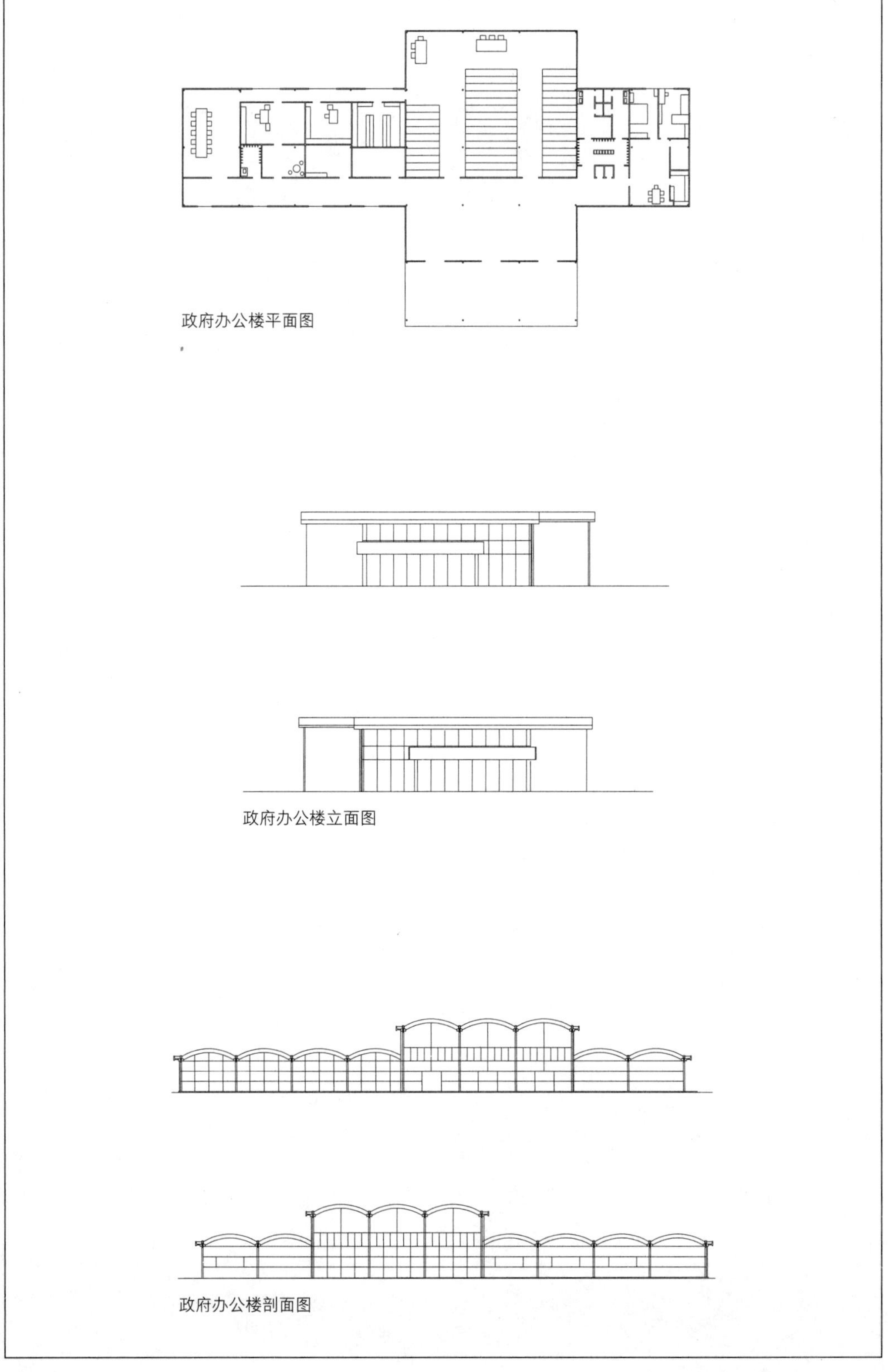

政府办公楼平面图

政府办公楼立面图

政府办公楼剖面图

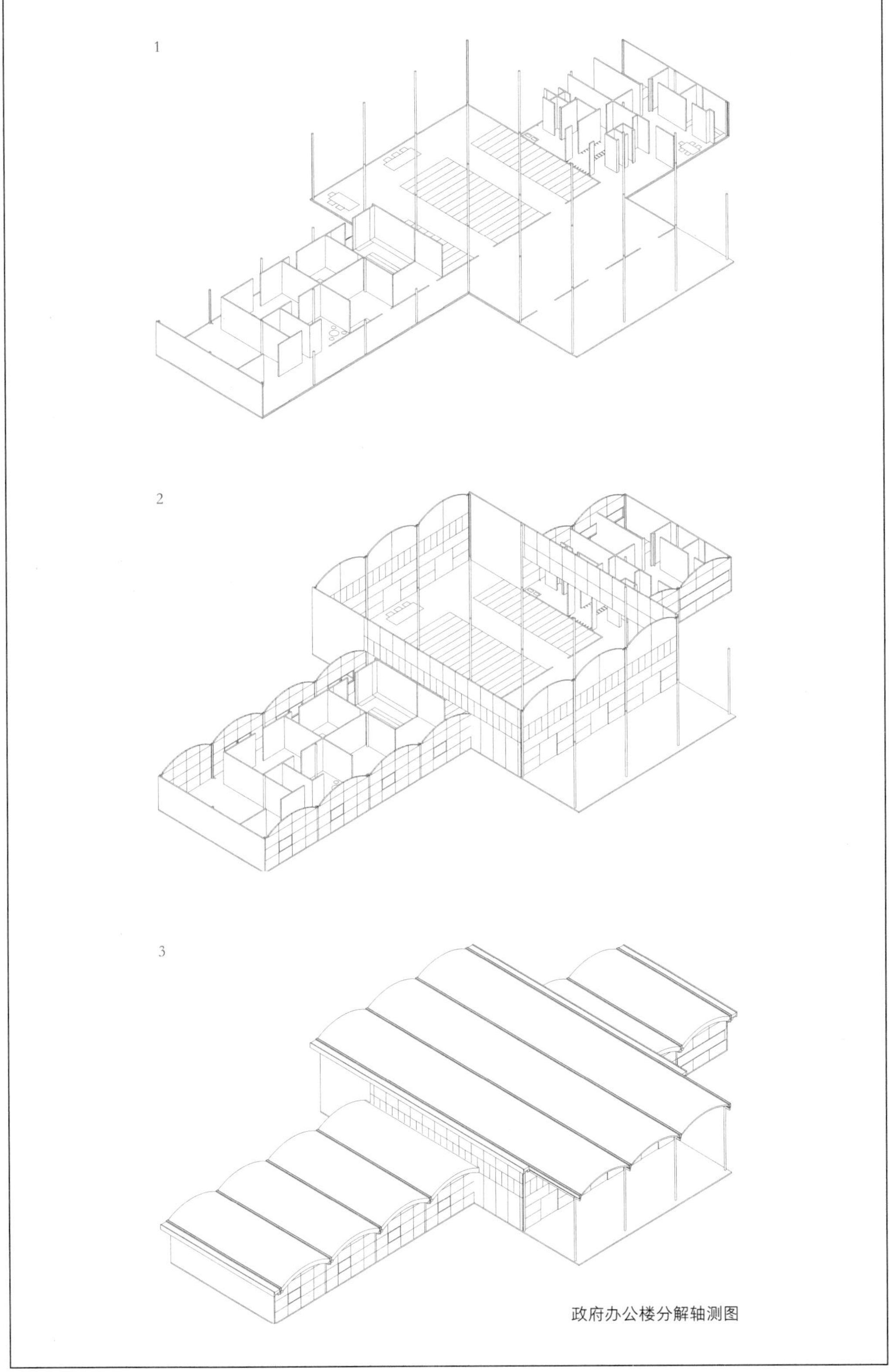

政府办公楼分解轴测图

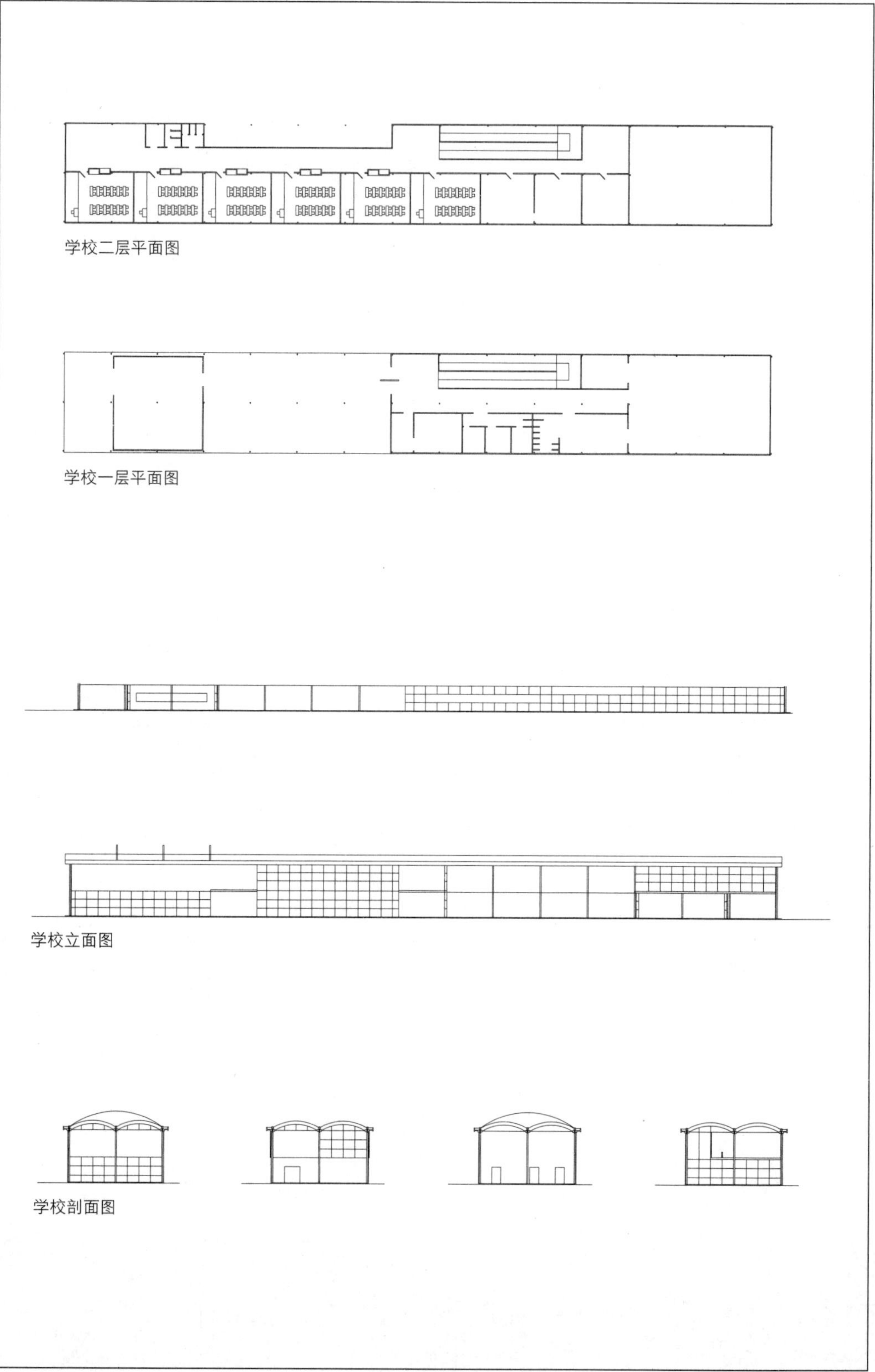

学校二层平面图

学校一层平面图

学校立面图

学校剖面图

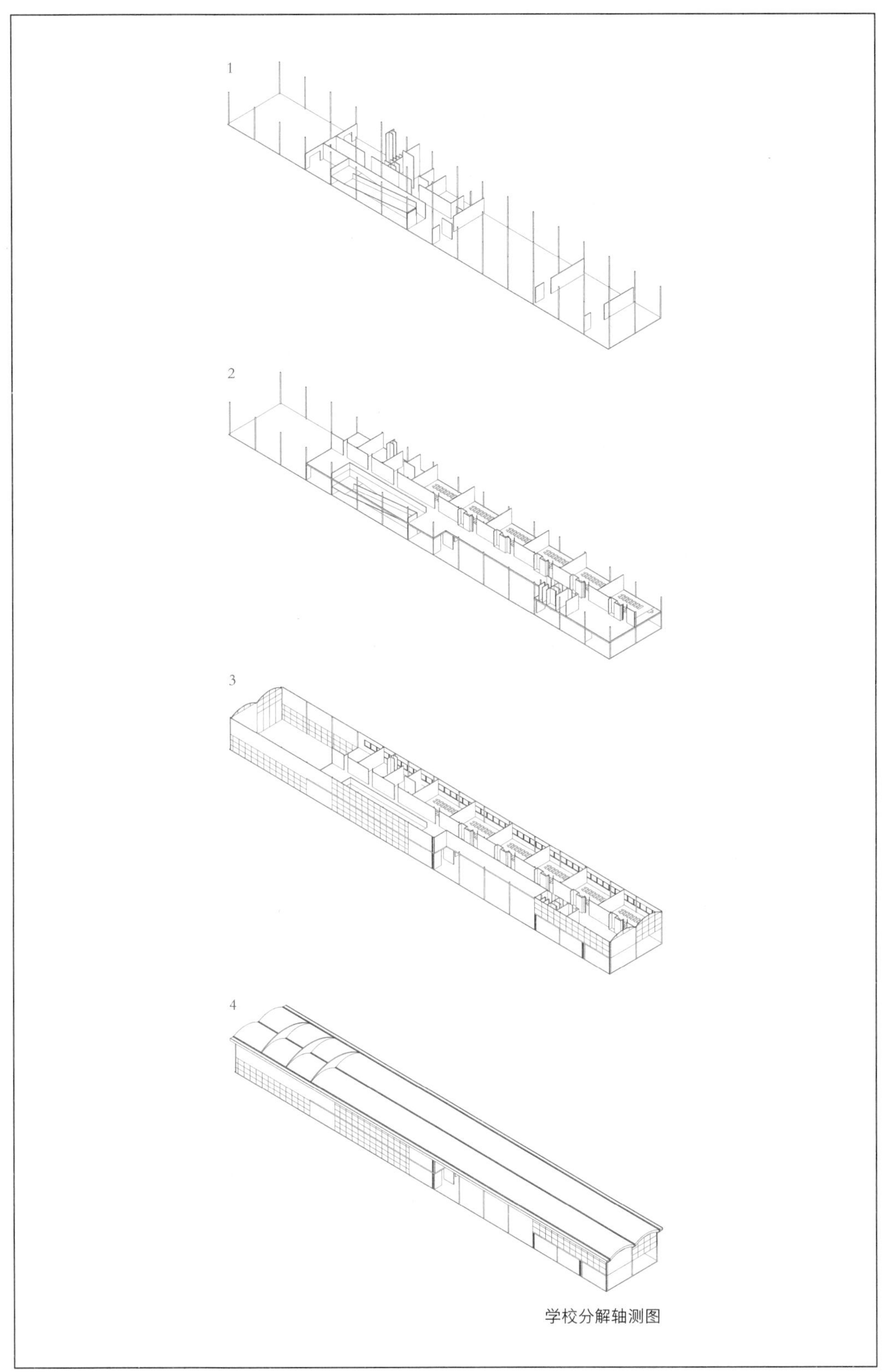

学校分解轴测图

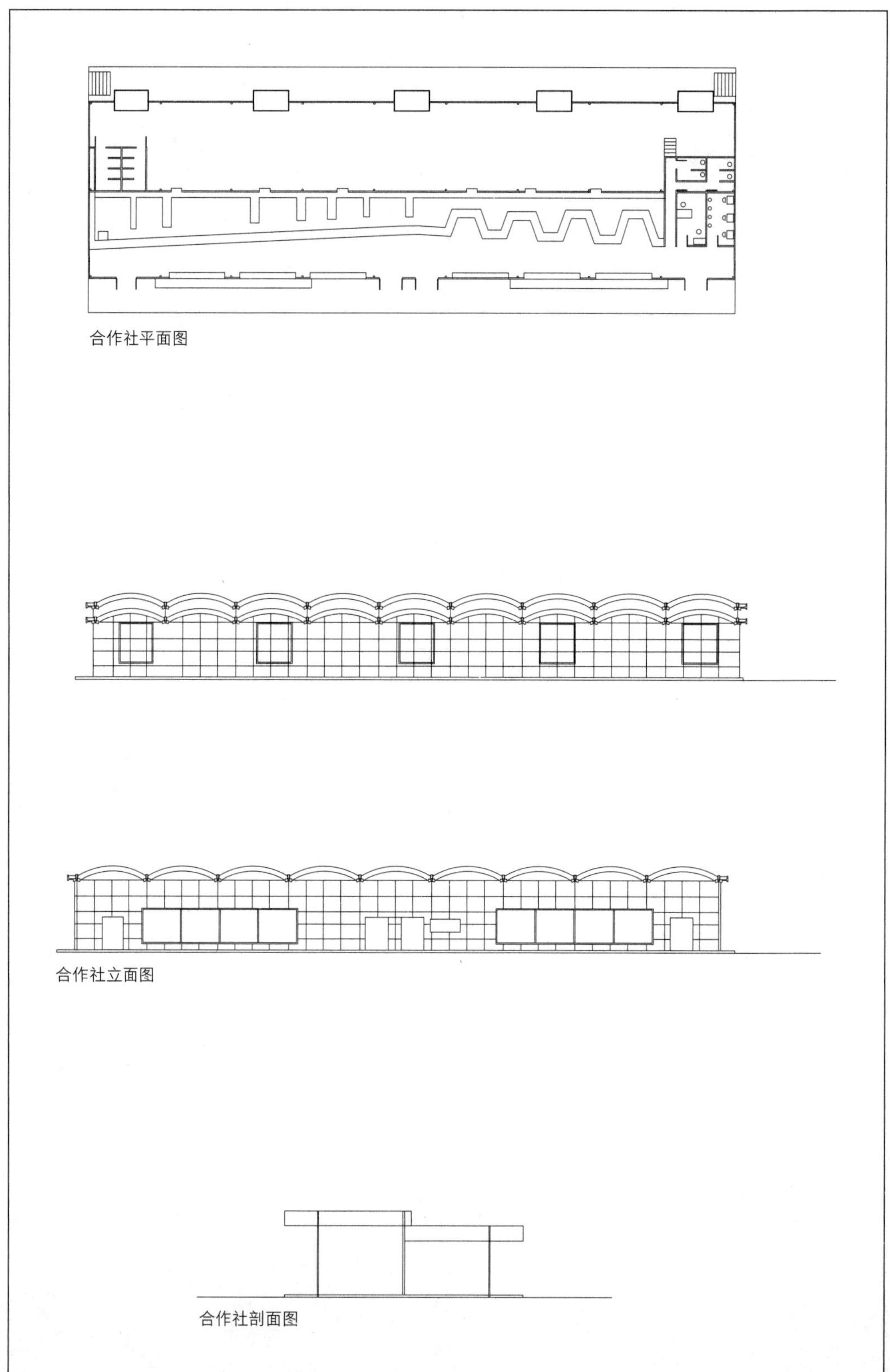

合作社平面图

合作社立面图

合作社剖面图

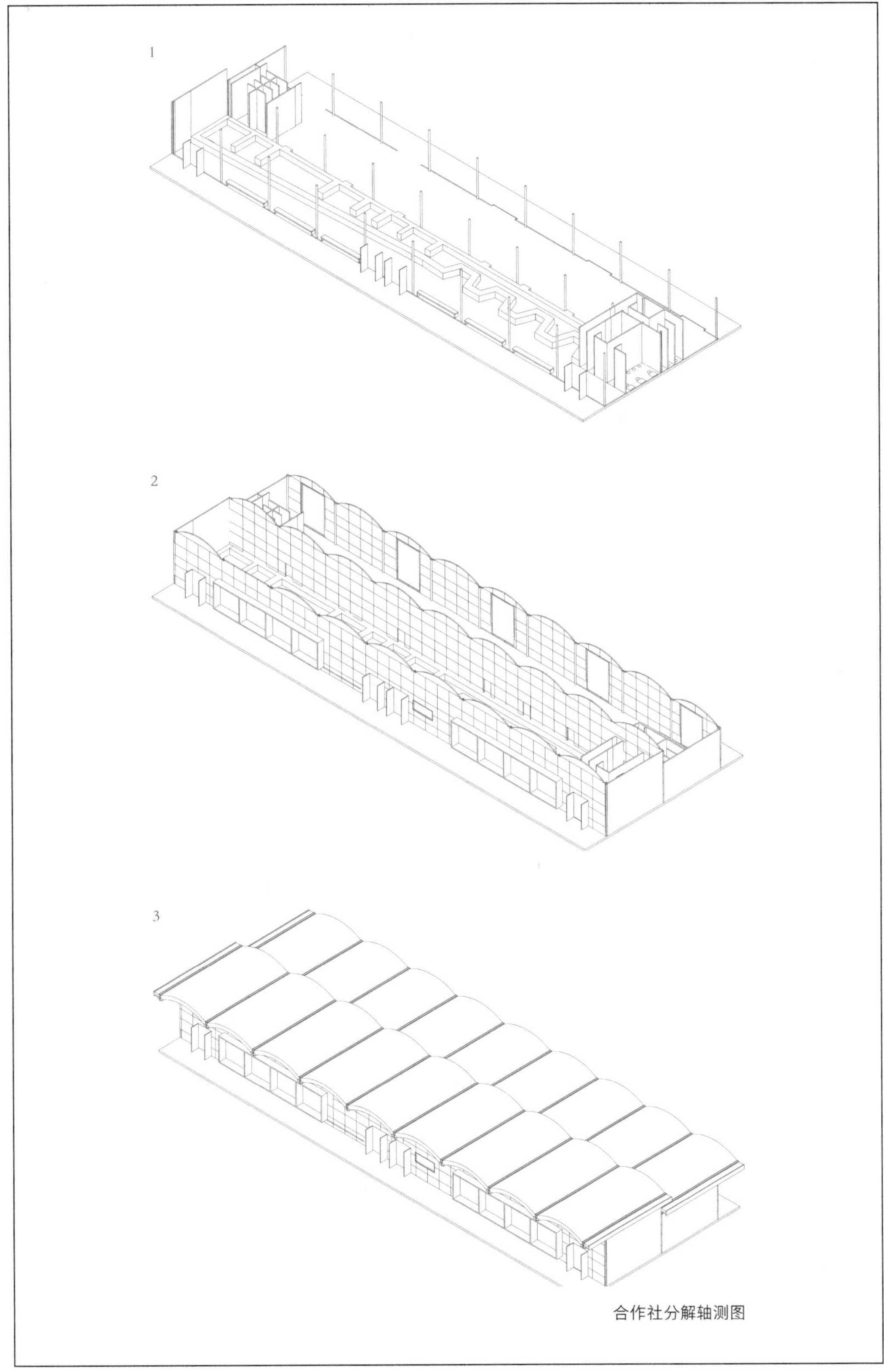

合作社分解轴测图

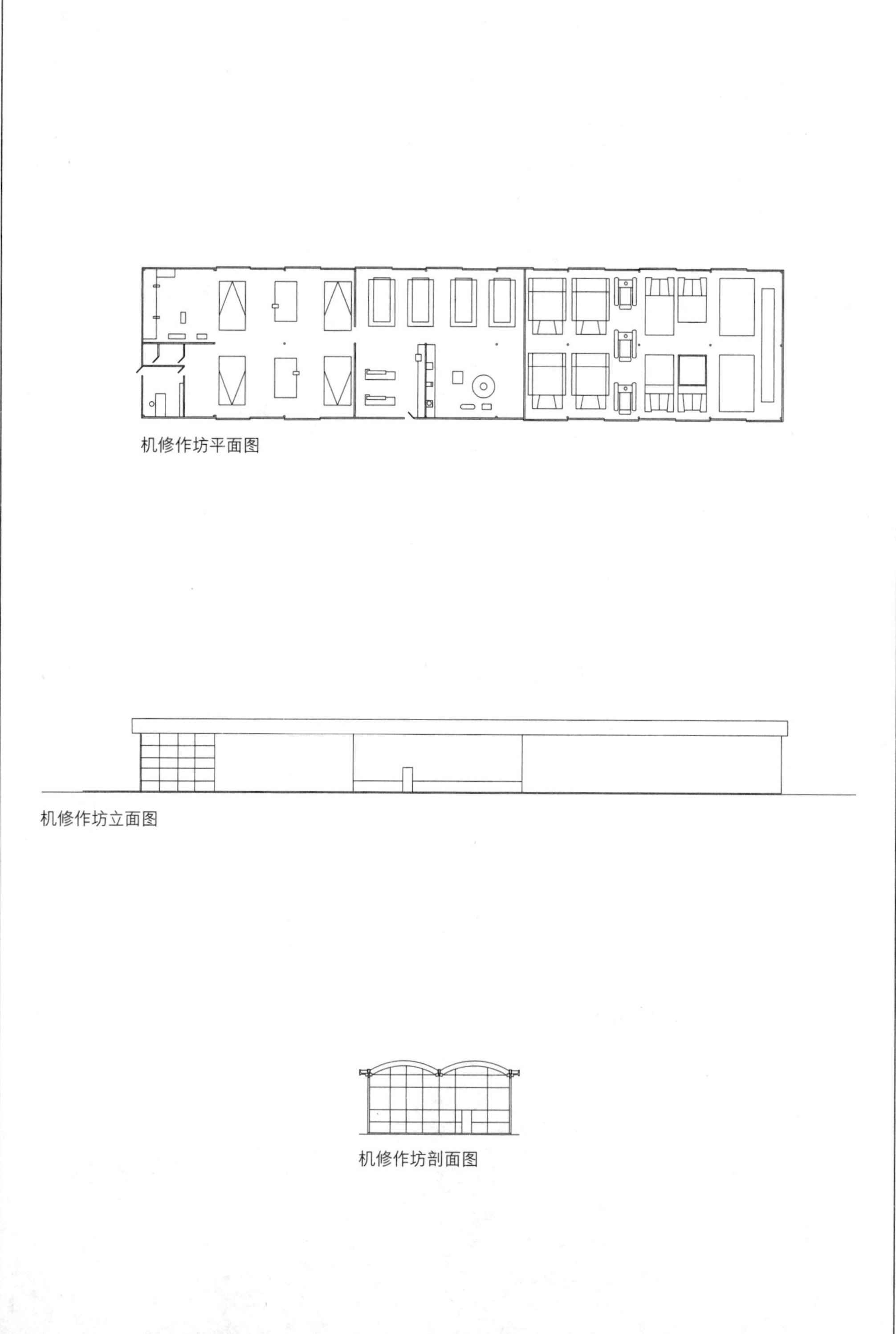

机修作坊平面图

机修作坊立面图

机修作坊剖面图

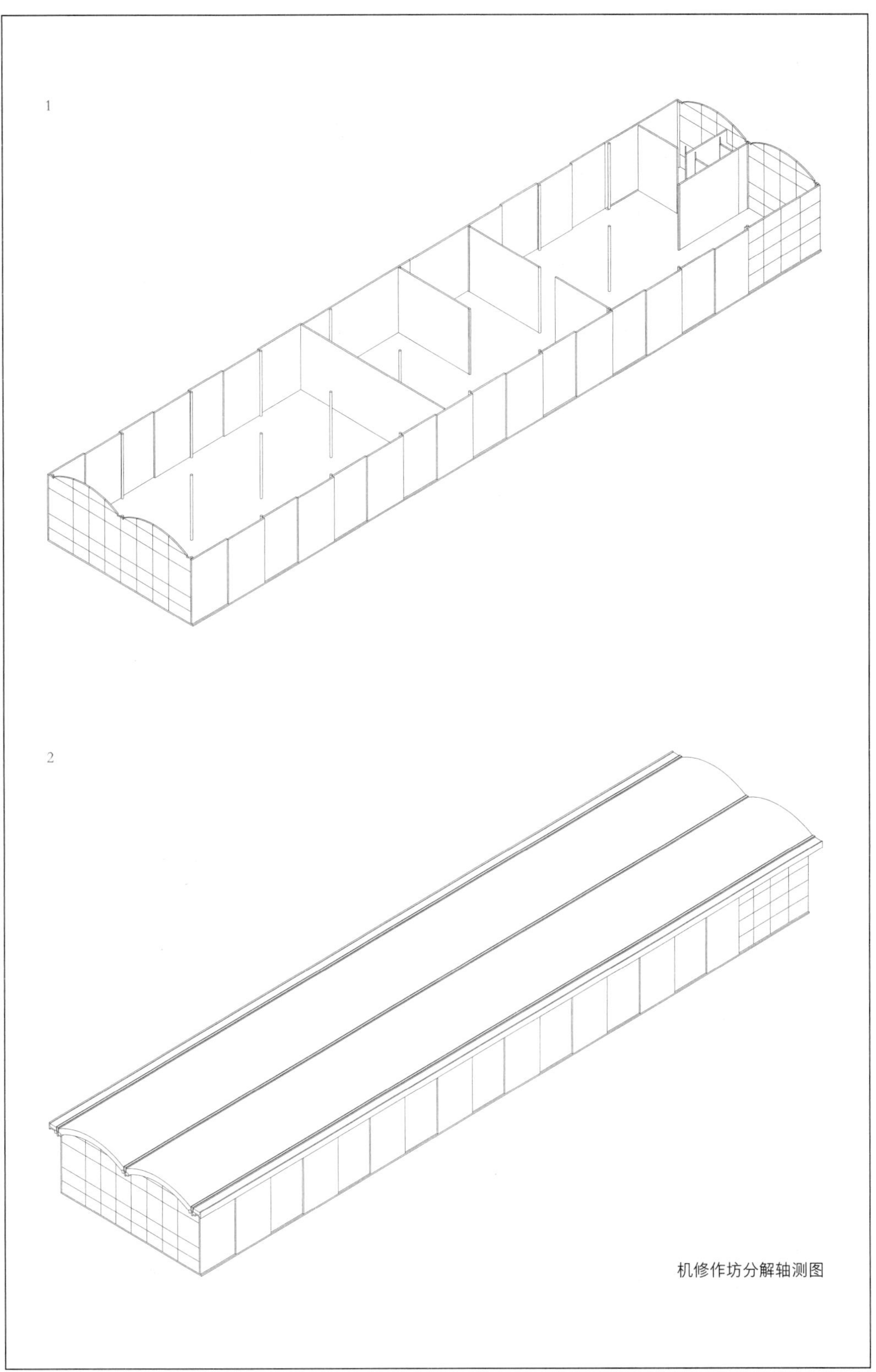

机修作坊分解轴测图

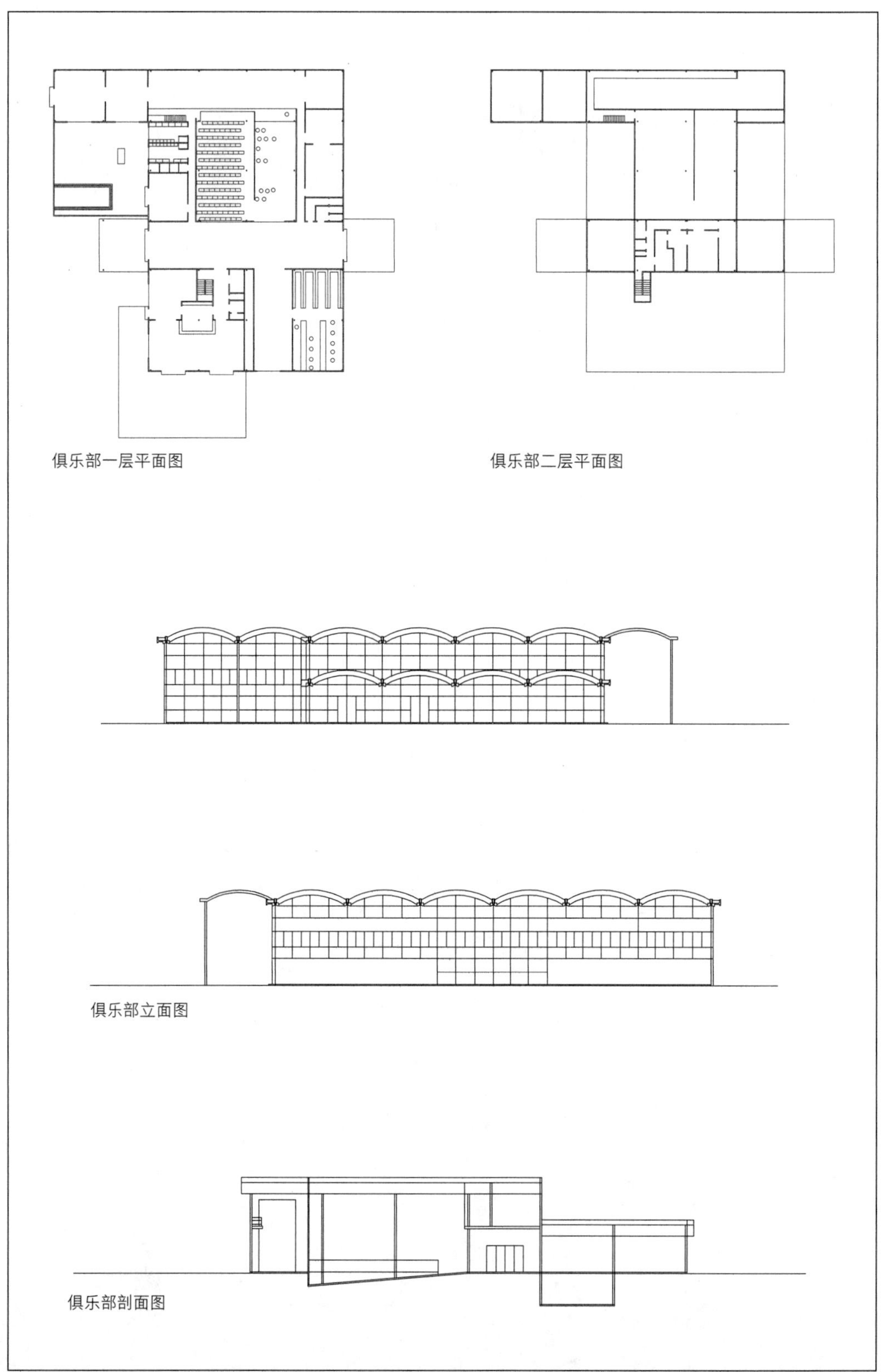

俱乐部一层平面图

俱乐部二层平面图

俱乐部立面图

俱乐部剖面图

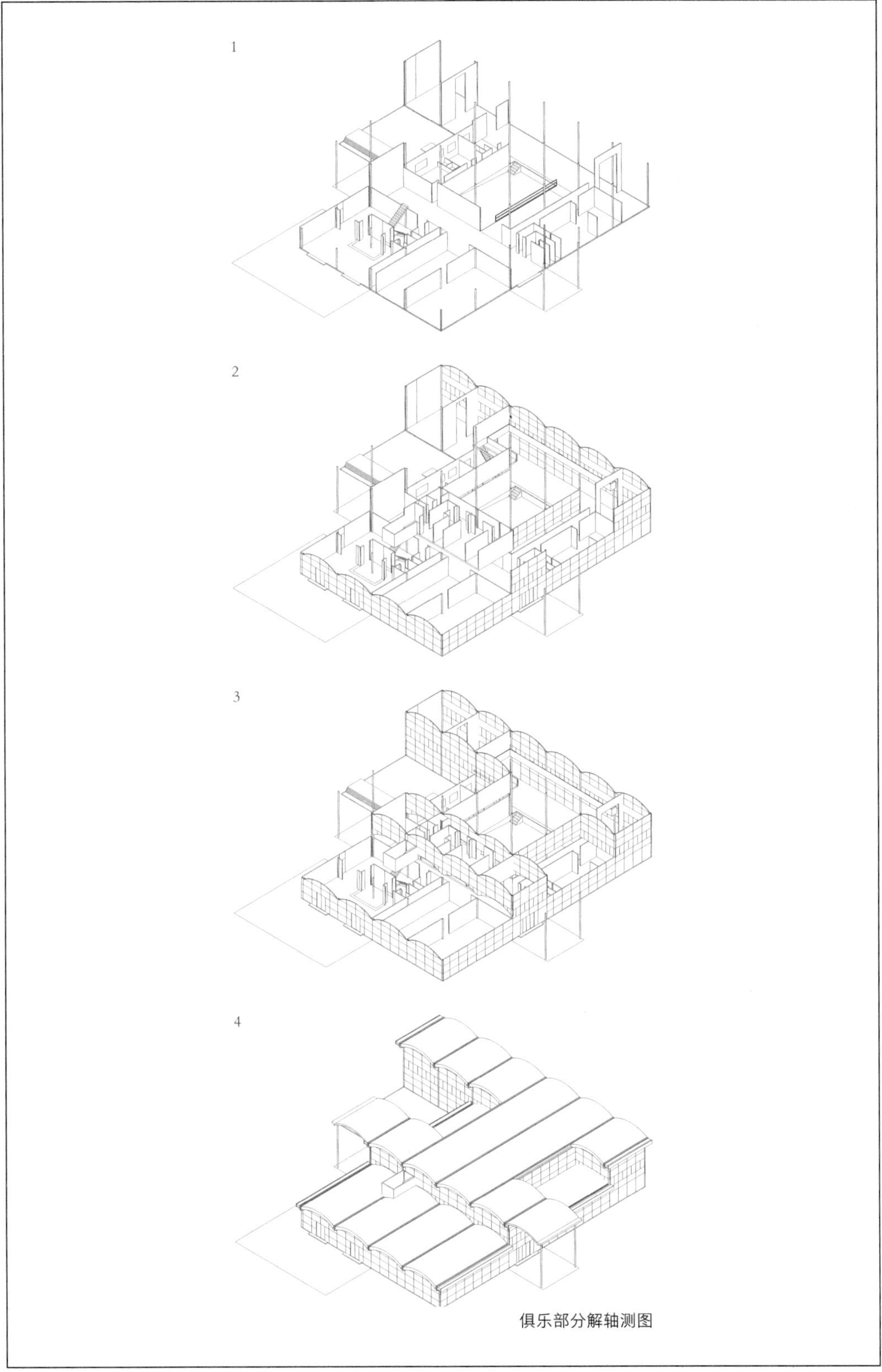

俱乐部分解轴测图

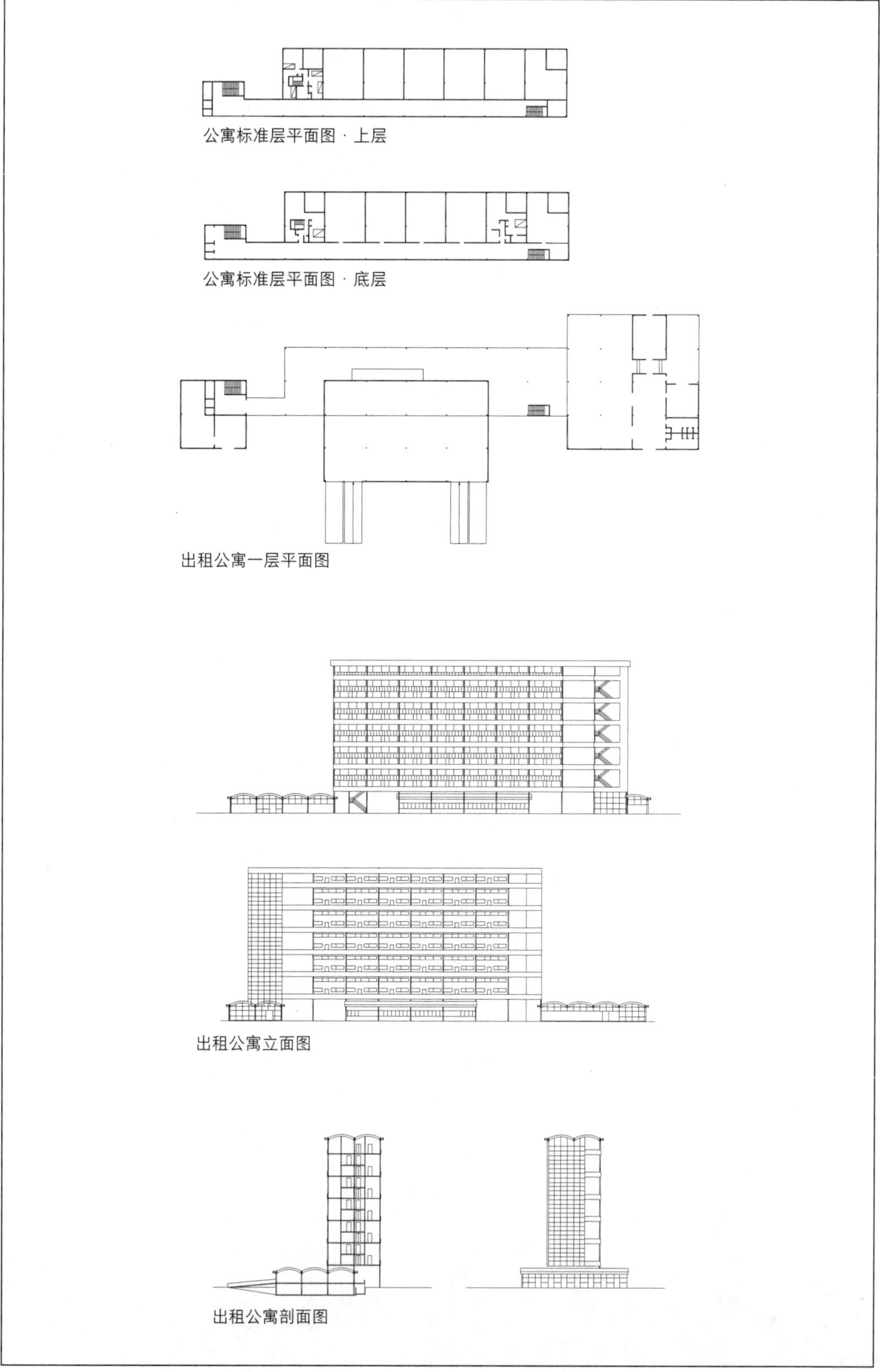
公寓标准层平面图 · 上层

公寓标准层平面图 · 底层

出租公寓一层平面图

出租公寓立面图

出租公寓剖面图

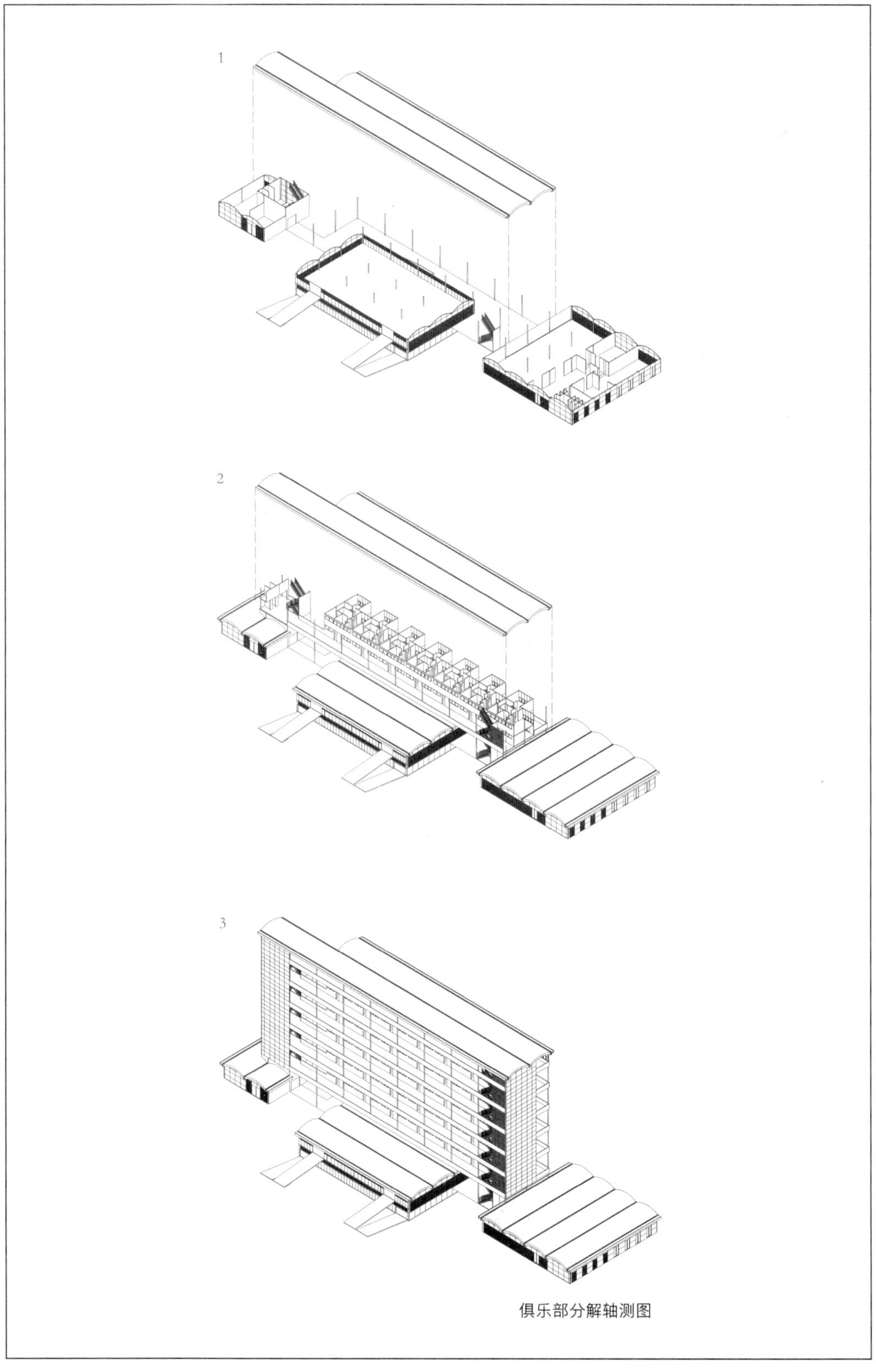

俱乐部分解轴测图

H-22
讷穆尔的拓殖建筑

设计时间：1935
项目地点：阿尔及利亚阿尔及尔
建成情况：未建成

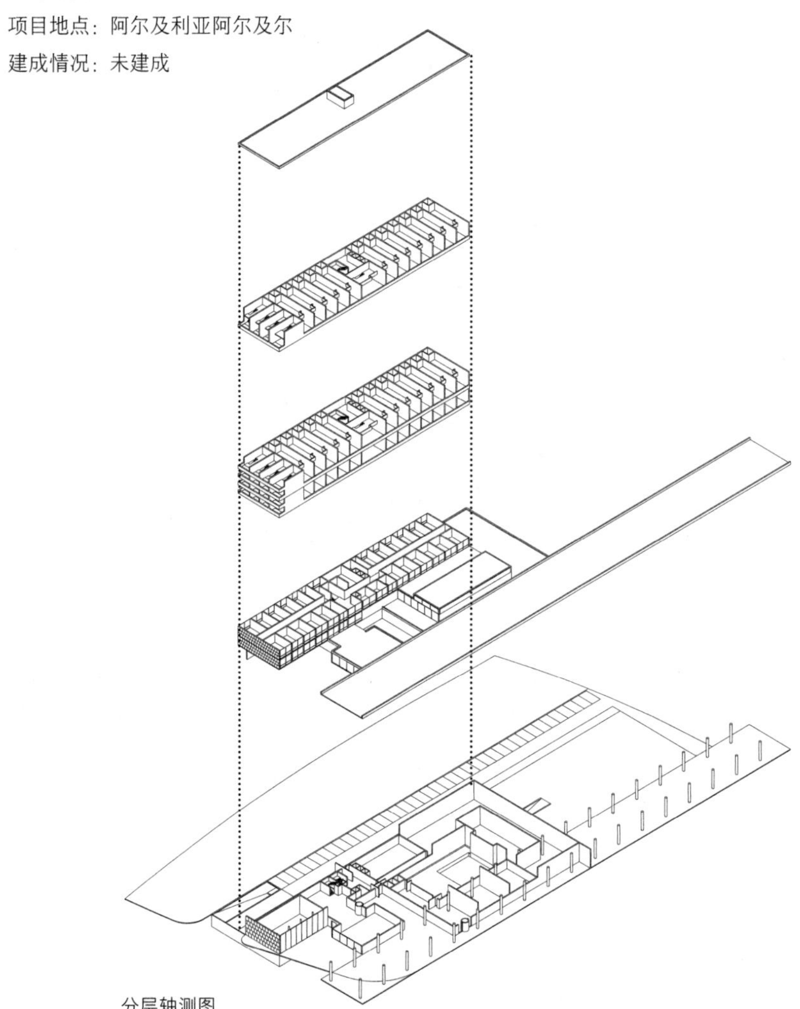

分层轴测图

基地毗邻城市高架快车道，该作品在整体规划中考虑到了这一地块要素。地下层是车库和机修车间等，一层是面向乘客等公共人群的酒吧、旅馆入口以及店铺和商场，夹层是职员行政管理用房，二层到三层是乘客旅馆，以上各层是供官员居住的单廊跃层式公寓。方案的整体构思是基于如何合理而有效地解决各种公共服务设施与管理人员公寓的问题。

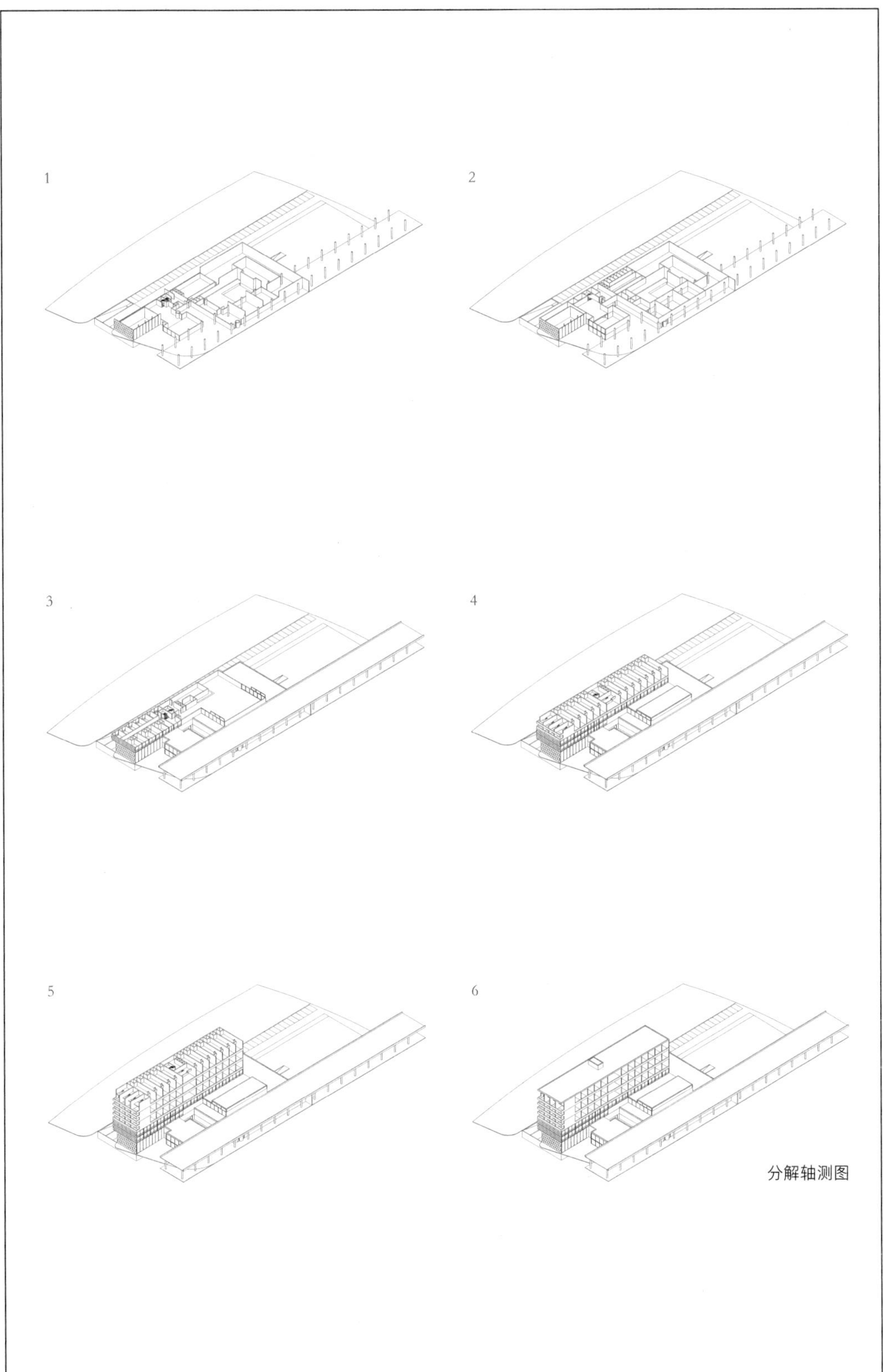

分解轴测图

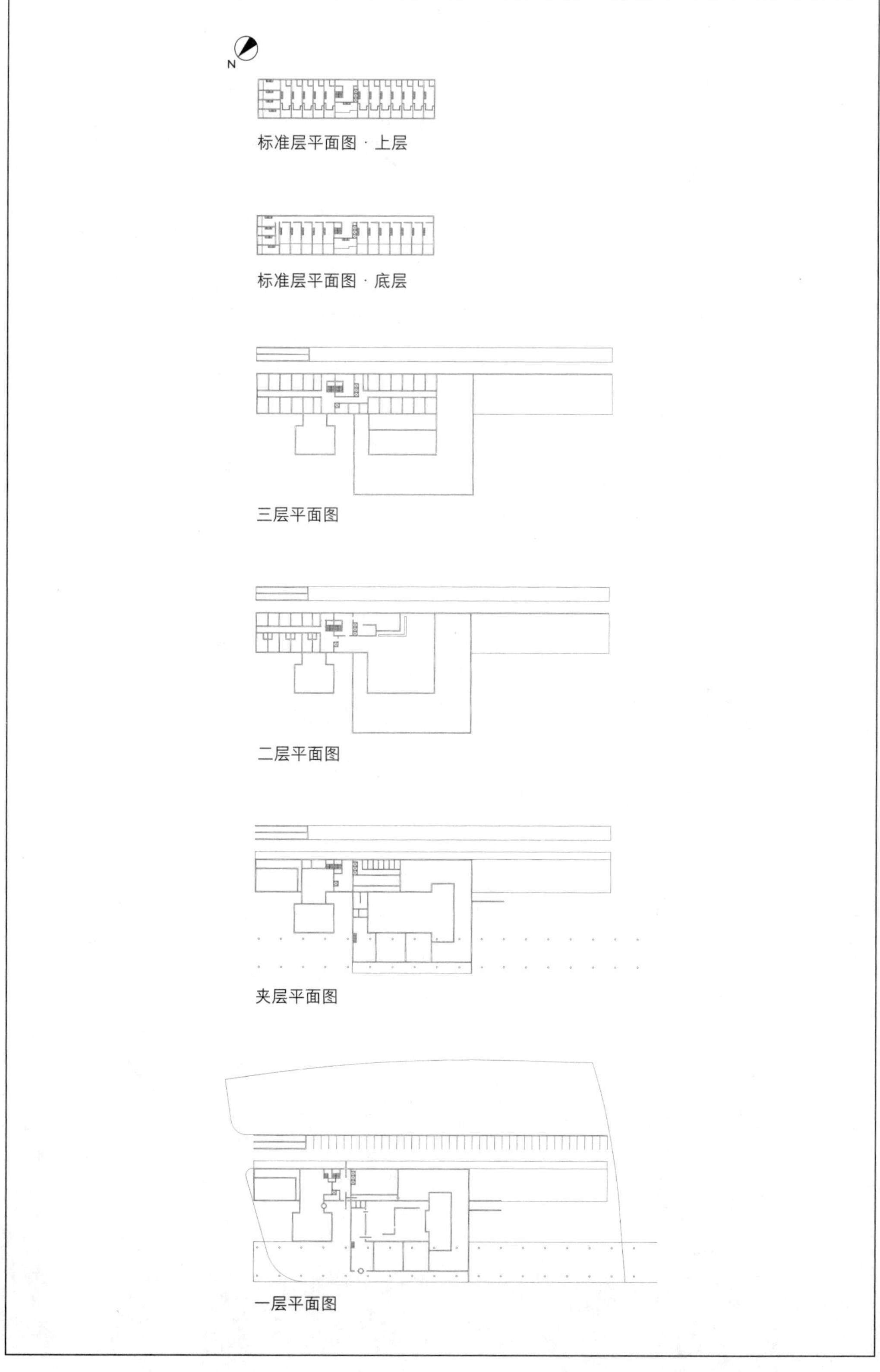

标准层平面图 · 上层

标准层平面图 · 底层

三层平面图

二层平面图

夹层平面图

一层平面图

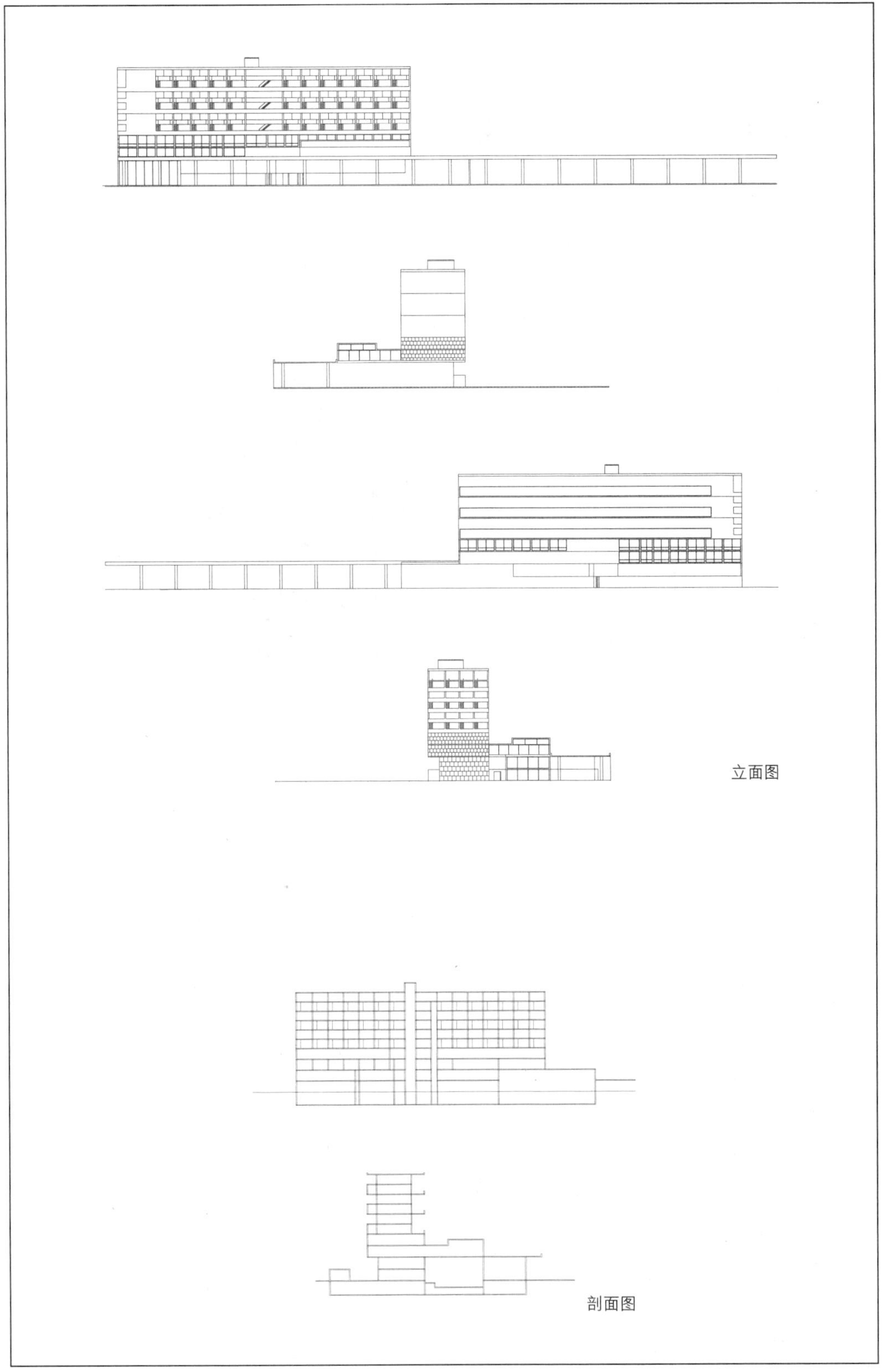
立面图
剖面图

H-30
阿尔及尔马林区摩天楼

设计时间：1938—1942
项目地点：阿尔及利亚阿尔及尔
建成情况：未建成

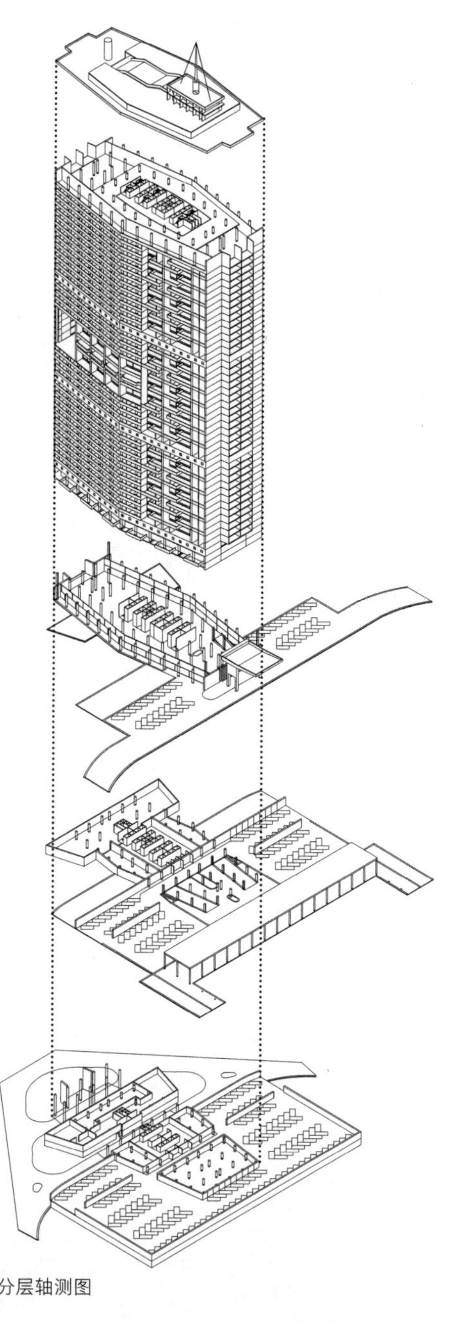
分层轴测图

建筑高 150m，地下一层是车库，地下二层是车库及摩天楼顶层的酒店入口，抬高的一层是入口大厅、行人的入口坡道及汽车港。从整体来看，摩天楼的底部用于组织人行及车行流线，中间是行政办公楼，顶层是酒店。平面呈两端窄、中间宽的梭子形，中间为多部电梯的交通核，周边是开敞的办公空间或隔断的酒店用房。建筑立面为全玻璃墙面，正立面和背立面通过凹阳台来遮阳。

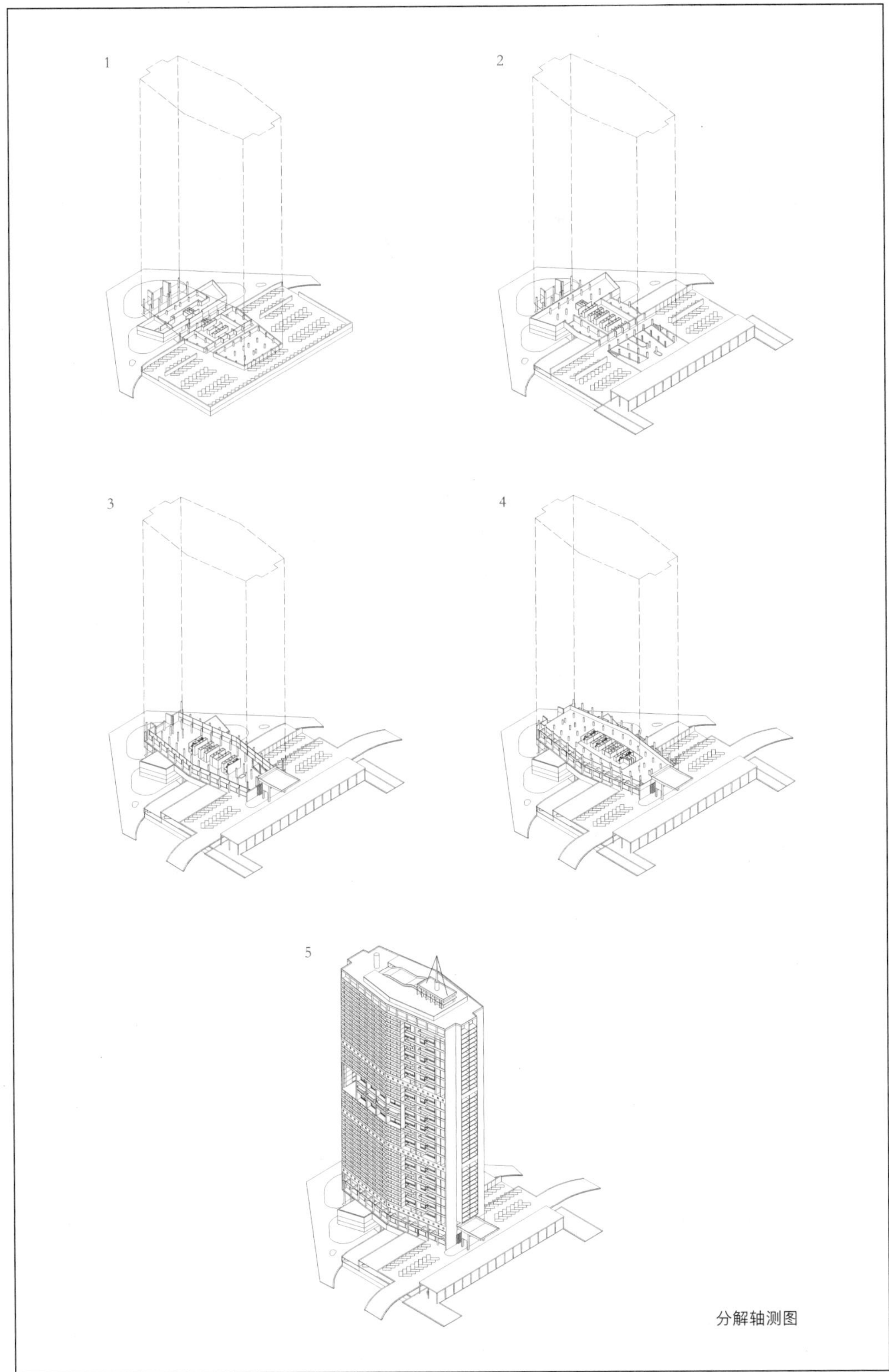

分解轴测图

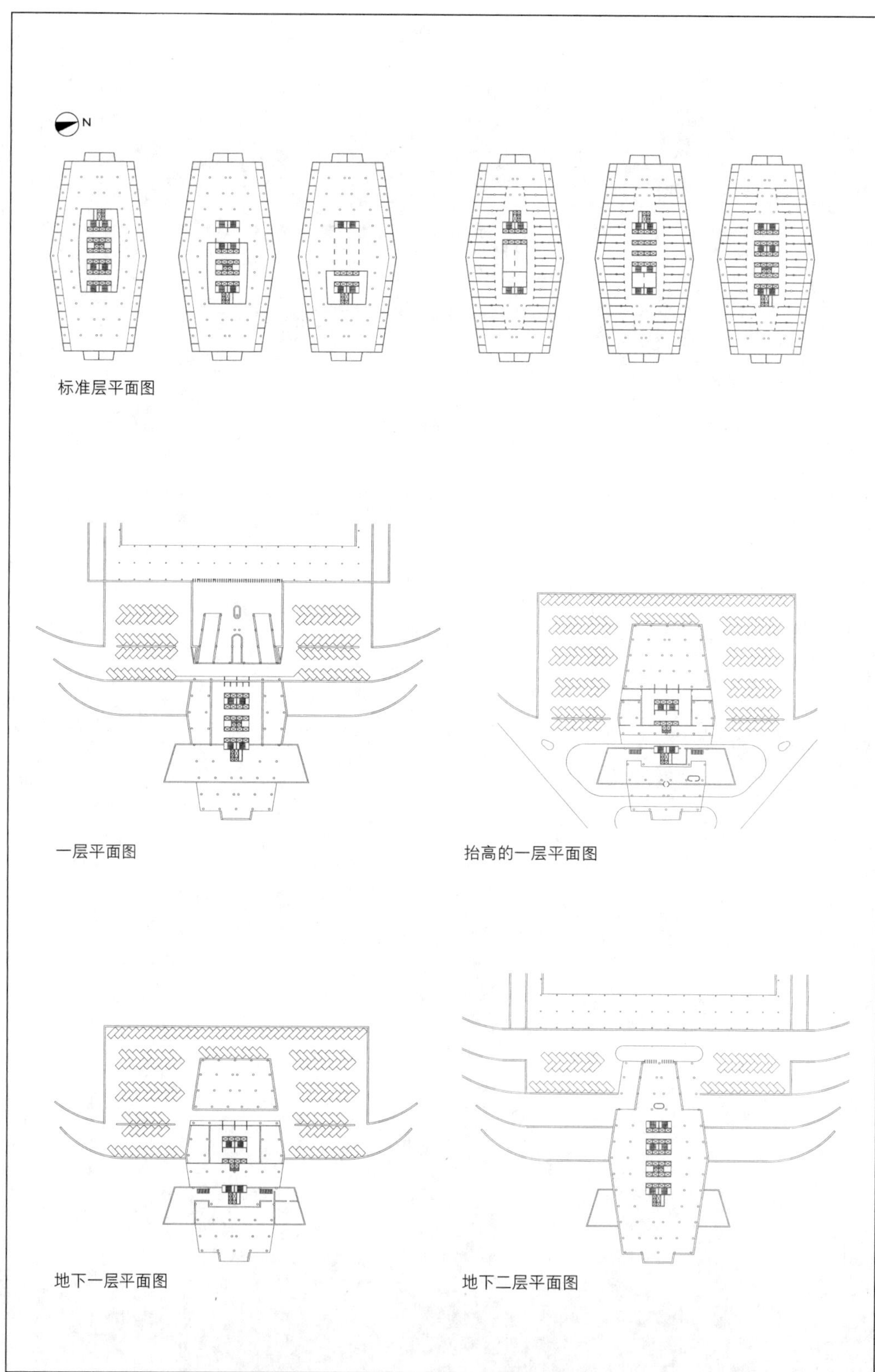

标准层平面图

一层平面图

抬高的一层平面图

地下一层平面图

地下二层平面图

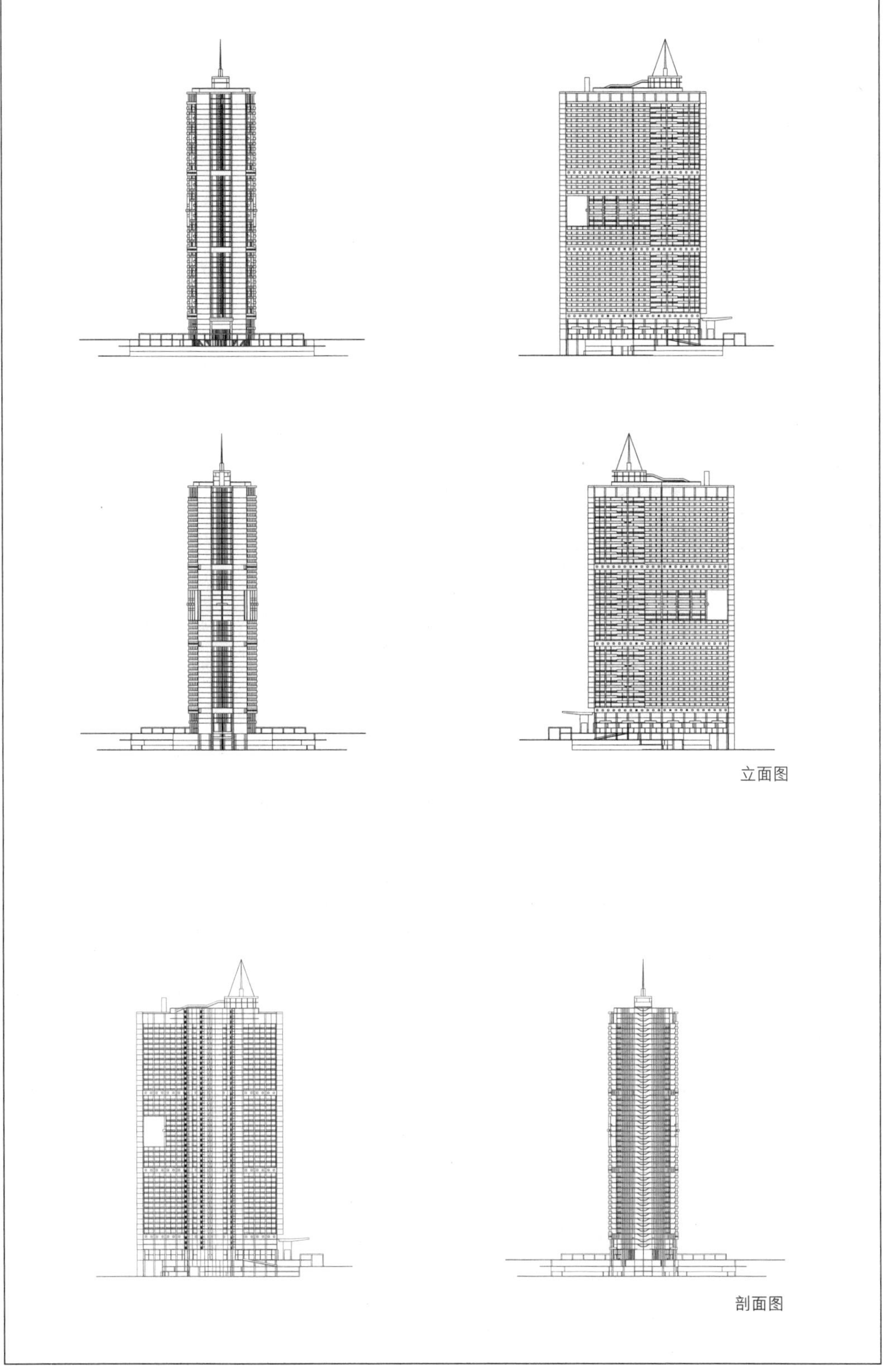

立面图

剖面图

H-37
马赛公寓

设计时间：1945
项目地点：法国马赛
建成情况：建成

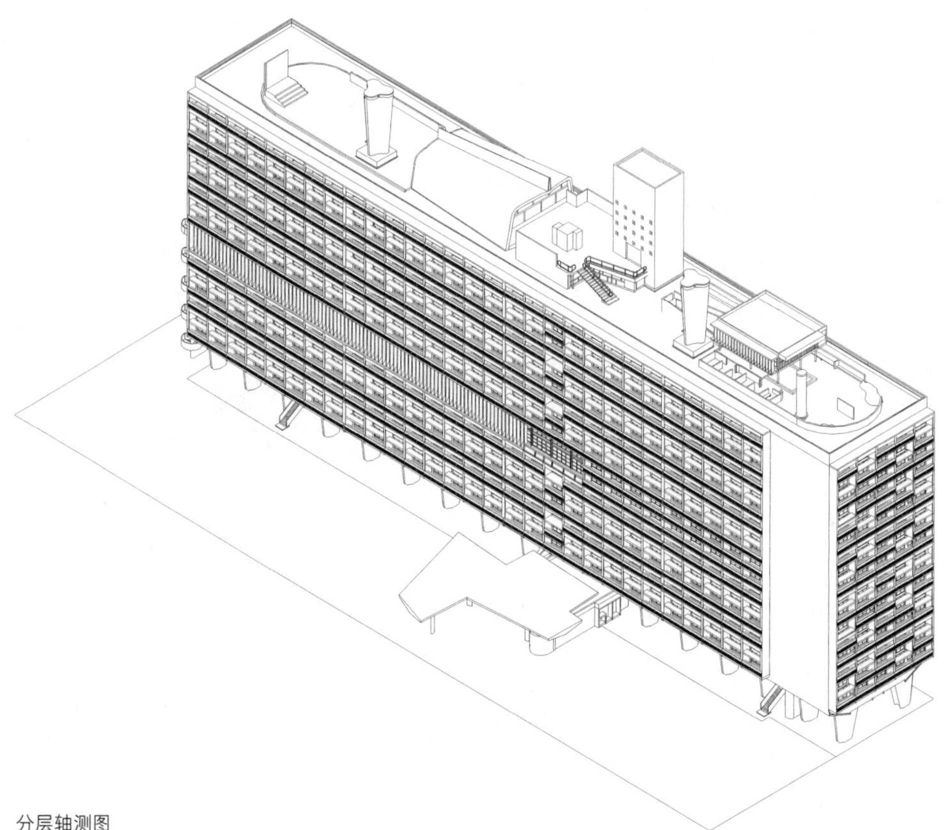

分层轴测图

这是柯布西耶的晚期代表作之一，应用规格化和标准化的集合住宅，提供了根据各个家庭不同人口配置的多种住宅户型。除却住宅的功能以外，大楼里还设置了内部生活必需品供应“街道”，将原本在城市中铺展开的各种服务设施纳入大楼，如食品店、酒吧、餐厅，以及屋顶上的幼儿园及儿童活动场，室内或露天的体育健身场所，一条300m长的跑道和日光浴场等。建筑整体架空在粗壮的混凝土柱上，公寓的标准层在剖面上呈现为相互咬合的“互”字形跃层式。

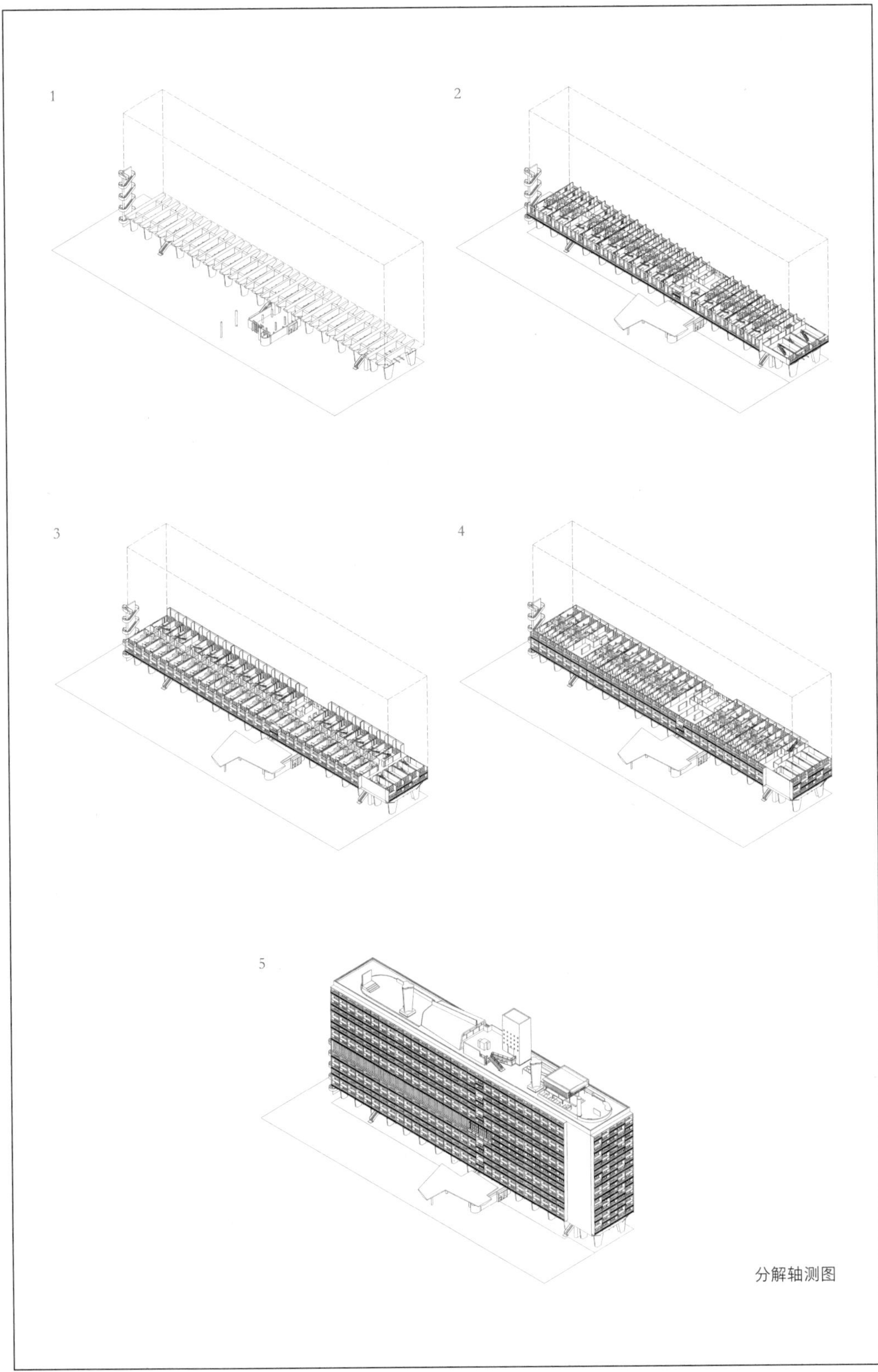

分解轴测图

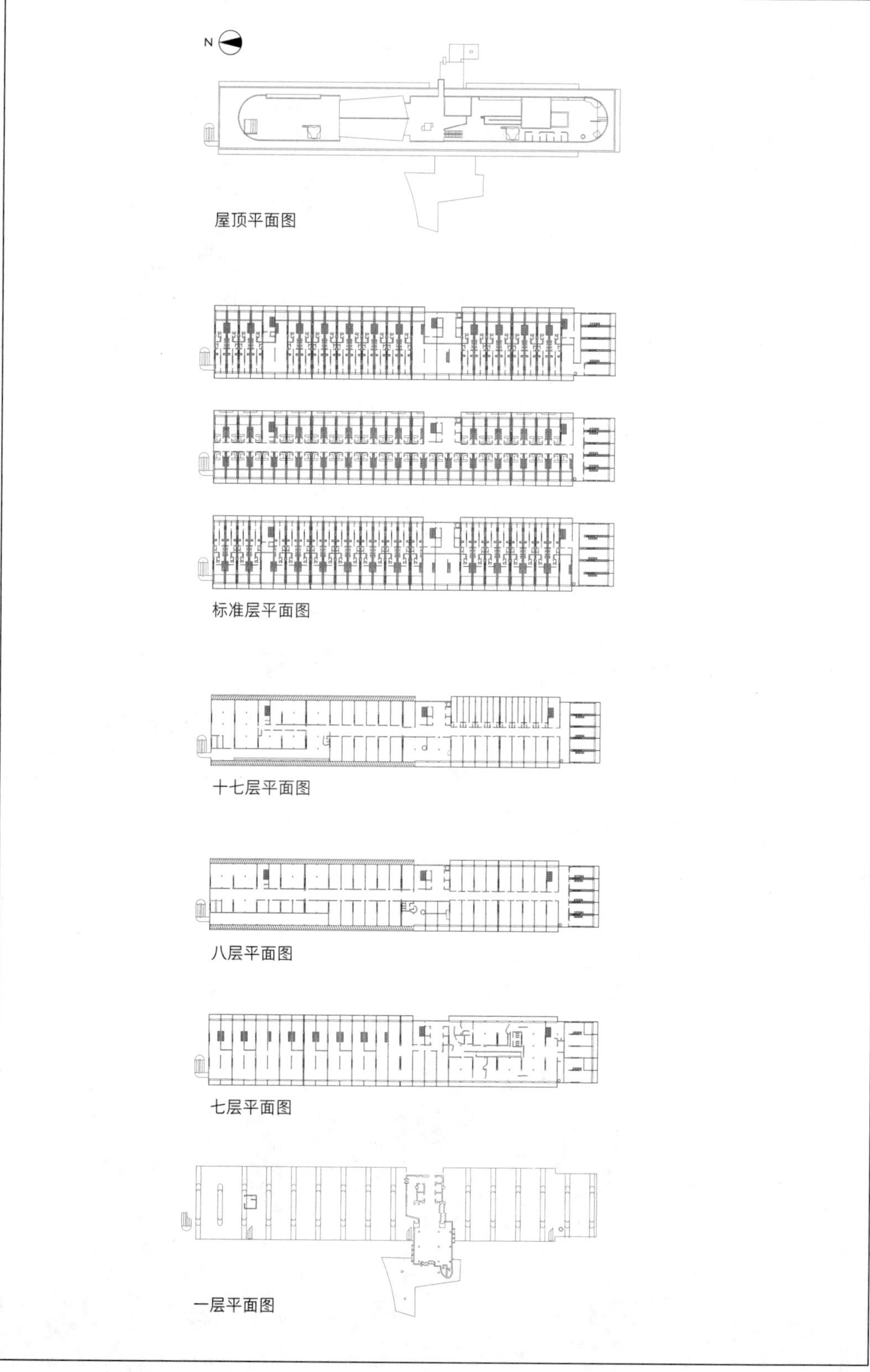

屋顶平面图

标准层平面图

十七层平面图

八层平面图

七层平面图

一层平面图

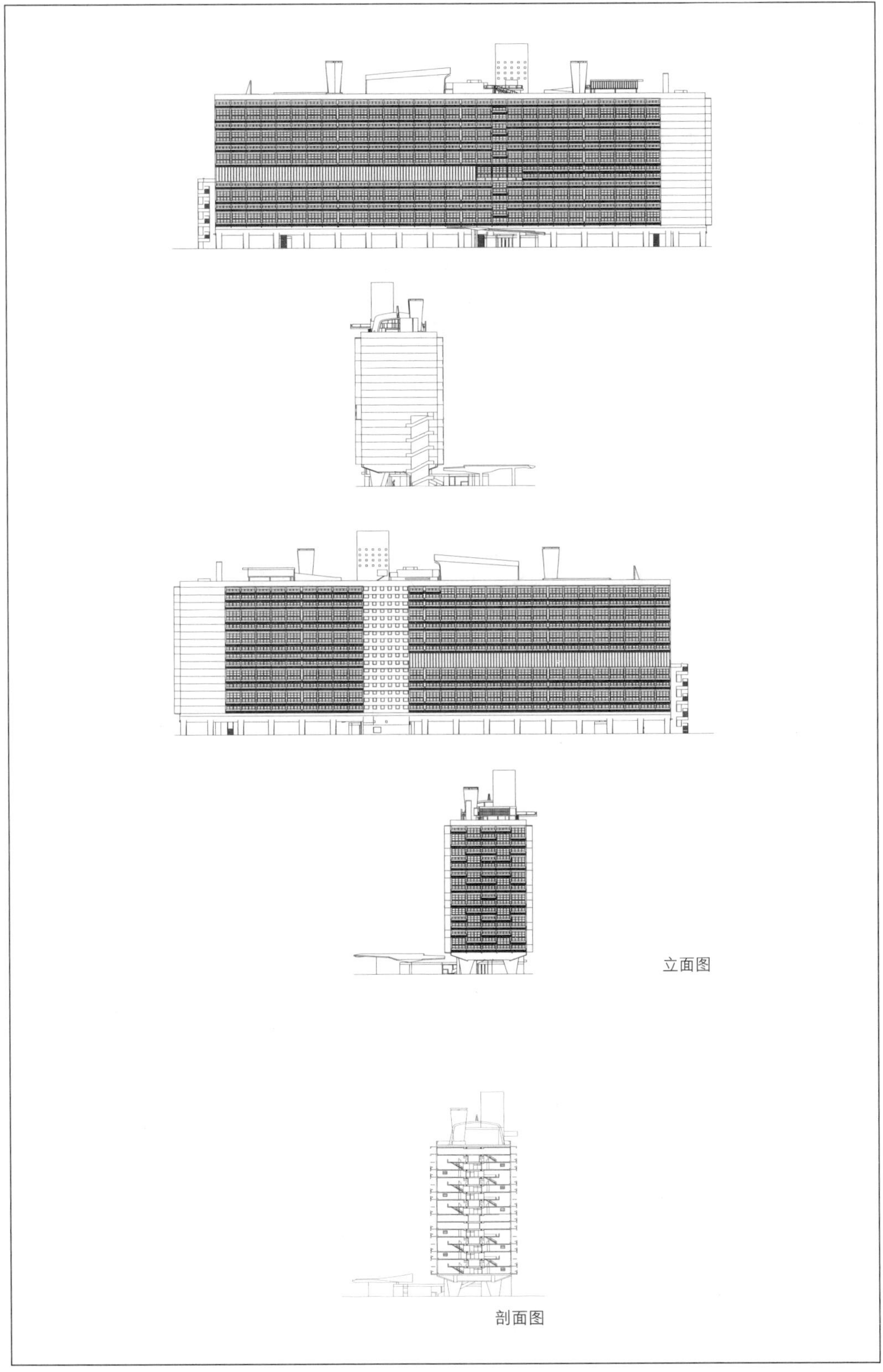

立面图

剖面图

H-65
巴黎 – 奥赛

设计时间：1961
项目地点：法国巴黎
建成情况：未建成

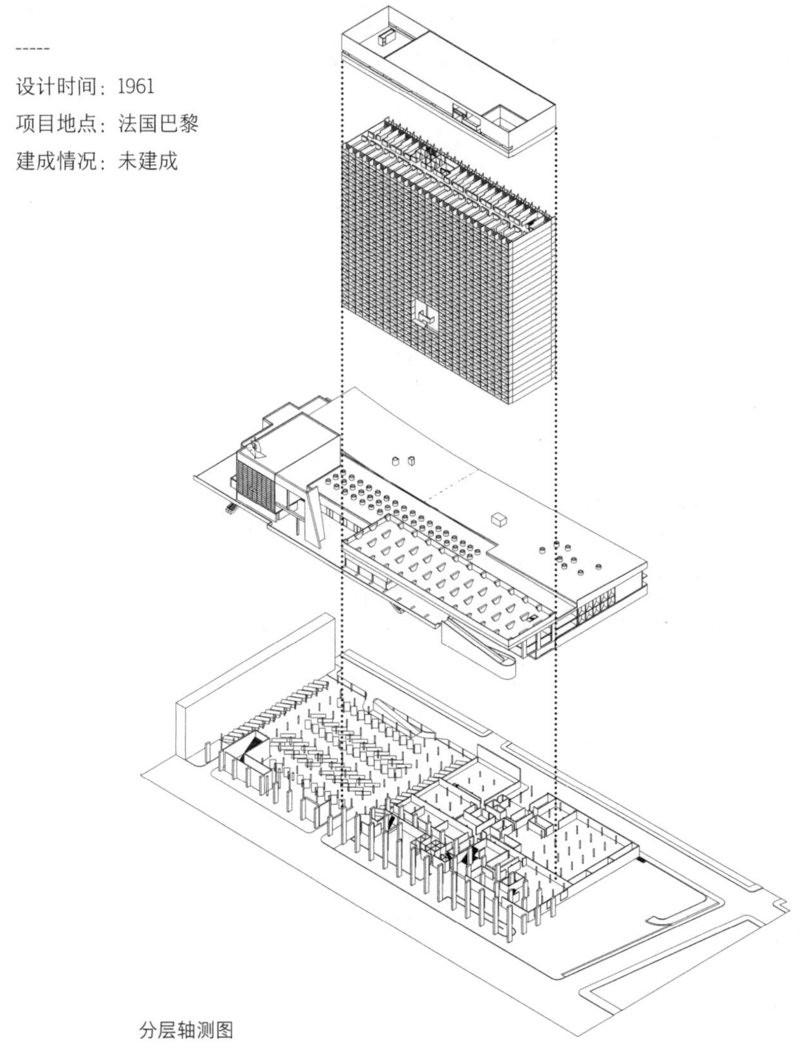

分层轴测图

地块毗邻塞纳河，是一个集会议、展览、音乐及戏剧等多个功能于一身的文化中心。建筑平面按照旅馆区、会议区和文化区的功能来布置，整体呈现为一个旅馆高层及附属裙房的形态。一层有多个入口及公共设施；二层的临街侧为底层架空空间，其他空间是一些服务设施，如食品储藏室、洗衣房、备餐室等；三层为大堂、酒吧、餐厅等接待区，还有会议区的会议室，及文化区的艺术画廊和“魔盒”。旅馆的标准层为“一”字形平面，中间为走道，两侧为客房，电梯和楼梯位于背街侧的中间，所有客房都有阳台。

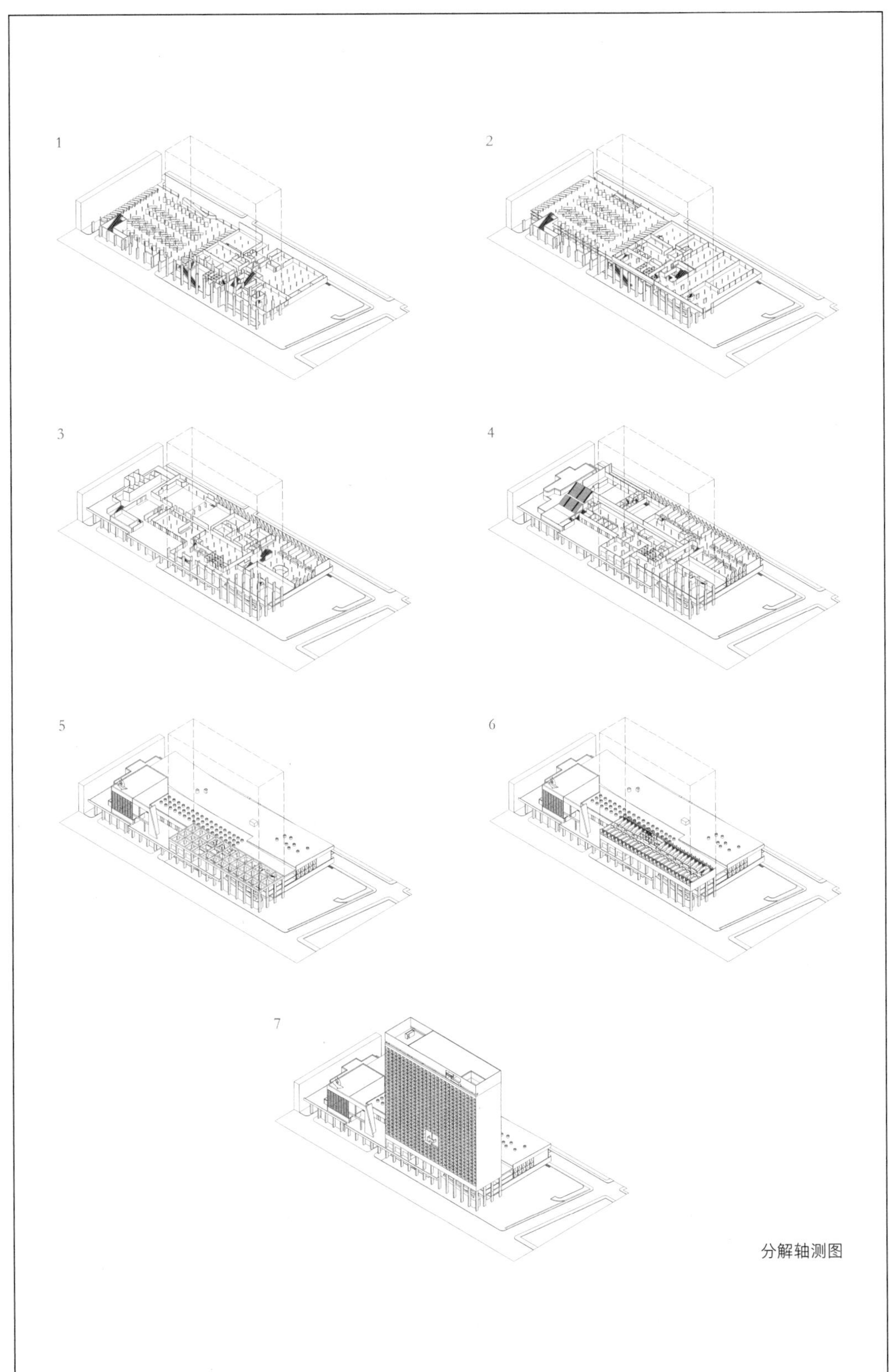

分解轴测图

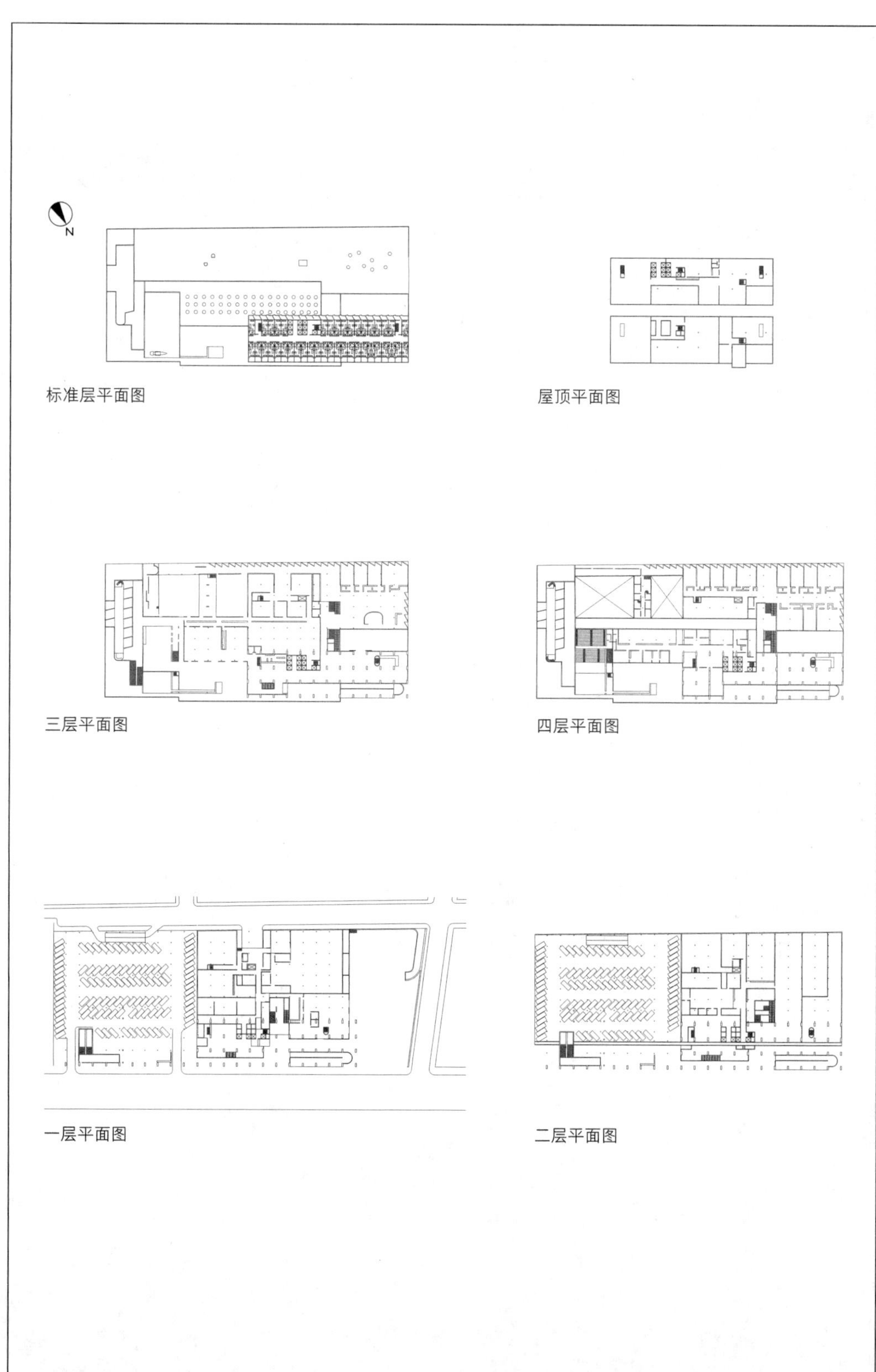

标准层平面图

屋顶平面图

三层平面图

四层平面图

一层平面图

二层平面图

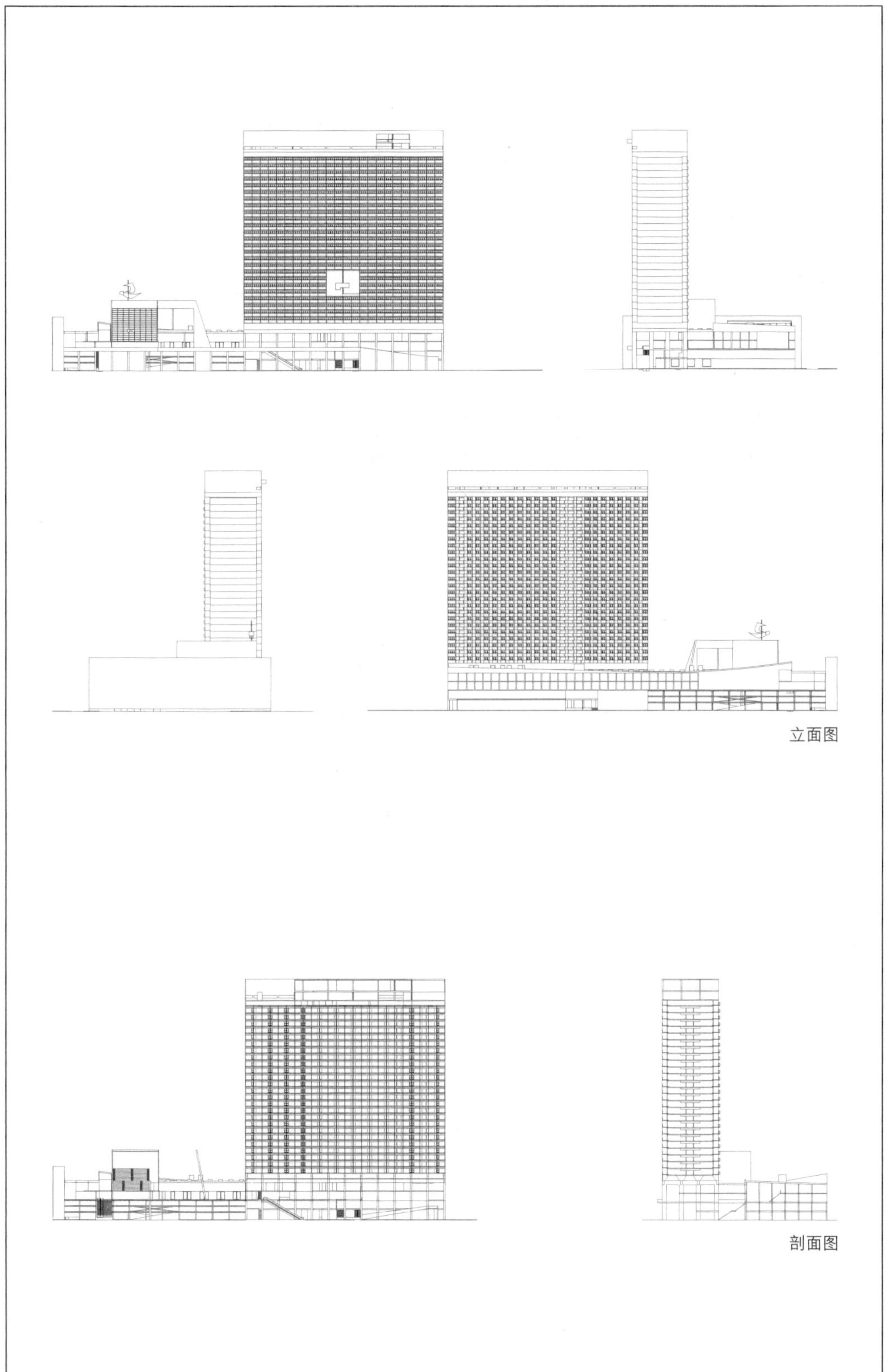

立面图

剖面图

I-02

La Scala 电影院

设计时间：1916

项目地点：瑞士拉绍德封

建成情况：建成

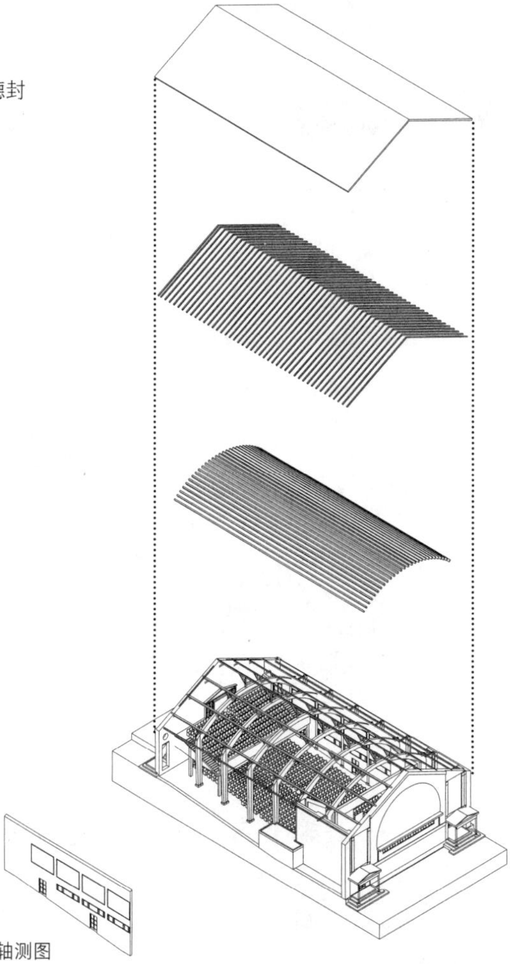

分层轴测图

这是柯布西耶的白色住宅时期之前的一个早期作品，是一个已建成的剧场建筑，基地位于拉绍德封，但未收录进《勒·柯布西耶全集》。相比于柯布西耶职业生涯中的其他作品而言，这是一个保留了古典主义色彩的方案。从剧场的两个山墙面的立面构成中可以看出，屋顶为“人”字形的两坡式屋顶，立面保持中轴对称，两侧入口均设置了一个小门廊。从构造上来看，剧场主体通过拱形的梁架来支撑屋顶，上覆支撑柱，再铺设檩条。内部空间为局部二层，一层为舞台、座席，舞台的对面有一个半出挑的看台席，可以通过一层内部一侧的直跑楼梯或者外部入口处的两个楼梯到达。

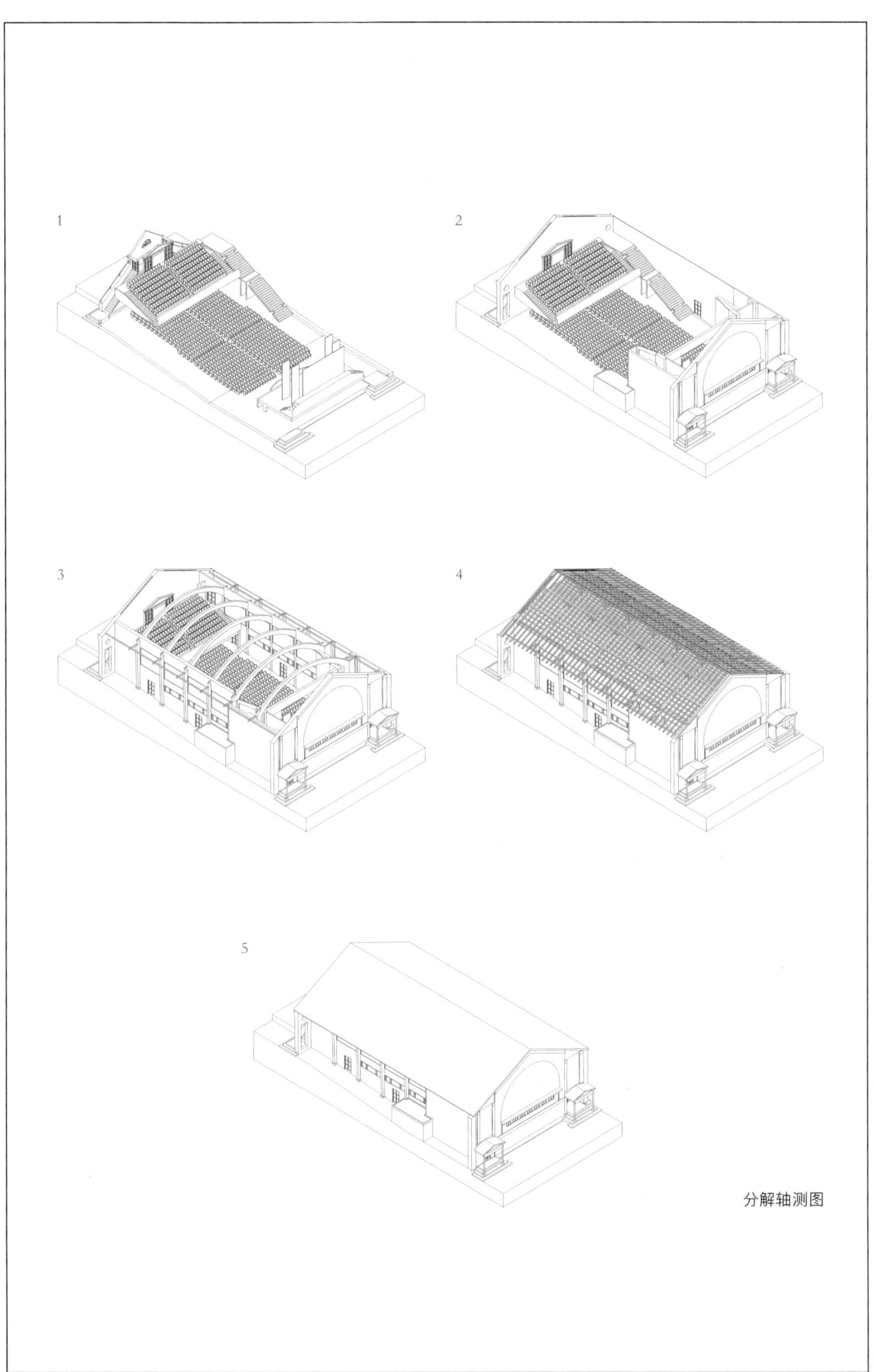

分解轴测图

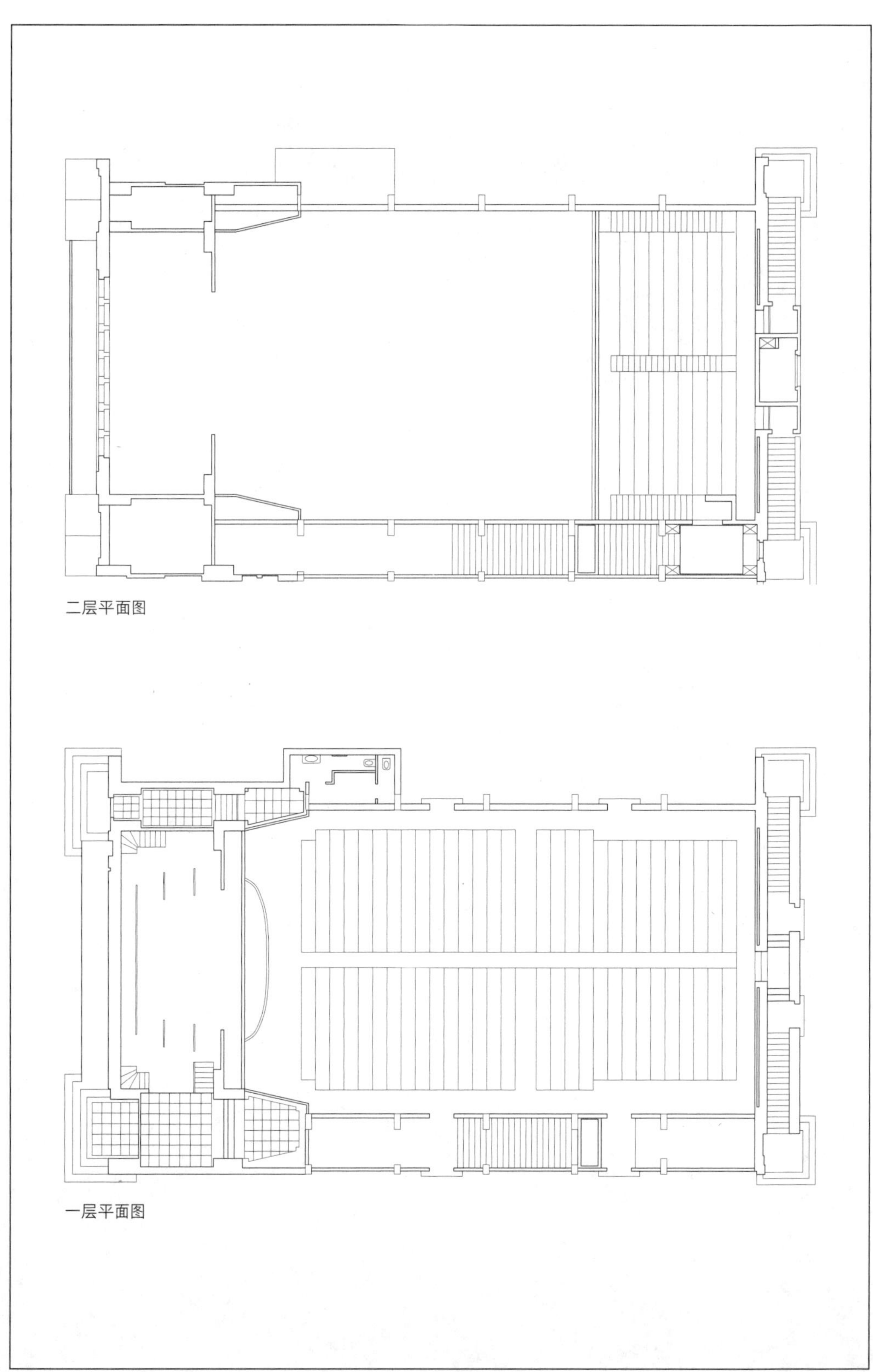
二层平面图
一层平面图

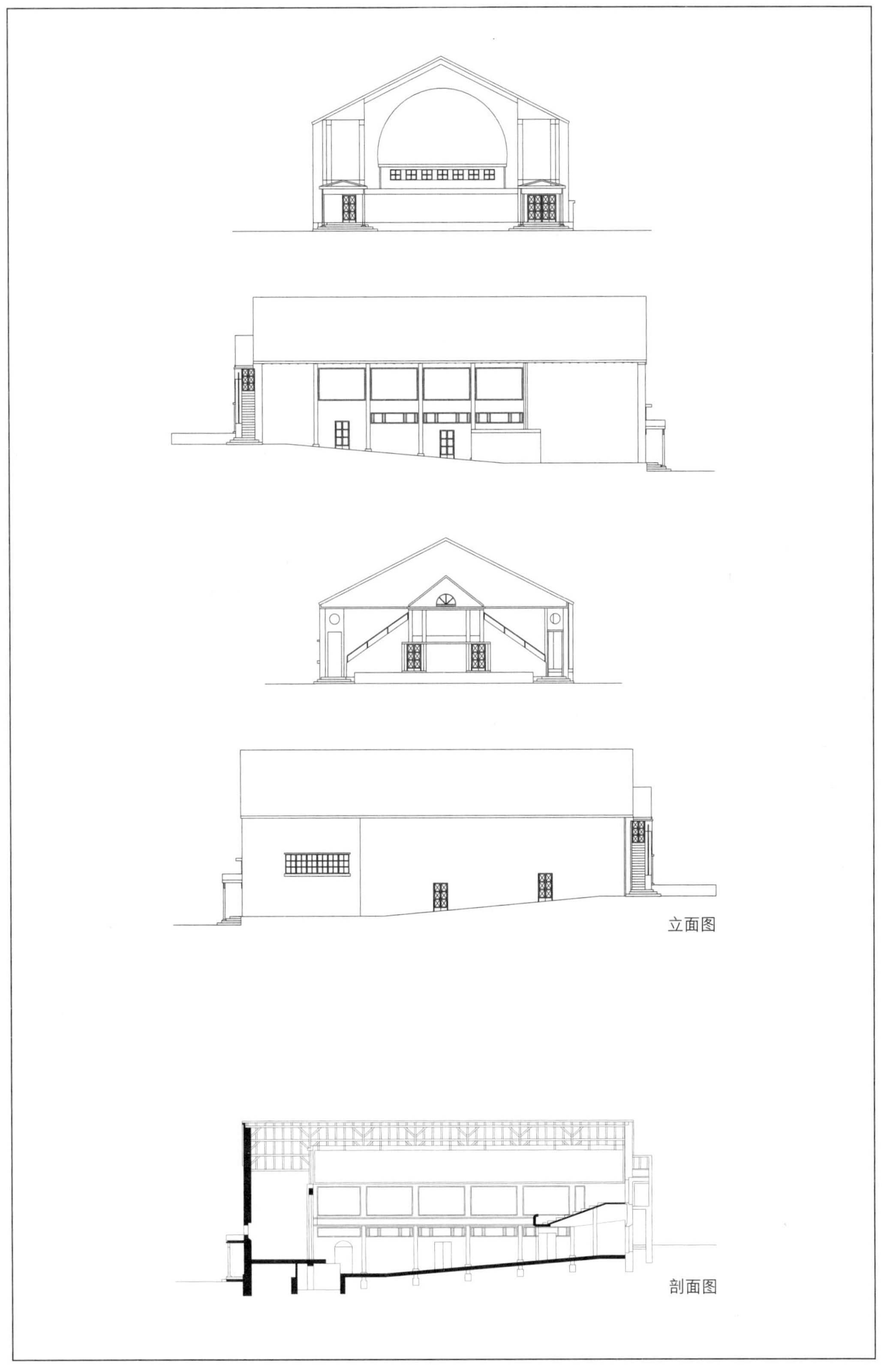

立面图

剖面图

I-13

蒙巴纳斯电影院

设计时间：1931

项目地点：法国巴黎

建成情况：未建成

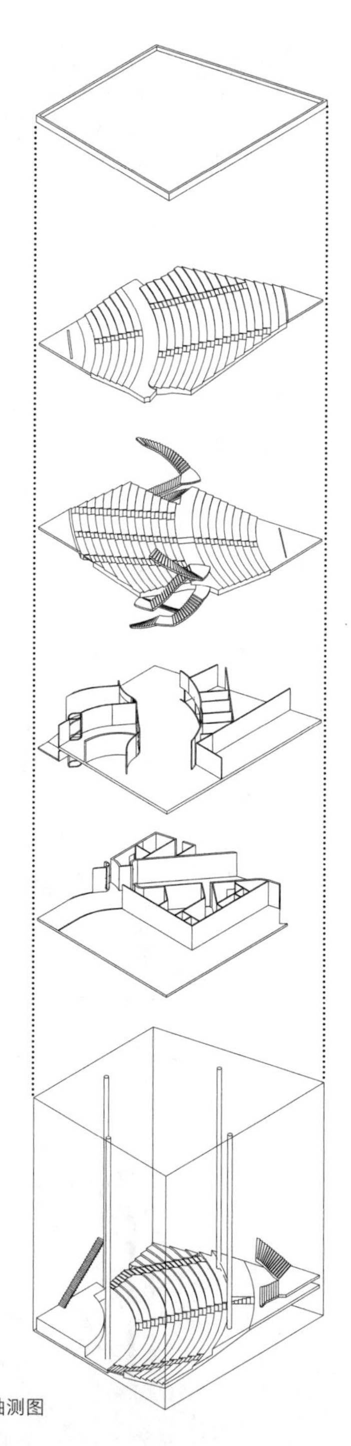

分层轴测图

这是一个未建成的剧场建筑方案。该方案的主体特征在于打破了传统的“平”楼层的概念。从剖面图中可以看出，平面中均匀分布的 4 根柱子贯穿整栋建筑的五层平面，并支撑起各层楼板和屋顶，为适应剧场建筑需要的台阶式的座席，各层楼板均呈现为倾斜的状态，各个楼层之间通过“梯子”或者楼梯连通。框架结构带来了“新建筑五点”中的自由平面、自由立面等，而通过这个方案，柯布西耶向世人展示了自由剖面。

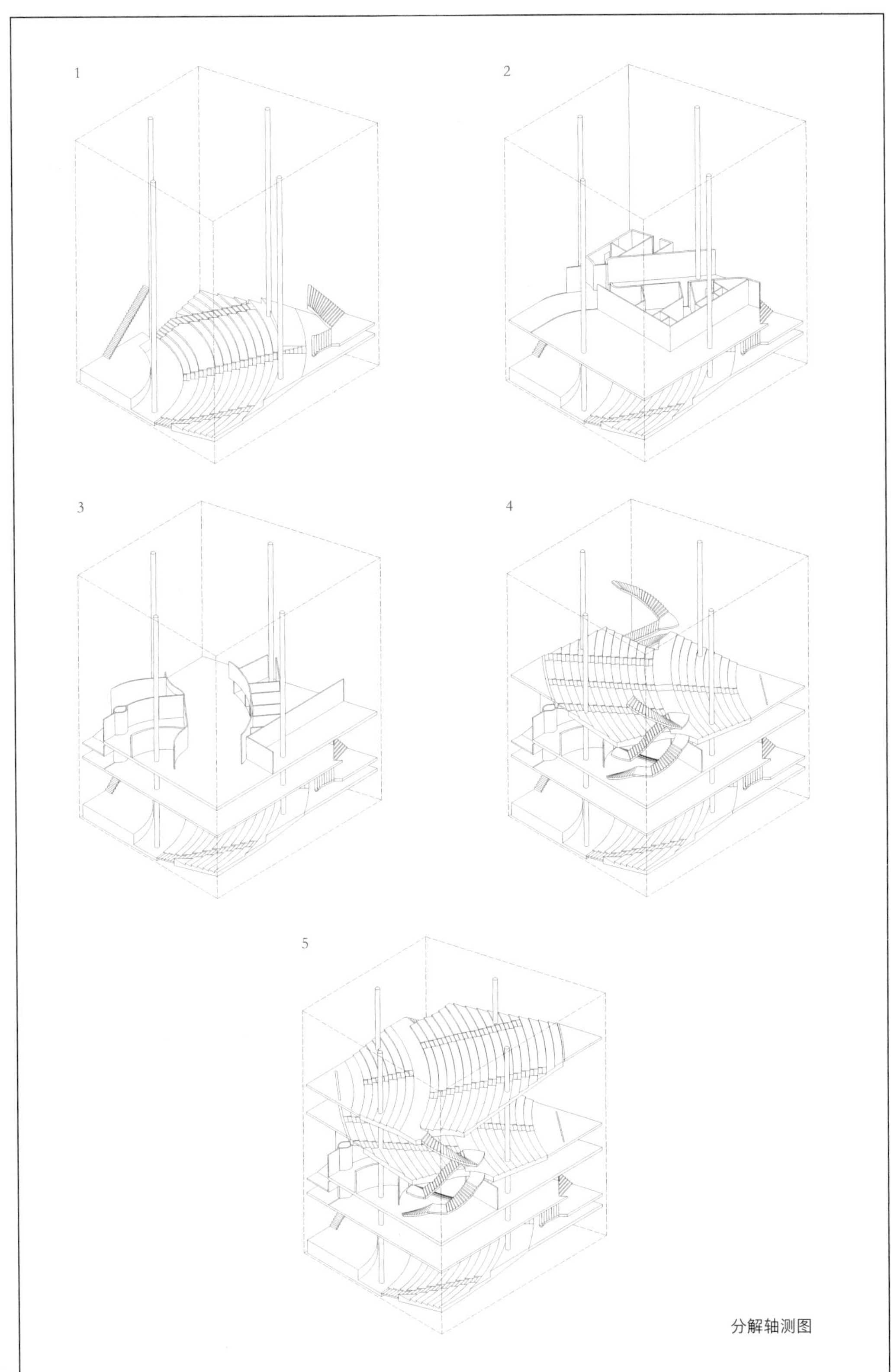

分解轴测图

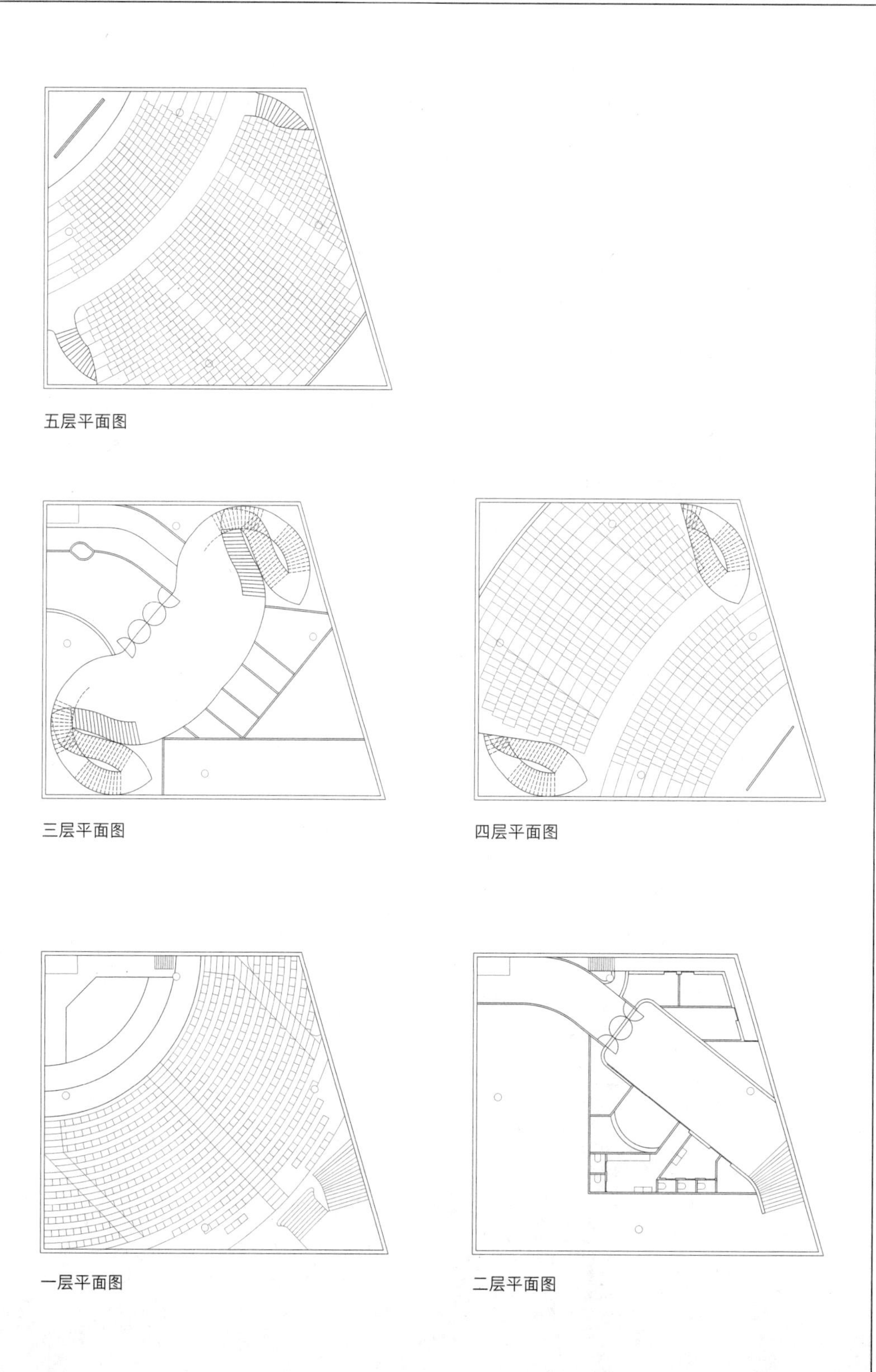

五层平面图

三层平面图

四层平面图

一层平面图

二层平面图

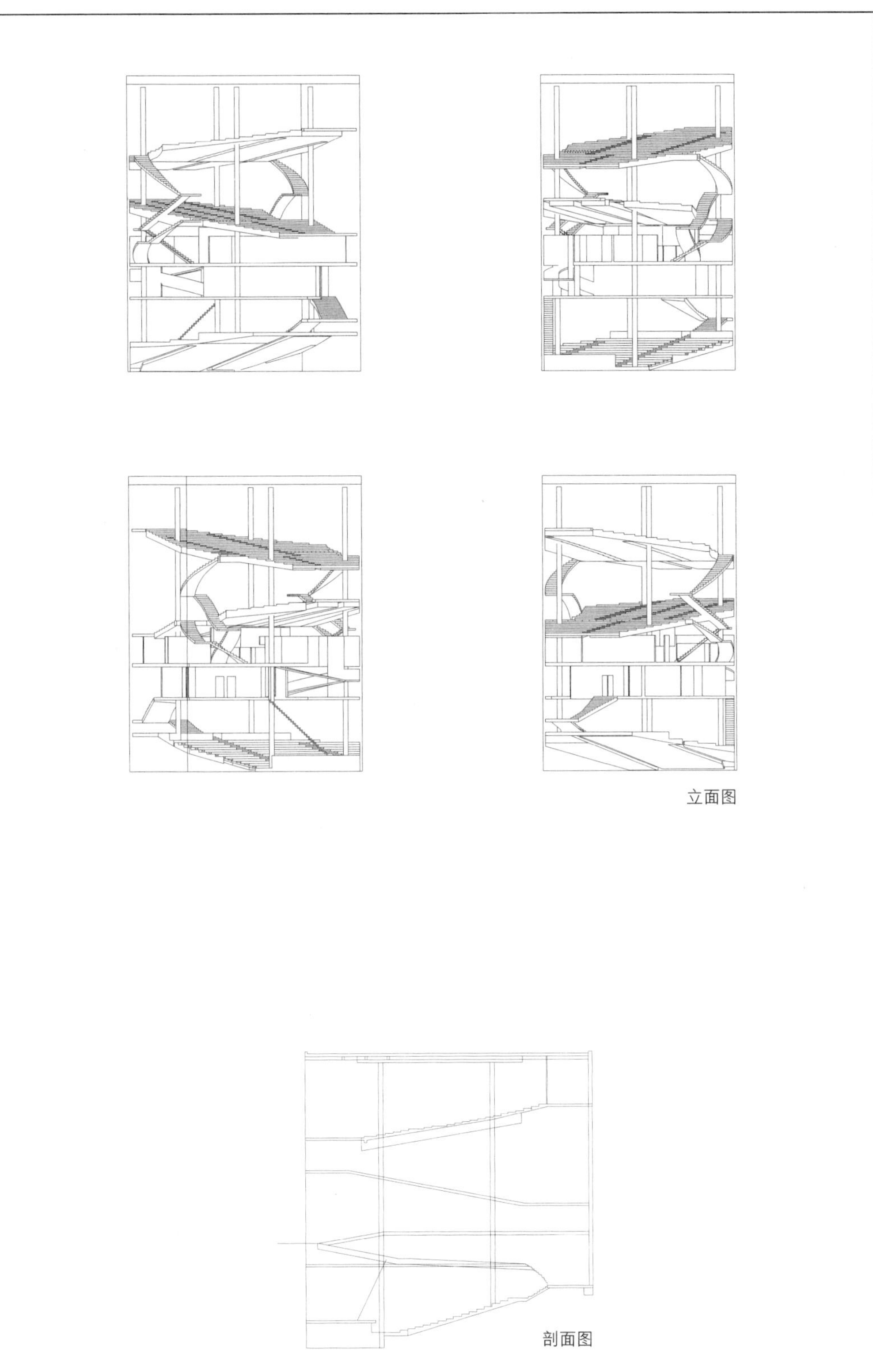

立面图

剖面图

I-25

Bat' a 专卖店（标准化）

设计时间：1936

项目地点：无基地

建成情况：未建成

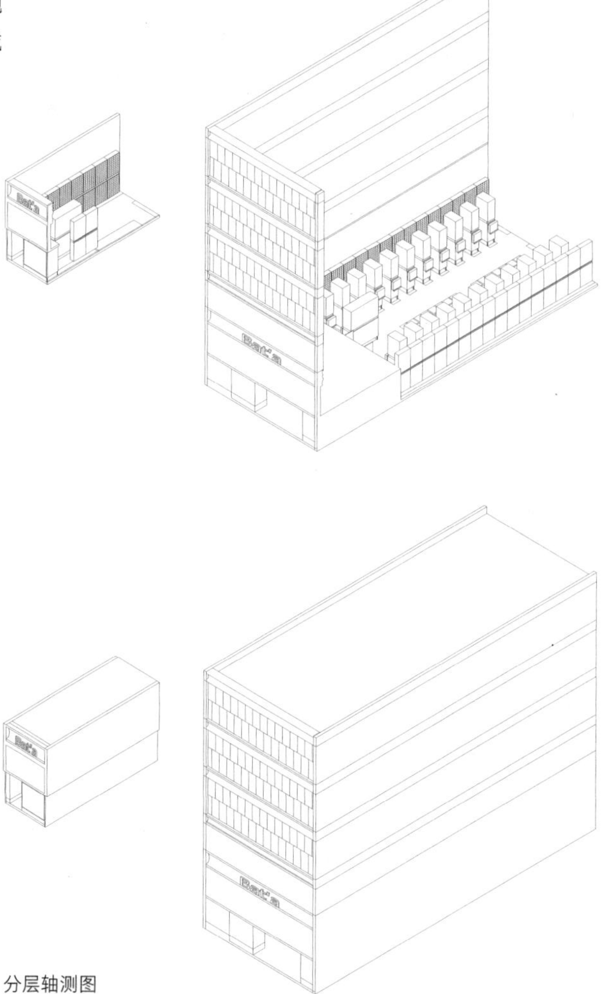

分层轴测图

这是一个城市中的专卖店店铺的标准化设计提案。在确定了货架、橱柜、座椅等各种构成要素的“标准”后，根据实际需要的店铺大小（如单层或多层）、橱窗的多少、商店的位置等，柯布西耶设计了相应的标准化平面。剖面上还设置了照明灯箱系统，让人从远处就能被专卖店的门廊所吸引。概括来说，这是柯布西耶为商业建筑所构思的一个标准的类型化设计。

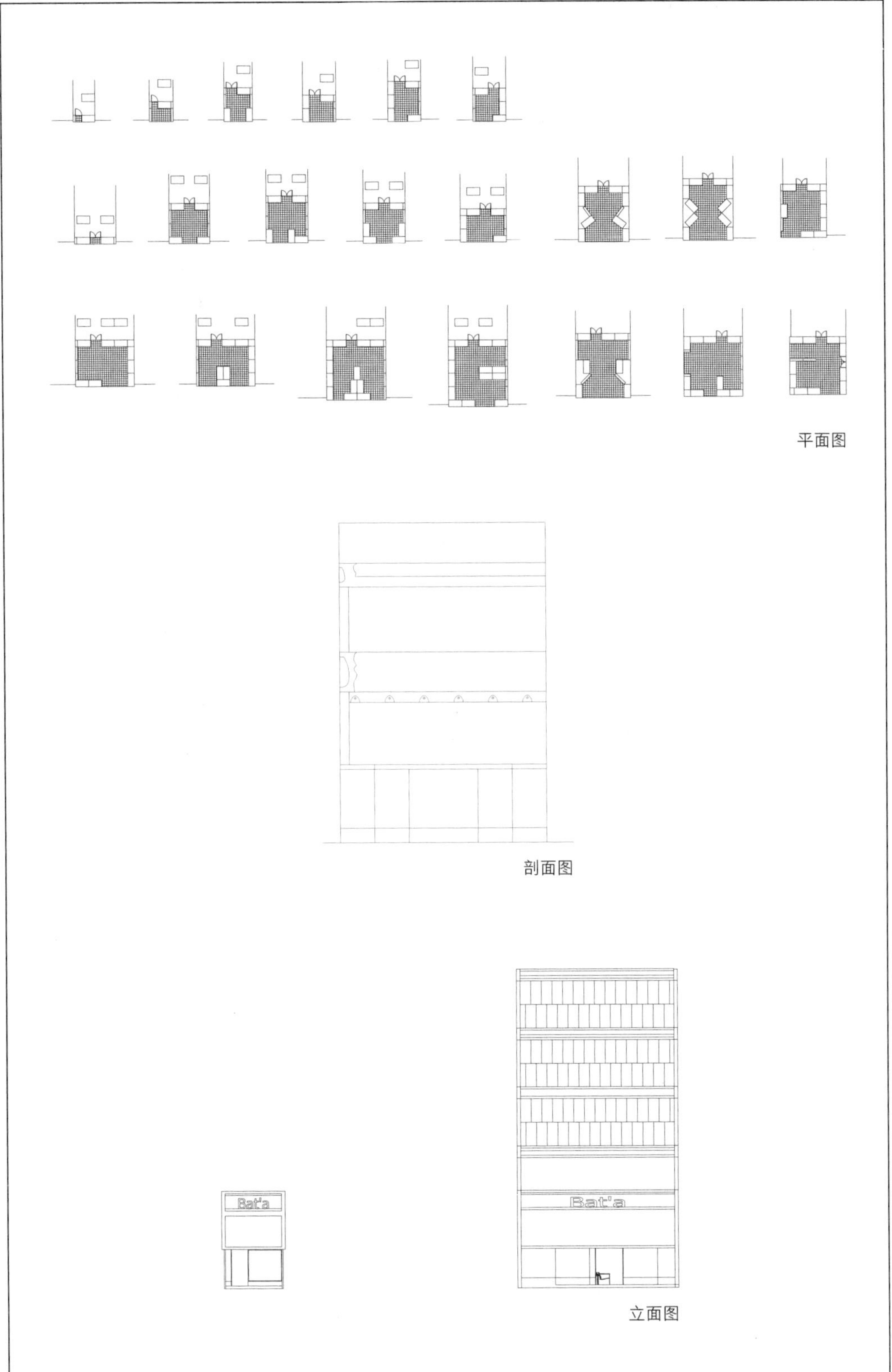

平面图

剖面图

立面图

I-59
城市中心商业区

设计时间：1958—1969
项目地点：印度昌迪加尔
建成情况：未建成

这是柯布西耶为昌迪加尔设计的一种标准化的建造体系。如果说他在20世纪10年代提出的“多米诺”体系是为所有建筑提供的一项最基本的标准化的建造模式的话，该中心商业区的方案则是专门为昌迪加尔新城所定的一个标准，可以承载办公、商业、旅馆等多种功能，平面可以根据需要进行相应的调节和组合。它和“多米诺”体系的不同之处主要在立面的设计上，因为要考虑印度的气候条件，柯布西耶设计了一个遮阳系统，将建筑的使用空间与其立面保持一定的距离，从而留出外廊的空间，立面上的特征体现在一个个收纳在标准开间之内的混凝土格栅挡板。建造体系的基本理念还是梁和柱的标准化框架结构体系。

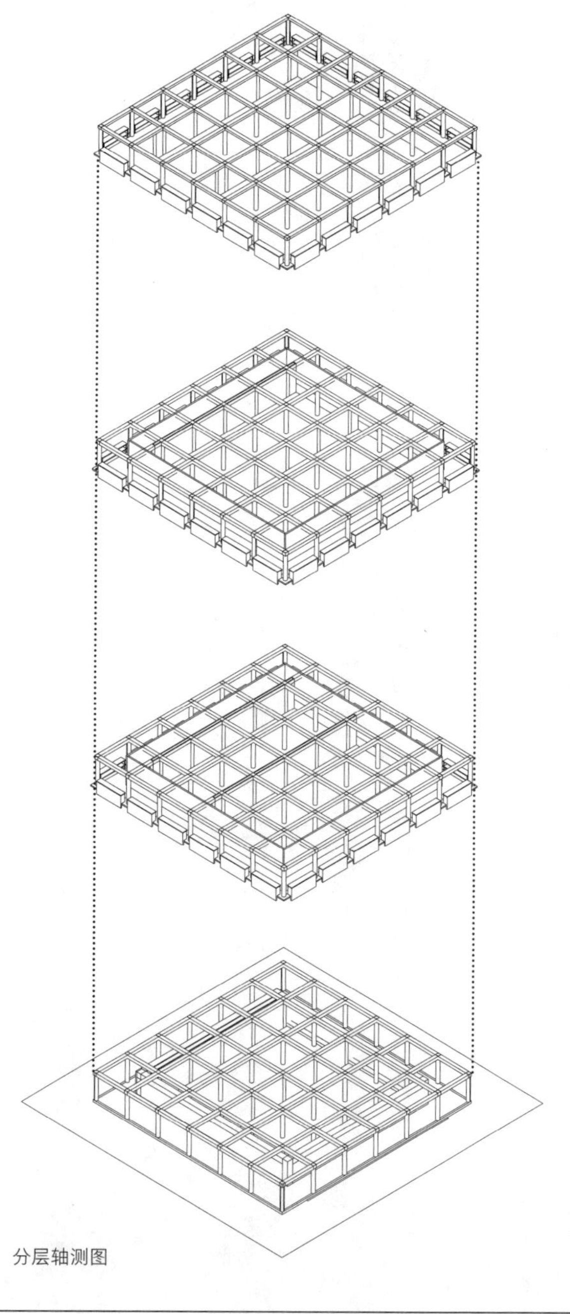

分层轴测图

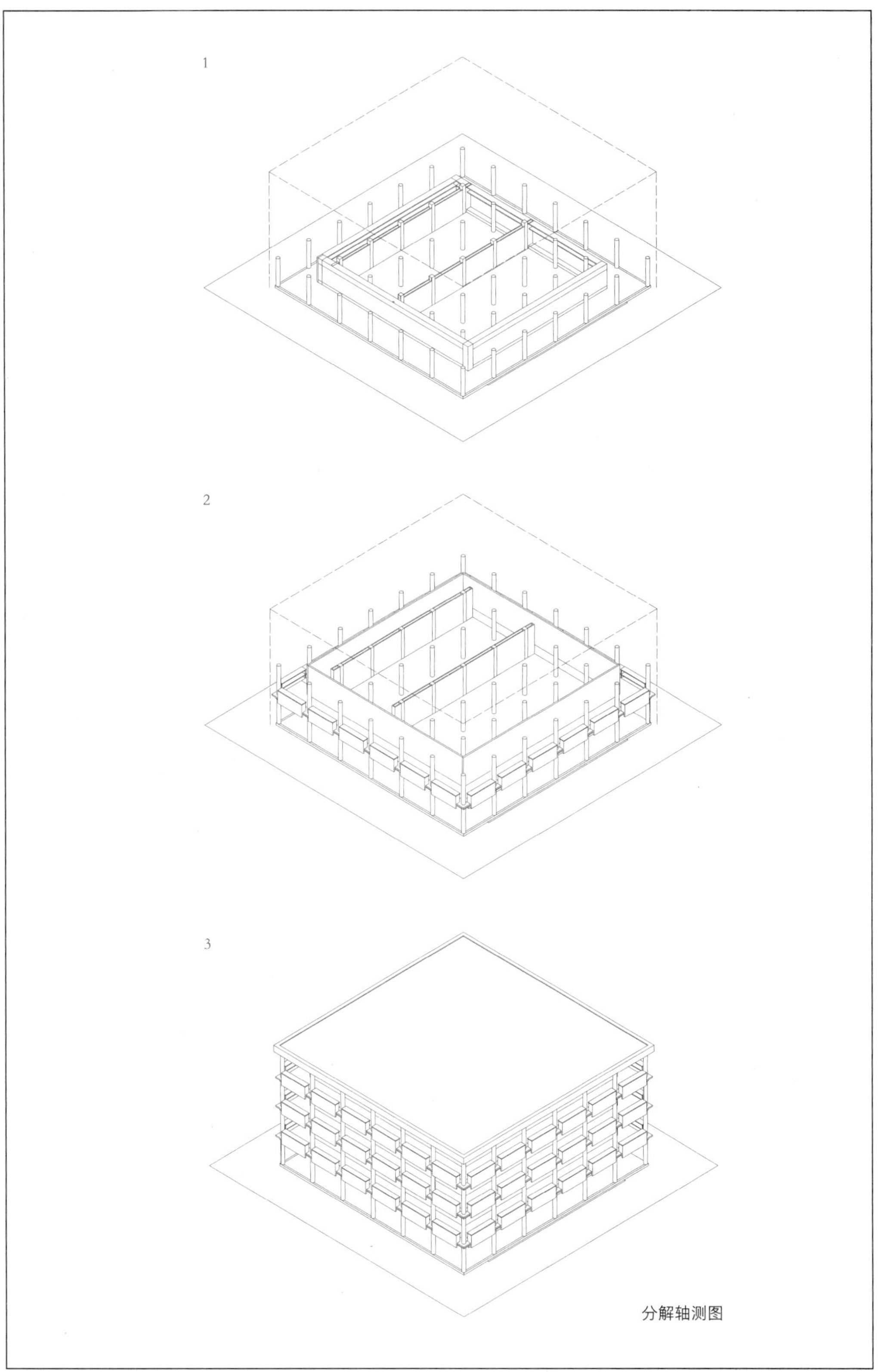

分解轴测图

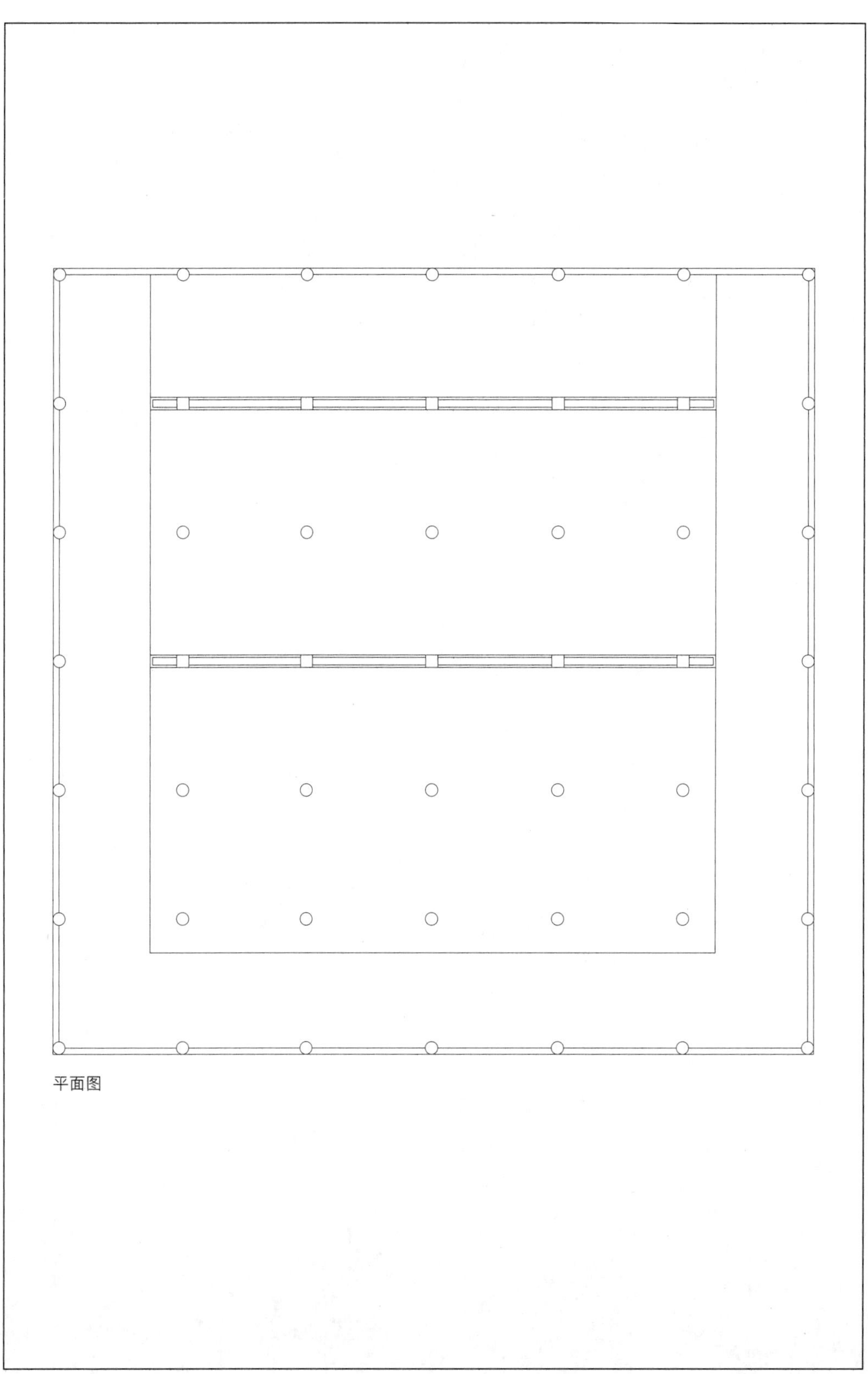

平面图

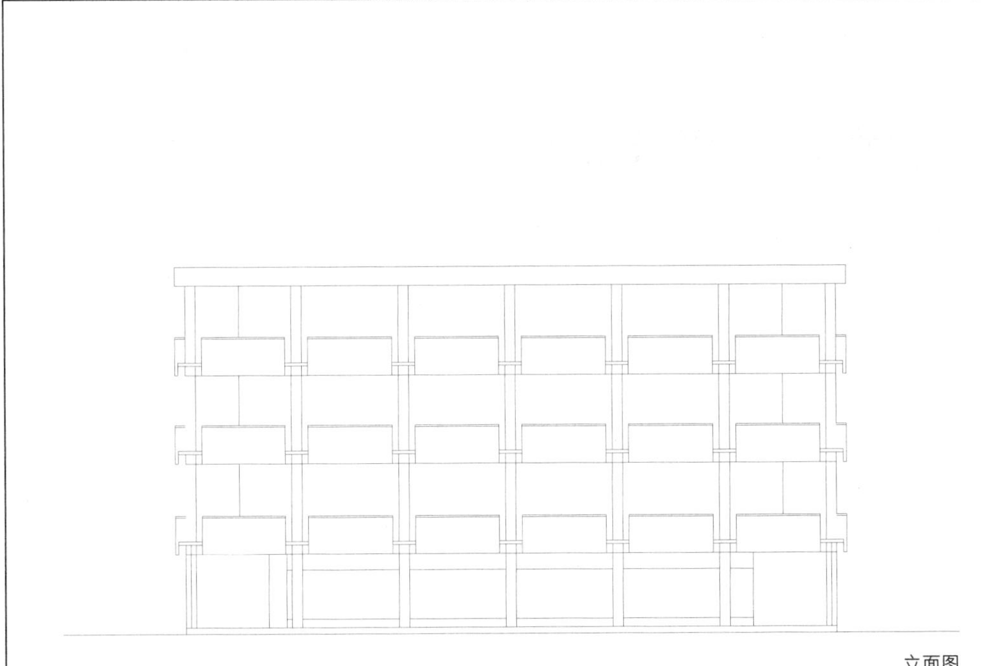

立面图

剖面图

I-70
苏克那湖水上俱乐部

设计时间：1963—1965
项目地点：印度昌迪加尔
建成情况：建成

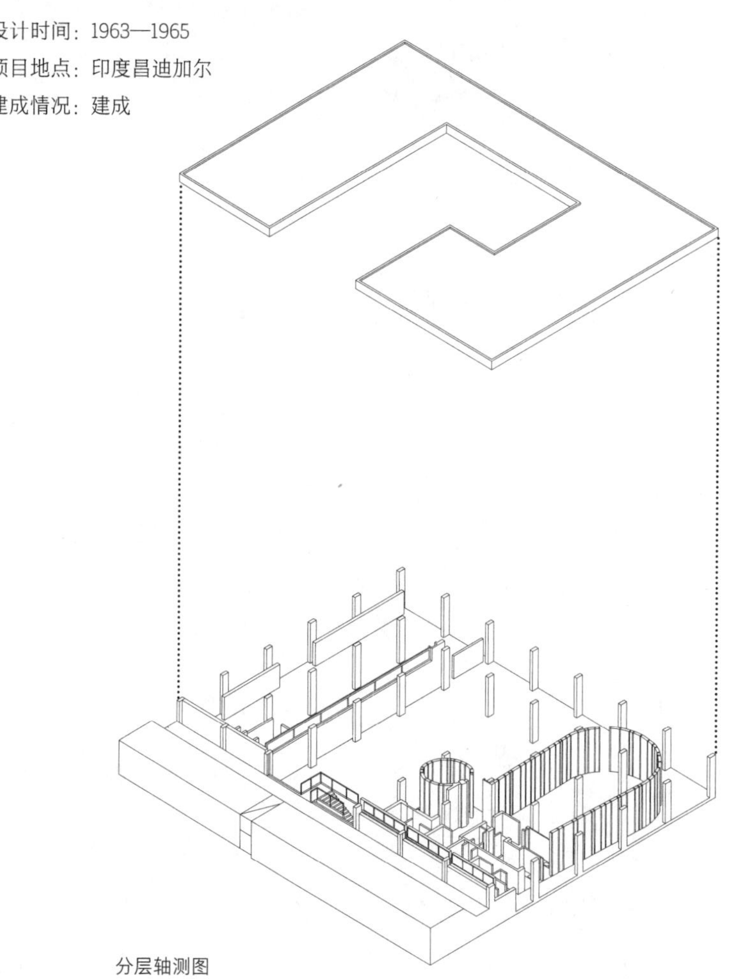

分层轴测图

地块位于昌迪加尔政府广场群的附近，毗邻苏克那湖。为了保持政府广场建筑群朝向喜马拉雅山一侧的开阔视野，该俱乐部被建造在路面以下 3m 处，使它不进入散步道上行人的视野范围之内。另外，简洁的体量与周围的环境也能融为一体，不会很突兀。俱乐部的平面呈方形，一层建筑，U 形的空间围合出一个露天的庭院，除却中间的露天茶座以外，还设置了门厅、厨房、职员办公室、储藏室等功能用房。框架结构使得建筑整体保持了一定的开放性，尤其体现在面向苏克那湖的一侧。

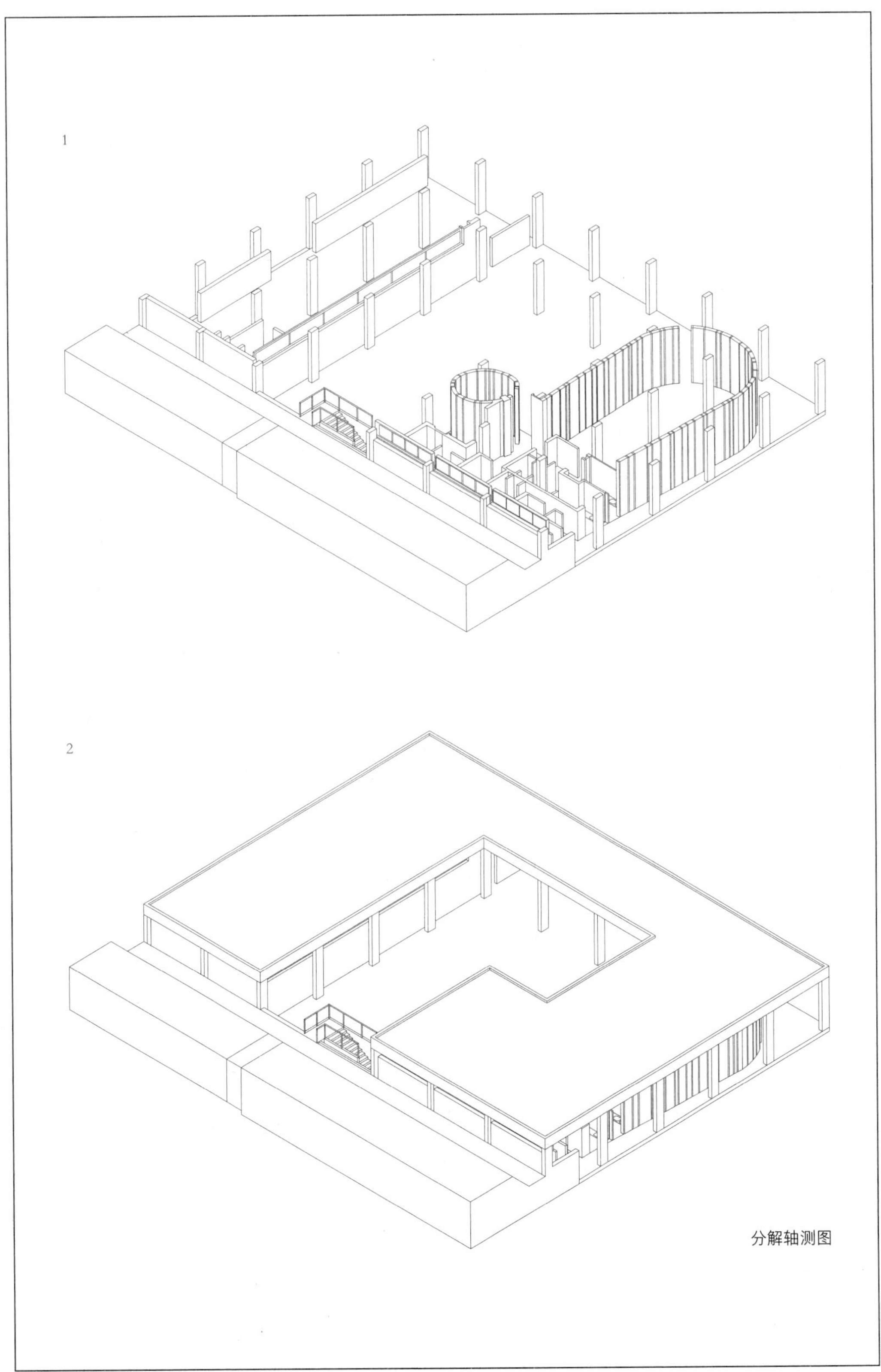

分解轴测图

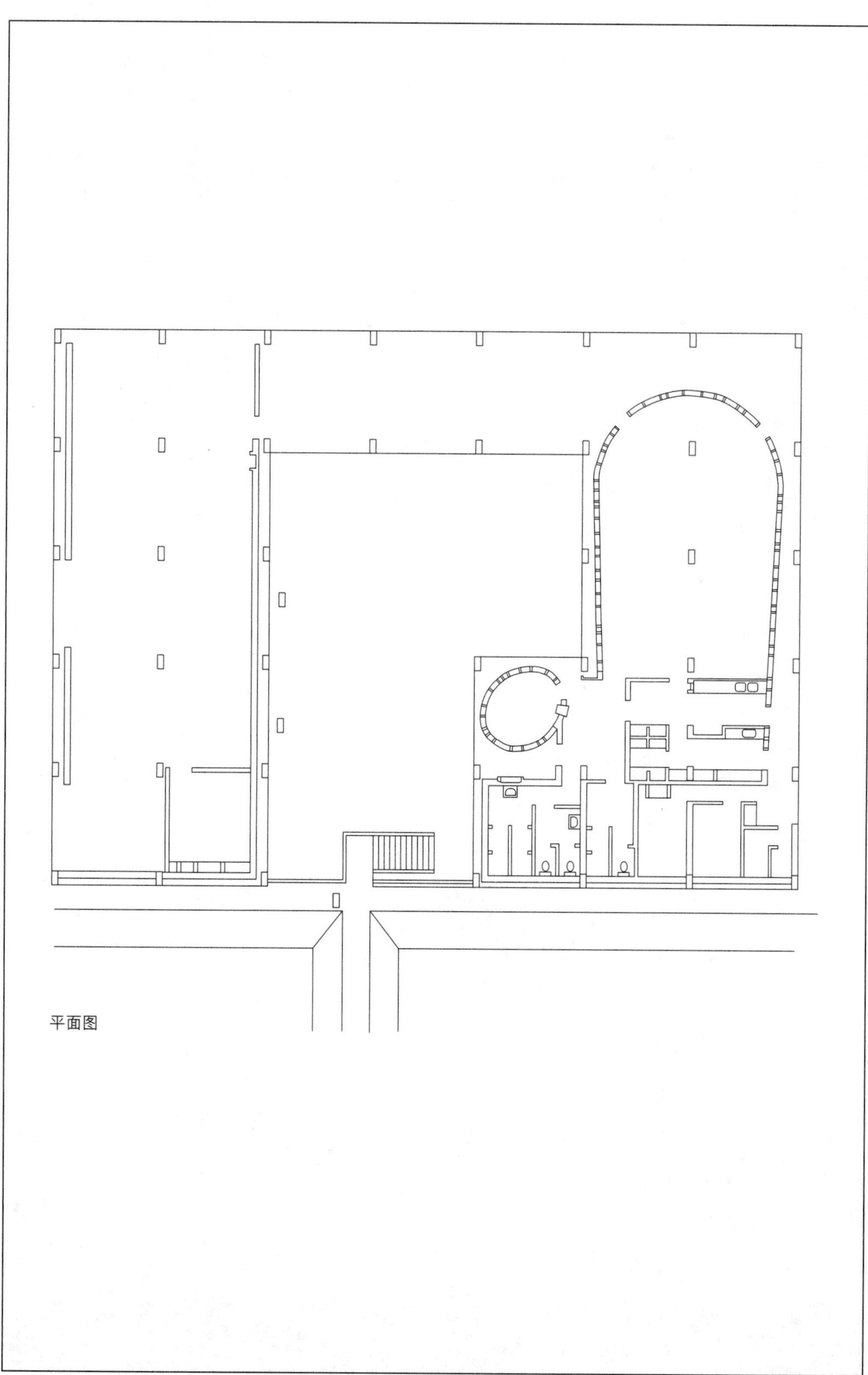

平面图

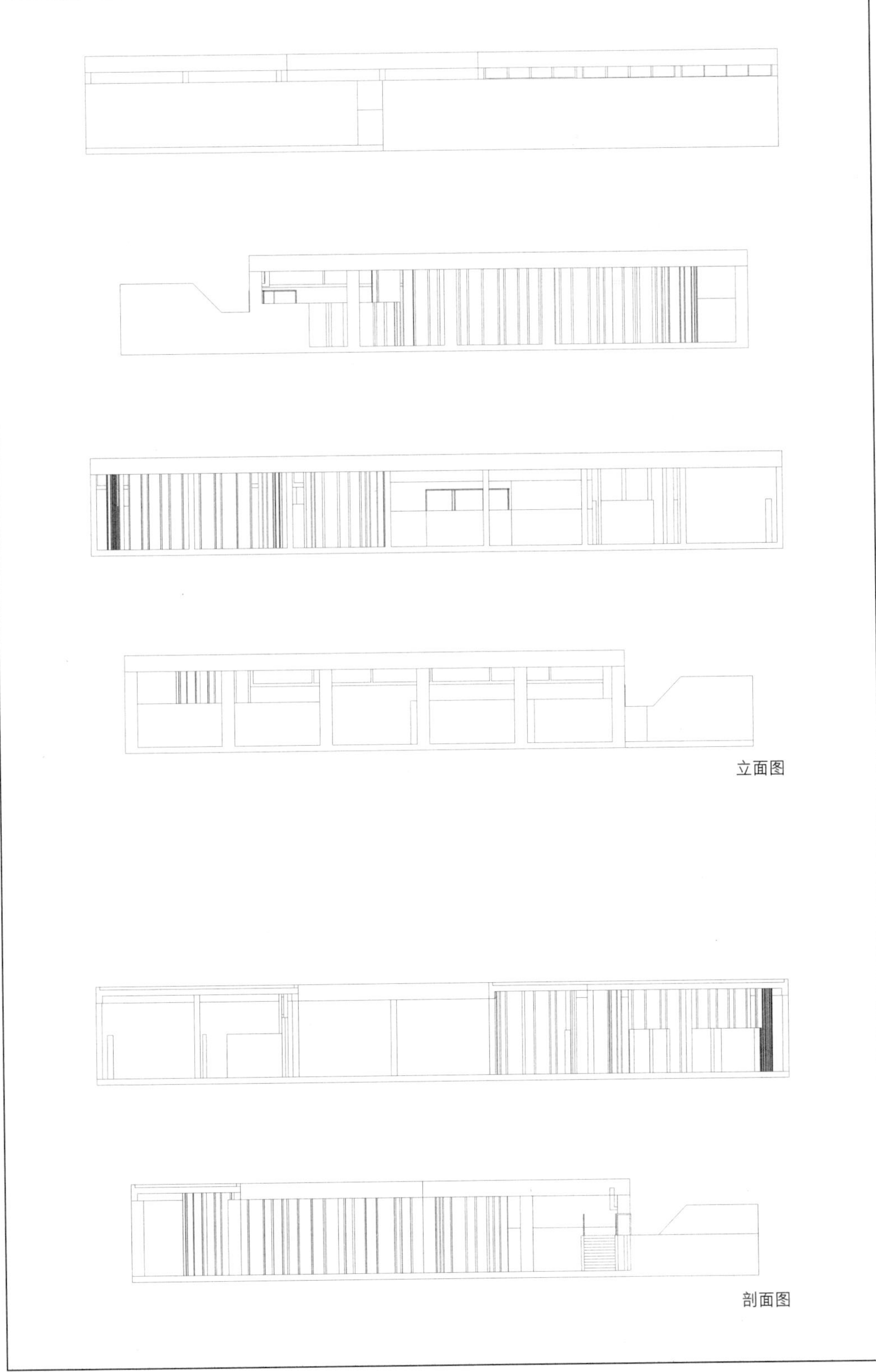
立面图
剖面图

J-29

瓦扬·库迪里耶纪念碑

设计时间：1937—1938

项目地点：法国巴黎

建成情况：未建成

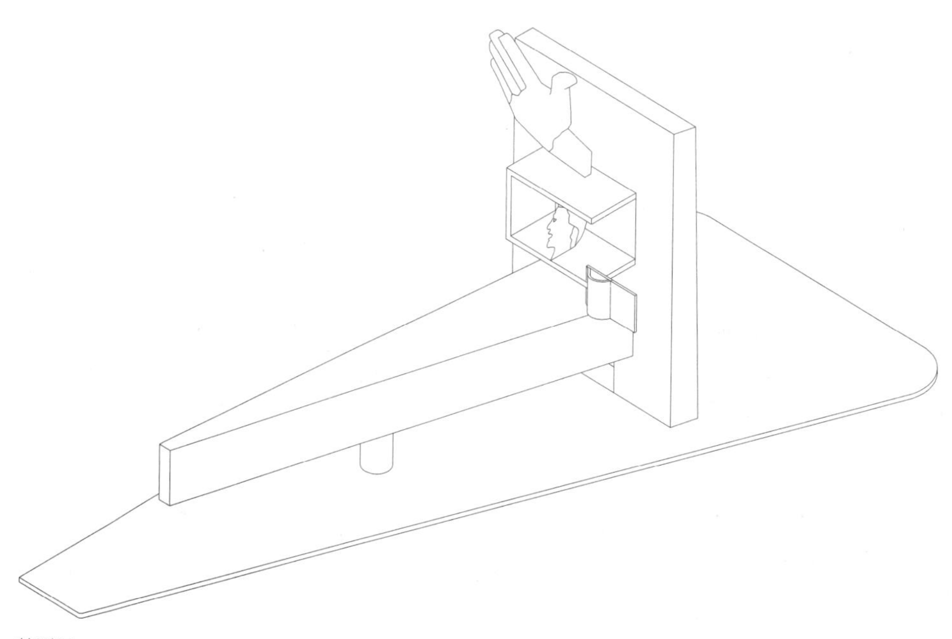

轴测图

瓦扬·库迪里耶是一位共产党议员，同时也是巴黎的新闻记者，曾担任《人道报》的主编。柯布西耶为其设计的纪念碑基地位于法国巴黎两条道路的岔口，从平面配置图中可以看出，地块接近梯形，纪念碑的平面也顺应地块形状而收缩，与地块的边界线保持平行关系。纪念碑主要由 3 个几何体块构成：一面厚重的垂直片墙，一个三角形平面的近四面体，以及一个圆柱状的支撑柱。其中，片墙上还设置了“手”“头像”及“书卷”的雕塑元素。

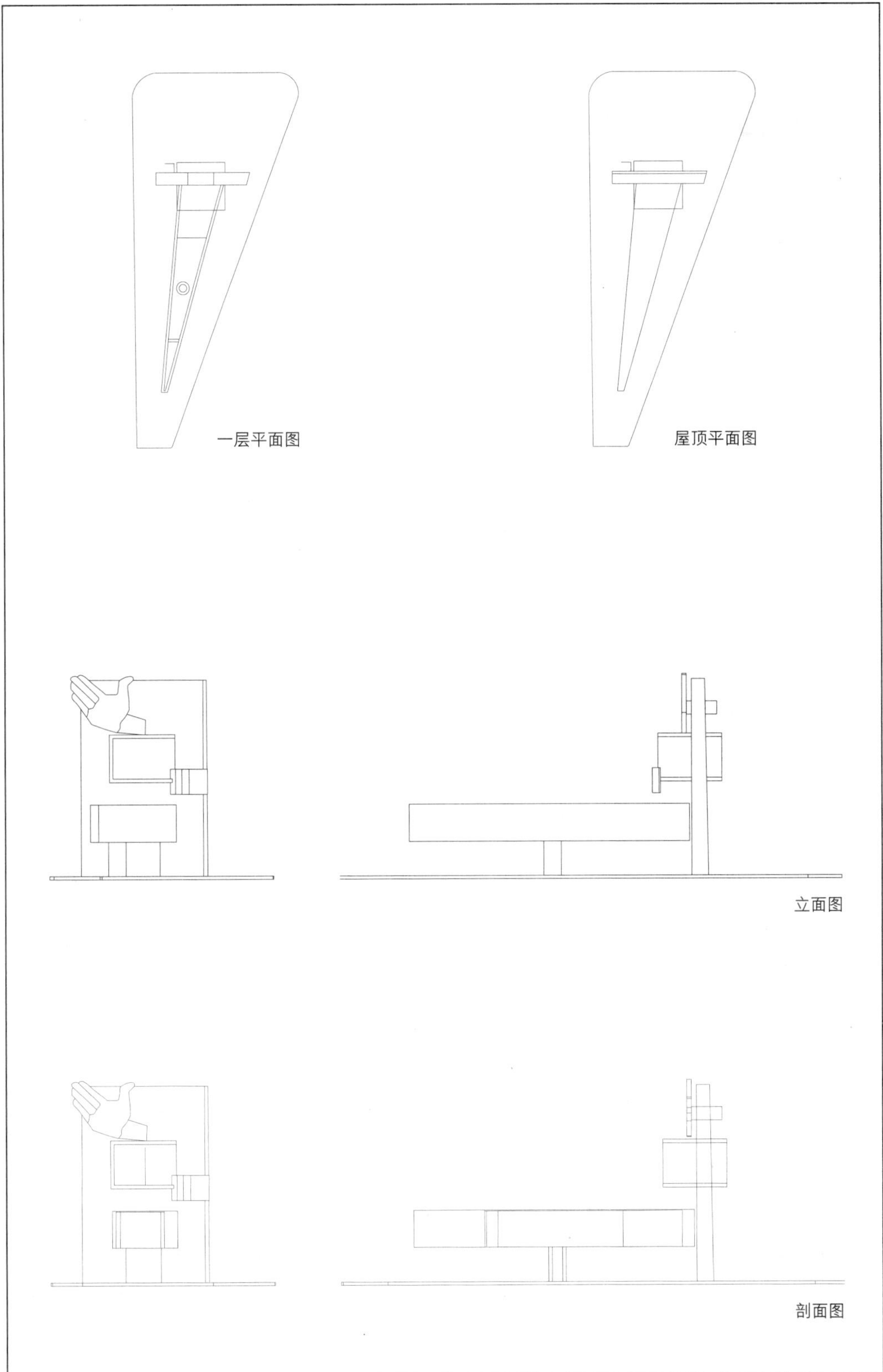
一层平面图
屋顶平面图
立面图
剖面图

J-45
“张开的手”

设计时间：1951—1957
项目地点：印度昌迪加尔
建成情况：建成

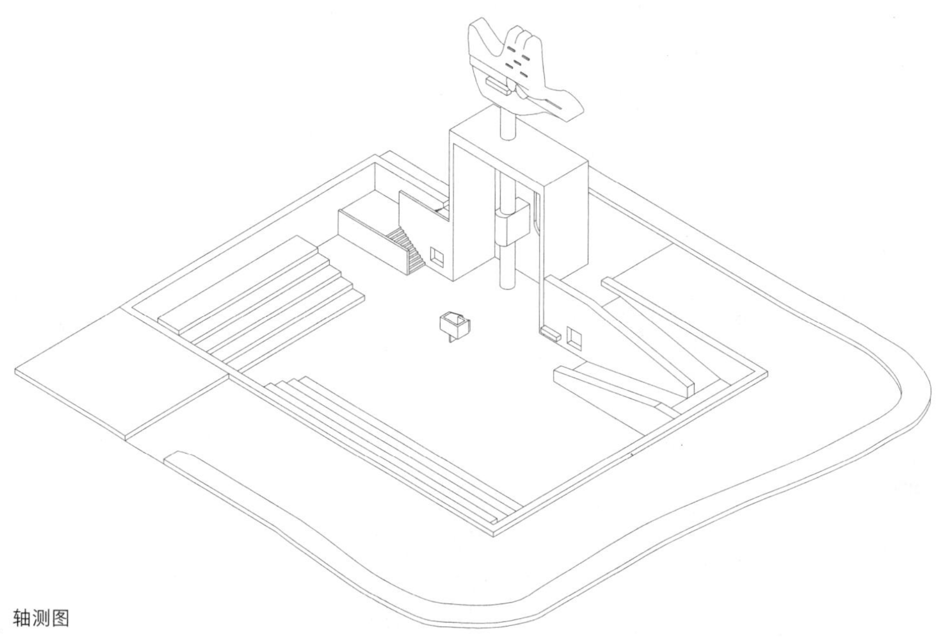

轴测图

这是柯布西耶所设计的纪念碑中最著名的作品，已建成，坐落在昌迪加尔新城，面向喜马拉雅山脉。其主体由木构架支撑，可以绕着竖轴转动，“手”本身是由经过锻打的铁皮铆接而成的。这只“张开的手”被安置在叫作“沉思之坑”的室外下沉广场上，通过两侧的楼梯和坡道可以到达底部，广场的中间有一个讲习用的讲坛，周边是室外座席。

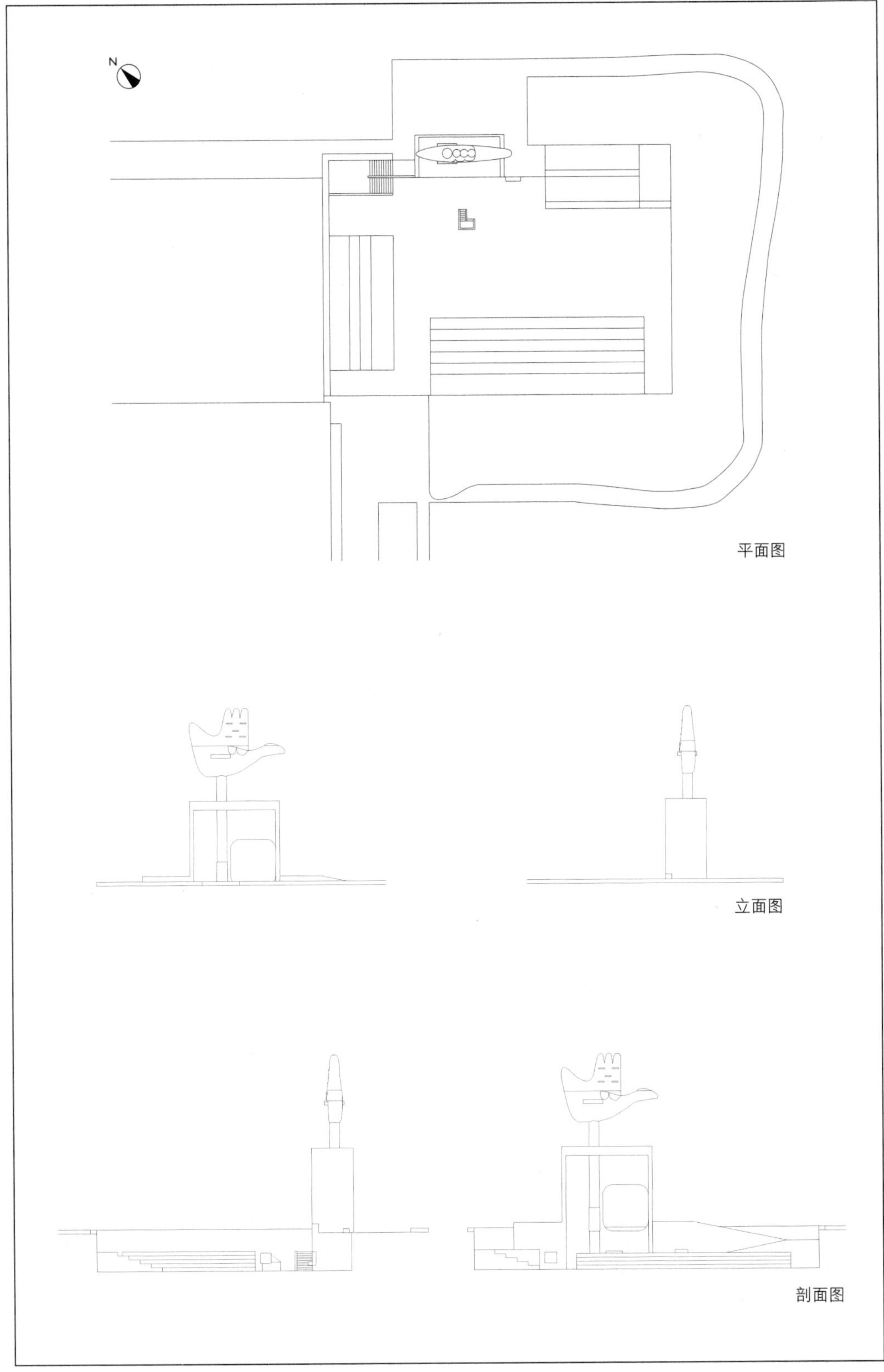
N
平面图
立面图
剖面图

J-46
昌迪加尔烈士纪念碑

设计时间：1951—1957
项目地点：印度昌迪加尔
建成情况：建成

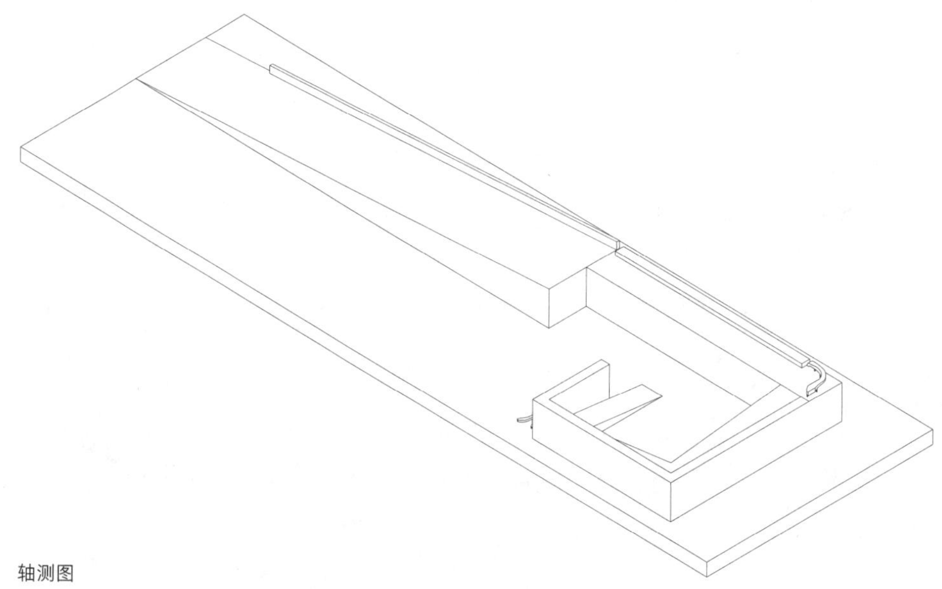

轴测图

烈士纪念碑基地位于昌迪加尔政府广场，毗邻昌迪加尔阴影之塔。纪念碑主体呈现为一个坡道的形态，从一侧的长坡道拾级而上，到达一个平台层，再顺着折线形坡道而下到地面层。虽然在《勒·柯布西耶全集》第 8 卷中，烈士纪念碑作为整体规划的一部分而被收录，但是作品集并没有对其展开详细的介绍。

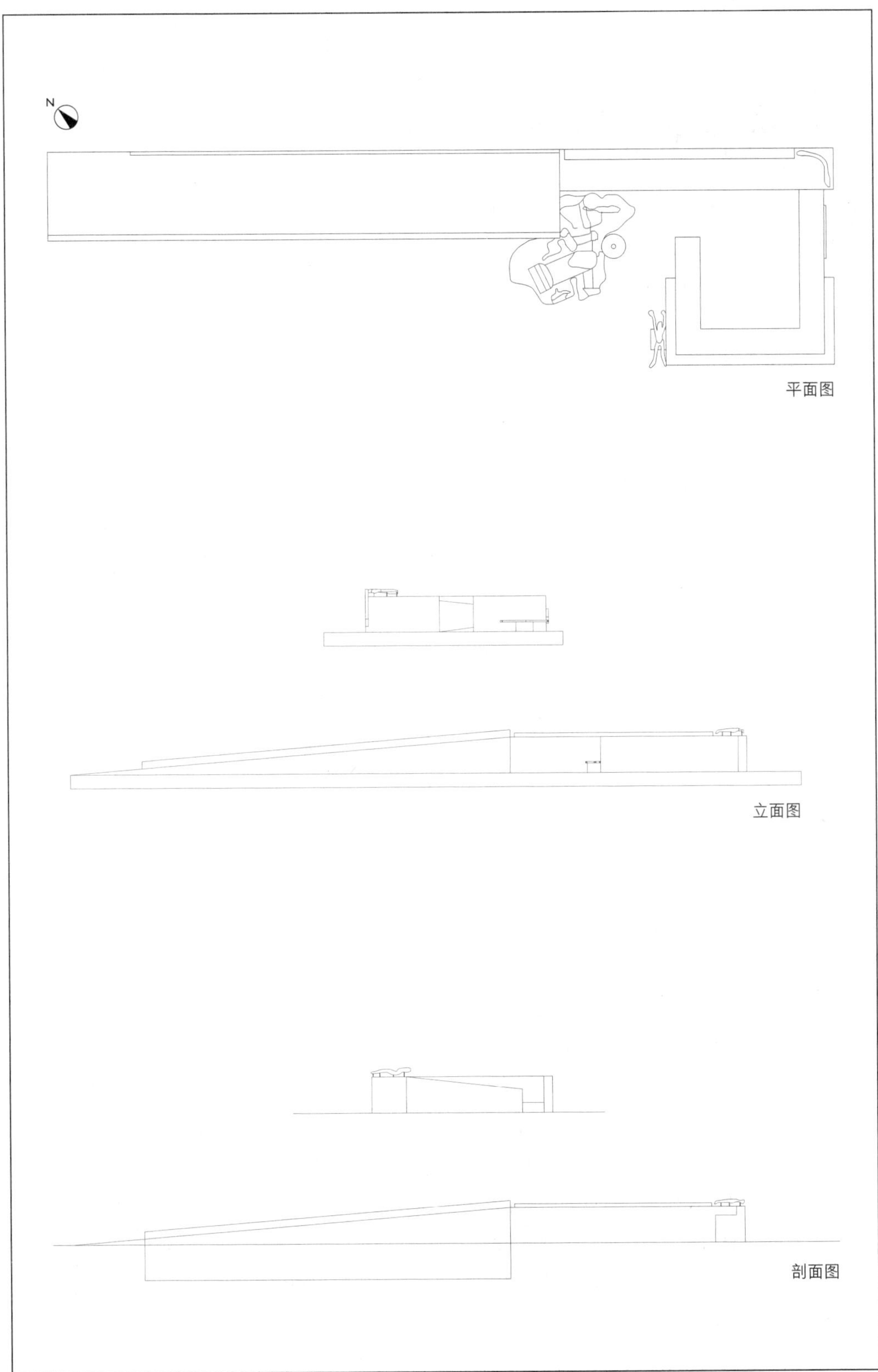
N
平面图
立面图
剖面图

J-52

昌迪加尔阴影之塔

设计时间：1952

项目地点：印度昌迪加尔

建成情况：建成

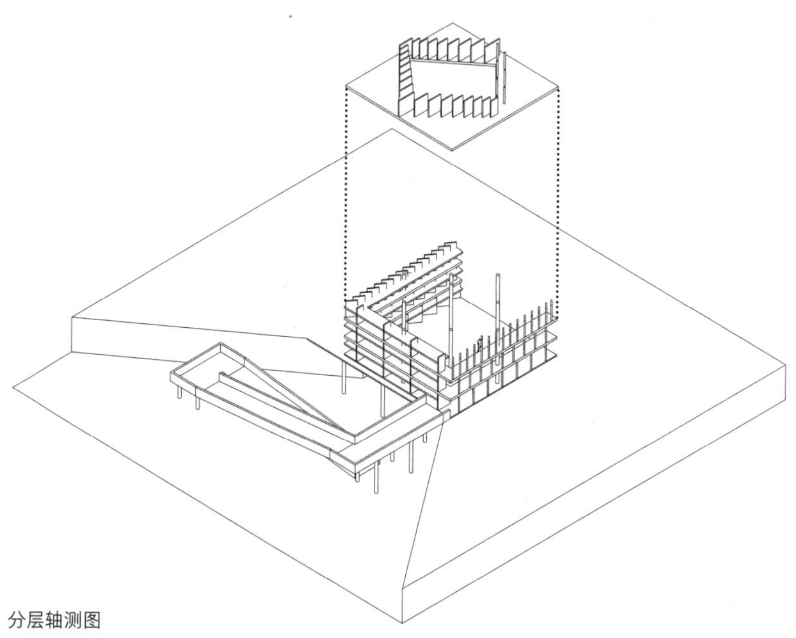

分层轴测图

这是一座展示了柯布西耶事务所根据太阳运行轨迹而做了精确的遮阳设计的阴影之塔。建筑为正南正北的朝向，旨在打破政府广场的对称性。建筑的北侧完全开敞，其余三面均设置了遮阳结构。从平面图来看，9 根柱子沿着正方形等距排布，它们与建筑外圈的方形框架保持一定角度的倾斜。从立面图来看，建筑被分成 4 个不同的层，底部的三层均为设置在建筑外围的一圈遮阳格栅，内部则为挑高的空间。顶层平面与其余三层呈现一定角度的倾斜，和柱子的排布方式相同。除了主体的阴影之塔的框架构筑体之外，南侧还设置了一个通往下沉地面层的附属坡道。

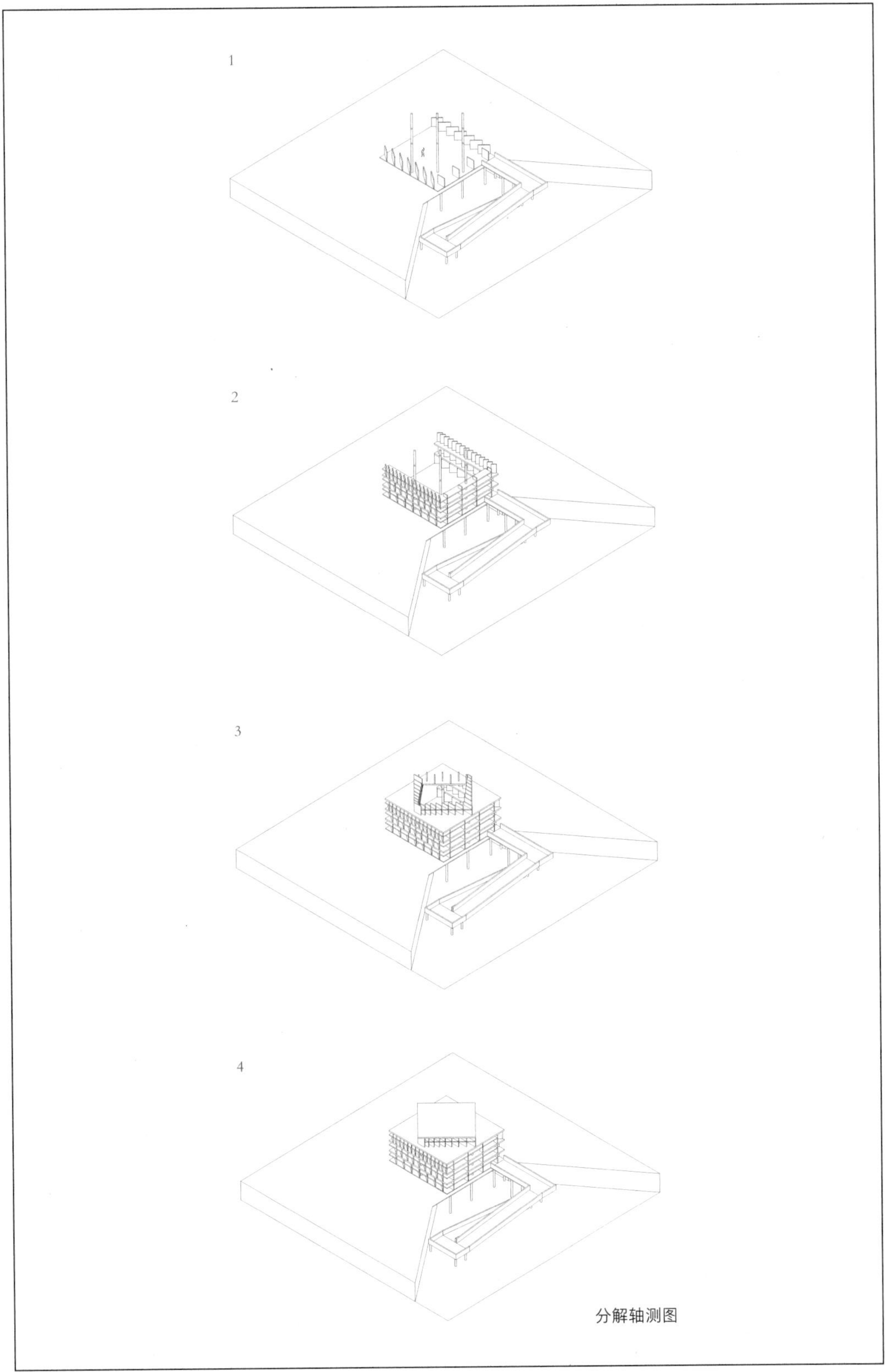

分解轴测图

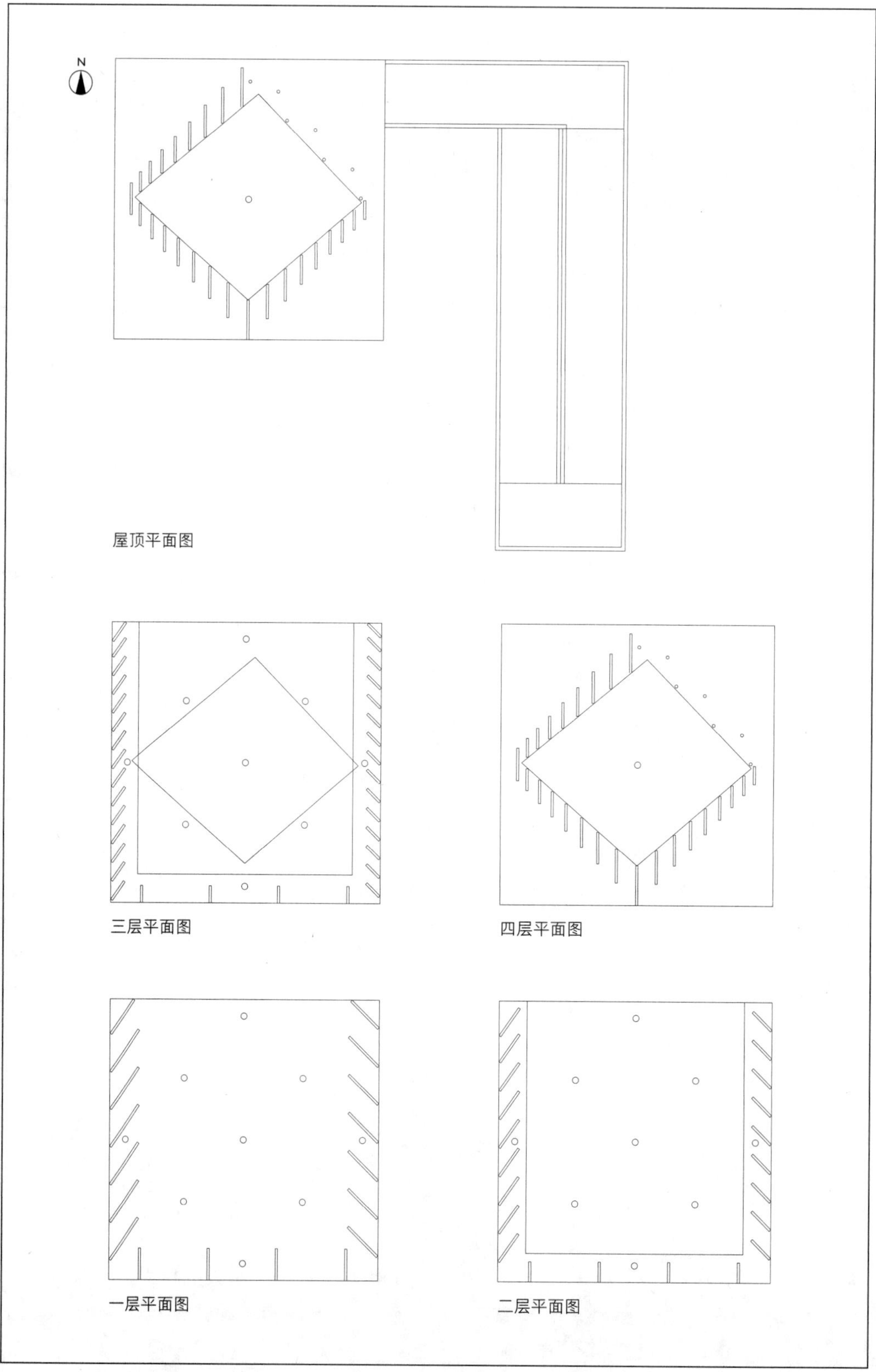

N
屋顶平面图
三层平面图
四层平面图
一层平面图
二层平面图

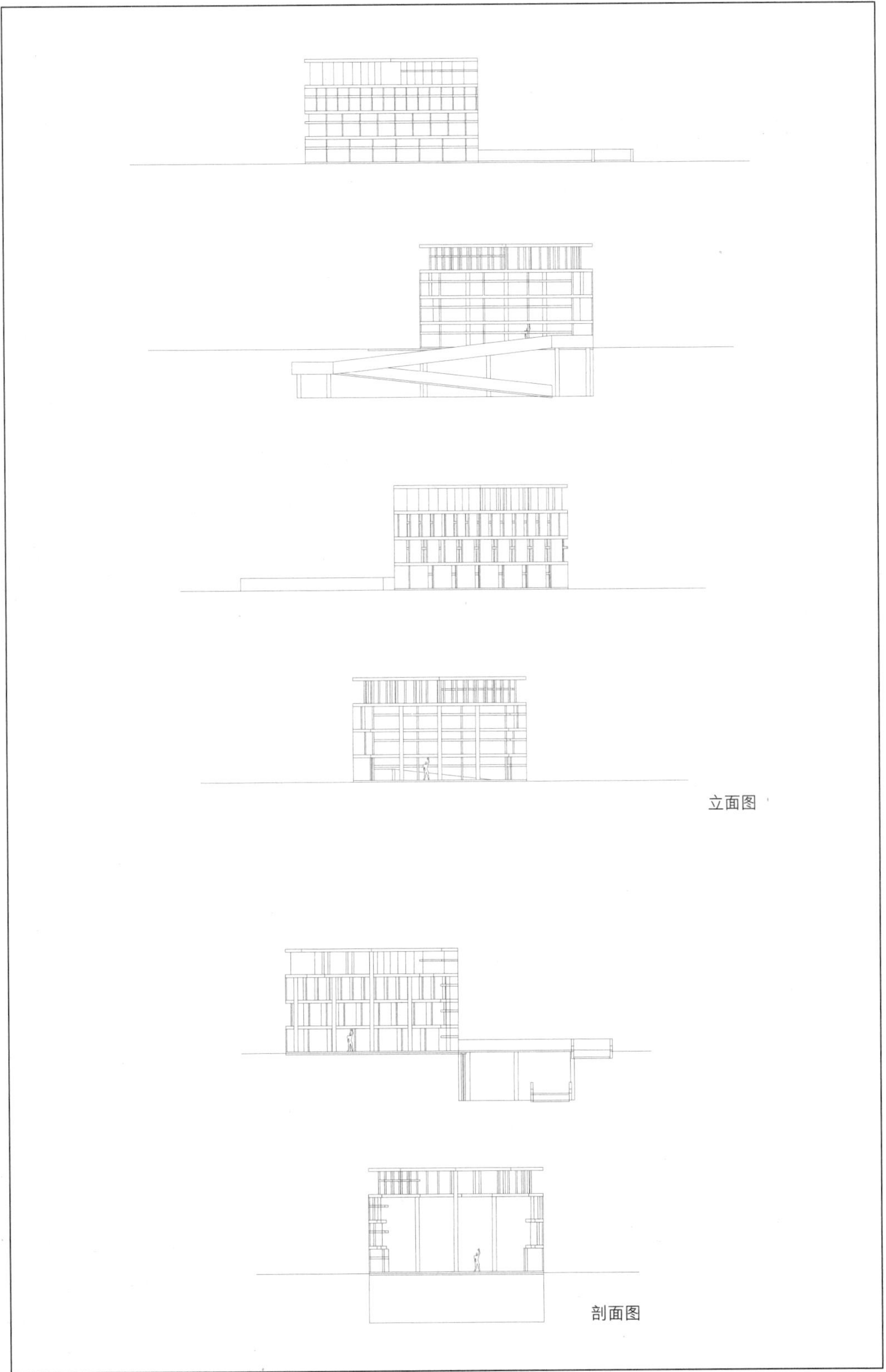
立面图
剖面图

J-55
柯布西耶之墓

设计时间：1955
项目地点：法国马丁岬
建成情况：建成

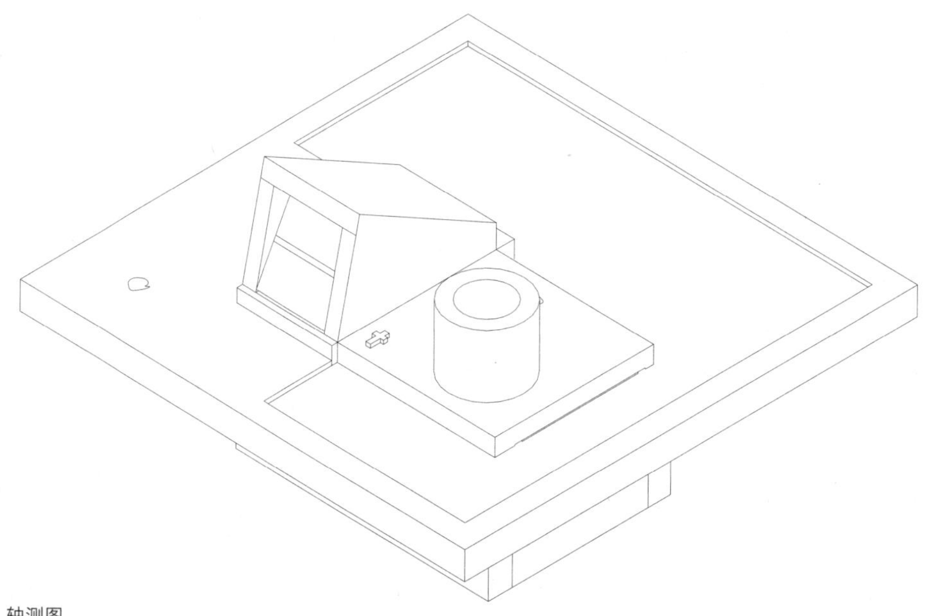

轴测图

1957 年，柯布西耶的妻子逝世，此前，柯布西耶已为他本人和妻子设计了该墓地。墓地的平面配置呈现为大的正方形，其上被细化为若干个几何图形。右侧的圆柱体是为妻子而立的，旁边同时封存了一个十字架，左侧开口倾斜的五面体则是柯布西耶为自己而立的，旁边烙有一个贝壳的痕迹。作为柯布西耶人生终点的一个象征性的墓地，整体上还是采用了他所钟爱的纯粹的几何形来表达。除了夫妇二人的墓碑之外，与墓碑毗邻的四方形地块中还种植了地中海的植物加以装饰。

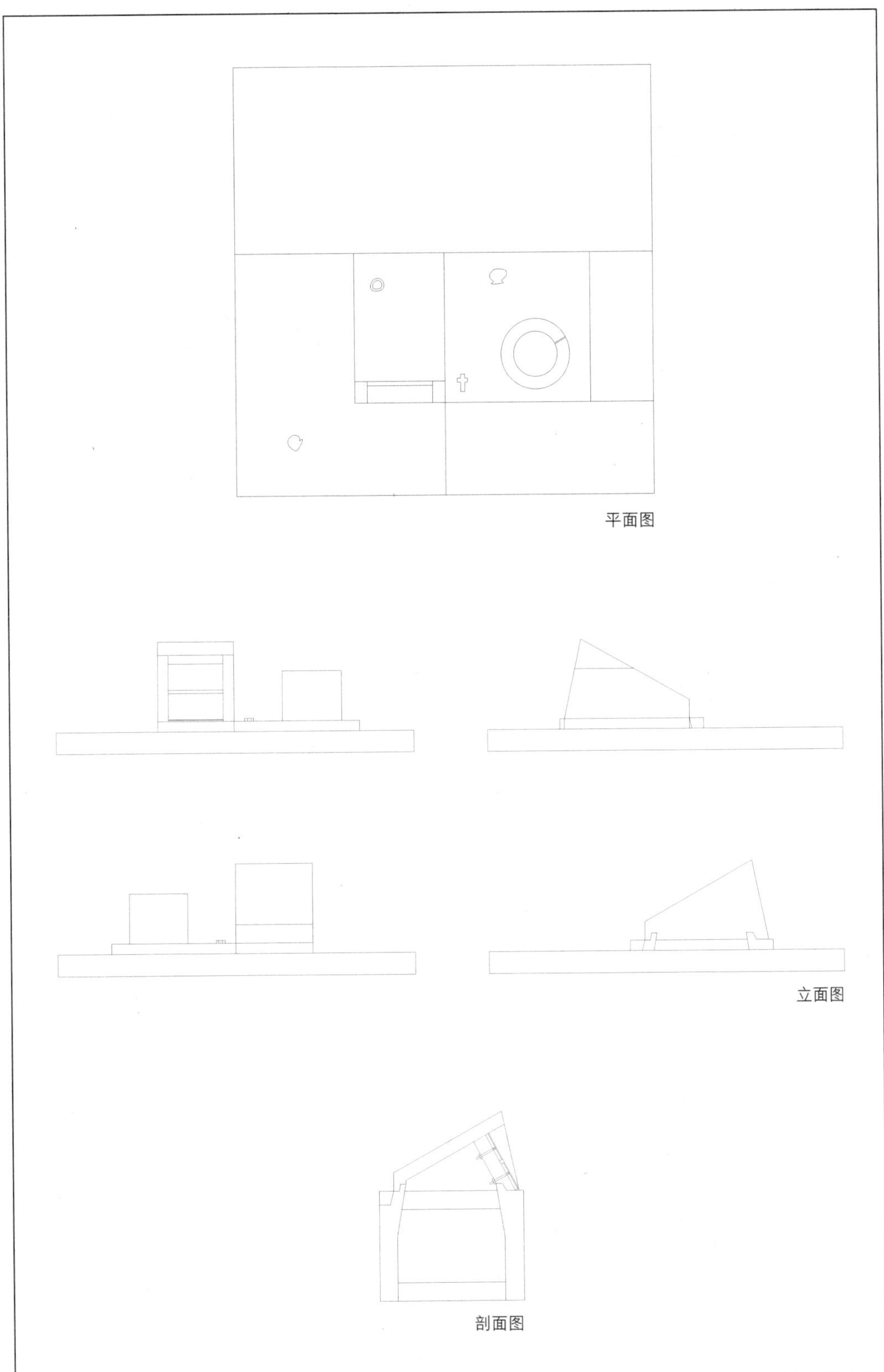
平面图
立面图
剖面图

K-77

新威尼斯医院方案

设计时间：1964—1965

项目地点：意大利威尼斯

建成情况：未建成

地块位于“水上之城”威尼斯，考虑到当地浓厚的历史文脉，柯布西耶在这座大型医院的设计上采用了若干手法加以呼应：一是整体的建筑并没有沿着垂直方向发展，而是一座在基地上铺展开的“水平医院”；二是将建筑的高度控制在13.66m，这是威尼斯城市建筑的平均高度。它主要由3个楼层构成：一层集中了辅助服务设施以及各个公众入口；二层为医疗技术层，是进行预防、康复及特殊治疗的楼层；三层为住院区，主要由病床单元构成。从单元层的平面图可以看出，医院由若干个标准的病房单元构成，一个单元又细分为4个病房区。它们围绕方形平面中的中心呈方螺旋式布置，该手法使医院未来的扩建成为可能。

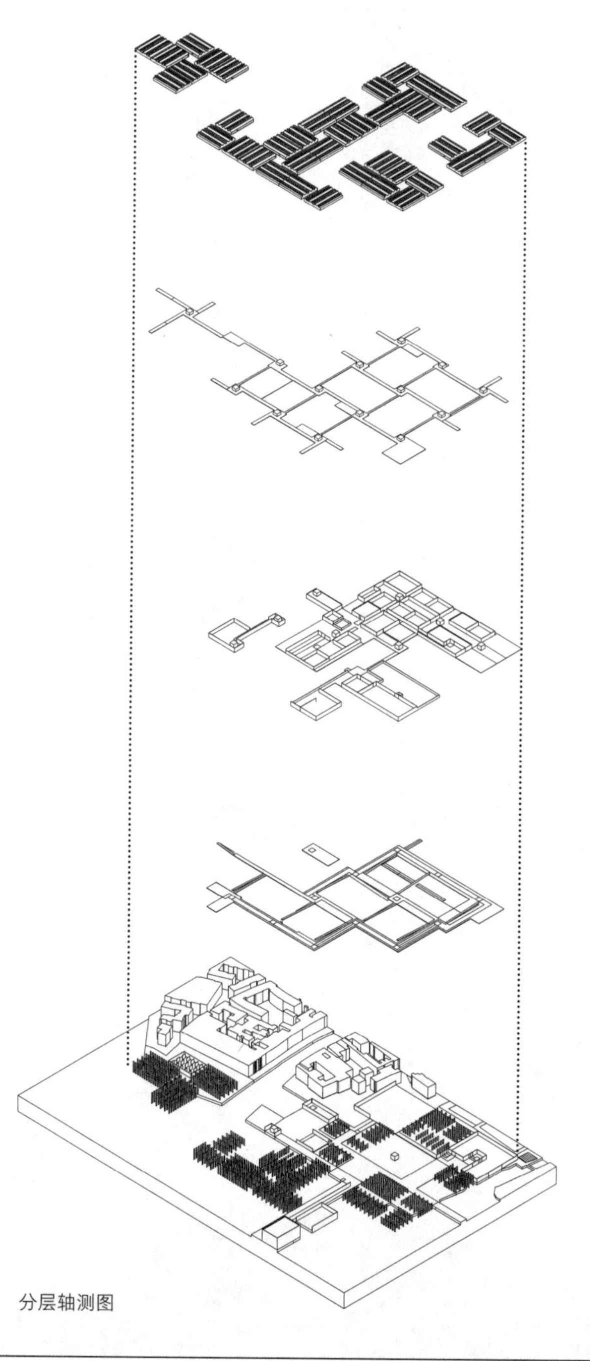

分层轴测图

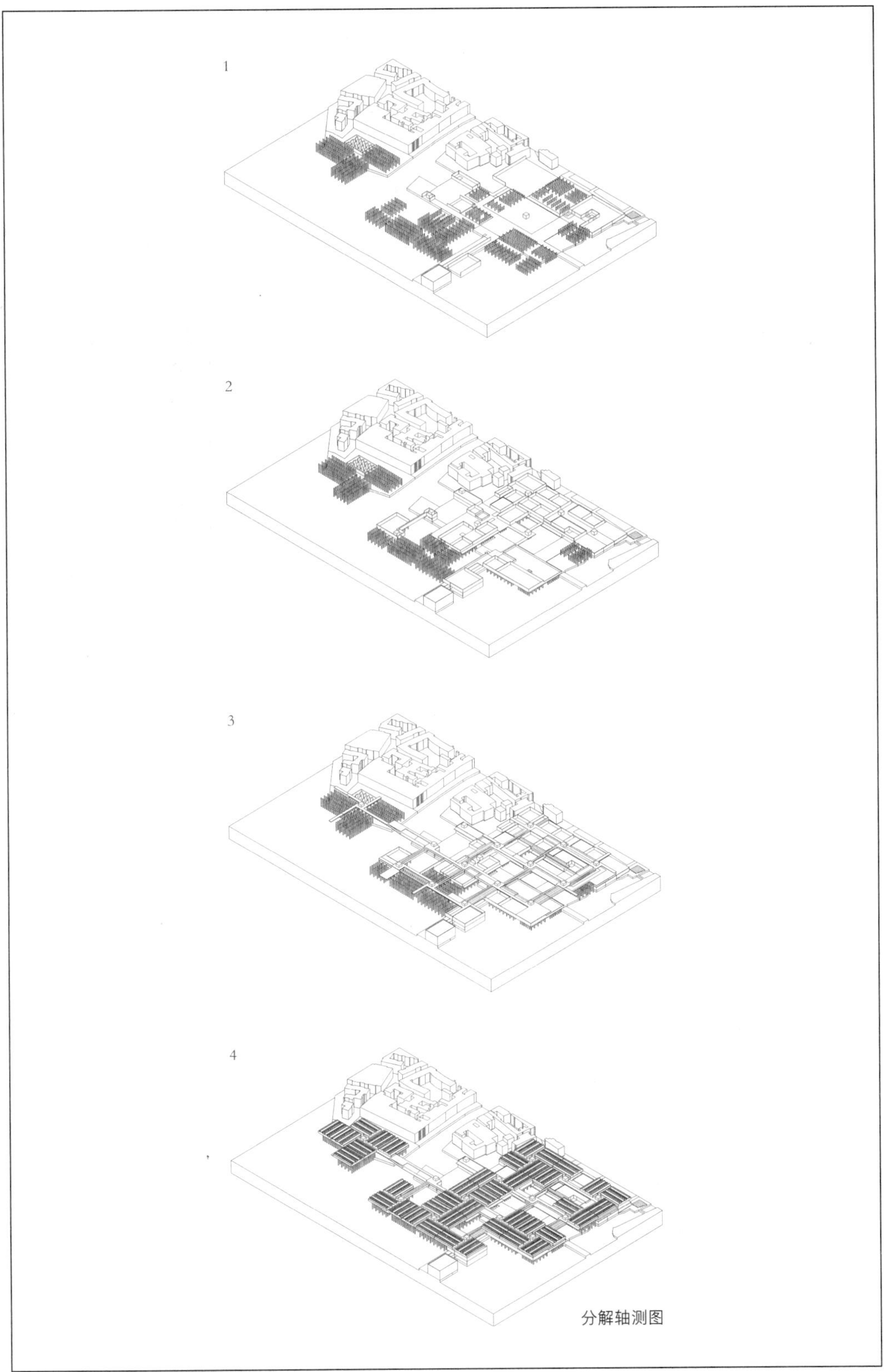

分解轴测图

夹层平面图

三层平面图

一层平面图

二层平面图

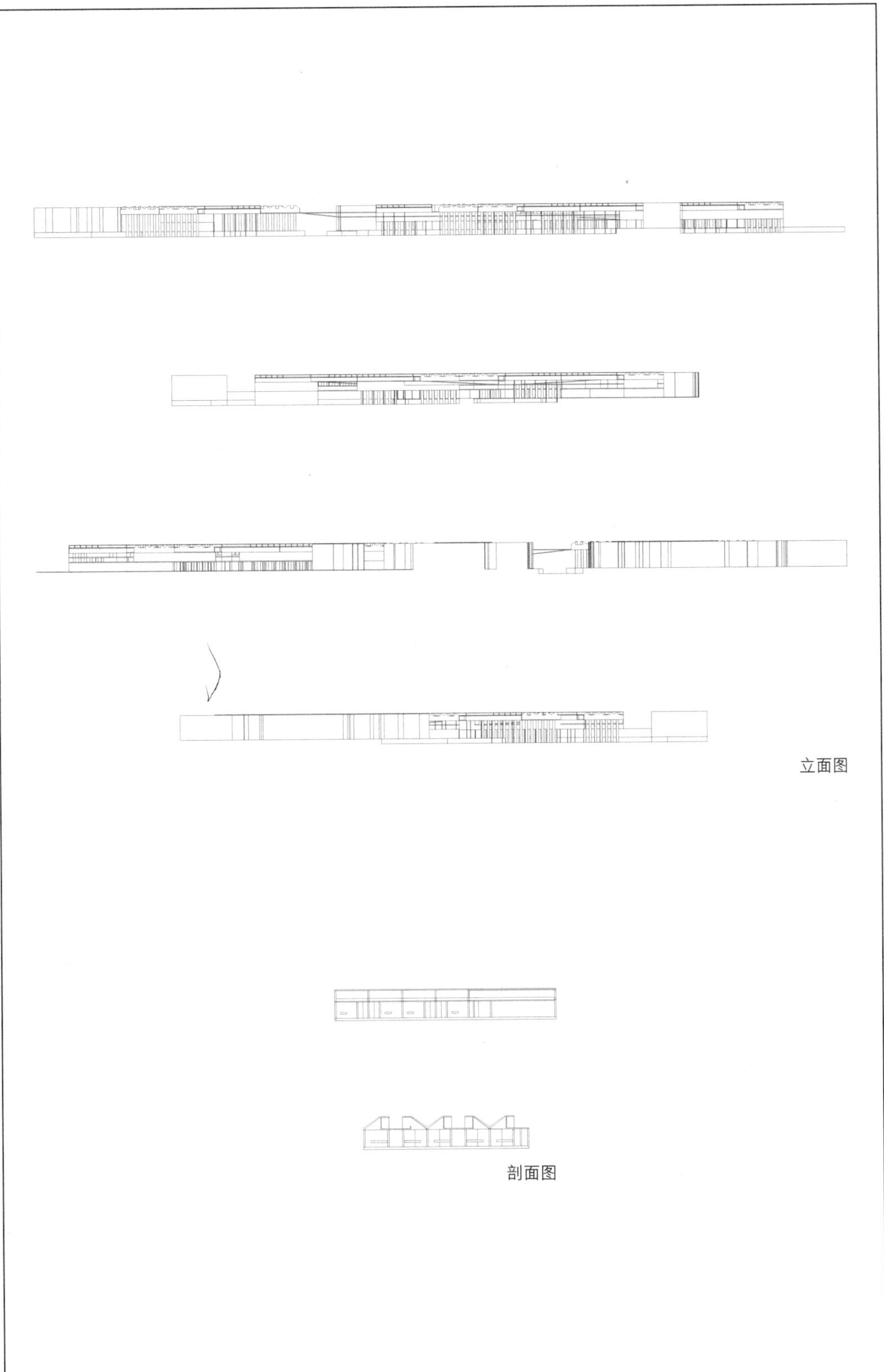

立面图

剖面图

参考资料

[英] 菲登出版社 :《建筑大师柯布西耶》, 菲登出版社 , 2008, 第 94 页

[英] 弗洛拉 · 塞缪尔编著, 马琴等译 :《勒 · 柯布西耶与建筑漫步》, 中国建筑工业出版社, 2013

[英] 弗洛拉 · 塞缪尔著, 邓敬等译 :《勒 · 柯布西耶的细部设计》, 中国建筑工业出版社, 2009

[美] 肯尼斯 · 弗兰姆普敦著, 张钦楠等译 :《现代建筑 : 一部批判的历史》, 生活 · 读书 · 新知三联书店, 2012

[法] 勒 · 柯布西耶著, 杨至德译 :《走向新建筑》, 江苏凤凰科学技术出版社, 2014

[法] 勒 · 柯布西耶著, 治棋, 刘磊译 :《一栋住宅, 一座宫殿——建筑整体性研究》, 中国建筑工业出版社, 2011

[法] 勒 · 柯布西耶著, 治棋译 :《现代建筑年鉴》, 中国建筑工业出版社, 2011

[法] 勒 · 柯布西耶著, 陈洁译 :《精确性——建筑与城市规划状态报告》, 中国建筑工业出版社, 2009

[法] 勒 · 柯布西耶著, 李浩译 :《明日之城市》, 中国建筑工业出版社, 2009

[法] 勒 · 柯布西耶著, 刘佳燕译 :《人类三大聚居地规划》, 中国建筑工业出版社, 2009

[法] 勒 · 柯布西耶著, 孙凌波, 张悦译 :《今日的装饰艺术》, 中国建筑工业出版社, 2009

[法] 勒 · 柯布西耶著, 管筱明译 :《东方游记》, 上海人民出版社, 2007

[意] 曼弗雷多 · 塔夫里等著, 刘先觉等译 :《现代建筑》, 中国建筑工业出版社, 2000

[法] 让 · 让热编著, 牛燕芳译 :《勒 · 柯布西耶书信集》, 中国建筑工业出版社, 2008

[瑞士] W. 博奥席耶编著, 牛燕芳, 程超译 :《勒 · 柯布西耶全集》第 1 卷 . 1910—1929 年, 中国建筑工业出版社, 2005

[瑞士] W. 博奥席耶编著, 牛燕芳, 程超译 :《勒 · 柯布西耶全集》第 2 卷 . 1929—1934 年, 中国建筑工业出版社, 2005

[瑞士] W. 博奥席耶编著, 牛燕芳, 程超译 :《勒 · 柯布西耶全集》第 3 卷 . 1934—1938 年, 中国建筑工业出版社, 2005

[瑞士] W. 博奥席耶编著, 牛燕芳, 程超译 :《勒 · 柯布西耶全集》第 4 卷 . 1938—1946 年, 中国建筑工业出版社, 2005

[瑞士] W. 博奥席耶编著, 牛燕芳, 程超译 :《勒 · 柯布西耶全集》第 5 卷 . 1946—1952 年, 中国建筑工业出版社, 2005

[瑞士] W. 博奥席耶编著, 牛燕芳, 程超译 :《勒 · 柯布西耶全集》第 6 卷 . 1952—1957 年, 中国建筑工业出版社, 2005

[瑞士] W. 博奥席耶编著, 牛燕芳, 程超译 :《勒 · 柯布西耶全集》第 7 卷 . 1957—1965 年, 中国建筑工业出版社, 2005

[瑞士] W. 博奥席耶编著，牛燕芳，程超译 :《勒 · 柯布西耶全集》第 8 卷 . 1965—1969 年，中国建筑工业出版社，2005

[意] 斯蒂芬尼亚 · 萨玛编著，王宝泉译 :《勒 · 柯布西耶》，大连理工大学出版社，2011

图表版权

未注明出处的均为作者自绘。

图 1　[英]《伟大的勒 · 柯布西耶》, 菲登出版社, 2008, 第 94 页

图 5　勒 · 柯布西耶基金会网站

图 6　勒 · 柯布西耶基金会网站

图 8　勒 · 柯布西耶基金会网站

图 17　勒 · 柯布西耶基金会网站

图 19　[瑞士] W. 博奥席耶编著, 牛燕芳, 程超译 :《勒 · 柯布西耶全集》第 1 卷 . 1910—1929 年, 中国建筑工业出版社, 2005, 第 181 页

图 27　勒 · 柯布西耶基金会网站

图 29　勒 · 柯布西耶基金会网站

图 41　勒 · 柯布西耶基金会网站

图 43　勒 · 柯布西耶基金会网站

图 46　勒 · 柯布西耶基金会网站

图 48　[英]《伟大的勒 · 柯布西耶》, 菲登出版社, 2014, 第 535 页

图 58 左　勒 · 柯布西耶基金会网站

图 64　[英]《伟大的勒 · 柯布西耶》, 菲登出版社, 2008, 第 753 页

图 69 右　© flickr marago

图 71 右　© Archigeek (Flickr ID)

图 72 右　勒 · 柯布西耶基金会网站

表 40　右 1　© Andrew Stevenson (Flickr ID)

右 2　勒 · 柯布西耶基金会网站

右 3　勒 · 柯布西耶基金会网站

右 4　© Wojtek Gurak (Flickr ID)

右 5　勒 · 柯布西耶基金会网站

右 6　© e. b. archiuav (Flickr ID)

图 74　[瑞士] W. 博奥席耶编著, 牛燕芳, 程超译 :《勒 · 柯布西耶全集》第 6 卷 . 1952—1957 年, 中国建筑工业出版社, 2005, 第 86 页

图 75　勒 · 柯布西耶基金会网站

后记

本书对 20 世纪的建筑巨匠勒·柯布西耶的公共建筑作品进行了一次系统的梳理，收录了其于 1910 ~ 1965 年所设计的 80 例公共建筑作品，同时，是对我在学生时代历时近 3 年完成的课题论文成果的一次集中展示。回想起来，当时的初衷只是单纯地通过模型去尽可能了解柯布西耶的作品语言和背后的设计理念。为了避免对一位建筑师作品的解读陷入主观解说的困境，我在分析作品的过程中力图客观、真实。我深知对于巨匠作品的最好解读仅在于作品本身，此为结集此书之由。我所考察的 80 例公共建筑作品涉及从 20 世纪初期的现代主义建筑勃发的功能主义时期到晚期的粗野主义时期的整个过程，在此期间，柯布西耶创作了丰富的建筑表现语言，而这其中既有延续，也有新的探索。

起于中心的螺旋——从巴别塔到无限生长的博物馆

从 1929 年的 Mundaneum 世界博物馆开始，柯布西耶在这座旨在展示全人类的作品的宫殿中首次采用了“螺旋线”的主题，而在他生命的最后时刻所描绘的 20 世纪博物馆的方案草图中，这一主题仍在延续——从水平和竖向两个维度不断盘旋上升的“巴别塔”到最后简化的“卍”字形布局。可以说，博物馆建筑中展示空间的流线设计和可扩展的可能性对于设计提出的一个核心问题是：如何提供一种标准化的、可扩展的，且保持着平面秩序的布局？柯布西耶给出的答案是自然界中鹦鹉螺的外壳形态。鹦鹉螺的螺壳呈螺旋形，曲线形的贝壳在平面上做背缘旋转且左右对称。数学家发现鹦鹉螺的螺旋纹中暗含了斐波那契数列，而斐波那契数列的两项间比值无限接近黄金分割。这一天然的图案所包含的秩序和机能无疑与工业时代背景下博物馆建筑的要求是合拍的。无论是巴黎当代艺术博物馆还是艾哈迈达巴德博物馆，无不体现了柯布西耶的理念：人们将从平面中心进入建筑，沿着展馆内部的挂镜线进行参观……

屋顶的解放——从艺匠作坊到建筑学校和艺术学校

在 1910 年的艺匠作坊设计方案中，柯布西耶为呼应 20 世纪工业技术的标准化主题而设计了一个呈向心式布局的学校，与其晚期位于印度的建筑学校和艺术学校相比，虽然两个作品在建筑层数及形体构成上存在较大差异，但是基本的中心式布局却保持不变。在这一总体的平面构成秩序的连续性上，还有一个值得关注的演变，即屋顶这一建筑要素的变化。作为柯布西耶于 20 世纪 20 年代提出的“新建筑五点”之一的“平屋顶花园”，虽在 20 世纪 10 年代尚未提出，但是在他早期的作品中，出于对传统的 19 世纪学院派建筑的对抗，他讴歌了平屋顶在日常使用上和城市绿化等方面的积极作用。因此，他在这个时期的众多建筑中均采用了平屋顶。而到了晚期，以同为学校建筑的建筑学校和艺术学校为例，他一反早期的平屋顶形式，改用了反曲的屋顶，为北向教室提供采光。除此之外，我们还可以看到他在昌迪加尔议会大厦的门廊，还有昌迪加尔大法院中反复运用这种反曲的屋顶。在形体构成的分析中可以得出：柯布西耶在形体的运用上从保持各自块体的完整轮廓转向一种融合的趋势。可以说，他在早期为追求几何学形体的完整性必然要求建筑的地面、柱、梁以及屋顶等构成要素维持一个完形的状态，不可分割。而造成其晚期建筑形体组合上轮廓渐渐消融乃至融合趋势的关键要素在于：屋顶解放了。

移植与转用——从波当萨克水塔到拉图雷特修道院

在鲜有人知的水利类建筑作品——波当萨克水塔中，柯布西耶采用了紧贴圆形水塔外壁的旋转楼梯来连通顶部的平台。在这一基本的建筑形式（圆筒形）与水塔建筑的功能要求（观景台）之间起到桥梁作用的是旋转楼梯。因为旋转楼梯的本质在于其平面也是圆形的，旋转楼梯原本是为了解决苛刻的平面条件下的交通组织问题，却引发了柯布西耶对“水塔”的再认识。圆形的楼梯平面与圆筒形的建筑形体如此契合，平面与形式达到了统一，以至我们可以看到其在晚期的拉图雷特修道院的中庭中出现了圆筒状交通体，除此之外，还有圣皮埃尔教堂方案的外部圆筒状旋转楼梯，等等。从“水塔”到“圆筒状旋转楼梯”的转变的关键正是对“移植”的深入思考。可以说，柯布西耶擅长从一个语境中提取出“形”，再将其转用到另一种截然不同的语境里。同样的形态，不同的功能，就像他曾将工业塔的原型引用到昌迪加尔议会大厦的集会大厅上一样。

当然，一件建筑作品包含着众多看得见以及看不见的细节，而对这些细节的解读除非建筑师本人来做，否则多少都会含有一定的主观性。无论是通过管窥而从细部得出的种种启示，还是借由概览而从宏观读到的某种规律，在企图窥视出建筑师的创作理念和背后深层思想的过程中，按图索骥抑或是顺藤摸瓜，对建筑专业的学子来说无疑都是一种重要的学习体验。

For Le Corbusier : © F.L.C. / ADAGP, Paris – SACK, Seoul, 2021

For Collaboration work : © FLC / ADAGP, Paris – SACK, Seoul, 2021 and © ADAGP, Paris – SACK, Seoul, 2021